航空发动机新技术丛书

最优控制在航空动力系统中的应用

Optimal Control for Aerospace Power System

肖玲斐 叶志锋 

北京航空航天大学出版社

内 容 简 介

本书由浅入深地介绍了最优控制基础理论及其在航空动力系统中的应用，分上下两篇。上篇为最优控制基础理论篇，包括第1章到第8章。第1章为绪论，介绍最优控制及其在航空动力系统中的应用概况，以及最优控制问题基本组成和求解方法，第2章到第4章分别介绍变分法、极小值原理、动态规划以及它们在最优控制中的应用，第5章介绍线性二次型最优控制，第6章介绍 H_∞ 优化控制，第7章介绍预测控制，第8章介绍智能优化控制。下篇为航空动力系统应用篇，包括第9章到第15章。第9章介绍基于变分法求解航空发动机最优控制问题，第10章介绍基于极小值原理求解航空发动机最优控制问题，第11章介绍基于动态规划求解航空发动机离散时间最优控制问题，第12章介绍航空动力系统线性二线型最优控制，第13章介绍航空发动机 H_∞ 最优控制，第14章介绍航空动力系统预测控制，第15章介绍智能优化算法在航空动力系统中的应用。

本书可作为航空航天、自动化、动力机械相关领域从事控制系统分析与设计等研究与应用工作的科研人员、工程技术人员和高等院校相关专业的教师、高年级本科生、硕士生和博士生的参考书。

图书在版编目(CIP)数据

最优控制在航空动力系统中的应用 / 肖玲斐，叶志锋著. -- 北京 ：北京航空航天大学出版社，2020.9

ISBN 978-7-5124-3317-5

Ⅰ. ①最… Ⅱ. ①肖… ②叶… Ⅲ. ①最佳控制—应用—航空—动力系统—研究 Ⅳ. ①V228

中国版本图书馆 CIP 数据核字(2020)第145355号

最优控制在航空动力系统中的应用

肖玲斐　叶志锋　著

策划编辑　龚　雪　责任编辑　董　瑞

*

北京航空航天大学出版社出版发行

北京市海淀区学院路37号(邮编100191)　http://www.buaapress.com.cn

发行部电话：(010)82317024　传真：(010)82328026

读者信箱：goodtextbook@126.com　邮购电话：(010)82316936

北京建宏印刷有限公司印装　各地书店经销

*

开本：710×1 000　1/16　印张：29　字数：618千字

2021年1月第1版　2021年1月第1次印刷　印数：1 000册

ISBN 978-7-5124-3317-5　定价：99.00元

《航空发动机新技术丛书》
编写委员会

《航空发动机新技术丛书》
策划委员会

前 言

随着航空科学技术的迅速发展以及世界局势的多元变化，世界各国对新一代军用/民用飞机的性能提出了更高的要求，如具有更宽广的飞行包线，更高的灵活性、机动性、可操作性、可靠性和可生存性，更佳的经济性等。要达到这些目标，航空动力系统必须能够为飞机提供更强大、更经济、更持久的动力，因此，包括最优控制在内的众多现代先进控制理论与方法在航空动力系统中得到广泛关注与深入研究。

鉴于此，我们通过总结多年的教学经验与科研成果，针对航空动力控制系统，以最优控制理论和方法为主线，撰写了本书。

本书在介绍最优控制基础理论的基础上，围绕航空动力系统中的最优控制问题，由浅入深地介绍了最优控制基础理论及其在航空动力系统中的应用。第 1 章为绪论，第 2 章到第 8 章分别介绍了变分法、极小值原理、动态规划、线性二次型最优控制、H_∞优化控制、预测控制和智能优化控制的基础理论，第 9 章和第 10 章分别介绍了基于变分法和极小值求解航空发动机连续时间最优控制问题，第 11 章介绍了基于动态规划求解航空发动机离散时间最优控制问题，第 12 章到第 15 章分别介绍了线性二线型最优控制、H_∞最优控制、预测控制、智能优化算法在航空动力系统中的应用。

我们衷心地感谢我们的学生、同事、同仁和家人，感谢你们对本书撰写提供的帮助和支持。

在本书的编辑出版过程中，北京航空航天大学出版社的许多工作人员付出了辛勤的劳动，在此一并表示感谢。

由于能力有限，本书难免有不足之处，恳请广大读者和各界专家学者批评指正。

编　者

2021 年 1 月

目　录

上篇　最优控制基础理论篇

下篇 航空动力系统应用篇

上篇

最优控制基础理论篇

第1章
绪　论

1.1 最优控制概况

最优控制是从 20 世纪五六十年代发展起来的现代控制理论的重要分支。几十年来，伴随着空间技术的迅猛发展和计算机的广泛应用，以及现代技术的进步和现代数学所取得的成果，最优控制已成为现代控制理论和实践中一个十分活跃的研究领域，在航空、航天、工业过程控制、经济管理与决策以及人口控制等领域得到了成功的应用，取得了显著的成就，发挥着愈来愈大的作用。

最优控制问题是从大量实际问题中提炼出来的，尤其与航空、航天、航海的控制技术密不可分。例如，空对空导弹拦截问题、月球探测器的月球软着陆问题、航空发动机的最小油耗问题等。于是出现了最短时间控制、最省燃料控制等一系列相应的最优控制理论问题。最优控制理论在解决这些最优控制问题的过程中得以产生并不断发展。

最优控制理论主要研究在建立被控对象时域或频域数学模型的基础上，根据一定的约束要求，寻找一个容许的最优控制规律，使得被控系统实现某性能指标的最优值。最优控制理论的基本方法主要有经典变分法、动态规划、极大值原理等。

从数学观点来看，最优控制研究的问题是求解一类带有约束条件的泛函极值问题，研究泛函的极值问题在数学上已经形成一个独立的分支，就是变分法，这也是研究最优控制理论最早使用的方法。经典变分理论只能解决控制无约束问题，即容许控制属于开集的一类最优控制问题，但实际上却有很多最优控制问题面临容许控制是闭集的情况。

苏联科学院院士庞特里亚金在 1956—1958 年期间提出了极大值原理，在力学哈密顿原理的启发下，推测并证明了极大值原理，解决了控制有闭集约束的变分问题。几乎同一时期，美国学者贝尔曼在 1953—1957 年期间提出了动态规划，并依据最优性原理，发展了变分学中的哈密顿-雅可比方程，突破了经典变分法的局限，同样解决了控制有闭集约束的变分问题。

动态规划和极大值原理这两种方法的提出，奠定了最优控制理论的基础。

极大值原理以哈密顿方式发展了经典变分法，以解决常微分方程所描述的控制有约束的变分问题为目标，结果得到了一组常微分方程组表示的最优解的必要条件。极大值原理的一个显著特点是由它求出的结果易于建立最优控制系统的普遍结构形式，不仅适用于处理带有开集性约束条件的最优控制问题，而且也适用于处理带有闭集性约束条件的最优控制问题，因此应用十分广泛，至今已成为求解最优控制问题的强有力的工具。

动态规划以哈密顿-雅可比方式发展了经典变分法，可以解决比常微分方程所描述的更具一般性的最优控制问题，对于连续系统，给出了一个偏微分方程表示的充分条件。动态规划的原理归结为用一组基本的递推关系式使过程连续地最优转移。动态规划对于研究最优控制理论的重要性在于它可以得出离散时间系统最优解的迭代算法，其连续形式可以给出它与古典变分法的联系，在一定条件下，也可以给出它与最大值原理的联系。

在许多工程实际中，最优性能指标不满足可微条件，所以能用极大值原理求解的最优控制问题未必能写出哈密顿-雅可比方程。另外，因为解常微分方程一般比解偏微分方程容易，所以极大值原理比动态规划好用。但是，求解离散最优控制问题时，却是用动态规划更加方便。此外，动态规划的结论是充分条件，便于建立动态规划、极大值原理与变分法之间的联系。

对于最优控制问题，极小值原理很好地描述了动态系统的最优控制解的存在性。然而，对于复杂的控制问题(如非线性系统的控制问题、系统模型与性能指标函数对控制量不连续可微的控制问题等)，在确定最优控制规律时存在不少困难，难以得到统一、简洁的最优控制规律的表达式，并且闭环控制系统工程实现难度大。

在最优控制理论与方法体系中，线性二次型的最优控制受到了控制理论与工程界的极大关注。几十年以来，人们对各种最优状态反馈控制系统的结构、性质以及设计方法进行了多方面的研究，有了许多成功的应用。线性二次型的最优控制已经是最优控制理论及应用中最成熟的部分，具有非常重要的地位。

所谓线性二次型最优控制问题，就是指当所研究的系统为线性，所取的性能指标为状态变量与控制变量的二次型函数时，动态系统的最优化问题。线性二次型最优控制问题一般称为LQR(Linear Quadratic Regulator)问题。

线性二次型最优控制问题的重要性在于其具有如下特点：

① 对于用线性微分方程或线性差分方程描述的动态系统，最优控制指标具有非常明确、实际的物理意义；

② 在系统设计技术上做到了规范化，可构成一个简单的状态线性反馈控制律，得到具有统一的解析解形式的线性反馈控制最优解，易于工程实现；

③ 除了具有二次型性能指标意义上的最优性外，还具有良好的频率响应特性，可以实现极点的最优配置，并可抗慢变输入扰动；

④ 其结果可以应用于工作在小信号条件下的非线性系统，其计算与实现比非线性控制方法容易；

⑤ 线性最优控制器设计方法可以作为求解非线性最优控制问题的基础；

⑥ 沟通了现代控制理论与经典控制理论之间的联系，可获得比经典控制理论方法更为优越的性能。

前面介绍的变分法、极小值原理、动态规划和线性二次型最优控制理论，是具有严格数学解析形式的实现控制系统性能指标最优的方法。但是，它们都要求精确已知系统的数学模型，没有考虑模型误差的影响。实际控制系统设计中，模型误差的存在是不可避免的，因而限制了上述方法的应用。

鲁棒控制旨在寻找出一个反馈控制律，使得被控系统的闭环特性不受到建模时产生的误差和不可知的扰动等其他不确定性因素的影响。因而，鲁棒控制理论在一定程度上弥补了现代控制理论对数学模型依赖过高的缺陷。

20 世纪 80 年代初提出的以系统∞范数为性能指标的 H_∞ 优化控制理论，可算为鲁棒控制理论中最突出的标志。H_∞ 优化控制可以使干扰对系统的影响降到最低限度，是目前解决鲁棒控制问题比较成功且完善的理论之一。

预测控制(MPC)是自动控制理论的一个重要分支，是一种用计算机实现的最优控制方法。它始于 20 世纪 70 年代中后期，其产生并不是某一种统一理论的产物，而是在工业实践过程中独立发展起来的。MPC 最大程度地结合了工业实际的要求，综合效果好，是一种基于模型的先进控制技术。

MPC 以预测模型为基础，采用在线滚动优化性能指标和反馈校正的策略来克服受控对象建模误差和结构、参数与环境等不确定性因素的影响，并且能够处理输入/输出带约束问题，有效地弥补了现代控制理论对复杂受控对象无法避免的依赖精确模型、难以应对不确定因素、不易处理约束等不足之处。

在很多系统之中，复杂程度不仅表现在系统的高维度属性上，还更多表现在系统信息的不确定性、模糊性、不完全性和偶然性上。人们对复杂系统控制的需要是产生智能控制系统及其理论的一个重要因素。

智能优化控制通过在常规控制理论的基础上，吸收人工智能、运筹学、计算机科学、模糊数学等其他学科的新思想和新方法，对广阔的对象和过程实现期望控制，其核心是如何设计和发展模拟人类智能的机器，使得系统控制达到更高的目标，是对传统控制理论的继承和发展。

1.2 航空动力系统最优控制问题

航空动力系统由飞行器上的发动机、进气和排气装置等组成，有的航空动力系统还包括螺旋桨，其中发动机是动力系统的主要组成部分，进气装置常称为进气道，排气装置常称为尾喷管。航空动力系统是飞行器的动力源，用于产生飞行器飞行所需要的推力或力矩，常被比喻为飞行器的心脏，是飞机性能的决定因素之一。航空动力系统通过控制发动机的工作状态来改变推力或力矩，借此满足飞行器在不同飞行条件以及工作状况下的要求。航空动力控制系统常被比喻为动力系统的神经中枢。

随着航空科学技术的迅速发展以及世界局势的变化，世界各国对新一代军用/民用飞机的性能提出了更高的要求，如具有更宽广的飞行包线，更高的灵活性、机动性、可操作性、可靠性和可生存性，更佳的经济性等。要达到这一目标，航空发动机必须能够提供更强大、更持久的动力，这也对发动机控制系统优化提出了新的、更高的要求。

从经济意义上来看，耗油率每降低1%，发动机每小时耗油量减少约80 kg，低压涡轮进口温度降低35 K，发动机寿命将延长一倍；从实战意义上看，耗油率的降低意味着飞机作战半径的增大，推力的增加意味着飞机具有更好的加速性及机动性，由此可见，发动机最优控制所带来的效益是很明显的。

发动机最优控制就是在特定的工作点，在保证发动机工作在安全范围内的前提下，通过优化获得一组控制量，使得特定的性能指标达到最优。

发动机最优控制中需要考虑的约束主要包括：

① 控制量可行区域限制。

② 控制器功率和控制执行机构位移限制产生的最大/最小限定值。

③ 发动机调节计划和发动机安全稳定工作对状态量的限制，如不超温、不进喘、不超转。

发动机的加速性能是衡量发动机性能极为重要的指标之一，控制系统在加速过程中需要在满足一定的约束条件下，尽可能快地增大发动机的推力。这一指标通常用加速时间定量确定，加速时间越短，加速性能越好。发动机这样的加速问题的本质是受约束的非线性系统多变量最优控制问题。在实际发动机的加速问题中，一般难以求出解析解，常见的方法是将发动机的加速过程、目标函数和约束条件离散化，以求出最优控制序列。

例如，航空发动机数学模型一般为供油量 W_f 和喷管喉道面积 A_8 为控制量，被控量一般为高压转子转速 n_H、低压转子转速 n_L 和涡轮前温度 T_4。为保证航空发动机在加速过程中正常工作，这一过程必须受到某些条件的约束限制。常见的约束条件包括：供油量和喷管喉道面积及其变化率、高低压转子转速、压气机喘振裕度、燃

烧室油气比极限、涡轮前温度。加速过程最优控制的目标函数一般是以高压转子转速 n_H 和涡轮前温度 T_4 为宗量的泛函。

航空发动机本质上是一个强非线性系统，基于其非线性模型求解最优控制问题，往往较难满足实时控制的要求，但是通过分析其在某些典型工作点附近的线性小偏差模型，可以比较方便地了解发动机主要特性并实施控制，在实际应用中亦可将发动机非线性模型进行分段线性化处理，通过解决各阶段线性模型的控制问题来实现对发动机在较宽广工作范围内的良好控制。

在航空动力系统中，液压伺服控制系统占据举足轻重的地位。液压伺服控制系统主要有阀控系统和泵控系统两类，它们的输出量可以随输入量的变化而迅速改变，常常用于实现航空发动机中转速、落压比等的高性能调节。

航空发动机的燃油系统也是发动机的重要组成部分，其性能对整个航空动力系统的性能起至关重要的作用。燃油系统的主要任务是对进入发动机的燃油流量进行控制，按照发动机的不同工况提供所需的燃油。在航空发动机燃油系统中，燃油计量装置占有极其重要的地位，燃油的计量方式直接影响数控系统的稳态控制精度和动态特性。因此，燃油计量装置是燃油系统的核心部分，从一定程度上来说燃油计量装置可以指代燃油系统。燃油计量装置主要是由电液伺服阀、步进电机和高速占空比电磁阀等作为驱动执行机构的装置。

借助于最优控制理论和全权限数字电子控制的持续发展，许多包括最优控制在内的现代先进控制理论与方法在航空动力系统中得到广泛关注与深入研究。目前，有不少学者和科研机构围绕航空发动机整机、液压伺服系统、燃油系统、燃油计量装置、电液伺服阀、步进电机、电磁阀等开展航空动力系统的时间最短、能耗最小、线性二次型指标最优、调节问题、跟踪问题等的最优控制研究。

1.3 最优控制问题的基本组成

最优控制问题的实质就是找出容许的控制作用或控制规律，使动态系统（受控对象）从初始状态转移到某种要求的终端状态，并且保证某种要求的性能指标达到最小值或者最大值，因此最优控制问题就归结为求某个泛函（目标函数不再是普通函数，而是函数的函数，称为泛函）的条件极值问题。

一个最优控制问题通常包括以下四个方面的内容：

1. 被控对象动态数学模型

对一般被控系统的最优控制问题，其数学模型可以用如下非线性时变系统的状态空间表达式来描述：

$$\dot{\boldsymbol{x}} = \boldsymbol{f}(\boldsymbol{x}(t),\boldsymbol{u}(t),t),\quad t \in [t_0,t_f] \tag{1.1}$$

其中，$\boldsymbol{x}$ 为 n 维状态向量，$\boldsymbol{u}$ 为 m 维输入向量，$\boldsymbol{f}(\boldsymbol{x},\boldsymbol{u},t)$ 为 n 维关于状态向量 $\boldsymbol{x}$、输入向量 $\boldsymbol{u}$ 和时间 t 的非线性函数向量。在确定的初始状态 $\boldsymbol{x}(t_0)=\boldsymbol{x}_0$ 情况下，若已知控制律 $\boldsymbol{u}$，则状态方程式(1.1)有唯一解 $\boldsymbol{x}(t)$。

对许多实际被控系统，在一定精度范围内，其最优控制问题中的数学模型也可以分别采用线性定常系统、线性时变系统和非线性定常系统的状态空间表达式来描述。

2. 边界条件与目标集

动态系统在控制 $\boldsymbol{u}$ 的作用下总要发生从一个状态到另一个状态的转移，这种转移可以理解为状态空间的一个点或系统状态的运动，其运动轨迹在状态空间中形成一条轨线 $\boldsymbol{x}(t)$。为了确定需要的轨线 $\boldsymbol{x}(t)$，需要确定轨线的两端边界点。因此，要求确定初始状态和末端状态，这就是求解状态方程式(1.1)所必需的边界条件。

在最优控制问题中，系统运动的初始时间和初始状态通常是已知的，即 $\boldsymbol{x}(t_0)=\boldsymbol{x}_0$ 为已知，而所要达到的末端状态是控制所要求达到的目标，末端时刻 t_f 和末端状态 $\boldsymbol{x}(t_f)$ 则视具体问题而异。

末端状态可以是状态空间的一个点，更为一般的情况是末端状态要落在事先规定的范围内，如要求末端状态满足如下约束条件：

$$\boldsymbol{g}_1(\boldsymbol{x}(t_f),t_f)=0,\quad \boldsymbol{g}_2(\boldsymbol{x}(t_f),t_f)\leqslant 0 \tag{1.2}$$

式中，$\boldsymbol{g}_1(\boldsymbol{x}(t_f),t_f)$ 和 $\boldsymbol{g}_2(\boldsymbol{x}(t_f),t_f)$ 为关于末端时刻 t_f 和末端状态 $\boldsymbol{x}(t_f)$ 的非线性向量函数。

上述末端状态约束条件概括了对末端状态的一般要求。实际上，该末端状态约束条件规定了状态空间中的一个时变的或时不变的集合，此种满足末端状态约束的状态集合称为目标集，记为 M，并可表示为

$$M=\{\boldsymbol{x}(t_f):\boldsymbol{x}(t_f)\in\mathbf{R}^n,\quad \boldsymbol{g}_1(\boldsymbol{x}(t_f),t_f)=0,\quad \boldsymbol{g}_2(\boldsymbol{x}(t_f),t_f)\leqslant 0\}$$

需要指出的是，有些最优控制问题并没有对末端状态 $\boldsymbol{x}(t_f)$ 加以约束，则该问题的目标集为整个状态空间 $\mathbf{R}^n$，但此时并不意味着对末端状态没有要求，系统还可以通过下面要介绍的性能指标来约束末端状态。至于末端时刻 t_f，它可以事先规定，也可以由对末端状态 $\boldsymbol{x}(t_f)$ 的约束条件和性能指标等约束。

3. 容许控制

输入向量 $\boldsymbol{u}$ 的各个分量 u_i 往往是具有不同的物理属性和意义的控制量，在实际系统中，大多数控制量受客观条件的限制，只能在一定范围内取值，比如，月球探测器软着陆控制系统中控制量有大小范围的限制，又如在控制量为开关量的控制系统中，输入仅能取有限的几个值，如－1，＋1。

由控制量约束条件所规定的点集称为控制域 U。凡在闭区间 $[t_0,t_f]$ 上有定义，且在控制域 U 内取值的每一个控制函数 $\boldsymbol{u}$ 称为容许控制，记为 $\boldsymbol{u}\in U$。

通常假定容许控制 $\boldsymbol{u}$ 是一个有界连续函数或者是分段连续函数。

4. 性能指标

从前面的应用实例可以看出，最优控制问题最后归结到从所有容许控制中找出一种效果最好的控制律，也就是求性能指标的极值问题。这就需要一个能衡量控制效果好坏或评价控制品质优劣的性能指标函数。例如，发动机控制系统要求单位耗油率最小，月球探测器软着陆系统要求所携带的燃料最少等。由于各种最优控制问题所要解决的主要矛盾或要完成的主要任务不同，以及设计者的着眼点不同，性能指标具有不同的内容与形式。

按性能指标的数学形式对最优控制问题进行大致分类，一般有如下三大类：

(1) 积分型性能指标

$$J=\int_{t_0}^{t_f} L\left[\boldsymbol{x}(t),\boldsymbol{u}(t),t\right]\mathrm{d}t \tag{1.3}$$

在变分法中这类问题称为拉格朗日问题。它要求状态向量及控制向量在整个动态过程中都应满足一定要求。

按照实际控制性能的要求，当 $L\left[\boldsymbol{x}(t),\boldsymbol{u}(t),t\right]$ 取不同的特定泛函时，可具体化为最短时间问题、最少燃耗问题、最小能量问题等。

1)最短时间问题

当 $L\left[\boldsymbol{x}(t),\boldsymbol{u}(t),t\right]=1$ 时，性能指标简化成

$$J=\int_{t_0}^{t_f}\mathrm{d}t=t_f-t_0 \tag{1.4}$$

显然，性能指标式(1.4)反映的是系统运行的时间，最小化式(1.4)，也就是实现最短时间。

2)最小燃料消耗问题

粗略地说，控制量 $\boldsymbol{u}(t)$ 与燃料消耗量成正比，因此，最小燃料问题的性能指标可表示为

$$J=\int_{t_0}^{t_f}\sum_{i=1}^{m}\left|u_i(t)\right|\mathrm{d}t \tag{1.5}$$

因为燃料消耗与控制量的符号无关，所以式(1.5)中 $\boldsymbol{u}(t)$ 取绝对值。

对照式(1.5)和式(1.3)，不难发现，当 $L\left[\boldsymbol{x}(t),\boldsymbol{u}(t),t\right]=\sum_{i=1}^{m}\left|u_i(t)\right|$ 时，性能指标式(1.3)就是性能指标式(1.5)。

3) 最小能量控制问题

假设 $\boldsymbol{u}^2(t)$ 与消耗功率成正比，则这时的性能指标可表示为

$$J=\int_{t_0}^{t_f}\boldsymbol{u}^{\mathrm{T}}(t)\boldsymbol{u}(t)\mathrm{d}t \tag{1.6}$$

式中，$\boldsymbol{u}^{\mathrm{T}}(t)\boldsymbol{u}(t)$ 在时间区间 $[t_0,t_f]$ 上的积分就是消耗的总能量。

相应的，当 $L\left[\boldsymbol{x}(t),\boldsymbol{u}(t),t\right]=\boldsymbol{u}^{\mathrm{T}}(t)\boldsymbol{u}(t)$ 时，性能指标式(1.3)就是性能指标式

(1.6)。

(2) 终值型性能指标

$$J=F[\boldsymbol{x}(t_f),t_f] \tag{1.7}$$

在变分法中,式(1.7)对应的最优控制问题,被称为迈耶尔问题。它只要求状态在过程终端时满足一定要求,但在整个动态过程中对状态及控制的演变不作要求。

(3) 复合型性能指标

$$J=F[\boldsymbol{x}(t_f),t_f]+\int_{t_0}^{t_f}L[\boldsymbol{x}(t),\boldsymbol{u}(t),t]\,\mathrm{d}t \tag{1.8}$$

在变分法中,式(1.8)对应的最优控制问题被称为波尔扎问题。它要求状态在过程终端时满足一定要求,而且状态向量及控制向量在整个动态过程中都应满足一定要求。

第 1 项 $F[\boldsymbol{x}(t_f),t_f]$ 为终端指标函数,称为终端项,保证在终端时刻 t_f 时,系统的终端状态能与给定的终端状态尽量接近。它反映调节过程的平稳性、快速性及精确性的要求。

第 2 项 $\int_{t_0}^{t_f}L[\boldsymbol{x}(t),\boldsymbol{u}(t),t]\,\mathrm{d}t$ 为动态指标项,称为积分项,保证系统的某些综合性能。它反映能量消耗的要求。

因此性能指标既反映了对调节过程品质的要求,又反映了对控制能量消耗的要求。

当性能指标中的 $F[\boldsymbol{x}(t_f),t_f]$ 和 $L[\boldsymbol{x}(t),\boldsymbol{u}(t),t]$ 为二次型泛函时,就称为二次型性能指标,这是工程实践中应用最广的一类性能指标,涉及两类最典型的最优控制问题。

1) 线性状态调节器问题

给定一个线性系统,其平衡点为 $\boldsymbol{x}(0)=0$,当控制系统设计的目的是要保持系统状态处于平衡点,即系统能从任何初始状态返回到平衡点,称为线性状态调节器问题,它的二次型复合性能指标可表示为

$$J=\frac{1}{2}\boldsymbol{x}^{\mathrm{T}}(t_f)\boldsymbol{P}\boldsymbol{x}(t_f)+\int_{t_0}^{t_f}[\boldsymbol{x}^{\mathrm{T}}(t)\boldsymbol{Q}(t)\boldsymbol{x}(t)+\boldsymbol{u}^{\mathrm{T}}(t)\boldsymbol{R}(t)\boldsymbol{u}(t)]\,\mathrm{d}t$$

其中,$\boldsymbol{P}=\boldsymbol{P}^{\mathrm{T}}\geqslant 0$,$\boldsymbol{Q}(t)=\boldsymbol{Q}^{\mathrm{T}}(t)\geqslant 0$,$\boldsymbol{R}(t)=\boldsymbol{R}^{\mathrm{T}}(t)>0$,均为加权矩阵。

2) 线性跟踪系统问题

如果在过程中要求输出向量 $\boldsymbol{y}(t)$ 跟踪目标输出轨线 $\boldsymbol{y}_d(t)$,则称此类问题为线性跟踪系统问题,它的二次型复合性能指标可表示为

$$J=\frac{1}{2}\boldsymbol{e}^{\mathrm{T}}(t_f)\boldsymbol{P}\boldsymbol{e}(t_f)+\int_{t_0}^{t_f}[\boldsymbol{e}^{\mathrm{T}}(t)\boldsymbol{Q}(t)\boldsymbol{e}(t)+\boldsymbol{u}^{\mathrm{T}}(t)\boldsymbol{R}(t)\boldsymbol{u}(t)]\,\mathrm{d}t$$

其中,$\boldsymbol{e}=\boldsymbol{y}_d-\boldsymbol{y}$,$\boldsymbol{P}=\boldsymbol{P}^{\mathrm{T}}\geqslant 0$,$\boldsymbol{Q}(t)=\boldsymbol{Q}^{\mathrm{T}}(t)\geqslant 0$,$\boldsymbol{R}(t)=\boldsymbol{R}^{\mathrm{T}}(t)>0$。

1.4 最优控制问题的求解方法

如第 1.3 节所示，最优控制问题的数学本质是求解带有约束条件的泛函极值问题。

当控制变量不受约束时，可用经典变分理论求解。此时，若系统为线性、目标函数为二次型函数的积分时，这种最优控制问题被称为线性二次型最优控制问题。对于线性二次型最优控制问题，可以推导出统一解析形式的状态反馈控制律。当控制量受约束时，求解最优控制问题的方法主要有极小值原理和动态规划方法。

然而，一般来说，最优控制只有在少数特别简单的情况下，才可以采用数学分析的方法，根据函数（泛函）极值的必要条件和充分条件，求出最优解析解，多数情况只有靠数值方法进行求解。

随着计算机科学的飞速发展，最优控制的数值计算方法也得到了极大发展和完善。当性能指标比较复杂，或者系统模型不能用简单明确的数学解析表达式表示时，可以采用直接求解法，通过数值计算，在经过一系列迭代过程产生的点列中直接搜索，逐步逼近到最优点。这种方法常常根据经验，通过从一个初始估计出发来寻找一系列近似解，其步骤没有固定的次数，而且只能求得问题的近似解。对于一维搜索（单变量极值问题），主要用消去法或多项式插值法，对于多维搜索（多变量极值问题），主要采用爬山法。

此外还有以梯度法为基础的将解析法与数值计算相结合的求解方法，用图论方法进行搜索的求解方法、基于智能计算（如遗传算法、蚁群算法、模拟退火算法等）进行直接搜索的求解方法等。

第 2 章 变分法及其在最优控制中的应用

最优控制问题是在一定的约束条件下，寻求使性能指标达到极值的控制函数。当被控对象的运动特征由向量微分方程来描述，性能指标由泛函来表示时，确定最优控制函数（最优控制律）的问题就成了在微分方程约束下求泛函的条件极值问题。

变分法是研究泛函极值问题的数学方法，可以确定容许控制为开集时的最优控制函数。掌握变分法的基本概念，还有助于理解以极大值原理和动态规划为代表的现代变分法的思想和内容。

因为性能指标是一种泛函，所以本节先简要介绍有关泛函及其变分的若干基本概念，然后给出泛函极值的相关条件，之后阐述变分法解最优控制问题的过程，最后简要介绍变分问题的直接解法。

2.1 变分法的基本概念和原理

变分法也称变分方法或变分学，是 17 世纪末开始发展起来的数学分析的一个分支，是研究依赖于某些未知函数的积分型泛函极值的一门学科。简而言之，求泛函极值的方法称为变分法。变分法的基本问题是关于泛函的极值问题。在无约束条件下，泛函极值问题一般可以由经典变分法来解决。

变分法一词由拉格朗日于 1755 年 8 月给欧拉的一封信中首次提出，他当时称为变分方法（the method of variation），而欧拉则在 1756 年的一篇论文中提出了变分法（the calculus of variation）一词。

2.1.1 古典变分法的典型问题

变分法的基本问题是关于泛函的极值问题。为了说明变分法所研究的内容，先从下面几个古典变分法实例出发引出泛函的基本概念。

1. 最短连线问题

变分法最简单的例子是求解平面上两定点的最短连线问题。

图 2.1 给出了平面上任意两点 $A(x_0,y_0)$ 和 $B(x_1,y_1)$，若连接这两点的任意曲线为 $y=y(x)$，则其弧长由下式决定：

$$L[y(x)]=\int_{x_0}^{x_1}\sqrt{1+y'^2}\,\mathrm{d}x \tag{2.1}$$

连接 A，B 两点的曲线有无数条，并有与它一一对应的弧长 L，本问题是要在这样的曲线中求出使得弧长 L 最短的一条。

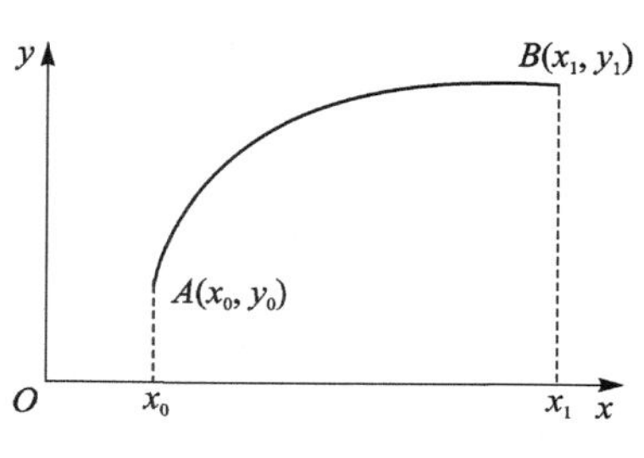

图 2.1　最短路线问题

通过本例需要建立两个概念：

① 弧长 L 随着 $y(x)$ 改变，即 $L=L[y(x)]$，弧长是函数 $y(x)$ 的函数，称 L 是 $y(x)$ 的泛函，L 的自变量是函数 $y(x)$；

② 曲线 $y(x)$ 在某一个函数类中变化，若把这个函数类称为容许函数，则两点最短连线问题就是在容许函数中寻找出使得给定泛函 $L[y(x)]$ 为极值的特定函数 $y^*(x)$。

2. 最速降线(捷线)问题

最速降线问题是历史上最早出现的变分法问题之一，通常被认为是变分法历史的起点，也是变分法发展的一个标志。

约翰·伯努利(Johann Bernoulli，1667—1748)1696 年向全欧洲数学家挑战，提出一个难题："设在垂直平面内有任意两点，一个质点受地心引力的作用，自较高点下滑至较低点，不计摩擦，问沿着什么曲线下滑，时间最短？"

这就是著名的"最速降线"问题(The Brachistochrone Problem)。它的难点在于和普通的极大极小值求法不同，它是要求出一个未知函数(曲线)来满足所给的条件。这个问题的新颖和别出心裁引起了科学家们很大兴趣，罗必塔(Guillaume Francois Antonie de l'Hospital，1661—1704)、雅可比·伯努利(Jacob Bernoulli，1654—1705)、莱布尼茨(Gottfried Wilhelm Leibniz，1646—1716)和牛顿(Isaac Newton，1642—1727)都给出了解答。约翰·伯努利的解法比较漂亮，而雅可比·伯努利的解法虽然麻烦，却更为一般化。后来欧拉(Euler Lonhard，1707—1783)和拉格朗日(Lagrange Joseph Louis，1736—1813)发明了这一类问题的普遍解法，从而确立了数学的一个新分支——变分学。

质点运动时间不仅取决于路径的长短，还与速度的大小有关。连接 A 和 B 两点的所有曲线中以直线段 AB 为最短，但它未必是质点运动时间最短的路径。

最速降线问题的数学描述：设 A 和 B 是铅直平面上不在同一铅直线上的两点，

在所有连接 A 和 B 的平面曲线中，求一曲线，使质点仅受重力作用，初速度为零时，沿此曲线从 A 滑行至 B 的时间最短。

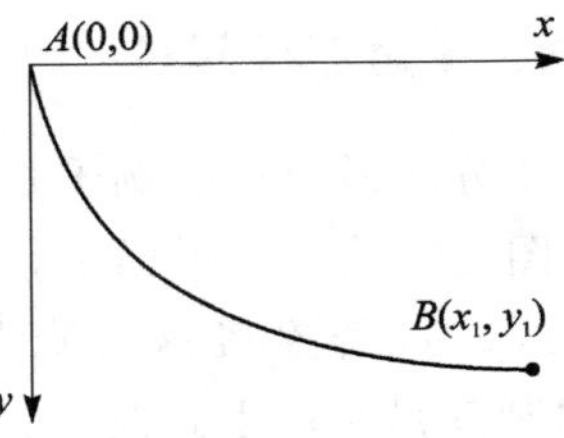

图 2.2 最速降线问题

将 A 点取为坐标原点，点 B 取为 $B(x_1,y_1)$，如图 2.2 所示。

取连接 A 和 B 两点的曲线方程为

$$y=y(x)\quad (0\leqslant x\leqslant x_1) \tag{2.2}$$

它在区间 $[0,x_1]$ 的两个端点满足条件

$$y(0)=0,\quad y(x_1)=y_1 \tag{2.3}$$

质点在曲线 $y=y(x)$ 上任一点处的速度 v 可表示为

$$v=\frac{\mathrm{d}s}{\mathrm{d}t}=\frac{\sqrt{(\mathrm{d}x)^2+(\mathrm{d}y)^2}}{\mathrm{d}t}=\sqrt{1+y'^2}\ \frac{\mathrm{d}x}{\mathrm{d}t} \tag{2.4}$$

其中，s 表示弧长。

由能量守恒定律可知存在以下关系：

$$mgy=\frac{1}{2}mv^2$$

即

$$v=\sqrt{2gy} \tag{2.5}$$

其中，g 表示重力加速度，m 表示质点质量。

因此，由式(2.4)和式(2.5)消去 v 并积分，得到质点沿曲线从点 A 到点 B 所需的时间为

$$T=\int\mathrm{d}t=\int_0^{x_1}\sqrt{\frac{1+y'^2}{2gy}}\,\mathrm{d}x \tag{2.6}$$

显然，时间 T 是依赖于 $y=y(x)$ 的函数，$y=y(x)$ 取不同的函数，T 就有不同的值与之对应。这样最速降线问题在数学上就归结为在满足条件式(2.3)的所有函数式(2.2)中，求使得积分式(2.6)取最小值的函数。

3. 短程线(测地线)问题

短程线问题可以描述为：给定一个光滑曲面 $\phi(x,y,z)=0$，在该曲面上有两个固定点 A 和点 B，要求在曲面上找到一根连接该两点的最短曲线，如图 2.3 所示。

记点 A 和点 B 的坐标分别为 (x_1,y_1,z_1) 和 (x_2,y_2,z_2)，连接这两点的曲线方程为 $y=y(x)$，$z=z(x)$，它们满足

$$\phi(x,y,z)=0 \tag{2.7}$$

那么该曲线的长度为

$$L[y,z]=\int_{x_1}^{x_2}\sqrt{1+y'^2+z'^2}\,\mathrm{d}x \tag{2.8}$$

因此，短程线问题所对应的变分问题为：在连接 $A(x_1, y_1, z_1)$ 和 $B(x_2, y_2, z_2)$ 而且满足 $\phi(x, y, z)=0$ 的光滑曲线 $y=y(x), z=z(x)$ 中，找到其中的一条，使得泛函 $L[y, z]$ 取到极小值。

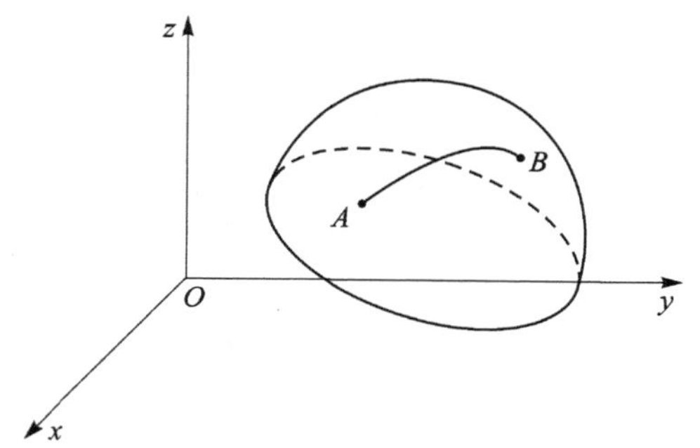

图 2.3　短程线问题

和前面速降线问题不同的是，这里的自变函数 $y=y(x), z=z(x)$ 不是自由的，它们受到代数关系式(2.7)的限制，因此短程线的变分问题对应的是一个泛函条件极值问题，约束条件式(2.7)称为泛函式(2.8)的约束方程。

2.1.2　泛函和泛函极值

变分法是研究求解泛函极值的方法，所谓变分问题就是求泛函的极值问题。泛函是函数概念的一种扩充，求泛函极值的方法与求函数极值的方法有许多类似之处。

1. 泛函的概念

具有某种共同性质的函数构成的集合称为类函数，常见的类函数有：

在开区间 (x_0, x_1) 内连续的函数集，称为在区间 (x_0, x_1) 上的连续函数类，记为 $C(x_0, x_1)$。

在闭区间 $[x_0, x_1]$ 内连续的函数集，称为在区间 $[x_0, x_1]$ 上的连续函数类，记为 $C[x_0, x_1]$。

设 $F=y(x)$ 是给定的某一类函数，$\mathbf{R}$ 为实数集合。如果对于类函数 F 中的每一个函数 $y(x)$，在 $\mathbf{R}$ 中变量 J 都有一个确定的数值按照一定的规律与之对应，则 J 称为类函数 F 中函数 $y(x)$ 的泛函，记为 $J=J[y(x)]$。函数 $y(x)$ 称为泛函 J 的宗量。类函数 F 称为泛函 J 的定义域。加在宗量函数上的条件称为容许条件。属于定义域的宗量函数称为容许函数。换句话说，泛函是以类函数为定义域的实值函数。

对于泛函 J，如果对于泛函定义域中任意两个函数 $y_1(x)$ 和 $y_2(x)$，满足线性叠加原理，即始终成立

$$J[ay_1(x)+by_2(x)]=aJ[y_1(x)]+bJ[y_2(x)]$$
$$J[cy(x)]=cJ[y(x)]$$

其中，a、b、c 为任意实数。那么，称泛函 J 为定义域上的线性泛函。

由泛函的上述概念可知，泛函的值是数，所依赖的自变量是函数，泛函是变量与函数的对应关系，是一种广义的函数。而函数的值与它所依赖的自变量都是数，函数是变量与变量的对应关系。这是泛函与函数的基本区别。

另外，复合函数依赖于自变量 x，当 x 的值给定后，就能计算出复合函数的一个相应值。而泛函则依赖于函数 $y(x)$，泛函的值既不取决于自变量 x 的某一个值，也不取决于函数$y(x)$的某个值，而是取决于类函数 F 中 $y(x)$与 x 的函数关系，即泛函依赖于整个函数 $y(x)$和 x 的某个区间，这是泛函与复合函数的基本区别。

2. 泛函的变分

变分在泛函中的作用如同微分在函数研究中的作用一样，因此，在给出泛函的变分之前，先看看函数的微分概念。

对于一个足够光滑的函数 $y=f(x)$，在某一点 x 附近作泰勒展开：

$$f(x+\Delta x)=f(x)+f'(x)\Delta x+r(x,\Delta x)$$

那么其增量

$$\Delta y=f(x+\Delta x)-f(x)=f'(x)\Delta x+r(x,\Delta x) \tag{2.9}$$

等号右边第 1 项是 Δx 的线性函数，第 2 项是 Δx 的高阶无穷小量。当 Δx 充分小时，第 1 项起主要作用，为函数 Δy 增量的线性主部，所以称 $\mathrm{d}y=f'(x)\Delta x$ 为函数 y 的微分。

由此给出函数的变分和泛函的变分概念。

在同一定义域上的两个函数 $y(x)$，$y_0(x)$，若彼此任意接近，那么 $y(x)$与 $y_0(x)$之差$\delta y(x)=y(x)-y_0(x)$称为函数 $y(x)$的变分。

显然函数变分 δy 也是关于 x 的函数，它和函数的增量 Δy 是有差别的。如图 2.4 所示，如果给函数 $y(x)$一个变分 δy，新的函数记为 $\bar{y}(x)=y(x)+\delta y(x)$。变分 δy 反映了整个函数的变化，而函数增量 Δy 反映的是同一个函数由于自变量的取值不同所引起的变化。

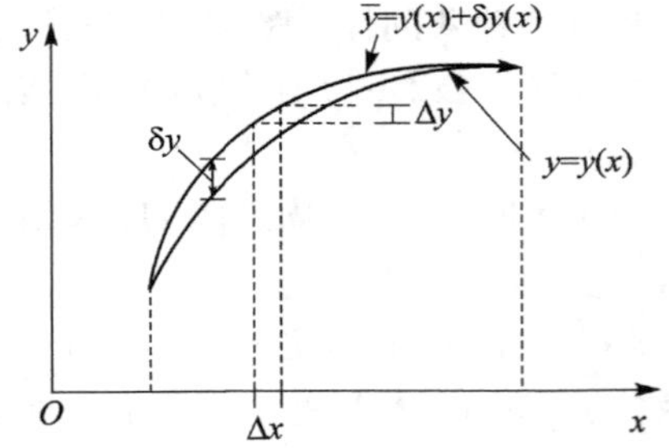

图 2.4　变分 δy 和函数的增量 Δy

由于变分 δy 的存在，必然引起泛函 $J[y]$的数值发生变化，新的泛函记为 $J[y+\delta y]$，则变分 δy 所引起的泛函增加量表示为

$$\Delta J=J[y+\delta y]-J[y]$$

如果可以展开为

$$\Delta J=L[y,\delta y]+r[y,\delta y] \tag{2.10}$$

其中，$L[y,\delta y]$是关于 δy 的线性泛函，$r[y,\delta y]$是关于 δy 的高阶无穷小。那么，称 $\delta J=L[y,\delta y]$为泛函 $J[y]$的一阶变分。在不引起混淆时，把一阶变分称为泛函的变分。泛函的变分就是泛函增量的线性主部。当一个泛函具有变分时，也称该泛函可微。如同函数的微分一样，泛函的变分可以利用求导方法来确定。

当变分 δy 存在时，由式(2.10)可知，增量

$$\Delta J = J[y+\alpha\delta y]-J[y]=L(y,\alpha\delta y)+r(y,\alpha\delta y)$$

其中，$0\leqslant\alpha\leqslant1$。

根据线性泛函 L 和高阶无穷小 r 的性质，有

$$L(y,\alpha\delta y)=\alpha L(y,\delta y)$$

$$\lim_{\alpha\to0}\frac{r(x(t),\alpha\delta x)}{\alpha}=\lim_{\alpha\to0}\frac{r(x(t),\alpha\delta x)}{\alpha\delta x}\delta x=0$$

所以

$$\begin{aligned}\frac{\partial}{\partial\alpha}J[y+\alpha\delta y]|_{\alpha=0}&=\lim_{\alpha\to0}\frac{J[y+\alpha\delta y]-J[y]}{\alpha}\\&=\lim_{\alpha\to0}\frac{L[y+\alpha\delta y]+r[y+\alpha\delta y]}{\alpha}\\&=L[y,\delta y]\\&=\delta J[y]\end{aligned}$$

即

$$\delta J[y]=\frac{\partial}{\partial\alpha}J[y+\alpha\delta y]|_{\alpha=0}\tag{2.11}$$

式(2.11)是泛函变分的一个重要形式。它的意义是，有时可以用对泛函导数的研究来替代对泛函变分的研究，更便于泛函变分的计算。

变分符号 δ 不仅可以表示当自变量 x 取某一定值时函数的微小改变，同样也可以表示当 x 取某一定值时函数的导数的改变。如果函数 $y(x)$ 与另一函数 $y_0(x)$ 都可导，则函数的变分 δy 有以下性质：

$$\delta y'=y'(x)-y_0'(x)=[y(x)-y_0(x)]'=(\delta y)'$$

由此得到变分符号 δ 与导数符号 $\frac{\mathrm{d}}{\mathrm{d}x}$ 之间的关系：

$$\delta\frac{\mathrm{d}y}{\mathrm{d}x}=\frac{\mathrm{d}}{\mathrm{d}x}\delta y$$

即函数导数的变分等于函数变分的导数。换句话说，求变分与求导数这两种运算次序可以交换。

泛函的变分具有以下性质：

① $\delta(J_1+J_2)=\delta J_1+\delta J_2$

② $\delta(J_1J_2)=J_1\delta J_2+J_1\delta J_2$

③ $\delta(J^n)=nJ^{n-1}\delta J$

④ $\delta\left(\frac{J_1}{J_2}\right)=\frac{\delta J_1}{J_2}-\frac{J_1\delta J_2}{J_2^2}$

⑤ $\delta(J^{(n)})=\delta J^{(n)}$

⑥ $\delta\int_a^b J(x,y,y')\mathrm{d}x=\int_a^b\delta J(x,y,y')\mathrm{d}x$

⑦ $\delta\int_a^b J(x,y_1,y_2,\cdots,y_n,y_1',y_2',\cdots,y_n')\mathrm{d}x=\int_a^b\sum_{i=1}^n\left[\frac{\partial J}{\partial y_i}\delta y_i+\frac{\partial J}{\partial y_i'}\delta y_i'\right]\mathrm{d}x$

其中，$y(x)$是宗量，J、J_1、J_2 均为合适的泛函。

这些性质表明，求泛函变分可以用类似复合函数求微分的方式进行。泛函和函数的几何解释如图 2.5 所示，泛函和函数的对应关系如表 2.1 所列。

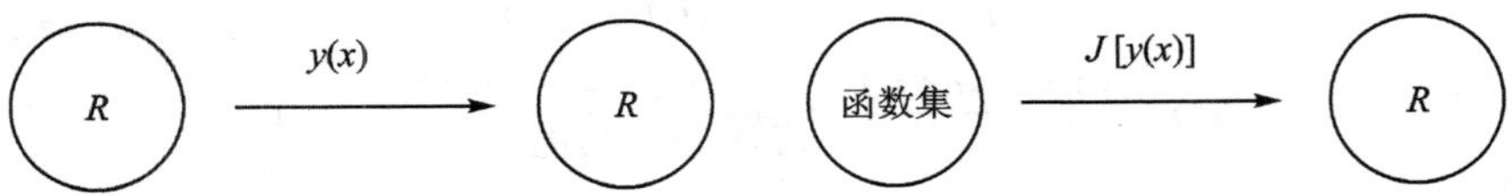

图 2.5 泛函和函数的几何解释

表 2.1 泛函和函数的对应关系

函数	$y(x)$	泛函	$J[y(x)]$
自变量	x	宗量	$y(x)$
自变量的增量	Δx	宗量的变分	δy
函数的微分	$\mathrm{d}y$	泛函的变分	δJ

3. 泛函的极值

(1) 变分引理

变分引理： 设 $y(x)$是定义在区间$[x_0,x_1]$上的连续函数，$\eta(x)$为定义在同一区间上的一阶连续可微的任意函数，且满足

$$\eta(x_0)=\eta(x_1)=0 \tag{2.12}$$

若对于任何这样的 $\eta(x)$均有

$$\int_{x_0}^{x_1} y(x)\eta(x)\,\mathrm{d}x=0 \tag{2.13}$$

成立，那么在$[x_0,x_1]$上必有 $y(x)\equiv 0$。

证明： 用反证法。假设 $y(x)$在某点 $\xi\in[x_0,x_1]$处不等于 0，不妨设 $y(\xi)>0$。由于$y(x)$是连续函数，可知一定存在 $\varepsilon>0$，使

$$y(x)>0,\quad x\in[\xi-\varepsilon,\xi+\varepsilon]\subset[x_0,x_1]$$

这样总可以构造下面一个连续函数 $\eta(x)$，即

$$\eta(x)=\begin{cases}(x-\alpha)^2(\beta-x)^2, & x\in(\alpha,\beta)\\ 0, & x\notin(\alpha,\beta)\end{cases}$$

其中，$\alpha=\xi-\varepsilon$，$\beta=\xi+\varepsilon$。显然 $\eta(x)$在区间$[x_0,x_1]$上一阶连续可微。因为 $x_0\notin(\alpha,\beta)$，$x_1\notin(\alpha,\beta)$，有 $\eta(x_0)=\eta(x_1)=0$，所以，满足条件式(2.12)。

但是，

$$\int_{x_0}^{x_1} y(x)\eta(x)\mathrm{d}x=\int_{\alpha}^{\beta} y(x)\left[(x-\alpha)^2(\beta-x)^2\right]\mathrm{d}x>0$$

与引理条件矛盾，所以对于任意的 $x\in[x_0,x_1]$都有

$$y(x)\equiv 0$$

以上结果容易推广到二维或更高维的情形。

(2) 泛函极值定理

如果泛函 $J[y]$ 在 $y=y^*(x)$ 的一阶 ε 邻域内都不大(小)于 $J[y^*]$,那么称泛函 $J[y]$ 在 $y=y^*(x)$ 有极大(小)值。也就是说

$$J[y]\leqslant J[y^*](\text{极大}) \quad \text{或} \quad J[y]\geqslant J[y^*](\text{极小})$$

使取到极值的函数称为极值函数。

泛函极值定理:如果泛函 $J[y]$ 在 $y=y^*(x)$ 上达到极值,那么泛函在 $y=y^*(x)$ 上的一阶变分 δJ 满足

$$\delta J=0$$

证明:根据泛函极值的定义,如果泛函 $J[y]$ 在 $y=y^*(x)$ 上达到极大值,那么必定存在 $y^*(x)$ 的一个邻域,对于该邻域内的任何一个函数 $y(x)$,使得泛函的增量 $\Delta J=J[y_0]-J[y]$ 不变号,由于 $\Delta J=L[y,\delta y]+r[y,\delta y]$,$\delta J=L[y,\delta y]$ 为泛函 $J[y]$ 的一阶变分。而 $\delta J[y]=\frac{\partial}{\partial\alpha}J[y+\alpha\delta y]\big|_{\alpha=0}$,显然当 α 充分小时,ΔJ 的符号由 δJ 部分确定。如果 $\delta J\neq 0$,总是可以调整 α 的符号使得 ΔJ 改变符号,这与假设矛盾。因此 $\delta J=0$ 是泛函有极值的必要条件。

2.1.3 泛函极值的变分问题

为简单起见,下面仅考虑拉格朗日问题的泛函,即

$$J[y(x)]=\int_{x_0}^{x_1}L(x,y,y')\mathrm{d}x \tag{2.14}$$

其中,$L(x,y,y')$ 三阶可微。

1. 欧拉方程

变分法总是从推导泛函极值的必要条件开始。本节将根据 2.1.2 节中给出的泛函及其变分和泛函极值的概念,在变分引理和泛函极值定理的基础上,获得无约束情况下固定边界拉格朗日问题的泛函极值必要条件——欧拉方程。

对于无约束的拉格朗日泛函极值问题式(2.14),假设容许函数 $y(x)$ 在边界上是给定的,即边界条件 $y(x_0)=y_0$,$y(x_1)=y_1$。当取到极值时,由极值定理可知,必须满足泛函取极值的必要条件 $\delta J=0$。

下面计算式(2.14)的变分。

取以实数 α 为参数的一系列容许曲线 $\bar{y}(x)=y(x)+\alpha\delta y$,其中 δy 为宗量 $y(x)$ 的变分,有

$$J[\bar{y}(x)]=\int_{x_0}^{x_1}L(x,\bar{y},\bar{y}')\mathrm{d}x$$

因此,

$$\begin{aligned}\delta J &= \frac{\partial}{\partial \alpha} J\,[y+\alpha\delta y]\,\Big|_{\alpha=0} \\ &= \int_{x_0}^{x_1} \frac{\partial}{\partial \alpha} L(x,\bar{y},\bar{y}')\,\mathrm{d}x \,\Big|_{\alpha=0} \\ &= \int_{x_0}^{x_1} \left[\frac{\partial L}{\partial \bar{y}}\frac{\partial \bar{y}}{\partial \alpha} + \frac{\partial L}{\partial \bar{y}'}\frac{\partial \bar{y}'}{\partial \alpha}\right]\Big|_{\alpha=0} \mathrm{d}x \\ &= \int_{x_0}^{x_1} \left[\frac{\partial L}{\partial y}\delta y + \frac{\partial L}{\partial y'}\delta y'\right] \mathrm{d}x \end{aligned} \tag{2.15}$$

利用分部积分法，有

$$\begin{aligned}\int_{x_0}^{x_1} \frac{\partial L}{\partial y'}\delta y'\,\mathrm{d}x &= \int_{x_0}^{x_1} \frac{\mathrm{d}}{\mathrm{d}x}\left(\frac{\partial L}{\partial y'}\delta y\right)\mathrm{d}x - \int_{x_0}^{x_1} \frac{\mathrm{d}}{\mathrm{d}x}\left(\frac{\partial L}{\partial y'}\right)\delta y\,\mathrm{d}x \\ &= \left(\frac{\partial L}{\partial y'}\delta y\right)\Big|_{x_0}^{x_1} - \int_{x_0}^{x_1} \frac{\mathrm{d}}{\mathrm{d}x}\left(\frac{\partial L}{\partial y'}\right)\delta y\,\mathrm{d}x \end{aligned} \tag{2.16}$$

把式(2.16)代入式(2.15)得

$$\begin{aligned}\delta J &= \int_{x_0}^{x_1} \left[\frac{\partial L}{\partial y}\delta y + \frac{\partial L}{\partial y'}\delta y'\right]\mathrm{d}x \\ &= \left(\frac{\partial L}{\partial y'}\delta y\right)\Big|_{x_0}^{x_1} + \int_{x_0}^{x_1} \left[\frac{\partial L}{\partial y} - \frac{\mathrm{d}}{\mathrm{d}x}\left(\frac{\partial L}{\partial y'}\right)\right]\delta y\,\mathrm{d}x \end{aligned} \tag{2.17}$$

因为边界固定，所以$\delta y\,|_{x=x_1} = \delta y\,|_{x=x_0} = 0$，这就意味着需要

$$\frac{\partial L}{\partial y} - \frac{\mathrm{d}}{\mathrm{d}x}\left(\frac{\partial L}{\partial y'}\right) = 0 \tag{2.18}$$

才可以保证 $\delta J = 0$。

式(2.18)就是该无约束情况下固定边界拉格朗日问题的泛函极值必要条件——欧拉方程。

通过欧拉方程，变分问题(泛函的极值问题)转变成了微分方程(常微分方程或偏微分方程)的求解问题。但是，一般情况下要求得欧拉方程的解析解是十分困难的。

例 2.1 图 2.6 给出了平面上任意两点 $A(x_0, y_0)$ 和 $B(x_1, y_1)$，若连接这两点的任意曲线为 $y=y(x)$，则其弧长由

$$L[y(x)] = \int_{x_0}^{x_1} \sqrt{1+y'^2}\,\mathrm{d}x \tag{2.19}$$

决定。连接 A，B 两点的曲线有无数条，并有与它一一对应的弧长 L，本问题是要在这样的曲线中求出使得弧长 L 最短的一条。

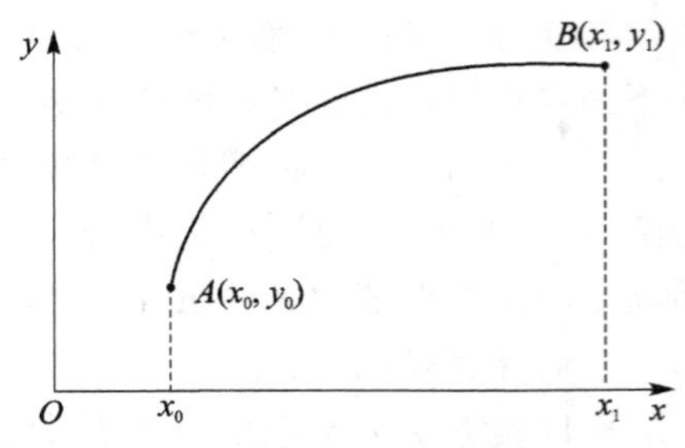

图 2.6 最短路线问题

通过本例可以建立两个概念：

① 弧长 L 随着 $y(x)$ 改变，即 $L=L[y(x)]$，弧长是函数 $y(x)$ 的函数，称 L 是 $y(x)$ 的泛函，L 的自变量是函数 $y(x)$；

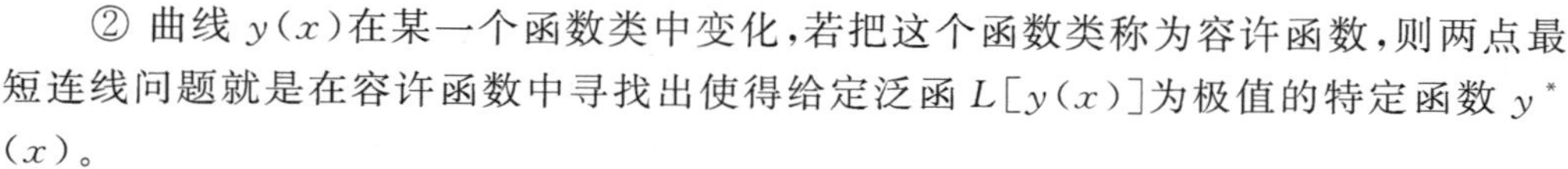

② 曲线 $y(x)$ 在某一个函数类中变化，若把这个函数类称为容许函数，则两点最短连线问题就是在容许函数中寻找出使得给定泛函 $L[y(x)]$ 为极值的特定函数 $y^*(x)$。

现在，考虑最短连线问题：当 $y(x_0)=y_0, y(x_1)=y_1$ 时，求令泛函

$$J[y(x)]=L[y(x)]=\int_{x_0}^{x_1}\sqrt{1+y'^2}\,\mathrm{d}x$$

取极小的极值曲线 y^*。

解： 将本例泛函与拉格朗日问题的泛函式(2.14)对应，有 $L=\sqrt{1+y'^2}$。显然 L 与 y 无关，所以，$\dfrac{\partial L}{\partial y}=0$。欧拉方程简化为 $\dfrac{\mathrm{d}}{\mathrm{d}x}\left(\dfrac{\partial L}{\partial y'}\right)=0$。因此，$\dfrac{\partial L}{\partial y'}$ 需要是一常数。

因为 $\dfrac{\partial L}{\partial y'}=(1+y'^2)^{-\frac{1}{2}}y'=\sqrt{\dfrac{y'^2}{1+y'^2}}$，所以，$y'$ 必须是常数，相应的有 $y=c_1x+c_2$，其中，c_1, c_2 为积分常数。

利用边界条件 $y(x_0)=y_0, y(x_1)=y_1$，可得 $y_0=c_1x_0+c_2, y_1=c_1x_1+c_2$，进而确定出 $c_1=\dfrac{y_1-y_0}{x_1-x_0}, c_2=\dfrac{y_0x_1-y_1x_0}{x_1-x_0}$，所以

$$y^*=\left(\frac{y_1-y_0}{x_1-x_0}\right)x+\left(\frac{y_0x_1-y_1x_0}{x_1-x_0}\right)$$

因此，有一条通过边界点的直线是极值曲线。也就是说，两点间的最短连线只能在直线上实现。

2. 横截条件

在推导上述欧拉方程时，假定端点是固定的，即泛函的积分限固定不变。但在许多实际问题中，泛函的积分限既可以固定，也可以待定。如果容许函数的一个或两个端点并不通过预先给定的点，而是须由变分才能确定，这样的端点称为可动端点。对于一元函数来说，端点和边界具有同样的含义，所以上述端点也可称为可动边界，有时也称待定边界。容许函数的两个端点就是泛函积分的上下限。下面就来讨论可动边界的变分问题。

对于泛函式(2.14)，假设其两个端点 $A(x_0, y_0)$、$B(x_1, y_1)$ 分别在两个给定的类函数 $y=\varphi(x)$ 与 $y=\psi(x)$ 上移动，如图 2.7 所示。若函数 $y=y(x)$ 能在可动边界的容许函数类中使得泛函式(2.14)取得极值，那么必然能在固定边界的容许函数类中使泛函取得极值。这是因为可动边界泛函的容许曲线类的范围扩大了，而在固定边界情况下使得泛函取得极值的函数必须满足欧拉方程，因此，函数 $y=y(x)$ 在可动边界情况下也应当满足欧拉方程式(2.18)。

欧拉方程的解含有两个任意常数，它的一般形式为

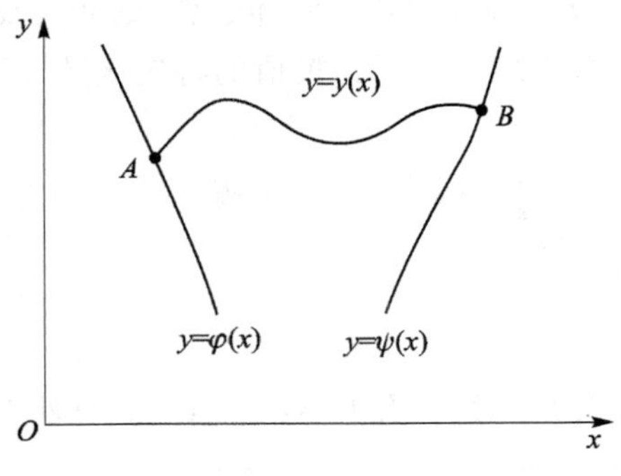

图 2.7 两端点可移动的曲线

$$y=y(x,c_1,c_2)$$

在端点固定的情况下，这两个常数可由边界条件 $y_0=y(x_0)$ 和 $y_1=y(x_1)$ 确定。而在可动边界条件下，它们都是 x_0 和 x_1 的函数，且 x_0 和(或)x_1 也是待定的。确定它们的条件仍旧是泛函取得极值的必要条件 $\delta J=0$。

对于端点可变的情况，为了使由式(2.17)给出的变分 δJ 等于 0，在满足欧拉方程后，可知还需要有

$$\left(\frac{\partial L}{\partial y'}\delta y\right)\bigg|_{x_0}^{x_1}=0 \tag{2.20}$$

成立。

式(2.20)一般称为横截条件。

首先考虑左端点 $A(x_0,y_0)$ 固定，右端点 $B(x_1,y_1)$ 可动的情况。

当泛函 J 在固定端点 $A(x_0,y_0)$ 时，$\delta y\big|_{x=x_0}=0$，所以式(2.20)变为

$$\left(\frac{\partial L}{\partial y'}\delta y\right)\bigg|_{x=x_1}=L\big|_{x=x_1}\delta x_1+\left(\frac{\partial L}{\partial y'}\right)\delta y\bigg|_{x=x_1}=0 \tag{2.21}$$

注意，一般情况下，$\delta y\big|_{x=x_1}\neq\delta y_1$。这是因为 δy_1 是可变端点 $B(x_1,y_1)$ 移动到点 $C(x_1+\delta x_1,y_1+\delta y_1)$ 的增量，而 $\delta y\big|_{x=x_1}$ 则是当通过 $A(x_0,y_0)$ 和 $B(x_1,y_1)$ 两点的极值曲线移动到通过 $A(x_0,y_0)$ 和 $C(x_1+\delta x_1,y_1+\delta y_1)$ 两点的极值曲线时，在点 x_1 处纵坐标的增量。如图 2.8 所示，BD 段表示 $\delta y\big|_{x=x_1}$，FC 段表示 δy_1。

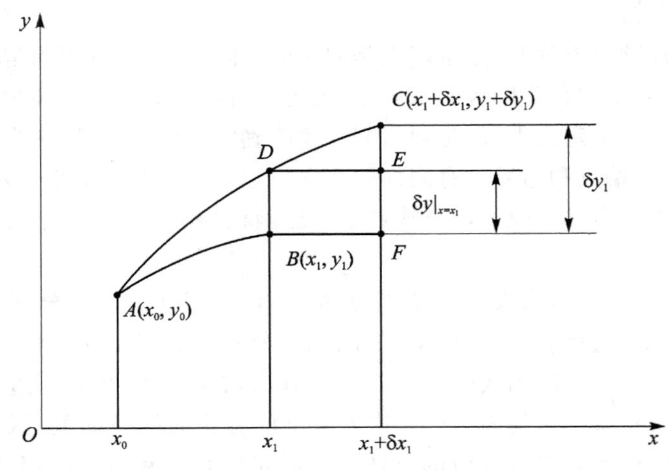

图 2.8 变分 $\delta y\big|_{x=x_1}$ 和 δy_1 的几何意义

由图 2.8 不难发现，

$$\delta y|_{x=x_1}=\delta y_1-y'(x_1)\delta x_1 \tag{2.22}$$

将式(2.22)代入式(2.21),在点 A 固定、点 B 可动情况下的横截条件可以具体化为

$$L|_{x=x_1}\delta x_1+L_{y'}(\delta y_1-y'(x_1)\delta x_1)=0$$

即

$$(L-L_{y'}y')|_{x=x_1}\delta x_1+L_{y'}|_{x=x_1}\delta y_1=0 \tag{2.23}$$

成立。

不妨假设 δx_1 与 δy_1 相互无关,则由式(2.23)可得

$$\begin{cases}(L-L_{y'}y')|_{x=x_1}=0\\ L_{y'}|_{x=x_1}=0\end{cases} \tag{2.24}$$

当然,若是当 δx_1 与 δy_1 有关,可将式(2.24)的第 2 个式子带入第 1 个式子,有 $L|_{x=x_1}=0$,这就意味着泛函的被积函数为 0。这样的情形只是变分问题中的一个特例,通常可以不予考虑。

下面考虑点 A 固定、点 B 可动时,点 B 运动的几种特殊情况:

① 当点 B 在直线 $x=x_1$ 上待定,即点 B 沿着直线 $x=x_1$ 移动,则有 $\delta x_1=0$,而 δy_1 任意。此时横截条件仅仅是式(2.24)的第 2 个式子,即

$$L_{y'}|_{x=x_1}=0 \tag{2.25}$$

② 当点 B 在已知曲线 $y=\psi(x)$上待定,则点 B 在 $x=x_1$ 处必须满足

$$[L+L_{y'}(\psi'-y')]|_{x=x_1}=0 \tag{2.26}$$

这是因为对 $y=\psi(x)$取变分有 $\delta y=\psi'(x)\delta x$,点 B 在右端点 $x=x_1$,$y=y_1$,由式(2.22)可得 $[L+L_{y'}(\psi'-y')]|_{x=x_1}\delta x_1=0$,因为 δx_1 是任意的,所以需式(2.26)成立。

式(2.26)建立了极值曲线 $y=y(x)$与已知曲线 $y=\psi(x)$在交点 B 处的 y'与 ψ' 两斜率之间的关系,因此称为横截条件或斜截条件。

由此,可以很方便地得到左端点 $A(x_0,y_0)$可动时的横截条件。

① 当左端点 A 在已知曲线 $y=\varphi(x)$上待定,则点 A 在 $x=x_0$ 处必须满足

$$[L+L_{y'}(\varphi'-y')]|_{x=x_0}=0 \tag{2.27}$$

② 当曲线 $y=\varphi(x)$是一条直线,且平行于 y 轴,即 $x=x_0$ 是常数,点 A 在直线 $x=x_0$ 上待定,此时横截条件为

$$L_{y'}|_{x=x_0}=0 \tag{2.28}$$

在当 $A(x_0,y_0)$固定;$B(x_1,y_1)$固定,$A(x_0,y_0)$不固定;$A(x_0,y_0)$和 $B(x_1,y_1)$都不固定,这三种情况下对应的横截条件的几种特殊情况分别如表 2.2、表 2.3、表 2.4 所列。

表 2.2　当 $A(x_0, y_0)$ 固定时，横截条件的几种特殊情况

<table>
<tr><th>$A(x_0, y_0)$</th><th colspan="2">$B(x_1, y_1)$</th><th>横截条件</th></tr>
<tr><td rowspan="4">固定</td><td colspan="2">固定</td><td>$y(x_0)=y_0$，　$y(x_1)=y_1$</td></tr>
<tr><td rowspan="3">不固定</td><td>x_1 不固定
（在直线 $x=x_1$ 上）</td><td>$L_{y'}\big|_{x=x_1}=0$
$y(x_0)=y_0$</td></tr>
<tr><td>x_1 不固定
（在曲线 $y=\psi(x)$上）</td><td>$[L+L_{y'}(\psi'-y')]\big|_{x=x_1}=0$
$y(x_0)=y_0$</td></tr>
<tr><td>自由</td><td>$(L-L_{y'}y')\big|_{x=x_1}=0$
$L_{y'}\big|_{x=x_1}=0$
$y(x_0)=y_0$</td></tr>
</table>

表 2.3　当 $B(x_1, y_1)$ 固定，$A(x_0, y_0)$ 不固定时，横截条件的几种特殊情况

<table>
<tr><th>$A(x_0, y_0)$</th><th>$B(x_1, y_1)$</th><th>横截条件</th></tr>
<tr><td>x_0 不固定
（在直线 $x=x_0$ 上）</td><td rowspan="3">固定</td><td>$L_{y'}\big|_{x=x_0}=0$
$y(x_1)=y_1$</td></tr>
<tr><td>x_0 不固定
（在曲线 $y=\varphi(x)$上）</td><td>$[L+L_{y'}(\varphi'-y')]\big|_{x=x_0}=0$
$y(x_1)=y_1$</td></tr>
<tr><td>自由</td><td>$(L-L_{y'}y')\big|_{x=x_0}=0$
$L_{y'}\big|_{x=x_0}=0$
$y(x_1)=y_1$</td></tr>
</table>

表 2.4　当 $A(x_0, y_0)$ 和 $B(x_1, y_1)$ 都不固定时，横截条件的几种特殊情况

<table>
<tr><th>$A(x_0, y_0)$</th><th>$B(x_1, y_1)$</th><th>横截条件</th></tr>
<tr><td rowspan="2">x_0 不固定
（在直线 $x=x_0$ 上）</td><td>x_1 固定
（在直线 $x=x_1$ 上）</td><td>$L_{y'}\big|_{x=x_0}=0$
$L_{y'}\big|_{x=x_1}=0$</td></tr>
<tr><td>x_1 不固定
（在曲线 $y=\psi(x)$上）</td><td>$L_{y'}\big|_{x=x_0}=0$
$[L+L_{y'}(\psi'-y')]\big|_{x=x_1}=0$</td></tr>
</table>

例 2.2　求图 2.7 所示的平面上两条已知曲线的最短距离。

解：该问题可以归结为求泛函 $J[y(x)]=\int_{x_0}^{x_1}\sqrt{1+y'^2}\,\mathrm{d}x$ 的极小值。约束条件

是，极值曲线的左端点在 $y=\varphi(x)$ 上待定，而右端点在已知曲线 $y=\psi(x)$ 上待定。此时由于被积函数只是 y' 的函数，因此泛函的欧拉方程通解是直线 $y=c_1x+c_2$，其中，c_1 和 c_2 是待定的任意常数，且 $y'=c_1$。在两条已知曲线上，欧拉方程的通解是

$$\begin{cases} c_1x_0+c_2=\varphi(x_0) \\ c_1x_1+c_2=\psi(x_1) \end{cases}$$

式中，x_0 是泛函极值曲线与函数 $y=\varphi(x)$ 的交点，x_1 是泛函极值曲线与函数 $y=\psi(x)$ 的交点。

根据横截条件 $[L+L_{y'}(\psi'-y')]\big|_{x=x_1}=0$ 和 $[L+L_{y}{}'(\varphi'-y')]\big|_{x=x_0}=0$，有

$$\begin{cases} \left[\sqrt{1+y'^2}+(\varphi'-y')\dfrac{y'}{\sqrt{1+y'^2}}\right]\Bigg|_{x=x_0}=0 \\ \left[\sqrt{1+y'^2}+(\psi'-y')\dfrac{y'}{\sqrt{1+y'^2}}\right]\Bigg|_{x=x_1}=0 \end{cases}$$

将 $y'=c_1$ 带入上面两式，简化得

$$\begin{cases} 1+\varphi'(x_0)c_1=0 \\ 1+\psi'(x_1)c_1=0 \end{cases} \tag{2.29}$$

这说明极值曲线与两条已知曲线分别正交，即两条不相交的曲线之间的距离为公垂线的长度，横截条件化为正交条件。因此，可以得到含有四个未知数 x_0，x_1，c_1，c_2 的方程组，即

$$\begin{cases} c_1x_0+c_2=\varphi(x_0) \\ c_1x_1+c_2=\psi(x_1) \\ 1+\varphi'(x_1)c_1=0 \\ 1+\psi'(x_1)c_1=0 \end{cases} \tag{2.30}$$

解方程式(2.30)可以把四个未知数确定出来，然后可以确定极值曲线的具体形式，并可以求出两已知曲线的最小距离。

另外，由式(2.29)可知，$\varphi'(x_0)=\psi'(x_1)$，这表明两个交点处的已知曲线切线的斜率相等，即两条切线相互平行。

如图 2.9 所示，(a)与(b)中两条曲线距离最短时，其两条切线相互平行，图 2.9(c)中两条曲线最终相交，最短距离为 0。

3. 条件极值的变分问题

前面讨论变分问题的极值时，除了边界点之外，没有对函数 $y(x)$ 做其他的附加限制。但是在自然科学和工程技术中遇到的变分问题，多数是带有附加约束条件的极值问题，如短程线问题、最优控制问题等。

所谓条件极值的变分问题，就是在泛函所依赖的函数上添加一些约束条件来求泛函的极值条件，也就是说，$y(x)$ 只能在容许函数类中选取。

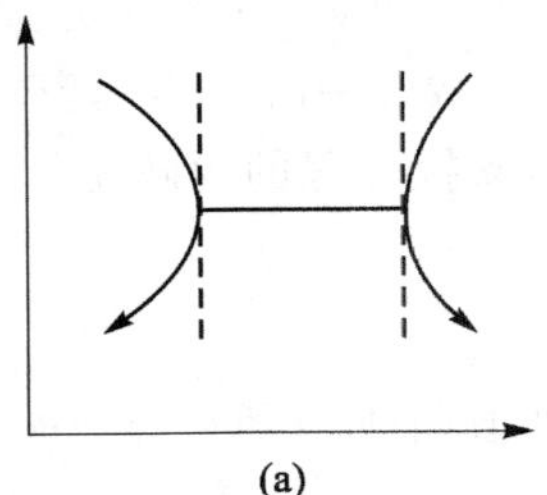
(a)

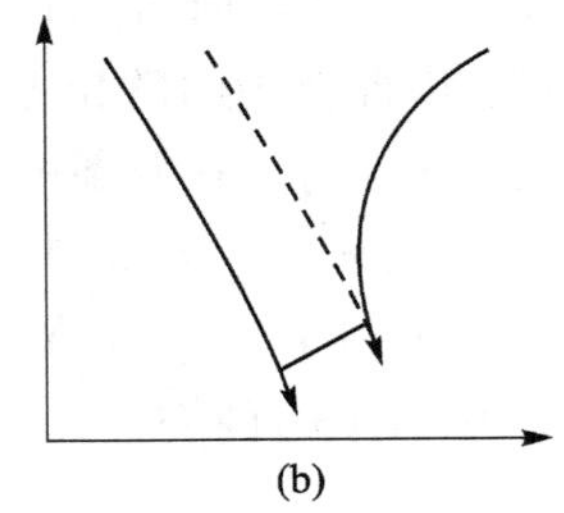
(b)

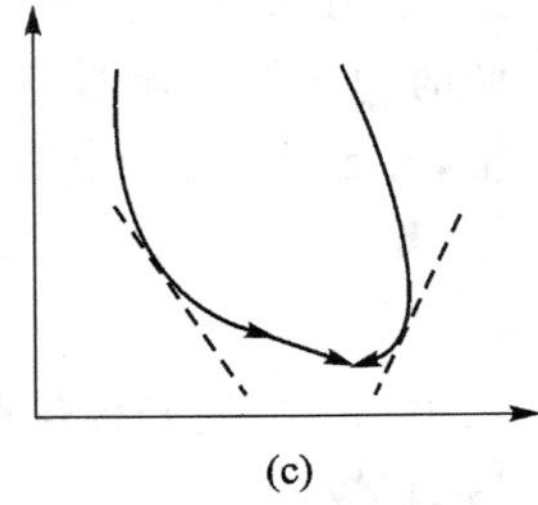
(c)

图 2.9　平面上两条已知曲线的最短距离示意图

在经典变分法中，常常使用拉格朗日(Lagrange)乘子法将有约束的泛函极值问题转化为无约束的泛函极值问题，从而在推导欧拉方程和横截条件时，没有增加新的困难。

拉格朗日(Lagrange)乘子法的基本思想是：针对泛函 $J[y]$ 和约束条件 $f(y)=0$，为了使得 $J[y]$ 在约束 $f(y)=0$ 下的极值问题与新泛函 $\bar{J}[y,\lambda]$ 的无约束极值问题相当，$\bar{J}[y,\lambda]$ 应满足如下两个条件：

① 泛函 $\bar{J}[y,\lambda]$ 对变量 λ 的欧拉方程为 $f(y)=0$；

② 在满足约束条件 $f(y)=0$ 时，$\bar{J}[y,\lambda]=J[y]$。

下面仍旧考虑拉格朗日问题的泛函 $J[y(x)]=\int_{x_0}^{x_1}L(x,y,y')\mathrm{d}x$，讨论几种常见的约束形式。

(1) 代数等式约束

假设约束条件是

$$f(x,y)=\begin{bmatrix} f_1(x,y) \\ f_2(x,y) \\ \vdots \\ f_m(x,y) \end{bmatrix}=0 \tag{2.31}$$

用拉格朗日乘子法，则该有约束的泛函极值问题等价于泛函

$$\bar{J}[y,\lambda]=\int_{x_0}^{x_1}\bar{L}(x,y,y',\lambda)\mathrm{d}x \tag{2.32}$$

的无约束极值问题，其中

$$\bar{L}(x,y,y',\lambda)=L(x,y,y')+\lambda^{\mathrm{T}}f(x,y) \tag{2.33}$$

这里 $\lambda^{\mathrm{T}}(x)=[\lambda_1(x),\lambda_2(x),\cdots,\lambda_m(x)]$，其中 λ 是拉格朗日乘子，它是 x 的函数。

通常称 $\bar{J}[y,\lambda]$为辅助泛函或增广泛函，$\bar{L}(x,y,y',\lambda)$为辅助被积函数。

显然，

① 泛函 $\bar{J}[y,\lambda]$相对于 λ 的欧拉方程为

$$\frac{\partial \bar{L}}{\partial \lambda}-\frac{\mathrm{d}}{\mathrm{d}x}\left(\frac{\partial \bar{L}}{\partial \lambda'}\right)=f(x,y)=0$$

即约束方程式(2.31)。

② 因为在满足约束条件式(2.31)时，式(2.33)的等号右边第 2 项为 0，所以 $\bar{L}(x,y,y',\lambda)=L(x,y,y')$。

如此，泛函 $J[y]$ 在约束条件 $f(y)=0$ 下的极值问题可以通过引入辅助泛函式(2.32)和辅助被积函数式(2.33)转化为新泛函 $\bar{J}[y,\lambda]$ 的无约束极值问题。

现在来分析泛函 $\bar{J}[y,\lambda]$ 取极值的必要条件。

$$\begin{aligned}\delta\bar{J}&=\int_{x_0}^{x_1}[L(x,y,y')+\lambda^{\mathrm{T}}f(x,y)]\,\mathrm{d}x\\&=\int_{x_0}^{x_1}\left\{\left(\frac{\partial L}{\partial y}+\lambda^{\mathrm{T}}(x)\frac{\partial f}{\partial y}\right)\delta y+\left(\frac{\partial L}{\partial y'}\right)\delta y'+(f^{\mathrm{T}})\delta\lambda(x)\right\}\mathrm{d}x\end{aligned}$$

经过同 2.1.3 的第 1、2 节中相似的处理，并考虑泛函极值必要条件 $\delta\bar{J}=0$ 和 $\delta y(x_0)=\delta y(x_1)=0$，有

$$\delta\bar{J}=\int_{x_0}^{x_1}\left\{\left(\frac{\partial L}{\partial y}+\lambda^{\mathrm{T}}(x)\frac{\partial f}{\partial y}-\frac{\mathrm{d}}{\mathrm{d}x}\left(\frac{\partial L}{\partial y'}\right)\right)\delta x+(f^{\mathrm{T}})\delta\lambda(x)\right\}\mathrm{d}x=0 \tag{2.34}$$

这里，δx 和 $\delta\lambda$ 互相独立。

为使式(2.34)成立，应同时满足：

$$\begin{cases}\dfrac{\partial L}{\partial y}+\lambda^{\mathrm{T}}(x)\dfrac{\partial f}{\partial y}-\dfrac{\mathrm{d}}{\mathrm{d}x}\left(\dfrac{\partial L}{\partial y'}\right)=0\\ f=0\end{cases} \tag{2.35}$$

显然式(2.35)的第 2 个式子即为约束方程。

鉴于辅助被积函数 $\bar{L}(x,y,y',\lambda)$ 的表达式(2.33)，式(2.35)的第 1 个式子可整理为

$$\frac{\partial \bar{L}}{\partial y}-\frac{\mathrm{d}}{\mathrm{d}x}\left(\frac{\partial \bar{L}}{\partial y'}\right)=0 \tag{2.36}$$

式(2.36)为对应于增广泛函 $\bar{J}[y,\lambda]$ 的欧拉方程。解此方程，就可得最优轨线 $y^*(x)$。这里要指出的是 $\bar{L}(x,y,y',\lambda)$ 中包含有未知的 m 维向量函数 $\lambda(x)$，因此，在求解欧拉方程式(2.36)时，除了已有边界条件外，还需要 m 个条件，这恰好由 m 个约束方程来补足。显然，所求得的极值满足约束方程。$y^*(x)$ 就是约束条件下的极值问题的解。

(2) 微分方程约束

设约束方程为

$$f(x,y,y')=\begin{bmatrix}f_1(x,y,y')\\f_2(x,y,y')\\\vdots\\f_m(x,y,y')\end{bmatrix}=0 \tag{2.37}$$

根据与代数等式约束处理的类似步骤，可推导得：为使指标泛函在微分方程约束下达到极值，应同时满足

$$\begin{cases}\dfrac{\partial\bar{L}}{\partial y}-\dfrac{\mathrm{d}}{\mathrm{d}x}\left(\dfrac{\partial\bar{L}}{\partial y'}\right)=0\\f=0\end{cases}$$

结果与代数约束完全相同。

(3) 积分方程约束

设约束方程为

$$\int_{x_0}^{x_1}f(x,y,y')\mathrm{d}x=\begin{bmatrix}\int_{x_0}^{x_1}f_1(x,y,y')\mathrm{d}x\\\int_{x_0}^{x_1}f_2(x,y,y')\mathrm{d}x\\\vdots\\\int_{x_0}^{x_1}f_m(x,y,y')\mathrm{d}x\end{bmatrix}=\begin{bmatrix}c_1\\c_2\\\vdots\\c_m\end{bmatrix}=\boldsymbol{c} \tag{2.38}$$

一般情况下，可将积分方程约束转化为微分方程约束，即引入

$$z'=f(x,y,y') \tag{2.39}$$

并设其边界条件为 $z(x_0)=0,z(x_1)=c$。则

$$\int_{x_0}^{x_1}f(x,y,y')\mathrm{d}x=\int_{x_0}^{x_1}z'(x)\,\mathrm{d}x=z(x_1)-z(x_0)=c$$

因此可以将约束方程变换为

$$\bar{f}(x,y,y',z')=f(x,y,y')-z'=0 \tag{2.40}$$

其中，$z(x_0)=0,z(x_1)=c$，这样积分方程约束就变成了附加有变量 z 的微分方程约束，可以直接利用微分方程约束情况时的结果。对照式(2.37)可知，为使指标泛函在积分方程约束下达到极值，应同时满足

$$\begin{cases}\dfrac{\partial\bar{L}}{\partial\bar{y}}-\dfrac{\mathrm{d}}{\mathrm{d}x}\left(\dfrac{\partial\bar{L}}{\partial\bar{y}'}\right)=0\\f(x,y,y')-z'=0,z(x_0)=0,z(x_1)=c\end{cases} \tag{2.41}$$

其中，$\bar{L}(x,y,y',\lambda)=L(x,y,y')+\lambda^{\mathrm{T}}(f(x,y,y')-z')$，$\bar{y}=[y,z]^{\mathrm{T}}$。式(2.41)的第一个式子可分解为

$$\begin{cases}\dfrac{\partial \bar{L}}{\partial y}-\dfrac{\mathrm{d}}{\mathrm{d}x}\left(\dfrac{\partial \bar{L}}{\partial y'}\right)=0\\[2ex]\dfrac{\partial \bar{L}}{\partial z}-\dfrac{\mathrm{d}}{\mathrm{d}x}\left(\dfrac{\partial \bar{L}}{\partial z'}\right)=0\end{cases}$$

由于$\dfrac{\partial \bar{L}}{\partial z}=0$，$\dfrac{\partial \bar{L}}{\partial z'}=\dfrac{\partial(L+\lambda^{\mathrm{T}}(f-z'))}{\partial z'}=-\lambda^{\mathrm{T}}$，$\dfrac{\mathrm{d}}{\mathrm{d}x}\left(\dfrac{\partial \bar{L}}{\partial z'}\right)=-\lambda'^{\mathrm{T}}$，最后可得欧拉方程为

$$\begin{cases}\dfrac{\partial \bar{L}}{\partial y}-\dfrac{\mathrm{d}}{\mathrm{d}x}\left(\dfrac{\partial \bar{L}}{\partial y'}\right)=0,\lambda'=0\\[2ex]f(x,y,y')-z'=0\end{cases}$$

(4) 不等式约束

设不等式约束为

$$g_i(x,y,y')\leqslant 0,\qquad i=1,\cdots,r$$

对于这一类约束，可以引入松弛变量 w_i 使不等式约束转化为等式约束，即

$$f_i=w_i^2+g_i=0,\qquad i=1,\cdots,r$$

然后就可以按前面所述方法进行处理。相应的有

$$\bar{L}(x,y,y',\lambda,w)=L(x,y,y')+\sum_{i=1}^{r}\lambda_i(w_i^2+g_i)\tag{2.42}$$

其中，$\lambda^{\mathrm{T}}=[\lambda_1,\lambda_2,\cdots,\lambda_m]$，$w^{\mathrm{T}}=[w_1,w_2,\cdots,w_m]$，$i=1,2,\cdots,m$。因此，对应于 w_i 的欧拉方程是

$$2\lambda_i w_i=0,\qquad i=1,2,\cdots,m$$

如果 $w_i=0$，表明极值曲线处于约束边界上。如果 $\lambda_i=0$，表明约束实际上没有起作用，即极值曲线在约束的内部。

例 2.3　求短程线问题的欧拉方程

如前文图 2.3 所示，短程线(测地线)问题可以描述为：给定一个光滑曲面 $\varphi(x,y,z)=0$，在该曲面上有两个固定点 A 和 B，要求在曲面上找到一根连接两点的最短曲线。

记点 A 和点 B 的坐标分别为(x_1,y_1,z_1)和(x_2,y_2,z_2)，连接两点的曲线方程为 $y=y(x)$，$z=z(x)$，它们满足

$$\phi(x,y,z)=0\tag{2.43}$$

那么该曲线的长度为

$$L[y,z]=\int_{x_1}^{x_2}\sqrt{1+y'^2+z'^2}\,\mathrm{d}x\tag{2.44}$$

解： 短程线问题所对应的最优问题为：在连接 $A(x_1,y_1,z_1)$和 $B(x_2,y_2,z_2)$而且满足$\phi(x,y,z)=0$ 的光滑曲线 $y=y(x)$，$z=z(x)$中，找到其中的一条，使得泛函

$J[y,z]=L[y,z]$取到极小值，即

$$J[y,z]=L[y,z]$$
$$=\int_{x_1}^{x_2}\sqrt{1+y'^2+z'^2}\,\mathrm{d}x,\quad \varphi(x,y,z)=0 \tag{2.45}$$

显然，该最优问题是一类条件极值的变分问题，因此，定义新的泛函为

$$\bar{J}=\int_{x_0}^{x_1}\left(\sqrt{1+y'^2+z'^2}+\lambda(x)\varphi(x,y,z)\right)\mathrm{d}x$$

所以，短程线问题相应的欧拉方程为

$$\lambda(x)\varphi_y-\frac{\mathrm{d}}{\mathrm{d}x}\frac{y'}{\sqrt{1+y'^2+z'^2}}=0$$
$$\lambda(x)\varphi_z-\frac{\mathrm{d}}{\mathrm{d}x}\frac{z'}{\sqrt{1+y'^2+z'^2}}=0$$
$$\phi(x,y,z)=0$$

2.2 变分法解最优控制问题

最优化问题的数学描述和解与时间的关系可以划分为两类：静态最优化与动态最优化。前者与时间无关，后者与时间有关。其中，后者更一般称为最优控制问题，相对而言最优化问题一般默认为是前者。图 2.10 展示了两种最优问题求解结果的不同之处。很明显，静态最优化的最优解是与时间无关的 $y^*(x)$，而动态最优化的最优解是与时间有关的函数 $x^*(t)$。另外还可以发现，动态最优化与多元函数静态最优化类似。

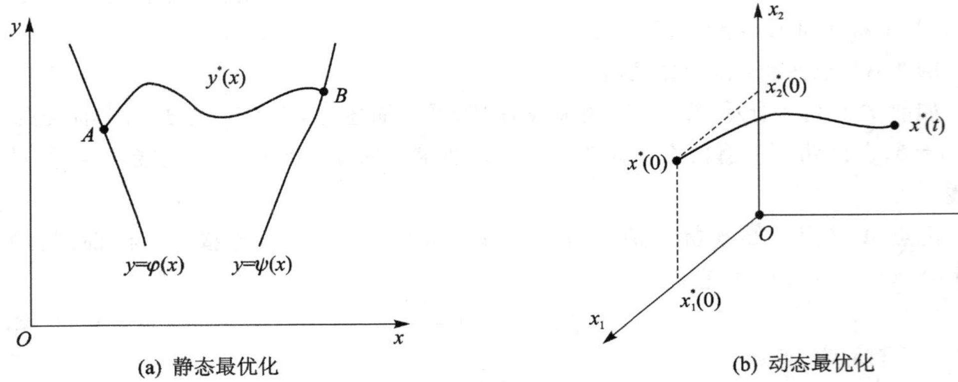

图 2.10 两种最优问题最优解示意图

从最优化与最优控制理论产生至今，已各自产生了多种最优化问题的求解方法。虽然两类最优化问题的解法不同，但相互之间有联系，在一定条件下可以转换。

最优化理论中，主要有单纯形方法、共轭方向法、罚函数法等方法，以及在线性规划和非线性规划两大类问题中，更加细化的分支有如凸规划、二次规划等。

最优控制理论中，主要有针对容许控制为开集情况下的经典变分法，以及针对容许控制为闭集情况下的极大值原理和动态规划方法。经典变分法的结果可以通过极大值原理导出，也可以由连续动态规划法得出。经典变分法是极大值原理的特例，在假定最优性能指标连续可微时，根据连续动态规划法，可以导出极大值原理的全部必要条件。

最优控制所要解决的问题是：在一定的约束条件下，求使性能指标达到极大(或极小)值的控制函数。这里考虑的约束条件一般为由向量微分方程描述的控制对象特性，而性能指标则一般是用泛函来描述。也就是说，最优控制问题实际上是在微分方程约束下求泛函的条件极值问题，而这就是一个变分问题，当容许控制为开集时，可以用变分法求解。

下面来讨论如何用变分法求解最优控制问题。

2.2.1　最优控制问题描述

假设控制系统的数学模型可用非线性状态方程表示，如式(2.46)所示，它是动态最优化问题应当遵守的约束条件

$$\dot{\boldsymbol{x}}=\boldsymbol{f}(\boldsymbol{x}(t),\boldsymbol{u}(t),t),\qquad t\in[t_0,t_f] \tag{2.46}$$

式中，$\boldsymbol{f}=[f_1,f_2,\cdots,f_n]^{\mathrm{T}}$ 为 n 维向量函数，$\boldsymbol{x}(t)=[x_1,x_2,\cdots,x_n]^{\mathrm{T}}$ 为 n 维状态向量，$\dot{\boldsymbol{x}}=\dfrac{\mathrm{d}\boldsymbol{x}}{\mathrm{d}t}$，$\boldsymbol{u}(t)=[u_1,u_2,\cdots,u_m]^{\mathrm{T}}$ 为 m 维控制向量。

如果这个系统是完全可控的，则对于任意给定的两个状态 $\boldsymbol{x}_0$ 和 $\boldsymbol{x}_f$，一定存在一种控制规律，在有限时间内，使得系统状态从 $\boldsymbol{x}_0$ 转移到 $\boldsymbol{x}_f$。其中，$\boldsymbol{x}(t_0)=\boldsymbol{x}_0$ 表示初始时刻 t_0 的状态，称为初始状态；$\boldsymbol{x}(t_f)=\boldsymbol{x}_f$ 表示终端时刻 t_f 的状态，称为终端状态。

最优控制问题是：系统状态从 $\boldsymbol{x}_0$ 到 $\boldsymbol{x}_f$ 的转移过程中，实现某种性能指标为最优，如系统的能量消耗最小、转移时间最短、与期望状态的误差最小等。在这种情况下的控制律称为最优控制律，相应的状态转移轨迹称为最优轨迹。

性能指标与系统所受的控制作用、系统状态有关，但是并不取决于某个固定时刻的控制变量和状态变量，而是与状态转移过程中的控制律 $\boldsymbol{u}(t)$ 和状态轨迹 $\boldsymbol{x}(t)$ 有关。所以性能指标是一个泛函，表示为

$$J[\boldsymbol{u}(\cdot)]=F[\boldsymbol{x}(t_f),t_f]+\int_{t_0}^{t_f}L[\boldsymbol{x}(t),\boldsymbol{u}(t),t]\,\mathrm{d}t \tag{2.47}$$

式中，L 是标量函数，它是向量 $\boldsymbol{x}$ 和 $\boldsymbol{u}$ 的函数；F 是标量，与终端时刻 t_f 和终端状态 $\boldsymbol{x}(t_f)$ 有关；$F[\boldsymbol{x}(t_f),t_f]$ 称为终端性能指标，表示对终端状态或终端时刻有一定的要求；J 是标量，对每个控制函数都有一个对应值；$\boldsymbol{u}(\cdot)$ 表示控制函数整体，而 $\boldsymbol{u}(t)$ 表示 t 时刻的控制向量。

实际控制系统中，控制向量 $\boldsymbol{u}(\cdot)$ 只能在允许的范围内变化，例如任何系统中能获得的燃料、电压或允许的温度都是有限的，不可能取任意大的值。如图 2.11(a)所示，在 u_1 和 u_2 平面上，允许控制域为长方形，$\alpha_1 \leqslant u_1 \leqslant \beta_1, \alpha_2 \leqslant u_2 \leqslant \beta_2$，$\alpha,\beta$ 是下界和上界。图 2.11(b)中，允许控制域为半径等于 r 的圆，满足 $u_1{}^2 + u_2^2 \leqslant r$。如此，最优控制问题是含有不等式约束(在允许控制域内)条件下的泛函极值问题。

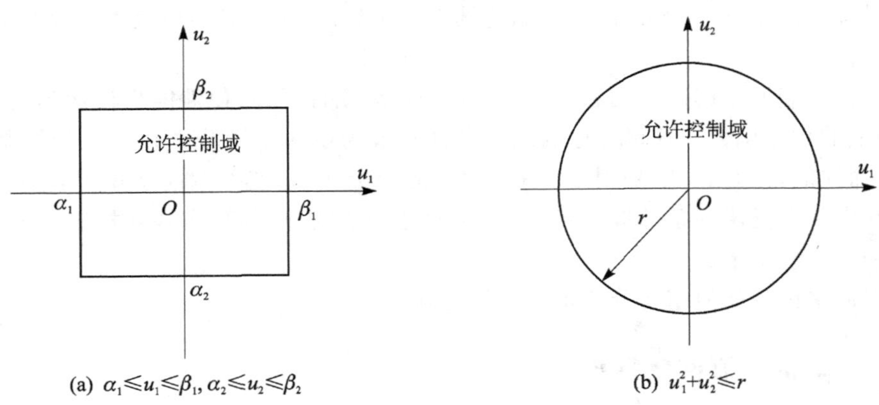

图 2.11　允许控制域

除了对控制变量有约束以外，对终端时刻和终端状态的约束称为终端约束，即

$$N[\boldsymbol{x}(t_f), t_f] = 0 \tag{2.48}$$

满足这一约束的状态集合称为目标集。其中，$N \in \mathbf{R}^r, r \leqslant n$。

若目标集只有一个点 $\boldsymbol{x}(t_f) = \boldsymbol{x}_f$，那么称之为固定终端状态，简称固定终态。

当目标集中仅仅终端时刻固定，而终端状态可变，那么式(2.48)表示终端状态的各个分量 $x_1(t_f), x_2(t_f), \cdots, x_n(t_f)$ 之间有一定的相关性。

当目标集中终端时刻不定时，相应的最优控制问题比较复杂。

例如，导弹拦截问题，只需要导弹的终端位置和目标位置重合，而没有终端速度要求；而飞船对接问题，则需要两者的终端位置和终端速度都重合。图 2.12 给出了当一个状态为变量时，初始状态固定的情况下三种典型不同终端状态约束的示意图。

综上所述，最优控制问题的描述为

$$\begin{cases} \dot{\boldsymbol{x}} = \boldsymbol{f}(\boldsymbol{x}(t), \boldsymbol{u}(t), t), \quad t \in [t_0, t_f] \\ J[\boldsymbol{u}(\cdot)] = F[\boldsymbol{x}(t_f), t_f] + \int_{t_0}^{t_f} L[\boldsymbol{x}(t), \boldsymbol{u}(t), t] \mathrm{d}t \\ \boldsymbol{x}(t_0) = \boldsymbol{x}_0 \\ N[\boldsymbol{x}(t_f), t_f] = 0 \\ \boldsymbol{u}_{\min} \leqslant \boldsymbol{u} \leqslant \boldsymbol{u}_{\max} \end{cases}$$

最优控制就是求允许控制 $\boldsymbol{u}(t)$，使得系统状态从初始状态 $\boldsymbol{x}_0$ 出发，经过一定时间，到达目标集 $N[\boldsymbol{x}(t_f), t_f] = 0$，并且实现性能指标泛函 J 取得极值。将获得的最优

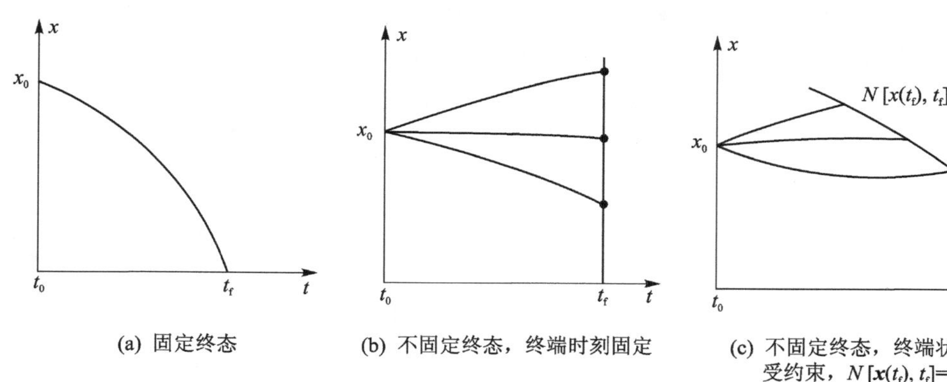

图 2.12 初始状态固定时三种终端状态约束

控制律 $\boldsymbol{u}^*(t)$ 带入状态方程可获得最优状态轨迹 $\boldsymbol{x}^*(t)$，再将 $\boldsymbol{u}^*(t)$ 和 $\boldsymbol{x}^*(t)$ 带入性能指标泛函中，即可求得最优泛函极值 $J^*[\boldsymbol{u}^*(t)]$。

2.2.2 最优控制问题求解

对一般的最优控制问题，当容许控制为开集时，可以用变分法求解。通常采用的方法是根据拉格朗日乘子法，引入哈密顿函数概念，将泛函条件极值问题转化为无约束泛函极值问题，从而获得最优解。

当容许控制为开集时，考虑复合型性能指标最优控制问题

$$\begin{cases}\dot{\boldsymbol{x}}=\boldsymbol{f}(\boldsymbol{x}(t),\boldsymbol{u}(t),t), \quad t\in[t_0,t_f]\\ J[\boldsymbol{u}(\cdot)]=F[\boldsymbol{x}(t_f),t_f]+\int_{t_0}^{t_f}L[\boldsymbol{x}(t),\boldsymbol{u}(t),t]\,\mathrm{d}t\\ \boldsymbol{x}(t_0)=\boldsymbol{x}_0\\ N[\boldsymbol{x}(t_f),t_f]=0\end{cases} \tag{2.49}$$

该最优控制问题在变分法中称为波尔扎(Bolza)问题。与前面所讲的变分问题相比不难发现，波尔扎问题具有下面两个特点：

① 该问题性能泛函有两项：$F[\boldsymbol{x}(t_f),t_f]$ 和 $L[\boldsymbol{x}(t),\boldsymbol{u}(t),t]$。前者为终端目标，表示稳态误差；后者为过程目标，表示暂态误差或能量消耗。之前的变分问题没有涉及第一项，仅讨论了拉格朗日(Lagrange)问题的变分方法，但这并不影响后面的工作。波尔扎问题与拉格朗日问题只是形式上有差别，利用变分法则，可以很容易地得出波尔扎问题的相关结果。

② 从波尔扎问题的形式可以看出，它属于等式约束的泛函条件极值问题。注意，这里的约束是指状态方程，而不是控制域。

现在来讨论波尔扎问题的求解方法。

一般来说，终端状态可以按照表 2.5 所列划分为六种情况。下面仅仅讨论终端

时刻固定终端状态受约束和终端时刻自由终端状态受约束两种情形,因为其余四种情形下的相关结论,可以很方便地从上述两种情形中获得。

表 2.5　终端状态的几种情形

终端时刻 t_f	终端状态 $x(t_f)$
固定	固定
	自由
	受约束 $N[x(t_f)]=0$
自由	固定
	自由
	受约束 $N[x(t_f),t_f]=0$

1. 终端时刻 t_f 固定,终端状态 $x(t_f)$ 受约束

此时,式(2.49)的最优控制问题变为

$$\begin{cases}\dot{\boldsymbol{x}}=\boldsymbol{f}(\boldsymbol{x}(t),\boldsymbol{u}(t),t), \quad t\in[t_0,t_f]\\ J[\boldsymbol{u}(\cdot)]=F[\boldsymbol{x}(t_f)]+\int_{t_0}^{t_f}L[\boldsymbol{x}(t),\boldsymbol{u}(t),t]\,\mathrm{d}t\\ \boldsymbol{x}(t_0)=\boldsymbol{x}_0\\ N[\boldsymbol{x}(t_f)]=0\end{cases}$$

引入两个拉格朗日乘子向量 $\boldsymbol{\lambda}(t)\in\mathbf{R}^n$ 和 $\boldsymbol{\gamma}\in\mathbf{R}^r$,构造辅助泛函 $\bar{J}$,即

$$\begin{aligned}\bar{J}=&F[\boldsymbol{x}(t_f)]+\boldsymbol{\gamma}^{\mathrm{T}}N[\boldsymbol{x}(t_f)]+\\&\int_{t_0}^{t_f}\{L[\boldsymbol{x}(t),\boldsymbol{u}(t),t]+\boldsymbol{\lambda}^{\mathrm{T}}(t)[\boldsymbol{f}(\boldsymbol{x}(t),\boldsymbol{u}(t),t)-\dot{\boldsymbol{x}}]\}\,dt\end{aligned}$$

定义哈密顿函数

$$H(\boldsymbol{x},\boldsymbol{u},\boldsymbol{\lambda},t)=L(\boldsymbol{x},\boldsymbol{u},t)+\boldsymbol{\lambda}^{\mathrm{T}}\boldsymbol{f}(\boldsymbol{x},\boldsymbol{u},t)$$

则有

$$\bar{J}=F[\boldsymbol{x}(t_f)]+\boldsymbol{\gamma}^{\mathrm{T}}N[\boldsymbol{x}(t_f)]+\int_{t_0}^{t_f}[H(\boldsymbol{x},\boldsymbol{u},\boldsymbol{\lambda},t)-\boldsymbol{\lambda}^{\mathrm{T}}\dot{\boldsymbol{x}}]\,\mathrm{d}t$$

因为 $\int_{t_0}^{t_f}\lambda^{\mathrm{T}}\dot{\boldsymbol{x}}\,\mathrm{d}t=\boldsymbol{\lambda}^{\mathrm{T}}\boldsymbol{x}\,\big|_{t_0}^{t_f}-\int_{t_0}^{t_f}\dot{\boldsymbol{\lambda}}^{\mathrm{T}}\boldsymbol{x}\,\mathrm{d}t$,所以

$$\begin{aligned}\bar{J}=&F[\boldsymbol{x}(t_f)]+\boldsymbol{\gamma}^{\mathrm{T}}N[\boldsymbol{x}(t_f)]-\boldsymbol{\lambda}^{\mathrm{T}}(t_f)\boldsymbol{x}(t_f)+\boldsymbol{\lambda}^{\mathrm{T}}(t_0)\boldsymbol{x}(t_0)+\\&\int_{t_0}^{t_f}\dot{\boldsymbol{\lambda}}^{\mathrm{T}}\boldsymbol{x}\,\mathrm{d}t+\int_{t_0}^{t_f}[H(\boldsymbol{x},\boldsymbol{u},\boldsymbol{\lambda},t)]\,\mathrm{d}t\end{aligned}\tag{2.50}$$

对式(2.50)取变分,注意到 $\boldsymbol{x}(t_0)=\boldsymbol{x}_0$,因而有 $\delta\boldsymbol{x}(t_0)=0$,故

$$\delta\bar{J}=\left(\left[\frac{\partial F}{\partial\boldsymbol{x}(t_f)}\right]^{\mathrm{T}}+\boldsymbol{\gamma}^{\mathrm{T}}\left[\frac{\partial N}{\partial\boldsymbol{x}(t_f)}\right]^{\mathrm{T}}-\boldsymbol{\lambda}^{\mathrm{T}}(t_f)\right)\delta\boldsymbol{x}(t_f)+$$

$$\int_{t_0}^{t_f}\left\{\left[\frac{\partial H}{\partial \boldsymbol{x}}+\dot{\boldsymbol{\lambda}}\right]^{\mathrm{T}}\delta\boldsymbol{x}+\left[\frac{\partial H}{\partial \boldsymbol{u}}\right]^{\mathrm{T}}\delta\boldsymbol{u}+\left[\frac{\partial H}{\partial \lambda}-\dot{\boldsymbol{x}}\right]^{\mathrm{T}}\delta\boldsymbol{\lambda}\right\}\mathrm{d}t$$

根据泛函极值条件，令 $\delta\bar{J}=0$，考虑到 $\delta\boldsymbol{x}(t_f)$，$\delta\boldsymbol{x}$，$\delta\boldsymbol{u}$，$\delta\boldsymbol{\lambda}$ 相互独立，需

$$\begin{cases}\dot{\boldsymbol{x}}=\dfrac{\partial H}{\partial \boldsymbol{\lambda}}\\ \dot{\boldsymbol{\lambda}}=-\dfrac{\partial H}{\partial \boldsymbol{x}}\\ \dfrac{\partial H}{\partial \boldsymbol{u}}=0\\ \boldsymbol{\lambda}(t_f)=\dfrac{\partial F}{\partial x(t_f)}+\left[\dfrac{\partial N}{\partial \boldsymbol{x}(t_f)}\right]^{\mathrm{T}}\boldsymbol{\gamma}\end{cases}\tag{2.51}$$

成立。

式(2.51)的前 3 个式子即为欧拉方程，第 4 个式子为横截条件。

在解最优控制问题中，前两式合称为哈密顿正则方程，第 2 式为协态方程(或伴随方程)，正则方程为两组一阶微分方程，联立求解正则方程及控制方程，就可求得性能指标达到极值时的最优控制律 $\boldsymbol{u}^*(t)$ 及最优状态轨线 $\boldsymbol{x}^*(t)$ 和协态轨线 $\boldsymbol{\lambda}^*(t)$。在求解正则方程时，需要有 $2n$ 个边界条件。一般可取一组为状态初值 $\boldsymbol{x}_0$，另一组为满足横截条件的协态终值 $\boldsymbol{\lambda}(t_f)$。

第 3 式为控制方程，它说明 $\boldsymbol{u}$ 为 $H(\boldsymbol{x},\boldsymbol{u},\boldsymbol{\lambda},t)$ 的无约束极值点。

根据式(2.51)，函数 $H(\boldsymbol{x},\boldsymbol{u},\boldsymbol{\lambda},t)$ 对 t 求全导数，有

$$\begin{aligned}\frac{\mathrm{d}H(\boldsymbol{x},\boldsymbol{u},\boldsymbol{\lambda},t)}{\mathrm{d}t}&=\frac{\partial H}{\partial t}+\left(\frac{\partial H}{\partial \boldsymbol{x}}\right)^{\mathrm{T}}\dot{\boldsymbol{x}}+\left(\frac{\partial H}{\partial \boldsymbol{u}}\right)^{\mathrm{T}}\dot{\boldsymbol{u}}+\left(\frac{\partial H}{\partial \boldsymbol{\lambda}}\right)^{\mathrm{T}}\dot{\boldsymbol{\lambda}}\\&=\frac{\partial H}{\partial t}-\dot{\boldsymbol{\lambda}}^{\mathrm{T}}\dot{\boldsymbol{x}}+\dot{\boldsymbol{x}}^{\mathrm{T}}\dot{\boldsymbol{\lambda}}\\&=\frac{\partial H}{\partial t}\end{aligned}$$

可见，如果哈密顿函数不显含变量 t，则有 $\dfrac{\mathrm{d}H}{\mathrm{d}t}=\dfrac{\partial H}{\partial t}=0$，即 $H(\boldsymbol{x},\boldsymbol{u},\boldsymbol{\lambda},t)=\mathrm{const}$。如果函数 L 和 f 不显含 t，即 H 不显含 t，那么取得最优控制时，哈密顿函数为一常数。由此可以看出哈密顿函数定义的巧妙。

不难发现：

① 若终端状态自由，则式(2.51)中不出现 $N[\boldsymbol{x}(t_f)]$。

② 若终端状态固定，因为 $\delta\boldsymbol{x}(t_f)=0$，所以式(2.51)中第 4 式横截条件不存在。此时，值得注意的是，虽然为了满足 $\delta\boldsymbol{x}(t_f)=0$，不能简单地由变分引理获得 $\dfrac{\partial H}{\partial \boldsymbol{u}}=0$ 的极值条件，但是卡尔曼已经证明，当被控对象完全可控时，同样可以获得 $\dfrac{\partial H}{\partial \boldsymbol{u}}=0$

的极值条件。

终端时刻 t_f 固定时，最优控制问题的必要条件如表 2.6 所列。

表 2.6 终端时刻 t_f 固定时，最优控制问题的必要条件

	终端状态 $\boldsymbol{x}(t_f)$		
	固定 $\boldsymbol{x}(t_f)=\boldsymbol{x}_f$	自由	受约束 $N[\boldsymbol{x}(t_f)]=0$
横截条件	无	$\boldsymbol{\lambda}(t_f)=\dfrac{\partial F}{\partial \boldsymbol{x}(t_f)}$	$\boldsymbol{\lambda}(t_f)=\dfrac{\partial F}{\partial \boldsymbol{x}(t_f)}+\left[\dfrac{\partial N}{\partial \boldsymbol{x}(t_f)}\right]^{\mathrm{T}}\boldsymbol{\gamma}$
状态方程	$\dot{\boldsymbol{x}}=\boldsymbol{f}(\boldsymbol{x}(t),\boldsymbol{u}(t),t),\boldsymbol{x}(t_0)=\boldsymbol{x}_0$		
协态方程	$\dot{\boldsymbol{\lambda}}=-\dfrac{\partial H}{\partial \boldsymbol{x}}$		
控制方程	$\dfrac{\partial H}{\partial \boldsymbol{u}}=0$		
当 H 不显含 t	$H(\boldsymbol{x},\boldsymbol{u},\boldsymbol{\lambda},t)=\mathrm{const}$		

例 2.4 已知系统状态方程为 $\begin{cases}\dot{x}_1(t)=x_2(t)\\ \dot{x}_2(t)=u(t)\end{cases}$ $\left(\text{即传递函数为}\dfrac{1}{s^2}\right)$，求下述三种情形下，使性能指标 $J=\dfrac{1}{2}\int_0^1 u^2\mathrm{d}t$ 为极小的最优控制 $u^*(t)$ 和最优轨线的 $x^*(t)$。

① 情形 1：边界条件 $\begin{cases}x_1(0)=1\\ x_2(0)=1\end{cases}$，$\begin{cases}x_1(1)=0\\ x_2(1)=0\end{cases}$。

② 情形 2：边界条件 $\begin{cases}x_1(0)=1\\ x_2(0)=1\end{cases}$。

③ 情形 3：边界条件 $\begin{cases}x_1(0)=1\\ x_2(0)=1\end{cases}$，且满足 $x_1(1)+x_2(1)=1$。

解：此例为终端时刻固定时不同终端状态下的最小能量控制问题。

引入拉格朗日乘子 $\boldsymbol{\lambda}(t)=[\lambda_1(t),\lambda_2(t)]^{\mathrm{T}}$，相应的哈密顿函数为

$$H=\frac{1}{2}u^2+[\lambda_1(t),\lambda_2(t)]\begin{bmatrix}x_2(t)\\ u(t)\end{bmatrix}$$

(1) 情形 1：终端时刻固定 $t_f=1$ 且终端状态固定 $\boldsymbol{x}(t_f)=\boldsymbol{x}_f$

该情形下的最优问题求解步骤如下：

① 由控制方程 $\dfrac{\partial H}{\partial \boldsymbol{u}}=0$，得

$$u+\lambda_2(t)=0\Rightarrow u=-\lambda_2(t)$$

② 由协态方程 $\dot{\boldsymbol{\lambda}}=-\dfrac{\partial H}{\partial \boldsymbol{x}}$，得

$$\begin{cases}\dot{\lambda}_1=0\\ \dot{\lambda}_2=-\lambda_1(t)\end{cases}\Rightarrow\begin{cases}\lambda_1=c_1\\ \lambda_2=-c_1t+c_2\end{cases}\tag{2.52}$$

其中，c_1，c_2 为积分常数。所以，$u=c_1t-c_2$。

③ 由状态方程$\begin{cases}\dot{x}_1(t)=x_2(t)\\ \dot{x}_2(t)=u(t)\end{cases}$，得

$$\begin{cases}x_2(t)=\frac{1}{2}c_1t^2-c_2t+c_3\\ x_1(t)=\frac{1}{6}c_1t^3-\frac{1}{2}c_2t^2+c_3t+c_4\end{cases}$$

其中，c_3，c_4 为积分常数。

④ 由边界条件$\begin{cases}x_1(0)=1\\ x_2(0)=1\end{cases}$，得$\begin{cases}x_1(0)=c_4=1\\ x_2(0)=c_3=1\end{cases}$，再由$\begin{cases}x_1(1)=0\\ x_2(1)=0\end{cases}$，得

$$\begin{cases}x_1(1)=\frac{1}{6}c_1-\frac{1}{2}c_2+1+1=0\\ x_2(1)=\frac{1}{2}c_1-c_2+1=0\end{cases}\Rightarrow\begin{cases}c_1=18\\ c_2=10\end{cases}$$

因此，最优控制 $u^*(t)$ 为 $u^*=18t-10$。最优轨线 $x^*(t)$ 为

$$\begin{cases}x_1^*(t)=3t^3-5t^2+t+1\\ x_2^*(t)=9t^2-10t+1\end{cases}$$

(2) 情形 2：终端时刻固定 $t_f=1$ 且终端状态自由

由性能指标 $J=\frac{1}{2}\int_0^1 u^2\mathrm{d}t$ 可知 $F[\boldsymbol{x}(t_f)]=0$。

该最优控制问题求解步骤的前 3 步与情形 1 相同，但是从第 4 步开始，须考虑横截条件$\boldsymbol{\lambda}(t_f)=\frac{\partial F}{\partial \boldsymbol{x}(t_f)}$。

由横截条件得 $\boldsymbol{\lambda}(1)=\frac{\partial F}{\partial \boldsymbol{x}(1)}=0$，即 $\lambda_1(1)=\lambda_2(1)=0$。再根据式(2.52)和 $t_f=1$，有

$$\begin{cases}\lambda_1=c_1=0\\ \lambda_2=-c_1t+c_2=0\end{cases}$$

即 $c_1=c_2=0$。

由边界条件$\begin{cases}x_1(0)=1\\ x_2(0)=1\end{cases}$可得$\begin{cases}x_1(0)=c_4=1\\ x_2(0)=c_3=1\end{cases}$，所以

$$\begin{cases}x_1(t)=t+1\\ x_2(t)=1\end{cases}$$

最优控制 $u^*(t)$ 为 $u^*=0$，最优轨线的 $x^*(t)$ 为

$$\begin{cases} x_1^*(t)=t+1 \\ x_2^*(t)=1 \end{cases}$$

(3) 情形 3：终端时刻固定 $t_f=1$ 且终端状态 $x_1(1)+x_2(1)=1$

由性能指标 $J=\frac{1}{2}\int_0^1 u^2\mathrm{d}t$ 可知 $F[\boldsymbol{x}(t_f)]=0$，$N[\boldsymbol{x}(t_f)]=x_1(1)+x_2(1)-1=0$。

该最优控制问题求解步骤的前 3 步与情形 1 相同，但是从第 4 步开始，须考虑横截条件 $\boldsymbol{\lambda}(t_f)=\frac{\partial F}{\partial \boldsymbol{x}(t_f)}+\left[\frac{\partial N}{\partial \boldsymbol{x}(t_f)}\right]^{\mathrm{T}}\boldsymbol{\gamma}$。

再引入一个一维拉格朗日乘子 γ，由横截条件得

$$\boldsymbol{\lambda}(1)=\frac{\partial F}{\partial \boldsymbol{x}(1)}+\left[\frac{\partial N}{\partial \boldsymbol{x}(1)}\right]^{\mathrm{T}}\gamma=\left[\frac{\partial N}{\partial \boldsymbol{x}(1)}\right]^{\mathrm{T}}\gamma$$

即

$$\lambda_1(1)=\lambda_2(1)=\gamma$$

再根据式(2.52)和 $t_f=1$，有 $c_1=-c_1+c_2 \Rightarrow c_2=2c_1$。

由边界条件 $\begin{cases} x_1(0)=1 \\ x_2(0)=1 \end{cases}$ 可得 $\begin{cases} x_1(0)=c_4=1 \\ x_2(0)=c_3=1 \end{cases}$，所以

$$\begin{cases} x_1(t)=\frac{1}{6}c_1t^3-c_1t^2+t+1 \\ x_2(t)=\frac{1}{2}c_1t^2-2c_1t+1 \end{cases}$$

由约束条件 $x_1(1)+x_2(1)=1$ 可得

$$\left(\frac{1}{6}c_1-c_1+1+1\right)+\left(\frac{1}{2}c_1-2c_1+1\right)=1$$

因此，

$$c_1=\frac{6}{7},\quad c_2=\frac{12}{7},\quad c_3=1,\quad c_4=1,\quad \lambda_1=\frac{6}{7},\quad \lambda_2=-\frac{6}{7}t+\frac{12}{7},\quad \gamma=\frac{6}{7}$$

所以，最优控制 $u^*(t)$ 为 $u^*=\frac{6}{7}t-\frac{12}{7}$。最优轨线的 $x^*(t)$ 为

$$\begin{cases} x_1^*(t)=\frac{1}{7}t^3-\frac{6}{7}t^2+t+1 \\ x_2^*(t)=\frac{3}{7}t^2-\frac{12}{7}t+1 \end{cases}$$

2. 终端时刻 t_f 自由，终端状态 $x(t_f)$ 受约束

考虑由式(2.49)描述的最优控制问题，引入拉格朗日乘子向量 $\boldsymbol{\lambda}(t)\in\mathbf{R}^n$ 和 $\boldsymbol{\gamma}^{\mathrm{T}}$

$\in \mathbf{R}^r$，构造辅助泛函 $\bar{J}$，有

$$\bar{J}=F[\boldsymbol{x}(t_f),t_f]+\boldsymbol{\gamma}^{\mathrm{T}}N[\boldsymbol{x}(t_f),t_f]+\int_{t_0}^{t_f}\{H(\boldsymbol{x},\boldsymbol{u},\boldsymbol{\lambda},t)-\boldsymbol{\lambda}^{\mathrm{T}}\dot{\boldsymbol{x}}\}\mathrm{d}t \tag{2.53}$$

式(2.53)的变分是

$$\begin{aligned}\delta\bar{J}=&\left[\frac{\partial F}{\partial \boldsymbol{x}(t_f)}\right]^{\mathrm{T}}(\delta\boldsymbol{x}(t_f)+\dot{\boldsymbol{x}}(t_f)\delta t_f)\\&+\boldsymbol{\gamma}^{\mathrm{T}}\left\{\left[\frac{\partial N}{\partial \boldsymbol{x}(t_f)}\right]^{\mathrm{T}}(\delta\boldsymbol{x}(t_f)+\dot{\boldsymbol{x}}(t_f)\delta t_f)\right\}-\boldsymbol{\lambda}^{\mathrm{T}}(t_f)\delta\boldsymbol{x}(t_f)\\&+\left[\frac{\partial F}{\partial t_f}+\boldsymbol{\gamma}^{\mathrm{T}}\left(\frac{\partial N}{\partial t_f}\right)\right]\delta t_f+(H-\boldsymbol{\lambda}^{\mathrm{T}}\dot{\boldsymbol{x}})\big|_{t_f}\delta t_f\\&+\int_{t_0}^{t_f}\left\{\left[\frac{\partial H}{\partial \boldsymbol{x}}+\dot{\boldsymbol{\lambda}}\right]^{\mathrm{T}}\delta\boldsymbol{x}+\left[\frac{\partial H}{\partial \boldsymbol{u}}\right]^{\mathrm{T}}\delta\boldsymbol{u}+\left[\frac{\partial H}{\partial \boldsymbol{\lambda}}-\dot{\boldsymbol{x}}\right]^{\mathrm{T}}\delta\boldsymbol{\lambda}\right\}\mathrm{d}t\end{aligned}$$

即

$$\begin{aligned}\delta\bar{J}=&\left(\left[\frac{\partial F}{\partial \boldsymbol{x}(t_f)}\right]^{\mathrm{T}}+\boldsymbol{\gamma}^{\mathrm{T}}\left[\frac{\partial N}{\partial \boldsymbol{x}(t_f)}\right]^{\mathrm{T}}-\boldsymbol{\lambda}^{\mathrm{T}}(t_f)\right)\delta\boldsymbol{x}(t_f)\\&+\left(\left[\frac{\partial F}{\partial \boldsymbol{x}(t_f)}\right]^{\mathrm{T}}\dot{\boldsymbol{x}}(t_f)+\boldsymbol{\gamma}^{\mathrm{T}}\left[\frac{\partial N}{\partial \boldsymbol{x}(t_f)}\right]^{\mathrm{T}}\dot{\boldsymbol{x}}(t_f)+\frac{\partial F}{\partial t_f}+\boldsymbol{\gamma}^{\mathrm{T}}\left(\frac{\partial N}{\partial t_f}\right)+(H-\boldsymbol{\lambda}^{\mathrm{T}}\dot{\boldsymbol{x}})\big|_{t_f}\right)\delta t_f\\&+\int_{t_0}^{t_f}\left\{\left[\frac{\partial H}{\partial \boldsymbol{x}}+\dot{\boldsymbol{\lambda}}\right]^{\mathrm{T}}\delta\boldsymbol{x}+\left[\frac{\partial H}{\partial \boldsymbol{u}}\right]^{\mathrm{T}}\delta\boldsymbol{u}+\left[\frac{\partial H}{\partial \boldsymbol{\lambda}}-\dot{\boldsymbol{x}}\right]^{\mathrm{T}}\delta\boldsymbol{\lambda}\right\}\mathrm{d}t\end{aligned}$$

根据泛函极值条件，令 $\delta\bar{J}=0$，考虑到 $\delta\boldsymbol{x}(t_f)$，$\delta t_f$，$\delta\boldsymbol{x}$，$\delta\boldsymbol{u}$，$\delta\boldsymbol{\lambda}$ 相互独立，需

$$\begin{cases}\dot{\boldsymbol{x}}=\dfrac{\partial H}{\partial \boldsymbol{\lambda}}=\boldsymbol{f}(\boldsymbol{x}(t),\boldsymbol{u}(t),t),\boldsymbol{x}(t_0)=\boldsymbol{x}_0\\\dot{\boldsymbol{\lambda}}=-\dfrac{\partial H}{\partial \boldsymbol{x}}\\\dfrac{\partial H}{\partial \boldsymbol{u}}=0\\\boldsymbol{\lambda}(t_f)=\dfrac{\partial F}{\partial \boldsymbol{x}(t_f)}+\left[\dfrac{\partial N}{\partial \boldsymbol{x}(t_f)}\right]^{\mathrm{T}}\boldsymbol{\gamma}\\H(t_f)=\boldsymbol{\lambda}^{\mathrm{T}}\dot{\boldsymbol{x}}\big|_{t_f}-\left\{\left[\dfrac{\partial F}{\partial \boldsymbol{x}(t_f)}\right]^{\mathrm{T}}+\boldsymbol{\gamma}^{\mathrm{T}}\left[\dfrac{\partial N}{\partial \boldsymbol{x}(t_f)}\right]^{\mathrm{T}}\right\}\dot{\boldsymbol{x}}(t_f)-\dfrac{\partial F}{\partial t_f}-\boldsymbol{\gamma}^{\mathrm{T}}\left(\dfrac{\partial N}{\partial t_f}\right)\\\qquad=-\dfrac{\partial F}{\partial t_f}-\boldsymbol{\gamma}^{\mathrm{T}}\left(\dfrac{\partial N}{\partial t_f}\right)\end{cases}$$

$$\tag{2.54}$$

拉格朗日乘子 $\boldsymbol{\gamma}$ 可以通过 $N[\boldsymbol{x}(t_f),t_f]=0$ 来确定。

不难发现：

① 若终端状态自由，则式(2.54)中不出现 $N[\boldsymbol{x}(t_f)]$。

② 若终端状态固定，因为 $\delta\boldsymbol{x}(t_f)=0$，所以式(2.54)中第 4 式横截条件不存在。

此时，当被控对象完全可控时，可以获得$\frac{\partial H}{\partial \boldsymbol{u}}=0$的极值条件。

终端时刻t_f自由时，最优控制问题的必要条件如表2.7所列。

表2.7 终端时刻t_f自由时，最优控制问题的必要条件

	终端状态$\boldsymbol{x}(t_f)$		
	固定$\boldsymbol{x}(t_f)=\boldsymbol{x}_f$	自由	受约束$N[\boldsymbol{x}(t_f),t_f]=0$
横截条件	无	$\boldsymbol{\lambda}(t_f)=\frac{\partial F}{\partial \boldsymbol{x}(t_f)}$	$\boldsymbol{\lambda}(t_f)=\frac{\partial F}{\partial \boldsymbol{x}(t_f)}+\left[\frac{\partial N}{\partial \boldsymbol{x}(t_f)}\right]^{\mathrm{T}}\boldsymbol{\gamma}$
状态方程	$\dot{\boldsymbol{x}}=\boldsymbol{f}(\boldsymbol{x}(t),\boldsymbol{u}(t),t),\boldsymbol{x}(t_0)=\boldsymbol{x}_0$		
协态方程	$\dot{\boldsymbol{\lambda}}=-\frac{\partial H}{\partial \boldsymbol{x}}$		
控制方程	$\frac{\partial H}{\partial \boldsymbol{u}}=0$		
H在最优轨线末端满足	$H(t_f)=-\frac{\partial F}{\partial t_f}$	$H(t_f)=-\frac{\partial F}{\partial t_f}$	$H(t_f)=-\frac{\partial F}{\partial t_f}-\boldsymbol{\gamma}^{\mathrm{T}}\frac{\partial N}{\partial t_f}$

例2.5 设一阶系统状态方程为$\dot{x}(t)=u(t)$，给定边界条件为$x(0)=1$，$x(t_f)=0$，求最优控制$u^*(t)$，使性能指标$J=t_f+\frac{1}{2}\int_0^{t_f}u^2\mathrm{d}t$为极小。

解： 此例为终端时刻t_f自由但终端状态固定$x(t_f)=0$的最优控制问题。由性能指标可知$F[\boldsymbol{x}(t_f)]=t_f$，引入拉格朗日乘子$\lambda(t)$，相应的哈密顿函数为

$$H=\frac{1}{2}u^2+\lambda u$$

该最优问题求解步骤如下：

① 由控制方程$\frac{\partial H}{\partial \boldsymbol{u}}=0$，得

$$u+\lambda(t)=0\Rightarrow u=-\lambda(t)$$

② 由协态方程$\dot{\boldsymbol{\lambda}}=-\frac{\partial H}{\partial \boldsymbol{x}}$，得

$$\dot{\lambda}=0\Rightarrow\lambda=c_1$$

其中，c_1为积分常数。所以$u=-c_1$。

③ 由状态方程$\dot{x}(t)=u(t)$，得

$$x(t)=-c_1t+c_2$$

其中，c_2为积分常数。

④ 由边界条件$x(0)=1$，$x(t_f)=0$，得

$$\begin{cases}x(0)=c_2=1,\\x(t_f)=-c_1t_f+c_2=0\end{cases}$$

所以 $c_1 t_f=1, c_2=1$。

⑤ 由 H 在最优轨线末端满足 $H(t_f)=-\frac{\partial F}{\partial t_f}$，得 $H(t_f)=-1$。又因为

$$H=\frac{1}{2}u^2+\lambda u=\frac{1}{2}\lambda^2-\lambda^2=-\frac{1}{2}\lambda^2$$

所以 $H(t_f)=-\frac{1}{2}\lambda(t_f)^2=-1 \Rightarrow \lambda(t_f)=\sqrt{2}$。

⑥ 再由步骤①～④，得 $c_1=\sqrt{2}$，最优控制为 $u^*(t)=-\sqrt{2}$，最优轨线为 $x^*(t)=-\sqrt{2}t+1$，终端时刻 $t_f^*=\frac{1}{\sqrt{2}}$，最优泛函值 $J=\frac{1}{\sqrt{2}}+\frac{1}{\sqrt{2}}=\sqrt{2}$。

2.3　变分问题的直接解法

控制系统的经典设计方法(频域法和根轨迹法)是工程方法，而最优控制系统的设计方法则是数学方法和计算机算法的结合，最优控制理论与方法已经是控制科学的重要组成部分，也是绝大部分控制与系统理论和方法的重要基础。

各种变分问题的最后求解都可归结为解欧拉方程的边值问题。

前面介绍的求解方法是通过首先求一组最优的必要条件，从而得到最优控制规律，这种求解方法称为变分问题的间接方法。

然而只有在一些特殊情况下，欧拉方程才能求出解析解。在大多数情况下，欧拉方程的解析解无法求出。

变分问题的直接方法是指不通过求解欧拉方程而直接从泛函出发，利用给定的边界条件，求出使泛函取得极值的极值函数的近似表达式。当然，有时也能得到精确解。

变分问题的直接方法基本思路是用梯度法等进行数值计算，经过若干次迭代，得到最优控制规律。近似解法主要有欧拉有限差分法、里茨法、最小二乘法、配置法、分区平均法等等。

本节主要介绍一下欧拉有限差分法。

设泛函为

$$J[y(x)]=\int_{x_0}^{x_1}F(x,y,y')\mathrm{d}x \tag{2.55}$$

其边界条件为 $y(x_0)=y_0, y(x_1)=y_1$。

求解这个泛函变分问题近似解的一般步骤是：

① 将区间 $[x_0,x_1]$ 划分为 n 个小段，其中每个小段称为一个有限单元，而每个分点称为节点。单元的长度可以相等或不等。在每个单元内假定宗量 y 是自变量 x

的函数，可以写成

$$y(x)=\frac{x_i-x}{x_i-x_{i-1}}y_{i-1}+\frac{x-x_{i-1}}{x_i-x_{i-1}}y_i,\quad x_{i_1}\leqslant x\leqslant x_i$$

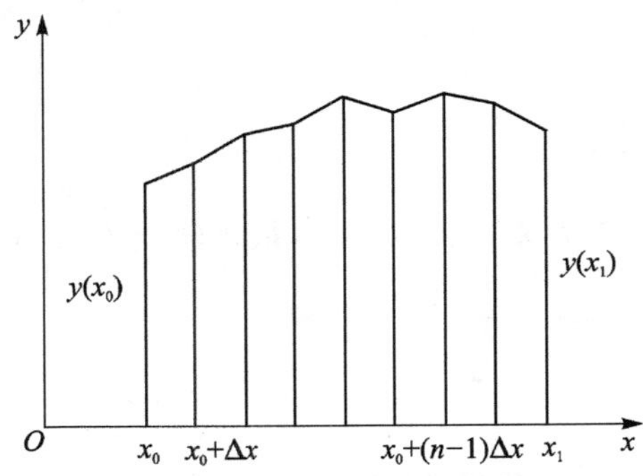

图 2.13　欧拉差分法的折线

即用一条折线来代替解析解中的可取曲线，如图 2.13 所示。

由于泛函式(2.55)只涉及 y 和 y'，而不涉及高阶导数，所以用折线来近似地代替可取曲线是合理的。

为简单起见，把区间 $[x_0,x_1]$ 划分为 n 等分，每段记为 Δx。设 $y=f(x)$ 是通过点 $(x_0,y_0),\cdots,(x_i,y_i),\cdots,(x_1,y_1)$ 的一条折线，但 y_i 的值要根据泛函极值的条件来确定。这时，在 $[x_i,x_{i+1}]$ 段上，$y'=\frac{y_{i+1}-y_i}{\Delta x}$，所以

$$\int_{x_0}^{x_1}F(x,y,y')\mathrm{d}x=\sum_{k=0}^{n-1}\int_{x_0+k\Delta x}^{x_0+(k+1)\Delta x}F\left(x,y,\frac{y_{k+1}-y_k}{\Delta x_i}\right)\mathrm{d}x$$

在折线 $y=f(x)$ 上可用矩形公式有限和的形式表示所给积分，因此公式(2.55)可用公式(2.56)来近似表示。

$$J[y(x)]\approx\sum_{i=0}^{n}F\left(x_i,y_i,\frac{y_{i+1}-y_i}{\Delta x}\right)\Delta x \tag{2.56}$$

② 由式(2.56)可知，泛函 $J[y(x)]$ 可转换为未知量 $y_1,y_2,\cdots,y_{n-1}$ 的函数，记为 $J[y(x)]=\varphi(y_1,y_2,\cdots,y_{n-1})$，并令 $\varphi(y_1,y_2,\cdots,y_{n-1})$ 在 y_i $(i=1,2,\cdots,n-1)$ 处达到极值，因而可得方程组

$$\frac{\partial\varphi}{\partial y_i}=0,\quad i=1,2,\cdots,n-1$$

由此可以确定未知数 y_i，从而得到变分问题近似解的一组折线。

例 2.6　求泛函

$$J[y(x)]=\int_0^1(y'^2+y^2+2xy)\mathrm{d}x \tag{2.57}$$

极小值问题中的近似解，边界条件为 $y(0)=y(1)=0$。

解：取

$$\Delta x=\frac{1-0}{5}=0.2$$

$$\begin{aligned}&y_0=y(0)=0,\quad y_1=y(0.2),\quad y_2=y(0.4)\\&y_3=y(0.6),\quad y_4=y(0.8),\quad y_5=y(1)=0\end{aligned} \tag{2.58}$$

在相应的点的导数值由近似公式 $y'_k = y'(x_k) \approx \dfrac{y_{k+1} - y_k}{\Delta x}$ 计算可得

$$y'(0) = \frac{y_1 - 0}{0.2}, \quad y'(0.2) = \frac{y_2 - y_1}{0.2}, \quad y'(0.4) = \frac{y_3 - y_2}{0.2},$$
$$y'(0.6) = \frac{y_4 - y_3}{0.2}, \quad y'(0.8) = \frac{y_5 - y_4}{0.2} \tag{2.59}$$

将所给积分用矩形公式表示为有限和的形式，即

$$\int_{x_0}^{x_1} f(x) \approx [f(x_0) + f(x_0 + \Delta x) + \cdots + f(x_1)]\Delta x$$

因此，把式(2.58)和式(2.59)带入式(2.57)可得

$$\begin{aligned}\varphi(y_1, y_2, y_3, y_4) = & \left[\left(\frac{y_1}{\Delta x}\right)^2 + \left(\frac{y_2 - y_1}{\Delta x}\right)^2 + \left(\frac{y_3 - y_2}{\Delta x}\right)^2 + \left(\frac{y_4 - y_3}{\Delta x}\right)^2 + \left(\frac{-y_4}{\Delta x}\right)^2\right]\Delta x \\ & + [y_1{}^2 + y_2^2 + y_3{}^2 + y_4{}^2]\Delta x \\ & + 2[\Delta x y_1 + (2\Delta x)y_2 + (3\Delta x)y_3 + (4\Delta x)y_4]\Delta x\end{aligned}$$

这样就可建立确定所求函数的节点纵坐标 y_1, y_2, y_3, y_4 的方程组，即

$$\begin{cases}\dfrac{1}{\Delta x}\dfrac{\partial\varphi}{\partial y_1} = \dfrac{y_1}{0.02} - \dfrac{y_2 - y_1}{0.02} + 2y_1 + 0.4 = 0 \\ \dfrac{1}{\Delta x}\dfrac{\partial\varphi}{\partial y_2} = \dfrac{y_2 - y_1}{0.02} - \dfrac{y_3 - y_2}{0.02} + 2y_2 + 0.8 = 0 \\ \dfrac{1}{\Delta x}\dfrac{\partial\varphi}{\partial y_3} = \dfrac{y_3 - y_2}{0.02} - \dfrac{y_4 - y_3}{0.02} + 2y_3 + 1.2 = 0 \\ \dfrac{1}{\Delta x}\dfrac{\partial\varphi}{\partial y_4} = \dfrac{y_4 - y_3}{0.02} - \dfrac{-y_4}{0.02} + 2y_4 + 1.6 = 0\end{cases}$$

经整理得

$$\begin{cases}2.04y_1 - y_2 = -0.008 \\ -y_1 + 2.04y_2 - y_3 = -0.016 \\ -y_2 + 2.04y_3 - y_4 = -0.024 \\ -y_3 + 2.04y_4 = -0.032\end{cases}$$

求解该方程组可得

$y_1 = -0.028\,594\,4$，　$y_2 = -0.050\,332\,5$，　$y_3 = -0.580\,840$，　$y_4 = 0.044\,158\,8$

第 3 章
极小值原理及其应用

最优控制是讨论动态系统在一定约束条件下的性能指标泛函求极值的问题，或者说最优控制实质上是一种具有特定区域限制和微分方程约束及其他约束条件的泛函的条件极值问题。在前一章中，已用经典变分法阐明了许多最优控制问题，给出了欧拉方程，讨论了横截条件，分析了在存在约束情况下的泛函条件极值问题。虽然变分法已经解决了部分最优控制问题，但是对于控制变量存在闭集性约束的最优控制，变分法往往不再适用。例如，在时间最优控制问题中，最优控制的取值正是在控制域方体的角点上来回跳动，这时的控制量不再是时间的连续函数，而只是分段连续函数。而在有些问题中，容许控制集合甚至只是控制空间中的一些孤立的点，对这样的控制问题，古典变分法就更加无能为力了。

本章将介绍古典变分法的近代发展——极小值原理，它适用于对容许控制有约束的场合，解决了最优控制问题的最优性必要条件，不要求哈密顿函数对控制的可微性，应用条件较宽泛。

3.1 引 例

电梯快速升降问题是机车的快速运行、轧钢机的快速控制、机械振动的快速消振、卫星的快速回合等问题中最简单的例子，但用它可以阐述这类问题的特点。

设有一个运输货物的可逆电机带动的电梯（见图 3.1），试问如何开动电梯，才能以最快的速度从第 1 层上升到第 8 层。

假设没有阻力，而电梯的重量已经被平衡块平衡，这时，电梯的升降仅受到电机主动力$p(t)$的作用，其大小是可控制的，并受到限制。

现取一垂直坐标轴 x，其正向向上，第 8 层楼为坐标原点。由牛顿第二定律可得运动方程为

$$\ddot{x}(t)=u(t) \tag{3.1}$$

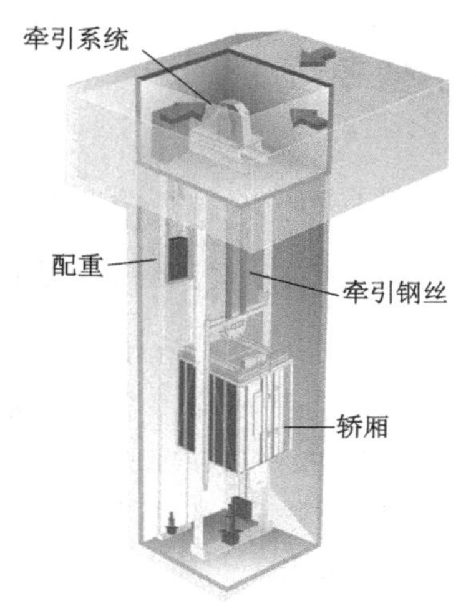

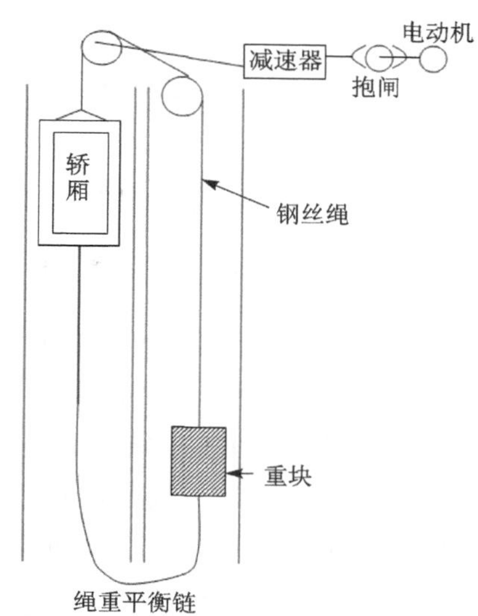

图 3.1 垂直电梯示意图

其中，$u=\frac{1}{m}p(t)$，m 是电梯的质量。

根据电机的限制，通常要求控制力在数量上是有界的，不妨假设为

$$|u(t)|\leqslant 1 \tag{3.2}$$

下面可以给出电梯快速升降问题的数学提法。

求一个满足条件式(3.2)的控制函数 $u(t)$，使得方程式(3.1)满足初始条件 $x(0)=-8$，$\dot{x}(0)=0$ 的解 $x(t)$，在最短时间内转移到零状态 $x(t_f)=0$，$\dot{x}(t_f)=0$。用矩阵形式表示为

$$\begin{bmatrix}\dot{x}_1\\ \dot{x}_2\end{bmatrix}=\begin{bmatrix}0 & 1\\ 0 & 0\end{bmatrix}\begin{bmatrix}x_1\\ x_2\end{bmatrix}+\begin{bmatrix}0\\ 1\end{bmatrix}u,\quad \begin{bmatrix}x_1(0)\\ x_2(0)\end{bmatrix}=\begin{bmatrix}-8\\ 0\end{bmatrix} \tag{3.3}$$

其中，$x_1(t)$与 $x_2(t)$分别表示位移和速度。这样，电梯快速升降问题又可表示为选取满足条件式(3.2)与式(3.3)的控制作用 $u(t)$，使得

$$\begin{bmatrix}x_1(t_f)\\ x_2(t_f)\end{bmatrix}=\begin{bmatrix}0\\ 0\end{bmatrix}$$

成立，并且实现 $J[u(\cdot)]=\int_0^{t_f}\mathrm{d}t$ 取得极小值。

从直观上可以提出如下设想：先以最大的能力 $u(t)=1$ 作用于电梯，使其最快速上升(这是最大加速阶段)至 4 楼；而后使它以最大的减速运动 $u(t)=-1$，到达 8 楼时，电梯刚好速度为 0，即停在 8 楼。

这种想法能否解决上述问题？为什么？

3.2 连续系统的极小值原理

在上一章中讨论最优控制问题时，推导过程中应用了 $\boldsymbol{u}(t)$ 的变分 $\delta\boldsymbol{u}$ 的任意性，这样导出了 $\frac{\partial H}{\partial \boldsymbol{u}}=0, t\in[t_0,t_f]$。如果对控制有一定的约束，即控制域 U 是在 $\mathbf{R}^m$ 内的一个有界闭集中，当最优控制在 U 的内点上取值时，上述公式是有效的；然而，当最优控制在 U 的边界上取值时，上述公式就无效了，因为此时 $\delta\boldsymbol{u}$ 不能任意取值，否则 $\boldsymbol{u}^*+\delta\boldsymbol{u}$ 可能超出 U 的范围而不是允许控制函数了。极小值原理所给出的最优控制的必要性条件可以解决这类最优控制问题。同时经典变分法的结果就成为极小值原理的一种特殊情况，所以极小值原理有着更为广泛的应用。

3.2.1 连续定常系统的极小值原理

1. 极小值原理

假设系统的状态方程为

$$\dot{\boldsymbol{x}}(t)=\boldsymbol{f}(x(t),\boldsymbol{u}(t))$$

给定初始状态

$$\boldsymbol{x}(t_0)=\boldsymbol{x}_0$$

终端状态满足约束条件

$$N(\boldsymbol{x}(t_f),t_f)=0 \tag{3.4}$$

性能指标

$$J[u(\cdot)]=F(\boldsymbol{x}(t_f),t_f)+\int_{t_0}^{t_f}L(\boldsymbol{x}(t),\boldsymbol{u}(t))\,\mathrm{d}t \tag{3.5}$$

其中，$\boldsymbol{x}(t)\in\mathbf{R}^n(t\in[t_0,t_f])$是状态向量；$\boldsymbol{u}(t)$是 $\mathbf{R}^m$ 空间中的某一有界闭集 U 的控制向量；$\boldsymbol{f}(\boldsymbol{x}(t),\boldsymbol{u}(t))$是 n 维向量函数，$\boldsymbol{f}(\boldsymbol{x}(t),\boldsymbol{u}(t))$对 $\boldsymbol{x}(t)$，$\boldsymbol{u}(t)$连续，对 $\boldsymbol{x}(t)$连续可微；$N(\boldsymbol{x},t)$是 r 维($r\leqslant n$)连续可微向量函数；$L(\boldsymbol{x}(t),\boldsymbol{u}(t))$是对 $\boldsymbol{x}(t)$，$\boldsymbol{u}(t)$连续的函数，对 $\boldsymbol{x}(t)$连续可微；$F(\boldsymbol{x}(t_f),t_f)$是连续可微函数，即 $\frac{\partial \boldsymbol{f}}{\partial \boldsymbol{x}}$、$\frac{\partial F}{\partial \boldsymbol{x}}$ 以及 $\frac{\partial L}{\partial \boldsymbol{x}}$ 存在且连续。

对于上述最优控制问题，定义哈密顿(Hamilton)函数：

$$H[\boldsymbol{x}(t),\boldsymbol{u}(t),\boldsymbol{\lambda}(t)]=L(\boldsymbol{x}(t),\boldsymbol{u}(t))+\boldsymbol{\lambda}^{\mathrm{T}}(t)\boldsymbol{f}(\boldsymbol{x}(t),\boldsymbol{u}(t)) \tag{3.6}$$

其中，$\boldsymbol{\lambda}^{\mathrm{T}}(t)=[\lambda_1(t),\lambda_2(t),\cdots,\lambda_n(t)]$是拉格朗日乘子。那么在不同终端条件下，

最优控制存在的必要条件为

1）状态方程：$\dot{\boldsymbol{x}}^*(t)=\boldsymbol{f}(\boldsymbol{x}^*(t),\boldsymbol{u}^*(t))$，$\boldsymbol{x}^*(t_0)=\boldsymbol{x}_0$。

2）协态方程：

$$\dot{\boldsymbol{\lambda}}^*(t)=-\frac{\partial H}{\partial \boldsymbol{x}}=-\frac{\partial L}{\partial \boldsymbol{x}}-\boldsymbol{\lambda}^{\mathrm{T}}\frac{\partial \boldsymbol{f}}{\partial \boldsymbol{x}} \tag{3.7}$$

3）控制方程：

$$H[\boldsymbol{x}^*,\boldsymbol{u}^*,\boldsymbol{\lambda}^*]\leqslant H[\boldsymbol{x},\boldsymbol{u},\boldsymbol{\lambda}],\boldsymbol{u}\in U \tag{3.8}$$

或

$$\min_{\boldsymbol{u}\in U} H[\boldsymbol{x},\boldsymbol{u},\boldsymbol{\lambda}]=H[\boldsymbol{x}^*,\boldsymbol{u}^*,\boldsymbol{\lambda}^*] \tag{3.9}$$

当无控制约束时，该控制方程就是$\left.\frac{\partial H}{\partial \boldsymbol{u}}\right|_{\boldsymbol{u}=\boldsymbol{u}^*}=0$。

4）最优哈密顿函数：$H[\boldsymbol{x}^*,\boldsymbol{u}^*,\boldsymbol{\lambda}^*]=\text{const}$。

5）终端横截条件：

① 当终端时刻 t_f 固定，终端状态 $\boldsymbol{x}(t_f)$ 自由时

$$\boldsymbol{\lambda}^*(t_f)=\left.\frac{\partial F}{\partial \boldsymbol{x}}\right|_{t=t_f} \tag{3.10}$$

若性能指标式(3.5)中没有终端项，即 $F=0$，则条件式(3.10)简化为

$$\boldsymbol{\lambda}^*(t_f)=0$$

② 当终端时刻 t_f 固定，终端状态 $\boldsymbol{x}(t_f)$ 满足约束条件式(3.4)时

$$\begin{cases} N(\boldsymbol{x}^*(t_f),t_f)=0 \\ \boldsymbol{\lambda}^*(t_f)=\dfrac{\partial F(\boldsymbol{x}^*(t_f),t_f)}{\partial \boldsymbol{x}(t_f)}+\dfrac{\partial N^{\mathrm{T}}(\boldsymbol{x}^*(t_f),t_f)}{\partial \boldsymbol{x}(t_f)}\boldsymbol{\gamma} \end{cases}$$

其中，$\boldsymbol{\gamma}$ 是 r 维待定常数向量。

③ 当终端时刻 t_f 固定，终端状态 $\boldsymbol{x}(t_f)=\boldsymbol{x}_{t_f}$ 固定时

$$\boldsymbol{x}^*(t_f)=\boldsymbol{x}_{t_f}$$

④ 当终端时刻 t_f 自由，终端状态 $\boldsymbol{x}(t_f)$ 自由时

$$\begin{cases} \boldsymbol{\lambda}^*(t_f)=\dfrac{\partial F(\boldsymbol{x}^*(t_f^*),t_f^*)}{\partial \boldsymbol{x}(t_f^*)} \\ \dfrac{\partial F(\boldsymbol{x}^*(t_f^*),t_f^*)}{\partial t_f}+H[\boldsymbol{x}^*(t_f^*),\boldsymbol{u}^*(t_f^*),\boldsymbol{\lambda}^*(t_f^*)]=0 \end{cases},\qquad t\in[t_0,t_f^*]$$

若 F 中不显含 t，则有

$$\begin{cases} \boldsymbol{\lambda}^*(t_f)=\dfrac{\partial F(\boldsymbol{x}^*(t_f^*),t_f^*)}{\partial \boldsymbol{x}(t_f^*)} \\ H[\boldsymbol{x}^*(t_f^*),\boldsymbol{u}^*(t_f^*),\boldsymbol{\lambda}^*(t_f^*)]=0 \end{cases},\qquad t\in[t_0,t_f^*]$$

⑤ 当终端时刻 t_f 自由，终端状态 $\boldsymbol{x}(t_f)$满足约束条件式(3.5)时

$$\begin{cases} N(\boldsymbol{x}^*(t_f),t_f)=0 \\ \boldsymbol{\lambda}^*(t_f)=\dfrac{\partial F(\boldsymbol{x}^*(t_f),t_f^*)}{\partial \boldsymbol{x}}+\dfrac{\partial N^{\mathrm{T}}(\boldsymbol{x}^*(t_f^*),t_f^*)}{\partial \boldsymbol{x}}\gamma \\ \dfrac{\partial F(\boldsymbol{x}^*(t_f),t_f^*)}{\partial t_f}+\dfrac{\partial N^{\mathrm{T}}(\boldsymbol{x}^*(t_f^*),t_f^*)}{\partial t_f}\gamma+H[\boldsymbol{x}^*(t_f^*),\boldsymbol{u}^*(t_f^*),\boldsymbol{\lambda}^*(t_f^*)]=0 \end{cases},\quad t\in[t_0,t_f^*]$$

若 F,N 中都不显含 t，则有

$$\begin{cases} N(\boldsymbol{x}^*(t_f),t_f)=0 \\ \boldsymbol{\lambda}^*(t_f)=\dfrac{\partial F(\boldsymbol{x}^*(t_f),t_f^*)}{\partial \boldsymbol{x}}+\dfrac{\partial N^{\mathrm{T}}(\boldsymbol{x}^*(t_f^*),t_f^*)}{\partial \boldsymbol{x}}\gamma, \quad t\in[t_0,t_f^*] \\ H[\boldsymbol{x}^*(t_f^*),\boldsymbol{u}^*(t_f^*),\boldsymbol{\lambda}^*(t_f^*)]=0 \end{cases}$$

⑥ 当终端时刻 t_f 自由，终端状态 $\boldsymbol{x}(t_f)=\boldsymbol{x}_{t_f}$ 固定时

$$\begin{cases} \boldsymbol{x}^*(t_f^*)=x_{t_f} \\ \dfrac{\partial F(\boldsymbol{x}^*(t_f^*),t_f^*)}{\partial t_f}+H[\boldsymbol{x}^*(t_f^*),\boldsymbol{u}^*(t_f^*),\boldsymbol{\lambda}^*(t_f^*)]=0 \end{cases},\quad t\in[t_0,t_f^*]$$

若 F 中不显含 t，则有

$$\begin{cases} \boldsymbol{x}^*(t_f^*)=\boldsymbol{x}_{t_f} \\ H[\boldsymbol{x}^*(t_f^*),\boldsymbol{u}^*(t_f^*),\boldsymbol{\lambda}^*(t_f^*)]=0 \end{cases},\quad t\in[t_0,t_f^*]$$

2. 极小值原理与变分法求最优控制的比较

从上面的叙述可以看出，极小值原理是用变分法求解最优控制问题的推广。变分法解最优控制问题的必要条件之一是$\left.\dfrac{\partial H}{\partial \boldsymbol{u}}\right|_{\boldsymbol{u}^*}=0$，而极小值原理中用 $\boldsymbol{u}^*$ 使 H 为最小代替了这一条件，这样就使它的应用范围扩大了。比如对于标量系统的最优控制：

① 如图 3.2(a)所示，最优控制 $\boldsymbol{u}^*$ 在容许控制集 U 内使得 H 为最小。这时，用变分法和极小值原理求最优控制的解是一样的。在这种情况下，即 $H(\boldsymbol{u})$在 U 范围内是下凹的，则利用极小值原理求最优控制 $\boldsymbol{u}^*$ 时，可以用$\left.\dfrac{\partial H}{\partial \boldsymbol{u}}\right|_{\boldsymbol{u}^*}=0$ 来求 $\boldsymbol{u}^*$。

② 如图 3.2(b)所示，用变分法求解出的最优控制 $\bar{\boldsymbol{u}}$ 和用极小值原理求解出的最优控制 $\boldsymbol{u}^*$ 是不相同的。

③ 如图 3.2(c)所示，用变分法求不出最优控制，而用极小值原理则可以求出最优控制 $\boldsymbol{u}^*$。

对于 $H(\boldsymbol{u})$ 的极值在 U 的边界上时，求解 $\boldsymbol{u}^*$ 使得 H 为最小时，$\left.\frac{\partial H}{\partial \boldsymbol{u}}\right|_{\boldsymbol{u}^*}=0$ 不再适用。

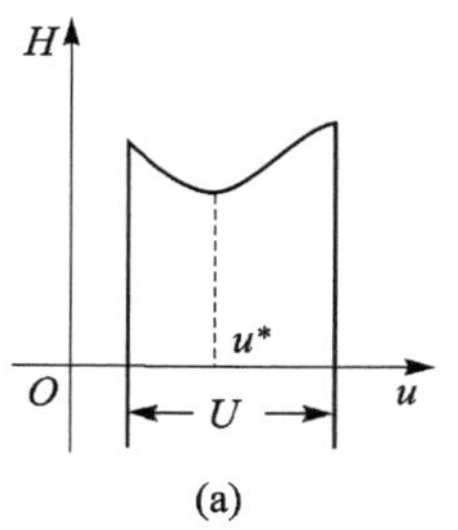

(a)

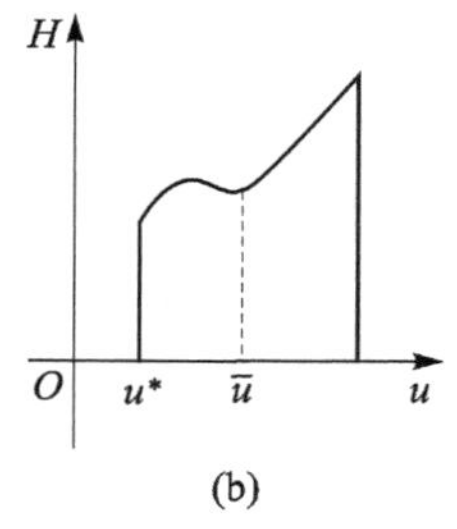

(b)

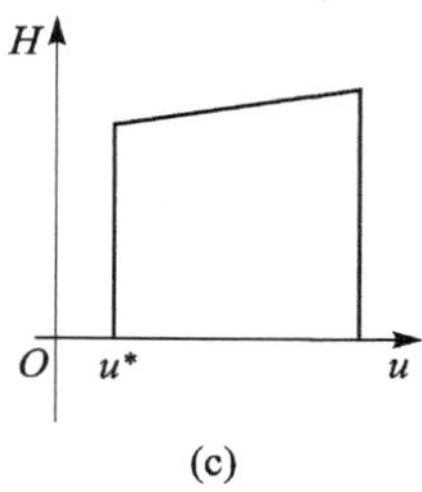

(c)

图 3.2　极小值原理和变分法求最优控制的比较

3. 极小值原理求解最优控制的步骤

用极小值原理求解最优控制问题的一般步骤如下：

① 引入拉格朗日乘子 $\boldsymbol{\lambda}^{\mathrm{T}}(t)$ 作为协态变量，按式(3.7)写出哈密顿函数 H；

② 按式(3.7)写出协态方程。根据初始条件及终端条件，找出解最优控制的横截条件；

③ 根据式(3.8)或式(3.9)求出使得函数 H 为最小的 $\boldsymbol{u}^*$。这时 $\boldsymbol{u}^*$ 一般是 $\boldsymbol{x}^*$，$\boldsymbol{\lambda}^*$，t 的函数表达式，由于 $\boldsymbol{x}^*$，$\boldsymbol{\lambda}^*$ 尚未确定，$\boldsymbol{u}^*$ 仍然未知；

④ 将求得的 $\boldsymbol{u}^*$ 表达式与状态方程、协态方程、横截条件连立求解，可得 $\boldsymbol{u}^*$ 和 $\boldsymbol{x}^*$。

值得指出的是，如果最优控制问题是要求保证性能指标为最大，其求法和步骤与上述完全一样，只是要把原性能指标加一负号，之后求解性能指标为最小的最优控制。

例 3.1　设被控对象的状态方程为

$$\begin{cases}\dot{x}_1=x_2\\ \dot{x}_2=-x_2+u\end{cases},\qquad \boldsymbol{x}(0)=\begin{bmatrix}-1\\0\end{bmatrix} \tag{3.11}$$

控制变量 $u(t)$ 受不等式约束 $|u(t)|\leqslant 1$，试求最优控制函数 $u^*(t)$ 和最优轨线 $x^*(t)$，使性能指标泛函 $J=x_1(1)$ 最小。

解：该性能指标为终端型性能泛函，即 $F=x_1(1)$，$L=0$，$t_f=1$。因此，哈密顿函数为

$$H=L+\lambda^{\mathrm{T}}f=\lambda_1x_2+\lambda_2(-x_2+u)$$

则协态方程是

$$\begin{cases}\dot{\lambda}_1=-\dfrac{\partial H}{\partial x_1}=0,\\ \dot{\lambda}_2=-\dfrac{\partial H}{\partial x_2}=-(\lambda_1-\lambda_2)\end{cases}\Rightarrow\begin{cases}\lambda_1=c_1\\ \dot{\lambda}_2=\lambda_2-c_1\end{cases}$$

其末端条件(横截条件)为

$$\lambda_1(1)=\frac{\partial F}{\partial x_1}=1,\qquad \lambda_2(1)=\frac{\partial F}{\partial x_2}=0$$

解之得

$$\lambda_1=1,\quad \begin{cases}\dot{\lambda}_2=\lambda_2-1\\ \lambda_2(1)=0\end{cases}\Rightarrow\begin{cases}\lambda_2(t)=c_2\mathrm{e}^t+1\\ \lambda_2(1)=c_2\mathrm{e}^1+1=0\end{cases}\Rightarrow\begin{cases}c_2=-\mathrm{e}^{-1}\\ \lambda_2(t)=1-\mathrm{e}^{t-1}\end{cases}$$

由于

$$\begin{aligned}H(x(t),\lambda(t),u^*(t))&=\min_{u(t)\in U}H(x(t),\lambda(t),u(t))\\ &=\min_{-1\leqslant u(t)\leqslant 1}[\lambda_1x_2+\lambda_2(-x_2+u)]\\ &=\min_{-1\leqslant u(t)\leqslant 1}[\lambda_1x_2-\lambda_2x_2+\lambda_2u]\\ &=\lambda_1x_2-\lambda_2x_2+\min_{-1\leqslant u(t)\leqslant 1}\lambda_2u\end{aligned}$$

从而

$$u^*(t)=\begin{cases}-1 & \lambda_2(t)>0\\ +1 & \lambda_2(t)<0\end{cases}$$

因为 $\lambda_2=1-\mathrm{e}^{t-1}>0,t\in[0,1]$,所以 $u^*(t)=-1,t\in[0,1]$。再由

$$\begin{cases}\dot{x}_2^*=-x_2^*+u^*=-x_2^*-1,\\ x_2(0)=0\end{cases}\Rightarrow\begin{cases}x_2(t)=c_3\mathrm{e}^{-t}-1\\ c_3=1\end{cases}\Rightarrow x_2^*(t)=\mathrm{e}^{-t}-1$$

得

$$x_1^*(t)=\int(\mathrm{e}^{-t}-1)\,\mathrm{d}t=-\mathrm{e}^{-t}-t$$

因此,该问题的最优控制函数 $u^*(t)$、最优轨线 $x^*(t)$ 和最优性能 J^* 分别为

$$u^*(t)=-1$$

$$x_1^*(t)=\mathrm{e}^{-t}-1$$

$$x_2^*(t)=-\mathrm{e}^{-t}-t$$

$$J^*=x_1^*(1)=\mathrm{e}^{-1}-1$$

系统的协态、状态、控制量的仿真曲线,如图 3.3 所示。

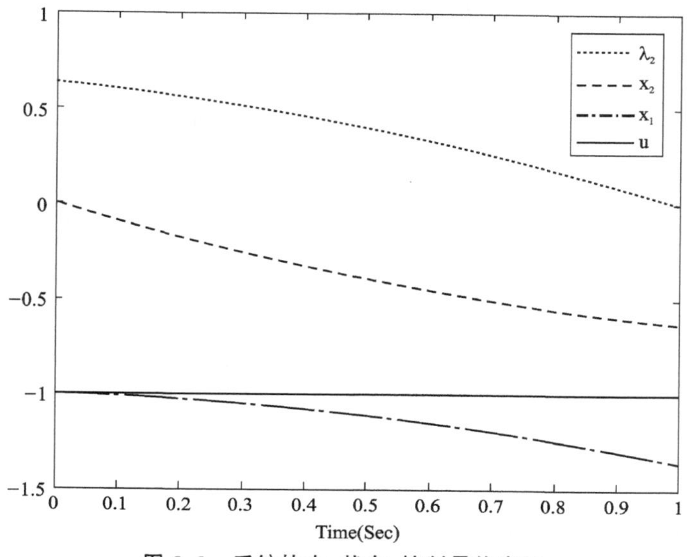

图 3.3　系统协态、状态、控制量仿真图

3.2.2　连续时变系统的极小值原理

在 3.2.1 节中讨论了时不变系统的极小值原理。对于时变系统，可以引入一个新的状态变量 $x_{n+1}=t$，从而把 $\dot{x}_{n+1}=1$ 加到原系统中使之定常化。

对于时变系统

$$\dot{\boldsymbol{x}}(t)=\boldsymbol{f}(\boldsymbol{x}(t),\boldsymbol{u}(t),t) \tag{3.12}$$

给定初始状态

$$\boldsymbol{x}(t_0)=\boldsymbol{x}_0$$

终端状态满足约束条件

$$N(\boldsymbol{x}(t_f),t_f)=0$$

性能指标

$$J[\boldsymbol{u}(\cdot)]=F(\boldsymbol{x}(t_f),t_f)+\int_{t_0}^{t_f}L(\boldsymbol{x}(t),\boldsymbol{u}(t),t)\,\mathrm{d}t \tag{3.13}$$

上述各变量及函数连续性和可微性假设与 3.2.1 节相同。

对于该最优控制问题，引入一个新的状态变量 $x_{n+1}=t$，从而使得时变系统式(3.12)的最优控制问题转化为定常系统的最优控制问题。

在所得的最优控制必要条件中，哈密顿函数在最优解上将不再是常数，而其他的必要条件与定常系统相同。

构造增广向量

$$\bar{\boldsymbol{x}}=\begin{bmatrix}\boldsymbol{x}\\ x_{n+1}\end{bmatrix},\quad \bar{\boldsymbol{f}}(\bar{\boldsymbol{x}}(t),\boldsymbol{u}(t))=\begin{bmatrix}\boldsymbol{f}(\boldsymbol{x}(t),\boldsymbol{u}(t),t)\\ 1\end{bmatrix},\quad \bar{\boldsymbol{x}}(t_0)=\begin{bmatrix}\boldsymbol{x}_0\\ t_0\end{bmatrix}\triangleq\bar{\boldsymbol{x}}_0$$

则原状态方程、初始状态、性能指标分别转为

$$\dot{\bar{\boldsymbol{x}}}(t)=\bar{\boldsymbol{f}}(\bar{\boldsymbol{x}}(t),\boldsymbol{u}(t)),\quad \bar{\boldsymbol{x}}(t_0)=\bar{\boldsymbol{x}}_0$$

$$J[u(\cdot)]=F(\bar{\boldsymbol{x}})+\int_{t_0}^{t_f}L(\bar{\boldsymbol{x}}(t),\boldsymbol{u}(t))\,dt$$

定义哈密顿函数

$$H[\bar{\boldsymbol{x}}(t),\boldsymbol{u}(t),\bar{\boldsymbol{\lambda}}(t)]=L(\bar{\boldsymbol{x}}(t),\boldsymbol{u}(t))+\bar{\boldsymbol{\lambda}}^{\mathrm{T}}(t)\bar{\boldsymbol{f}}(\bar{\boldsymbol{x}}(t),\boldsymbol{u}(t)) \tag{3.14}$$

其中，$\bar{\boldsymbol{\lambda}}^{\mathrm{T}}(t)=[\bar{\boldsymbol{\lambda}}^{\mathrm{T}}(t),\lambda_{n+1}(t)]$是拉格朗日乘子。

下面给出终端时刻 t_f 自由时的时变系统最优控制必要条件：

① 状态方程：$\dot{\boldsymbol{x}}^*(t)=\boldsymbol{f}(\boldsymbol{x}^*(t),\boldsymbol{u}^*(t)),\boldsymbol{x}^*(t_0)=\boldsymbol{x}_0$。

② 协态方程：$\dot{\boldsymbol{\lambda}}^*(t)=-\dfrac{\partial H}{\partial \boldsymbol{x}}$。

③ 控制方程：$\min\limits_{u\in U}H[\boldsymbol{x},\boldsymbol{u},\boldsymbol{\lambda},t]=H[\boldsymbol{x}^*,\boldsymbol{u}^*,\boldsymbol{\lambda}^*,t]$。

④ 最优哈密顿函数：$H[\boldsymbol{x}^*,\boldsymbol{u}^*,\boldsymbol{\lambda}^*,t]=H|_{t_f}-\displaystyle\int_t^{t_f}\frac{\partial H}{\partial \tau}d\tau$。

⑤ 终端横截条件：

$$\begin{cases}N(\boldsymbol{x}^*(t_f),t_f)=0\\ \boldsymbol{\lambda}^*(t_f)=\dfrac{\partial F(\boldsymbol{x}^*(t_f),t_f^*)}{\partial \boldsymbol{x}}+\dfrac{\partial N^{\mathrm{T}}(\boldsymbol{x}^*(t_f^*),t_f^*)}{\partial \boldsymbol{x}}\boldsymbol{\gamma} \\ \dfrac{\partial F(\boldsymbol{x}^*(t_f),t_f^*)}{\partial t_f}+\dfrac{\partial N^{\mathrm{T}}(\boldsymbol{x}^*(t_f^*),t_f^*)}{\partial t_f}\boldsymbol{\gamma}+H|_{t_f}=0\end{cases},\quad t\in[t_0,t_f^*] \tag{3.15}$$

当终端时刻 t_f 自由，其他的终端条件都可以作为上面的特殊情况。而对于终端时刻 t_f 固定的时变系统，则终端横截条件的最后一个式子不再存在，因为这个条件是由于终端时刻 t_f 变动所产生的。

3.3 离散系统的极小值原理

离散系统与连续系统有不同的数学模型，前者用差分方程，后者用微分方程。研究离散系统最优控制的方法主要有两类：一类是离散变分法和离散极小值原理；一类是动态规划。本节介绍第一类。

3.3.1 离散系统基本概念

离散时间系统有两类：

① 系统的输出只在一定的离散瞬间可以获得或测量到，如数字滤波器，这类系

统本身就是离散时间系统，可以用标量或向量差分方程来描述系统。

② 控制对象是连续的，但系统中的控制器是数字计算机或其他数字设备，是离散的元件，从而连续系统被离散化了。如伺服电机的角速度等物理量是连续变化的，但是用计算机或其他数字设备来控制时，连续变化的物理量成为时间上的离散物理变量。这种系统有时也称为混合式离散控制系统。

在计算机中所出现的信号不仅在时间上是离散的，而且在信号的幅值大小上也进行了分层（这就是数字信号量），如图 3.4 所示。比如采样器就是把连续信号变成离散信号，相邻的两个采样之间的时间间隔为采样周期。控制系统中的 A/D（模-数）转换器的作用是把幅值连续的离散信号变成数字量（进行量化并进行数字编码），D/A（数-模）转换器的作用是把数字信号变成离散的模拟信号之后再经过保持器变成模拟信号。

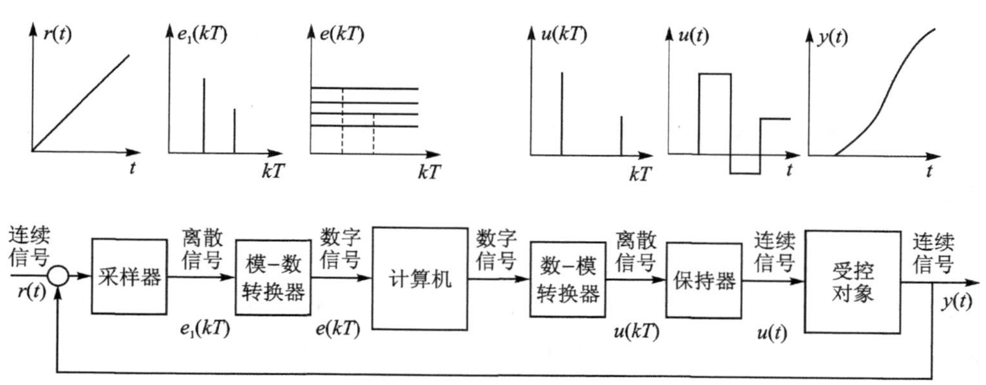

图 3.4　计算机控制系统

设计的离散控制系统，如果是混合式离散控制系统，其设计方法可分为两种：

① 按连续系统来处理，求得控制规律后再将其离散化，用控制装置或计算机来实现。

② 把连续的被控对象离散化，变成离散化模型，之后再求控制规律。

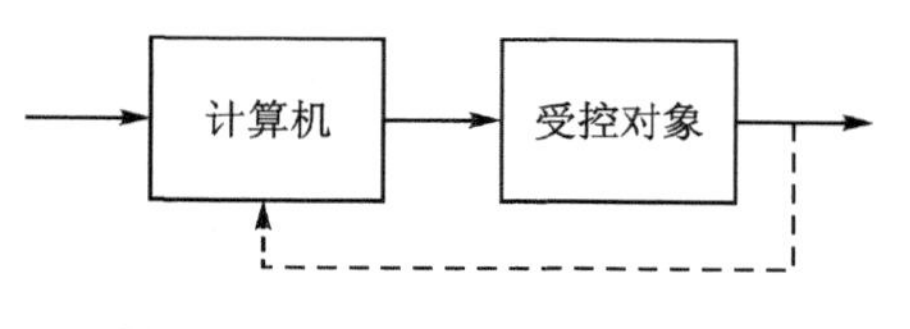

图 3.5　离散控制系统简化框图

假设如图 3.5 所示的离散控制系统中的受控对象是惯性环节，其微分方程为

$$\frac{\mathrm{d}x(t)}{\mathrm{d}t}=-\frac{1}{\tau}x(t)+\frac{K}{\tau}u(t) \tag{3.16}$$

其中，τ 为惯性环节时间常数。

在 $t=kT$ 时刻，有 $u(kT)=u(t)$，$x(kT)=x(t)$，通常为了表述简洁，可简写为

$$u(k)=u(t),\qquad x(k)=x(t)$$

其中，k 表示第 k 个采样周期，当采样周期 T 已知，则 k 即表示时刻 t_k（$t_k=kT$）。

如果采样周期 T 相对受控过程变化小得多，在 kT 时刻可用

$$\frac{\Delta x(k)}{T}=\frac{x(k+1)-x(k)}{T}$$

代替 $\frac{\mathrm{d}x}{\mathrm{d}t}$，则式(3.16)可写为

$$\frac{x(k+1)-x(k)}{T}=-\frac{1}{\tau}x(k)+\frac{K}{\tau}u(k)$$

对于一般线性系统的状态方程

$$\dot{x}(t)=\boldsymbol{A}x(t)+\boldsymbol{B}u(t)$$

可以求得近似的向量差分方程

$$x(k+1)=(\boldsymbol{I}+T\boldsymbol{A})x(k)+T\left(\boldsymbol{I}+\frac{1}{2}T\boldsymbol{A}\right)\boldsymbol{B}u(k) \tag{3.17}$$

或者写为

$$x(k+1)=\boldsymbol{G}(T)x(k)+\boldsymbol{H}(T)u(k) \tag{3.18}$$

其中，$\boldsymbol{G}(T)=\boldsymbol{I}+T\boldsymbol{A}$，$\boldsymbol{H}(T)=T\left(\boldsymbol{I}+\frac{1}{2}T\boldsymbol{A}\right)\boldsymbol{B}$。式(3.18)称为受控系统的差分方程。

连续信号的近似差分示意图如图3.6所示。可见，当采样时间 T 不够小，近似差分方程式(3.17)不能很好地描述实际情况，那么需要采用其他方法求线性系统离散化对应的差分方程。例如，可以用线性连续系统的状态转移矩阵，对应于差分方程式(3.18)中的 $\boldsymbol{G}(T)$ 和 $\boldsymbol{H}(T)$ 分别为

$$\boldsymbol{G}(T)=\mathrm{e}^{\boldsymbol{A}T}=\{L^{-1}[(s\boldsymbol{I}-\boldsymbol{A})^{-1}]\}\big|_{t=T}$$

$$\boldsymbol{H}(T)=\int_0^T \mathrm{e}^{\boldsymbol{A}\tau}\boldsymbol{B}\,\mathrm{d}\tau$$

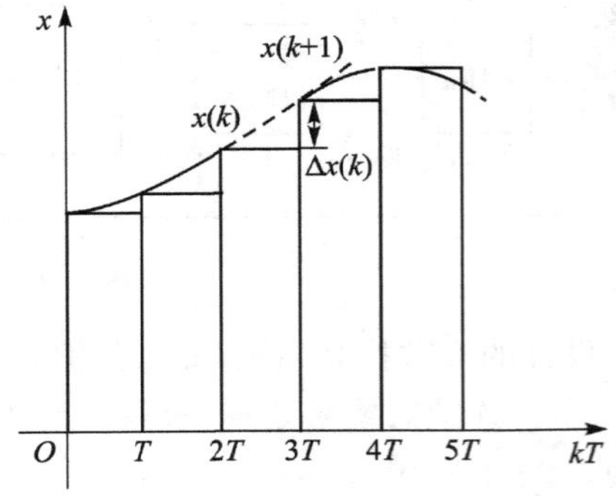

图3.6　近似差分

其中，$\boldsymbol{I}$ 是单位阵，s 是拉普拉斯变换算子，τ 是积分变量。

3.3.2　极小值原理

设连续系统的性能泛函为

$$J=\int_0^{t_f} L(\boldsymbol{x}(t),\boldsymbol{u}(t),t)\,\mathrm{d}t$$

状态方程

$$\dot{\boldsymbol{x}}=\boldsymbol{f}(x(t),\boldsymbol{u}(t),t)$$

将系统离散化之后，有

$$J=\sum_{k=0}^{N-1} L(\boldsymbol{x}(k),\boldsymbol{u}(k),k)T \tag{3.19}$$

其中，T 为采样时间，$t_f = NT$。

离散性能指标泛函与连续性能指标泛函之间的差异如图 3.7 所示。

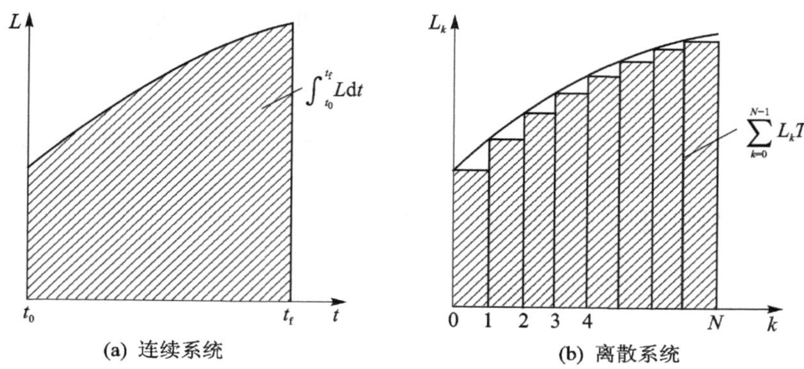

图 3.7　离散与连续性能指标泛函示意图

简单起见，不显现采样时间 T，并令 $L(\boldsymbol{x}_k,\boldsymbol{u}_k,k)=L(\boldsymbol{x}(k),\boldsymbol{u}(k),k)T$，其中 $\boldsymbol{x}_k=\boldsymbol{x}(k)$，$\boldsymbol{x}_{k+1}=\boldsymbol{x}(k+1)$，则性能指标式(3.19)可写为

$$J=\sum_{k=0}^{N-1} L(\boldsymbol{x}_k,\boldsymbol{u}_k,k) \tag{3.20}$$

状态方程为

$$\boldsymbol{x}_{k+1}=\boldsymbol{f}(\boldsymbol{x}_k,\boldsymbol{u}_k,k) \tag{3.21}$$

将式(3.21)代入式(3.20)，消去 $\boldsymbol{u}_k$，则泛函式(3.20)可改写为

$$J=\sum_{k=0}^{N-1} L(\boldsymbol{x}_k,\boldsymbol{x}_{k+1},k) \triangleq \sum_{k=0}^{N-1} L_k \tag{3.22}$$

在式(3.22)中对 $\boldsymbol{x}_k$，$\boldsymbol{x}_{k+1}$ 取变分，且令 $\delta\boldsymbol{x}_k=\delta\boldsymbol{x}(k)$，$\delta\boldsymbol{x}_{k+1}=\delta\boldsymbol{x}(k+1)$，则

$$\delta J=\sum_{k=0}^{N-1}\left(\delta\boldsymbol{x}_k^{\mathrm{T}}\frac{\partial L_k}{\partial\boldsymbol{x}_k}+\delta\boldsymbol{x}_{k+1}^{\mathrm{T}}\frac{\partial L_k}{\partial\boldsymbol{x}_{k+1}}\right)$$

令

$$\sum_{k=0}^{N-1}\delta\boldsymbol{x}_{k+1}^{\mathrm{T}}\frac{\partial L_k}{\partial\boldsymbol{x}_{k+1}}=\sum_{k=1}^{N}\delta\boldsymbol{x}_k^{\mathrm{T}}\frac{\partial L_{k-1}}{\partial\boldsymbol{x}_k}=\sum_{k=0}^{N-1}\delta\boldsymbol{x}_k^{\mathrm{T}}\frac{\partial L_{k-1}}{\partial\boldsymbol{x}_k}+\delta\boldsymbol{x}_k^{\mathrm{T}}\frac{\partial L_{k-1}}{\partial\boldsymbol{x}_k}\Bigg|_{k=0}^{k=N}$$

当 J 取极值时，有 $\delta J=0$，所以

$$\sum_{k=0}^{N-1}\delta\boldsymbol{x}_k^{\mathrm{T}}\left(\frac{\partial L_k}{\partial\boldsymbol{x}_k}+\frac{\partial L_{k-1}}{\partial\boldsymbol{x}_k}\right)+\left[\delta\boldsymbol{x}_k^{\mathrm{T}}\frac{\partial L_{k-1}}{\partial\boldsymbol{x}_k}\right]\Bigg|_{k=0}^{k=N}=0$$

考虑到 $\delta\boldsymbol{x}_k^{\mathrm{T}}$ 是任意取变分，所以须有

$$\begin{cases} \dfrac{\partial L_k}{\partial \boldsymbol{x}_k} + \dfrac{\partial L_{k-1}}{\partial \boldsymbol{x}_k} = 0 \\ \left[\delta \boldsymbol{x}_k^{\mathrm{T}} \dfrac{\partial L_{k-1}}{\partial \boldsymbol{x}_k} \right] \Bigg|_{k=0}^{k=N} = 0 \end{cases} \tag{3.23}$$

式(3.23)即为泛函 J 取极值的必要条件，第 1 式为离散欧拉方程，第 2 式为离散横截条件。

下面来介绍离散极小值原理。

当掌握了连续系统极小值原理后，就可以很容易理解离散极小值原理。这里同样引入哈密顿函数来求解。

离散系统最优控制问题描述为

$$\begin{cases} \min J = F(\boldsymbol{x}_N, N) + \sum\limits_{k=0}^{N-1} L(\boldsymbol{x}_k, \boldsymbol{u}_k, k) \\ \boldsymbol{x}_{k+1} = \boldsymbol{f}(\boldsymbol{x}_k, \boldsymbol{u}_k, k) \\ \boldsymbol{x}_0 = \boldsymbol{x}(0) \\ \boldsymbol{\Psi}(\boldsymbol{x}_N, N) = 0 \end{cases}, \quad k = 0, 1, \cdots, N-1$$

不等式约束 $\boldsymbol{u}_k \in U$，U 为允许控制域。

求最优控制序列 $\boldsymbol{u}_k$，$k=0,1,\cdots,N-1$。

对于该最优控制问题，可以构造离散的哈密顿函数

$$H(\boldsymbol{x}_k, \boldsymbol{u}_k, \boldsymbol{\lambda}_{k+1}, k) = L(\boldsymbol{x}_k, \boldsymbol{u}_k, k) + \boldsymbol{\lambda}_{k+1}^{\mathrm{T}} \boldsymbol{f}(\boldsymbol{x}_k, \boldsymbol{u}_k, k)$$

设 $\boldsymbol{u}_k^*$，$k=0,1,\cdots,N-1$ 为最优控制序列，$\boldsymbol{x}_k^*$，$k=0,1,\cdots,N$ 为 $\boldsymbol{u}_k^*$ 产生的最优状态响应序列。于是，离散极大值原理可表述为

① 状态方程：$\begin{cases} \boldsymbol{x}_{k+1} = \boldsymbol{f}(\boldsymbol{x}_k, \boldsymbol{u}_k, k), & k=0,1,\cdots,N-1 \\ \boldsymbol{x}_0 = \boldsymbol{x}(0) \end{cases}$。

② 协态方程：$\boldsymbol{\lambda}_k = \dfrac{\partial H(\boldsymbol{x}_k, \boldsymbol{u}_k, \boldsymbol{\lambda}_{k+1}, k)}{\partial \boldsymbol{x}_k}$。

③ 控制方程：$H(\boldsymbol{x}_k^*, \boldsymbol{u}_k^*, \lambda_{k+1}^*, k) = \min\limits_{\boldsymbol{u}_k \in \Omega} H(\boldsymbol{x}_k, \boldsymbol{u}_k, \boldsymbol{\lambda}_{k+1}, k)$。

若控制变量不受约束，即 $\boldsymbol{u}_k$ 可以在整个控制空间 $\mathbf{R}^m$，则控制方程为

$$\frac{\partial H(k)}{\partial \boldsymbol{u}_k} = 0$$

④ 横截条件：

$$\boldsymbol{\lambda}(N) = \frac{\partial F}{\partial \boldsymbol{x}_k}\bigg|_{k=N} + \left[\frac{\partial \boldsymbol{\Psi}}{\partial \boldsymbol{x}_k}\bigg|_{k=N} \right]^{\mathrm{T}} \boldsymbol{\gamma}$$

其中，$\boldsymbol{\gamma}$ 为待定常数向量，维数与 $\boldsymbol{\Psi}$ 的维数一致。

离散系统中有关横截条件的讨论可以应用于离散情况，求等式约束下的离散系统极值问题也可以运用拉格朗日方法。

3.3.3　离散系统极小值原理与连续系统极小值原理对比

从前面的章节可以知道，求连续系统最优控制就是求最优控制作用的变化规律（连续变化），在该控制作用下使系统从初始状态转移到要求的状态，并保证性能指标为最小。而求解离散最优控制作用（也称为控制序列）是一个多步决策过程，如图 3.8 所示，即在分成的 N 段时间间隔内（$k=1,2,\cdots,N$），由 $\boldsymbol{u}(0)$ 使状态由 $\boldsymbol{x}(0)$ 转移到 $\boldsymbol{x}(1)$；再找出 $\boldsymbol{u}(1)$，使状态由 $\boldsymbol{x}(1)$ 转移到 $\boldsymbol{x}(2)$；直到转移到 $\boldsymbol{x}(N)$，且保证性能指标为最小，也就是实现状态转移轨迹为最优。

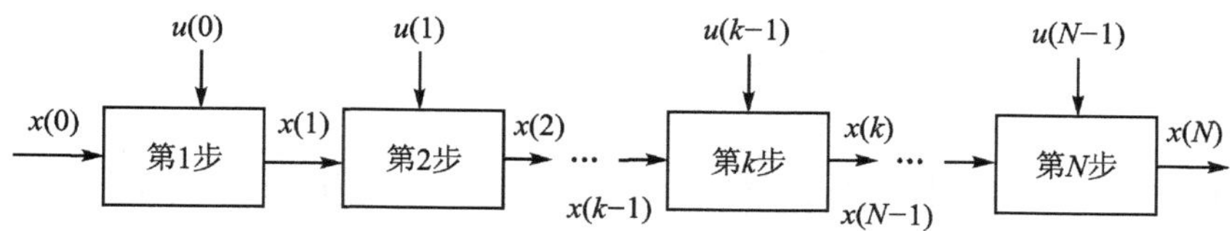

图 3.8　离散最优控制系统多步决策过程

此外，离散最优控制系统的转移轨迹是在离散时刻取值，这和连续最优控制系统的转移轨迹是不相同的，如图 3.9 所示。

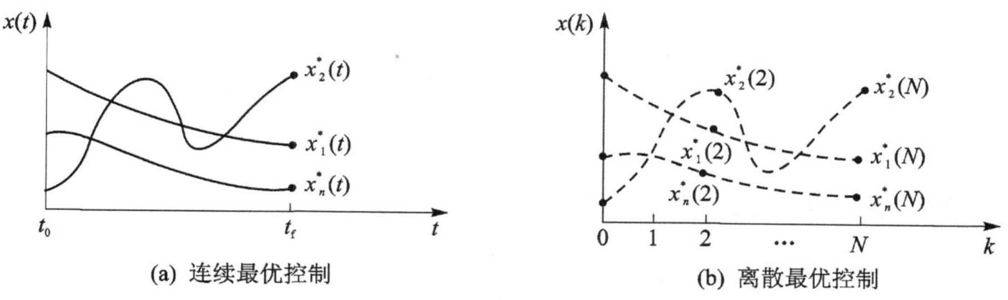

图 3.9　离散与连续最优控制系统轨迹比较

另外，不难发现，离散系统中 $k,\boldsymbol{x}_k,\boldsymbol{x}_{k+1}$ 分别与连续系统中的 $t,\boldsymbol{x},\dot{\boldsymbol{x}}$ 相对应，离散系统极小值原理中，协态变量 λ 与哈密顿函数的关系为 $\boldsymbol{\lambda}_k^*=\dfrac{\partial H}{\partial \boldsymbol{x}_k}$。这个和连续系统稍有不同，其他完全相似。

其实，应用离散极小值原理和连续极小值原理求解同一个最优控制问题，可以得到非常类似甚至相同的结果。

设要求解的连续极值问题为

$$
\begin{cases}
\min J=\int_0^{t_f} L(\boldsymbol{x},\boldsymbol{u},t)\,\mathrm{d}t \\
\dot{\boldsymbol{x}}=\boldsymbol{f}(\boldsymbol{x},\boldsymbol{u},t) \\
\boldsymbol{x}_{t_0}=\boldsymbol{x}(0)
\end{cases}
$$

对于这个问题的求解有两种方法。

① 直接用连续极小值原理，求得连续的正则方程，然后将正则方程离散化，求解离散的两点边值问题。

② 将连续系统离散化，用离散极小值原理求解最优控制序列。

如果采样周期选取得合适，则两种方法求解结果应该是很相近的。

应用连续极小值原理，正则方程为

$$\begin{cases}\dot{\boldsymbol{x}}=\boldsymbol{f}(\boldsymbol{x},\boldsymbol{u},t)\\ \dot{\boldsymbol{\lambda}}=-\dfrac{\partial H}{\partial \boldsymbol{x}}=-\left[\dfrac{\partial L}{\partial \boldsymbol{x}}+\boldsymbol{\lambda}^{\mathrm{T}}\dfrac{\partial \boldsymbol{f}}{\partial \boldsymbol{x}}\right]\\ \boldsymbol{x}(0)=\boldsymbol{x}_0\\ \boldsymbol{\lambda}_{t_{\mathrm{f}}}=0\end{cases}$$

用计算机求解这一非线性微分方程组，取一阶差分，令 T 为采样周期，得

$$\begin{cases}\dot{\boldsymbol{x}}\big|_{t=kT}=\dfrac{\boldsymbol{x}_{k+1}-\boldsymbol{x}_k}{T}\\ \dot{\boldsymbol{\lambda}}\big|_{t=kT}=\dfrac{\boldsymbol{\lambda}_{k+1}-\boldsymbol{\lambda}_k}{T}\end{cases}$$

代入正则方程组，并将其离散化，有

$$\boldsymbol{x}_{k+1}=\boldsymbol{x}_k+T\boldsymbol{f}(\boldsymbol{x}_k,\boldsymbol{u}_k,k)$$

$$\boldsymbol{\lambda}_{k+1}^{\mathrm{T}}=\boldsymbol{\lambda}_k^{\mathrm{T}}-T\frac{\partial L(\boldsymbol{x}_k,\boldsymbol{u}_k,k)}{\partial \boldsymbol{x}_k}-T\boldsymbol{\lambda}_k^{\mathrm{T}}\frac{\partial \boldsymbol{f}(\boldsymbol{x}_k,\boldsymbol{u}_k,k)}{\partial \boldsymbol{x}_k}\tag{3.24}$$

由边界条件 $\boldsymbol{x}(0)=\boldsymbol{x}_0$，$\boldsymbol{\lambda}_N=0$，控制方程 $\dfrac{\partial H}{\partial \boldsymbol{u}_k}=0$，有

$$\frac{\partial L(\boldsymbol{x}_k,\boldsymbol{u}_k,k)}{\partial \boldsymbol{u}_k}+\lambda_k^{\mathrm{T}}\frac{\partial \boldsymbol{f}(\boldsymbol{x}_k,\boldsymbol{u}_k,k)}{\partial \boldsymbol{u}_k}=0\tag{3.25}$$

如果用离散极小值原理求解，则先对状态方程和性能泛函做一阶差分近似：

$$\begin{cases}\boldsymbol{x}_{k+1}=\boldsymbol{x}_k+T\boldsymbol{f}(\boldsymbol{x}_k,\boldsymbol{u}_k,k)\\ \boldsymbol{x}(0)=\boldsymbol{x}_0\end{cases}$$

$$J=T\sum_{k=0}^{N-1}L(\boldsymbol{x}_k,\boldsymbol{u}_k,k)$$

离散的哈密顿函数为

$$H_k=H(\boldsymbol{x}_k,\boldsymbol{u}_k,\boldsymbol{\lambda}_{k+1},k)=TL(\boldsymbol{x}_k,\boldsymbol{u}_k,k)+\boldsymbol{\lambda}_{k+1}^{\mathrm{T}}[\boldsymbol{x}_k+T\boldsymbol{f}(\boldsymbol{x}_k,\boldsymbol{u}_k,k)]$$

由 $\dfrac{\partial H_k}{\partial \boldsymbol{u}_k}=0$，得

$$\frac{\partial L(\boldsymbol{x}_k,\boldsymbol{u}_k,k)}{\partial \boldsymbol{u}_k}+\boldsymbol{\lambda}_{k+1}^{\mathrm{T}}\frac{\partial \boldsymbol{f}(\boldsymbol{x}_k,\boldsymbol{u}_k,k)}{\partial \boldsymbol{u}_k}=0\tag{3.26}$$

而两点边值问题为

$$\boldsymbol{\lambda}_k=\frac{\partial H_k}{\partial \boldsymbol{x}_k}=T\frac{\partial L(\boldsymbol{x}_k,\boldsymbol{u}_k,k)}{\partial \boldsymbol{x}_k}+\boldsymbol{\lambda}_{k+1}^{\mathrm{T}}\left[\boldsymbol{I}+T\frac{\partial \boldsymbol{f}(\boldsymbol{x}_k,\boldsymbol{u}_k,k)}{\partial \boldsymbol{x}_k}\right] \tag{3.27}$$

$$\boldsymbol{x}(0)=\boldsymbol{x}_0,\quad \boldsymbol{\lambda}_N=0$$

对比式(3.26)和式(3.25)不难发现,当采样周期足够小时,$\boldsymbol{\lambda}_{k+1}$ 与 $\boldsymbol{\lambda}_k$ 很接近,因此,式(3.26)和式(3.25)表示的控制方程就没有什么不同了。

对比式(3.24)和式(3.27),将 $\boldsymbol{I}+T\dfrac{\partial \boldsymbol{f}(\boldsymbol{x}_k,\boldsymbol{u}_k,k)}{\partial \boldsymbol{x}_k}$ 展开成级数,近似取前两项,则式(3.27)变为

$$\boldsymbol{\lambda}_{k+1}=\left[\boldsymbol{I}-T\frac{\partial \boldsymbol{f}(\boldsymbol{x}_k,\boldsymbol{u}_k,k)}{\partial \boldsymbol{x}_k}\right]\left[\boldsymbol{\lambda}_k-T\frac{\partial L(\boldsymbol{x}_k,\boldsymbol{u}_k,k)}{\partial \boldsymbol{x}_k}\right] \tag{3.28}$$

当采样周期很小时 T^2 项可以忽略,式(3.28)可写为

$$\boldsymbol{\lambda}_{k+1}=\left[\boldsymbol{I}-T\frac{\partial \boldsymbol{f}(\boldsymbol{x}_k,\boldsymbol{u}_k,k)}{\partial \boldsymbol{x}_k}\right]\boldsymbol{\lambda}_k-T\frac{\partial L(\boldsymbol{x}_k,\boldsymbol{u}_k,k)}{\partial \boldsymbol{x}_k} \tag{3.29}$$

式(3.28)和式(3.29)在 T 很小时近似相同。

例 3.2　求下述离散系统的泛函极值:

$$\min J=\frac{1}{2}\sum_{k=0}^{9}u^2(k)$$

$$x(k+1)=x(k)+au(k)$$

$$x(0)=1,\qquad x(10)=0$$

解: 构造离散的哈密顿函数

$$\begin{aligned}H(x(k),u(k),\lambda(k+1),k)&=L(k)+\lambda(k+1)(x(k)+au(k))\\&=\frac{1}{2}u(k)^2+\lambda(k+1)x(k)+a\lambda(k+1)u(k)\end{aligned}$$

由协态方程,有

$$\lambda(k)=\frac{\partial H(x(k),u(k),\lambda(k+1),k)}{\partial x(k)}=\lambda(k+1)$$

由控制方程,有

$$\frac{\partial H(x(k),u(k),\lambda(k+1),k)}{\partial u(k)}=0\Rightarrow u(k)+a\lambda(k+1)=0$$

所以,$\lambda(k)=c$ 为常数,$u(k)=-ac$。代入状态方程,有

$$x(k+1)=x(k)-a^2c$$

由迭代法求解可得

$$x(k)=x(0)-ka^2c$$

考虑边界条件 $x(0)=1,x(10)=1-10a^2c=0$,得 $c=\dfrac{1}{10a^2}$。

因此,该离散系统最优控制为

$$u^*(k)=-\frac{1}{10a}$$

最优轨迹为

$$x(k)=1-\frac{k}{10}$$

例 3.3 设离散系统方程为

$$\boldsymbol{x}(k+1)=\begin{bmatrix}1 & 0.1\\0 & 1\end{bmatrix}\boldsymbol{x}(k)+\begin{bmatrix}0\\0.1\end{bmatrix}u(k)$$

边界条件 $\boldsymbol{x}(0)=\begin{bmatrix}1\\0\end{bmatrix}$，$\boldsymbol{x}(2)=\begin{bmatrix}0\\0\end{bmatrix}$，使用离散极小值原理求最优控制序列，使得性能指标 $J=0.05\sum_{k=0}^{1}u^2(k)$ 取极小值，并求出最优轨线序列。

解： 构造哈密顿函数

$$H=0.05\sum_{k=0}^{1}u^2(k)+[\lambda_1(k+1),\lambda_2(k+1)]\left\{\begin{bmatrix}1 & 0.1\\0 & 1\end{bmatrix}\boldsymbol{x}(k)+\begin{bmatrix}0\\0.1\end{bmatrix}u(k)\right\}$$

展开后，有

$$H=0.05\sum_{k=0}^{1}u^2(k)+\lambda_1(k+1)[x_1(k)+0.1x_2(k)]+\lambda_2(k+1)[x_2(k)+0.1u(k)]$$

$$=\lambda_1(k+1)x_1(k)+[0.1\lambda_1(k+1)+\lambda_2(k+1)]x_2(k)+0.1\lambda_2(k+1)u(k)+0.05\sum_{k=0}^{1}u^2(k)$$

因此协态方程为

$$\lambda_1(k)=\frac{\partial H}{\partial x_1(k)}=\lambda_1(k+1)$$

$$\lambda_2(k)=\frac{\partial H}{\partial x_2(k)}=0.1\lambda_1(k+1)+\lambda_2(k+1)$$

所以 $\lambda_1(k)=c$ 为常数，$\lambda_2(k)=0.1c+\lambda_2(k+1)$。

控制方程为

$$\frac{\partial H}{\partial u(k)}=0\Rightarrow 0.1\lambda_2(k+1)+0.1\sum_{k=0}^{1}u(k)=0$$

当 $k=0$ 时

$$0.1\lambda_2(1)+0.1u(0)=0$$

当 $k=1$ 时

$$0.1\lambda_2(2)+0.1[u(0)+u(1)]=0$$

所以 $u(0)=-\lambda_2(1)$，$u(1)=\lambda_2(1)-\lambda_2(2)$。

根据边界条件，有

$$\boldsymbol{x}(1)=\begin{bmatrix}1 & 0.1\\0 & 1\end{bmatrix}\boldsymbol{x}(0)+\begin{bmatrix}0\\0.1\end{bmatrix}u(0)=\begin{bmatrix}1 & 0.1\\0 & 1\end{bmatrix}\begin{bmatrix}1\\0\end{bmatrix}+\begin{bmatrix}0\\0.1\end{bmatrix}u(0)=\begin{bmatrix}1\\0\end{bmatrix}-\begin{bmatrix}0\\0.1\end{bmatrix}\lambda_2(1)$$
$$=\begin{bmatrix}1\\-0.1\lambda_2(1)\end{bmatrix}$$

$$\boldsymbol{x}(2)=\begin{bmatrix}1 & 0.1\\0 & 1\end{bmatrix}\boldsymbol{x}(1)+\begin{bmatrix}0\\0.1\end{bmatrix}u(1)=\begin{bmatrix}1 & 0.1\\0 & 1\end{bmatrix}\begin{bmatrix}1\\-0.1\lambda_2(1)\end{bmatrix}+\begin{bmatrix}0\\0.1\end{bmatrix}[\lambda_2(1)-\lambda_2(2)]$$
$$=\begin{bmatrix}1-0.01\lambda_2(1)\\0.1\lambda_2(2)\end{bmatrix}=\begin{bmatrix}0\\0\end{bmatrix}$$

所以$\begin{cases}\lambda_2(1)=100\\\lambda_2(2)=0\end{cases}$。

再由 $\lambda_2(1)=0.1c+\lambda_2(2)$，得 $c=1\ 000$，$\lambda_2(0)=0.1c+\lambda_2(1)=100+100=200$。故

$$u^*(0)=-100,\qquad u^*(1)=100$$
$$\boldsymbol{x}^*(0)=\begin{bmatrix}1\\0\end{bmatrix},\qquad \boldsymbol{x}^*(1)=\begin{bmatrix}1\\-10\end{bmatrix},\qquad \boldsymbol{x}^*(2)=\begin{bmatrix}0\\0\end{bmatrix}$$
$$\boldsymbol{\lambda}^*(0)=\begin{bmatrix}1\ 000\\200\end{bmatrix},\qquad \boldsymbol{\lambda}^*(1)=\begin{bmatrix}1\ 000\\100\end{bmatrix},\qquad \boldsymbol{\lambda}^*(2)=\begin{bmatrix}1\ 000\\0\end{bmatrix}$$

3.4　极小值原理的典型应用

3.4.1　时间最优控制

时间最优控制问题也称为最短时间控制问题或最速控制问题，其性能指标简单，有实用价值，因而研究得最早，这类问题的研究结果也最为成熟。时间最优控制问题的基本特征是在满足一定约束条件前提下，取一控制作用（最优控制），使系统以最短的时间从初始状态转移到给定的终态。以下给出线性定常系统的时间最优控制问题的提法。

已知系统状态方程为

$$\dot{\boldsymbol{x}}=\boldsymbol{A}\boldsymbol{x}+\boldsymbol{B}\boldsymbol{u}$$

其中，$\boldsymbol{x}(0)=\boldsymbol{x}_0$，$\boldsymbol{x}\in\mathbf{R}^n$；$|u_i(t)|\leqslant 1$，$i=1,2,\cdots,m$，且 $u_i(t)$ 分段连续。求最优控制各分量 $\boldsymbol{u}^*$，使得系统从初始状态 $\boldsymbol{x}_0$ 在最短的时间内转移到状态空间原点，即实现 $\boldsymbol{x}(t_f)=0$ 且性能指标式（3.30）最小。

$$J(\boldsymbol{u}^*)=\int_0^{t_f}1\mathrm{d}t=t_f \tag{3.30}$$

假设系统完全可控,并且在 $[0,t_f]$ 区间,$\boldsymbol{B}^{\mathrm{T}}\boldsymbol{\lambda}=\boldsymbol{0}$ 的点数为有限个。

对于该最优控制问题,写出相应的哈密顿函数

$$H=1+\boldsymbol{\lambda}^{\mathrm{T}}(\boldsymbol{Ax}+\boldsymbol{Bu})$$

有

$$H=1+\boldsymbol{\lambda}^{\mathrm{T}}\boldsymbol{Ax}+\boldsymbol{\lambda}^{\mathrm{T}}\boldsymbol{Bu}=1+\boldsymbol{\lambda}^{\mathrm{T}}\boldsymbol{Ax}+\sum_{j=1}^{m}u_i\sum_{i=1}^{n}(b_{ij}\lambda_i) \tag{3.31}$$

根据极小值原理,为了使 J 取极小,则应使 H 取极小。由式(3.31)可知,为使 H 取极小,需要满足

$$u_j^*=-\mathrm{sgn}\sum_{i=1}^{n}(b_{ij}\lambda_i)$$

或

$$\boldsymbol{u}^*=-\mathrm{sgn}\boldsymbol{B}^{\mathrm{T}}\boldsymbol{\lambda} \tag{3.32}$$

其中

$$\mathrm{sgn}(a)=\begin{cases}1, & a>0\\ 0, & a=0\\ -1, & a<0\end{cases}$$

由协态方程

$$\dot{\boldsymbol{\lambda}}=-\frac{\partial H}{\partial \boldsymbol{x}}=-\boldsymbol{\lambda}^{\mathrm{T}}\boldsymbol{A}$$

因此

$$\boldsymbol{\lambda}(t)=\mathrm{e}^{-\boldsymbol{A}^{\mathrm{T}}t}\boldsymbol{\lambda}(t_0) \tag{3.33}$$

将(3.33)代入式(3.32)可得

$$\boldsymbol{u}^*=-\mathrm{sgn}(\boldsymbol{B}^{\mathrm{T}}\mathrm{e}^{-\boldsymbol{A}^{\mathrm{T}}t}\boldsymbol{\lambda}(t_0)) \tag{3.34}$$

由此可见,时间最优控制是开关型(Bang-Bang)控制,要求控制变量始终最大,而符号与 $\boldsymbol{B}^{\mathrm{T}}\mathrm{e}^{-A^{\mathrm{T}}t}\boldsymbol{\lambda}(t_0)$ 相反。为了实现时间最优控制,需要一个理想继电器作为控制器。

图 3.10 表示了状态变量、协态变量、控制变量之间的关系。

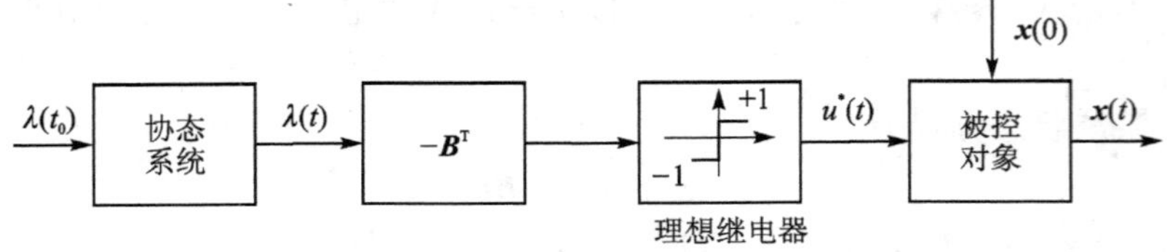

图 3.10　时间最优控制框图

已知 $\boldsymbol{\lambda}(0)$,即可由式(3.34)求出 $\boldsymbol{u}^*(t)$。但实际中,$\boldsymbol{\lambda}(0)$ 并不容易确定,因为它还与系统的状态变量有关。一般可用试探法先设定一个 $\boldsymbol{\lambda}(0)$ 求出 $\boldsymbol{\lambda}(t)$,然后检

查 $\boldsymbol{x}(t_f)$ 是否为零。如果为零,那么所求的 $\boldsymbol{\lambda}(t)$ 就是该最优控制问题的解。

例 3.4　双积分环节时间最优控制问题。

惯性负荷在无阻力环境中运动,就是双积分模型的一个具体例子。若用 m 表示物体的质量(或惯性矩),则在无摩擦力的情况下,可用二阶微分方程来描述物体的运动:$m\ddot{y}(t)=f(t),t>0$。其中,$f(t)$ 表示施加在物体上的外部控制力,$y(t)$ 表示物体在 t 时刻的位置。若定义 $u(t)=f(t)/m$,由上式化为:$\ddot{y}(t)=u(t)$。再定义状态变量 $x_1(t)$ 和 $x_2(t)$ 使得 $x_1(t)=y(t),x_2(t)=y(t)$,则得 $\dot{x}_1(t)=x_2(t),\dot{x}_2(t)=u(t)$。

再比如,一个带负载的电动机,忽略摩擦和阻尼,其传递函数为 $\dfrac{1}{Js^2}$,可看作是一个具有双积分环节的系统,即

$$\min J=t_f$$

$$\begin{bmatrix}\dot{x}_1\\\dot{x}_2\end{bmatrix}=\begin{bmatrix}0&1\\0&0\end{bmatrix}\begin{bmatrix}x_1\\x_2\end{bmatrix}+\begin{bmatrix}0\\1\end{bmatrix}u$$

$$\begin{bmatrix}x_1(0)\\x_2(0)\end{bmatrix}=\begin{bmatrix}1\\1\end{bmatrix},\qquad\begin{bmatrix}x_1(t_f)\\x_2(t_f)\end{bmatrix}=\begin{bmatrix}0\\0\end{bmatrix}$$

$$|u|\leqslant 1$$

求最优控制及最优轨线。

解: 构造哈密顿函数

$$H=1+\lambda_1x_2+\lambda_2u$$

H 取极小的条件是

$$u^*=-\operatorname{sgn}(\boldsymbol{B}^{\mathrm{T}}\lambda)=-\operatorname{sgn}\left([0,1]\begin{bmatrix}\lambda_1\\\lambda_2\end{bmatrix}\right)=-\operatorname{sgn}(\lambda_2)$$

协态方程

$$\dot{\lambda}_1=-\frac{\partial H}{\partial x_1}=0$$

$$\dot{\lambda}_2=-\frac{\partial H}{\partial x_2}=-\lambda_1$$

因此 $\lambda_1=c_1,\lambda_2=-c_1t+c_2,u^*=-sgn(-c_1t+c_2)$,其中,$c_1,c_2$ 是积分常数。如图 3.11 所示,$t_s=\dfrac{c_2}{c_1}$,称为开关切换时间。

由状态方程 $\dot{x}_1=x_2,\dot{x}_2=u$ 可得

① 当 $u=1$ 时,有

$$x_2=\int_0^t u\,\mathrm{d}\tau=\int_0^t 1\mathrm{d}\tau=t+a_2$$

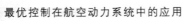

$$x_1 = \int_0^t x_2 \mathrm{d}\tau = \frac{t^2}{2} + a_2 t + a_1$$
$$= \frac{(t + a_2)^2}{2} + \left(a_1 - \frac{a_2^2}{2}\right)$$
$$= \frac{1}{2}x_2^2 + k_1$$

其中，$k_1 = a_1 - \frac{a_2^2}{2}$，$a_1$，$a_2$ 是积分常数。

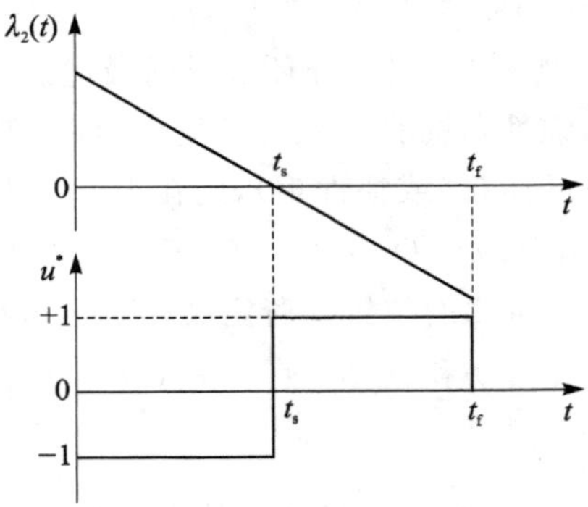

图 3.11　双积分环节时间最优控制示意图

如图 3.12(a)所示，显然 x_1，x_2 的相平面图是一簇抛物线，当 $k_1 = 0$ 时，抛物线为 POS，如果初始状态在 PO 段上任意一点，那么从初始状态出发，沿 PO 线，一步可转移到状态空间原点。

② 当 $u = -1$ 时，有

$$x_2 = -t + b_2$$
$$x_1 = -\frac{t^2}{2} + b_2 t + b_1$$
$$= \left(-\frac{1}{2}t^2 + b_2 t - \frac{1}{2}b_2^2\right) + \left(\frac{1}{2}b_2^2 + b_1\right)$$
$$= -\frac{1}{2}x_2^2 + k_2$$

其中，$k_2 = b_1 + \frac{b_2^2}{2}$，$b_1$，$b_2$ 是积分常数。

如图 3.12(b)所示，显然此时 x_1，x_2 的相平面图也是一簇抛物线，当 $k_2 = 0$ 时，抛物线为 NOT，如果初始状态在 NO 段上任意一点，那么从初始状态出发，沿 NO 线，一步可转移到状态空间原点。

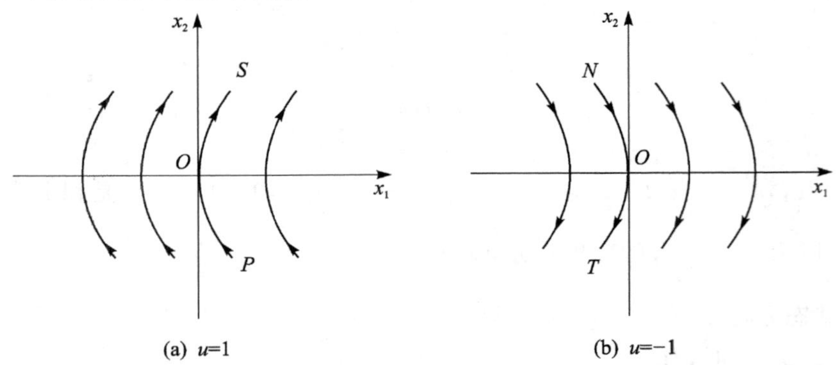

图 3.12　双积分环节相平面图

由图 3.12 可知，初始状态 $\boldsymbol{x}(0)=[1,1]^{\mathrm{T}}$ 位于相平面的第一象限，为了使状态转移到原点，需要根据图 3.13 首先选取控制 $u=-1$，使得状态由点 A 经点 Q 移动到点 Q，再选取 $u=1$，使得状态由点 B 转移到原点。

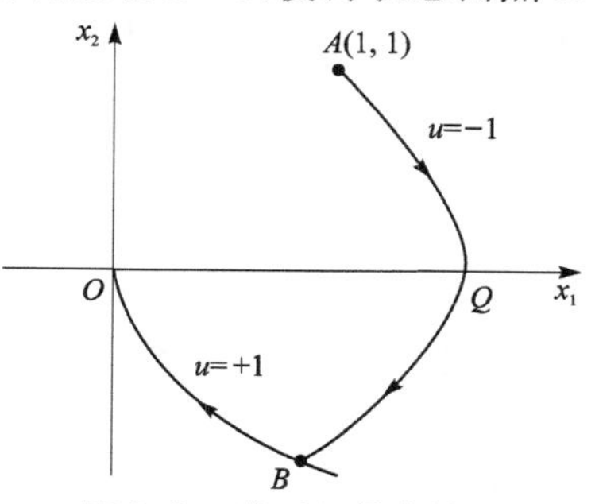

图 3.13　双积分环节时间最优控制相轨迹图

开关切换一次，到达点 B 的时间就是开关切换时间 t_s。

下面求最短时间 t_f 和开关切换时间 t_s。

(1) *AQB* 段

$u=-1, x_1=-\dfrac{t^2}{2}+b_2t+b_1, x_2=-t+b_2$，当 $t=0$ 时，

$$x_1(0)=1 \Rightarrow b_1=1$$
$$x_2(0)=1 \Rightarrow b_2=1$$

到达点 B 时，

$$x_1(t_s)=-\frac{t_s^2}{2}+t_s+1$$
$$x_2(t_s)=-t_s+1$$

(2) *BO* 段

$u=1, x_1=\dfrac{t^2}{2}+a_2t+a_1, x_2=t+a_2$，当 $t=0$ 时，

$$x_1(t_f)=0 \Rightarrow \frac{t_f^2}{2}+a_2t_f+a_1=0$$
$$x_2(t_f)=0 \Rightarrow a_2=-t_f$$

所以

$$\frac{(-a_2)^2}{2}-a_2^2+a_1=0 \Rightarrow a_1=\frac{a_2^2}{2}$$

即

$$a_2=-t_f$$
$$a_1=\frac{t_f^2}{2}$$

因此

$$x_1=\frac{t^2}{2}-t\times t_f+\frac{t_f^2}{2}$$
$$x_2=t-t_f$$

(3) 在点 *B*，应该有

$$\frac{t_s^2}{2}-t_s\times t_f+\frac{t_f^2}{2}=-\frac{t_s^2}{2}+t_s+1$$
$$t_s-t_f=-t_s+1$$

所以

$$\begin{cases} t_s^2 - 2t_s - \dfrac{1}{2} = 0 \\ 2t_s - 1 = t_f \end{cases} \Rightarrow \begin{cases} t_s = 1 + \sqrt{\dfrac{3}{2}} \\ t_f = 1 + 2\sqrt{\dfrac{3}{2}} \end{cases}$$

(4) 最优状态轨迹

$$\begin{cases} x_1 = -\dfrac{t^2}{2} + t + 1, & u = -1 \\ x_1 = \dfrac{t^2}{2} - \left(1 + 2\sqrt{\dfrac{3}{2}}\right)t + \left(\dfrac{7}{2} + 2\sqrt{\dfrac{3}{2}}\right), & u = 1 \end{cases}$$

$$\begin{cases} x_2 = -t + 1, & u = -1 \\ x_2 = t - \left(1 + 2\sqrt{\dfrac{3}{2}}\right), & u = 1 \end{cases}$$

当初始点为 $A(1,1)$ 时，双积分环节时间最优控制最优状态轨迹和最优控制轨迹如图 3.14 所示。

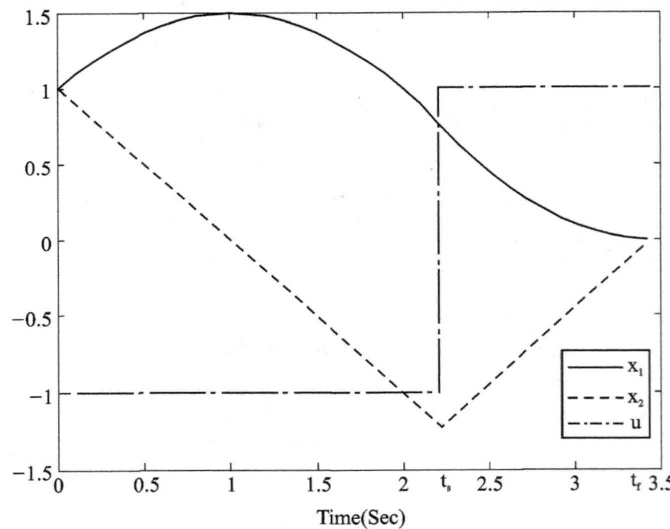

图 3.14　双积分环节时间最优控制最优状态轨迹和最优控制图

对于二阶系统，开关切换次数最多为 1 次，如果初始状态位于 PO 曲线上，则不需要切换(切换次数为 0)，即可转移到原点。

对于 n 阶可控系统的快速控制，开关切换次数最多为 $n-1$ 次。由图 3.15 可以看出，NOP 曲线为切换曲线，当初始状态位于 NOP 曲线下方(阴影区域)，控制量采用 $u=1$，直到系统状态到达 NO 曲线，控制量切换为 $u=-1$。NOP 曲线的数学表达式是

$$x_1=-\frac{1}{2}|x_2|x_2$$

即

$$x_1+\frac{1}{2}|x_2|x_2=0$$

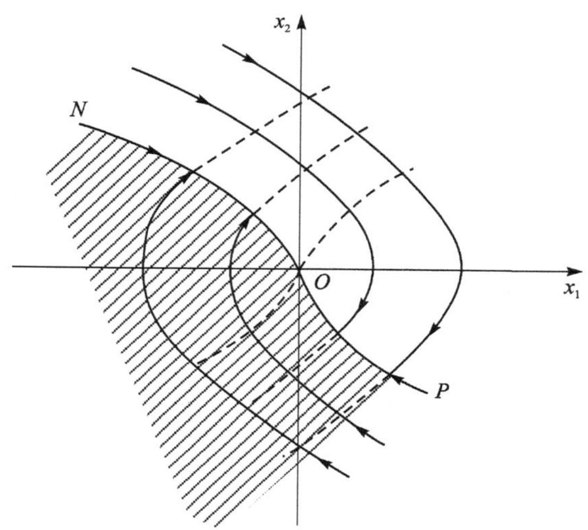

图 3.15　双积分环节快速控制相平面图

控制律为

$$u^*=-\operatorname{sgn}\left(x_1+\frac{1}{2}|x_2|x_2\right)$$

双积分环节最优时间控制框图如图 3.16 所示。

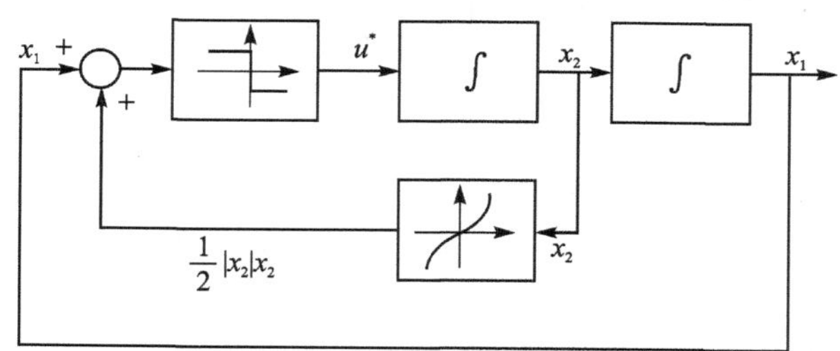

图 3.16　双积分环节最优时间控制框图

现在可以将 3.1 节中电梯垂直上升问题描述如下：

已知$\begin{cases}\dot{x}_1=x_2\\ \dot{x}_2=u\end{cases}$，边界条件$\begin{cases}x_1(0)=-8\\ x_2(0)=0\end{cases}$，$\begin{cases}x_1(t_1)=0\\ x_2(t_1)=0\end{cases}$，且$|u|\leqslant 1$。求$u^*(t)$，使得

$J=\int_0^{t_1}\mathrm{d}t$ 最小。

构造哈密顿函数

$$H=1+\lambda_1 x_2+\lambda_2 u$$

根据协态方程 $\dot{\boldsymbol{\lambda}}(t)=-\dfrac{\partial H}{\partial x}$,可得

$$\dot{\lambda}_1(t)=0$$

$$\dot{\lambda}_2(t)=-\lambda_1(t)$$

解得

$$\lambda_1(t)=c_1$$

$$\lambda_2(t)=-c_1 t+c_2$$

因为协态向量 $\boldsymbol{\lambda}(t)$为非零向量,所以 c_1 和 c_2 不能同时为 0。

最优控制

$$u^*(t)=-\operatorname{sgn}\{\lambda_2(t)\}=\begin{cases}+1 & \lambda_2(t)<0\\ -1 & \lambda_2(t)>0\end{cases}$$

当 $u^*(t)=1$ 时

$$x_1=\frac{1}{2}t^2+a_2 t+a_1$$

$$x_2=t+a_2$$

相平面图

$$x_1=\frac{1}{2}x_2^2+\left[x_1(0)-\frac{1}{2}x_2^2(0)\right]$$

当 $u^*(t)=-1$ 时

$$x_1=-\frac{1}{2}t^2+a_2 t+a_1$$

$$x_2=-t+a_2$$

相平面图

$$x_1=-\frac{1}{2}x_2^2+\left[x_1(0)+\frac{1}{2}x_2^2(0)\right]$$

显然,相轨迹是由抛物线簇组成。因为边界条件$\begin{cases}x_1(0)=-8\\ x_2(0)=0\end{cases}$和$\begin{cases}x_1(t_1)=0\\ x_2(t_1)=0\end{cases}$所以相轨迹如图 3.17 所示。

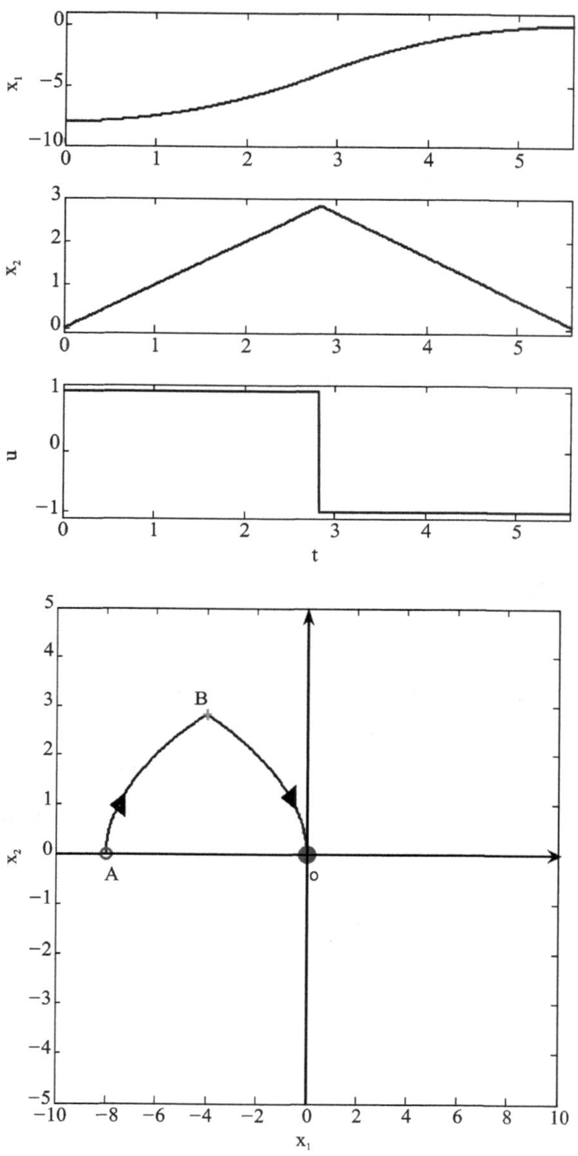

图 3.17　系统状态相轨迹图

AB 段：

$$u^*(t)=1,\begin{cases}x_1(0)=-8\\x_2(0)=0\end{cases},\quad\begin{cases}x_1=\dfrac{1}{2}t^2-8\\x_2=t\end{cases}$$

BO 段：

$$u^*(t)=-1,\begin{cases}x_1(t_1)=0\\x_2(t_1)=0\end{cases},\quad\begin{cases}x_1=-\dfrac{1}{2}t^2+t_1t-\dfrac{1}{2}t_1^2\\x_2=-t+t_1\end{cases}$$

在交点 B 处：

$$\frac{1}{2}t_s^2-8=-\frac{1}{2}t_s^2+t_1t_s-\frac{1}{2}t_1^2$$

$$t_s=-t_s+t_1$$

解得

$$\begin{cases}t_s=2\sqrt{2}\\t_1=4\sqrt{2}\end{cases}$$

所以本题最优控制律为

$$u^*(t)=\begin{cases}+1 & 0\leqslant t<2\sqrt{2}\\-1 & 2\sqrt{2}\leqslant t<4\sqrt{2}\end{cases}$$

3.4.2 燃料最优控制

在国民经济各部门常常遇到减少燃料消耗问题，特别是航空航天技术中，燃料消耗最少可使航空航天设备重量减轻，有极其重要的意义。

本节主要研究给定时间内燃料消耗为最少的控制问题。

仍旧考虑双积分系统，$\dot{x}_1=x_2$，$\dot{x}_2=u$。假设它有限制 $|u|\leqslant 1$。要求寻找 u 的变化规律，使得系统从初始状态 $x_1(0)$，$x_2(0)$ 转移到状态空间原点，并保证燃料消耗为最少，即

$$J(u)=\int_0^{t_f}|u|\,\mathrm{d}t$$

为最小。其中，t_f 固定。

写出哈密顿函数

$$H=|u|+\lambda_1x_2+\lambda_2u \tag{3.35}$$

由此可写出协态方程为

$$\dot{\lambda}_1=-\frac{\partial H}{\partial x_1}=0$$

$$\dot{\lambda}_2=-\frac{\partial H}{\partial x_2}=-\lambda_1$$

因此 $\lambda_1=c_1$，$\lambda_2=-c_1t+c_2$，其中，c_1，c_2 是时间常数。

假设在时间 $[0,t_f]$ 内，$|\lambda_2|=1$ 只在有限点上成立。

根据极小值原理，u^* 应使 H 取极小。由式(3.35)可知，为使 H 取极小，即需 $|u|+\lambda_2u$ 为最小，因此，最优控制 u 与 λ_2 的大小及符号有关，所以

$$u^*=\begin{cases}1, & \lambda_2<-1, |u|+\lambda_2 u<0\\ 0, & |\lambda_2|<1, |u|+\lambda_2 u=0\\ -1, & \lambda_2>1, |u|+\lambda_2 u<0\end{cases}$$

其中，$\lambda_2=B^{\mathrm{T}}\lambda$ 为开关切换函数。

图 3.18 给出了 $\lambda_2=2, \lambda_2=\frac{1}{2}, \lambda_2=-2$ 三种情况下，$|u|+\lambda_2 u$ 与 u 的关系。这三种情况下的最优控制 u^* 分别为 -1，0 和 $+1$。

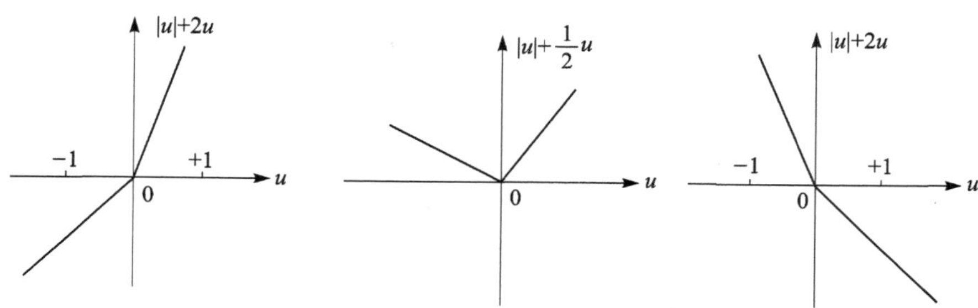

图 3.18　$\lambda_2=2, \lambda_2=\frac{1}{2}, \lambda_2=-2$ 时 $|u|+\lambda_2 u$ 随 u 的变化关系

因此，u^* 的取值有三种情况，最少燃料最优控制与时间最优控制不同，不是取两个极值 $+1$ 或 -1，而是可以取 $+1$，-1 和 0。实现这种系统的控制元件是带死区的继电器。

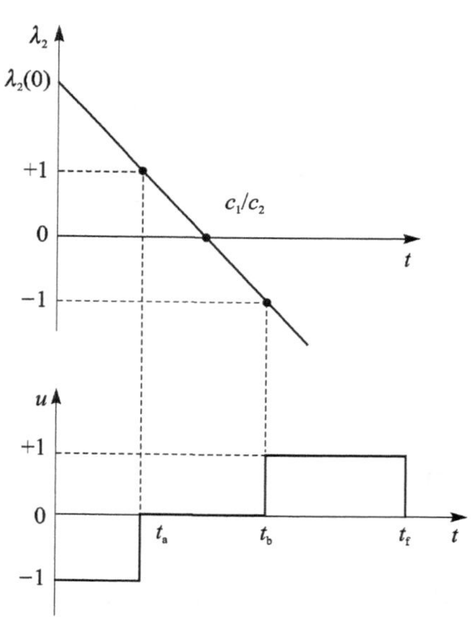

图 3.19　最少燃料消耗问题的解

由图 3.19 可以看出，继电器在 t_a 和 t_b 时刻进行切换，使控制变量由 $u=-1$ 切换到 0，保持一段后，再由 0 切换到 $u=1$。切换时间 t_a 和 t_b 可由状态方程 $\dot{x}_1=x_2, \dot{x}_2=u$ 解出。

① 当 $u=1$ 时，有

$$x_2=t+a_2$$

$$x_1=\frac{1}{2}x_2^2+a_2 t+a_1$$

在相平面 (x_1, x_2) 上，这是抛物线的一段。

② 当 $u=0$ 时，有

$$x_2=d_2$$

$$x_1=d_2 t+d_1$$

在相平面 (x_1, x_2) 上，这是一条水平线。

③ 当 $u=-1$ 时，有

$$x_2=-t+b_2$$
$$x_1=-\frac{t^2}{2}+b_2t+b_1$$

在相平面(x_1,x_2)上，这是另一段抛物线。

④ 在切换时间 t_a 时，有

$$\begin{cases}d_2=-t_a+b_2\\ d_2t_a+d_1=-\dfrac{t_a^2}{2}+b_2t_a+b_1\end{cases}$$

⑤ 在切换时间 t_b 时，有

$$\begin{cases}d_2=t_b+a_2\\ d_2t_a+d_1=\dfrac{t_b^2}{2}+a_2t_b+a_1\end{cases}$$

之后根据初始状态 $\boldsymbol{x}(0)$ 和终端状态 $\boldsymbol{x}_{t_f}=[0,0]^T$ 可确定出 t_a 和 t_b。

由图 3.20 和图 3.21 可见，为了在有限时间内实现燃料消耗最少，需要先以最大的控制使状态迅速从初始状态转移到点 a，然后使控制为 0(即不消耗燃料)，以恒速水平移动到点 b，最后再以反向的最大控制使系统迅速减速，系统状态由点 b 转移到原点，到达规定的终端状态。

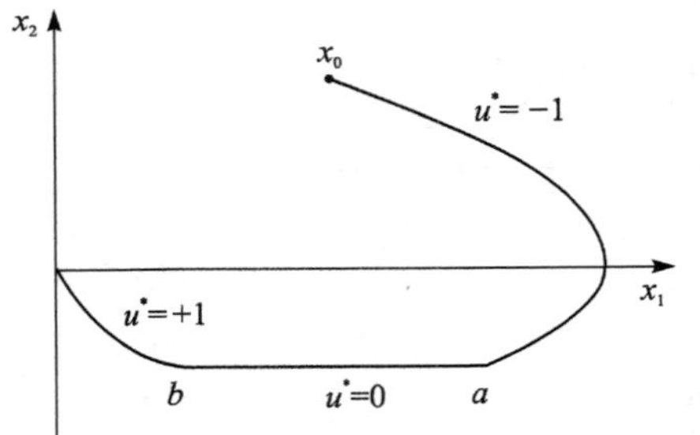

图 3.20　$\boldsymbol{x}(0)=[1,1]^T$ 时的最优状态相轨迹

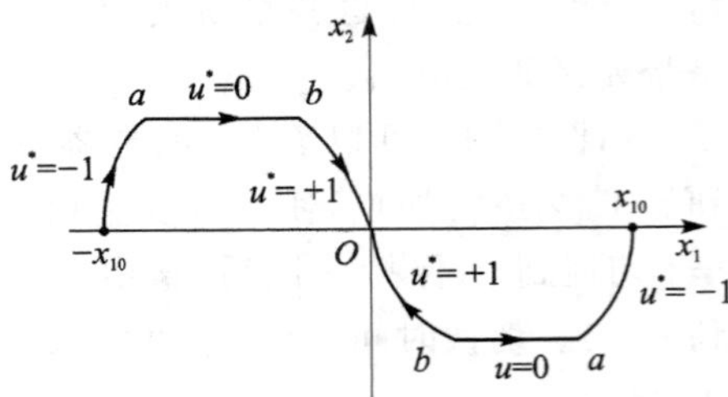

图 3.21　$\boldsymbol{x}(0)=[x_1(0),0]^T$ 时的最优状态相轨迹

图 3.22 给出了几种可能的控制规律对应的轨迹。从图中可以看出，为在有限时间内实现控制系统燃料消耗最小，控制规律需与初始状态相关。

最少燃料消耗问题控制系统方框图如图 3.23 所示。在燃料消耗最少问题中 t_f 也很重要，若是 t_f 规定得太小，则很可能解不存在。不同的 t_f 值，最优控制解也不同。当运行速度 x_2 接近于 0，系统状态能够慢慢滑行到原点时，显然，就可以用 $u=0$ 控制，即不加燃料，实现燃料最少，但这时响应时间 t_f 必然过长。

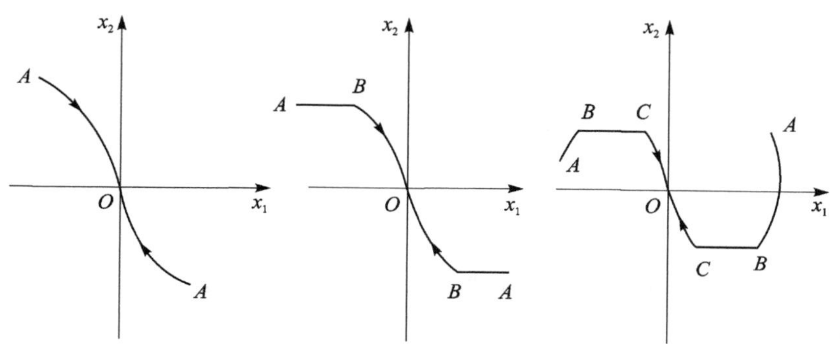

图 3.22　最少燃料消耗问题控制系统状态相轨迹示意图

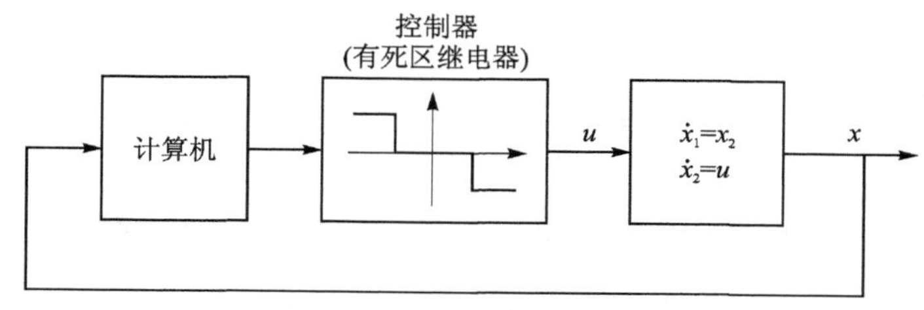

图 3.23　最少燃料消耗问题控制系统方框图

例 3.5　月球面软着陆最优控制问题。

月球探测器着陆示意图如图 3.24 所示。假设月球探测器总质量为 m，它的高度和垂直速度分别为 h 和 v。月球的重力加速度可视为常数 g，探测器不含燃料的质量为 M_0，燃料质量为 M。月球探测器靠其发动机产生一个与月球重力方向相反的推力 u，用以控制月球探测器实现软着陆(落到月球表面上时速度为零)。

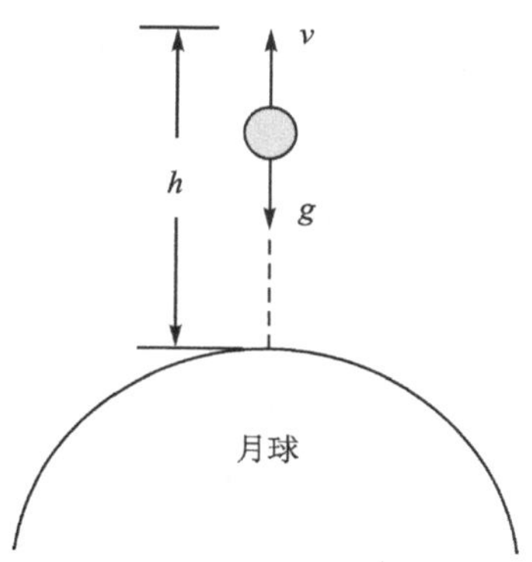

图 3.24　月球探测器着陆示意图

若月球探测器于某一初始时刻 $t=0$ 起，开始进入着陆过程，要求在某一末态时刻 $t_f \neq 0$ 实现软着陆，需要选择一个最优的发动机推力程序 $u(t)$，使燃料消耗最少，即着陆时探测器总质量最大。由于月球探测器的最大推力是有限的，因此这是一个控制有闭集约束的最少燃耗控制问题。

由牛顿第二定理和物料(燃料)平衡关系可知，月球探测器的运动方程为

$$\begin{cases} \dot{h} = v \\ u - mg = m\dot{v} \\ u = -k\dot{m}, \qquad k > 0 \end{cases}$$

即

$$
\begin{cases}
\dot{h}=v \\
\dot{v}=\dfrac{u}{m}-g \\
\dot{m}=-\dfrac{1}{k}u, \qquad k>0
\end{cases}
$$

其中，k 为一常数。

假设 h_0，v_0 分别为初始高度和速度，$u_{\max}$ 为最大推力。取 $x_1=h$，$x_2=v$，$x_3=m$，则状态方程为

$$
\begin{bmatrix} \dot{x}_1 \\ \dot{x}_2 \\ \dot{x}_3 \end{bmatrix}=\begin{bmatrix} x_2 \\ \dfrac{1}{x_3}u-g \\ -\dfrac{1}{k}u \end{bmatrix}
$$

其中，$0\leqslant u\leqslant u_{\max}$。

要求登月舱总质量减少量最小，也就是燃料消耗最少，性能指标为

$$
J(u)=\int_{t_0}^{t_f} u\,\mathrm{d}t=\int_{t_0}^{t_f}(-k\dot{m})\,\mathrm{d}t=k(m(t_0)-m(t_f))
$$

解： 构造哈密顿函数

$$
H=0+\left[\lambda_1 x_2+\lambda_2\left(\frac{1}{x_3}u-g\right)+\lambda_3\left(-\frac{1}{k}u\right)\right]=\lambda_1 x_2-\lambda_2 g+\left(\frac{\lambda_2}{x_3}-\frac{\lambda_3}{k}\right)u
$$

令 $S=\dfrac{\lambda_2}{x_3}-\dfrac{\lambda_3}{k}$，则

$$
H=\lambda_1 x_2-\lambda_2 g+Su
$$

根据极小值原理，最优控制 u^* 必定使得 H 为最小，因此有

$$
u^*=\begin{cases} 0, & S\geqslant 0 \\ u_{\max}, & S<0 \end{cases}
$$

所以，u^* 只能取其极值 0 或 $u_{\max}$。

u^* 可能的规律有两种：

① 先取 0 之后切换到 $u_{\max}$；

② 先取 $u_{\max}$ 之后切换到 0。

但是，由物理学基本知识可知，由于自由落体（即 $u^*=0$）受重力加速度 g 的作用，最后落到月球表面（$h=0$）时速度不为 0，规律②不可取。所以，规律①为最优控制解。

软着陆中，为了保证消耗燃料最少，需要先让飞船自由落体下降，最后一段为 $u=u_{\max}$，用最大推力控制飞船，才能使得着陆时 $v=0$。月球软着陆问题控制系统状态相轨迹图和控制系统结构图分别如图 3.25 和 3.26 所示。

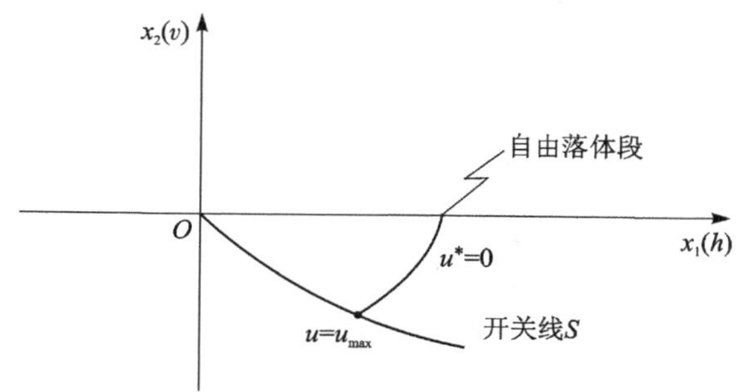

图 3.25　软着陆问题控制系统状态相轨迹图

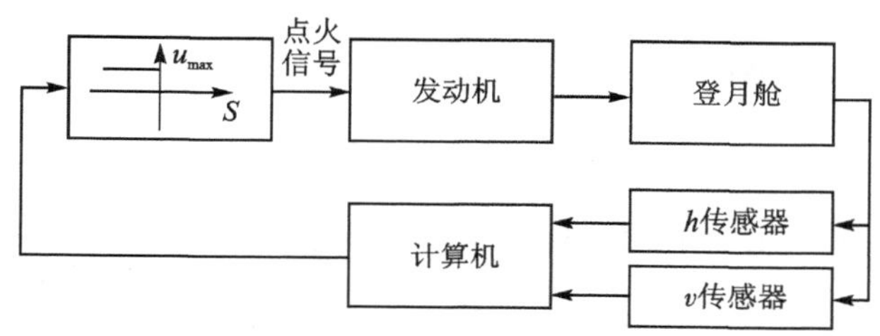

图 3.26　软着陆问题控制系统结构图

3.4.3　时间-燃料最优控制

在燃料消耗最少问题中已经说明 t_f 也很重要。为了使得系统消耗燃料最少，而终端时间 t_f 不过长，实现系统响应快而燃料省，可以采用性能指标

$$J(u)=\int_0^{t_f}(\rho+|u|)\,dt$$

这时 t_f 是自由的。$\rho>0$ 为时间加权系数，表示设计者对响应时间的重视程度。$\rho=0$ 表示不计响应时间长短，只考虑燃料最优控制；$\rho=\infty$，表示不计燃料消耗，只注重时间最短。因此，时间最优控制问题和燃料最少最优控制问题都是时间－燃料最优控制问题的特例。

取哈密顿函数

$$H=\rho+|u|+\lambda_1 x_2+\lambda_2 u$$

由此可得协态方程为

$$\dot{\lambda}_1=-\frac{\partial H}{\partial x_1}=0,\qquad \dot{\lambda}_2=-\frac{\partial H}{\partial x_2}=-\lambda_1$$

与燃料最优控制问题类似，根据极小值原理，u^* 应使 H 取极小。为使 H 取极小，即需 $|u|+\lambda_2 u$ 为最小，因此

$$u^*=\begin{cases}-\mathrm{sgn}(\lambda_2), & |\lambda_2|>1\\ 0, & |\lambda_2|\leqslant 1\end{cases}$$

这时，u^* 的取值也是取 $+1$，-1 和 0。

若控制系统消耗燃料的速度为常值 c，则燃料最少最优控制问题变成时间最优控制问题

$$J(u)=\int_0^{t_f}|u|\,\mathrm{d}t=\int_0^{t_f}c\,\mathrm{d}t=c\int_0^{t_f}\mathrm{d}t$$

这时 t_f 是自由的，不能预先规定。

3.4.4 能量最优控制

在许多控制问题中，要求使控制能量为最小，如宇宙飞船中利用蓄电池、燃料电池和太阳能电池驱动的控制装置，这种使控制能量为最小的控制问题具有非常大的实际意义。

仍旧考虑双积分系统，$\dot{x}_1=x_2$，$\dot{x}_2=u$，假设控制作用 u 有限制，$|u|\leqslant 1$。若 u 为控制电压，则电压信号的平方正比于功率，功率对时间的积分为能量。

要求寻找 u 的变化规律，使得系统从初始状态 $x_1(0)$，$x_2(0)$ 转移到状态空间原点，并实现能量最小，即

$$J(u)=\int_0^{t_f}u^2\,\mathrm{d}t$$

为最小。其中，t_f 固定。

构造哈密顿函数

$$H=u^2+\lambda_1 x_2+\lambda_2 u$$

令 $\dfrac{\partial H}{\partial u}=0$，可求得 $u^*=-\dfrac{1}{2}\lambda_2$，$u^*$ 是 λ_2 的线性函数。但是 u 受到 $|u|\leqslant 1$ 的限制，所以当 λ_2 的绝对值大到 2 时，则 u 只能取其极值，即

$$u^*=\begin{cases}-\dfrac{1}{2}\lambda_2, & |\lambda_2|\leqslant 2\\ -\mathrm{sgn}(\lambda_2), & |\lambda_2|>2\end{cases}$$

用限幅线性放大器即可实现该控制律。

最小能量问题的哈密顿函数如图 3.27 所示。最优控制与开关切换函数的关系如图 3.28 所示。最小能量问题控制系统方框图如图 3.29 所示。

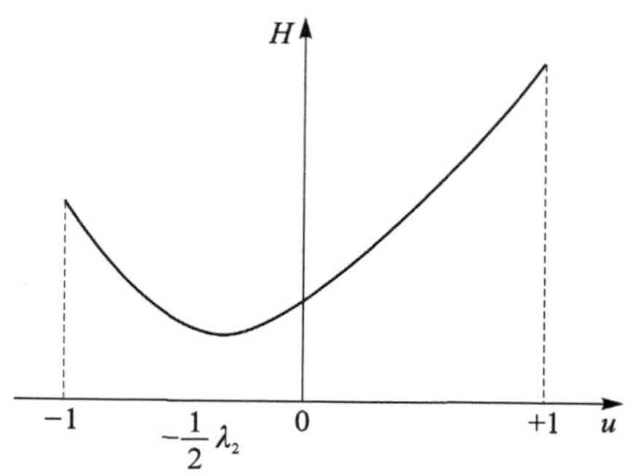

图 3.27　最小能量问题的哈密顿函数

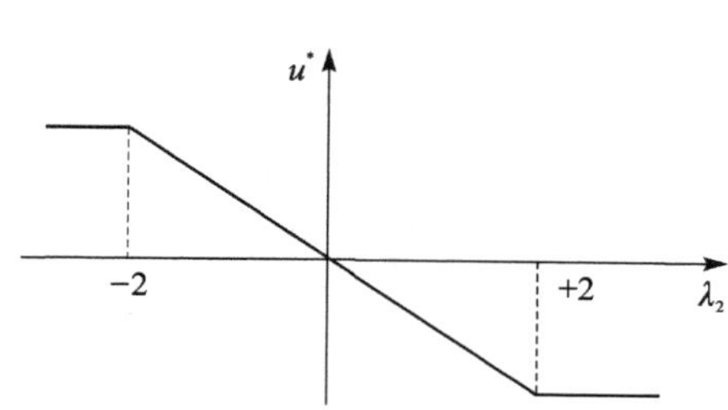

图 3.28　最优能量问题的最优控制与开关切换函数的关系

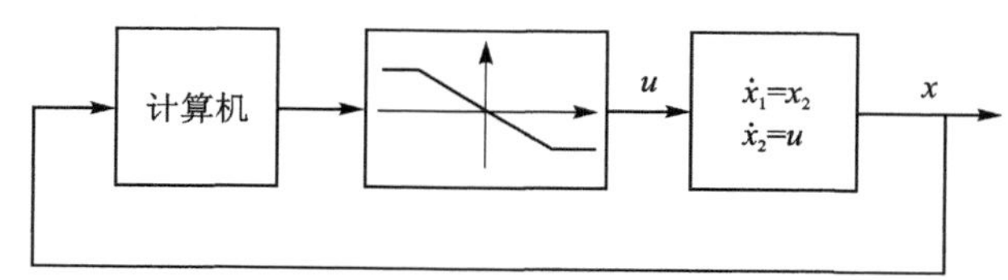

图 3.29　最小能量问题控制系统方框图

综上所述，双积分环节时间最优控制、最少燃料控制和最小能量控制问题与性能指标、控制器形式、最优控制规律的关系总结如表 3.1 所列。

表 3.1　双积分环节时间最优控制、最少燃料控制和最小能量控制比较

控制问题	性能指标	控制器形式	最优控制规律
时间最优控制	$\int_0^{t_f} \mathrm{d}t$	理想继电器	$u^* = -\mathrm{sgn}(\lambda_2)$
最少燃料控制	$\int_0^{t_f} \lvert u \rvert \mathrm{d}t$	有死区的继电器	$u^* = \begin{cases} -\mathrm{sgn}(\lambda_2), & \lvert\lambda_2\rvert > 1 \\ 0, & \lvert\lambda_2\rvert \leqslant 1 \end{cases}$
最小能量控制	$\int_0^{t_f} u^2 \mathrm{d}t$	限幅线性放大器	$u^* = \begin{cases} -\frac{1}{2}\lambda_2, & \lvert\lambda_2\rvert \leqslant 2 \\ -\mathrm{sgn}(\lambda_2), & \lvert\lambda_2\rvert > 2 \end{cases}$

第 4 章 动态规划及其应用

极小值原理和动态规划是最优控制中两个重要问题。极小值原理最先是解决连续最优控制问题，后来又扩展到离散最优控制问题中。动态规划则是从解决离散最优控制问题开始，而后扩展到连续最优控制问题。

20 世纪 50 年代初美国学者贝尔曼(R. E. Bellman)等人在研究多阶段决策过程(multistep decision process)的优化问题时，提出了著名的最优性原理(principle of optimality)，把多阶段过程转化为一系列单阶段问题，逐个求解，创立了解决这类过程优化问题的新方法——动态规划(Dynamic Programming)。

动态规划主要用于求解以时间划分阶段的动态过程的优化问题，但是一些与时间无关的静态规划(如线性规划、非线性规划)，只要人为地引进时间因素，把它视为多阶段决策过程，也可以用动态规划方法方便地求解。

动态规划其核心是贝尔曼最优性原理。这个原理可以归结为一个基本递推关系式，从而使决策过程连续地转移，并将一个多步最优控制问题转化为多个一步最优控制问题。

动态规划求解多级决策过程的寻优问题比较简单。在求解多级决策问题时，要从末端开始，逆向递推，直至始端。其实质是，以最优性原理为基础，将一个 N 段最优决策问题转化为 N 个一段最优决策问题。

利用动态规划求解控制有约束(或控制和状态都受约束)的离散最优控制问题特别方便，用于解决线性离散系统的二次型性能指标的最优控制问题特别有效。一般来说，线性二次型无约束最优控制问题在用动态规划求解时可以采用解析法。但是，有约束的最优控制问题、非线性系统的最优控制问题，通常用动态规划求解时需要用数值计算方法。计算工作量大是动态规划的主要弱点，一般只适用于低维情况。

动态规划的主要优点是原理简明，适用于离散系统和连续系统的最优控制问题。动态规划在控制理论上的重要性表现为：对于离散控制系统，可以获得某些理论结果，从而建立起迭代计算程序；对于连续控制系统，除了可以得到某些新的理论结果外，还可以建立与极小值原理和变分法的联系。连续动态规划的基本方程为哈密顿-

雅可比方程,这是最优控制必须满足的必要条件。从这个方程出发,可以推导得到伴随方程及微分矩阵黎卡提方程,与古典变分法、极小值原理所得结果完全相同。哈密顿-雅可比方程是非线性偏微分方程,实际上难于求解。

应指出,动态规划是求解某类问题的一种方法,是考察问题的一种途径,而不是一种特殊算法(如线性规划是一种算法)。因而,它不同于线性规划那样有一个标准的数学表达式和明确定义的一组规则,而必须对具体问题进行具体分析处理。因此,在学习时,除了要对基本概念和方法正确理解外,应以丰富的想象力去建立模型,用创造性的技巧去求解。

动态规划自从问世以来,在经济管理、生产调度、工程技术和最优控制等方面得到了广泛的应用。例如最短路线、库存管理、资源分配、设备更新、排序、装载等问题,用动态规划方法比用其他方法求解更为方便。

动态规划现在已经是运筹学的一个主要分支,是求解决策过程(decision process)最优化的数学方法。

4.1　最短路线问题

动态规划是求解多级决策过程最优化的一种数学方法。

一个完整的过程可以分成一连串的若干步(段),每一步都要确定它自己这一段控制作用(策略),才能使这一段由其输入状态确定输出状态。显然,前一步的输出是后一步的输入。每一步的控制作用就是决策。整个过程的各步控制策略组成了控制序列。控制序列不同,则实现的过程不同,整个过程中每个步(段)称为子段(子过程)。

因此,所谓多级决策过程,就是指把一个过程分成若干阶段,每一个阶段都作出决策,以使整个过程取得最优效果。多级决策过程如图 4.1 所示。

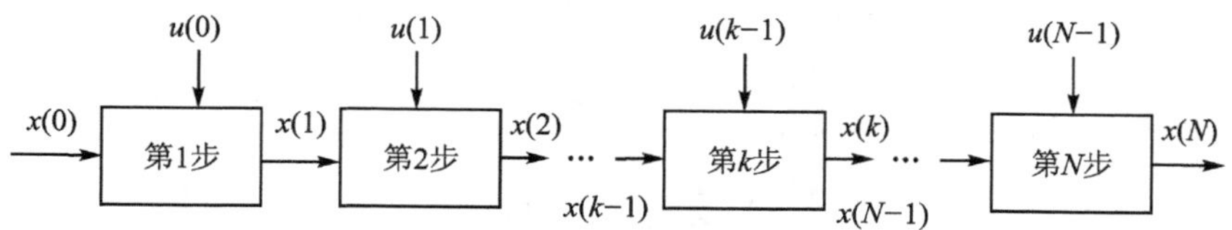

图 4.1　多级决策过程

通过对多级决策问题的讨论,可以初步了解动态规划的思想和方法。最短路线问题是多级决策问题的典型例子。

例 4.1　如图 4.2 所示,某交通工具从 A 站出发,终点为 E 站,全程可分为 4 段。中间可以经过的各站及它们之间的行车时间均已标记在图 4.2 中。试求最短行车时间的行车路线。

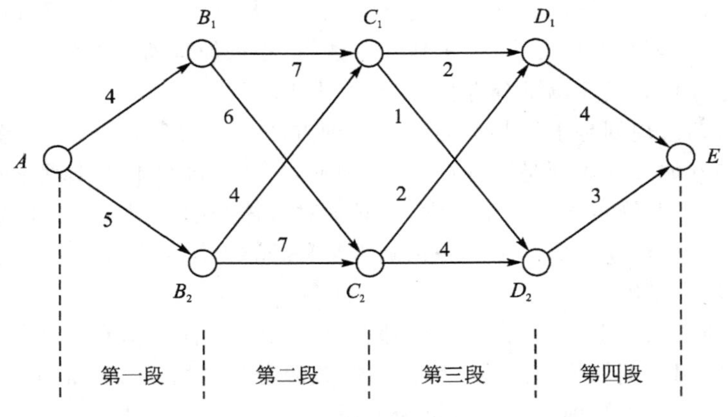

图 4.2　例 4.1 行车路线图

解： 在该行车问题中，阶段数 $n=4$，需要作 $n-1=3$ 次决策。

由于每次决策只有两种可能的选择，3 次选择共有 $2^{n-1}=2^3=8$ 种不同的行车路线。因此，计算 8 种不同的行车路线所耗费的总行车时间，取最小者即可求出最短时间行车路线。若行车问题需作决策的阶段数 n 较大，每次决策中可供选择的方案较多时，用上述穷举法来解决最短行车时间问题的计算量是非常大的。

一般说来，用穷举法计算时间与作决策的阶段数 n 和每次决策中可供选择的方案数成指数关系，即通常所称的指数爆炸、维数灾难。

通过分析发现，另一种求最短时间行车路线的方法是：从最后一段开始，先分别算出 D_1 站和 D_2 站到终点 E 的最短时间，并分别记为 $J[D_1]$和 $J[D_2]$。

实际上，最后一段没有选择的余地。因此，由图 4.2 可求得 $J[D_1]=4$，$J[D_2]=3$。

由此向后倒推，继续考察倒数第 2 段，计算 C_1 站和 C_2 站到终点 E 的最短时间，并分别记为 $J[C_1]$和 $J[C_2]$。

由图 4.3 可知，从 C_1 站到达终点 E 的路线中下一站只能是 D_1 站和 D_2 站中之一。由于从 D_1 站和 D_2 站分别前往终点的最短时间已经计算出，因此，从 C_1 站和 C_2 站到终点的最短时间分别为

$$J[C_1]=\min\begin{Bmatrix}2+J[D_1]\\1+J[D_2]\end{Bmatrix}=4,\qquad J[C_2]=\min\begin{Bmatrix}2+J[D_1]\\4+J[D_2]\end{Bmatrix}=6$$

其相应的最短时间行车路线为 C_1，D_2，E 和 $x_2(2)$，$x_2(3)$，F。

类似于前面过程，其他各站到终点的最短时间和相应的行车路线如图 4.3 所示。

由图 4.3 可以很方便地得到各站到终点站 F 的最短时间行车路线和所耗费的行车时间，当然，也可以得到从起点站 S 到终点站 F 的最短时间行车路线和所耗费的行车时间。最优行车路线寻优过程如表 4.1 所列。

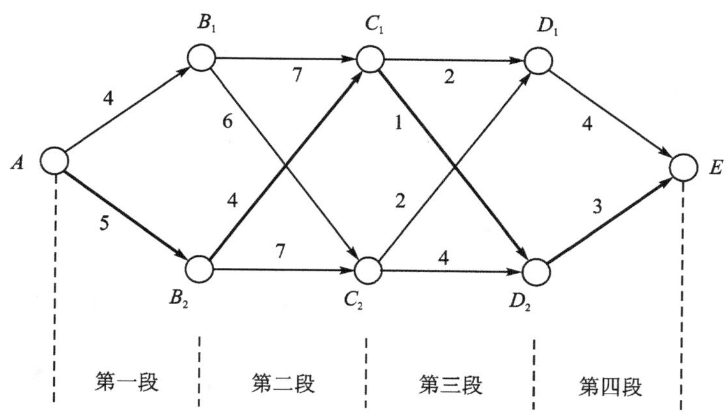

图 4.3　例 4.1 的最优行车路线图

表 4.1　例 4.1 的最优行车路线寻优过程

阶　段	性能指标(最短时间)	决策变量	加法计算次数	从二取一极小运算
第四段	$J[D_1]=4$ $J[D_2]=3$		0	0
第三段	$J[C_1]=\min\begin{Bmatrix}2+J[D_1]\\1+J[D_2]\end{Bmatrix}=\min\begin{Bmatrix}2+4\\1+3\end{Bmatrix}=4$	D_2	$2+2=4$	$1+1=2$
	$J[C_2]=\min\begin{Bmatrix}2+J[D_1]\\4+J[D_2]\end{Bmatrix}=\min\begin{Bmatrix}2+4\\4+3\end{Bmatrix}=6$	D_2		
第二段	$J[B_1]=\min\begin{Bmatrix}7+J[C_1]\\6+J[C_2]\end{Bmatrix}=\min\begin{Bmatrix}6+4\\6+6\end{Bmatrix}=10$	C_1	$2+2=4$	$1+1=2$
	$J[B_2]=\min\begin{Bmatrix}4+J[C_1]\\7+J[C_2]\end{Bmatrix}=\min\begin{Bmatrix}4+4\\7+6\end{Bmatrix}=8$	C_1		
第一段	$J[A]=\min\begin{Bmatrix}4+J[B_1]\\5+J[B_2]\end{Bmatrix}=\min\begin{Bmatrix}4+10\\5+8\end{Bmatrix}=13$	B_2	2	1
合　计			$0+4+4+2=10$	$0+2+2+1=5$
最优路径	$\{A,B_2,C_1,D_2,E\}$			

上述最短行车时间路线问题及其求解方法可以推广到许多多阶段决策优化问题,如建筑安装工期计划、经济发展计划、资源合理配置等,其相应的最优性指标可以为所耗费的时间最短,也可以为所耗费的能源最小、所得到的效益最好等。

因此,前面介绍逆向递推求解最优化问题的方法是一种具有普遍性意义的多阶

段决策优化方法，称为动态规划法。

从上述解题的叙述过程可以看出，动态规划法具有如下特点。

① 与穷举法相比，动态规划法可使计算量大为减少。

事实上，用动态规划法解多阶段决策问题，只需做一些简单的、非常有限的加法运算和求极小运算。如对一个有 n 个阶段，除最后一段外每一个状态下一步有 m 种可能决策方案的多阶段决策问题，共需做 $(n-2)m^2+m=(mn-2m+1)m$ 次加法运算，以及 $(mn-2m+1)(m-1)$ 次从二取一的极小运算。

而对穷举法，则需做 $m\times m^{n-2}\times(n-1)=m^{n-1}(n-1)$ 次加法运算和 $m^{n-1}-1$ 次的从二取一的极小运算。

如对前面的 $n=4,m=2$ 的最短时间行车问题，用动态规划法求解共需做 $(mn-2m+1)m=5\times2=10$ 次加法运算和 $(mn-2m+1)(m-1)=5\times1=5$ 次从二取一的极小运算。而用穷举法求解，则分别为 $m^{n-1}(n-1)=2^3\times3=24$ 次和 $m^{n-1}-1=2^3-1=7$ 次。

因此，动态规划法在减少计算量上的效果是显著的。

阶段数 n 越大，决策方案 m 越多，则动态规划法的优点就越突出。

如对 $n=10,m=4$ 的多阶段决策问题，用动态规划法求解共需做 $(mn-2m+1)m=33\times4=132$ 次加法运算和 $(mn-2m+1)m=33\times3=99$ 次从二取一的极小运算，而用穷举法求解分别为 $m^{n-1}(n-1)=4^9\times9=2\ 359\ 296$ 次和 $m^{n-1}-1=4^9-1=262\ 143$ 次。

因此，动态规划法的效果是非常显著的。

② 用动态规划法求解多阶段决策问题的思路是：

为最后求出由起点 S 至终点 F 的最优路线，先逆向递推求出各状态至终点 F 的最优路线。在取得当前状态到终点的极值时，只需要知道当前状态值和上一次的最优（集合）值，就可以得到当前的最优值，并作为下一次优化的初始数据。

贝尔曼的最优性原理就是运用这个原理给出递推方法的。

③ 由图 4.3 可知，与从起点 A 至终点 E 的最优路线 $\{A,B_2,C_1,D_2,E\}$ 相对应的从 B_2 站至终点 E 的部分路线 $\{B_2,C_1,D_2,E\}$ 是从 B_2 站至终点 E 的最优路线。

类似地，从 C_1 站至终点 E 的最优路线 $\{C_1,D_2,E\}$ 是从起点 A 至终点 E 的最优路线 $\{A,B_2,C_1,D_2,E\}$ 的一部分，也是从 B_2 至终点 E 的最优路线 $\{B_2,C_1,D_2,E\}$ 的一部分。

对于多阶段决策问题，最优路线和最优决策具有这种性质不是偶然的，它反映了该问题的一种规律性，即所谓的贝尔曼的最优性原理。

它是动态规划法的核心。

例 4.2 考虑如图 4.4 所示的具有最短行车时间的行车路线。

解： 本例最优行车路线寻优过程如表 4.2 所列。

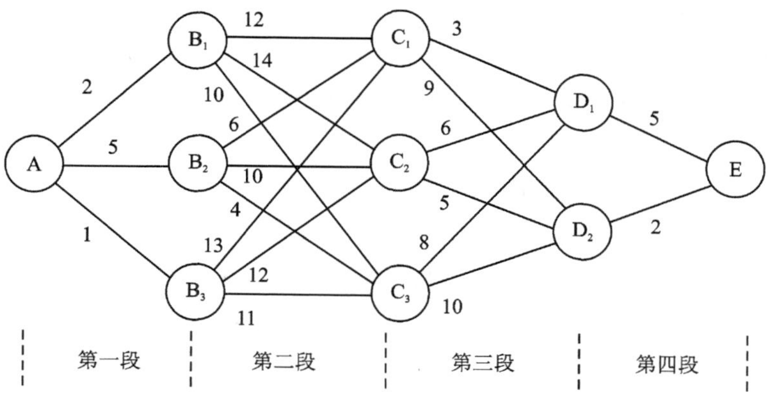

图 4.4　例 4.2 行车路线图

表 4.2　例 4.2 的最优行车路线寻优过程

阶　段	性能指标(最短时间)	决策变量
第四段	$J[D_1]=5$ $J[D_2]=2$	
第三段	$J[C_1]=\min\begin{Bmatrix}3+J[D_1]\\9+J[D_2]\end{Bmatrix}=\min\begin{Bmatrix}3+5\\9+2\end{Bmatrix}=8$	D_1
	$J[C_2]=\min\begin{Bmatrix}6+J[D_1]\\5+J[D_2]\end{Bmatrix}=\min\begin{Bmatrix}6+5\\5+2\end{Bmatrix}=7$	D_2
	$J[C_3]=\min\begin{Bmatrix}8+J[D_1]\\10+J[D_2]\end{Bmatrix}=\min\begin{Bmatrix}8+5\\10+2\end{Bmatrix}=12$	D_2
第二段	$J[B_1]=\min\begin{Bmatrix}12+J[C_1]\\14+J[C_2]\\10+J[C_3]\end{Bmatrix}=\min\begin{Bmatrix}12+8\\14+7\\10+12\end{Bmatrix}=\min\begin{Bmatrix}20\\21\\22\end{Bmatrix}=20$	C_1
	$J[B_2]=\min\begin{Bmatrix}6+J[C_1]\\10+J[C_2]\\4+J[C_3]\end{Bmatrix}=\min\begin{Bmatrix}6+8\\10+7\\4+12\end{Bmatrix}=\min\begin{Bmatrix}14\\17\\16\end{Bmatrix}=14$	C_1
	$J[B_3]=\min\begin{Bmatrix}13+J[C_1]\\12+J[C_2]\\11+J[C_3]\end{Bmatrix}=\min\begin{Bmatrix}13+8\\12+7\\11+12\end{Bmatrix}=\min\begin{Bmatrix}21\\19\\23\end{Bmatrix}=19$	C_2
第一段	$J[A]=\min\begin{Bmatrix}2+J[B_1]\\5+J[B_2]\\1+J[B_3]\end{Bmatrix}=\min\begin{Bmatrix}2+20\\5+14\\1+19\end{Bmatrix}=19$	B_2
最优路径	$\{A,B_2,C_1,D_1,E\}$	

由例 4.1 和例 4.2 可知，设 N 为多级决策过程的总级数，x_{i-1}，s_i 分别表示第 i 级的初始位置和末端位置，$d(x_{i-1},s_i)$表示点 x_{i-1} 到 s_i 的距离，$J_i(x_{i-1})$表示 x_{i-1} 到终点 x_N 的最短距离，其中 $i=1,\cdots,N$。那么，有递推方程

$$\begin{gathered} J_i(x_{i-1})=\min_{s_i}\{d(x_{i-1},s_i)+J_{i+1}(x_i)\}, \qquad i=1,2,\cdots,N-1 \\ J_N(x_{N-1})=d(x_{N-1},s_N) \end{gathered} \tag{4.1}$$

显然，对于例 4.2 有

$$N=4, \quad J_4(x_3)=d(x_3,s_4)\Rightarrow\begin{cases} J_4[D_1]=d(D_1,F)=5 \\ J_4[D_2]=d(D_2,F)=2 \end{cases}$$

$$J_3(x_2)=\min_{s_3}\{d(x_2,s_3)+J_4(x_3)\}$$

$$N=3, \quad \Rightarrow\begin{cases} J_3[C_1]=\min\limits_{D_1,D_2}\begin{Bmatrix} d(C_1,D_1)+J_4(D_1) \\ d(C_1,D_2)+J_4(D_2) \end{Bmatrix}=8 \\ J_3[C_2]=\min\limits_{D_1,D_2}\begin{Bmatrix} d(C_2,D_1)+J_4(D_1) \\ d(C_2,D_2)+J_4(D_2) \end{Bmatrix}=7 \\ J_3[C_3]=\min\limits_{D_1,D_2}\begin{Bmatrix} d(C_3,D_1)+J_4(D_1) \\ d(C_3,D_2)+J_4(D_2) \end{Bmatrix}=12 \end{cases}$$

$$J_2(x_1)=\min_{s_2}\{d(x_1,s_2)+J_3(x_2)\}$$

$$N=2, \quad \Rightarrow\begin{cases} J_2[B_1]=\min\limits_{C_1,C_2,C_3}\begin{Bmatrix} d(B_1,C_1)+J_3(C_1) \\ d(B_1,C_2)+J_3(C_2) \\ d(B_1,C_3)+J_3(C_3) \end{Bmatrix}=20 \\ J_2[B_2]=\min\limits_{C_1,C_2,C_3}\begin{Bmatrix} d(B_2,C_1)+J_3(C_1) \\ d(B_2,C_2)+J_3(C_2) \\ d(B_2,C_3)+J_3(C_3) \end{Bmatrix}=14 \\ J_2[B_3]=\min\limits_{C_1,C_2,C_3}\begin{Bmatrix} d(B_3,C_1)+J_3(C_1) \\ d(B_3,C_2)+J_3(C_2) \\ d(B_3,C_3)+J_2(C_3) \end{Bmatrix}=19 \end{cases}$$

$$J_1(x_0)=\min_{s_1}\{d(x_0,s_1)+J_2(x_1)\}$$

$$N=1, \quad \Rightarrow J_1[A]=\min_{B_1,B_2,B_3}\begin{Bmatrix} d(A,B_1)+J_2(B_1) \\ d(A,B_2)+J_2(B_2) \\ d(A,B_3)+J_2(B_3) \end{Bmatrix}=19$$

例 4.2 的最优行车路线图如图 4.5 所示。

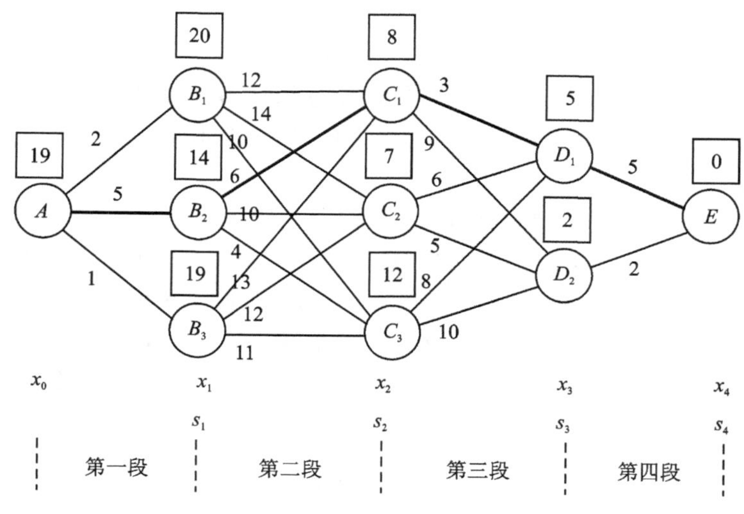

图 4.5　例 4.2 的最优行车路线图

4.2　最优性原理

动态规划法是求解多阶段决策问题的一种最优化方法。这一问题的核心是所谓的最优性原理。

下面将在函数空间中描述 N 阶段的决策过程，首先引进下述概念与定义：

① k 表示 N 级决策过程中的阶段变量。对控制问题，相当于在 k 时刻。

② $x(k)$表示$(k+1)$级的初始状态。对控制问题，相当于在 k 时刻的状态变量(向量)。

③ 所谓决策就是指在给定某一阶段的状态后，从该状态到下一阶段的某一状态的一种选择。可以用一个或一组变量来描述决策，称之为决策变量(向量)。

④ $\boldsymbol{u}(k)$表示 $k+1$ 级所采用的决策向量。对控制问题，则相当于控制输入向量，表示过程在 k 时刻从某一状态转变为另一状态的动因。

⑤ 允许决策序列$\{\boldsymbol{u}(0),\boldsymbol{u}(1),\cdots,\boldsymbol{u}(N-1)\}$是 N 个阶段的决策所组成的决策集合。

⑥ 代价 J，表示由于状态发生转移所耗费的代价。对控制问题，相当于性能指标。

假设在决策 $\boldsymbol{u}(k)$的作用下，状态发生了从 $\boldsymbol{x}(k)$到 $\boldsymbol{x}(k+1)$的转移。显然新的状态 $\boldsymbol{x}(k+1)$完全取决于原来的状态 $\boldsymbol{x}(k)$和所采取的决策 $\boldsymbol{u}(k)$。可以把这种转移看成是在决策 $\boldsymbol{u}(k)$作用下，状态从 $\boldsymbol{x}(k)$到 $\boldsymbol{x}(k+1)$的一种变换，且这种变换关系是唯一的，并用

$$x(k+1)=f(x(k),u(k),k) \tag{4.2}$$

表示，其中 $x(0)=x_0$。

在每一阶段，通常有若干个决策可供选择，用 $\Omega(k)$ 代表第 k 个阶段可供选择的决策的集合。一般说来，阶段不同，其决策集合 $\Omega(k)$ 也不同。用 Ω 代表全部可供选择的决策的集合，即 $\Omega=\Omega(0)\cup\Omega(1)\cup\cdots\cup\Omega(N-1)$。

对多阶段的决策问题，可以详细描述如下：

设系统由决策 $u(k)$，经式(4.2)把状态从 $x(k)$ 转移到 $x(k+1)$，其相应耗费的代价为 $L(x(k),u(k),k)$，$k=0,1,\cdots,N-1$。现需通过一变换序列

$$f(x(0),u(0),0),f(x(1),u(1),1),\cdots,f(x(N-1),u(N-1),N-1)$$

将初始状态 $x(0)$ 经 $x(1),\cdots,x(N-1)$ 转移到终态 $x(N)$，与这 N 次转移相对应的所耗费的总代价为

$$J[x(0)]=\sum_{k=0}^{N-1}L(x(k),u(k),k) \tag{4.3}$$

试求出一个决策序列 $\{u(0),u(1),\cdots,u(N-1)\}$，使 N 阶段决策问题的总代价最小。

问题式(4.3)的描述形式和最短路径问题有所不同。如果把式(4.2)看作约束条件，则最短路径问题是一个无约束的动态规划问题，而问题式(4.3)是一个具有约束的动态规划问题，在每一级优化(决策)的时候，都要考虑状态与控制之间的变换关系。

最优性原理可以表述如下：

一个多级决策过程的最优策略具有这样的性质：不论初始状态和初始决策如何，当把其中的任何一级及其状态再作为初始级和初始状态时，其余的决策必定也是一个最优策略。也即是，若有一个初始状态 $x(0)$ 的 N 级决策过程，其最优策略为 $\{u(0),u(1),\cdots,u(N-1)\}$，那么对于以 $x(k)$ 为初始状态的后续决策过程，决策集合 $\{u(k),\cdots,u(N-1)\}$ 必定是最优策略，其中 $k=1,2,\cdots,N-1$。

证明：用反证法。

假设 $\{u^*(0),u^*(1),\cdots,u^*(N-1)\}$ 是使代价函数 J 为最小的最优策略，相应的最小代价为

$$J^*=\min_{u(k)}\sum_{k=0}^{N-1}L(x(k),u(k),k)$$

反设在 $k=r,r+1,\cdots,N-1$ 区间内，$u^*(k)$ 不是最优决策序列，则必存在另一决策序列 $\bar{u}(k)$，$k=r,r+1,\cdots,N-1$ 使得

$$J[x(r),\bar{u}(r),\bar{u}(r+1),\cdots,\bar{u}(N-1)]<J[x(r),u^*(r),u^*(r+1),\cdots,u^*(N-1)]$$

因而有两个决策序列，即

$$u^*(k),\qquad k=0,1,\cdots,N-1$$

和

$$u^{**}(k)=\begin{cases}u^*(k), & k=1,\cdots,r-1\\ \bar{u}(k), & k=r,\cdots,N-1\end{cases}$$

使得

$$J^{**}<J^*$$

其中

$$J^*=\sum_{k=0}^{r-1}L(x(k),u^*(k),k)+\sum_{k=r}^{N-1}L(x(k),u^*(k),k)$$

$$J^{**}=\sum_{k=0}^{r-1}L(x(k),u^*(k),k)+\sum_{k=r}^{N-1}L(x(k),\bar{u}(k),k)$$

这与 J^* 为最小代价的假设矛盾。因此,最优性原理得证。

对于连续系统,最优性原理可以表述为:若对于初始时刻 t_0 和初始状态 $x(0)$,$u^*(t)$和 $x^*(t)$是系统的最优控制和最优轨迹,那么对于时刻 $t_1(t_1>t_0)$和相应的状态 $x(t_1)$,$u^*(t),t\in[t_1,t_f]$和 $x^*(t),t\in[t_1,t_f]$,仍是系统往后的最优控制和最优轨迹。

同样也可以用反证法证明上述结论。若从 $x(t_1)$到 $x(t_f)$还有另一条路线为最优,则原来的从 $x(0)$到 $x(t_f)$的轨迹显然不是最优,从而与原来的假设矛盾。

4.3　动态规划的基本递推方程

为了求出问题最优代价 $J^*[x(0)]$,根据动态规划思想,把始自 $x(0)$的待求问题,嵌入到求 $J^*[x(k),k]$的问题之中。

考虑如下问题:

$$\min_{u\in\Omega}J[x(k),k]=\sum_{j=k}^{N-1}L(x(j),u(j),j)\tag{4.4}$$

其中,$x(k)$固定,$j=k,k+1,\cdots,N-1,k=0,1,\cdots,N-1,x(k)\in\mathbf{R}^n,u(k)\in\mathbf{R}^m$。

状态方程约束为

$$x(j+1)=f(x(j),u(j),j)\tag{4.5}$$

第 k 时刻容许状态 $x(k)$的最优代价为

$$J^*[x(k),k]=\min_{\{u(k),u(k+1),\cdots,u(N-1)\}\in\Omega}\left\{\sum_{j=k}^{N-1}L(x(j),u(j),j)\right\}\tag{4.6}$$

即

$$J^*[x(k),k]=\min_{\{u(k),u(k+1),\cdots,u(N-1)\}\in\Omega}\left\{L(x(k),u(k),k)+\sum_{j=k+1}^{N-1}L(x(j),u(j),j)\right\}\tag{4.7}$$

式(4.7)可分为两部分来计算,一是在本级决策 $\boldsymbol{u}(k)$ 下求最小,二是在剩余决策序列 $\{\boldsymbol{u}(k+1),\cdots,\boldsymbol{u}(N-1)\}$ 下求最小。因此,式(4.7)可写为

$$J^*[\boldsymbol{x}(k),k]=\min_{\boldsymbol{u}(k)\in\Omega}\min_{\{\boldsymbol{u}(k+1),\cdots,\boldsymbol{u}(N-1)\}\in\Omega}\left\{\underbrace{\boldsymbol{L}(\boldsymbol{x}(k),\boldsymbol{u}(k),k)}_{①}+\underbrace{\sum_{j=k+1}^{N-1}\boldsymbol{L}(\boldsymbol{x}(j),\boldsymbol{u}(j),j)}_{②}\right\} \tag{4.8}$$

式中,①仅仅取决于 $\boldsymbol{u}(k)$,与 $\boldsymbol{u}(j),j=1,2,\cdots,N-1$ 无关,因此该项对 $\boldsymbol{u}(j)$ 取极小没有意义;②与 $\boldsymbol{x}(k+1)$ 有关,而 $\boldsymbol{u}(k)$ 通过状态方程会影响 $\boldsymbol{x}(k+1)$。因此,式(4.8)可以进一步写为

$$J^*[\boldsymbol{x}(k),k]=\min_{\boldsymbol{u}(k)\in\Omega}\left\{\boldsymbol{L}(\boldsymbol{x}(k),\boldsymbol{u}(k),k)+\min_{\{\boldsymbol{u}(k+1),\cdots,\boldsymbol{u}(N-1)\}\in\Omega}\sum_{j=k+1}^{N-1}\boldsymbol{L}(\boldsymbol{x}(j),\boldsymbol{u}(j),j)\right\} \tag{4.9}$$

根据式(4.6)和最优性原理,有

$$J^*[\boldsymbol{x}(k+1),k+1]=\min_{\{\boldsymbol{u}(k+1),\cdots,\boldsymbol{u}(N-1)\}\in\Omega}\left\{\sum_{j=k+1}^{N-1}\boldsymbol{L}(\boldsymbol{x}(j),\boldsymbol{u}(j),j)\right\} \tag{4.10}$$

将式(4.10)代入式(4.9)得

$$J^*[\boldsymbol{x}(k),k]=\min_{\boldsymbol{u}(k)\in\Omega}\{\boldsymbol{L}(\boldsymbol{x}(k),\boldsymbol{u}(k),k)+J^*[\boldsymbol{x}(k+1),k+1]\} \tag{4.11}$$

式(4.11)就是动态规划基本递推方程。该递推关系从过程的最后一级开始,逐级逆向递推。

此外,由状态方程式(4.2)可得

$$J^*[\boldsymbol{x}(k+1),k+1]=J^*[\boldsymbol{f}(\boldsymbol{x}(k),\boldsymbol{u}(k),k),k+1] \tag{4.12}$$

再将式(4.12)代入式(4.11),有

$$J^*[\boldsymbol{x}(k),k]=\min_{\boldsymbol{u}(k)\in\Omega}\{\boldsymbol{L}(\boldsymbol{x}(k),\boldsymbol{u}(k),k)+J^*[\boldsymbol{f}(\boldsymbol{x}(k),\boldsymbol{u}(k),k),k+1]\}$$

令 $k=N-1$,由基本递推方程式(4.11)有

$$J^*[\boldsymbol{x}(N-1),N-1]=\min_{\boldsymbol{u}(N-1)\in\Omega}\{\boldsymbol{L}(\boldsymbol{x}(N-1),\boldsymbol{u}(N-1),N-1)+J^*[\boldsymbol{x}(N),N]\}$$

其中,$J^*[\boldsymbol{x}(N),N]$ 表示代价函数 J 的末值项。

由式(4.3)可知,本最优问题的代价函数没有末值项,因此 $J^*[\boldsymbol{x}(N),N]=0$。于是

$$J^*[\boldsymbol{x}(N-1),N-1]=\min_{\boldsymbol{u}(N-1)\in\Omega}\{\boldsymbol{L}(\boldsymbol{x}(N-1),\boldsymbol{u}(N-1),N-1)\} \tag{4.13}$$

求解时,可以对所有的容许状态 $\boldsymbol{x}(N-1)$,求解式(4.13),以便得到 $J^*[\boldsymbol{x}(N-1),N-1]$,然后由递推方程式(4.11)逆向逐级递推,求出 $J^*[\boldsymbol{x}(N-2),N-2]$,…,$J^*[\boldsymbol{x}(1),1]$,$J^*[\boldsymbol{x}(0),0]$。最后一步的递推解 $J^*[\boldsymbol{x}(0),0]$ 和得到的最优策略 $\{\boldsymbol{u}^*(0),\boldsymbol{u}^*(1),\cdots,\boldsymbol{u}^*(N-1)\}$ 就是最优问题的解。这种把始自 $\boldsymbol{x}(0)$ 的待求问题嵌入到求始自 $\boldsymbol{x}(k)$ 的 $J^*[\boldsymbol{x}(k),k]$ 问题中的方法,称为嵌套原理。

例 4.3　考虑一维线性系统 $x(k+1)=ax(k)+bu(k)$，假设初始状态 x_0 已知，状态 $x(k)$ 和控制 $u(k)$ 均不受约束，试使最优控制问题的代价函数

$$\min J=\sum_{k=0}^{2}(qx^2(k)+ru^2(k))T \tag{4.14}$$

为最小，其中 a,b,q,r 为常数，$r>0$，假设 $T=1$。

解： 本例中 $N=3$，是一个三段决策问题，如图 4.6 所示。用动态规划方法求解，分三步，由后向前逆推。

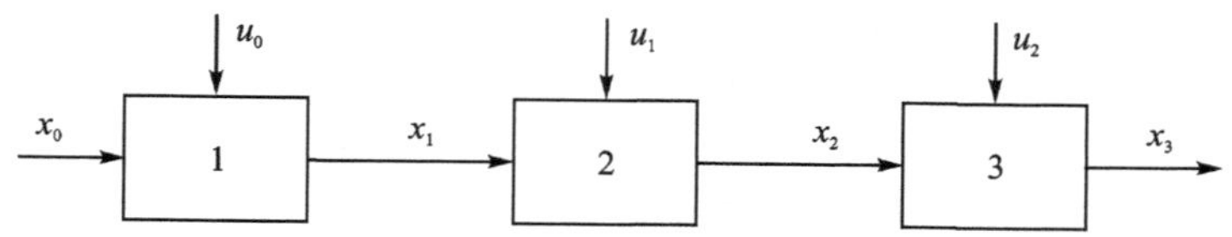

图 4.6　三段决策问题

(1) 令 $N=3,k=N-1=2$

因为代价函数式(4.14)中没有对终端状态提出要求，所以

$$J^*[x(2),2]=\min_{u(2)\in\Omega}\{L(x(2),u(2),2)+0\}=\min_{u(2)\in\Omega}\{qx^2(2)+ru^2(2)\}$$

又因为 u 无约束，所以令 $\dfrac{\partial J^*[x(2),2]}{\partial u(2)}=0$，得 $2ru(2)=0$，因此

$$u^*(2)=0,\qquad J^*[x(2),2]=qx^2(2)$$

(2) 令 $N=2,k=N-1=1$

$$\begin{aligned}J^*[x(1),1]&=\min_{u(1)\in\Omega}\{L(x(1),u(1),1)+J^*[x(2),2]\}\\&=\min_{u(1)\in\Omega}\{[qx^2(1)+ru^2(1)]+qx^2(2)\}\\&=\min_{u(1)\in\Omega}\{[qx^2(1)+ru^2(1)]+q[ax(1)+bu(1)]^2\}\end{aligned}$$

令 $\dfrac{\partial J^*[x(1),1]}{\partial u(1)}=0$，得 $ru(1)+qabx(1)+qb^2u(1)=0$，因此

$$u^*(1)=-\frac{qabx(1)}{r+qb^2}\triangleq-\alpha_1x(1)$$

其中，$\alpha_1=\dfrac{qab}{r+qb^2}$。故有

$$\begin{aligned}J^*[x(1),1]&=[qx^2(1)+r(-\alpha_1x(1))^2]+q[ax(1)+b(-\alpha_1x(1))]^2\\&=[q+qa^2-2qab\alpha_1+(r+qb^2)\alpha_1{}^2]x^2(1)\\&=\left(1+\frac{ra^2}{r+qb^2}\right)qx^2(1)\end{aligned}$$

(3) 令 $N=1,k=N-1=0$

$$J^*[x(0),0]=\min_{u(0)\in\Omega}\{L(x(0),u(0),0)+J^*[x(1),1]\}$$

$$=\min_{u(0)\in\Omega}\left\{[qx^2(0)+ru^2(0)]+\left(1+\frac{ra^2}{r+qb^2}\right)q[ax(0)+bu(0)]^2\right\}$$

令$\dfrac{\partial J^*[x(0),0]}{\partial u(0)}=0$，得 $ru(0)+\left(1+\dfrac{ra^2}{r+qb^2}\right)q[ax(0)b+b^2u(0)]=0$，因此

$$u^*(0)=-\frac{\left(1+\dfrac{ra^2}{r+qb^2}\right)qab}{\left(1+\dfrac{ra^2}{r+qb^2}\right)qb^2+r}x(0)=-\frac{(r+qb^2+ra^2)qab}{(r+qb^2)^2+rqa^2b^2}x(0)\triangleq-\alpha_0x(0)$$

其中 $\alpha_0=\dfrac{(r+qb^2+ra^2)qab}{(r+qb^2)^2+rqa^2b^2}$。故有

$$J^*[x(0),0]=\left[q+r\alpha_0{}^2+\left(1+\frac{ra^2}{r+qb^2}\right)q(a-b\alpha_0)^2\right]x^2(0)$$

综上可知，本例最优控制为

$$u^*(k)=-\alpha_kx(k),\qquad k=0,1,2$$

其中，$\alpha_2=0,\alpha_1=\dfrac{qab}{r+qb^2},\alpha_0=\dfrac{(r+qb^2+ra^2)qab}{(r+qb^2)^2+rqa^2b^2}$。

最优代价函数为

$$J^*[x(k),k]=\beta_kx^2(k),\qquad k=0,1,2$$

其中 $\beta_2=q+r\alpha_0{}^2+\left(1+\dfrac{ra^2}{r+qb^2}\right)q(a-b\alpha_0)^2,\beta_1=\left(1+\dfrac{ra^2}{r+qb^2}\right)q,\beta_0=q$。

例 4.4 已知离散系统方程

$$x(k+1)=2x(k)+u(k)\tag{4.15}$$

代价函数

$$J=x^2(3)+\sum_{k=0}^{2}[x^2(k)+u^2(k)]\tag{4.16}$$

其中，状态 $x(k)$ 和控制 $u(k)$ 均不受约束，初始状态 $x(0)=1$。试求最优控制 $\{u^*(0),u^*(1),u^*(2)\}$，使得代价函数最小。

解：本例为三级最优决策问题，可利用式(4.11)进行逆向递推。

(1) 令 $N=3,k=N-1=2$

因为代价函数式(4.16)中含有终端状态要求，所以

$$J^*[x(3),3]=x^2(3)$$

由状态方程式(4.15)可得

$$J^*[x(3),3]=x^2(3)=[2x(2)+u(2)]^2$$

根据动态规划基本递推公式(4.11)，有

$$J^*[x(2),2]=\min_{u(2)\in\Omega}\{L(x(2),u(2),2)+J^*[x(3),3]\}$$

$$=\min_{u(2)\in\Omega}\{x^2(2)+u^2(2)+[2x(2)+u(2)]^2\}$$

又因为 u 无约束，所以令 $\dfrac{\partial J^*[x(2),2]}{\partial u(2)}=0$，得 $u^*(2)=-x(2)$，$J^*[x(2),2]=3x^2(2)$。

（2）令 $N=2,k=N-1=1$

$$J^*[x(1),1]=\min_{u(1)\in\Omega}\{L(x(1),u(1),1)+J^*[x(2),2]\}$$
$$=\min_{u(1)\in\Omega}\{[x^2(1)+u^2(1)]+3x^2(2)\}$$
$$=\min_{u(1)\in\Omega}\{[x^2(1)+u^2(1)]+3[2x(1)+u(1)]^2\}$$

令 $\dfrac{\partial J^*[x(1),1]}{\partial u(1)}=0$，得 $u^*(1)=-\dfrac{3}{2}x(1)$，$J^*[x(1),1]=4x^2(1)$。

（3）令 $N=1,k=N-1=0$

$$J^*[x(0),0]=\min_{u(0)\in\Omega}\{L(x(0),u(0),0)+J^*[x(1),1]\}$$
$$=\min_{u(0)\in\Omega}\{[x^2(0)+u^2(0)]+4[2x(0)+u(0)]^2\}$$

令 $\dfrac{\partial J^*[x(0),0]}{\partial u(0)}=0$，得 $u^*(0)=-\dfrac{8}{5}x(0)$，$J^*[x(0),0]=\dfrac{105}{25}x^2(0)=\dfrac{21}{5}x^2(0)$。

综上可知，当初始状态为 $x(0)=1$ 时，有表 4.3 所列的递推求解过程。

表 4.3　例 4.4 最优控制问题求解过程

	最优状态	最优控制	最优性能
$k=0$	$x^*(0)=1$	$u^*(0)=-\dfrac{8}{5}x(0)=-\dfrac{8}{5}$	$J^*[x(0),0]=\dfrac{21}{5}x^2(0)=\dfrac{21}{5}$
$k=1$	$x^*(1)=2x(0)+u(0)=\dfrac{2}{5}$	$u^*(1)=-\dfrac{3}{2}x(1)=-\dfrac{3}{5}$	$J^*[x(1),1]=4x^2(1)=\dfrac{16}{25}$
$k=2$	$x^*(2)=2x(1)+u(1)=\dfrac{1}{5}$	$u^*(2)=-x(2)=-\dfrac{1}{5}$	$J^*[x(2),2]=3x^2(2)=\dfrac{3}{25}$
$k=3$	$x(3)=2x(2)+u(2)=\dfrac{1}{5}$		$J^*[x(3),3]=x^2(3)=\dfrac{1}{25}$

最优控制序列为

$$\{u^*(0),u^*(1),u^*(2)\}=\left\{-\frac{8}{5},-\frac{3}{5},-\frac{1}{5}\right\}$$

最优状态轨迹为

$$\{x^*(0),x^*(1),x^*(2),x^*(3)\}=\left\{1,\frac{2}{5},\frac{2}{5},\frac{1}{5}\right\}$$

最优代价为

$$J^*[x(0),0]=\frac{21}{5}$$

4.4 动态规划的数值计算方法

对于线性离散系统，当控制变量或状态变量有不等式约束时，利用动态规划方法来求解最优控制问题，需要采用数值计算方法。即使对控制变量和状态变量没有约束，但系统是非线性的或代价函数是非二次型的，通常无法得到最优控制的解析表达式，只能采用动态规划的基本递推方程进行数值计算，以便得到表格形式的最优控制与最优代价函数。

利用数值计算法计算离散最优控制问题时，可以把容许控制域和容许状态变化范围分成若干等份，然后在不同容许状态值下，根据动态规划的基本递推方程，逆向分级计算最优控制和最优代价函数，并列出响应的计算表格，最后根据给定的初始状态，正向查询各级计算表，确定最终的最优解。

下面用一个简单非线性系统的例子来具体介绍动态规划数值计算方法的计算过程。

例 4.5 已知离散非线性系统状态方程为

$$x(k+1)=x(k)+[x^2(k)+u(k)]T \tag{4.17}$$

代价函数

$$J=\sum_{k=0}^{1}|x(k)-u^3(k)|T \tag{4.18}$$

满足 $|u(k)|\leqslant 2$，$|x(k)|\leqslant 6$，初始状态 $x(0)=3$，其中 $T=0.1$，试求最优控制 $\{u^*(0),u^*(1)\}$，使得代价函数最小。

解： 本例是两级决策过程。

(1) $N=2,k=N-1=1$

由于代价函数中没有终端约束项，所以

$$J^*[x(1),1]=\min_{|u(1)|\leqslant 2}\{|x(1)-u^3(1)|T+0\} \tag{4.19}$$

在 $x(1)$ 允许范围 $[-6,+6]$ 内以 1 为间距，取 13 个点；在 $u(1)$ 允许范围 $[-2,+2]$ 内以 1 为间距，取 5 个点；根据式(4.19)计算相应的 $J^*[x(1),1]$。本级的数值计算如表 4.4 所列，相应的取值如图 4.7 所示。

由表 4.4 和图 4.7 可见，取不同的 $x(1)$ 值有不同的 $u(1)$ 及其对应的最优指标 $J^*[x(1),1]$。如何确定哪个 $u(1)$ 为最优控制，需要下面的计算，由给定的 $x(0)$ 来决定。

表 4.4　不同 $x(1)$ 和 $u(1)$ 时对应的 $J^*[x(1),1]$ 值

		$x(1)$												
		−6	−5	−4	−3	−2	−1	0	1	2	3	4	5	6
$u(1)$	−2	0.2	0.3	0.4	0.5	0.6	0.7	0.8	0.9	1	1.1	1.2	1.3	1.4
	−1	0.5	0.4	0.3	0.2	0.1	0	0.1	0.2	0.3	0.4	0.5	0.6	0.7
	0	0.6	0.5	0.4	0.3	0.2	0.1	0	0.1	0.2	0.3	0.4	0.5	0.6
	1	0.7	0.6	0.5	0.4	0.3	0.2	0.1	0	0.1	0.2	0.3	0.4	0.5
	2	1.4	1.3	1.2	1.1	1	0.9	0.8	0.7	0.6	0.5	0.4	0.3	0.2

(2) $N=1,k=N-1=0$

由状态方程式(4.17)，有

$$x(1)=x(0)+[x^2(0)+u(0)]T \tag{4.20}$$

再根据动态规划基本递推公式及初始状态 x(0)=3 可得

$$\begin{aligned}J^*[x(0),0]&=\min_{|u(0)|\leqslant 2}\{|x(0)-u^3(0)|T+J^*[x(1),1]\}\\&=\min_{|u(0)|\leqslant 2}\{|x(0)-u^3(0)|T+J^*[x(0)+[x^2(0)+u(0)]T,0]\}\\&=\min_{|u(0)|\leqslant 2}\{|3-u^3(0)|T+J^*[3+[9+u(0)]T,0]\}\end{aligned} \tag{4.21}$$

在 $u(0)$ 的允许范围 $[-2,+2]$ 内，仍旧以 1 为间距，取 5 个点，根据式(4.20)计算出相应的 $x(1)$；然后根据算得的 $x(1)$ 查询表 4.4，获得相应的 $u^*(1)$ 和 $J^*[x(1),1]$；之后再由式(4.21)计算出 $J^*[x(0),0]$；最后仍旧由状态方程式(4.17)获得式(4.22)，计算得到 $x^*(2)$。若 $x(1)$ 值不在表 4.4 中，那么需要进行插值计算，令 $k=1$ 代入状态方程式(4.17)中，可得式(4.22)。

$$x(2)=x(1)+[x^2(1)+u(1)]T \tag{4.22}$$

上述计算过程如表 4.5 和表 4.6 所列。

表 4.5　不同 $u(0)$ 时，初始状态 $x(0)=3$ 情况下对应的解

$u(0)$	$x(1)$	$J^*[x(1),1]$	$u(1)$	$J[x(0),0]$	$x(2)$
−2	3.7	0.27	1	1.37	5.169
−1	3.8	0.28	1	0.68	5.344
0	3.9	0.29	1	0.59	5.521
1	4.0	0.30	1	0.50	5.700
2	4.1	0.31	1	0.81	5.881

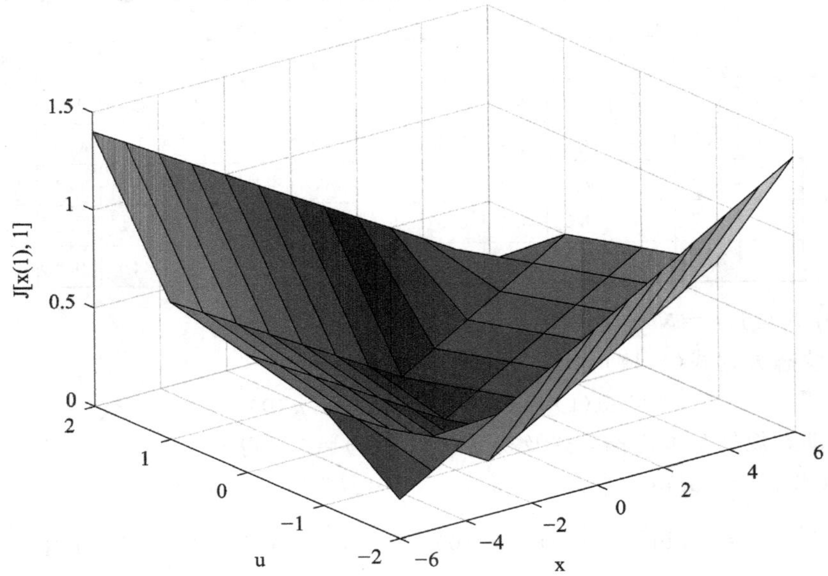

(a) 三维图

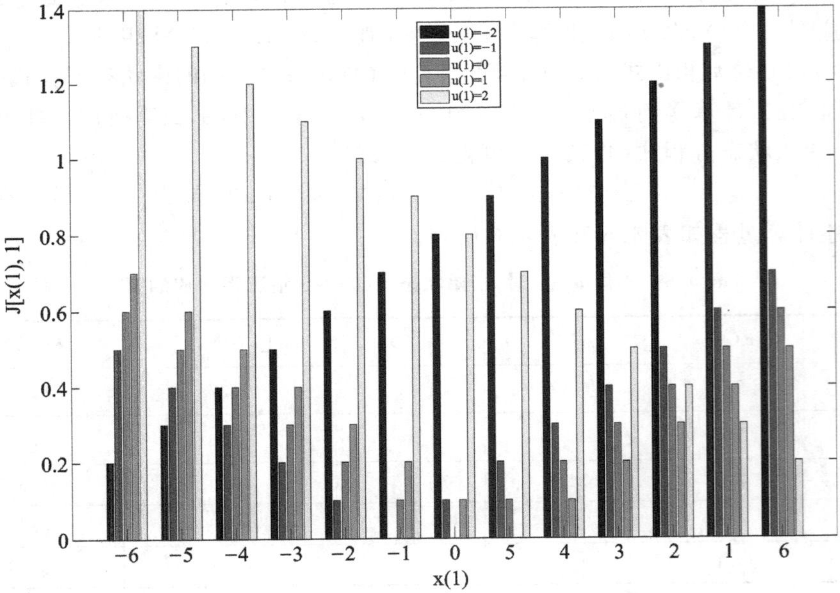

(b) 柱状图

图 4.7　对应的 $J^*[x(1),1]$ 随 $x(1)$ 和 $u(1)$ 取值图

表 4.6　$x(1)$分别取 3.7,3.8,3.9,4.0,4.1 时与 $u(1)$对应的 $J[x(1),1]$插值结果

		$x(1)$				
		3.7	3.8	3.9	4.0	4.1
$u(1)$	−2	1.17	1.18	1.19	1.20	1.21
	−1	0.47	0.48	0.49	0.50	0.51
	0	0.37	0.38	0.39	0.40	0.41
	1	0.27	0.28	0.29	0.30	0.31
	2	0.43	0.42	0.41	0.40	0.39

比较表 4.5 中各行的结果，不难发现，本例的最优解为

最优控制：$\{u(0),u(1)\}=\{1,1\}$。

最优状态轨迹：$\{x(0),x(1),x(2)\}=\{3,4.0,5.700\}$。

最优性能：$J^*[x(0),0]=0.50$。

本例求解过程可总结如下：

① 根据性能指标和网格划分，获得 $J^*[x(1),1]$表格，如表 4.4 所列。

② 由 $x(0)$和 $u(0)$数列计算出 $x(1)$数列，如表 4.5 第二列所列。

③ 由算得的 $x(1)$数列查询表 4.4，获得相应的 $J^*[x(1),1]$和 $u(1)$数列，如表 4.5 第三和第四列所列。若 $x(1)$值不在表 4.4 中，那么需要进行插值计算，如表 4.6 所列。

④ 由 $J^*[x(1),1]$数列，对应 $u(0)$数列，计算 $J[x(0),0]$数列。

⑤ 由 $J[x(0),0]$数列，查找最优 $J^*[x(0),0]$，确定对应的最优 $u^*(0)$。

⑥ 根据状态方程，确定最优 $x(1)$。

⑦ 根据 $J[x(1),1]$插值表，如表 4.6 所列，对应最优 $x(1)$，查找确定最优 $u(1)$。

⑧ 根据状态方程，确定最优 $x(2)$。

利用动态规划数值计算法求解离散最优控制问题，原则上可以用于高阶系统。但是，动态规划的明显弱点是：计算量和存储量随状态变量和控制变量维数的增加而急速增加。例如，状态变量为 n 维，控制变量为 m 维，时间离散段为 N 的离散系统，在状态向量的每个元取 p 个值，控制变量的每个元取 q 个值，计算性能指标的求值次数为 Np^nq^m 次，要求存储容量为 $2p^n$ 个字节。因此，贝尔曼指出：动态规划的不足是会产生“维数灾难”。所以，动态规划一般用于解决低维最优化问题。

4.5　连续控制系统动态规划

动态规划可以用来求解连续系统的最优控制问题。根据最优化原理，可以推导出很有用的连续最优控制动态规划基本方程，它是最优指标泛函的偏微分方程，一般情况下比较难解，但是利用计算机进行计算，可以解决最优控制问题，形成闭环控制。利用动态规划方法，可以把古典变分法中许多重要结论推导出来，在某些情况下用动态规划和极小值原理求解同一连续最优控制问题时，可得到一致结果。当然，动态规划方法虽然简单、有用，但是在大多数场合下，经常面临 J^* 不存在二阶导数或无法求解其基本方程的问题，因此应用受到了限制。

4.5.1 连续控制系统最优性原理

连续控制系统中，在$[t_0,t_f]$区间中，对于初始状态 $x(t_0)$ 来说，$u^*(t_0,t_f)$ 和 $x^*(t_0,t_f)$ 为最优控制和最优轨迹，那么对于$[t_0,t_f]$之间的某一时刻 t_1，不论前后经历如何，不论先前如何到达 $x^*(t_1)$ 的，对于以 $x^*(t_1)$ 为初始状态来说，其后子段的 $u^*(t_1,t_f)$ 和 $x^*(t_1,t_f)$ 也为最优控制和最优轨迹。

简单地说，最优控制 $u^*(t_0,t_f)$ 的一部分 $u^*(t_1,t_f)$，$t_f>t_1>t_0$，对于 $x(t_1)$ 为初始状态来说，仍旧是最优控制策略。

这和离散控制系统最优性原理完全一致，如图 4.8 所示。

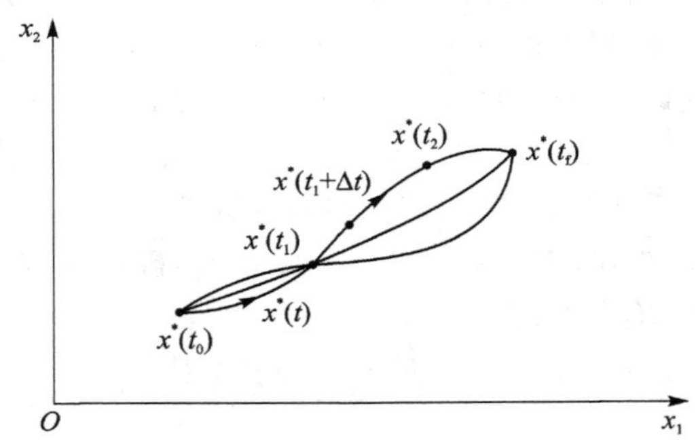

图 4.8 连续系统最优化原理

4.5.2 连续系统动态规划基本递推方程

对于如下连续控制系统：

$$\dot{\boldsymbol{x}}=\boldsymbol{f}(\boldsymbol{x},\boldsymbol{u},t),\qquad \boldsymbol{x}(t_0)=\boldsymbol{x}_0 \tag{4.23}$$

其中，$\boldsymbol{x}\in\mathbf{R}^n$，$\boldsymbol{u}\subset\Omega\in\mathbf{R}^m$，$\boldsymbol{f}(\cdot)$连续可微，假设目标集无约束。

性能指标为

$$J=F[\boldsymbol{x}(t_f),t_f]+\int_{t_0}^{t_f}L(\boldsymbol{x},\boldsymbol{u},t)\mathrm{d}t \tag{4.24}$$

设 $\boldsymbol{u}[t,t_f]$ 表示在区间 $[t,t_f]$ 上的控制函数，最优性能指标可以写为

$$J^*[\boldsymbol{x}(t),t]=\min_{\boldsymbol{u}[t,t_f]\in\Omega}\left\{F[\boldsymbol{x}(t_f),t_f]+\int_{t}^{t_f}L(\boldsymbol{x},\boldsymbol{u},\tau)\mathrm{d}\tau\right\} \tag{4.25}$$

将最优控制 $\boldsymbol{u}^*(t)$ 的选择过程分为两步：

先选择区间 $[t+\Delta t, t_f]$ 上的最优控制，再选择 $[t, t+\Delta t)$ 上的最优控制。根据最优化原理，式(4.25)可写为

$$\begin{aligned}
J^*[\boldsymbol{x}(t),t] &= \min_{\boldsymbol{u}[t,t+\Delta t)\in\Omega}\left\{\min_{\boldsymbol{u}[t+\Delta t,t_f]\in\Omega}\left\{F[\boldsymbol{x}(t_f),t_f]+\int_t^{t_f}L(\boldsymbol{x},\boldsymbol{u},\tau)\mathrm{d}\tau\right\}\right\} \\
&= \min_{\boldsymbol{u}[t,t+\Delta t)\in\Omega}\left\{\begin{array}{l}\displaystyle\min_{\boldsymbol{u}[t+\Delta t,t_f]\in\Omega}F[\boldsymbol{x}(t_f),t_f] \\ \displaystyle+\min_{\boldsymbol{u}[t+\Delta t,t_f]\in\Omega}\left\{\int_t^{t+\Delta t}L(\boldsymbol{x},\boldsymbol{u},\tau)\mathrm{d}\tau+\int_{t+\Delta t}^{t_f}L(\boldsymbol{x},\boldsymbol{u},\tau)\mathrm{d}\tau\right\}\end{array}\right\} \\
&= \min_{\boldsymbol{u}[t,t+\Delta t)\in\Omega}\left\{\begin{array}{l}\displaystyle\min_{\boldsymbol{u}[t+\Delta t,t_f]\in\Omega}\left\{\int_t^{t+\Delta t}L(\boldsymbol{x},\boldsymbol{u},\tau)\mathrm{d}\tau\right\} \\ \displaystyle+\min_{\boldsymbol{u}[t+\Delta t,t_f]\in\Omega}\left\{F[\boldsymbol{x}(t_f),t_f]+\int_{t+\Delta t}^{t_f}L(\boldsymbol{x},\boldsymbol{u},\tau)\mathrm{d}\tau\right\}\end{array}\right\}
\end{aligned} \tag{4.26}$$

因为 $\int_t^{t+\Delta t}L(\boldsymbol{x},\boldsymbol{u},\tau)\mathrm{d}\tau$ 在区间 $[t+\Delta t, t_f]$ 上与控制 $\boldsymbol{u}[t+\Delta t, t_f]$ 无关，且由最优性原理有

$$J^*[\boldsymbol{x}(t+\Delta t),t+\Delta t]=\min_{\boldsymbol{u}[t+\Delta t,t_f]\in\Omega}\left\{F[\boldsymbol{x}(t_f),t_f]+\int_{t+\Delta t}^{t_f}L(\boldsymbol{x},\boldsymbol{u},\tau)\mathrm{d}\tau\right\}$$

所以

$$\begin{aligned}
J^*[\boldsymbol{x}(t),t] &= \min_{\boldsymbol{u}[t,t+\Delta t)\in\Omega}\left\{\min_{\boldsymbol{u}[t+\Delta t,t_f]\in\Omega}\left\{\int_t^{t+\Delta t}L(\boldsymbol{x},\boldsymbol{u},\tau)\mathrm{d}\tau\right\}+J^*[\boldsymbol{x}(t+\Delta t),t+\Delta t]\right\} \\
&= \min_{\boldsymbol{u}[t,t+\Delta t)\in\Omega}\left\{\int_t^{t+\Delta t}L(\boldsymbol{x},\boldsymbol{u},\tau)\mathrm{d}\tau+J^*[\boldsymbol{x}(t+\Delta t),t+\Delta t]\right\}
\end{aligned} \tag{4.27}$$

下面将利用积分中值定理和泰勒公式对式(4.27)给予进一步分析。

由积分中值定理可知

$$\int_t^{t+\Delta t}L(\boldsymbol{x},\boldsymbol{u},\tau)\mathrm{d}\tau=L(\boldsymbol{x}(t+\alpha\Delta t),\boldsymbol{u}(t+\alpha\Delta t),t+\alpha\Delta t)\Delta t \tag{4.28}$$

其中，$0<\alpha<1$。

根据泰勒公式，有

$$\begin{aligned}
J^*[\boldsymbol{x}(t+\Delta t),t+\Delta t] &= J^*[\boldsymbol{x}(t),t]+\left[\frac{\partial J^*[\boldsymbol{x}(t),t]}{\partial \boldsymbol{x}(t)}\right]^{\mathrm{T}}\frac{\mathrm{d}\boldsymbol{x}(t)}{\mathrm{d}t}\Delta t \\
&\quad+\left[\frac{\partial J^*[\boldsymbol{x}(t),t]}{\partial t}\right]^{\mathrm{T}}\Delta t+o[(\Delta t)^2]
\end{aligned} \tag{4.29}$$

其中，$o[(\Delta t)^2]$ 表示高阶无穷小。

将式(4.28)和式(4.29)代入式(4.27)可得

$$J^*[\boldsymbol{x}(t),t]=\min_{\boldsymbol{u}[t,t+\Delta t)\in\Omega}\left\{\begin{aligned}&L(\boldsymbol{x}(t+\alpha\Delta t),\boldsymbol{u}(t+\alpha\Delta t),t+\alpha\Delta t)\Delta t\\&+J^*[\boldsymbol{x}(t),t]+\left[\frac{\partial J^*[\boldsymbol{x}(t),t]}{\partial\boldsymbol{x}(t)}\right]^{\mathrm{T}}\frac{\mathrm{d}\boldsymbol{x}(t)}{\mathrm{d}t}\Delta t\\&+\frac{\partial J^*[\boldsymbol{x}(t),t]}{\partial t}\Delta t+o[(\Delta t)^2]\end{aligned}\right\}$$

即

$$\frac{\partial J^*[\boldsymbol{x}(t),t]}{\partial t}=-\min_{\boldsymbol{u}[t,t+\Delta t)\in\Omega}\left\{\begin{aligned}&L(\boldsymbol{x}(t+\alpha\Delta t),\boldsymbol{u}(t+\alpha\Delta t),t+\alpha\Delta t)\\&+\left[\frac{\partial J^*[\boldsymbol{x}(t),t]}{\partial\boldsymbol{x}(t)}\right]^{\mathrm{T}}\boldsymbol{f}(\boldsymbol{x}(t),\boldsymbol{u}(t),t)\\&+\frac{o[(\Delta t)^2]}{\Delta t}\end{aligned}\right\}\tag{4.30}$$

令 $\Delta t\to 0$，考虑到 $o[(\Delta t)^2]$ 是关于 Δt 的高阶无穷小，由式(4.30)有

$$\frac{\partial J^*}{\partial t}=-\min_{\boldsymbol{u}(t)\in\Omega}\left\{L(\boldsymbol{x}(t),\boldsymbol{u}(t),t)+\left[\frac{\partial J^*}{\partial\boldsymbol{x}(t)}\right]^{\mathrm{T}}\boldsymbol{f}(\boldsymbol{x}(t),\boldsymbol{u}(t),t)\right\}\tag{4.31}$$

式(4.31)就是连续系统的动态规划基本递推方程，它是泛函和偏微分方程的混合形式，称为哈密顿-雅可比方程，也称为哈密顿-雅可比-贝尔曼(Hamilton-Jacobi-Bellman)方程。

当控制变量 $\boldsymbol{u}(t)$ 不受约束时，构造哈密顿函数，有

$$H(\boldsymbol{x},\boldsymbol{u},\boldsymbol{\lambda},t)=L(\boldsymbol{x}(t),\boldsymbol{u}(t),t)+\boldsymbol{\lambda}(t)^{\mathrm{T}}\boldsymbol{f}(\boldsymbol{x}(t),\boldsymbol{u}(t),t)\tag{4.32}$$

其中，$\boldsymbol{\lambda}(t)=\dfrac{\partial J^*}{\partial\boldsymbol{x}(t)}$。因为 $J^*[\boldsymbol{x}(t),t]$ 和 $\boldsymbol{f}(\boldsymbol{x}(t),\boldsymbol{u}(t),t)$ 连续可微，所以令 $\dfrac{\partial H}{\partial\boldsymbol{u}}=0$，即

$$\frac{\partial H}{\partial\boldsymbol{u}}=\frac{\partial L}{\partial\boldsymbol{u}}+\boldsymbol{\lambda}(t)^{\mathrm{T}}\frac{\partial\boldsymbol{f}}{\partial\boldsymbol{u}}=\frac{\partial L}{\partial\boldsymbol{u}}+\frac{\partial\boldsymbol{f}^{\mathrm{T}}}{\partial\boldsymbol{u}}\frac{\partial J^*}{\partial\boldsymbol{x}}=0\tag{4.33}$$

其中

$$\frac{\partial L}{\partial\boldsymbol{u}}=\begin{bmatrix}\dfrac{\partial L}{\partial u_1}\\\dfrac{\partial L}{\partial u_2}\\\vdots\\\dfrac{\partial L}{\partial u_m}\end{bmatrix},\quad\frac{\partial J^*}{\partial\boldsymbol{x}}=\begin{bmatrix}\dfrac{\partial J^*}{\partial x_1}\\\dfrac{\partial J^*}{\partial x_2}\\\vdots\\\dfrac{\partial J^*}{\partial x_n}\end{bmatrix},\quad\frac{\partial\boldsymbol{f}^{\mathrm{T}}}{\partial\boldsymbol{u}}=\begin{bmatrix}\dfrac{\partial f_1}{\partial u_1}&\dfrac{\partial f_2}{\partial u_1}&\cdots&\dfrac{\partial f_n}{\partial u_1}\\\dfrac{\partial f_1}{\partial u_2}&\dfrac{\partial f_2}{\partial u_2}&\cdots&\dfrac{\partial f_n}{\partial u_n}\\\vdots&\vdots&\cdots&\vdots\\\dfrac{\partial f_1}{\partial u_m}&\dfrac{\partial f_2}{\partial u_m}&\cdots&\dfrac{\partial f_n}{\partial u_m}\end{bmatrix}$$

$\dfrac{\partial\boldsymbol{f}^{\mathrm{T}}}{\partial\boldsymbol{u}}$称为雅可比矩阵。

由式(4.33)解得最优控制的隐含形式

$$\boldsymbol{u}^*=\boldsymbol{u}^*\left(\boldsymbol{x}(t),\frac{\partial J^*}{\partial\boldsymbol{x}},t\right)\tag{4.34}$$

将式(4.34)代入递推方程式(4.31)，有

$$\frac{\partial J^*}{\partial t}=-L\left[\boldsymbol{x}(t),\boldsymbol{u}^*\left(\boldsymbol{x}(t),\frac{\partial J^*}{\partial \boldsymbol{x}},t\right),t\right]-\left[\frac{\partial J^*}{\partial \boldsymbol{x}(t)}\right]^{\mathrm{T}}\boldsymbol{f}\left[\boldsymbol{x}(t),\boldsymbol{u}^*\left(\boldsymbol{x}(t),\frac{\partial J^*}{\partial \boldsymbol{x}},t\right),t\right] \tag{4.35}$$

为了确定式(4.35)的唯一解 $J^*[\boldsymbol{x}(t),t]$，需要找出该一阶偏微分方程的边界条件。

由性能指标式(4.24)可知

$$J^*[\boldsymbol{x}(t_f),t_f]=F[\boldsymbol{x}(t_f),t_f] \tag{4.36}$$

因此，在控制无约束情况下的哈密顿-雅可比方程可由一阶偏微分方程式(4.35)及其边界条件式(4.36)共同表示。

4.5.3　哈密顿-雅可比方程的解与最优性能指标的关系

卡尔曼通过严格论证，指出：

① 若 $\boldsymbol{f}(\boldsymbol{x}(t),\boldsymbol{u}(t),t)$，$F(\boldsymbol{x}(t),\boldsymbol{u}(t),t)$，$L(\boldsymbol{x}(t),\boldsymbol{u}(t),t)$ 连续可微，且哈密顿-雅可比方程的解 $J^*[\boldsymbol{x}(t),t]$ 二次可微，则哈密顿-雅可比方程的解是最优性能指标的必要且充分条件。

② 由于哈密顿-雅可比方程的求解十分困难，且其解不一定存在，所以一般说来，哈密顿-雅可比方程只是最优性能指标的充分而非必要条件。

③ 对于线性二次型问题，哈密顿-雅可比方程的求解十分简单，其解是最优性能指标的充分必要条件。

④ 若 $\boldsymbol{f}(\boldsymbol{x}(t),\boldsymbol{u}(t),t)$，$L(\boldsymbol{x}(t),\boldsymbol{u}(t),t)$ 不满足连续可微条件，则在哈密顿-雅可比方程的推导过程中，$J^*[\boldsymbol{x}(t+\Delta t),t+\Delta t]$ 不能由泰勒公式展开。此时哈密顿-雅可比方法不能用来求解连续系统的最优化问题。

4.5.4　最优解的求解步骤

用哈密顿-雅可比方程解。由式(4.35)和式(4.32)，可知最优解的充分条件为

$$\frac{\partial J^*}{\partial t}+\min_{\boldsymbol{u}(t)\in\Omega}H\left[\boldsymbol{x}(t),\boldsymbol{u}(t),\frac{\partial J^*}{\partial \boldsymbol{x}},t\right]=0 \tag{4.37}$$

(1) 求最优控制的隐式解

① 若 $\boldsymbol{u}(t)$ 有约束，则令

$$H\left[\boldsymbol{x},\boldsymbol{u}^*,\frac{\partial J^*}{\partial \boldsymbol{x}},t\right]=\min_{\boldsymbol{u}(t)\in\Omega}H\left[\boldsymbol{x},\boldsymbol{u},\frac{\partial J^*}{\partial \boldsymbol{x}},t\right]$$

② 若 $\boldsymbol{u}(t)$ 无约束，则令 $\dfrac{\partial H}{\partial \boldsymbol{u}}=0$。

此时由于 $J^*[\boldsymbol{x}(t),t]$ 尚未解出，所以仅可得最优控制的隐式解为

$$\boldsymbol{u}^*=\boldsymbol{u}^*\left(\boldsymbol{x}(t),\frac{\partial J^*}{\partial \boldsymbol{x}},t\right) \tag{4.38}$$

(2) 求最优控制性能指标

将最优控制隐式解式(4.38)代入哈密顿函数式(4.32)，消去 $\boldsymbol{u}^*(t)$ 得

$$H^*\left[\boldsymbol{x},\frac{\partial J^*}{\partial \boldsymbol{x}},t\right]=H\left[\boldsymbol{x},\boldsymbol{u}^*,\frac{\partial J^*}{\partial \boldsymbol{x}},t\right]$$

于是，最优解充分条件为一阶偏微分方程，即

$$\frac{\partial J^*}{\partial t}+H^*\left[\boldsymbol{x},\frac{\partial J^*}{\partial \boldsymbol{x}},t\right]=0 \tag{4.39}$$

其边界条件为

$$J^*\left[\boldsymbol{x}(t_f),t_f\right]=F\left[\boldsymbol{x}(t_f),t_f\right] \tag{4.40}$$

由式(4.39)和式(4.40)可解出最优性能指标 $J^*\left[\boldsymbol{x}(t),t\right]$。

(3) 求最优控制显式解

将求得的最优性能指标 $J^*\left[\boldsymbol{x}(t),t\right]$ 代入式(4.38)，可得最优控制的显式解 $\boldsymbol{u}^*(\boldsymbol{x}(t),t)$。

(4) 求最优轨迹

将求得的最优控制显示解 $\boldsymbol{u}^*(\boldsymbol{x}(t),t)$ 代入系统状态方程式(4.23)，其解为闭环系统最优轨迹 $\boldsymbol{x}^*(t)$。

虽然上面介绍了连续系统动态规划法求解最优问题的步骤，但是除了线性二次型问题，偏微分方程式(4.39)的求解依然非常困难。

对于系统是线性、性能指标为二次型的线性二次型问题，可以设最优性能指标为

$$J^*\left[\boldsymbol{x}(t),t\right]=\frac{1}{2}\boldsymbol{x}^{\mathrm{T}}(t)\boldsymbol{P}(t)\boldsymbol{x}(t) \tag{4.41}$$

其中，$\boldsymbol{P}(t)$ 为待定的对称非负或对称正定阵。

将式(4.41)代入式(4.37)，获得 $\boldsymbol{P}(t)$ 应满足的黎卡提矩阵方程，解此黎卡提矩阵方程，可以求得最优控制解 $\boldsymbol{u}^*$ 及相应的最优性能指标，所得结果与用极小值原理求解线性二次型问题的结果完全一致。

此外，对于无限时间线性定常二次型问题，可以证明：最优性能指标 $\boldsymbol{J}^*$ 中不显含时间 t，故可以令 $\frac{\partial J^*}{\partial t}=0$。

例 4.6 已知连续系统 $\dot{x}=ax+bu$，性能指标 $J=\int_0^\infty x^2\mathrm{d}t$，满足 $|u|\leqslant 1$，初始状态 $x(0)=x_0$。试求最优控制 u^*，使得性能指标最小。

解： 本例中 $t_f=\infty$。由于当 $t_f\to\infty$ 时，在 t 时刻附近变化一点，可以认为 $x(t)$ 基本不变，于是 $J^*\left[x(t),t\right]$ 可视为与 t 无关，因此有 $\frac{\partial J^*\left[x(t),t\right]}{\partial t}=0$。从而根据式(4.37)有

$$\min_{u(t)\in\Omega}H\left[x(t),u(t),\frac{\partial J^*}{\partial x},t\right]=0 \tag{4.42}$$

根据哈密顿函数式(4.32)将状态方程和性能指标代入式(4.42),有

$$\min_{u(t)\in\Omega}\left[L+\frac{\partial J^*}{\partial x(t)}f\right]=0\Rightarrow\min_{u(t)\in\Omega}\left[x^2+\frac{\partial J^*}{\partial x(t)}(ax+bu)\right]=0 \tag{4.43}$$

因此

$$u^*=-\operatorname{sgn}\left(\frac{\partial J^*}{\partial x(t)}b\right) \tag{4.44}$$

将式(4.44)代入式(4.43)可得

$$x^2+\frac{\partial J^*}{\partial x(t)}\left[ax-b\operatorname{sgn}\left(\frac{\partial J^*}{\partial x(t)}b\right)\right]=0$$

边界条件为

$$J^*[x(t_f),t_f]=0$$

求解这个非线性偏微分方程需要借助计算机,求得 $J^*[x(t),t]$ 之后,即可得最优控制。

用连续极小值原理求解本例时,先构造哈密顿函数 $H=L+\lambda f=x^2+\lambda(ax+bu)$。显然当 $u^*=-\operatorname{sgn}(b\lambda)$ 时,H 为最小,代入正则方程组,有

$$\begin{cases}\dot{x}=ax+bu=ax-b\operatorname{sgn}(b\lambda)\\ \dot{\lambda}=-\dfrac{\partial H}{\partial x}=-2x-a\lambda\end{cases}$$

求解正则方程组,可以得到最优轨迹 x^*。

显然,求解常微分方程组比求解偏微分方程(即哈密顿-雅可比方程)容易。

4.6　动态规划与极小值原理和变分法的关系

变分法、极小值原理与动态规划都是研究最优控制问题的数学方法,它们之间存在一些内在的联系。

变分法适用于容许控制 $u(t)$ 为开集的情况,并且要求函数 f,L 均可微,$\dfrac{\partial L}{\partial u}$存在。通过欧拉方程和横截条件,可以确定不同情况下的极值控制。对于容许控制属于闭集的最优控制问题,变分法无能为力,而许多工程实际问题中存在控制约束且最优性能指标不满足可微性条件,由此出现了以极小值原理和动态规划为代表的现代变分法。

极小值原理以哈密顿方式发展了古典变分法,以解决常微分方程所描述的控制有约束的变分问题为目标,得到了一组常微分方程组表示的最优解的必要条件,适用于对容许控制$u(t)$有约束的场合,不要求哈密顿函数 H 对控制 $u(t)$ 可微,应用条件较宽泛。

动态规划以哈密顿-雅可比方式发展了古典变分法,可以解决比常微分方程所描

述的更具一般性的最优控制问题，对于连续系统给出了一个偏微分方程表示的充分条件，也是适用于对容许控制 $u(t)$ 有约束的场合，应用条件也较为宽泛。

假定最优性能指标连续可微，根据连续动态规划法，可以导出极小值原理的全部必要条件。

变分法是极小值原理的特例，通过连续动态规划法也可以导出变分法的相关结果。由于常微分方程一般比偏微分方程的求解容易，因此极小值原理比动态规划好用。但是，在求解离散最优控制问题时，动态规划更加方便，而且动态规划结论是充分必要条件，所以便于建立动态规划、极小值原理和变分法之间的联系。对于同样能用这三种方法解决的最优控制问题，所得的结果是相同的。

4.6.1 动态规划与变分法的关系

本小节以起点和终端状态固定时的标量系统最优控制问题为例，介绍动态规划与变分法之间的关系。对于起点和终端的其他情况，读者不妨自行论证。

假设状态连续可微且控制无约束，变分法的基本问题是确定最优轨线 $x^*(t)$，使得泛函

$$J=\int_{t_0}^{t_f} L(x,\dot{x},t)\,\mathrm{d}t \tag{4.45}$$

取极小。

当起点和终端状态固定时，有边界条件 $x(t_0)=x_0$，$x(t_f)=x_f$。

若令 $\dot{x}=u$，带入性能泛函式(4.45)，则有

$$J=\int_{t_0}^{t_f} L(x,u,t)\,\mathrm{d}t \tag{4.46}$$

假设连续动态规划的全部条件成立，则哈密顿-雅可比方程为

$$\frac{\partial J^*}{\partial t}=-\min_{u(t)}\left\{L(x,u,t)+\frac{\partial J^*}{\partial x}u\right\}$$

即

$$\min_{u(t)}\left\{L(x,u,t)+\frac{\partial J^*}{\partial x}u+\frac{\partial J^*}{\partial t}\right\}=0 \tag{4.47}$$

令哈密顿函数

$$H=L(x,u,t)+\frac{\partial J^*}{\partial x}u \tag{4.48}$$

则式(4.47)可写为

$$\min_{u(t)}\left\{H+\frac{\partial J^*}{\partial t}\right\}=0$$

因为控制无约束，所以最优控制需满足 $\dfrac{\partial H}{\partial u}=0$，根据式(4.48)，即有

$$\frac{\partial H}{\partial u}=\frac{\partial L}{\partial u}+\frac{\partial J^{*}}{\partial x}=0 \tag{4.49}$$

因此

$$\frac{\partial J^{*}}{\partial x}=-\frac{\partial L}{\partial u} \tag{4.50}$$

取式(4.49)对 t 的偏导数,有

$$\frac{\partial^2 L}{\partial u \partial t}+\frac{\partial^2 J^{*}}{\partial x \partial t}=0$$

进而

$$\frac{\partial^2 J^{*}}{\partial x \partial t}=-\frac{\partial^2 L}{\partial u \partial t} \tag{4.51}$$

将由式(4.50)解得的最优控制 u^{*} 代入式(4.47),有

$$L(x,u^{*},t)+\frac{\partial J^{*}}{\partial x}u^{*}+\frac{\partial J^{*}}{\partial t}=0 \tag{4.52}$$

取式(4.52)对 x 的偏导数,有

$$\frac{\partial L}{\partial x}+\frac{\partial}{\partial x}\left(\frac{\partial J^{*}}{\partial x}u^{*}\right)+\frac{\partial^2 J^{*}}{\partial t \partial x}=0 \tag{4.53}$$

令 $u=\dot{x}$,并将式(4.50)和式(4.51)带入式(4.53),有

$$\frac{\partial L}{\partial x}+\frac{\partial}{\partial x}\left(\frac{\partial J^{*}}{\partial x}u^{*}\right)+\frac{\partial^2 J^{*}}{\partial t \partial x}=\frac{\partial L}{\partial x}-\frac{\partial}{\partial x}\left(\frac{\partial J^{*}}{\partial \dot{x}}\dot{x}\right)-\frac{\partial^2 L}{\partial \dot{x} \partial t}=0 \tag{4.54}$$

由于

$$\frac{\mathrm{d}}{\mathrm{d}t}\left(\frac{\partial L}{\partial \dot{x}}\right)=\frac{\partial^2 L}{\partial \dot{x} \partial x}\dot{x}+\frac{\partial^2 L}{\partial \dot{x} \partial t}$$

因此,式(4.54)可写为

$$\frac{\partial L}{\partial x}-\frac{\mathrm{d}}{\mathrm{d}t}\left(\frac{\partial L}{\partial \dot{x}}\right)=0 \tag{4.55}$$

式(4.55)就是欧拉公式。

由于在推导上述欧拉公式时,以最优解存在为前提,即哈密顿-雅可比方程成立,所以导出的欧拉方程代表的是必要条件。

4.6.2　极小值原理与变分法的关系

当起点固定,$x(t_0)=x_1$ 时,使得泛函取极值的必要条件是欧拉方程成立。这一结论也可以通过对系统 $\dot{x}=u$ 及性能泛函 $J=\int_{t_0}^{t_f} L(x,u,t)\,\mathrm{d}t$ 应用极小值原理的方法方便地获得。

根据极小值原理,构造哈密顿函数 $H=L(x,u,t)+\lambda(t)u$,相应有协态方程

$$\dot{\lambda}(t)=-\frac{\partial H}{\partial x}=-\frac{\partial L}{\partial x} \tag{4.56}$$

当考虑控制无约束，则极值条件为

$$\frac{\partial H}{\partial u}=\frac{\partial L}{\partial u}+\lambda=0$$

解得

$$\lambda(t)=-\frac{\partial L}{\partial u} \tag{4.57}$$

对式(4.57)求导数，有

$$\dot{\lambda}(t)=-\frac{\mathrm{d}}{\mathrm{d}t}\frac{\partial L}{\partial u} \tag{4.58}$$

对比式(4.58)和式(4.56)，有

$$\frac{\partial L}{\partial x}-\frac{\mathrm{d}}{\mathrm{d}t}\frac{\partial L}{\partial u}=0 \tag{4.59}$$

因为系统方程为 $\dot{x}=u$，所以式(4.59)可写为

$$\frac{\partial L}{\partial x}-\frac{\mathrm{d}}{\mathrm{d}t}\frac{\partial L}{\partial \dot{x}}=0 \tag{4.60}$$

显然式(4.60)即是欧拉公式。

因此，经典变分法是极小值原理的特例。

4.6.3 动态规划与极小值原理的关系

考虑系统 $\dot{\boldsymbol{x}}=\boldsymbol{f}(\boldsymbol{x}(t),\boldsymbol{u}(t),t),\quad \boldsymbol{x}(t_0)=\boldsymbol{x}_0$

其中，$\boldsymbol{x}(t)\in\mathbf{R}^n$，$\boldsymbol{u}(t)\in\mathbf{R}^m$。要求确定最优控制 $\boldsymbol{u}^*(t)\in\Omega$，使得性能指标

$$J=F[\boldsymbol{x}(t_f),t_f]+\int_{t_0}^{t_f}L(\boldsymbol{x},\boldsymbol{u},t)\,\mathrm{d}t$$

取极小。

下面将就终端状态 $\boldsymbol{x}(t_f)$ 自由的情况，分别讨论终端时刻 t_f 固定和自由时，动态规划与极小值原理之间的关系。

(1) 终端状态 $\boldsymbol{x}(t_f)$ 自由，终端时刻 t_f 固定

当 t_f 固定时，极小值原理给出的最优解必要条件是

正则方程

$$\dot{\boldsymbol{x}}=\frac{\partial H}{\partial \boldsymbol{\lambda}},\qquad \dot{\boldsymbol{\lambda}}=-\frac{\partial H}{\partial \boldsymbol{x}}$$

其中，哈密顿函数为 $H=L(\boldsymbol{x},\boldsymbol{u},t)+\boldsymbol{\lambda}^{\mathrm{T}}\boldsymbol{f}(\boldsymbol{x},\boldsymbol{u},t)$，边界条件为

$$\boldsymbol{x}(t_0)=\boldsymbol{x}_0,\qquad \boldsymbol{\lambda}(t_f)=\frac{\partial F[\boldsymbol{x}(t_f),t_f]}{\partial \boldsymbol{x}}$$

泛函取极小值的条件为

$$H^*(\boldsymbol{x},\boldsymbol{\lambda},\boldsymbol{u}^*,t)=\min_{\boldsymbol{u}\in\Omega}H(\boldsymbol{x},\boldsymbol{\lambda},\boldsymbol{u},t)$$

上述结论也可以由哈密顿-雅可比方程导出。

假定最优性能指标 $J^*[\boldsymbol{x}(t),t]$ 存在，且连续可微。根据连续动态规划法，哈密顿-雅可比方程为

$$\frac{\partial J^*}{\partial t}+H^*\left(\boldsymbol{x},\frac{\partial J^*}{\partial \boldsymbol{x}},t\right)=0 \tag{4.61}$$

其边界条件为 $J^*[\boldsymbol{x}(t_f),t_f]=F[\boldsymbol{x}(t_f),t_f]$，其中

$$H^*\left(\boldsymbol{x},\frac{\partial J^*}{\partial \boldsymbol{x}},t\right)=\min_{\boldsymbol{u}\in\Omega}H\left(\boldsymbol{x},\boldsymbol{u},\frac{\partial J^*}{\partial \boldsymbol{x}},t\right) \tag{4.62}$$

而

$$H\left(\boldsymbol{x},\boldsymbol{u},\frac{\partial J^*}{\partial \boldsymbol{x}},t\right)=L(\boldsymbol{x},\boldsymbol{u},t)+\left(\frac{\partial J^*}{\partial \boldsymbol{x}}\right)^{\mathrm{T}}\boldsymbol{f}(\boldsymbol{x},\boldsymbol{u},t) \tag{4.63}$$

当 $\boldsymbol{\lambda}=\dfrac{\partial J^*}{\partial \boldsymbol{x}}$ 时，有

$$\frac{\partial H}{\partial \boldsymbol{\lambda}}=\dot{\boldsymbol{x}}=\boldsymbol{f}(\boldsymbol{x},\boldsymbol{u},t) \tag{4.64}$$

$$H^*(\boldsymbol{x},\boldsymbol{u}^*,\boldsymbol{\lambda},t)=\min_{\boldsymbol{u}\in\Omega}H(\boldsymbol{x},\boldsymbol{u},\boldsymbol{\lambda},t) \tag{4.65}$$

式(4.64)显然是状态方程，而式(4.65)表明，在保持 $\boldsymbol{x},\boldsymbol{\lambda},t$ 不变的条件下，选择 $\boldsymbol{u}\in\Omega$，使 H 取全局极小值，这就是极小值条件。

取 $\boldsymbol{\lambda}=\dfrac{\partial J^*}{\partial \boldsymbol{x}}$ 对 t 的全导数，有

$$\begin{aligned}\dot{\boldsymbol{\lambda}}&=\frac{\mathrm{d}}{\mathrm{d}t}\left(\frac{\partial J^*[\boldsymbol{x}(t),t]}{\partial \boldsymbol{x}}\right)=\frac{\partial^2 J^*}{\partial t\partial \boldsymbol{x}}+\frac{\partial^2 J^*}{\partial \boldsymbol{x}\partial \boldsymbol{x}^{\mathrm{T}}}\dot{\boldsymbol{x}}\\&=\frac{\partial}{\partial \boldsymbol{x}}\left(\frac{\partial J^*[\boldsymbol{x}(t),t]}{\partial t}\right)+\frac{\partial^2 J^*}{\partial \boldsymbol{x}\partial \boldsymbol{x}^{\mathrm{T}}}\boldsymbol{f}(\boldsymbol{x},\boldsymbol{u},t)\end{aligned} \tag{4.66}$$

将式(4.61)、式(4.62)、式(4.63)带入式(4.66)，有

$$\begin{aligned}\dot{\boldsymbol{\lambda}}&=-\frac{\partial}{\partial \boldsymbol{x}}H\left(\boldsymbol{x},\frac{\partial J^*}{\partial \boldsymbol{x}},t\right)+\frac{\partial^2 J^*}{\partial \boldsymbol{x}\partial \boldsymbol{x}^{\mathrm{T}}}\boldsymbol{f}(\boldsymbol{x},\boldsymbol{u},t)\\&=-\frac{\partial}{\partial \boldsymbol{x}}\left[L(\boldsymbol{x},\boldsymbol{u}^*,t)+\left(\frac{\partial J^*}{\partial \boldsymbol{x}}\right)^{\mathrm{T}}\boldsymbol{f}(\boldsymbol{x},\boldsymbol{u}^*,t)\right]+\frac{\partial^2 J^*}{\partial \boldsymbol{x}\partial \boldsymbol{x}^{\mathrm{T}}}\boldsymbol{f}(\boldsymbol{x},\boldsymbol{u},t)\\&=\left\{-\frac{\partial L}{\partial \boldsymbol{x}}-\left[\frac{\partial^2 J^*}{\partial \boldsymbol{x}\partial \boldsymbol{x}^{\mathrm{T}}}\boldsymbol{f}(\boldsymbol{x},\boldsymbol{u}^*,t)+\left(\frac{\partial J^*}{\partial \boldsymbol{x}}\right)^{\mathrm{T}}\frac{\partial}{\partial \boldsymbol{x}}\boldsymbol{f}(\boldsymbol{x},\boldsymbol{u}^*,t)\right]\right\}+\frac{\partial^2 J^*}{\partial \boldsymbol{x}\partial \boldsymbol{x}^{\mathrm{T}}}\boldsymbol{f}(\boldsymbol{x},\boldsymbol{u},t)\end{aligned} \tag{4.67}$$

取极值时有 $\boldsymbol{u}(t)=\boldsymbol{u}^*(t)$，因此式(4.67)可写为

$$\begin{aligned}\dot{\boldsymbol{\lambda}}&=\left[-\frac{\partial L}{\partial \boldsymbol{x}}-\left(\frac{\partial J^*}{\partial \boldsymbol{x}}\right)^{\mathrm{T}}\frac{\partial}{\partial \boldsymbol{x}}\boldsymbol{f}(\boldsymbol{x},\boldsymbol{u}^*,t)\right]\\&=-\frac{\partial}{\partial \boldsymbol{x}}\left[L+\left(\frac{\partial J^*}{\partial \boldsymbol{x}}\right)^{\mathrm{T}}\boldsymbol{f}(\boldsymbol{x},\boldsymbol{u}^*,t)\right]\end{aligned}$$

$$=-\frac{\partial H}{\partial \boldsymbol{x}}$$

这就是协态方程。横截条件为

$$\boldsymbol{\lambda}(t_f)=\left.\frac{\partial J^*[\boldsymbol{x}(t),t]}{\partial \boldsymbol{x}}\right|_{t_f}=\frac{\partial F[\boldsymbol{x}(t_f),t_f]}{\partial \boldsymbol{x}(t_f)}$$

因此,在假设性能指标 $J^*[\boldsymbol{x}(t),t]$ 存在,且连续可微的条件下,由哈密顿-雅可比方程及边界条件可以导出极小值原理的全部必要条件。

(2) 终端状态 $\boldsymbol{x}(t_f)$ 自由,终端时刻 t_f 自由

由极小值原理可知,在本问题的最优解需要满足的必要条件中,除与上述情况中具有相同的必要条件外,还有一个必要条件是哈密顿函数 H 的变化律,即

$$H^*[\boldsymbol{x}(t_f^*),\boldsymbol{\lambda}(t_f^*),\boldsymbol{u}^*(t_f^*),t_f^*]=-\frac{\partial F[\boldsymbol{x}(t_f^*),t_f^*]}{\partial t_f} \tag{4.68}$$

在连续动态规划中,取边界条件 $J^*[\boldsymbol{x}(t_f),t_f]=F[\boldsymbol{x}(t_f),t_f]$ 对 t_f 的偏导数,有

$$\frac{\partial J^*}{\partial t_f}=\frac{\partial F[\boldsymbol{x}(t_f),t_f]}{\partial t_f} \tag{4.69}$$

根据哈密顿-雅可比方程式(4.61),并令 $t_f=t_f^*$,有

$$\frac{\partial J^*}{\partial t_f}+H^*[\boldsymbol{x}(t_f^*),\boldsymbol{\lambda}(t_f^*),\boldsymbol{u}^*(t_f^*),t_f^*]=0$$

因此

$$H^*[\boldsymbol{x}(t_f^*),\boldsymbol{\lambda}(t_f^*),\boldsymbol{u}^*(t_f^*),t_f^*]=-\frac{\partial J^*}{\partial t_f}=-\frac{\partial F[\boldsymbol{x}(t_f^*),t_f^*]}{\partial t_f}$$

这就是式(4.68)。

值得指出的是,上述推证过程仅仅具有形式上的意义,因为实际上除了线性二次型问题外,哈密顿-雅可比方程难以求解,或者根本不存在二次连续可微的函数 $J^*[\boldsymbol{x}(t),t]$。但是,上述推证揭示了变分法、极小值、动态规划之间的内在联系,有利于读者深入了解三种方法的应用条件和相互关系。

第5章
线性二次型最优控制

控制系统所要解决的问题是，设计一个控制器，使得闭环系统保持内稳定，同时使系统达到一定的性能指标要求。经典控制理论所考虑的系统性能包括瞬态性能和稳态性能，其设计方法有图解法、试凑法，但这两种方法难以对性能指标进行优化处理。

具有广泛工程背景的线性二次型最优控制问题就是一类典型的最优控制问题。线性二次型性能指标的提出实际上是对经典控制理论中系统瞬态性能、稳态性能以及控制能量约束的综合考虑。

对于最优控制问题，极小值原理很好地描述了动态系统的最优控制解的存在性。然而，对于复杂的控制问题（如非线性系统的控制问题、系统模型与性能指标函数对控制量不连续可微的控制问题等），在确定最优控制规律时存在不少困难，难以得到统一、简洁的最优控制规律的表达式，并且闭环控制系统工程实现难度大。

在最优控制理论与方法体系中，线性二次型的最优控制受到了控制理论与工程界的极大关注。半个世纪以来，人们对各种最优状态反馈控制系统的结构、性质以及设计方法进行了多方面的研究，有了许多成功的应用。线性二次型的最优控制已经是最优控制理论及应用中最成熟的部分，具有非常重要的地位。

线性二次型最优控制问题就是指当所研究的系统为线性，所取的性能指标为状态变量与控制变量的二次型函数时，动态系统的最优化问题。线性二次型最优控制问题一般称为 LQR（Linear Quadratic Regulator）问题。

线性二次型最优控制问题的重要性在于其具有如下特点：

① 对于用线性微分方程或线性差分方程描述的动态系统，最优控制指标具有非常明确、实际的物理意义；

② 在系统设计技术上做到了规范化，可构成一个简单的状态线性反馈控制律，得到具有统一的解析解形式的线性反馈控制最优解，易于工程实现；

③ 除了具有二次型性能指标意义上的最优性外，还具有良好的频率响应特性，可以实现极点的最优配置，并可抗慢变输入扰动；

④ 其结果可以应用于工作在小信号条件下的非线性系统，其计算与实现比非线性控制方法容易；

⑤ 线性最优控制器设计方法可以作为求解非线性最优控制问题的基础；

⑥ 沟通了现代控制理论与经典控制理论之间的联系，可获得比经典控制理论的方法更为优越的性能。

5.1　线性二次型最优控制问题

5.1.1　问题提法

设线性时变系统的状态方程和输出方程为

$$\begin{cases}\dot{\boldsymbol{x}}(t)=\boldsymbol{A}(t)\boldsymbol{x}(t)+\boldsymbol{B}(t)\boldsymbol{u}(t), \qquad \boldsymbol{x}(t_0)=\boldsymbol{x}_0 \\ \boldsymbol{y}(t)=\boldsymbol{C}(t)\boldsymbol{x}(t)\end{cases} \tag{5.1}$$

其中，$\boldsymbol{x}(t)\in\mathbf{R}^n$ 是状态向量，$\boldsymbol{u}(t)\in\mathbf{R}^m$ 是控制向量，$\boldsymbol{y}(t)\in\mathbf{R}^r$ 输出向量。$\boldsymbol{A}(t)$、$\boldsymbol{B}(t)$和 $\boldsymbol{C}(t)$分别是 $n\times n$、$n\times m$ 和 $r\times n$ 的有界时变矩阵。在特殊情况下，$\boldsymbol{A}$、$\boldsymbol{B}$ 和 $\boldsymbol{C}$ 可以是常数矩阵。

假定系统的维数满足 $0<r\leqslant m\leqslant n$，且 $\boldsymbol{u}(t)$不受约束。用$\boldsymbol{y}_{\mathrm{r}}(t)\in\mathbf{R}^r$ 表示期望的输出向量，则可定义输出误差向量为

$$\boldsymbol{e}(t)=\boldsymbol{y}_{\mathrm{r}}(t)-\boldsymbol{y}(t) \tag{5.2}$$

控制的目标是寻找最优控制函数$\boldsymbol{u}^*(t)$，使下列二次型性能指标泛函为最小：

$$J[\boldsymbol{u}(\cdot)]=\frac{1}{2}\boldsymbol{e}^{\mathrm{T}}(t_{\mathrm{f}})\boldsymbol{F}\boldsymbol{e}(t_{\mathrm{f}})+\frac{1}{2}\int_{t_0}^{t_{\mathrm{f}}}[\boldsymbol{e}^{\mathrm{T}}(t)\boldsymbol{Q}(t)\boldsymbol{e}(t)+\boldsymbol{u}^{\mathrm{T}}(t)\boldsymbol{R}(t)\boldsymbol{u}(t)]\mathrm{d}t \tag{5.3}$$

其中，$\boldsymbol{F}\in\mathbf{R}^{r\times r}$ 是非负定的常数矩阵，$\boldsymbol{Q}(t)\in\mathbf{R}^{r\times r}$ 是非负定的时变矩阵，$\boldsymbol{R}(t)\in\mathbf{R}^{m\times m}$ 是正定的时变矩阵，式中的$\frac{1}{2}$是为了便于控制器设计及求解计算。

为了便于工程应用，性能指标泛函中的加权矩阵 $\boldsymbol{F}$，$\boldsymbol{Q}(t)$，$\boldsymbol{R}(t)$往往取为对角矩阵。如何根据系统实际要求，选择加权矩阵的各个元素，其理论与方法的问题至今尚未很好地解决。

5.1.2　性能指标的物理意义

二次型性能指标泛函的物理意义可以表述为：用尽可能小的控制能量，来保持尽量小的输出误差，以达到所耗费的能量和输出误差综合最优的目的。

下面分别就性能指标泛函式(5.3)的各个项，分别讨论其物理意义。

1. 性能指标泛函中的第 1 项 $\frac{1}{2}e^{T}(t_f)Fe(t_f)$

它反映了对终端控制误差的要求和限制，称为终端代价函数。

非负定的常数加权矩阵 F，当其各行各列元素取不同值时，表明在终端时刻 t_f，对误差向量 $e(t)$各分量具有不同的要求和不同的重要性。

若矩阵 F 的第 i 行第 i 列元素值较大，代表二次项的重要性较大，对其精度要求较高。

由于在有限时间 t_f 内，系统难以实现 $e(t_f)=0$，因此要求$\frac{1}{2}e^{T}(t_f)Fe(t_f)$位于零的某一邻域内，既符合工程实际情况，又易于满足。

2. 性能指标泛函式(5.3)中被积函数的第 1 项$\frac{1}{2}\int_{t_0}^{t_f}e^{T}(t)Q(t)e(t)\mathrm{d}t$

它反映了在系统工作过程中，对误差向量 $e(t)$的要求和限制。

因为时变加权矩阵 $Q(t)$非负定，所以该项函数值总是非负的。

一般情况下，$e(t)$越大，该项函数值越大，其在整个性能指标泛函所占的份量就越大。因此，对性能指标泛函求极小值，体现了对误差向量 $e(t)$大小的约束和限制。

非负定的时变加权矩阵 $Q(t)$，当其各行各列元素取不同值时，表明对误差向量 $e(t)$各分量在各时刻具有不同的要求和不同的重要性。

时变加权矩阵 $Q(t)$的不同选择，对闭环最优控制系统性能的影响较大。

当 $e(t)$为标量函数时，该项可取为$e^2(t)$，于是该项与经典控制理论中判别系统性能的误差平方积分指标一致。

3. 性能指标泛函式(5.3)中被积函数的第 2 项 $\frac{1}{2}\int_{t_0}^{t_f}u^{T}(t)R(t)u(t)\mathrm{d}t$

它反映了在系统工作过程中，对控制向量 $u(t)$的要求和限制。

因为时变加权矩阵 $R(t)$正定，所以该项函数值在 $u(t)$为非零向量时总是为正的。

一般情况下，$u(t)$越大，该项函数值越大，其在整个性能指标泛函所占的分量就越大。

因此，对性能指标泛函求极小值，体现了对控制向量 $u(t)$大小的约束和限制。

如果 $u(t)$为与电压或电流成正比的标量函数，那么该项为$u^2(t)$，并与功率成正比，而 $\int_{t_0}^{t_f}u^2(t)\mathrm{d}t$ 则与在$[t_0,t_f]$区间内 $u(t)$所做的功或所消耗的能量成正比。

因此，该项是用来衡量控制功率大小的代价函数。

正定的时变加权矩阵 $\boldsymbol{R}(t)$，当其各行各列元素取不同值时，表明对控制向量 $\boldsymbol{u}(t)$ 各分量在各时刻具有不同的要求和不同的重要性。

时变矩阵 $\boldsymbol{R}(t)$ 的不同选择，对闭环最优控制系统性能的影响较大。

根据上面的讨论，从性能指标的物理意义来看，加权矩阵 $\boldsymbol{F}, \boldsymbol{Q}(t), \boldsymbol{R}(t)$ 都必须取为非负矩阵，不能取为负定矩阵；否则，具有大误差和控制能量消耗很大的系统仍然会有一个小的性能指标，从而违背了最优控制的本意。要求加权矩阵 $\boldsymbol{R}(t)$ 正定，那是由于最优控制律的需要，以保证最优解的存在。

5.1.3　加权矩阵 $\boldsymbol{F}, \boldsymbol{Q}(t), \boldsymbol{R}(t)$ 的选取

加权矩阵 $\boldsymbol{F}, \boldsymbol{Q}(t), \boldsymbol{R}(t)$ 的选取对二次型性能指标的取值，特别是对各个误差分量和控制分量的影响至关重要，一般遵循下列原则：

① 一般取为对角线矩阵，其对角线元素的大小由各个分量的重要性决定。对重要性高的分量，其对应系数矩阵对角线元素的取值相对较大；反之，则取较小值。

② 若要减少各分量间的关联耦合作用，系数矩阵可不为对角线矩阵，只需将在系数矩阵中对应关联分量位置的元素取为非零的正数，其大小也依据对消除各分量间关联的重视程度而定，即最优性能指标也可以用于解耦控制设计。

③ 当 $\boldsymbol{Q}(t), \boldsymbol{R}(t)$ 取为时变矩阵时，可以反映不同时间阶段的系统控制要求。如当 $t=t_0$ 时，$\boldsymbol{e}(t)$ 可能很大，但此时并不反映系统的控制性能，可以将 $\boldsymbol{Q}(t)$ 取得较小；当 $t \to t_f$，$\boldsymbol{e}(t)$ 减小时，为保证控制系统性能，可以将 $\boldsymbol{Q}(t)$ 逐渐取大。

二次型性能指标中系数矩阵 $\boldsymbol{F}, \boldsymbol{Q}(t), \boldsymbol{R}(t)$ 的选取，在最优控制理论中是受人为因素影响最大的步骤，对同样的二次型最优控制问题，选取不同的 $\boldsymbol{F}, \boldsymbol{Q}(t), \boldsymbol{R}(t)$ 所得到的最优控制规律可能完全不一样。

5.1.4　线性二次型最优控制问题的三种类型

现在讨论线性二次型问题的几种特殊情况。

① 若令 $C(t)=I$，$\boldsymbol{y}_r(t)=0$，则有 $\boldsymbol{y}(t)=-\boldsymbol{e}_r(t)$。这时，线性二次型最优控制问题的性能指标泛函变为

$$J[\boldsymbol{u}(\cdot)]=\frac{1}{2}\boldsymbol{x}^{\mathrm{T}}(t_f)\boldsymbol{F}\boldsymbol{x}(t_f)+\frac{1}{2}\int_{t_0}^{t_f}[\boldsymbol{x}^{\mathrm{T}}(t)\boldsymbol{Q}(t)x(t)+\boldsymbol{u}^{\mathrm{T}}(t)\boldsymbol{R}(t)\boldsymbol{u}(t)]\mathrm{d}t \tag{5.4}$$

该线性二次型最优控制问题可归结为：当系统受到扰动，偏离了原来的平衡点零值时，要求系统产生一控制向量，使得性能指标式(5.4)最小，实现系统状态 $\boldsymbol{x}(t)$ 始终保持在平衡点零值附近。因而，这样的线性二次型最优控制问题称为状态调节器问题。

② 若令 $\boldsymbol{y}_r(t)=0$，则有 $\boldsymbol{y}(t)=-\boldsymbol{e}_r(t)$。这时，线性二次型最优控制问题的性能

指标泛函变为

$$J[\boldsymbol{u}(\cdot)]=\frac{1}{2}\boldsymbol{y}^{\mathrm{T}}(t_{\mathrm{f}})\boldsymbol{F}\boldsymbol{y}(t_{\mathrm{f}})+\frac{1}{2}\int_{t_0}^{t_{\mathrm{f}}}[\boldsymbol{y}^{\mathrm{T}}(t)\boldsymbol{Q}(t)\boldsymbol{y}(t)+\boldsymbol{u}^{\mathrm{T}}(t)\boldsymbol{R}(t)\boldsymbol{u}(t)]\mathrm{d}t \tag{5.5}$$

该线性二次型最优控制问题可归结为：当系统受到扰动，偏离了原来的平衡点零值时，要求系统产生一控制向量，使得性能指标式(5.5)最小，实现系统输出 $\boldsymbol{y}(t)$ 始终保持在平衡点零值附近。因而，这样的线性二次型最优控制问题称为输出调节器问题。

③ 若令 $\boldsymbol{y}_{\mathrm{r}}(t)\neq 0$，则有 $\boldsymbol{e}(t)=\boldsymbol{y}_{\mathrm{r}}(t)-\boldsymbol{y}(t)$。这时，线性二次型最优控制问题的性能指标泛函没有变化，即式(5.3)。

该线性二次型最优控制问题可归结为：当期望输出 $\boldsymbol{y}_{\mathrm{r}}(t)$ 作用于系统时，要求系统产生一控制向量，使得性能指标式(5.3)最小，实现系统的实际输出 $\boldsymbol{y}(t)$ 始终跟随期望输出 $\boldsymbol{y}_{\mathrm{r}}(t)$。因而，这样的线性二次型最优控制问题称为跟踪问题。

下面将陆续介绍状态调节器、输出调节器和最优跟踪问题的求解方法、解的性质以及最优状态反馈实现。

5.2 状态调节器问题

5.2.1 有限时间状态调节器问题

1. 问题提法

设线性时变系统的状态方程和输出方程为

$$\dot{\boldsymbol{x}}(t)=\boldsymbol{A}(t)\boldsymbol{x}(t)+\boldsymbol{B}(t)\boldsymbol{u}(t) \tag{5.6}$$

其中，$\boldsymbol{x}(t)\in\mathbf{R}^n$ 是状态向量，$\boldsymbol{u}(t)\in\mathbf{R}^m$ 是控制向量，$\boldsymbol{A}(t)$和 $\boldsymbol{B}(t)$分别是 $n\times n$ 和 $n\times m$ 的有界时变系统矩阵和控制增益矩阵，$\boldsymbol{x}(t_0)=\boldsymbol{x}_0$ 已知，且 $\boldsymbol{u}(t)$不受约束，系统的维数满足 $0<r\leqslant m\leqslant n$。

有限时间状态调节器问题是：

要求最优控制$\boldsymbol{u}^*(t)$，使得二次型性能指标为最小

$$J[\boldsymbol{u}(\cdot)]=\frac{1}{2}\boldsymbol{x}^{\mathrm{T}}(t_{\mathrm{f}})\boldsymbol{F}\boldsymbol{x}(t_{\mathrm{f}})+\frac{1}{2}\int_{t_0}^{t_{\mathrm{f}}}[\boldsymbol{x}^{\mathrm{T}}(t)\boldsymbol{Q}(t)\boldsymbol{x}(t)+\boldsymbol{u}^{\mathrm{T}}(t)\boldsymbol{R}(t)\boldsymbol{u}(t)]\mathrm{d}t \tag{5.7}$$

其中，$\boldsymbol{F}\in\mathbf{R}^{r\times r}$ 是非负定的常数矩阵，$\boldsymbol{Q}(t)\in\mathbf{R}^{r\times r}$ 是非负定的时变矩阵，$\boldsymbol{R}(t)\in\mathbf{R}^{m\times m}$ 是正定的时变矩阵，t_{f} 固定且为有限值。

2. 应用极小值原理求解

线性二次型最优控制问题中通常不考虑控制的不等式约束，变分法、极小值原理和连续动态规划方法都可以用来求解状态调节器问题。下面应用极小值原理来求解有限时间状态调节器问题。

① 该问题的哈密顿函数为

$$H=\frac{1}{2}[\boldsymbol{x}^{\mathrm{T}}(t)\boldsymbol{Q}(t)\boldsymbol{x}(t)+\boldsymbol{u}^{\mathrm{T}}(t)\boldsymbol{R}(t)\boldsymbol{u}(t)]+\boldsymbol{\lambda}^{\mathrm{T}}(t)[\boldsymbol{A}(t)\boldsymbol{x}(t)+\boldsymbol{B}(t)\boldsymbol{u}(t)] \tag{5.8}$$

因为 $\boldsymbol{u}(t)$ 不受约束，所以沿着最优轨迹有 $\frac{\partial H}{\partial \boldsymbol{u}}=0$，即 $\frac{\partial H}{\partial \boldsymbol{u}}=\boldsymbol{R}(t)\boldsymbol{u}(t)+\boldsymbol{B}^{\mathrm{T}}(t)\boldsymbol{\lambda}(t)=0$，由此可得

$$\boldsymbol{u}(t)=-\boldsymbol{R}^{-1}(t)\boldsymbol{B}^{\mathrm{T}}(t)\boldsymbol{\lambda}(t) \tag{5.9}$$

因为 $\boldsymbol{R}(t)$ 对所有的 $t\in[t_0,t_f]$ 正定，所以 $\boldsymbol{R}^{-1}(t)$ 在 $t\in[t_0,t_f]$ 内存在。而 $\frac{\partial^2 H}{\partial \boldsymbol{u}^2}=\boldsymbol{R}(t)>0$，故式(5.9)是使得哈密顿函数式(5.8)取极小的控制。

② 尝试将 $\boldsymbol{u}(t)$ 表示为 $\boldsymbol{x}(t)$ 的状态反馈控制形式。

考虑协态方程

$$\dot{\lambda}(t)=-\frac{\partial H}{\partial \boldsymbol{x}}=-[\boldsymbol{Q}(t)\boldsymbol{x}(t)+\boldsymbol{A}^{\mathrm{T}}(t)\boldsymbol{\lambda}(t)] \tag{5.10}$$

令式(5.10)的解为

$$\boldsymbol{\lambda}(t)=\boldsymbol{P}(t)\boldsymbol{x}(t) \tag{5.11}$$

其中，$\boldsymbol{P}(t)$ 为待定的时变矩阵。

对式(5.11)求导数，有

$$\dot{\boldsymbol{\lambda}}(t)=\dot{\boldsymbol{P}}(t)\boldsymbol{x}(t)+\boldsymbol{P}(t)\dot{\boldsymbol{x}}(t) \tag{5.12}$$

将式(5.11)和式(5.9)带入状态方程式(5.6)，有

$$\begin{aligned}\dot{\boldsymbol{x}}(t)&=\boldsymbol{A}(t)\boldsymbol{x}(t)-\boldsymbol{B}(t)[\boldsymbol{R}^{-1}(t)\boldsymbol{B}^{\mathrm{T}}(t)\boldsymbol{\lambda}(t)]\\&=[\boldsymbol{A}(t)-\boldsymbol{B}(t)R^{-1}(t)\boldsymbol{B}^{\mathrm{T}}(t)\boldsymbol{P}(t)]\boldsymbol{x}(t)\end{aligned} \tag{5.13}$$

式(5.13)为最优闭环系统状态方程，其在给定初始状态 $\boldsymbol{x}(t_0)=\boldsymbol{x}_0$ 下的唯一解就是最优轨迹 $\boldsymbol{x}^*(t)$。

将式(5.13)带入式(5.12)，得

$$\dot{\boldsymbol{\lambda}}(t)=[\dot{\boldsymbol{P}}(t)+\boldsymbol{P}(t)\boldsymbol{A}(t)-\boldsymbol{P}(t)\boldsymbol{B}(t)R^{-1}(t)\boldsymbol{B}^{\mathrm{T}}(t)\boldsymbol{P}(t)]\boldsymbol{x}(t) \tag{5.14}$$

将式(5.11)代入协态方程式(5.10)，有

$$\dot{\boldsymbol{\lambda}}(t)=-[\boldsymbol{Q}(t)+\boldsymbol{A}^{\mathrm{T}}(t)\boldsymbol{P}(t)]\boldsymbol{x}(t) \tag{5.15}$$

对比式(5.15)和式(5.14)，得

$$\dot{\boldsymbol{P}}(t)=-\boldsymbol{P}(t)\boldsymbol{A}(t)+\boldsymbol{P}(t)\boldsymbol{B}(t)\boldsymbol{R}^{-1}(t)\boldsymbol{B}^{\mathrm{T}}(t)\boldsymbol{P}(t)-\boldsymbol{A}^{\mathrm{T}}(t)\boldsymbol{P}(t)-\boldsymbol{Q}(t) \tag{5.16}$$

式(5.16)即为解二次型最优控制问题中著名的黎卡提(Riccati)型矩阵微分方程，一般简称为黎卡提方程。

将式(5.11)带入控制方程式(5.9)，即可得到由状态 $\boldsymbol{x}(t)$ 表示的最优控制的状态反馈形式

$$\boldsymbol{u}^{*}(t)=-\boldsymbol{R}^{-1}(t)\boldsymbol{B}^{\mathrm{T}}(t)\boldsymbol{P}(t)\boldsymbol{x}(t)=-\boldsymbol{K}(t)\boldsymbol{x}(t) \tag{5.17}$$

其中，$\boldsymbol{K}(t)=\boldsymbol{R}^{-1}(t)\boldsymbol{B}^{\mathrm{T}}(t)\boldsymbol{P}(t)$，称为反馈增益矩阵。

该问题的横截条件为

在式(5.11)中，令 $t=t_{\mathrm{f}}$，得

$$\boldsymbol{\lambda}(t_{\mathrm{f}})=\boldsymbol{P}(t_{\mathrm{f}})\boldsymbol{x}(t_{\mathrm{f}}) \tag{5.18}$$

另外，因为终端状态 $\boldsymbol{x}(t_{\mathrm{f}})$ 自由，所以横截条件为

$$\boldsymbol{\lambda}(t_{\mathrm{f}})=\frac{\partial}{\partial \boldsymbol{x}(t_{\mathrm{f}})}\left[\frac{1}{2}\boldsymbol{x}^{\mathrm{T}}(t_{\mathrm{f}})\boldsymbol{F}\boldsymbol{x}(t_{\mathrm{f}})\right]=\boldsymbol{F}\boldsymbol{x}(t_{\mathrm{f}}) \tag{5.19}$$

对比式(5.18)和式(5.19)，可知黎卡提方程应满足的边界条件为

$$\boldsymbol{P}(t_{\mathrm{f}})=\boldsymbol{F} \tag{5.20}$$

3. 黎卡提(Riccati)方程解的性质

① $\boldsymbol{P}(t)$ 是唯一的。

证明： 因为 $\boldsymbol{P}(t)$ 是黎卡提方程式(5.16)在边界条件下式(5.20)的解，而黎卡提方程式(5.16)实质上是 $\frac{n(n+1)}{2}$ 个非线性标量微分方程。当矩阵 $\boldsymbol{A}(t)$、$\boldsymbol{B}(t)$、$\boldsymbol{Q}(t)$、$\boldsymbol{R}(t)$ 满足前面提及的条件时，根据微分方程理论中的解的存在与唯一性定理，在区间 $[t_0,t_{\mathrm{f}}]$ 上，$\boldsymbol{P}(t)$ 是唯一存在的。

② 当 $\boldsymbol{F}$、$\boldsymbol{Q}(t)$ 和 $\boldsymbol{R}(t)$ 均为对称矩阵时，黎卡提方程的解 $\boldsymbol{P}(t)$ 也为 $n\times n$ 维对称矩阵，即 $\boldsymbol{P}(t)=\boldsymbol{P}^{\mathrm{T}}(t)$，这是由黎卡提方程式(5.16)本身的对称性决定的。

证明： 将黎卡提方程及其边界条件取转置，有

$$\dot{\boldsymbol{P}}^{\mathrm{T}}(t)=-\boldsymbol{A}^{\mathrm{T}}(t)\boldsymbol{P}^{\mathrm{T}}(t)+[\boldsymbol{R}^{-1}(t)\boldsymbol{B}^{\mathrm{T}}(t)\boldsymbol{P}(t)]^{\mathrm{T}}[\boldsymbol{B}(t)\boldsymbol{P}(t)]^{\mathrm{T}}-\boldsymbol{P}^{\mathrm{T}}(t)\boldsymbol{A}(t)-\boldsymbol{Q}^{\mathrm{T}}(t)$$

$$\boldsymbol{P}^{\mathrm{T}}(t_{\mathrm{f}})=\boldsymbol{F}^{\mathrm{T}}$$

因为 $\boldsymbol{F}$、$\boldsymbol{Q}(t)$ 和 $\boldsymbol{R}(t)$ 均为对称矩阵，即 $\boldsymbol{F}=\boldsymbol{F}^{\mathrm{T}}$，$\boldsymbol{Q}(t)=\boldsymbol{Q}^{\mathrm{T}}(t)$ 和 $\boldsymbol{R}(t)=\boldsymbol{R}^{\mathrm{T}}(t)$，所以

$$\dot{\boldsymbol{P}}^{\mathrm{T}}(t)=-\boldsymbol{A}^{\mathrm{T}}(t)\boldsymbol{P}^{\mathrm{T}}(t)+\boldsymbol{P}^{\mathrm{T}}(t)\boldsymbol{B}(t)\boldsymbol{R}^{-1}(t)[\boldsymbol{B}(t)\boldsymbol{P}(t)]^{\mathrm{T}}-\boldsymbol{P}^{\mathrm{T}}(t)\boldsymbol{A}(t)-\boldsymbol{Q}(t) \tag{5.21}$$

$$\boldsymbol{P}^{\mathrm{T}}(t_{\mathrm{f}})=\boldsymbol{F} \tag{5.22}$$

对比式(5.21)与式(5.16)，式(5.22)与式(5.20)，不难发现，$\boldsymbol{P}(t)$ 与 $\boldsymbol{P}^{\mathrm{T}}(t)$ 是具有同一边界条件下的同一矩阵微分方程的解。因为 $\boldsymbol{P}(t)$ 是唯一的，所以 $\boldsymbol{P}(t)=\boldsymbol{P}^{\mathrm{T}}$

(t)，即 $\boldsymbol{P}(t)$ 是对称矩阵。

③ $\boldsymbol{P}(t)$ 是非负的。

证明：因为 $\boldsymbol{F}$ 和 $\boldsymbol{Q}(t)$ 为非负定矩阵，$\boldsymbol{R}(t)$ 为正定矩阵，即 $\boldsymbol{F}\geqslant 0$、$\boldsymbol{Q}(t)\geqslant 0$ 和 $\boldsymbol{R}(t)>0$，因此对于任意的 $\boldsymbol{u}(t)$ 和 $\boldsymbol{x}(t)$ 有二次型函数满足 $\boldsymbol{x}^{\mathrm{T}}(t)\boldsymbol{F}\boldsymbol{x}(t)\geqslant 0$，$\boldsymbol{x}^{\mathrm{T}}(t)\boldsymbol{Q}(t)\boldsymbol{x}(t)\geqslant 0$，$\boldsymbol{u}^{\mathrm{T}}(t)\boldsymbol{R}(t)\boldsymbol{u}(t)>0$，所以对于性能指标式(5.3)总有

$$J[\boldsymbol{x}(t),\boldsymbol{u}(\cdot)]\geqslant 0,\qquad \forall t\in[t_0,t_{\mathrm{f}}] \tag{5.23}$$

当取 $\boldsymbol{u}(t)=\boldsymbol{u}^*(t)$ 时，也应该有式(5.23)成立。

根据连续动态规划哈密顿-雅可比方程，可以证明 $J^*=\dfrac{1}{2}\boldsymbol{x}^{\mathrm{T}}(t)\boldsymbol{P}(t)\boldsymbol{x}(t)$，即下节中的式(5.27)，因此，由式(5.23)有

$$J^*=\frac{1}{2}\boldsymbol{x}^{\mathrm{T}}(t)\boldsymbol{P}(t)\boldsymbol{x}(t)\geqslant 0 \tag{5.24}$$

因为对于任意的 $\boldsymbol{x}(t)$，式(5.24)都应该成立，所以必须有 $\boldsymbol{P}(t)\geqslant 0$，$\forall t\in[t_0,t_{\mathrm{f}}]$。

4. 最优解的充分必要条件

定理 5.1　由式(5.17)给出的最优控制 $\boldsymbol{u}^*(t)$ 是有限时间状态调节器问题的充分必要条件。

① 必要性证明可见 5.2.1 节第 2 部分的推导过程。

② 充分性证明如下。

证明：设式(5.17)成立，$\boldsymbol{P}(t)$ 满足黎卡提方程式(5.16)和边界条件式(5.20)。由连续动态规划可知，若式(5.17)满足哈密顿-雅可比方程，则充分性成立。

令

$$L(\boldsymbol{x}(t),\boldsymbol{u}(t),t)=\frac{1}{2}[\boldsymbol{x}^{\mathrm{T}}(t)\boldsymbol{Q}(t)\boldsymbol{x}(t)+\boldsymbol{u}^{\mathrm{T}}(t)\boldsymbol{R}(t)\boldsymbol{u}(t)],$$

$$f(\boldsymbol{x}(t),\boldsymbol{u}(t),t)=\boldsymbol{A}(t)\boldsymbol{x}(t)+\boldsymbol{B}(t)\boldsymbol{u}(t)$$

则哈密顿函数可写为

$$\begin{aligned}H&=L(\boldsymbol{x}(t),\boldsymbol{u}(t),t)+\left(\frac{\partial J^*}{\partial \boldsymbol{x}}\right)^{\mathrm{T}}f(\boldsymbol{x}(t),\boldsymbol{u}(t),t)\\&=\frac{1}{2}[\boldsymbol{x}^{\mathrm{T}}(t)\boldsymbol{Q}(t)\boldsymbol{x}(t)+\boldsymbol{u}^{\mathrm{T}}(t)\boldsymbol{R}(t)\boldsymbol{u}(t)]+\left(\frac{\partial J^*}{\partial \boldsymbol{x}}\right)^{\mathrm{T}}\boldsymbol{A}(t)\boldsymbol{x}(t)+\left(\frac{\partial J^*}{\partial \boldsymbol{x}}\right)^{\mathrm{T}}\boldsymbol{B}(t)\boldsymbol{u}(t)\end{aligned}$$

于是哈密顿-雅可比方程为

$$\frac{\partial J^*(\boldsymbol{x},t)}{\partial t}+\min_{\boldsymbol{u}(t)}\left\{\begin{aligned}&\frac{1}{2}[\boldsymbol{x}^{\mathrm{T}}(t)\boldsymbol{Q}(t)\boldsymbol{x}(t)+\boldsymbol{u}^{\mathrm{T}}(t)\boldsymbol{R}(t)\boldsymbol{u}(t)]\\&+\left(\frac{\partial J^*}{\partial \boldsymbol{x}}\right)^{\mathrm{T}}\boldsymbol{A}(t)\boldsymbol{x}(t)+\left(\frac{\partial J^*}{\partial \boldsymbol{x}}\right)^{\mathrm{T}}\boldsymbol{B}(t)\boldsymbol{u}(t)\end{aligned}\right\}=0 \tag{5.25}$$

因为 $\boldsymbol{u}(t)$ 无约束，所以令 $\dfrac{\partial H}{\partial \boldsymbol{u}(t)}=0$，即 $\boldsymbol{R}(t)\boldsymbol{u}(t)+\boldsymbol{B}^{\mathrm{T}}(t)\left(\dfrac{\partial J^*}{\partial \boldsymbol{x}}\right)=0$，因此

$$\boldsymbol{u}^*(t)=-\boldsymbol{R}^{-1}(t)\boldsymbol{B}^{\mathrm{T}}(t)\left(\frac{\partial J^*}{\partial \boldsymbol{x}}\right) \tag{5.26}$$

将式(5.26)与式(5.17)相比可得$\left(\frac{\partial J^*}{\partial \boldsymbol{x}}\right)=\boldsymbol{P}(t)\boldsymbol{x}(t)$，所以最优控制性能指标应取为

$$J^*=\frac{1}{2}\boldsymbol{x}^{\mathrm{T}}(t)\boldsymbol{P}(t)\boldsymbol{x}(t) \tag{5.27}$$

由于 $\boldsymbol{x}(t)$是初始状态，取式(5.27)分别对 $\boldsymbol{x}(t)$和 t 的偏导数，有

$$\left(\frac{\partial J^*}{\partial \boldsymbol{x}}\right)=\boldsymbol{P}(t)\boldsymbol{x}(t) \tag{5.28}$$

$$\frac{\partial J^*}{\partial t}=\frac{1}{2}\boldsymbol{x}^{\mathrm{T}}(t)\dot{\boldsymbol{P}}(t)\boldsymbol{x}(t) \tag{5.29}$$

将式(5.28)代入式(5.26)，有

$$\boldsymbol{u}^*(t)=-\boldsymbol{R}^{-1}(t)\boldsymbol{B}^{\mathrm{T}}(t)\boldsymbol{P}(t)\boldsymbol{x}(t) \tag{5.30}$$

显然，式(5.30)即式(5.17)。

将式(5.28)、式(5.29)和式(5.30)代入哈密顿-雅可比方程式(5.25)，并考虑到$\boldsymbol{P}(t)$是对称阵，有

$$\begin{aligned}
&\left[\frac{1}{2}\boldsymbol{x}^{\mathrm{T}}(t)\dot{\boldsymbol{P}}(t)\boldsymbol{x}(t)\right]+\frac{1}{2}\left[\boldsymbol{x}^{\mathrm{T}}(t)\boldsymbol{Q}(t)\boldsymbol{x}(t)+\boldsymbol{u}^{*\mathrm{T}}(t)\boldsymbol{R}(t)\boldsymbol{u}^*(t)\right]\\
&+\left[\boldsymbol{P}(t)\boldsymbol{x}(t)\right]^{\mathrm{T}}\boldsymbol{A}(t)\boldsymbol{x}(t)+\left[\boldsymbol{P}(t)\boldsymbol{x}(t)\right]^{\mathrm{T}}\boldsymbol{B}(t)\boldsymbol{u}^*(t)=0\\
&\Rightarrow\\
&\frac{1}{2}\boldsymbol{x}^{\mathrm{T}}(t)\dot{\boldsymbol{P}}(t)\boldsymbol{x}(t)+\frac{1}{2}\boldsymbol{x}^{\mathrm{T}}(t)\boldsymbol{Q}(t)\boldsymbol{x}(t)\\
&+\frac{1}{2}\left[\boldsymbol{R}^{-1}(t)\boldsymbol{B}^{\mathrm{T}}(t)\boldsymbol{P}(t)\boldsymbol{x}(t)\right]^{\mathrm{T}}\boldsymbol{R}(t)\left[\boldsymbol{R}^{-1}(t)\boldsymbol{B}^{\mathrm{T}}(t)\boldsymbol{P}(t)\boldsymbol{x}(t)\right]\\
&+\left[\boldsymbol{P}(t)\boldsymbol{x}(t)\right]^{\mathrm{T}}\boldsymbol{A}(t)\boldsymbol{x}(t)-\left[\boldsymbol{P}(t)\boldsymbol{x}(t)\right]^{\mathrm{T}}\boldsymbol{B}(t)\left[\boldsymbol{R}^{-1}(t)\boldsymbol{B}^{\mathrm{T}}(t)\boldsymbol{P}(t)\boldsymbol{x}(t)\right]=0
\end{aligned}$$

即

$$\frac{1}{2}\boldsymbol{x}^{\mathrm{T}}(t)\left\{\begin{aligned}&\dot{\boldsymbol{P}}(t)+\boldsymbol{Q}(t)-\left[\boldsymbol{R}^{-1}(t)\boldsymbol{B}^{\mathrm{T}}(t)\boldsymbol{P}(t)\right]^{\mathrm{T}}\boldsymbol{R}(t)\left[\boldsymbol{R}^{-1}(t)\boldsymbol{B}^{\mathrm{T}}(t)\boldsymbol{P}(t)\right]\\&+\boldsymbol{P}^{\mathrm{T}}(t)\boldsymbol{A}(t)+\boldsymbol{A}^{\mathrm{T}}(t)P(t)\end{aligned}\right\}\boldsymbol{x}(t)=0 \tag{5.31}$$

因为 $\boldsymbol{P}(t)$满足黎卡提方程，所以式(5.31)对于任意的 $\boldsymbol{x}(t)$均成立。这说明，对由式(5.17)表示的最优控制$\boldsymbol{u}^*(t)$满足哈密顿-雅可比方程。

式(5.27)中令 $t=t_{\mathrm{f}}$，得

$$J^*\left[\boldsymbol{x}^{\mathrm{T}}(t_{\mathrm{f}}),t_{\mathrm{f}}\right]=\frac{1}{2}\boldsymbol{x}^{\mathrm{T}}(t_{\mathrm{f}})\boldsymbol{P}(t_{\mathrm{f}})\boldsymbol{x}(t_{\mathrm{f}})$$

因为黎卡提方程边界条件式(5.20)成立，即 $P(t_{\mathrm{f}})=F$，所以

$$J^*[\boldsymbol{x}(t_f),t_f]=\frac{1}{2}\boldsymbol{x}^{\mathrm{T}}(t_f)\boldsymbol{F}\boldsymbol{x}(t_f)$$

这就是性能指标式(5.3)的末值项。

当 $t=t_0,\boldsymbol{x}(t)=\boldsymbol{x}(t_0)$时,有

$$J^*[\boldsymbol{x}(t_0),t_0]=\frac{1}{2}\boldsymbol{x}^{\mathrm{T}}(t_0)\boldsymbol{P}(t_0)\boldsymbol{x}(t_0)$$

证毕。

由以上证明可得状态调节器问题最优性能指标的一般结论,即从任一 $\boldsymbol{x}(t)$开始考虑最优控制问题,均有 $J^*[\boldsymbol{x}(t),t]=\frac{1}{2}\boldsymbol{x}^{\mathrm{T}}(t)\boldsymbol{P}(t)\boldsymbol{x}(t)$成立。

将式(5.6)所示状态方程、式(5.17)所示控制规律以及式(5.11)所示协态变量与状态变量关系综合,可给出如图 5.1 所示的状态调节器问题最优控制闭环系统框图。

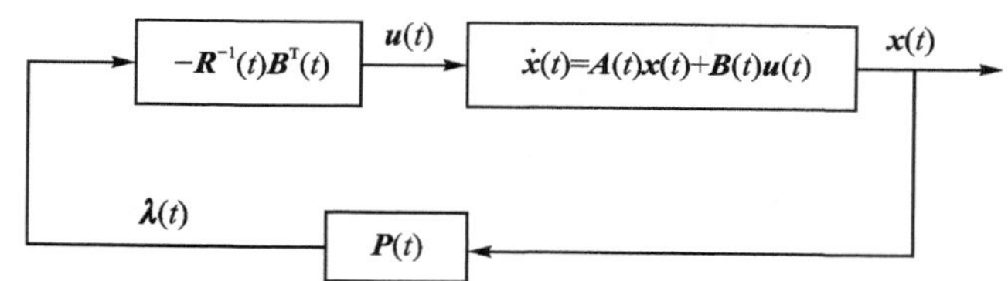

图 5.1 状态调节器最优控制闭环系统

更一般地表示状态调节器问题最优控制闭环系统的框图如图 5.2 所示,其中 $\boldsymbol{K}(t)=\boldsymbol{R}^{-1}(t)\boldsymbol{B}^{\mathrm{T}}(t)\boldsymbol{P}(t)$。

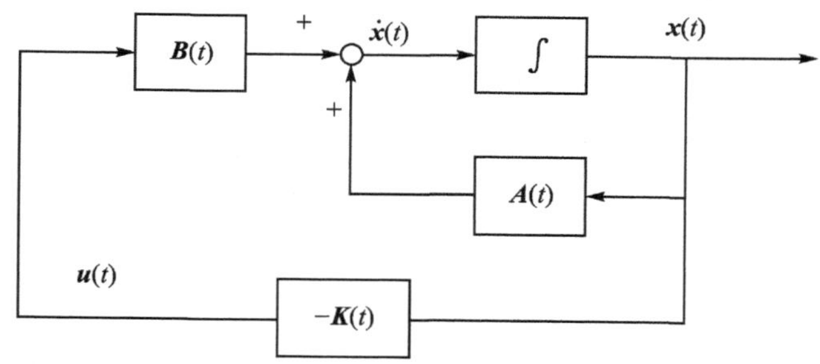

图 5.2 状态调节器最优控制闭环系统一般表示

定理 5.2 状态调节器问题中,当 t_f 有限时,由式(5.17)给出的最优控制$\boldsymbol{u}^*(t)$存在且唯一。

证明:

(1) 存在性

由定理 5.1 可知,最优控制$\boldsymbol{u}^*(t)=-\boldsymbol{R}^{-1}(t)\boldsymbol{B}^{\mathrm{T}}(t)\boldsymbol{P}(t)\boldsymbol{x}(t)$。因为 $\boldsymbol{P}(t)$唯一存在,所以$\boldsymbol{u}^*(t)$存在。

(2) 唯一性

反设$\boldsymbol{u}^*(t)$不唯一,令$\boldsymbol{u}_1^*(t)$和$\boldsymbol{u}_2^*(t)$均为最优控制,则由 $\boldsymbol{P}(t)$的唯一性,有

$$\boldsymbol{u}_1^*(t)=-\boldsymbol{R}^{-1}(t)\boldsymbol{B}^{\mathrm{T}}(t)\boldsymbol{P}(t)\boldsymbol{x}_1(t)$$
$$\boldsymbol{u}_2^*(t)=-\boldsymbol{R}^{-1}(t)\boldsymbol{B}^{\mathrm{T}}(t)\boldsymbol{P}(t)\boldsymbol{x}_2(t)$$

相应的闭环状态方程为

$$\dot{\boldsymbol{x}}_1^*(t)=[\boldsymbol{A}(t)-\boldsymbol{B}(t)\boldsymbol{R}^{-1}(t)\boldsymbol{B}^{\mathrm{T}}(t)\boldsymbol{P}(t)]\boldsymbol{x}_1(t),\qquad \boldsymbol{x}_1^*(t)=\boldsymbol{x}(t_0)$$
$$\dot{\boldsymbol{x}}_2^*(t)=[\boldsymbol{A}(t)-\boldsymbol{B}(t)\boldsymbol{R}^{-1}(t)\boldsymbol{B}^{\mathrm{T}}(t)\boldsymbol{P}(t)]\boldsymbol{x}_2(t),\qquad \boldsymbol{x}_2^*(t)=\boldsymbol{x}(t_0)$$

可见,最优轨迹 $\boldsymbol{x}_1^*(t)$ 与 $\boldsymbol{x}_2^*(t)$ 是同一微分方程且满足同样初始条件的解。根据微分方程初值问题解的唯一性,显然有 $\boldsymbol{x}_1^*(t)=\boldsymbol{x}_2^*(t)$,$\forall t\in[t_0,t_f]$,从而必然有

$$\boldsymbol{u}_1^*(t)=\boldsymbol{u}_2^*(t),\qquad \forall t\in[t_0,t_f]$$

因此唯一性得证。

5. 黎卡提(Riccati)方程求解的若干问题

① 有限时间二次型最优控制问题的黎卡提方程为非线性微分方程,一般难于得到解析解,多通过计算机数值迭代算法求近似解;

② $\boldsymbol{P}(t)$ 与状态 $\boldsymbol{x}(t)$ 无关,可以离线计算;

③ 当 t_f 有限时,即使 $\boldsymbol{A}(t)$、$\boldsymbol{B}(t)$、$\boldsymbol{Q}(t)$、$\boldsymbol{R}(t)$ 均为常数矩阵,黎卡提方程的解 $\boldsymbol{P}(t)$ 也是时变的;

④ 当 $\boldsymbol{Q}(t)$ 和 $\boldsymbol{R}(t)$ 均为对称矩阵时,黎卡提方程的解 $\boldsymbol{P}(t)$ 也为 $n\times n$ 维对称矩阵,此时,求解黎卡提方程时,需解 $n(n+1)/2$ 个独立微分方程。

例 5.1 已知双积分系统状态方程为 $\dot{x}_1=x_2$,$\dot{x}_2=u$,要求最优控制 $\boldsymbol{u}^*(t)$,使二次型性能指标

$$J=\frac{1}{2}[x_1^{\ 2}(3)+2x_2^2(3)]+\frac{1}{2}\int_0^3\left[2x_1^{\ 2}(t)+4x_2^2(t)+2x_1(t)x_2(t)+\frac{1}{2}u^2(t)\right]\mathrm{d}t$$

达到极小值。

解: 本例中有

$$\boldsymbol{A}=\begin{bmatrix}0&1\\0&0\end{bmatrix},\quad \boldsymbol{B}=\begin{bmatrix}0\\1\end{bmatrix},\quad \boldsymbol{F}=\begin{bmatrix}1&0\\0&2\end{bmatrix},\quad \boldsymbol{Q}=\begin{bmatrix}2&1\\1&4\end{bmatrix},\quad R=\frac{1}{2},\quad t_f=3$$

因为状态变量是 2 维的,所以黎卡提方程的解 $\boldsymbol{P}(t)$ 是 2×2 维矩阵,不妨设为 $\boldsymbol{P}(t)=\begin{bmatrix}P_{11}(t)&P_{12}(t)\\P_{21}(t)&P_{22}(t)\end{bmatrix}$,其中 $P_{12}(t)=P_{21}(t)$。则最优控制 $\boldsymbol{u}^*(t)$ 为

$$\begin{aligned}\boldsymbol{u}^*(t)&=-[\boldsymbol{R}^{-1}(t)\boldsymbol{B}^{\mathrm{T}}(t)\boldsymbol{P}(t)]\boldsymbol{x}(t)\\&=-2\begin{bmatrix}0&1\end{bmatrix}\begin{bmatrix}P_{11}(t)&P_{12}(t)\\P_{21}(t)&P_{22}(t)\end{bmatrix}\begin{bmatrix}x_1(t)\\x_2(t)\end{bmatrix}\\&=-2[P_{21}(t)x_1(t)+P_{22}(t)x_2(t)]\end{aligned}$$

本例的最优控制问题可归结为求解黎卡提方程

$$\dot{\boldsymbol{P}}(t)=-\boldsymbol{P}(t)\boldsymbol{A}(t)+\boldsymbol{P}(t)\boldsymbol{B}(t)\boldsymbol{R}^{-1}(t)\boldsymbol{B}^{\mathrm{T}}(t)\boldsymbol{P}(t)-\boldsymbol{A}^{\mathrm{T}}(t)\boldsymbol{P}(t)-\boldsymbol{Q}(t)$$

$\Rightarrow$

$$\begin{bmatrix}\dot{P}_{11}(t) & \dot{P}_{12}(t)\\ \dot{P}_{21}(t) & \dot{P}_{22}(t)\end{bmatrix}=-\begin{bmatrix}P_{11}(t) & P_{12}(t)\\ P_{21}(t) & P_{22}(t)\end{bmatrix}\begin{bmatrix}0 & 1\\ 0 & 0\end{bmatrix}$$

$$+2\begin{bmatrix}P_{11}(t) & P_{12}(t)\\ P_{21}(t) & P_{22}(t)\end{bmatrix}\begin{bmatrix}0\\ 1\end{bmatrix}\begin{bmatrix}0 & 1\end{bmatrix}\begin{bmatrix}P_{11}(t) & P_{12}(t)\\ P_{21}(t) & P_{22}(t)\end{bmatrix}$$

$$-\begin{bmatrix}0 & 0\\ 1 & 0\end{bmatrix}\begin{bmatrix}P_{11}(t) & P_{12}(t)\\ P_{21}(t) & P_{22}(t)\end{bmatrix}-\begin{bmatrix}2 & 1\\ 1 & 4\end{bmatrix}$$

$$=-\begin{bmatrix}0 & P_{11}(t)\\ 0 & P_{21}(t)\end{bmatrix}+2\begin{bmatrix}P_{12}{}^{2}(t) & P_{12}(t)P_{22}(t)\\ P_{12}(t)P_{22}(t) & P_{22}{}^{2}(t)\end{bmatrix}$$

$$-\begin{bmatrix}0 & 0\\ P_{11}(t) & P_{12}(t)\end{bmatrix}-\begin{bmatrix}2 & 1\\ 1 & 4\end{bmatrix}$$

边界条件为

$$\begin{bmatrix}P_{11}(3) & P_{12}(3)\\ P_{21}(3) & P_{22}(3)\end{bmatrix}=\boldsymbol{F}=\begin{bmatrix}1 & 0\\ 0 & 2\end{bmatrix}$$

因此有

$$\dot{P}_{11}(t)=2P_{12}^{2}(t)-2 \qquad P_{11}(3)=1$$

$$\dot{P}_{12}(t)=2P_{12}(t)P_{22}(t)-P_{11}(t)-1, \qquad P_{12}(3)=0$$

$$\dot{P}_{22}(t)=2P_{22}{}^{2}(t)-2P_{12}(t)-4 \qquad P_{22}(3)=2$$

该方程组为非线性微分方程组，解析解很难求出，所以一般只能求出数值解。

例 5.2　假设一阶线性系统方程为 $\dot{x}=-\dfrac{1}{2}x(t)+u(t)$，$x(t_0)=x_0$，性能指标为 $J=\dfrac{1}{2}sx^{2}(t_f)+\dfrac{1}{2}\displaystyle\int_{t_0}^{t_f}[2x^{2}(t)+u^{2}(t)]\,dt$，终端状态 $x(t_f)$ 自由，u 没有约束，求

① 当 $s=0, t_f=1$ 时；

② 当 $s=10, t_f=10$ 时；

③ 当 $s=10, t_f=1$ 时；

④ 当 $s=0, t_f=10$ 时。

使性能指标取极小的最优控制。

解：本例中有

$$A=-\frac{1}{2},\quad B=1,\quad F=s,\quad Q=2,\quad R=1$$

因为状态变量是一维的，所以黎卡提方程的解 $P(t)$ 是一维的，则最优控制 $u^{*}(t)$ 为

$$u^{*}(t)=-[R^{-1}(t)B^{\mathrm{T}}(t)P(t)]x(t)=-P(t)x(t)$$

本例的最优控制问题可归结为求解黎卡提方程

$$\begin{aligned}\dot{P}(t)&=-P(t)A(t)+P(t)B(t)R^{-1}(t)B^{\mathrm{T}}(t)P(t)-A^{\mathrm{T}}(t)P(t)-Q(t)\\&=P(t)+P^2(t)-2\end{aligned}$$

边界条件为 $P(t_f)=s$。

① 当 $s=0,t_f=1$ 时，有

$$P(t)=\frac{-2\left[\mathrm{e}^{(3t-3)}-1\right]}{2+\mathrm{e}^{(3t-3)}}$$

因此 $u(t)=\dfrac{2\left[\mathrm{e}^{(3t-3)}-1\right]}{2+\mathrm{e}^{(3t-3)}}x(t)$，由状态方程可得

$$x(t)=\frac{2+\mathrm{e}^{(3t-3)}}{\left(2\mathrm{e}^{\frac{3}{2}}+\mathrm{e}^{-\frac{3}{2}}\right)\mathrm{e}^{\sqrt{3t-3}}}x_0$$

图 5.3 给出了当 $s=0,t_f=1,x_0=1$ 时的最优 $P(t),u(t),x(t)$。

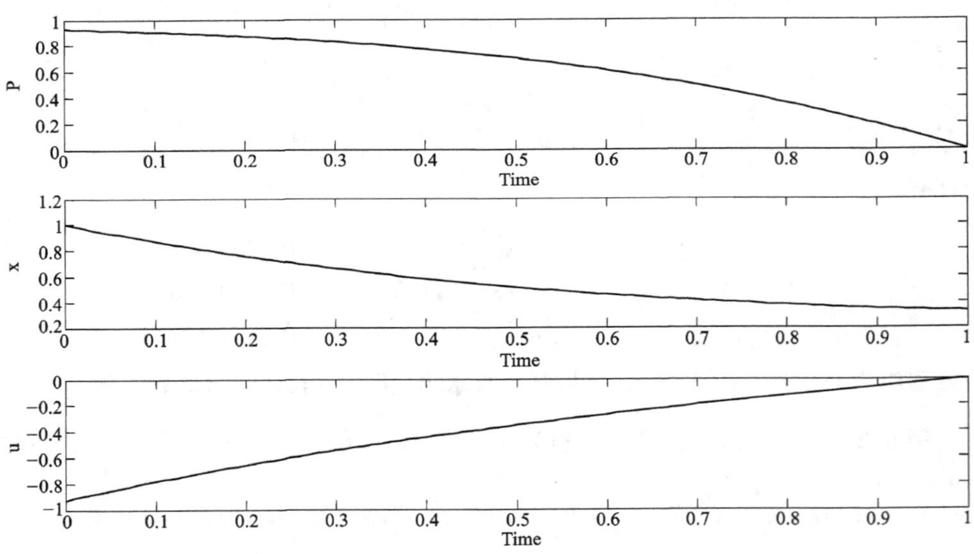

图 5.3　当 $s=0,t_f=1,x_0=1$ 时的最优 $P(t),u(t),x(t)$

② 当 $s=10,t_f=10$ 时，有

$$P(t)=\frac{-2\left(3\mathrm{e}^{(3t-30)}+2\right)}{-4+3\mathrm{e}^{(3t-30)}}$$

因此 $u(t)=\dfrac{2\left[3\mathrm{e}^{(3t-30)}+2\right]}{-4+3\mathrm{e}^{(3t-30)}}x(t)$，由状态方程可得

$$x(t)=\frac{-4+3\mathrm{e}^{(3t-30)}}{\left(-4\mathrm{e}^{15}+3\mathrm{e}^{-15}\right)\mathrm{e}^{\sqrt{(3t-30)}}}x_0$$

图 5.4 给出了当 $s=10, t_f=10, x_0=1$ 时的最优 $P(t), u(t), x(t)$。

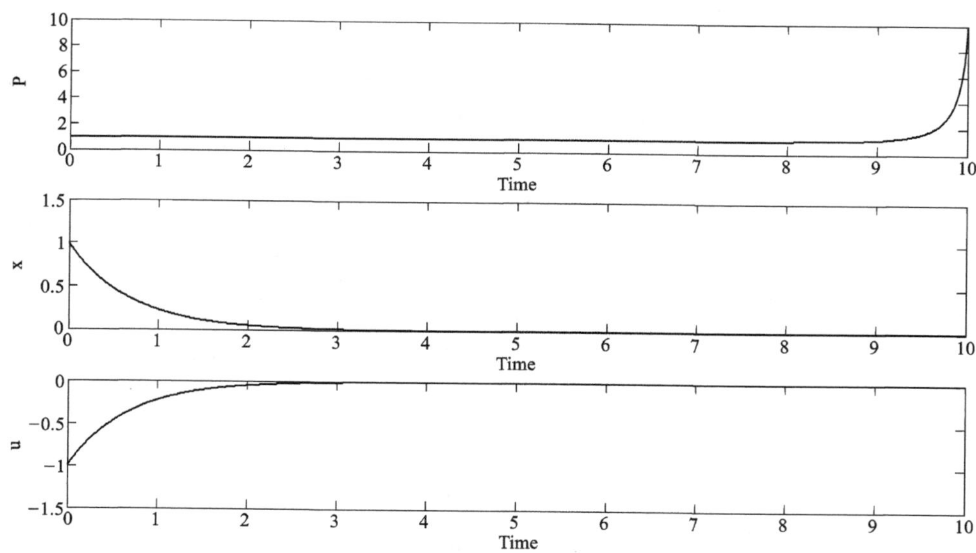

图 5.4　当 $s=10, t_f=10, x_0=1$ 时的最优 $P(t), u(t), x(t)$

③ 当 $s=10, t_f=1$ 时，有

$$P(t)=\frac{-2\left[e^{(3t-3)}+2\right]}{-4+3e^{(3t-3)}}$$

因此 $u(t)=\dfrac{2\left[e^{(3t-3)}+2\right]}{-4+3e^{(3t-3)}}x(t)$，由状态方程可得

$$x(t)=-\frac{\left(-4+3e^{(3t-3)}\right)e^{\frac{3t}{2}}}{\left(4e^{3}-3\right)}x_0$$

图 5.5 给出了当 $s=10, t_f=1, x_0=1$ 时的最优 $P(t), u(t), x(t)$。

④ 当 $s=0, t_f=10$ 时，有

$$P(t)=\frac{-2\left(e^{(3t-30)}-1\right)}{2+e^{(3t-30)}}$$

因此 $u(t)=\dfrac{2\left(e^{(3t-30)}-1\right)}{2+e^{(3t-30)}}$，由状态方程可得

$$x(t)=\frac{\left(2+e^{(3t-30)}\right)e^{\sqrt{(3t-30)}}}{\left(2e^{15}+e^{-15}\right)}x_0$$

图 5.6 给出了当 $s=0, t_f=10, x_0=1$ 时的最优 $P(t), u(t), x(t)$。

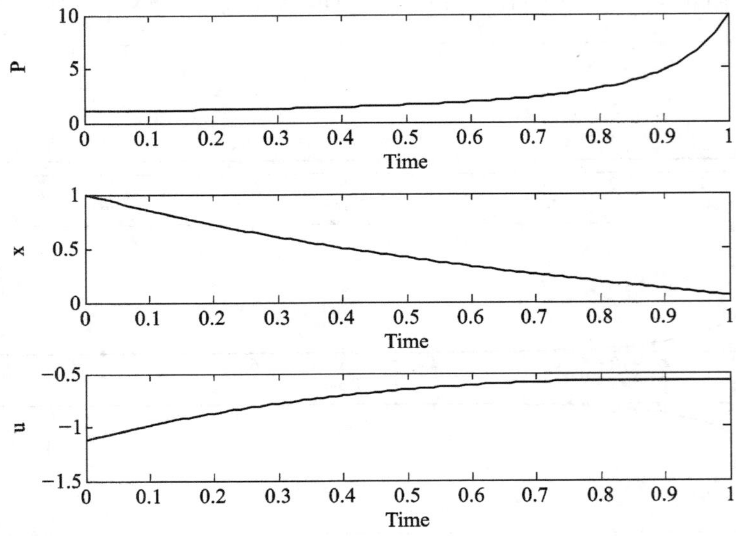

图 5.5　当 $s=10, t_f=1, x_0=1$ 时的最优 $P(t), u(t), x(t)$

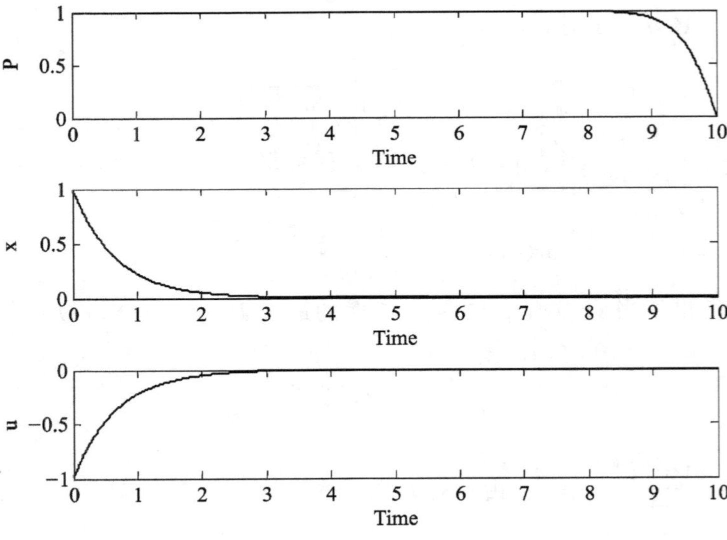

图 5.6　当 $s=0, t_f=10, x_0=1$ 时的最优 $P(t), u(t), x(t)$

5.2.2　无限时间状态调节器问题

5.2.1 节给出的状态调节器问题考虑的是在有限时间(t_f 有限)时的黎卡提方程求解问题。从例 5.1 可以看出,即使是一个非常简单的二阶定常系统,所得到的黎卡

提方程也是非线性微分方程，很难求得解析解。此外，在实际应用中，特别是定值过程控制场合，控制系统在连续运行时，要将时域划分为有限区间再去确定最优控制参数也是十分困难的，时变的黎卡提方程解 $P(t)$ 在工程实现上也极不方便。针对有限时间状态调节器在应用中所面临的上述问题，无限时间状态调节器是一种有效的解决方案。

1. 无限时间线性定常系统调节器

给定线性定常系统状态方程

$$\dot{\boldsymbol{x}}(t)=\boldsymbol{A}\boldsymbol{x}(t)+\boldsymbol{B}\boldsymbol{u}(t),\qquad \boldsymbol{x}(t_0)=\boldsymbol{x}_0 \tag{5.32}$$

其中，$\boldsymbol{x}(t)\in\mathbf{R}^n$，$\boldsymbol{u}(t)\in\mathbf{R}^m$，$\boldsymbol{A}$ 和 $\boldsymbol{B}$ 分别是 $n\times n$ 和 $n\times m$ 维常数系统矩阵和增益矩阵，控制变量 $\boldsymbol{u}(t)$ 不受约束。

考虑无限时间二次型性能指标

$$J=\frac{1}{2}\int_{t_0}^{\infty}[\boldsymbol{x}^{\mathrm{T}}(t)\boldsymbol{Q}\boldsymbol{x}(t)+\boldsymbol{u}^{\mathrm{T}}(t)\boldsymbol{R}\boldsymbol{u}(t)]\,\mathrm{d}t \tag{5.33}$$

其中，系数矩阵满足 $\boldsymbol{Q}$ 半正定，$\boldsymbol{R}$ 正定条件，且均为常数矩阵。

式(5.33)也可表示为有限时间性能指标取极限的形式，即

$$J=\lim_{t_f\to\infty}\frac{1}{2}\int_{t_0}^{t_f}[\boldsymbol{x}^{\mathrm{T}}(t)\boldsymbol{Q}\boldsymbol{x}(t)+\boldsymbol{u}^{\mathrm{T}}(t)\boldsymbol{R}\boldsymbol{u}(t)]\,\mathrm{d}t=\lim_{t_f\to\infty}J_{t_f} \tag{5.34}$$

所以可以直接应用上一节介绍的有关有限时间性能指标状态调节器推导结果。

由于在式(5.34)中 $F=0$，因此有使 J_{t_f} 取极小值的最优控制为

$$\boldsymbol{u}^*(t)=-\boldsymbol{R}^{-1}\boldsymbol{B}^{\mathrm{T}}\boldsymbol{P}(t)\boldsymbol{x}(t)$$

其中，$\boldsymbol{P}(t)$ 为黎卡提微分方程 $\dot{\boldsymbol{P}}(t)=-\boldsymbol{P}(t)\boldsymbol{A}+\boldsymbol{P}(t)\boldsymbol{B}\boldsymbol{R}^{-1}\boldsymbol{B}^{\mathrm{T}}\boldsymbol{P}-\boldsymbol{A}^{\mathrm{T}}\boldsymbol{P}(t)-\boldsymbol{Q}$ 的正定对称解，且满足边界条件。

可以证明，当系统完全可控时，存在常数阵 $\bar{\boldsymbol{P}}$，使

$$\lim_{t_f\to\infty}\boldsymbol{P}(t)=\bar{\boldsymbol{P}},\qquad 0\leqslant t\ll t_f$$

成立。

而当 $t\ll\infty$ 时，$\dot{\boldsymbol{P}}(t)=0$，即 $\dot{\bar{\boldsymbol{P}}}(t)=0$，如图 5.7 所示。因此，当 $t_f\to\infty$ 时，黎卡提微分

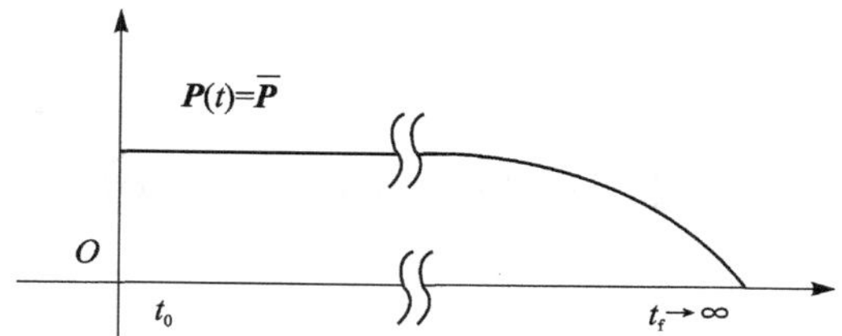

图 5.7　当 $t\ll\infty$ 时，$\boldsymbol{P}(t)$ 与 $\bar{\boldsymbol{P}}$ 的关系示意

方程转化为黎卡提代数方程，即有

$$\bar{P}A-\bar{P}BR^{-1}B^{\mathrm{T}}\bar{P}+A^{\mathrm{T}}\bar{P}+Q=0$$

$\bar{P}$ 为上式的对称正定解。此时，最优控制存在且唯一，为

$$u^{*}(t)=-R^{-1}B^{\mathrm{T}}\bar{P}x(t)$$

而最优状态 $x^{*}(t)$ 则为下列线性定常齐次方程的解：

$$\dot{x}^{*}(t)=[A-BR^{-1}B^{\mathrm{T}}\bar{P}]x^{*}(t)=\bar{A}x^{*}(t), \quad x^{*}(t_0)=x_0 \tag{5.35}$$

2. 无限时间线性定常系统状态调节器的有关讨论

与 5.2.2 第 1 小节有限时间时变线性系统状态调节器相比，无限时间线性定常系统状态调节器的区别在于：

① 要求系统式(5.32)完全可控，从而可以保证使每一个状态都趋于零，从而保证当 $t_f\to\infty$ 时性能指标有限。

② 最优控制系统是稳定系统，亦即式(5.35)中矩阵 $\bar{A}$ 的所有特征根都必须具有负实部；否则，不具有负实部的特征根所对应的状态将不趋于零，因而性能指标将趋于无穷大。

③ 要求 $F=0$，因为所关心的只是在有限时间内的响应，对 $t_f\to\infty$ 的终端代价无实际意义。

④ 反馈增益矩阵是常数矩阵。

例 5.3 仍考虑双积分系统，状态方程为 $\begin{aligned}\dot{x}_1(t)&=x_2(t)\\ \dot{x}_2(t)&=u(t)\end{aligned}$，要求最优控制 $u^{*}(t)$，使二次型性能指标

$$J=\frac{1}{2}\int_0^{\infty}[x_1^{2}(t)+2bx_1(t)x_2(t)+ax_2^2(t)+u^2(t)]\,\mathrm{d}t$$

达到极小值。其中 $a-b^2>0$。

解： 此例中有

$$A=\begin{bmatrix}0&1\\0&0\end{bmatrix}, \quad B=\begin{bmatrix}0\\1\end{bmatrix}, \quad Q=\begin{bmatrix}1&b\\b&a\end{bmatrix}, \quad R=1$$

因为 $a-b^2>0$，所以 Q 正定。又由

$$\mathrm{Rank}\,[B\quad AB]=\begin{bmatrix}0&1\\1&0\end{bmatrix}=2$$

满秩，所以黎卡提方程存在常数解。此时黎卡提代数方程为 $\bar{P}A-\bar{P}BR^{-1}B^{\mathrm{T}}\bar{P}+A^{\mathrm{T}}\bar{P}+Q=0$，即有

$$\begin{bmatrix}\bar{P}_{11}&\bar{P}_{12}\\\bar{P}_{12}&\bar{P}_{22}\end{bmatrix}\begin{bmatrix}0&1\\0&0\end{bmatrix}-\begin{bmatrix}\bar{P}_{11}&\bar{P}_{12}\\\bar{P}_{12}&\bar{P}_{22}\end{bmatrix}\begin{bmatrix}0\\1\end{bmatrix}\cdot 1\cdot\begin{bmatrix}0&1\end{bmatrix}\begin{bmatrix}\bar{P}_{11}&\bar{P}_{12}\\\bar{P}_{12}&\bar{P}_{22}\end{bmatrix}$$

$$+\begin{bmatrix}0 & 1\\0 & 0\end{bmatrix}\begin{bmatrix}\bar{P}_{11} & \bar{P}_{12}\\ \bar{P}_{12} & \bar{P}_{22}\end{bmatrix}+\begin{bmatrix}1 & b\\ b & a\end{bmatrix}=0$$

展开后可得

$$\bar{P}_{12}{}^{2}-1=0$$

$$-\bar{P}_{11}+\bar{P}_{12}\bar{P}_{22}-b=0$$

$$-2\bar{P}_{12}+\bar{P}_{22}{}^{2}-a=0$$

解之,有

$$\bar{P}_{12}=\pm 1,\quad \bar{P}_{11}=\bar{P}_{12}\bar{P}_{22}-b,\quad \bar{P}_{22}=\pm\sqrt{a+2\bar{P}_{12}}$$

① 由 $\bar{\boldsymbol{P}}$ 的正定性,应有 $\bar{\boldsymbol{P}}$ 的各阶主子式为正,即 $\bar{P}_{11}>0$,$\bar{P}_{11}\bar{P}_{22}-\bar{P}_{12}{}^{2}>0$。由此可推出 $\bar{P}_{22}>0$,从而有 $\bar{P}_{22}=\sqrt{a+2\bar{P}_{12}}$。

② 若 $\bar{P}_{12}=-1$,则由 $\bar{P}_{22}=\sqrt{a-2}$,必然有 $a>2$。而由 $\bar{P}_{11}=\bar{P}_{12}\bar{P}_{22}-b=-\sqrt{a-2}-b>0$,得 $b<-\sqrt{a-2}<0$。将 $\bar{P}_{12}=-1$,$\bar{P}_{11}=-\sqrt{a-2}-b$ 和 $\bar{P}_{22}=\sqrt{a-2}$带入不等式 $\bar{P}_{11}\bar{P}_{22}-\bar{P}_{12}{}^{2}>0$ 中,得$-(a-2)-b\sqrt{a-2}>1$,此式经整理可化为 $b^2>\dfrac{(a-1)^2}{a-2}=a+\dfrac{1}{a-2}>a$。此式与 $a-b^2>0$ 相矛盾。所以,必有 $\bar{P}_{12}=1$。

③ 当 $\bar{P}_{12}=1$ 时,有 $\bar{P}_{22}=\sqrt{a+2}$,$\bar{P}_{11}=\sqrt{a+2}-b$,因此有

$$\begin{aligned}\boldsymbol{u}^{*}(t)&=-\boldsymbol{R}^{-1}\boldsymbol{B}^{\mathrm{T}}\bar{\boldsymbol{P}}\boldsymbol{x}(t)=-1\begin{bmatrix}0 & 1\end{bmatrix}\begin{bmatrix}\bar{P}_{11} & \bar{P}_{12}\\ \bar{P}_{21} & \bar{P}_{22}\end{bmatrix}\begin{bmatrix}x_1(t)\\ x_2(t)\end{bmatrix}\\&=-\bar{P}_{12}x_1(t)-\bar{P}_{22}x_2(t)\\&=-x_1(t)-\sqrt{a+2}\,x_2(t)\end{aligned}$$

例 5.3 与例 5.1 相比,可以看出无限时间时黎卡提方程的求解要相对容易得多,但要得到解析解也还是要费一番周折。实际工程问题中系统远比双积分系统复杂,因此得到解析解的难度更大。所以即使是无限时间线性定常系统状态调节器问题,其黎卡提代数方程的常数解一般也是通过数值计算方法求取。

例 5.4　已知系统模型为 $\dot{x}=ax(t)+u(t)$,$x(0)=x_0$,求最优控制 $u(t)$,使得

$$J[u(\cdot)]=\frac{1}{2}\int_0^{\infty}(x^2+r^2u^2)\mathrm{d}t$$

取极小。其中,常数 a 为系统参数,r 为加权常数。

解: 问题的实际意义是求控制作用 $u(t)$,使 u 偏离工作点不大的情况下,状态 x 尽可能接近于平衡状态 $x=0$。

假设最优控制取 $u(t)=kx(t)$,其中 k 为常数。那么代入状态方程,可得闭环系

统为 $\dot{x}=(a+k)x$，它的解是 $x(t)=\mathrm{e}^{(a+k)t}x_0$。将此解代入性能指标中，有

$$\begin{aligned} J[u(\cdot)] &= \frac{1}{2}(1+r^2k^2)\int_0^{\infty} x^2\mathrm{d}t \\ &= \frac{1}{2}(1+r^2k^2)\int_0^{\infty}(\mathrm{e}^{(a+k)t}x_0)^2\mathrm{d}t \\ &= \frac{1}{2}(1+r^2k^2)x_0{}^2\ \frac{1}{2(a+k)}\left[\mathrm{e}^{2(a+k)t}\right]_0^{\infty} \end{aligned}$$

当 $a+k<0$ 时，有

$$J[u(\cdot)] = -\frac{1}{4}\left(\frac{1+r^2k^2}{a+k}\right)x_0^2$$

显然，由泛函极值条件 $\delta J=0$ 可确定出 k，即

$$\frac{\mathrm{d}J}{\mathrm{d}k} = -\frac{x_0^2}{4}\left[\frac{2r^2k}{a+k}-\frac{1+r^2k}{(a+k)^2}\right]=0$$

$$2r^2k(a+k)-(1+r^2k^2)=0$$

$$r^2k^2+2r^2ak-1=0$$

$$\begin{aligned} k &= \frac{-2r^2a\pm\sqrt{(2r^2a)^2+4r^2}}{2r^2} \\ &= -a\pm\frac{\sqrt{a^2r^2+1}}{r} \end{aligned}$$

由闭环系统的解 $x(t)=\mathrm{e}^{(a+k)t}x_0$ 可知，为了使得闭环系统稳定，必须有 $a+k<0$。

因此，取 $k=-a-\dfrac{\sqrt{a^2r^2+1}}{r}$ 时，显然有下式成立：

$$a+k=-\frac{\sqrt{a^2r^2+1}}{r}<0$$

所以，最优控制 $u^*(t)=-\dfrac{\sqrt{a^2r^2+1}}{r}x(t)$。

5.3 输出调节器问题

一个工程实际系统，当工作于调节器状态时，总是希望系统一旦受扰偏离原平衡状态，系统的输出能最优地恢复到原平衡状态，这样的问题称为最优输出调节器问题。

在 5.2 节讨论了状态调节器这一最基本的线性二次型最优控制问题之后，就可以以此为基础讨论其他类型的线性二次型最优控制问题。

若被控系统完全可观测，则系统的输出调节器问题可以转化为等价的状态调节器问题，并可将状态调节器的结论加以推广，得到输出调节器的最优控制律。

5.3.1　有限时间线性时变系统输出调节器问题

考虑线性时变系统的状态方程和输出方程

$$\dot{\boldsymbol{x}}(t)=\boldsymbol{A}(t)\boldsymbol{x}(t)+\boldsymbol{B}(t)\boldsymbol{u}(t),\quad \boldsymbol{x}(t_0)=\boldsymbol{x}_0 \tag{5.36}$$

$$\boldsymbol{y}(t)=\boldsymbol{C}(t)\boldsymbol{x}(t),\qquad \boldsymbol{y}(t_0)=\boldsymbol{C}(t)\boldsymbol{x}_0 \tag{5.37}$$

及二次型性能指标

$$J=\frac{1}{2}\boldsymbol{y}^{\mathrm{T}}(t_{\mathrm{f}})\boldsymbol{F}\boldsymbol{y}(t_{\mathrm{f}})+\frac{1}{2}\int_{t_0}^{t_{\mathrm{f}}}\left[\boldsymbol{y}^{\mathrm{T}}(t)\boldsymbol{Q}(t)\boldsymbol{y}(t)+\boldsymbol{u}^{\mathrm{T}}(t)\boldsymbol{R}(t)\boldsymbol{u}(t)\right]\mathrm{d}t \tag{5.38}$$

其中，$\boldsymbol{x}(t)\in\mathbf{R}^n$，$\boldsymbol{u}(t)\in\mathbf{R}^m$，$\boldsymbol{y}(t)\in\mathbf{R}^r$，$\boldsymbol{A}(t)$，$\boldsymbol{B}(t)$ 和 $\boldsymbol{C}(t)$ 分别是 $n\times n$，$n\times m$ 和 $r\times n$ 维系统矩阵、增益矩阵和输出矩阵，控制变量 $\boldsymbol{u}(t)$ 不受约束，$\boldsymbol{F}$，$\boldsymbol{Q}(t)$ 半正定，$\boldsymbol{R}(t)$ 正定。

假定系统可观，要求最优控制 $\boldsymbol{u}^*(t)$，使 J 最小。

将式(5.37)代入式(5.33)，有

$$J=\frac{1}{2}\boldsymbol{x}^{\mathrm{T}}(t_{\mathrm{f}})\boldsymbol{C}^{\mathrm{T}}(t_{\mathrm{f}})\boldsymbol{F}\boldsymbol{C}(t_{\mathrm{f}})\boldsymbol{x}(t_{\mathrm{f}})$$
$$+\frac{1}{2}\int_{t_0}^{t_{\mathrm{f}}}\left[\boldsymbol{x}^{\mathrm{T}}(t)\boldsymbol{C}^{\mathrm{T}}(t)\boldsymbol{Q}(t)\boldsymbol{C}(t)\boldsymbol{x}(t)+\boldsymbol{u}^{\mathrm{T}}(t)\boldsymbol{R}(t)\boldsymbol{u}(t)\right]\mathrm{d}t \tag{5.39}$$

只要式(5.39)中 $\boldsymbol{C}^{\mathrm{T}}(t_{\mathrm{f}})\boldsymbol{F}\boldsymbol{C}(t_{\mathrm{f}})$ 和 $\boldsymbol{C}^{\mathrm{T}}(t)\boldsymbol{Q}(t)\boldsymbol{C}(t)$ 是对称半正定矩阵，输出调节器问题即可转化为等效的状态调节器问题，从而可以应用状态调节器问题的解法求解输出调节器问题。

事实上，由于 $\boldsymbol{F}$，$\boldsymbol{Q}$ 为对称矩阵，有

$$[\boldsymbol{C}^{\mathrm{T}}(t_{\mathrm{f}})\boldsymbol{F}\boldsymbol{C}(t_{\mathrm{f}})]^{\mathrm{T}}=\boldsymbol{C}^{\mathrm{T}}(t_{\mathrm{f}})\boldsymbol{F}^{\mathrm{T}}\boldsymbol{C}(t_{\mathrm{f}})=\boldsymbol{C}^{\mathrm{T}}(t_{\mathrm{f}})\boldsymbol{F}\boldsymbol{C}(t_{\mathrm{f}})$$

$$[\boldsymbol{C}^{\mathrm{T}}(t)\boldsymbol{Q}(t)\boldsymbol{C}(t)]^{\mathrm{T}}=\boldsymbol{C}^{\mathrm{T}}(t)\boldsymbol{Q}^{\mathrm{T}}(t)\boldsymbol{C}(t)=\boldsymbol{C}^{\mathrm{T}}(t)\boldsymbol{Q}(t)\boldsymbol{C}(t)$$

所以 $\boldsymbol{C}^{\mathrm{T}}(t_{\mathrm{f}})\boldsymbol{F}\boldsymbol{C}(t_{\mathrm{f}})$ 和 $\boldsymbol{C}^{\mathrm{T}}(t)\boldsymbol{Q}(t)\boldsymbol{C}(t)$ 也都是对称矩阵。

又由于 $\boldsymbol{Q}(t)$ 是半正定的，则对任意 r 维的 $\boldsymbol{y}(t)$ 有 $\boldsymbol{y}^{\mathrm{T}}(t)\boldsymbol{Q}(t)\boldsymbol{y}(t)\geqslant 0$，则对任意 r 维的 $\boldsymbol{Cx}(t)$，有 $[\boldsymbol{C}(t)\boldsymbol{x}(t)]^{\mathrm{T}}\boldsymbol{Q}(t)[\boldsymbol{C}(t)\boldsymbol{x}(t)]\geqslant 0$。

再由于系统是能观的，对任一状态 $\boldsymbol{x}(t)$ 有唯一的解 $\boldsymbol{y}(t)$，所以对任意 n 维的 $\boldsymbol{x}(t)$，有 $\boldsymbol{x}^{\mathrm{T}}(t)[\boldsymbol{C}^{\mathrm{T}}(t)\boldsymbol{Q}(t)\boldsymbol{C}(t)]\boldsymbol{x}(t)\geqslant 0$。

所以，$\boldsymbol{C}^{\mathrm{T}}(t)\boldsymbol{Q}(t)\boldsymbol{C}(t)$ 是半正定的。

同理，$\boldsymbol{C}^{\mathrm{T}}(t_{\mathrm{f}})\boldsymbol{F}\boldsymbol{C}(t_{\mathrm{f}})$ 也是半正定的。

令 $\bar{\boldsymbol{Q}}(t)=\boldsymbol{C}^{\mathrm{T}}(t)\boldsymbol{Q}(t)\boldsymbol{C}(t)$，$\bar{\boldsymbol{F}}=\boldsymbol{C}^{\mathrm{T}}(t_{\mathrm{f}})\boldsymbol{F}\boldsymbol{C}(t_{\mathrm{f}})$，因此有，当 t_{f} 有限时，$\bar{\boldsymbol{F}}$，$\bar{\boldsymbol{Q}}$ 半正定，$\boldsymbol{R}$ 正定。与有限时间状态调节器问题类似，有

$$\boldsymbol{u}^*(t)=-\boldsymbol{R}^{-1}(t)\boldsymbol{B}^{\mathrm{T}}(t)\boldsymbol{P}(t)\boldsymbol{x}(t)$$

存在且唯一。其中，$n\times n$ 维矩阵 $\boldsymbol{P}(t)$ 为下列黎卡提矩阵微分方程：

$$\dot{\boldsymbol{P}}(t)=-\boldsymbol{P}(t)\boldsymbol{A}(t)+\boldsymbol{P}(t)\boldsymbol{B}(t)\boldsymbol{R}^{-1}(t)\boldsymbol{B}^{\mathrm{T}}(t)\boldsymbol{P}(t)-\boldsymbol{A}^{\mathrm{T}}(t)\boldsymbol{P}(t)-\boldsymbol{C}^{\mathrm{T}}(t)\boldsymbol{Q}(t)\boldsymbol{C}(t)$$

$$\boldsymbol{P}(t_{\mathrm{f}})=\boldsymbol{C}^{\mathrm{T}}(t)\boldsymbol{F}\boldsymbol{C}(t)$$

的对称正定解。

最优状态 $\boldsymbol{x}^*(t)$ 是 $\dot{\boldsymbol{x}}^*(t)=[\boldsymbol{A}(t)-\boldsymbol{B}(t)\boldsymbol{R}^{-1}(t)\boldsymbol{B}^{\mathrm{T}}(t)\boldsymbol{P}(t)]\boldsymbol{x}^*(t)$ 的解。

闭环控制系统如图 5.8 所示。由图可见，$\boldsymbol{u}^*(t)$ 是 $\boldsymbol{x}(t)$ 的函数而不是 $\boldsymbol{y}(t)$ 的函数。$\boldsymbol{x}(t)$ 的维数高于或等于 $\boldsymbol{y}(t)$ 的维数，由 $\boldsymbol{y}(t)$ 倒推 $\boldsymbol{x}(t)$ 时，若系统不可观，则 $\boldsymbol{x}(t)$ 不能全部得到，也就无法实现反馈最优控制。

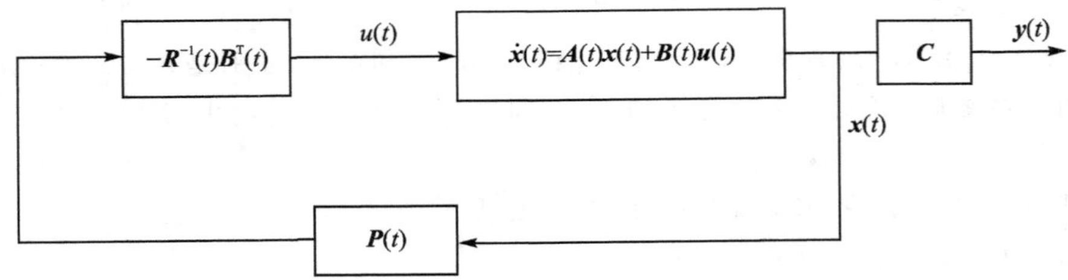

图 5.8　输出调节器最优控制闭环系统

此外，因为尽可能多地利用系统中的信息，必然有利于实现最优控制，而状态向量包含了系统的全部信息，输出向量仅仅提供系统的部分信息，所以输出调节器最优控制问题中，最优控制 $\boldsymbol{u}^*(t)$ 仍然由状态向量反馈构成，而不由输出反馈构成。

5.3.2　无限时间线性定常系统输出调节器问题

考虑线性定常系统的状态方程和输出方程

$$\dot{\boldsymbol{x}}(t)=\boldsymbol{A}\boldsymbol{x}(t)+\boldsymbol{B}\boldsymbol{u}(t),\quad \boldsymbol{x}(t_0)=\boldsymbol{x}_0 \tag{5.40}$$

$$\boldsymbol{y}(t)=\boldsymbol{C}\boldsymbol{x}(t),\quad \boldsymbol{y}(t_0)=\boldsymbol{C}\boldsymbol{x}_0 \tag{5.41}$$

及二次型性能指标

$$J=\frac{1}{2}\int_{t_0}^{\infty}[\boldsymbol{y}^{\mathrm{T}}(t)\boldsymbol{Q}\boldsymbol{y}(t)+\boldsymbol{u}^{\mathrm{T}}(t)\boldsymbol{R}\boldsymbol{u}(t)]\,\mathrm{d}t \tag{5.42}$$

其中，$\boldsymbol{x}(t)\in\mathbf{R}^n$，$\boldsymbol{u}(t)\in\mathbf{R}^m$，$\boldsymbol{y}(t)\in\mathbf{R}^r$，$\boldsymbol{A}$，$\boldsymbol{B}$ 和 $\boldsymbol{C}$ 分别是 $n\times n$，$n\times m$ 和 $r\times n$ 维系统矩阵、增益矩阵和输出矩阵，控制变量 $\boldsymbol{u}(t)$ 不受约束，$\boldsymbol{F}$，$\boldsymbol{Q}$ 半正定，$\boldsymbol{R}$ 正定。$\boldsymbol{A}$，$\boldsymbol{B}$，$\boldsymbol{C}$ 和 $\boldsymbol{F}$，$\boldsymbol{Q}$，$\boldsymbol{R}$ 均为常数矩阵。

假定系统可控且可观，要求寻找最优控制律 $\boldsymbol{u}^*(t)$，使得在不消耗过多的控制量的前提下，维持系统的输出向量接近其平衡值，也就是使得性能指标最小。

把式(5.41)带入性能指标式(5.42)中，可得

$$J=\frac{1}{2}\int_{t_0}^{\infty}[\boldsymbol{x}^{\mathrm{T}}(t)\boldsymbol{C}^{\mathrm{T}}\boldsymbol{Q}\boldsymbol{C}\boldsymbol{x}(t)+\boldsymbol{u}^{\mathrm{T}}(t)\boldsymbol{R}\boldsymbol{u}(t)]\,\mathrm{d}t \tag{5.43}$$

显然，无限时间线性定常系统输出调节器的性能指标表达式和无限时间线性定常系

统状态调节器类似。因此，令 $\bar{Q}=C^{\mathrm{T}}QC$，有最优控制

$$u^*(t)=-R^{-1}B^{\mathrm{T}}Px(t)$$

存在且唯一。其中，$n\times n$ 维矩阵 P 为下列黎卡提矩阵代数方程：

$$PA-PBR^{-1}B^{\mathrm{T}}P+A^{\mathrm{T}}P+\bar{Q}=0$$

即

$$PA-PBR^{-1}B^{\mathrm{T}}P+A^{\mathrm{T}}P+C^{\mathrm{T}}QC=0$$

的对称正定解。最优状态 $x^*(t)$ 是

$$\dot{x}^*(t)=[A-BR^{-1}B^{\mathrm{T}}P]x^*(t)$$

的解，且矩阵 $A-BR^{-1}B^{\mathrm{T}}P$ 的特征值均具有负实部，即保证系统稳定。

例 5.5　仍考虑双积分系统，状态方程为

$$\dot{x}_1(t)=x_2(t)$$

$$\dot{x}_2(t)=u(t)$$

输出方程为 $y(t)=x_1(t)$，要求最优控制 $u^*(t)$，使二次型性能指标 $J=\frac{1}{2}\int_0^{\infty}[y^2(t)+u^2(t)]\mathrm{d}t$ 达到极小值。

解： 此例中有 $A=\begin{bmatrix}0&1\\0&0\end{bmatrix}$，$B=\begin{bmatrix}0\\1\end{bmatrix}$，$C=[1\quad 0]$，$Q=1$，$R=1$，$C^{\mathrm{T}}QC=\begin{bmatrix}1&0\\0&0\end{bmatrix}$又由 $\mathrm{Rank}[B\quad AB]=\begin{bmatrix}0&1\\1&0\end{bmatrix}=2$ 满秩，$\mathrm{Rank}\begin{bmatrix}C\\CA\end{bmatrix}=\begin{bmatrix}1&0\\0&1\end{bmatrix}=2$ 满秩，所以黎卡提方程存在常数解。此时有黎卡提代数方程为 $PA-PBR^{-1}B^{\mathrm{T}}P+A^{\mathrm{T}}P+C^{\mathrm{T}}QC=0$，即有

$$\begin{bmatrix}P_{11}&P_{12}\\P_{12}&P_{22}\end{bmatrix}\begin{bmatrix}0&1\\0&0\end{bmatrix}-\begin{bmatrix}P_{11}&P_{12}\\P_{12}&P_{22}\end{bmatrix}\begin{bmatrix}0\\1\end{bmatrix}\cdot 1\cdot[0\quad 1]\begin{bmatrix}P_{11}&P_{12}\\P_{12}&P_{22}\end{bmatrix}$$

$$+\begin{bmatrix}0&1\\0&0\end{bmatrix}\begin{bmatrix}P_{11}&P_{12}\\P_{12}&P_{22}\end{bmatrix}+\begin{bmatrix}1&0\\0&0\end{bmatrix}=0$$

展开后可得

$$P_{12}{}^2-1=0$$

$$-P_{11}+P_{12}P_{22}=0$$

$$-2P_{12}+P_{22}{}^2=0$$

解之有 $P_{12}=1$，$P_{22}=\sqrt{2}$，$P_{11}=\sqrt{2}$，即

$$P=\begin{bmatrix}\sqrt{2}&1\\1&\sqrt{2}\end{bmatrix}>0$$

因此有

$$u^*(t) = -R^{-1}\boldsymbol{B}^{\mathrm{T}}\boldsymbol{P}\boldsymbol{x}(t) = -x_1(t) - \sqrt{2}x_2(t) = -y(t) - \sqrt{2}\dot{y}(t)$$

$$\begin{aligned}\dot{\boldsymbol{x}}^*(t) &= [\boldsymbol{A} - \boldsymbol{B}R^{-1}\boldsymbol{B}^{\mathrm{T}}\boldsymbol{P}]x^*(t)\\ &= \left\{\begin{bmatrix}0 & 1\\0 & 0\end{bmatrix} - \begin{bmatrix}0\\1\end{bmatrix}\cdot 1 \cdot [0 \quad 1]\begin{bmatrix}\sqrt{2} & 1\\1 & \sqrt{2}\end{bmatrix}\right\}x^*(t)\\ &= \begin{bmatrix}0 & 1\\-1 & -\sqrt{2}\end{bmatrix}x^*(t)\end{aligned}$$

5.4 跟踪问题

当要求系统在期望输出信号的作用下，实际输出可以最优地跟随期望输出的变化，使得规定的性能指标最小，这样的问题成为最优跟踪问题。

实际上，调节器问题是一种特殊的跟踪问题，即零轨迹的跟踪问题。

5.4.1 有限时间线性时变系统跟踪问题

考虑线性时变系统的状态方程和输出方程

$$\dot{\boldsymbol{x}}(t) = \boldsymbol{A}(t)\boldsymbol{x}(t) + \boldsymbol{B}(t)\boldsymbol{u}(t), \qquad \boldsymbol{x}(t_0) = \boldsymbol{x}_0 \tag{5.44}$$

$$\boldsymbol{y}(t) = \boldsymbol{C}(t)\boldsymbol{x}(t), \qquad \boldsymbol{y}(t_0) = \boldsymbol{C}(t)\boldsymbol{x}_0 \tag{5.45}$$

及二次型性能指标

$$J = \frac{1}{2}\boldsymbol{e}^{\mathrm{T}}(t_f)\boldsymbol{F}\boldsymbol{e}(t_f) + \frac{1}{2}\int_{t_0}^{t_f}[\boldsymbol{e}^{\mathrm{T}}(t)\boldsymbol{Q}(t)\boldsymbol{e}(t) + \boldsymbol{u}^{\mathrm{T}}(t)\boldsymbol{R}(t)\boldsymbol{u}(t)]\,\mathrm{d}t \tag{5.46}$$

其中，$\boldsymbol{e}(t) = \boldsymbol{y}_r(t) - \boldsymbol{y}(t)$，$\boldsymbol{y}_r(t) \in \mathbf{R}^r$ 是期望输出向量，$\boldsymbol{x}(t) \in \mathbf{R}^n$，$\boldsymbol{u}(t) \in \mathbf{R}^m$，$\boldsymbol{y}(t) \in \mathbf{R}^r$ 分别表示状态向量、控制向量和输出向量，$\boldsymbol{A}(t)$，$\boldsymbol{B}(t)$ 和 $\boldsymbol{C}(t)$ 分别是 $n\times n$，$n\times m$ 和 $r\times n$ 维系统矩阵、增益矩阵和输出矩阵，控制变量 $\boldsymbol{u}(t)$ 不受约束，$\boldsymbol{F}$，$\boldsymbol{Q}(t)$ 半正定，$\boldsymbol{R}(t)$ 正定。

假定系统可观，要求最优控制 $\boldsymbol{u}^*(t)$，使 J 最小。

将式(5.37)代入式(5.33)，有

$$\begin{aligned}J = &\frac{1}{2}[\boldsymbol{y}_r(t_f) - \boldsymbol{C}(t_f)\boldsymbol{x}(t_f)]^{\mathrm{T}}\boldsymbol{F}[\boldsymbol{y}_r(t_f) - \boldsymbol{C}(t_f)\boldsymbol{x}(t_f)]\\ &+ \frac{1}{2}\int_{t_0}^{t_f}\left\{\begin{aligned}&[\boldsymbol{y}_r(t) - \boldsymbol{C}(t)\boldsymbol{x}(t)]^{\mathrm{T}}\boldsymbol{Q}(t)[\boldsymbol{y}_r(t) - \boldsymbol{C}(t)\boldsymbol{x}(t)]\\ &+ \boldsymbol{u}^{\mathrm{T}}(t)\boldsymbol{R}(t)\boldsymbol{u}(t)\end{aligned}\right\}\mathrm{d}t\end{aligned} \tag{5.47}$$

取哈密顿函数为

$$\begin{aligned}H = &[\boldsymbol{y}_r(t) - \boldsymbol{C}(t)\boldsymbol{x}(t)]^{\mathrm{T}}\boldsymbol{Q}(t)[\boldsymbol{y}_r(t) - \boldsymbol{C}(t)\boldsymbol{x}(t)]\\ &+ \boldsymbol{u}^{\mathrm{T}}(t)\boldsymbol{R}(t)\boldsymbol{u}(t) + \boldsymbol{\lambda}^{\mathrm{T}}(t)[\boldsymbol{A}(t)\boldsymbol{x}(t) + \boldsymbol{B}(t)\boldsymbol{u}(t)]\end{aligned}$$

根据极小值原理，使得性能指标式(5.47)取极小的必要条件为

$$\dot{\boldsymbol{x}}(t)=\boldsymbol{A}(t)\boldsymbol{x}(t)+\boldsymbol{B}(t)\boldsymbol{u}(t) \tag{5.48}$$

$$\dot{\boldsymbol{\lambda}}(t)=-\frac{\partial H}{\partial \boldsymbol{x}(t)}=-\boldsymbol{C}^{\mathrm{T}}(t)\boldsymbol{Q}(t)\boldsymbol{C}(t)\boldsymbol{x}(t)-\boldsymbol{A}^{\mathrm{T}}(t)\boldsymbol{\lambda}(t)+\boldsymbol{C}^{\mathrm{T}}(t)\boldsymbol{Q}(t)\boldsymbol{y}_{\mathrm{r}}(t) \tag{5.49}$$

$$\frac{\partial H}{\partial \boldsymbol{u}}=0\Rightarrow \boldsymbol{R}(t)\boldsymbol{u}(t)+\boldsymbol{B}^{\mathrm{T}}(t)\boldsymbol{\lambda}(t)=0\Rightarrow \boldsymbol{u}(t)=-\boldsymbol{R}^{-1}(t)\boldsymbol{B}^{\mathrm{T}}(t)\boldsymbol{\lambda}(t) \tag{5.50}$$

$$\begin{aligned}\boldsymbol{\lambda}(t_{\mathrm{f}})&=-\frac{\partial}{\partial \boldsymbol{x}(t_{\mathrm{f}})}\left\{\frac{1}{2}\left[\boldsymbol{y}_{\mathrm{r}}(t_{\mathrm{f}})-\boldsymbol{C}(t_{\mathrm{f}})\boldsymbol{x}(t_{\mathrm{f}})\right]^{\mathrm{T}}\boldsymbol{F}\left[\boldsymbol{y}_{\mathrm{r}}(t_{\mathrm{f}})-\boldsymbol{C}(t_{\mathrm{f}})\boldsymbol{x}(t_{\mathrm{f}})\right]\right\}\\&=\boldsymbol{C}^{\mathrm{T}}(t_{\mathrm{f}})\boldsymbol{F}\boldsymbol{C}(t_{\mathrm{f}})\boldsymbol{x}(t_{\mathrm{f}})-\boldsymbol{C}^{\mathrm{T}}(t_{\mathrm{f}})\boldsymbol{F}\boldsymbol{y}_{\mathrm{r}}(t_{\mathrm{f}})\end{aligned} \tag{5.51}$$

由于$\boldsymbol{\lambda}(t)$和$\boldsymbol{\lambda}(t_{\mathrm{f}})$的表达式都是$\boldsymbol{x}(t)$的非齐次方程，所以令

$$\boldsymbol{\lambda}(t)=\boldsymbol{P}(t)\boldsymbol{x}(t)-\boldsymbol{\xi}(t) \tag{5.52}$$

对式(5.52)求导，有

$$\dot{\boldsymbol{\lambda}}(t)=\dot{\boldsymbol{P}}(t)\boldsymbol{x}(t)+\boldsymbol{P}(t)\dot{\boldsymbol{x}}(t)-\dot{\boldsymbol{\xi}}(t) \tag{5.53}$$

将状态方程式(5.44)代入式(5.53)，有

$$\dot{\boldsymbol{\lambda}}(t)=\dot{\boldsymbol{P}}(t)\boldsymbol{x}(t)+\boldsymbol{P}(t)\left[\boldsymbol{A}(t)\boldsymbol{x}(t)+\boldsymbol{B}(t)\boldsymbol{u}(t)\right]-\dot{\boldsymbol{\xi}}(t) \tag{5.54}$$

将式(5.50)带入式(5.54)，整理后可得

$$\begin{aligned}\dot{\boldsymbol{\lambda}}(t)&=\dot{\boldsymbol{P}}(t)\boldsymbol{x}(t)+\boldsymbol{P}(t)\boldsymbol{A}(t)\boldsymbol{x}(t)-\boldsymbol{P}(t)\boldsymbol{B}(t)\boldsymbol{R}^{-1}(t)\boldsymbol{B}^{\mathrm{T}}(t)\boldsymbol{\lambda}(t)-\dot{\boldsymbol{\xi}}(t)\\&=\left[\dot{\boldsymbol{P}}(t)+\boldsymbol{P}(t)\boldsymbol{A}(t)-\boldsymbol{P}(t)\boldsymbol{B}(t)\boldsymbol{R}^{-1}(t)\boldsymbol{B}^{\mathrm{T}}(t)\boldsymbol{P}(t)\right]\boldsymbol{x}(t)\\&\quad+\boldsymbol{P}(t)\boldsymbol{B}(t)\boldsymbol{R}^{-1}(t)\boldsymbol{B}^{\mathrm{T}}(t)\boldsymbol{\xi}(t)-\dot{\boldsymbol{\xi}}(t)\end{aligned}$$

再将式(5.52)带入协态方程式(5.49)，有

$$\dot{\boldsymbol{\lambda}}(t)=-\left[\boldsymbol{C}^{\mathrm{T}}(t)\boldsymbol{Q}(t)\boldsymbol{C}(t)+\boldsymbol{A}^{\mathrm{T}}(t)\boldsymbol{P}(t)\right]\boldsymbol{x}(t)+\boldsymbol{A}^{\mathrm{T}}(t)\boldsymbol{\xi}(t)+\boldsymbol{C}^{\mathrm{T}}(t)\boldsymbol{Q}(t)\boldsymbol{y}_{\mathrm{r}}(t)$$

因此

$$-\dot{\boldsymbol{P}}(t)=\boldsymbol{P}(t)\boldsymbol{A}(t)-\boldsymbol{P}(t)\boldsymbol{B}(t)\boldsymbol{R}^{-1}(t)\boldsymbol{B}^{\mathrm{T}}(t)\boldsymbol{P}(t)+\boldsymbol{C}^{\mathrm{T}}(t)\boldsymbol{Q}(t)\boldsymbol{C}(t)+\boldsymbol{A}^{\mathrm{T}}(t)\boldsymbol{P}(t) \tag{5.55}$$

$$\begin{aligned}-\dot{\boldsymbol{\xi}}(t)&=\left[\boldsymbol{A}^{\mathrm{T}}(t)-\boldsymbol{P}(t)\boldsymbol{B}(t)\boldsymbol{R}^{-1}(t)\boldsymbol{B}^{\mathrm{T}}(t)\right]\boldsymbol{\xi}(t)+\boldsymbol{C}^{\mathrm{T}}(t)\boldsymbol{Q}(t)\boldsymbol{y}_{\mathrm{r}}(t)\\&=\left[\boldsymbol{A}(t)-\boldsymbol{B}(t)\boldsymbol{R}^{-1}(t)\boldsymbol{B}^{\mathrm{T}}(t)\boldsymbol{P}(t)\right]^{\mathrm{T}}\boldsymbol{\xi}(t)+\boldsymbol{C}^{\mathrm{T}}(t)\boldsymbol{Q}(t)\boldsymbol{y}_{\mathrm{r}}(t)\end{aligned} \tag{5.56}$$

式(5.55)和式(5.56)需满足的边界条件是

$$\boldsymbol{P}(t_{\mathrm{f}})=\boldsymbol{C}^{\mathrm{T}}(t_{\mathrm{f}})\boldsymbol{F}\boldsymbol{C}(t_{\mathrm{f}}) \tag{5.57}$$

$$\boldsymbol{\xi}(t_{\mathrm{f}})=\boldsymbol{C}^{\mathrm{T}}(t_{\mathrm{f}})\boldsymbol{F}\boldsymbol{y}_{\mathrm{r}}(t_{\mathrm{f}}) \tag{5.58}$$

至此，最优控制律式(5.50)可进一步写为

$$\boldsymbol{u}^{*}(t)=-\boldsymbol{R}^{-1}(t)\boldsymbol{B}^{\mathrm{T}}(t)\left[\boldsymbol{P}(t)\boldsymbol{x}^{*}(t)-\boldsymbol{\xi}^{*}(t)\right] \tag{5.59}$$

最优状态轨迹为

$$\dot{\boldsymbol{x}}^{*}(t)=\left[\boldsymbol{A}(t)-\boldsymbol{B}(t)\boldsymbol{R}^{-1}(t)\boldsymbol{B}^{\mathrm{T}}(t)\boldsymbol{P}(t)\right]\boldsymbol{x}^{*}(t)+\boldsymbol{B}(t)\boldsymbol{R}^{-1}(t)\boldsymbol{B}^{\mathrm{T}}(t)\boldsymbol{\xi}^{*}(t) \tag{5.60}$$

闭环控制系统如图 5.9 所示。

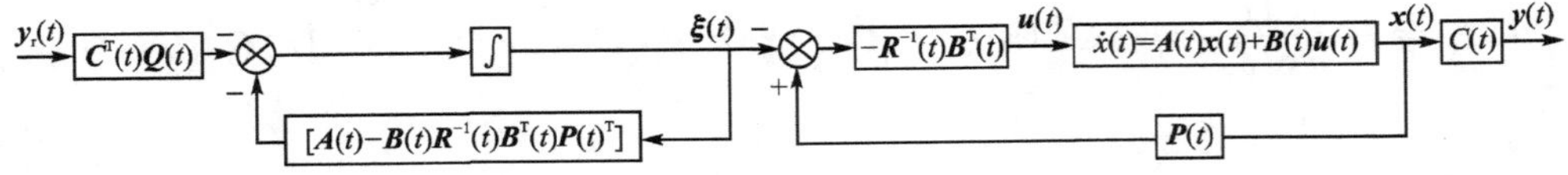

图 5.9　跟踪系统最优控制闭环结构图

对于有限时间线性时变系统跟踪系统的最优控制，有如下几点说明：

1）最优控制的反馈结构与期望输出无关，和最优输出调节器的反馈结构相同。

2）最优跟踪系统的闭环特征根与最优输出调节器的闭环特征根相同，因此，跟踪系统的动态性能也与期望输出无关。

3）最优跟踪系统与最优输出调节器系统的主要区别体现在向量 $\boldsymbol{\xi}(t)$ 上。比较式(5.56)与式(5.60)可以发现，它们的齐次部分正好互为负的转置矩阵，因此式(5.56)称为式(5.60)的伴随方程。伴随系统式(5.56)的动态性能与期望输出无关，期望输出 $\boldsymbol{y}_r(t)$ 可以看作是伴随系统的激励函数，用以激励信号 $\boldsymbol{\xi}(t)$。

4）最优控制的现在值与期望输出的将来值有关。

由式(5.56)可知

$$\dot{\boldsymbol{\xi}}(t)=-[\boldsymbol{A}(t)-\boldsymbol{B}(t)\boldsymbol{R}^{-1}(t)\boldsymbol{B}^{\mathrm{T}}(t)\boldsymbol{P}(t)]^{\mathrm{T}}\boldsymbol{\xi}(t)-\boldsymbol{C}^{\mathrm{T}}(t)\boldsymbol{Q}(t)\boldsymbol{y}_r(t) \tag{5.61}$$

若令 $\boldsymbol{\Psi}(t_f,t)$ 是式(5.61)的转移矩阵，$\boldsymbol{\xi}(t)$ 为现在值，则有

$$\boldsymbol{\xi}(t_f)=\boldsymbol{\Psi}(t_f,t)\boldsymbol{\xi}(t)+\int_t^{t_f}\boldsymbol{\Psi}(t_f,\tau)\times[-\boldsymbol{C}^{\mathrm{T}}(\tau)\boldsymbol{Q}(\tau)\boldsymbol{y}_r(\tau)]\,\mathrm{d}\tau$$

所以

$$\boldsymbol{\xi}(t)=\boldsymbol{\Psi}^{-1}(t_f,t)\boldsymbol{\xi}(t_f)+\boldsymbol{\Psi}^{-1}(t_f,t)\int_t^{t_f}\boldsymbol{\Psi}(t_f,\tau)\boldsymbol{C}^{\mathrm{T}}(\tau)\boldsymbol{Q}(\tau)\boldsymbol{y}_r(\tau)\,\mathrm{d}\tau$$

因此，为了计算 $\boldsymbol{\xi}(t)$ 的现在值，必须已知期望输出 $\boldsymbol{y}_r(t)$ 在区间 $[t,t_f]$ 的全部将来值。而最优控制律式(5.59)包含有 $\boldsymbol{\xi}(t)$，所以为了得到最优控制 $\boldsymbol{u}^*(t)$ 的现在值，必须知道期望输出 $\boldsymbol{y}_r(t)$ 的全部将来值。

一般来说，期望输出往往难以事先确定，因而设计最优跟踪系统时，常常采用两种方式：

① 假设期望输出具有某种典型变化规律。此时，系统的工作性能取决于期望输出的实际值与预定值的符合程度。

② 把期望输出视为随机信号。此时，系统的工作性能在平均意义下最优，但不能保证在任一次试验中，系统的响应都是满意的。

5）由式(5.55)可知，$\boldsymbol{P}(t)$ 与期望输出和初始状态无关，因此可以离线计算 $\boldsymbol{P}(t)$ 在 $t\in[t_0,t_f]$ 的全部值。知道 $\boldsymbol{P}(t)$ 和 $\boldsymbol{y}_r(t)$ 之后，可以根据式(5.56)和式(5.58)求解出 $\boldsymbol{\xi}(t)$。

例 5.6 已知一阶系统

$$\begin{aligned}\dot{x}(t)&=-x(t)+u(t)\\ y(t)&=x(t)\end{aligned},\quad x(0)=0$$

控制 $u(t)$ 不受约束，期望输出为 $y_r(t)$，且定义误差变量 $e(t)=y_r(t)-y(t)$，试分别求出下面三种期望输出下的最优控制 $u^*(t)$，使得性能指标 $J=\frac{1}{2}\int_0^1[e^2(t)+ru^2(t)]\,dt$ 最小。

① 阶跃信号跟踪响应：$y_r(t)=1$；

② 正弦信号跟踪响应：$y_r(t)=2\sin(2\pi t)$；

③ 类方波信号跟踪响应：$\frac{2}{\pi}\arctan(100\pi(t-0.5))$。

解： 本例为有限时间最优跟踪问题。显然系统可观，$A=-1,B=1,C=1,F=0,Q=1,R=r,t_f=1$。

最优控制律为

$$\begin{aligned}u^*(t)&=-R^{-1}(t)B^T(t)[\boldsymbol{P}(t)\boldsymbol{x}(t)-\boldsymbol{\xi}(t)]\\&=-r^{-1}[\boldsymbol{P}(t)x(t)-\boldsymbol{\xi}(t)]\end{aligned}$$

其中，黎卡提矩阵 $\boldsymbol{P}(t)$ 满足

$$\begin{cases}-\dot{\boldsymbol{P}}(t)=\boldsymbol{P}(t)A(t)-\boldsymbol{P}(t)B(t)R^{-1}(t)B^T(t)\boldsymbol{P}(t)+C^T(t)Q(t)C(t)+A^T(t)\boldsymbol{P}(t)\\ \boldsymbol{P}(t_f)=C^T(t_f)FC(t_f)\end{cases}$$

$$\Rightarrow\begin{cases}\dot{\boldsymbol{P}}(t)=2\boldsymbol{P}(t)+r^{-1}\boldsymbol{P}^2(t)-1\\ \boldsymbol{P}(1)=0\end{cases}$$

伴随向量 $\boldsymbol{\xi}(t)$ 满足

$$\begin{cases}-\dot{\boldsymbol{\xi}}(t)=[A(t)-B(t)R^{-1}(t)B^T(t)\boldsymbol{P}(t)]^T\boldsymbol{\xi}(t)+C^T(t)Q(t)y_r(t)\\ \boldsymbol{\xi}(t_f)=C^T(t_f)Fy_r(t_f)\end{cases}$$

$$\Rightarrow\begin{cases}\dot{\boldsymbol{\xi}}(t)=(r^{-1}\boldsymbol{P}(t)-1)\boldsymbol{\xi}(t)-y_r(t)\\ \boldsymbol{\xi}(1)=0\end{cases}$$

最优轨迹 $x^*(t)$ 满足

$$\begin{aligned}\dot{x}^*(t)&=[\boldsymbol{A}(t)-\boldsymbol{B}(t)\boldsymbol{R}^{-1}(t)\boldsymbol{B}^T(t)\boldsymbol{P}(t)]\boldsymbol{x}^*(t)+\boldsymbol{B}(t)\boldsymbol{R}^{-1}(t)\boldsymbol{B}^T(t)\boldsymbol{\xi}(t)\\&=[1-\boldsymbol{r}^{-1}\boldsymbol{P}(t)]\boldsymbol{x}^*(t)+\boldsymbol{r}^{-1}\boldsymbol{\xi}(t)\end{aligned}$$

① 阶跃信号跟踪响应：$y_r(t)=1$

图 5.10～图 5.13 分别给出了当 $r=1,r=0.1,r=2,r=1.15$ 时的阶跃跟踪最优控制响应曲线。可以看出随着 r 的减小，控制量 u 增大，跟踪误差响应速度加快，

但是当 r 过小时,跟踪误差增加。因此,r 的选取需要在动态性能和稳态精度之间权衡。如图 5.10 所示,当 $r=1$ 时,输出变量 $y(t)=x(t)$ 在 $t=0.9$ 附近跟踪上期望输出 $y_r(t)=1$,但是随后存在跟踪误差。如图 5.13 所示,当 $r=1.15$ 时,输出变量在 $t=1$ 跟踪上期望输出,跟踪误差很小。

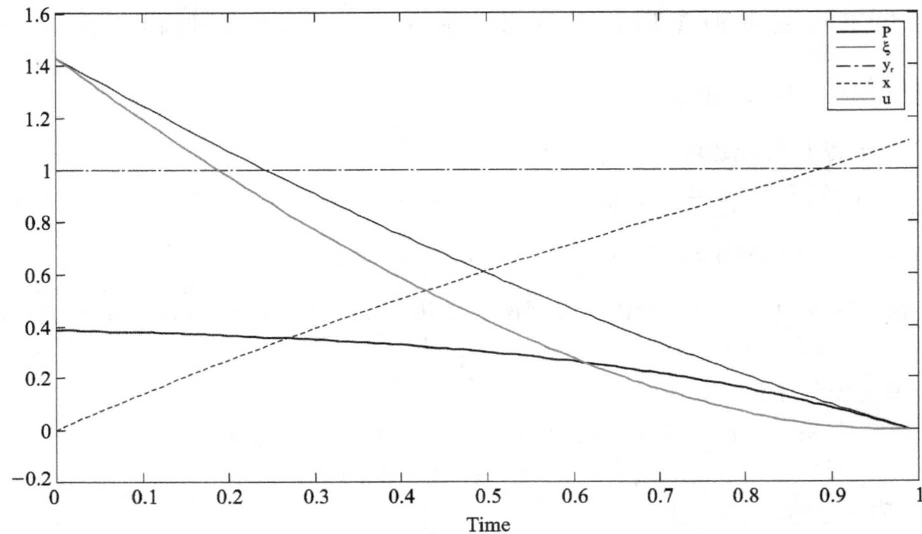

图 5.10 阶跃跟踪最优控制响应曲线($r=1$)

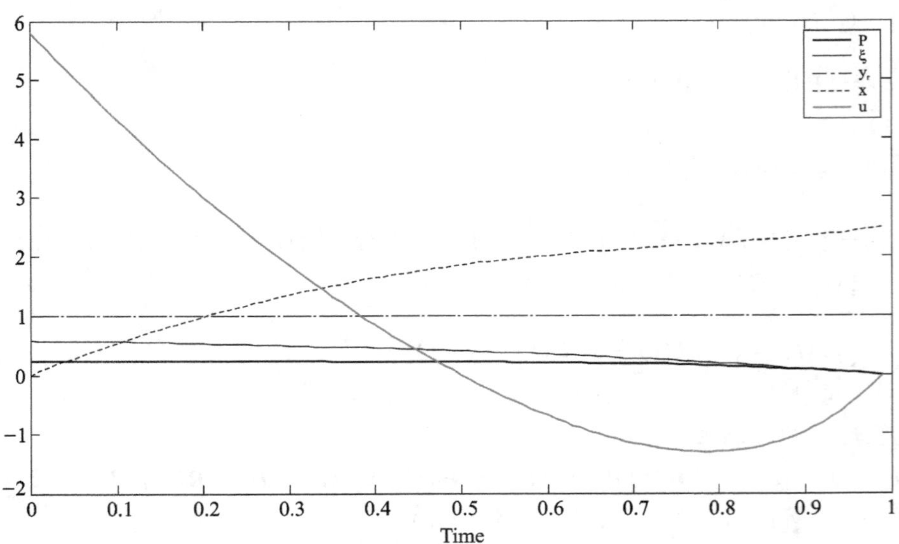

图 5.11 阶跃跟踪最优控制响应曲线($r=0.1$)

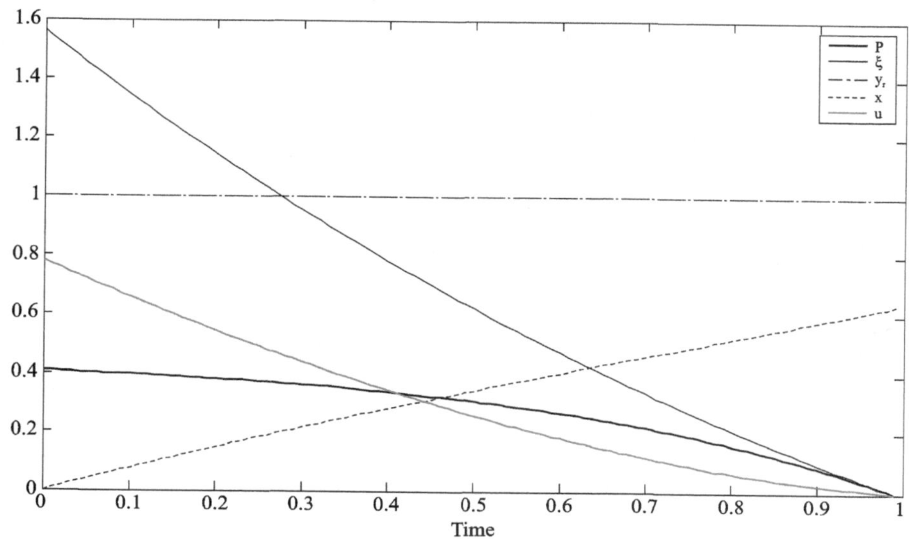

图 5.12 阶跃跟踪最优控制响应曲线($r=2$)

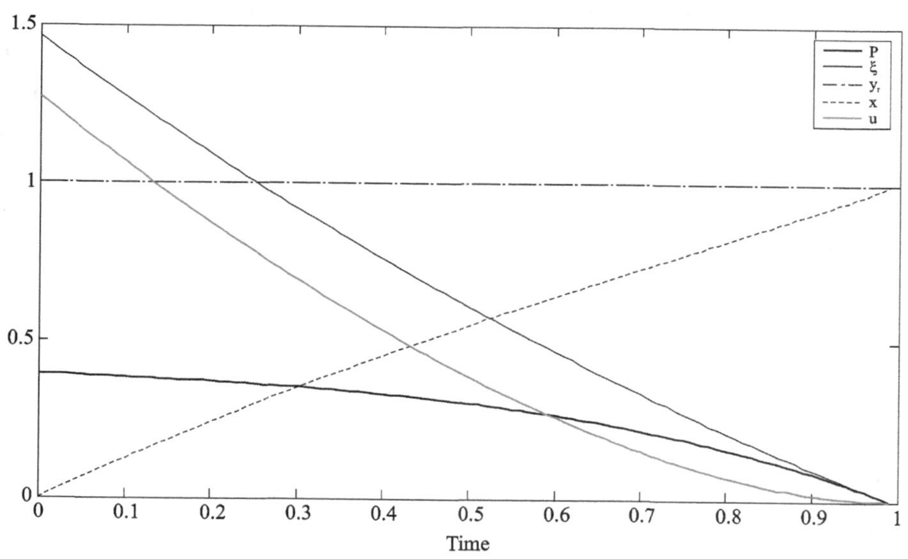

图 5.13 阶跃跟踪最优控制响应曲线($r=1.15$)

② 正弦信号跟踪响应：$y_r(t)=\sin(2\pi t)$

图 5.14 和图 5.15 分别给出了当 $r=1$，$r=0.001$ 时的正弦信号跟踪最优控制响应曲线。可以看出，在 $r=1$ 时，输出变量 $y(t)=x(t)$ 不能很好地跟踪上期望输出 $y_r(t)$，但是随着 r 的减小，当 $r=0.001$ 时，跟踪效果很好，不过控制量 u 较大。

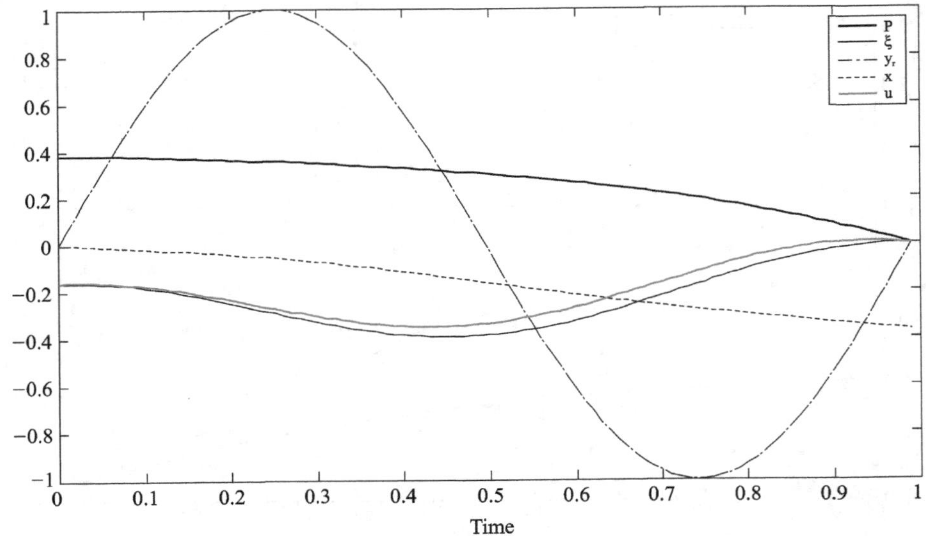

图 5.14　正弦跟踪最优控制响应曲线($r=1$)

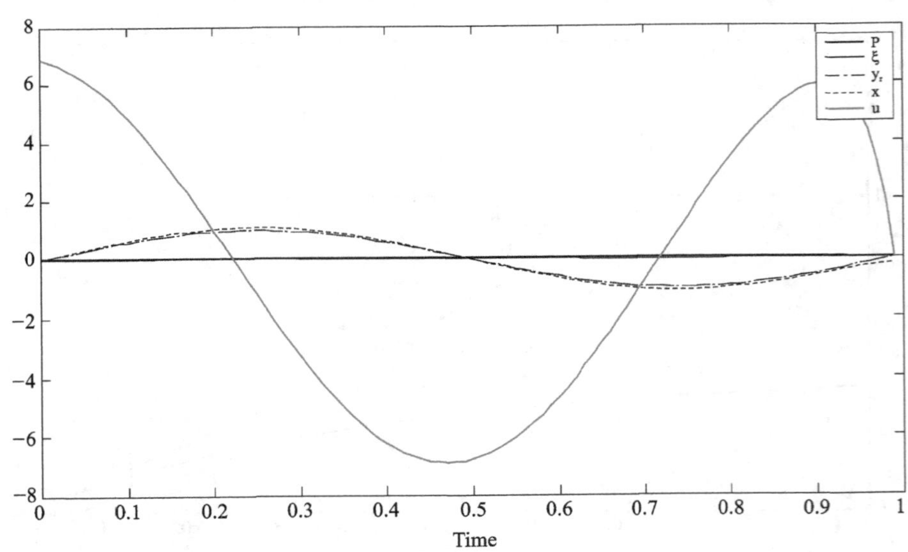

图 5.15　正弦跟踪最优控制响应曲线($r=0.001$)

③ 类方波信号跟踪响应：$\frac{2}{\pi}\arctan(100\pi(t-0.5))$

因为方波信号是一种不连续信号，所以用函数$\frac{2}{\pi}\arctan(100\pi(t-0.5))$来逼近方波信号 $y_r(t)=\begin{cases}-1, & 0\leqslant t<0.5 \\ 1, & 0.5\leqslant t<1\end{cases}$。图 5.16 和图 5.17 分别给出了当 $r=1$，

$r=0.0005$ 时的近似方波跟踪最优控制响应曲线。可以看出，在 $r=1$ 时，输出变量 $y(t)=x(t)$ 与期望输出之间的差距很大，但是随着 r 的减小，当 $r=0.0005$ 时，输出变量能够较好地跟踪上期望输出，但是还是存在一定的稳态跟踪误差，而且控制量 u 在期望轨迹发生切换的时候，具有较大的尖峰值。

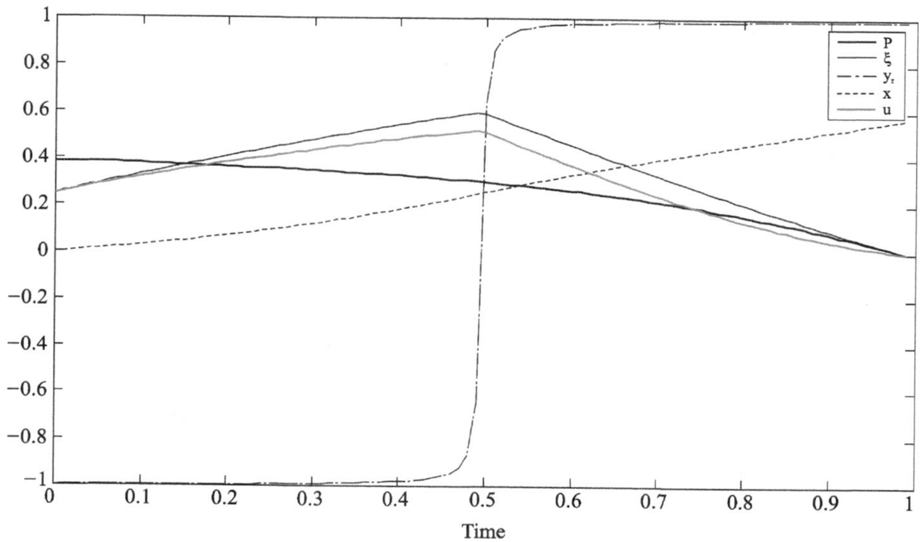

图 5.16　方波跟踪最优控制响应曲线($r=1$)

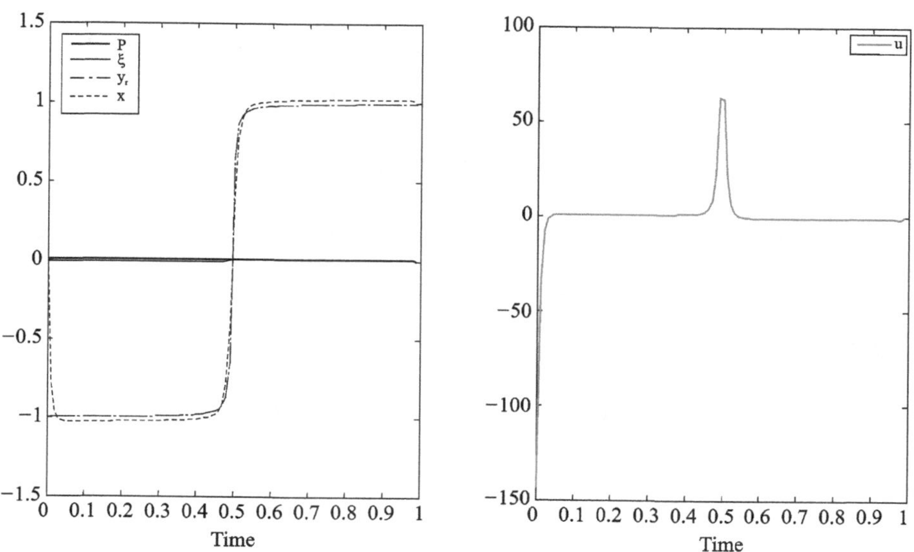

图 5.17　方波跟踪最优控制响应曲线($r=0.0005$)

5.4.2 无限时间线性定常系统跟踪问题

对于无限时间跟踪系统问题，目前还没有一般性的求解方法。当希望输出为定常向量时，无限时间定常最优跟踪系统问题有如下近似结果。

考虑线性定常系统的状态方程和输出方程

$$\dot{\boldsymbol{x}}(t)=\boldsymbol{A}\boldsymbol{x}(t)+\boldsymbol{B}\boldsymbol{u}(t),\quad \boldsymbol{x}(t_0)=\boldsymbol{x}_0 \tag{5.62}$$

$$\boldsymbol{y}(t)=\boldsymbol{C}\boldsymbol{x}(t),\quad \boldsymbol{y}(t_0)=\boldsymbol{C}\boldsymbol{x}_0 \tag{5.63}$$

及二次型性能指标

$$J=\frac{1}{2}\int_{t_0}^{\infty}[\boldsymbol{e}^{\mathrm{T}}(t)\boldsymbol{Q}\boldsymbol{e}(t)+\boldsymbol{u}^{\mathrm{T}}(t)\boldsymbol{R}\boldsymbol{u}(t)]\,\mathrm{d}t \tag{5.64}$$

其中，$\boldsymbol{e}(t)=\boldsymbol{y}_{\mathrm{r}}(t)-\boldsymbol{y}(t)$，$\boldsymbol{y}_{\mathrm{r}}(t)\in\mathbf{R}^r$ 是期望输出向量，$\boldsymbol{x}(t)\in\mathbf{R}^n$，$\boldsymbol{u}(t)\in\mathbf{R}^m$，$\boldsymbol{y}(t)\in\mathbf{R}^r$ 分别表示状态向量、控制向量和输出向量，$\boldsymbol{A}$，$\boldsymbol{B}$ 和 $\boldsymbol{C}$ 分别是 $n\times n$，$n\times m$ 和 $r\times n$ 维系统矩阵、增益矩阵和输出矩阵，且都为常数矩阵。控制变量 $\boldsymbol{u}(t)$ 不受约束，$\boldsymbol{Q}(t)$ 半正定，$\boldsymbol{R}(t)$ 正定。

假定系统可控且可观，要求最优控制 $\boldsymbol{u}^*(t)$，使 J 最小。此时 $t_{\mathrm{f}}\to\infty$，与无限时间线性定常系统状态调节器问题相似，当 $t\ll t_{\mathrm{f}}$ 时，有

$$\dot{\boldsymbol{P}}(t)=0,\qquad \boldsymbol{P}(t)=\bar{\boldsymbol{P}}$$

其中，$\bar{\boldsymbol{P}}$ 为常数矩阵。

并有 $\boldsymbol{u}^*(t)=-\boldsymbol{R}^{-1}\boldsymbol{B}^{\mathrm{T}}[\bar{\boldsymbol{P}}\boldsymbol{x}(t)-\boldsymbol{\xi}]$，其中 $\bar{\boldsymbol{P}}$ 满足黎卡提代数方程

$$\bar{\boldsymbol{P}}\boldsymbol{A}-\bar{\boldsymbol{P}}\boldsymbol{B}\boldsymbol{R}^{-1}\boldsymbol{B}^{\mathrm{T}}\bar{\boldsymbol{P}}+\boldsymbol{C}^{\mathrm{T}}\boldsymbol{Q}\boldsymbol{C}+\boldsymbol{A}^{\mathrm{T}}\bar{\boldsymbol{P}}=0$$

常值伴随变量 ξ 满足 $\boldsymbol{\xi}=-[\boldsymbol{A}-\boldsymbol{B}\boldsymbol{R}^{-1}\boldsymbol{B}^{\mathrm{T}}\bar{\boldsymbol{P}}]^{-\mathrm{T}}\boldsymbol{C}^{\mathrm{T}}\boldsymbol{Q}\boldsymbol{y}_{\mathrm{r}}$。

例 5.7 已知二阶系统 $\begin{matrix}\dot{x}_1(t)=x_2(t)\\ \dot{x}_2(t)=u(t)\end{matrix}$，$y=x_1$，$x_1(0)=x_{10}$，$x_2(0)=x_{20}$，控制 $u(t)$ 不受约束，期望输出为 $y_{\mathrm{r}}(t)=1$，定义误差变量 $e(t)=y_{\mathrm{r}}(t)-y(t)$，试求最优控制 $u^*(t)$，使得性能指标 $J=\frac{1}{2}\int_0^{\infty}[e^2(t)+u^2(t)]\,\mathrm{d}t$ 最小。

解：此例中有

$$\boldsymbol{A}=\begin{bmatrix}0&1\\0&0\end{bmatrix},\quad \boldsymbol{B}=\begin{bmatrix}0\\1\end{bmatrix},\quad \boldsymbol{C}=[1\quad 0],\quad Q=1,\quad R=1$$

假设 $\boldsymbol{P}=\begin{bmatrix}P_{11}&P_{12}\\P_{12}&P_{22}\end{bmatrix}$，$\boldsymbol{\xi}=\begin{bmatrix}\xi_1\\\xi_2\end{bmatrix}$。可得

$$\begin{cases}P_{12}{}^2-1=0\\P_{12}P_{22}-P_{11}=0\\P_{22}{}^2-2P_{12}=0\end{cases}$$

解得

$$P=\begin{bmatrix}\sqrt{2} & 1\\ 1 & \sqrt{2}\end{bmatrix}$$

将 $\boldsymbol{P}$ 代入相应公式后，有

$$\xi_2-y_r=0,\qquad \sqrt{2}\xi_2-\xi_1=0$$

解得

$$\boldsymbol{\xi}=\begin{bmatrix}\sqrt{2}y_r\\ y_r\end{bmatrix}$$

所以 $u^*=-(x_1+\sqrt{2}x_2)+\sqrt{2}y_r$。

相应的方框图如图 5.18 所示。

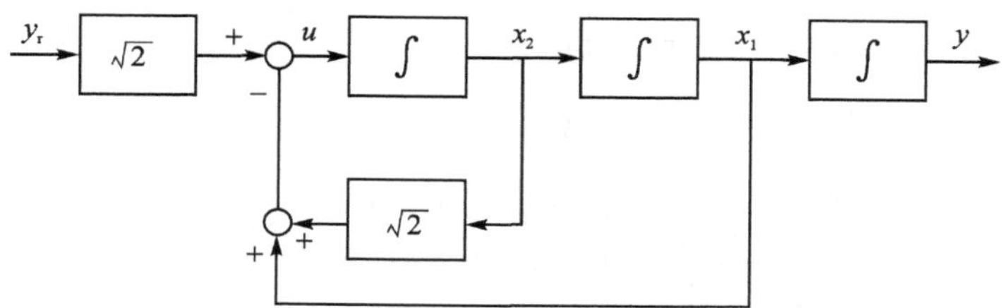

图 5.18 例 5.7 最优控制跟踪系统方框图

5.5 具有指定稳定度的最优调节器问题

前面讨论的无限时间调节器都是渐近稳定的，但均未考虑 $\boldsymbol{x}(t)\to 0$ 的速度，即衰减速度问题。从工程实用观点来看，往往需要最优调节系统的特征值位于复平面的一定区域内，比如，在 s 平面上特征值位于左半平面。这样渐近稳定的最优调节系统可以具备预定的动态性能。首先给出系统渐近稳定性的概念及稳定度的含义：

一个系统 $\dot{\boldsymbol{x}}(t)=\boldsymbol{A}\boldsymbol{x}(t)+\boldsymbol{B}\boldsymbol{u}(t)$ 是渐近稳定的，是指微分方程

$$\dot{\boldsymbol{x}}(t)=\boldsymbol{A}\boldsymbol{x}(t),\ \boldsymbol{x}(t_0)=\boldsymbol{x}_0,\qquad t\geqslant t_0$$

的解 $\boldsymbol{x}(t)$ 对于任意的 $\boldsymbol{x}_0$ 都有 $\lim\limits_{t\to\infty}\boldsymbol{x}(t)=0$

对于一个渐近稳定系统，稳定度 $\alpha>0$，是表示 $\boldsymbol{x}(t)\to 0$ 的衰减速度不低于 $\mathrm{e}^{-\alpha t}$ 的数量级。

以下以无限时间状态调节器为例进行指定稳定度的最优调节器问题讨论。

考虑系统状态方程为

$$\dot{\boldsymbol{x}}(t)=\boldsymbol{A}\boldsymbol{x}(t)+\boldsymbol{B}\boldsymbol{u}(t),\quad \boldsymbol{x}(t_0)=\boldsymbol{x}_0 \tag{5.65}$$

其中，$\boldsymbol{x}\in\mathbf{R}^n$，$\boldsymbol{u}\in\mathbf{R}^m$，$\boldsymbol{A}$，$\boldsymbol{B}$ 分别是 $n\times n$ 和 $n\times m$ 维常数系统矩阵和增益矩阵，系统

完全可控，且控制变量 $\boldsymbol{u}(t)$ 不受约束。考虑指定的稳定度 $\alpha>0$，性能指标为

$$J=\frac{1}{2}\int_{t_0}^{\infty}\mathrm{e}^{2\alpha t}\left[\boldsymbol{x}^{\mathrm{T}}(t)\boldsymbol{Q}\boldsymbol{x}(t)+\boldsymbol{u}^{\mathrm{T}}(t)\boldsymbol{R}\boldsymbol{u}(t)\right]\mathrm{d}t \tag{5.66}$$

其中，$\boldsymbol{Q}$ 半正定，$\boldsymbol{R}$ 正定。要求最优控制 $\boldsymbol{u}^*(t)$，使 J 达最小值。此问题也称为改进的最优状态调节器问题。

令

$$\tilde{\boldsymbol{x}}(t)=\mathrm{e}^{\alpha t}\boldsymbol{x}(t),\qquad \tilde{\boldsymbol{u}}(t)=\mathrm{e}^{\alpha t}\boldsymbol{u}(t) \tag{5.67}$$

则有

$$\boldsymbol{x}(t)=\mathrm{e}^{-\alpha t}\tilde{\boldsymbol{x}}(t),\qquad \boldsymbol{u}(t)=\mathrm{e}^{-\alpha t}\tilde{\boldsymbol{u}}(t) \tag{5.68}$$

并有

$$\dot{\tilde{\boldsymbol{x}}}(t)=(\boldsymbol{A}+\alpha\boldsymbol{I})\tilde{\boldsymbol{x}}(t)+\boldsymbol{B}\tilde{\boldsymbol{u}}(t) \tag{5.69}$$

将式(5.69)代入性能指标式(5.66)，得

$$J=\frac{1}{2}\int_{t_0}^{\infty}\left[\tilde{\boldsymbol{x}}^{\mathrm{T}}(t)\boldsymbol{Q}\tilde{\boldsymbol{x}}(t)+\tilde{\boldsymbol{u}}^{\mathrm{T}}(t)\boldsymbol{R}\tilde{\boldsymbol{u}}(t)\right]\mathrm{d}t \tag{5.70}$$

式(5.69)和式(5.70)即为规范的最优状态调节器问题。

可以证明，如果 $(\boldsymbol{A},\boldsymbol{B})$ 完全可控，则 $(\boldsymbol{A}+\alpha\boldsymbol{I},\boldsymbol{B})$ 完全可控。因此，对于系统式(5.69)，使性能指标达到最小值的最优控制作用为

$$\tilde{\boldsymbol{u}}^*(t)=-\boldsymbol{R}^{-1}\boldsymbol{B}^{\mathrm{T}}\bar{\boldsymbol{P}}_{\alpha}\tilde{\boldsymbol{x}}(t)$$

其中，$\bar{P}_{\alpha}$ 为黎卡提代数方程 $(\boldsymbol{A}+\alpha\boldsymbol{I})^{\mathrm{T}}\bar{\boldsymbol{P}}_{\alpha}+\bar{\boldsymbol{P}}_{\alpha}(\boldsymbol{A}+\alpha\boldsymbol{I})-\bar{\boldsymbol{P}}_{\alpha}\boldsymbol{B}\boldsymbol{R}^{-1}\boldsymbol{B}^{\mathrm{T}}\bar{\boldsymbol{P}}_{\alpha}+\boldsymbol{Q}=0$ 的对称正定解。

由式(5.67)和式(5.68)可知，对于原系统，最优控制为

$$\begin{aligned}\boldsymbol{u}^*(t)&=\mathrm{e}^{-\alpha t}\tilde{\boldsymbol{u}}^*(t)=\mathrm{e}^{-\alpha t}\boldsymbol{R}^{-1}\boldsymbol{B}^{\mathrm{T}}\bar{\boldsymbol{P}}_{\alpha}\tilde{\boldsymbol{x}}(t)\\&=-\boldsymbol{R}^{-1}\boldsymbol{B}^{\mathrm{T}}\bar{\boldsymbol{P}}_{\alpha}\boldsymbol{x}(t)\end{aligned} \tag{5.71}$$

最优轨线为 $\boldsymbol{x}^*(t)=\mathrm{e}^{-\alpha t}\tilde{\boldsymbol{x}}^*(t)$，由于 $\lim\limits_{t\to\infty}\tilde{\boldsymbol{x}}^*(t)=0$，而

$$\lim_{t\to\infty}\boldsymbol{x}^*(t)=\lim_{t\to\infty}\mathrm{e}^{-\alpha t}\tilde{\boldsymbol{x}}^*(t)$$

所以 $\boldsymbol{x}^*(t)$ 比 $\tilde{\boldsymbol{x}}^*(t)$ 衰减更快，即在最优控制式(5.71)的作用下，闭环控制系统

$$\dot{\boldsymbol{x}}(t)=(\boldsymbol{A}-\boldsymbol{B}\boldsymbol{R}^{-1}\boldsymbol{B}^{\mathrm{T}}\bar{\boldsymbol{P}}_{\alpha})\boldsymbol{x}(t)$$

具有指定的稳定度 $\alpha>0$。

例 5.8 给定单输入单输出系统 $\ddot{y}(t)=au(t)$，$a\neq0$，要求确定最优控制 $u^*(t)$，使性能指标 $J=\frac{1}{2}\int_{t_0}^{\infty}\mathrm{e}^{2t}\left[y^2(t)+u^2(t)\right]\mathrm{d}t$ 达到最小值。

解： 此问题为改进无限时间输出调节器问题。令 $x_1(t)=y(t)$，$x_2(t)=\dot{y}(t)$，那么有状态方程为 $\dot{x}_1(t)=x_2(t)$，$\dot{x}_2(t)=au(t)$，输出方程为 $y(t)=x_1(t)$，即有

$$\boldsymbol{A}=\begin{bmatrix}0 & 1\\0 & 0\end{bmatrix},\quad \boldsymbol{B}=\begin{bmatrix}0\\a\end{bmatrix},\quad \boldsymbol{C}=\begin{bmatrix}1 & 0\end{bmatrix}$$

显然系统可控且可观。

将性能指标变换为

$$\begin{aligned}J&=\frac{1}{2}\int_{t_0}^{\infty}\mathrm{e}^{2t}\left[x_1{}^2(t)+u^2(t)\right]\mathrm{d}t\\&=\frac{1}{2}\int_{t_0}^{\infty}\mathrm{e}^{2t}\left\{\left[x_1(t),x_2(t)\right]\begin{bmatrix}1 & 0\\0 & 0\end{bmatrix}\begin{bmatrix}x_1(t)\\x_2(t)\end{bmatrix}+u^2(t)\right\}\mathrm{d}t\end{aligned}$$

则问题转换为无限时间状态调节器问题，且 $\boldsymbol{Q}=\begin{bmatrix}1 & 0\\0 & 0\end{bmatrix}$，$R=1$，$\alpha=1$，满足 $\boldsymbol{Q}$ 半正定，R 正定条件。因此其最优控制为

$$\begin{aligned}u^*(t)&=-R^{-1}\boldsymbol{B}^{\mathrm{T}}\bar{\boldsymbol{P}}_{\alpha}\boldsymbol{x}(t)\\&=-\begin{bmatrix}0 & a\end{bmatrix}\begin{bmatrix}\bar{P}_{\alpha_{11}} & \bar{P}_{\alpha_{12}}\\\bar{P}_{\alpha_{12}} & \bar{P}_{\alpha_{22}}\end{bmatrix}\begin{bmatrix}x_1(t)\\x_2(t)\end{bmatrix}\\&=-a\left[\bar{P}_{\alpha_{12}}x_1(t)+\bar{P}_{\alpha_{22}}x_2(t)\right]\end{aligned}$$

其中，$\bar{\boldsymbol{P}}_{\alpha}$ 为黎卡提代数方程 $(\boldsymbol{A}+\alpha\boldsymbol{I})^{\mathrm{T}}\bar{\boldsymbol{P}}_{\alpha}+\bar{\boldsymbol{P}}_{\alpha}(\boldsymbol{A}+\alpha\boldsymbol{I})-\bar{\boldsymbol{P}}_{\alpha}\boldsymbol{B}R^{-1}\boldsymbol{B}^{\mathrm{T}}\bar{\boldsymbol{P}}_{\alpha}+\boldsymbol{Q}=0$ 的正定对称解。

将

$$\boldsymbol{A}=\begin{bmatrix}0 & 1\\0 & 0\end{bmatrix},\quad \boldsymbol{B}=\begin{bmatrix}0\\a\end{bmatrix},\quad \boldsymbol{C}=\begin{bmatrix}1 & 0\end{bmatrix},\quad \boldsymbol{Q}=\begin{bmatrix}1 & 0\\0 & 0\end{bmatrix},\quad R=1,\quad \alpha=1$$

代入黎卡提方程，最后可解得最优控制为

$$u^*(t)=-\frac{1}{a}\left(1+\sqrt{1+a^2}+\sqrt{2+2\sqrt{1+a^2}}\right)x_1(t)-\frac{1}{a}\left(2+\sqrt{2+2\sqrt{1+a^2}}\right)x_2(t)$$

将最优控制表示为输出反馈，则有

$$u^*(t)=-\frac{1}{a}\left(1+\sqrt{1+a^2}+\sqrt{2+2\sqrt{1+a^2}}\right)y(t)-\frac{1}{a}\left(2+\sqrt{2+2\sqrt{1+a^2}}\right)\dot{y}(t)$$

5.6　在阶跃干扰作用下的状态调节器问题

前面所讨论的最优控制均无法消除静差，而通过选择性能指标 J 的形式可以得到能克服干扰、消除静差的最优控制。

假设系统状态方程为

$$\dot{\boldsymbol{x}}(t)=\boldsymbol{A}\boldsymbol{x}(t)+\boldsymbol{B}\left[\boldsymbol{u}(t)+\boldsymbol{w}(t)\right]\tag{5.72}$$

其中，状态变量 $\boldsymbol{x}(t)\in\mathbf{R}^n$，控制变量 $\boldsymbol{u}(t)\in\mathbf{R}^m$，$\boldsymbol{w}(t)\in\mathbf{R}^m$ 为阶跃干扰变量，$\boldsymbol{A}$，$\boldsymbol{B}$ 分别是 $n\times n$ 和 $n\times m$ 维常数系统矩阵和增益矩阵，系统完全可控，且控制变量 $\boldsymbol{u}(t)$ 不受约束。

考虑性能指标为

$$J=\frac{1}{2}\int_{t_0}^{\infty}\{\boldsymbol{x}^{\mathrm{T}}(t)\boldsymbol{Q}\boldsymbol{x}(t)+[\boldsymbol{u}(t)+\boldsymbol{w}(t)]^{\mathrm{T}}\boldsymbol{S}[(t)+\boldsymbol{w}(t)]+\dot{\boldsymbol{u}}(t)^{\mathrm{T}}\boldsymbol{R}\dot{\boldsymbol{u}}(t)\}\,\mathrm{d}t \tag{5.73}$$

其中，$\boldsymbol{Q}$ 为半正定对称阵，$\boldsymbol{S}$，$\boldsymbol{R}$ 为正定对称阵。要求最优控制 $\boldsymbol{u}^*(t)$，使 J 达最小值。

性能指标中设置 $\dot{\boldsymbol{u}}(t)^{\mathrm{T}}\boldsymbol{R}\dot{\boldsymbol{u}}(t)$ 项的含义是：控制作用的变化速度也不宜过大。

令 $\bar{\boldsymbol{u}}(t)=\boldsymbol{u}(t)+\boldsymbol{w}(t)$，则有 $\dot{\bar{\boldsymbol{u}}}(t)=\dot{\boldsymbol{u}}(t)$。构造新状态变量 $\bar{\boldsymbol{x}}(t)=\begin{bmatrix}\boldsymbol{x}(t)\\ \bar{\boldsymbol{u}}(t)\end{bmatrix}$ 为 $n+m$ 维列向量，称为增广向量。

令 $\boldsymbol{v}(t)=\dot{\boldsymbol{u}}(t)=\dot{\bar{\boldsymbol{u}}}(t)$ 为新的控制向量，则得到增广系统状态方程为

$$\begin{aligned}\dot{\bar{\boldsymbol{x}}}(t)&=\begin{bmatrix}\boldsymbol{A} & \boldsymbol{B}\\ 0 & 0\end{bmatrix}\bar{\boldsymbol{x}}(t)+\begin{bmatrix}0\\ \boldsymbol{I}\end{bmatrix}\boldsymbol{v}(t)\\ &=\bar{\boldsymbol{A}}\boldsymbol{x}(t)+\bar{\boldsymbol{B}}\boldsymbol{v}(t)\end{aligned}$$

其中，$\bar{\boldsymbol{A}}=\begin{bmatrix}\boldsymbol{A} & \boldsymbol{B}\\ 0 & 0\end{bmatrix}$ 为 $(n+m)\times(n+m)$ 维矩阵，$\bar{\boldsymbol{B}}=\begin{bmatrix}0\\ \boldsymbol{I}\end{bmatrix}$ 为 $(n+m)\times m$ 维矩阵，相应的性能指标为

$$J=\frac{1}{2}\int_{t_0}^{\infty}[\bar{\boldsymbol{x}}^{\mathrm{T}}(t)\bar{\boldsymbol{Q}}\bar{\boldsymbol{x}}(t)+\boldsymbol{v}^{\mathrm{T}}(t)\boldsymbol{R}\boldsymbol{v}(t)]\,\mathrm{d}t$$

其中，$\bar{\boldsymbol{Q}}=\begin{bmatrix}\boldsymbol{Q} & 0\\ 0 & \boldsymbol{S}\end{bmatrix}$ 为 $(n+m)\times(n+m)$ 维半正定对称阵。

至此，本问题转化为基本的无限时间状态调节器最优控制问题。

可以证明，$(\bar{\boldsymbol{A}},\bar{\boldsymbol{B}})$ 完全可控的充要条件是 $(\boldsymbol{A},\boldsymbol{B})$ 完全可控。则增广系统最优控制为

$$\begin{aligned}\boldsymbol{v}^*(t)=\dot{\boldsymbol{u}}^*(t)&=-\boldsymbol{R}^{-1}\bar{\boldsymbol{B}}^{\mathrm{T}}\bar{\boldsymbol{P}}\bar{\boldsymbol{x}}(t)\\ &=-\boldsymbol{R}^{-1}[0\quad \boldsymbol{I}]\begin{bmatrix}\bar{P}_{11} & \bar{P}_{12}\\ \bar{P}_{12} & \bar{P}_{22}\end{bmatrix}\begin{bmatrix}\boldsymbol{x}(t)\\ \bar{\boldsymbol{u}}(t)\end{bmatrix}\\ &=-\boldsymbol{R}^{-1}[\bar{P}_{12}\boldsymbol{x}(t)+\bar{P}_{22}\bar{\boldsymbol{u}}(t)]\end{aligned}$$

其中，$\bar{P}$ 是黎卡提代数方程 $\bar{\boldsymbol{P}}\bar{\boldsymbol{A}}+\bar{\boldsymbol{A}}^{\mathrm{T}}\bar{\boldsymbol{P}}-\bar{\boldsymbol{P}}\bar{\boldsymbol{B}}\boldsymbol{R}^{-1}\bar{\boldsymbol{B}}^{\mathrm{T}}\bar{\boldsymbol{P}}+\bar{\boldsymbol{Q}}=0$ 的对称正定解，从中可以解出 $\bar{P}_{12}$ 和 $\bar{P}_{22}$。

令 $\boldsymbol{K}_1=\boldsymbol{R}^{-1}\bar{P}_{12}$，$\boldsymbol{K}_2=\boldsymbol{R}^{-1}\bar{P}_{22}$，则有

$$\dot{\boldsymbol{u}}^*(t)=-\left[\boldsymbol{K}_1\boldsymbol{x}(t)+\boldsymbol{K}_2(\boldsymbol{u}^*(t)+\boldsymbol{w}(t))\right] \tag{5.74}$$

在最优控制下，闭环系统渐近稳定，即

$$\lim_{t\to\infty}\bar{\boldsymbol{x}}(t)=0 \quad 或 \quad \lim_{t\to\infty}\begin{bmatrix}\boldsymbol{x}(t)\\ \boldsymbol{u}^*(t)+\boldsymbol{w}(t)\end{bmatrix}=0$$

所以有

$$\lim_{t\to\infty}\boldsymbol{u}^*(t)=-\boldsymbol{w}(t) \quad 和 \quad \lim_{t\to\infty}\boldsymbol{x}(t)=0$$

这表明当 $t\to\infty$ 时，最优控制信号与扰动反号。

由系统方程式(5.72)有

$$\boldsymbol{u}^*(t)+\boldsymbol{w}(t)=(\boldsymbol{B}^{\mathrm{T}}\boldsymbol{B})^{-1}\boldsymbol{B}^{\mathrm{T}}\left[\dot{\boldsymbol{x}}(t)-\boldsymbol{A}\boldsymbol{x}(t)\right] \tag{5.75}$$

将式(5.75)代入式(5.74)，有

$$\begin{aligned}\dot{\boldsymbol{u}}^*(t)&=-\left\{\boldsymbol{K}_1\boldsymbol{x}(t)+\boldsymbol{K}_2(\boldsymbol{B}^{\mathrm{T}}\boldsymbol{B})^{-1}\boldsymbol{B}^{\mathrm{T}}\left[\dot{\boldsymbol{x}}(t)-\boldsymbol{A}\boldsymbol{x}(t)\right]\right\}\\&=-\left\{\boldsymbol{K}_2(\boldsymbol{B}^{\mathrm{T}}\boldsymbol{B})^{-1}\boldsymbol{B}^{\mathrm{T}}\dot{\boldsymbol{x}}(t)+\left[\boldsymbol{K}_1-\boldsymbol{K}_2(\boldsymbol{B}^{\mathrm{T}}\boldsymbol{B})^{-1}\boldsymbol{B}^{\mathrm{T}}\boldsymbol{A}\right]\boldsymbol{x}(t)\right\}\\&=-\left[\boldsymbol{K}_3\dot{\boldsymbol{x}}(t)+\boldsymbol{K}_4\boldsymbol{x}(t)\right]\end{aligned} \tag{5.76}$$

其中，$\boldsymbol{K}_3=\boldsymbol{K}_2(\boldsymbol{B}^{\mathrm{T}}\boldsymbol{B})^{-1}\boldsymbol{B}^{\mathrm{T}}$，$\boldsymbol{K}_4=\boldsymbol{K}_1-\boldsymbol{K}_2(\boldsymbol{B}^{\mathrm{T}}\boldsymbol{B})^{-1}\boldsymbol{B}^{\mathrm{T}}\boldsymbol{A}$。

对式(5.76)积分后得

$$\boldsymbol{u}^*(t)=-\left[\boldsymbol{K}_3\boldsymbol{x}(t)+\boldsymbol{K}_4\int_{t_0}^{t}\boldsymbol{x}(\tau)\,\mathrm{d}\tau-\boldsymbol{u}^*(t_0)-\boldsymbol{K}_3\boldsymbol{x}(t_0)\right] \tag{5.77}$$

即为在阶跃干扰作用下的最优控制，此时系统闭环稳定，无静差。式(5.77)是状态的比例-积分反馈形式，与经典控制用比例积分克服阶跃干扰一致。

5.7　带有状态观测器的最优调节器问题

前述的各种调节器都是利用状态变量进行反馈的。若系统状态不可全部被检测到(一般被检测到的仅仅是输出 $\boldsymbol{y}(t)$)，则需要对状态给予估计。这里介绍通过状态观测器进行状态估计，从而实现最优调节器设计的方法。

设系统为

$$\begin{aligned}\dot{\boldsymbol{x}}(t)&=\boldsymbol{A}\boldsymbol{x}(t)+\boldsymbol{B}\boldsymbol{u}(t)\\\boldsymbol{y}(t)&=\boldsymbol{C}\boldsymbol{x}(t)\end{aligned} \tag{5.78}$$

其中，$(\boldsymbol{A},\boldsymbol{C})$完全可观，可构造状态观测器为

$$\dot{\hat{\boldsymbol{x}}}(t)=(\boldsymbol{A}+\boldsymbol{G}\boldsymbol{C})\hat{\boldsymbol{x}}(t)+\boldsymbol{B}\boldsymbol{u}(t)-\boldsymbol{G}\boldsymbol{C}\boldsymbol{x}(t) \tag{5.79}$$

其中，$\boldsymbol{G}$ 为设计者可选择的 $n\times r$ 矩阵，它使系统式(5.79)渐近稳定，即使 $\boldsymbol{A}+\boldsymbol{G}\boldsymbol{C}$ 的特征根均具有负实部。因此，由式(5.78)与式(5.79)，有

$$\dot{\boldsymbol{x}}(t)-\dot{\hat{\boldsymbol{x}}}(t)=\left[\boldsymbol{A}\boldsymbol{x}(t)+\boldsymbol{B}\boldsymbol{u}(t)\right]-\left[(\boldsymbol{A}+\boldsymbol{G}\boldsymbol{C})\hat{\boldsymbol{x}}(t)+\boldsymbol{B}\boldsymbol{u}(t)-\boldsymbol{G}\boldsymbol{C}\boldsymbol{x}(t)\right]$$

$$=(\boldsymbol{A}+\boldsymbol{GC})\left[\boldsymbol{x}(t)-\hat{\boldsymbol{x}}(t)\right]$$

渐近稳定，即

$$\lim_{t\to\infty}\left[\boldsymbol{x}(t)-\hat{\boldsymbol{x}}(t)\right]=0 \quad 或 \quad \lim_{t\to\infty}\hat{\boldsymbol{x}}(t)=\boldsymbol{x}(t)$$

根据分离定理，最优调节器中的状态 $\boldsymbol{x}(t)$ 的反馈可用状态观测器的输出 $\hat{\boldsymbol{x}}(t)$ 代替，即 $\boldsymbol{u}^*(t)=-\boldsymbol{K}\hat{\boldsymbol{x}}(t)$。这时，由原系统式(5.78)和状态观测器式(5.79)有增广系统为

$$\begin{bmatrix}\dot{\boldsymbol{x}}(t)\\ \dot{\hat{\boldsymbol{x}}}(t)\end{bmatrix}=\begin{bmatrix}\boldsymbol{A} & -\boldsymbol{BK}\\ -\boldsymbol{GC} & \boldsymbol{A}+\boldsymbol{GC}-\boldsymbol{BK}\end{bmatrix}\begin{bmatrix}\boldsymbol{x}(t)\\ \hat{\boldsymbol{x}}(t)\end{bmatrix} \tag{5.80}$$

令 $\tilde{\boldsymbol{x}}(t)=\boldsymbol{x}(t)-\hat{\boldsymbol{x}}(t)$，代入式(5.80)，可求得

$$\begin{bmatrix}\dot{\boldsymbol{x}}(t)\\ \dot{\tilde{\boldsymbol{x}}}(t)\end{bmatrix}=\begin{bmatrix}\boldsymbol{A}-\boldsymbol{BK} & \boldsymbol{BK}\\ 0 & \boldsymbol{A}+\boldsymbol{GC}\end{bmatrix}\begin{bmatrix}\boldsymbol{x}(t)\\ \tilde{\boldsymbol{x}}(t)\end{bmatrix} \tag{5.81}$$

即状态调节器的性能只由 $\boldsymbol{A}-\boldsymbol{BK}$ 的极点所支配，而 $\boldsymbol{A}+\boldsymbol{GC}$ 则决定观测器的性能。

5.8 离散系统最优调节器问题

与连续系统线性二次型最优状态调节器问题类似，离散系统线性二次型最优状态调节器具有符合实际应用需求的多种特点，得到广泛重视。

假设线性离散系统状态方程为

$$\boldsymbol{x}(k+1)=A(k)\boldsymbol{x}(k)+B(k)\boldsymbol{u}(k),\quad k=0,1,\cdots,N-1 \tag{5.82}$$

初始状态 $\boldsymbol{x}(0)=\boldsymbol{x}_0$，二次型性能指标

$$J=\frac{1}{2}\boldsymbol{x}^{\mathrm{T}}(N)\boldsymbol{F}\boldsymbol{x}(N)+\frac{1}{2}\sum_{k=0}^{N-1}\left[\boldsymbol{x}^{\mathrm{T}}(k)\boldsymbol{Q}(k)\boldsymbol{x}(k)+\boldsymbol{u}^{\mathrm{T}}(k)\boldsymbol{R}(k)\boldsymbol{u}(k)\right]$$

其中，$\boldsymbol{F}$ 为半正定对称常数矩阵，$\boldsymbol{Q}(k)$ 为半正定对称时变矩阵，$\boldsymbol{R}(k)$ 为正定对称时变矩阵。要求最优控制序列 $\boldsymbol{u}(k)$，$k=0,1,\cdots,N-1$，使 J 达到最小值。

利用离散极小值原理求解：

$$\begin{aligned}H(k)=&\frac{1}{2}\left[\boldsymbol{x}^{\mathrm{T}}(k)\boldsymbol{Q}(k)\boldsymbol{x}(k)+\boldsymbol{u}^{\mathrm{T}}(k)\boldsymbol{R}(k)\boldsymbol{u}(k)\right]\\&+\boldsymbol{\lambda}(k+1)\left[\boldsymbol{A}(k)\boldsymbol{x}(k)+\boldsymbol{B}(k)\boldsymbol{u}(k)\right]\end{aligned}$$

协态方程为

$$\boldsymbol{\lambda}(k)=\frac{\partial H(k)}{\partial\boldsymbol{x}(k)}=\boldsymbol{Q}(k)\boldsymbol{x}(k)+\boldsymbol{A}^{\mathrm{T}}(k)\boldsymbol{\lambda}(k+1) \tag{5.83}$$

横截条件为

$$\boldsymbol{\lambda}(N)=\frac{\partial}{\partial\boldsymbol{x}(N)}\left[\frac{1}{2}\boldsymbol{x}^{\mathrm{T}}(N)\boldsymbol{F}\boldsymbol{x}(N)\right]=\boldsymbol{F}\boldsymbol{x}(N)$$

控制方程为

$$\frac{\partial H(k)}{\partial \boldsymbol{u}(k)}=\boldsymbol{R}(k)\boldsymbol{u}(k)+\boldsymbol{B}^{\mathrm{T}}(k)\boldsymbol{\lambda}(k+1)=0$$

有

$$\boldsymbol{u}(k)=-\boldsymbol{R}^{-1}(k)\boldsymbol{B}^{\mathrm{T}}(k)\boldsymbol{\lambda}(k+1)$$

代入状态方程式(5.82)得两点边值问题，即

$$\begin{cases}\boldsymbol{x}(k+1)=\boldsymbol{A}(k)\boldsymbol{x}(k)-\boldsymbol{B}(k)\boldsymbol{R}^{-1}(k)\boldsymbol{B}^{\mathrm{T}}(k)\boldsymbol{\lambda}(k+1)\\ \boldsymbol{\lambda}(k)=\boldsymbol{Q}(k)\boldsymbol{x}(k)+\boldsymbol{A}^{\mathrm{T}}(k)\boldsymbol{\lambda}(k+1)\\ \boldsymbol{x}(0)=\boldsymbol{x}_0\\ \boldsymbol{\lambda}(N)=\boldsymbol{F}\boldsymbol{x}(N)\end{cases}\tag{5.84}$$

假设

$$\boldsymbol{\lambda}(k)=\boldsymbol{P}(k)\boldsymbol{x}(k)\tag{5.85}$$

代入方程组式(5.84)得

$$\begin{cases}\boldsymbol{x}(k+1)=\boldsymbol{A}(k)\boldsymbol{x}(k)-\boldsymbol{B}(k)\boldsymbol{R}^{-1}(k)\boldsymbol{B}^{\mathrm{T}}(k)\boldsymbol{P}(k+1)\boldsymbol{x}(k+1)\\ \boldsymbol{P}(k)\boldsymbol{x}(k)=\boldsymbol{Q}(k)\boldsymbol{x}(k)+\boldsymbol{A}^{\mathrm{T}}(k)\boldsymbol{P}(k+1)\boldsymbol{x}(k+1)\end{cases}$$

消去其中 $\boldsymbol{x}(k+1)$，得

$$\begin{cases}\boldsymbol{x}(k+1)=[\boldsymbol{I}+\boldsymbol{B}(k)\boldsymbol{R}^{-1}(k)\boldsymbol{B}^{\mathrm{T}}(k)\boldsymbol{P}(k+1)]^{-1}\boldsymbol{A}(k)\boldsymbol{x}(k)\\ \boldsymbol{P}(k)\boldsymbol{x}(k)=\boldsymbol{Q}(k)\boldsymbol{x}(k)+\boldsymbol{A}^{\mathrm{T}}(k)\boldsymbol{P}(k+1)[\boldsymbol{I}+\boldsymbol{B}(k)\boldsymbol{R}^{-1}(k)\boldsymbol{B}^{\mathrm{T}}(k)\boldsymbol{P}(k+1)]^{-1}\boldsymbol{A}(k)\boldsymbol{x}(k)\end{cases}$$

可得离散黎卡提方程：

$$\boldsymbol{P}(k)=\boldsymbol{Q}(k)+\boldsymbol{A}^{\mathrm{T}}(k)[\boldsymbol{P}^{-1}(k+1)+\boldsymbol{B}(k)\boldsymbol{R}^{-1}(k)\boldsymbol{B}^{\mathrm{T}}(k)]^{-1}\boldsymbol{A}(k)\tag{5.86}$$

其终值条件为

$$\boldsymbol{P}(N)=\boldsymbol{F}$$

由协态方程式(5.83)和式(5.85)可得

$$\boldsymbol{P}(k)\boldsymbol{x}(k)=\boldsymbol{Q}(k)\boldsymbol{x}(k)+\boldsymbol{A}^{\mathrm{T}}(k)\boldsymbol{\lambda}(k+1)$$

若 $\boldsymbol{A}^{-1}(k)$ 存在(事实上可以放宽，但要使用动态规划求解)：

$$\boldsymbol{\lambda}(k+1)=\boldsymbol{A}^{-\mathrm{T}}(k)[\boldsymbol{P}(k)-\boldsymbol{Q}(k)]\boldsymbol{x}(k)$$

则最优控制为

$$\boldsymbol{u}(k)=-\boldsymbol{R}^{-1}(k)\boldsymbol{B}^{\mathrm{T}}(k)\boldsymbol{A}^{-\mathrm{T}}(k)[\boldsymbol{P}(k)-\boldsymbol{Q}(k)]\boldsymbol{x}(k)=-\boldsymbol{K}(k)\boldsymbol{x}(k)\tag{5.87}$$

其中

$$\boldsymbol{K}(k)=\boldsymbol{R}^{-1}(k)\boldsymbol{B}^{\mathrm{T}}(k)\boldsymbol{A}^{-\mathrm{T}}(k)[\boldsymbol{P}(k)-\boldsymbol{Q}(k)]\tag{5.88}$$

显然，式(5.87)是状态反馈控制，$\boldsymbol{K}(k)$ 为反馈增益矩阵。

离散线性二次型最优状态调节器结构图如图 5.19 所示。

与连续系统二次型最优控制相似，如果 $N\to\infty$，$\boldsymbol{A}(k)$ 和 $\boldsymbol{B}(k)$ 均为常数矩阵，系统完全可控，则也应有黎卡提方程的解 $\boldsymbol{P}(k)=\bar{\boldsymbol{P}}$ 为常数矩阵。

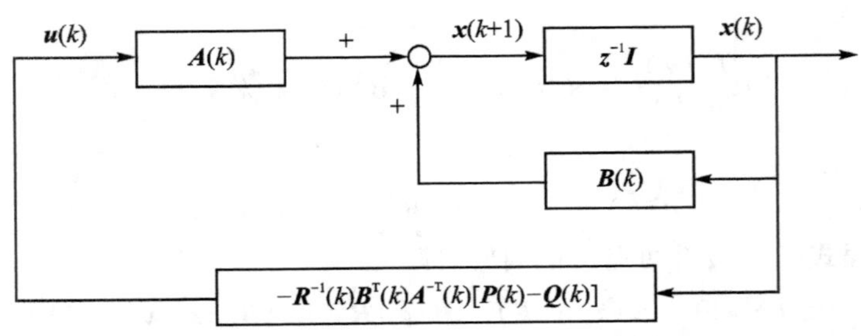

图 5.19　离散线性二次型最优状态调节器

例 5.9　考虑离散系统 $x(k+1)=x(k)+u(k)$ 和二次型性能指标 $J=\sum_{k=0}^{2}[x^2(k)+u^2(k)]$。求使 J 取极小值的最优控制序列 $u(k)$。

解：本例中，状态方程为一阶，$A(k)=1$，$B(k)=1$，$F=0$，$N=3$，$Q=1$，$R=1$ 满足正定条件。因此黎卡提方程的解 $P(k)$ 存在，为一维的时变序列。

由边界条件 $P(N)=0$，黎卡提方程的解 $P(k)$ 可根据式(5.86)递推求得。因此

$$P(k)=Q(k)+A^{\mathrm{T}}(k)\left[P^{-1}(k+1)+B(k)R^{-1}(k)B^{\mathrm{T}}(k)\right]^{-1}A(k)$$

$$=1+\left[P^{-1}(k+1)+1\right]^{-1}=1+\frac{P(k+1)}{P(k+1)+1}$$

当 $k=2$ 时，$P(2)=1+\dfrac{P(3)}{P(3)+1}=1+\dfrac{0}{0+1}=1$；

当 $k=1$ 时，$P(1)=1+\dfrac{P(2)}{P(2)+1}=1+\dfrac{1}{1+1}=\dfrac{3}{2}$；

当 $k=0$ 时，$P(0)=1+\dfrac{P(1)}{P(1)+1}=1+\dfrac{\frac{3}{2}}{\frac{3}{2}+1}=\dfrac{8}{5}$。

再由式(5.88)可得

$$K(k)=R^{-1}(k)B^{\mathrm{T}}(k)A^{-\mathrm{T}}(k)\left[P(k)-Q(k)\right]=P(k)-1$$

所以有

$$K(0)=\frac{8}{5}-1=\frac{3}{5},\quad K(1)=\frac{3}{2}-1=\frac{1}{2},\quad K(2)=1-1=0$$

故最优控制序列 $u^*(k)$ 为

$$u^*(0)=-\frac{3}{5}x(0),\quad u^*(1)=-\frac{1}{2}x(1),\quad u^*(2)=0$$

此时，由状态方程有

$$x(1)=x(0)+u(0)=\frac{2}{5}x(0)$$

$$x(2)=x(1)+u(1)=\frac{2}{5}x(0)-\frac{1}{2}\times\frac{2}{5}x(0)=\frac{1}{5}x(0)$$

将 $x(k)$，$u^*(k)$ 代入性能指标得最优性能指标，有

$$\begin{aligned}J &= [x^2(0)+u^2(0)]+[x^2(1)+u^2(1)]+[x^2(2)+u^2(2)]\\ &= x^2(0)+\left[-\frac{3}{5}x(0)\right]^2+\left[\frac{2}{5}x(0)\right]^2+\left[-\frac{1}{2}\times\frac{2}{5}x(0)\right]^2+\left[\frac{1}{5}x(0)\right]^2+0\\ &= \frac{25+9+4+1+1}{25}x^2(0)=\frac{8}{5}x^2(0)\end{aligned}$$

5.9　线性二次型最优控制系统设计举例

5.9.1　一阶倒立摆 LQR 控制

倒立摆是进行控制理论研究的典型实验平台。倒立摆是机器人技术、控制理论、计算机控制等多个领域、多种技术的有机结合，其被控系统本身又是一个绝对不稳定、高阶次、多变量、强耦合的非线性系统，可以作为一个典型的控制对象对其进行研究。最初研究开始于 20 世纪 50 年代，麻省理工学院（MIT）的控制论专家根据火箭发射助推器原理设计出一级倒立摆实验设备。近年来，新的控制方法不断出现，人们试图通过倒立摆这样一个典型的控制对象，检验新的控制方法是否有较强的处理多变量、非线性和绝对不稳定系统的能力，从而从中找出最优秀的控制方法。

1. 一阶倒立摆数学描述

首先建立一阶倒立摆的物理模型。在忽略空气阻力和各种摩擦之后，可将直线一阶倒立摆系统抽象成小车和匀质杆组成的系统，如图 5.20 所示。

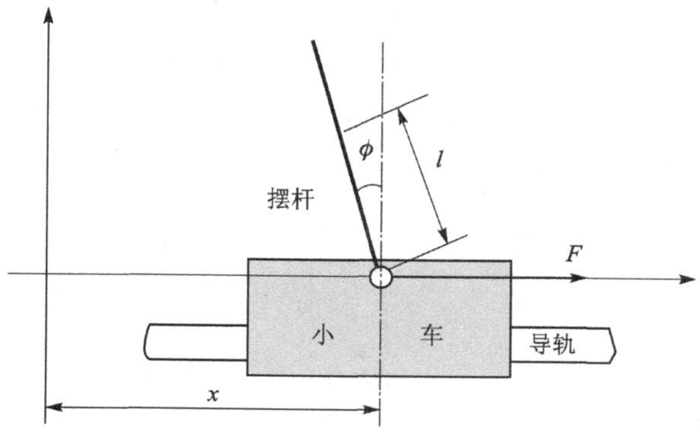

图 5.20　一阶倒立摆模型

系统内部各相关参数定义如下：

M——小车质量；

m——摆杆质量；

b——小车摩擦系数；

l—— 摆杆转动轴心到杆质心的长度；

I——摆杆惯量；

F—— 加在小车上的力；

x—— 小车位置；

ϕ——摆杆与垂直向上方向的夹角；

θ——摆杆与垂直向下方向的夹角(考虑到摆杆初始位置为竖直向下)。

对一阶倒立摆系统中的小车和摆杆进行受力分析(见图 5.21)，其中，N 和 P 为小车与摆杆相互作用力的水平和垂直方向的分量。

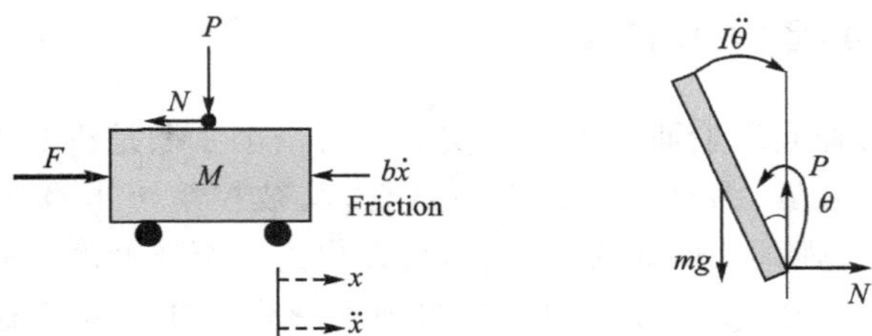

图 5.21　小车及摆杆受力图

分析小车水平方向所受的合力，可得

$$M\ddot{x}=F-b\dot{x}-N \tag{5.89}$$

分析摆杆水平方向的受力可得

$$N=m\frac{d^2}{dt^2}(x+l\sin\theta)$$

即

$$N=m\ddot{x}+ml\ddot{\theta}\cos\theta-ml\dot{\theta}^2\sin\theta \tag{5.90}$$

于是将式(5.90)代入式(5.89)得到系统的第一个运动方程：

$$(M+m)\ddot{x}+b\dot{x}+ml\ddot{\theta}\cos\theta-ml\dot{\theta}^2\sin\theta=F$$

为了推出系统的第二个运动方程，对摆杆垂直方向上的合力进行分析，可得

$$P-mg=m\frac{\mathrm{d}^2}{\mathrm{d}t^2}(l\cos\theta)$$

即

$$P-mg=-ml\ddot{\theta}\sin\theta-ml\dot{\theta}^2\cos\theta \tag{5.91}$$

力矩平衡方程如下：

$$-Pl\sin\theta-Nl\cos\theta=I\ddot{\theta} \tag{5.92}$$

由于 $\theta=\pi+\phi$，$\cos\phi=-\cos\theta$，$\sin\phi=-\sin\theta$。将式(5.90)和式(5.91)代入式(5.92)中，约去 P 和 N，得第二个运动方程为

$$(I+ml^2)\ddot{\theta}+mgl\sin\theta=-ml\ddot{x}\cos\theta$$

设 $\theta=\pi+\phi$，假设 $\phi\ll 1$ 弧度，则可以进行近似处理，即

$$\cos\theta=-1,\quad \sin\theta=-\phi,\quad \left(\frac{\mathrm{d}\theta}{\mathrm{d}t}\right)^2=0$$

用 u 代表被控对象的输入力 F，利用上述近似进行线性化得直线一阶倒立摆的微分方程为

$$\begin{cases}(I+ml^2)\ddot{\phi}-mgl\phi=ml\ddot{x}\\(M+m)\ddot{x}+b\dot{x}-ml\ddot{\phi}=u\end{cases}$$

设系统状态空间方程为

$$\dot{\boldsymbol{X}}=\boldsymbol{AX}+\boldsymbol{Bu}$$
$$\boldsymbol{y}=\boldsymbol{CX}+\boldsymbol{Du}$$

对 $\ddot{x}$，$\ddot{\phi}$ 解代数方程，得

$$\begin{cases}\dot{x}=\dot{x}\\ \ddot{x}=\dfrac{-(I+ml^2)b}{I(M+m)+Mml^2}\dot{x}+\dfrac{m^2gl^2}{I(M+m)+Mml^2}\phi+\dfrac{(I+ml^2)}{I(M+m)+Mml^2}u\\ \dot{\phi}=\dot{\phi}\\ \ddot{\phi}=\dfrac{-mlb}{I(M+m)+Mml^2}\dot{x}+\dfrac{mgl(M+m)}{I(M+m)+Mml^2}\phi+\dfrac{ml}{I(M+m)+Mml^2}u\end{cases}$$

整理后得系统状态空间方程为

$$\begin{bmatrix}\dot{x}\\ \ddot{x}\\ \dot{\phi}\\ \ddot{\phi}\end{bmatrix}=\begin{bmatrix}0 & 1 & 0 & 0\\ 0 & \dfrac{-(I+ml^2)b}{I(M+m)+Mml^2} & \dfrac{m^2gl^2}{I(M+m)+Mml^2} & 0\\ 0 & 0 & 0 & 1\\ 0 & \dfrac{-mlb}{I(M+m)+Mml^2} & \dfrac{mgl(M+m)}{I(M+m)+Mml^2} & 0\end{bmatrix}\begin{bmatrix}x\\ \dot{x}\\ \phi\\ \dot{\phi}\end{bmatrix}+\begin{bmatrix}0\\ \dfrac{I+ml^2}{I(M+m)+Mml^2}\\ 0\\ \dfrac{ml}{I(M+m)+Mml^2}\end{bmatrix}u$$

$$\boldsymbol{y}=\begin{bmatrix}x\\ \phi\end{bmatrix}=\begin{bmatrix}1 & 0 & 0 & 0\\ 0 & 0 & 1 & 0\end{bmatrix}\begin{bmatrix}x\\ \dot{x}\\ \phi\\ \dot{\phi}\end{bmatrix}+\begin{bmatrix}0\\ 0\end{bmatrix}u$$

2. 观测器及控制器设计

设计带状态观测器的最优控制器，使得系统

$$\dot{\boldsymbol{x}}=\begin{bmatrix}-3 & 0\\ -1 & -2\end{bmatrix}\boldsymbol{x}+\begin{bmatrix}1\\ 1\end{bmatrix}\boldsymbol{u}$$

$$\boldsymbol{y}=\begin{bmatrix}1 & 0\\ 0 & 1\end{bmatrix}\boldsymbol{x}$$

在性能指标 $J=\frac{1}{2}e^{2at}\int_{t_0}^{\infty}\boldsymbol{x}^{\mathrm{T}}(t)\boldsymbol{Q}\boldsymbol{x}(t)+\boldsymbol{u}^{\mathrm{T}}(t)\boldsymbol{R}\boldsymbol{u}(t)\mathrm{d}t$ 下达到最优。其中 $\boldsymbol{Q}=\begin{bmatrix}100 & \\ & 100\end{bmatrix}$，$\boldsymbol{R}=[1]$。

令 $\begin{matrix}\bar{\boldsymbol{x}}=e^{at}\boldsymbol{x}\\ \bar{\boldsymbol{u}}=e^{at}\boldsymbol{u}\end{matrix}$，则 $\begin{matrix}\boldsymbol{x}=e^{-at}\bar{\boldsymbol{x}}\\ \boldsymbol{u}=e^{-at}\bar{\boldsymbol{u}}\end{matrix}$。原性能指标变为

$$J=\frac{1}{2}\int_{t_0}^{\infty}\bar{\boldsymbol{x}}^{\mathrm{T}}(t)\boldsymbol{Q}\bar{\boldsymbol{x}}(t)+\bar{\boldsymbol{u}}^{\mathrm{T}}(t)\boldsymbol{R}\bar{\boldsymbol{u}}(t)\mathrm{d}t$$

则

$$\begin{aligned}\frac{\mathrm{d}e^{at}\boldsymbol{x}}{\mathrm{d}t}&=a e^{at}\boldsymbol{x}+\dot{\boldsymbol{x}}e^{at}\\&=a e^{at}\boldsymbol{x}+(\boldsymbol{A}\boldsymbol{x}+\boldsymbol{B}\boldsymbol{u})e^{at}\\&=(\boldsymbol{A}+a)e^{at}\boldsymbol{x}+e^{at}\boldsymbol{u}(t)\\&=(\boldsymbol{A}+a)\bar{\boldsymbol{x}}+\bar{\boldsymbol{u}}(t),\end{aligned}$$

$$\bar{\boldsymbol{u}}(t)=-\boldsymbol{R}^{-1}\boldsymbol{B}^{\mathrm{T}}\boldsymbol{P}\bar{\boldsymbol{x}}(t),$$

其中，$\boldsymbol{P}$ 为 $(\boldsymbol{A}+a\boldsymbol{I})^{\mathrm{T}}\boldsymbol{P}+\boldsymbol{P}(\boldsymbol{A}+a\boldsymbol{I})+\boldsymbol{Q}-\boldsymbol{P}\boldsymbol{B}\boldsymbol{R}^{-1}\boldsymbol{B}^{\mathrm{T}}\boldsymbol{P}=0$ 的解。

当系统状态量不容易测量时，针对上述 $\dot{\bar{\boldsymbol{x}}}=(\boldsymbol{A}+a\boldsymbol{I})\bar{\boldsymbol{x}}+\boldsymbol{B}\bar{\boldsymbol{u}}$ 设计状态观测器，

$$\bar{\boldsymbol{u}}(t)=-\boldsymbol{R}^{-1}\boldsymbol{B}^{\mathrm{T}}\boldsymbol{P}\hat{\boldsymbol{x}}(t)$$

$$\begin{aligned}\dot{\hat{\boldsymbol{x}}}(t)&=(\boldsymbol{A}+a\boldsymbol{I})\bar{\boldsymbol{x}}(t)+\boldsymbol{B}\bar{\boldsymbol{u}}(t)+\boldsymbol{G}(\boldsymbol{y}-\hat{\boldsymbol{y}})\\&=(\boldsymbol{A}+a\boldsymbol{I}-\boldsymbol{G}\boldsymbol{C}-\boldsymbol{B}\boldsymbol{K})\hat{\boldsymbol{x}}+\boldsymbol{G}\boldsymbol{C}\boldsymbol{x}\end{aligned}$$

定义 $\boldsymbol{e}(t)=\boldsymbol{x}-\hat{\boldsymbol{x}}$，则

$$\dot{\bar{\boldsymbol{x}}}=(\boldsymbol{A}+a\boldsymbol{I}-\boldsymbol{B}\boldsymbol{K})\bar{\boldsymbol{x}}+\boldsymbol{B}\boldsymbol{K}\boldsymbol{e}$$

$$\dot{\boldsymbol{e}}=(\boldsymbol{A}+a\boldsymbol{I}-\boldsymbol{G}\boldsymbol{C})\boldsymbol{e}$$

为使得观测误差收敛，应选择合适的 $\boldsymbol{G}$ 使 $\boldsymbol{A}+a\boldsymbol{I}-\boldsymbol{G}\boldsymbol{C}$ 的极点在 S 平面的左半平面。

系统结构框图如图 5.22 所示。

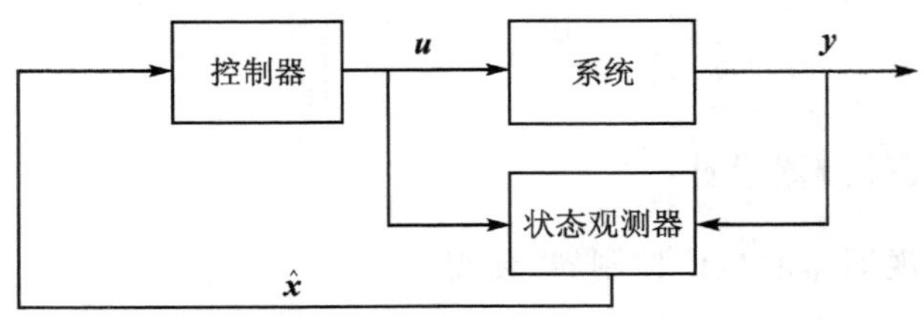

图 5.22　系统结构框图

3. 仿真验证

将倒立摆实际数据代入系统：

M	小车质量	0.5 kg
m	摆杆质量	0.2 kg
b	小车摩擦系数	0.1 N/(m·s)
l	摆杆转动轴心到杆质心的长度	0.3 m
I	摆杆惯量	0.006 kg·m^2

得到一阶倒立摆的数学模型为

$$\begin{bmatrix}\dot{x}\\ \ddot{x}\\ \dot{\phi}\\ \ddot{\phi}\end{bmatrix}=\begin{bmatrix}0 & 1 & 0 & 0\\ 0 & -0.181\,818 & 2.672\,727 & 0\\ 0 & 0 & 0 & 1\\ 0 & -0.454\,545 & 31.181\,818 & 0\end{bmatrix}\begin{bmatrix}x\\ \dot{x}\\ \phi\\ \dot{\phi}\end{bmatrix}+\begin{bmatrix}0\\ 1.818\,182\\ 0\\ 4.545\,455\end{bmatrix}u$$

$$\boldsymbol{y}=\begin{bmatrix}x\\ \phi\end{bmatrix}=\begin{bmatrix}1 & 0 & 0 & 0\\ 0 & 0 & 1 & 0\end{bmatrix}\begin{bmatrix}x\\ \dot{x}\\ \phi\\ \dot{\phi}\end{bmatrix}+\begin{bmatrix}0\\ 0\end{bmatrix}u$$

将状态观测器的极点配置为$-2,-3,-2,-3$，解得

$$\boldsymbol{G}=\begin{bmatrix}6.45 & 2.27\\ 6.26 & 4.44\\ 1.27 & 7.36\\ -0.70 & 39.30\end{bmatrix}$$

求解黎卡提方程，解得反馈矩阵为

$$\boldsymbol{K}=[-117.36\quad -149.32\quad 658.87\quad 170.21]$$

当系统初始状态为 $\boldsymbol{x}_0=[2\quad 2\quad 2\quad 3]^{\mathrm{T}}$ 时，得到系统响应如图 5.23～图 5.28 所示。可见，通过控制器的作用，能够使一阶倒立摆在偏离平衡位置的时候通过作用力的控制回到平衡状态。并且可以明显看出，选择了指定稳定度的性能指标，得到的状态量相比原性能指标收敛更为迅速。通过选取 $\boldsymbol{G}$ 使得状态观测器能够跟踪上状态量，使得系统能够通过状态观测器的信息实现状态反馈。

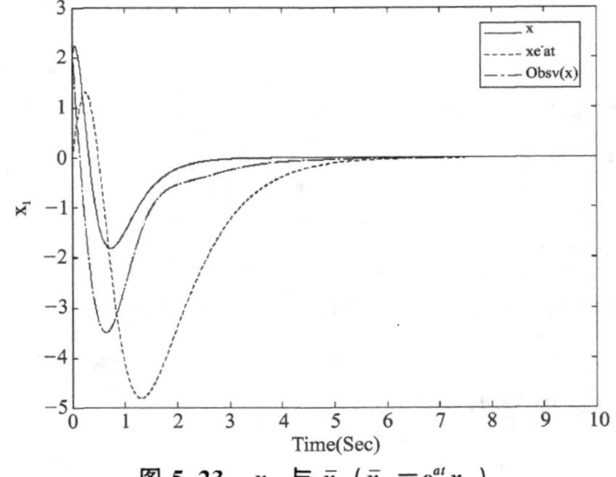

图 5.23　x_1 与 $\bar{x}_1$ ($\bar{x}_1 = e^{at}x_1$)

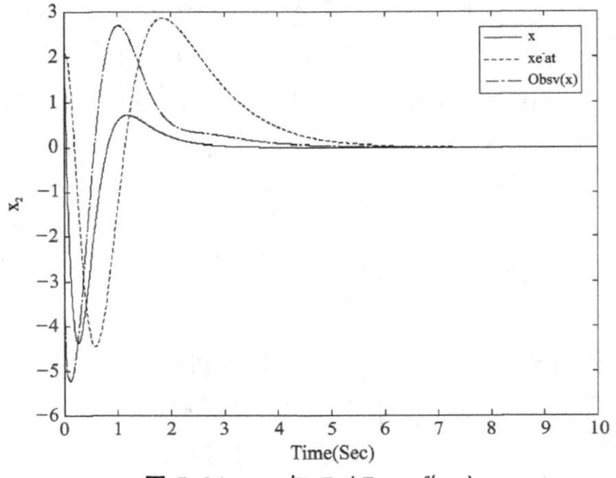

图 5.24　x_2 与 $\bar{x}_2$ ($\bar{x}_2 = e^{at}x_2$)

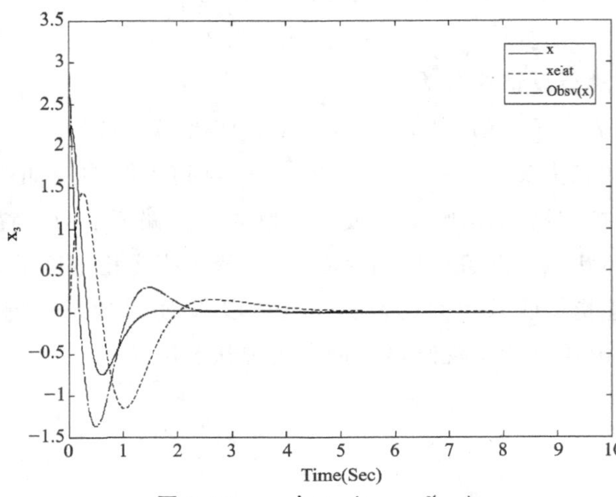

图 5.25　x_3 与 $\bar{x}_3$ ($\bar{x}_3 = e^{at}x_3$)

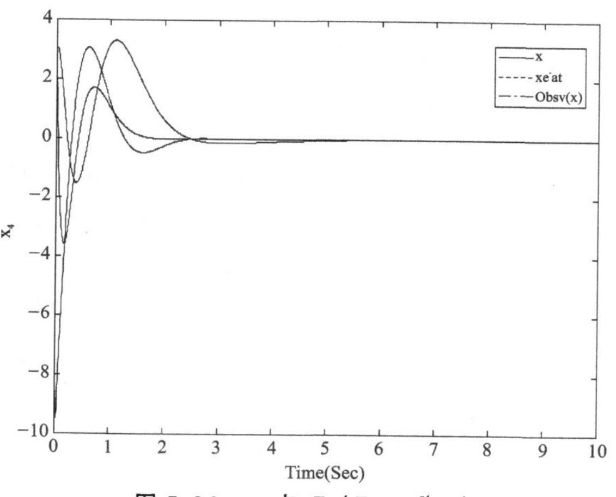

图 5.26 x_4 与 $\bar{x}_4(\bar{x}_4=\mathrm{e}^{at}x_4)$

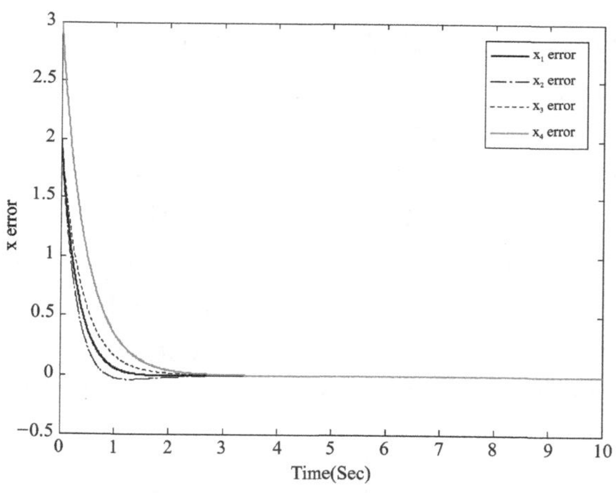

图 5.27 状态观测器跟踪误差

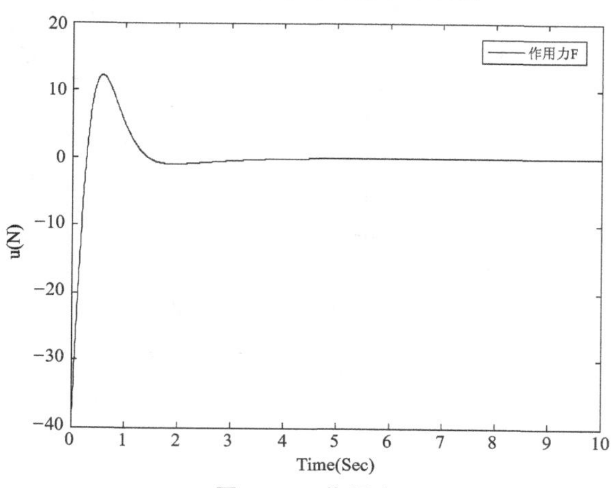

图 5.28 作用力

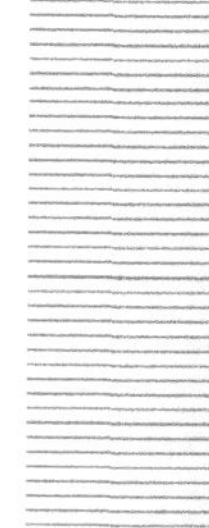

5.9.2 四轮转向汽车 LQR 控制

随着现代道路交通系统和汽车技术的发展，汽车行驶的速度不断提高，高速行驶的安全问题日益突出。汽车在高速行驶情况下进行车道变换、超车、弯道行驶时，减少车身侧偏，提高车辆安全性成为当前亟待解决的问题。传统前轮转向(FWS)汽车在高速转向时，无法对车身的大侧偏角和侧滑角进行控制，车辆循迹能力差，容易发生侧滑和侧翻。近年来，4 轮转向(4WS)通过后轮辅助转向，可能会改善车辆的低速操纵性和高速稳定性，受到了各国研究者的重视。但是由于实车开发的困难，利用仿真手段研究先进技术已经成为汽车研究的重要手段。因此，本文基于 MATLAB/Simulink，对提出的 4WS 车辆控制算法进行了仿真研究。

1. 数学模型的建立

假设：① 忽略转向系统的影响，直接以前轮转角作为输入；忽略悬架的作用，认为汽车只在平行于地面的平面内运动，即汽车沿 z 轴的平移，绕 y 轴的俯仰，绕 x 轴的侧倾均忽略不计，只有沿 y 轴的平移和绕 z 轴的转动。② 侧向加速度小于 $0.4g$，前后轮侧偏角小于 5°，轮胎侧偏特性处于线性范围。③ 驱动力不大，忽略空气动力的作用。④ 不考虑地面切向力对轮胎侧偏特性的影响。⑤ 忽略左右轮胎由于载荷变化引起轮胎特性的变化以及轮胎回正力矩的作用。可以用一个线性 2DOF 模型来预测车辆的动态行为，如图 5.29 所示。汽车线性 2DOF 动力学模型集中了车辆的主要性能，把影响汽车性能的参数减至最少，从本质上反映了汽车操纵动力学特性，利用它从理论上对车辆操纵性能进行分析，可以得出普遍适用的具有指导性的结论。

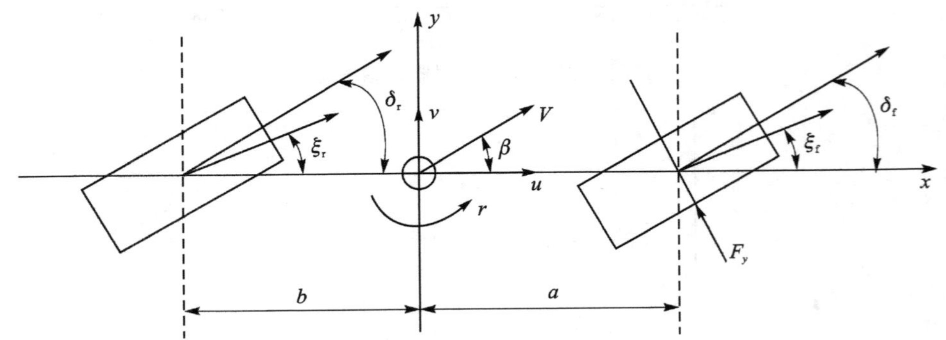

图 5.29 2DOF 车辆侧向运动模型

建模时以前轮转角作为输入，忽略汽车的侧倾与俯仰运动，认为汽车只作平行于地面的平面运动。根据车辆运动学关系，建立动力学微分方程，即

$$\begin{cases}(k_f+k_r)\beta+\dfrac{1}{V}(ak_f-bk_r)-k_f\delta_f-k_r\delta_r=m(\beta+r)\\(ak_f-bk_r)\beta+\dfrac{1}{V}(a^2k_f+b^2k_r)r-ak_f\delta_f+bk_r\delta_r=I_z\dot{r}\end{cases}$$

式中，β 为质心侧偏角；r 为汽车横摆角速度；V 为质心前进速度；m 为汽车质量；$\dot{r}$ 为汽车横摆角加速度；k_f、k_r 分别为前、后轮等效侧偏刚度；a、b 分别为汽车质心至前、后轴的距离；δ_f、δ_r 分别为前、后轮转角；I_z 为汽车绕质心的转动惯量。

取状态变量 $\boldsymbol{X}=[\beta\quad r]^T$，输入变量 $\boldsymbol{U}=[\delta_f\quad \delta_r]^T$，输出变量 $\boldsymbol{Y}=[\beta\quad r]^T$，有

$$\begin{cases}\dot{\boldsymbol{X}}=\boldsymbol{AX}+\boldsymbol{BU}\\\boldsymbol{Y}=\boldsymbol{CX}\end{cases}$$

$$\boldsymbol{A}=\begin{bmatrix}\dfrac{k_f+k_r}{mu} & \dfrac{ak_f-bk_r}{mu}-1\\\dfrac{ak_f-bk_r}{I_z} & \dfrac{a^2k_f+b^2k_r}{I_zu}\end{bmatrix},\quad \boldsymbol{B}=\begin{bmatrix}\dfrac{-k_f}{mu} & \dfrac{-k_r}{mu}\\\dfrac{-ak_f}{I_z} & \dfrac{bk_r}{I_zu}\end{bmatrix},\quad \boldsymbol{C}=\begin{bmatrix}1 & 0\\0 & 1\end{bmatrix}$$

2. 后轮转向控制策略

随着控制理论的发展，已经出现多种 4WS 控制策略。但是，尽量降低侧偏角，且保证稳定的横摆角速度响应，仍是汽车侧向动力学研究的重要目标。由于二者相互耦合，仅利用后轮转向是不能同时将上述两个状态量同时达到理想目标。目前研究往往利用状态量与理想情况的偏差，进行前轮前馈+状态反馈控制，但仿真结果表明只能将两个状态量响应的稳态值同时有所减小，超调时间和稳定时间有所缩短。因此本文仅利用状态反馈控制后轮转向，以期车辆动态特性有所改善。闭环控制系统如图 5.30 所示，$\boldsymbol{K}$ 为不同车速下状态变量反馈增益矩阵。

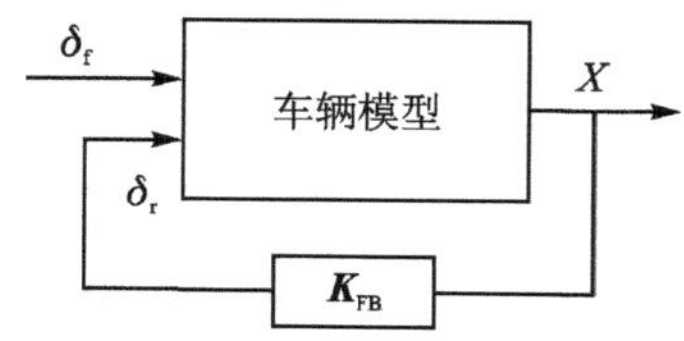

图 5.30　四轮转向控制策略示意图

后轮优化控制率 $\boldsymbol{U}^*$ 为

$$\boldsymbol{U}^*=\delta_r=\boldsymbol{K}_{FB}\boldsymbol{X}$$

为寻求最优后轮转角输入 $\boldsymbol{U}^*(t)$，应使性能指标 J 取极小值：

$$J=\frac{1}{2}\int_0^{\infty}[\boldsymbol{X}^T\boldsymbol{QX}+\boldsymbol{U}^T\boldsymbol{RU}]\,dt$$

式中，$\boldsymbol{Q}$、$\boldsymbol{R}$ 均为加权矩阵；$\boldsymbol{Q}$ 为半正定矩阵；$\boldsymbol{R}$ 为正定矩阵。$\boldsymbol{X}^T\boldsymbol{QX}$ 是用来限制整个控制期间系统的实际状态；$\boldsymbol{U}^T\boldsymbol{RU}$ 是对控制总量的限制，即本系统中控制后轮转角的范围。

3. 仿真验证

为了对比分析控制效果，同时进行了相同结构参数的前轮转向(FWS)汽车与后

轮转角比例于前轮转角 4WS 汽车(简称比例控制)的转向响应仿真,如图 5.31 所示。后轮转角比例于前轮转角 4WS 汽车的比值定义为 K_z,可保证汽车在稳态时质心侧偏角恒为零。

$$K_z=\frac{\delta_r}{\delta_f}=\frac{-b-maV^2/[k_r(a+b)]}{a-mbV^2/[k_f(a+b)]}$$

仿真参数如表 5.1 所列。

表 5.1 四轮转向汽车仿真参数表

参数	值	参数	值
汽车质量 m/kg	1 820	横摆转动惯量 I_z/(kg · m^2)	2 488
前轴到质心的距离 a/m	1.18	后轴到质心的距离 b/m	1.77
前轮侧偏刚度 k_f/(N · rad^{-1})	−44 400	后轮侧偏刚度 k_r/(N · rad^{-1})	−43 600
车速 V(km · h^{-1})	90	前轮转角/(°)	5

由于加权矩阵的选取主要根据经验,取加权矩阵 $\boldsymbol{R}=[1]$,$\boldsymbol{Q}$ 分别取 2 种情况,即

$$\boldsymbol{Q}=\begin{bmatrix}1\ 600 & 0\\ 0 & 0\end{bmatrix} \quad 和 \quad \boldsymbol{Q}=\begin{bmatrix}10 & 0\\ 0 & 0\end{bmatrix}$$

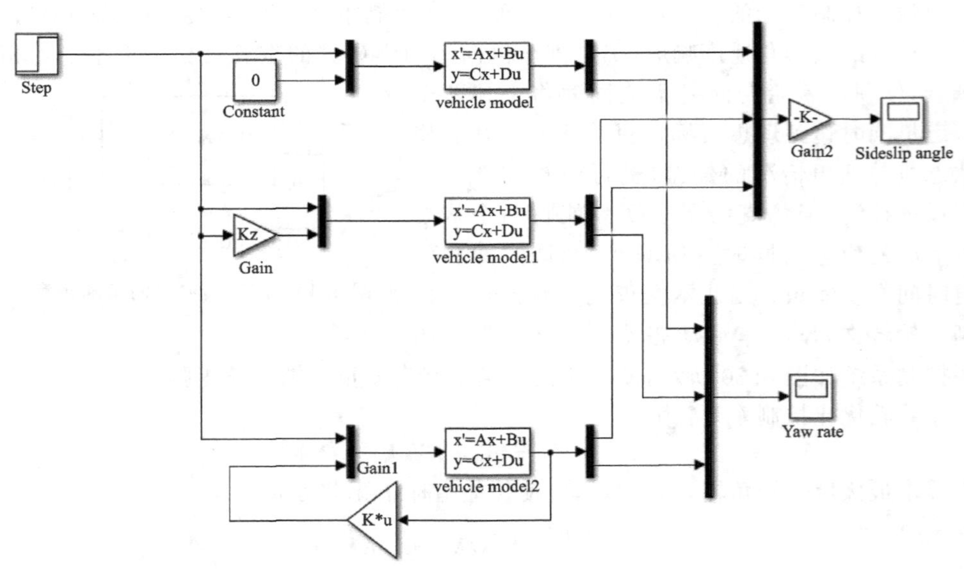

图 5.31 FWS、比例控制及 LQR 控制 4WS 车辆 Simulink 模型

当取 $\boldsymbol{Q}=\begin{bmatrix}1\ 600 & 0\\ 0 & 0\end{bmatrix}$ 权矩阵时,车辆动态响应如图 5.32 和 5.33 所示。仿真表明:当取 $\boldsymbol{Q}=\begin{bmatrix}1\ 600 & 0\\ 0 & 0\end{bmatrix}$ 权矩阵时,4WS 车辆状态量响应很快达到稳态值,没有振荡,侧

偏角为恒正的较小数值，且横摆角速度比比例控制 4WS 的还小。说明第 1 种 LQR 控制器能够较好保持驾驶员的操纵方位感，但会增加驾驶员转向的负担。

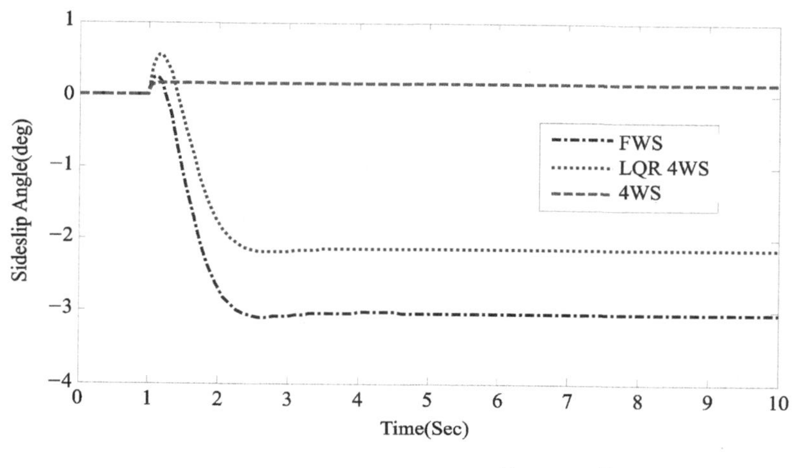

图 5.32　车辆侧偏角响应（$Q=\begin{bmatrix}1\,600 & 0\\0 & 0\end{bmatrix}$）

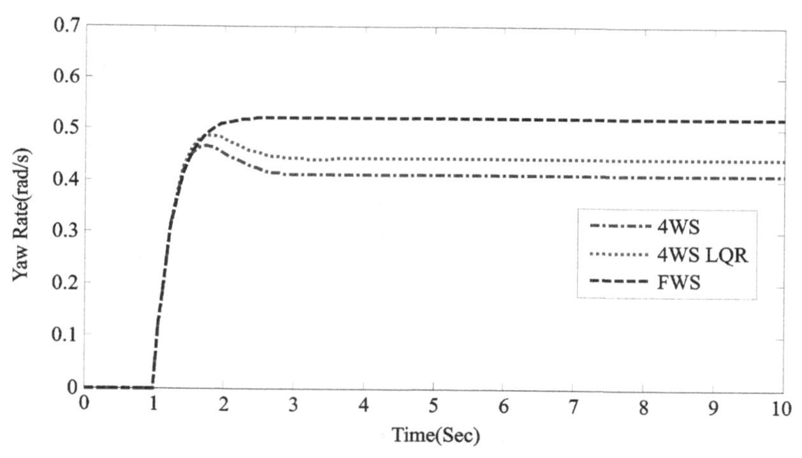

图 5.33　车辆横摆角速度响应（$Q=\begin{bmatrix}1\,600 & 0\\0 & 0\end{bmatrix}$）

当取 $\boldsymbol{Q}=\begin{bmatrix}10 & 0\\0 & 0\end{bmatrix}$ 权矩阵时，车辆动态响应如图 5.34 和 5.35 所示。仿真表明：当取$\boldsymbol{Q}=\begin{bmatrix}10 & 0\\0 & 0\end{bmatrix}$ 权矩阵时，4WS 车辆状态量响应稳态值与比例控制 4WS 一致，瞬态特性优于后者。说明第 2 种 LQR 控制器具有较好的零侧偏角特性，确保驾驶员的操纵方位感，横摆角速度响应幅值减小。

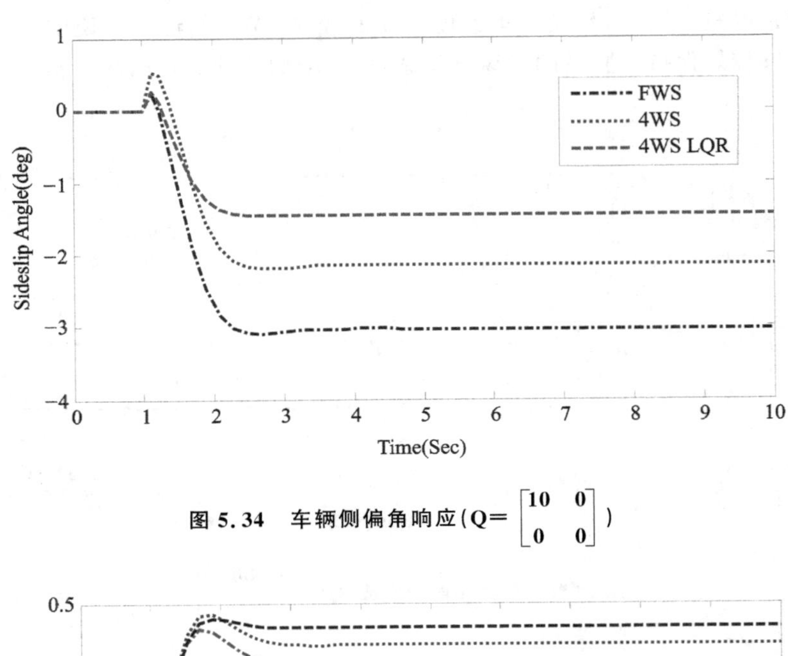

图 5.34　车辆侧偏角响应($Q=\begin{bmatrix}10 & 0\\0 & 0\end{bmatrix}$)

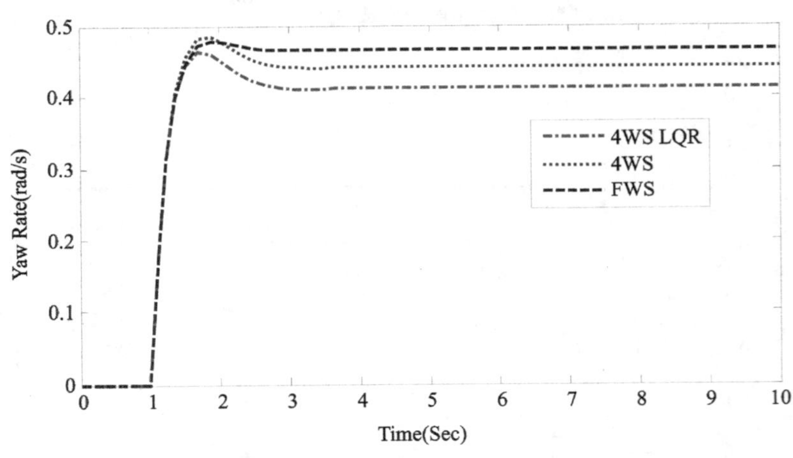

图 5.35　车辆横摆角速度响应($Q=\begin{bmatrix}10 & 0\\0 & 0\end{bmatrix}$)

与前轮转向车辆相比，传统的前后轮转角成比例的 4 轮转向车辆，能够将车辆质心侧偏角降到零，同时又减小了车辆的横摆角速度，造成驾驶员转向感觉不灵敏，会增加驾驶员的操纵负担。对不同权矩阵条件下 LQR 最优控制的 4WS 车辆状态量进行了仿真分析，结果表明，通过选择合适的权矩阵，LQR 最优控制能够改善汽车侧偏角和横摆角速度的瞬态和稳态响应特性，从而改善汽车的操纵稳定性。但是，仅利用后轮转向，不能够既将汽车的侧偏角降到基本为零，又保证横摆角速度基本不变。这就说明汽车设计过程中存在着各种矛盾，因而有时优化设计只能是参数的匹配和效果的折中(Tradeoff)。

为了既减少车身侧偏、提高汽车的操纵稳定性，同时又保证驾驶员原有的转向感觉，减轻驾驶员操纵难度和疲劳程度，满足车辆的理想性能要求，采用低成本、结构简单、性能可靠的集成控制手段将是车辆动力学发展的重要方向。

5.9.3　起重机 LQR 最优控制

1. 数学模型的建立

考虑如图 5.36 所示的起重系统，其运动方程为

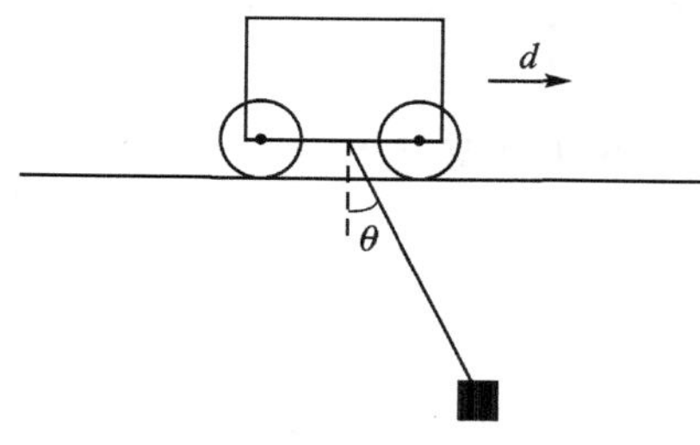

图 5.36　起重系统示意图

$$(I+m_p l^2)\ddot{\theta}+c\dot{\theta}+m_p g l\sin\theta+m_p l\ddot{d}\cos\theta=0$$

$$(m_t+m_p)\ddot{d}+b\dot{d}+m_p l\ddot{\theta}\cos\theta-m_p l\dot{\theta}^2\sin\theta=u$$

式中，m_p、m_t 分别为摆和卡车的质量；l 为摆的长度；c、b 为摩擦因子；I 为惯量；d 为卡车的位移；θ 为摆偏离竖直方向的角度；u 为系统的输入，选为卡车的加速度。

选择$(\theta,\dot{\theta},d,\dot{d})$作为状态变量，在小角度下对系统进行线性化，可得

$$\boldsymbol{A}=\begin{bmatrix}0 & 1 & 0 & 0\\ -\dfrac{(m_t+m_p)m_p g l}{\gamma} & -\dfrac{(m_t+m_p)c}{\gamma} & 0 & \dfrac{m_p g l}{\gamma}\\ 0 & 0 & 0 & 1\\ -\dfrac{(m_p l)^2 g}{\gamma} & \dfrac{c m_p l}{\gamma} & 0 & -\dfrac{b(I+m_p l^2)}{\gamma}\end{bmatrix},\boldsymbol{B}=\begin{bmatrix}0\\ -\dfrac{m_p l}{\gamma}\\ 0\\ \dfrac{I+m_p l^2}{\gamma}\end{bmatrix}$$

其中，$\gamma=(m_t+m_p)(\boldsymbol{I}+m_p l^2)-(m_p g l)^2$。

选择$(\theta,d,\dot{d})$作为输出量，则输出矩阵为

$$\boldsymbol{C}=\begin{bmatrix}1 & 0 & 0 & 0\\ 0 & 0 & 1 & 0\\ 0 & 0 & 0 & 1\end{bmatrix}$$

仿真中使用的模型参数为：$m_p=0.5$ kg，$m_t=3$ kg，$l=0.35$ m，$c=0.01$ kg·m^2，$b=6.2$ kg/s，$I=0.06$ kg·m^2，$g=9.81$ m/s^2。

2. 控制器设计

对上述对象，设计具有给定稳定度的状态调节器。

通过 ctrb 函数计算系统的可控性矩阵。对于该系统，可控性矩阵满秩，即系统可控。因此，可以设计出最优状态调节器。

选择性能指标：$J=\frac{1}{2}\int_0^{\infty}\mathrm{e}^{2\alpha t}(\boldsymbol{x}^{\mathrm{T}}\boldsymbol{Q}\boldsymbol{x}+\boldsymbol{u}^{\mathrm{T}}\boldsymbol{R}\boldsymbol{u})\,\mathrm{d}t$，其中

$$\boldsymbol{Q}=\begin{bmatrix}2&0&0&0\\0&1&0&0\\0&0&1&0\\0&0&0&2\end{bmatrix},\qquad \boldsymbol{R}=1$$

最优控制为 $\boldsymbol{u}^*(t)=-\boldsymbol{R}^{-1}\boldsymbol{B}^{\mathrm{T}}\boldsymbol{P}\boldsymbol{x}(t)$，其中 $\boldsymbol{P}$ 为对称非负定矩阵，且满足以下黎卡提方程：

$$\boldsymbol{P}(\boldsymbol{A}+\alpha\boldsymbol{I})+(\boldsymbol{A}+\alpha\boldsymbol{I})^{\mathrm{T}}\boldsymbol{P}-\boldsymbol{P}\boldsymbol{B}\boldsymbol{R}^{-1}\boldsymbol{B}^{\mathrm{T}}\boldsymbol{P}+\boldsymbol{Q}=0$$

通过 care 函数可求解出反馈增益矩阵。

3. 仿真验证

令 $\alpha=0$，此时调节器为普通的状态调节器，控制效果如图 5.37 所示。

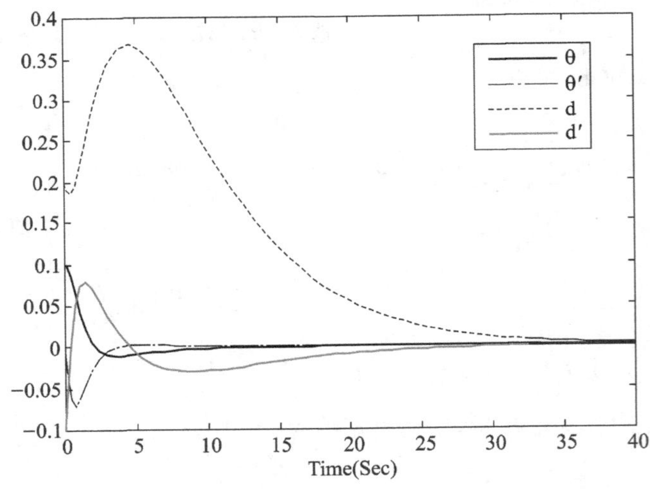

图 5.37　起重机控制效果图($\alpha=0$)

令 $\alpha=1$，控制效果如图 5.38 所示。

令 $\alpha=3$，控制效果如图 5.39 所示。

通过上述仿真可以看出：随着 α 的增大，状态的收敛时间减小，但状态量变化的幅度会增大。在实际应用中应根据系统的参数选择适当的 α。在本例中，选择 $\alpha=1$ 较为合适。

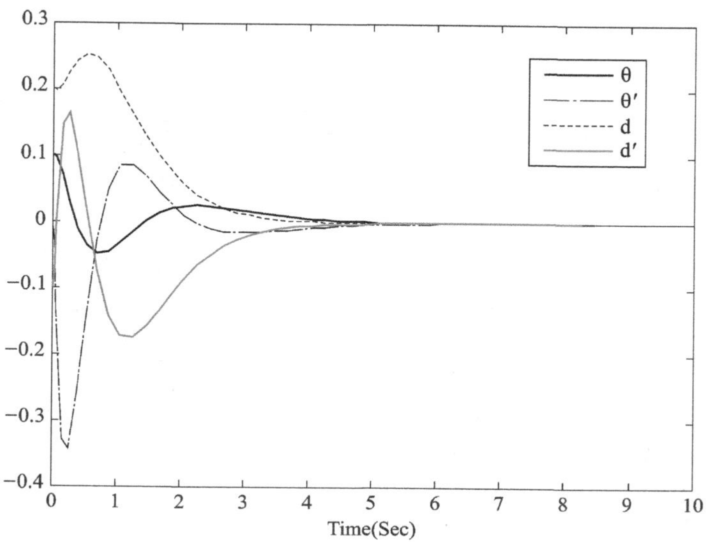

图 5.38　起重机控制效果图($\alpha=1$)

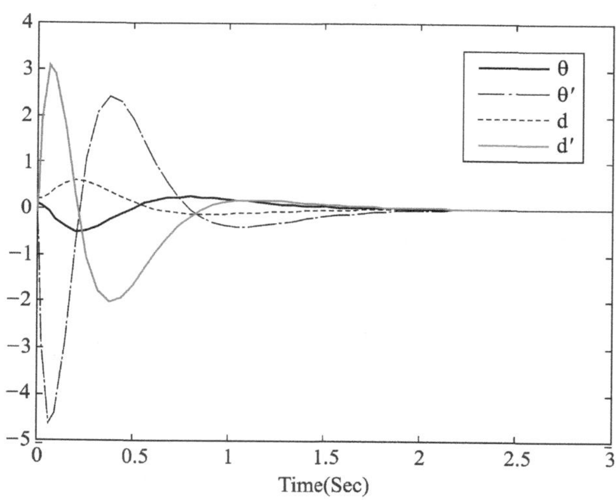

图 5.39　起重机控制效果图($\alpha=3$)

5.9.4　无人机的最优高度调节

1. 问题的提出

无人机的最优高度调节问题,假设飞行器的控制方程为

$$\begin{bmatrix}\dot{h}(t)\\ \ddot{h}(t)\\ \dddot{h}(t)\end{bmatrix}=\begin{bmatrix}0&1&0\\0&0&1\\0&0&-1/2\end{bmatrix}\begin{bmatrix}h(t)\\ \dot{h}(t)\\ \ddot{h}(t)\end{bmatrix}+\begin{bmatrix}0\\0\\ \frac{1}{2}\end{bmatrix}u(t)$$

其中，$h(t)$是飞行高度，$u(t)$是油门输入，设计控制律使得如下的性能指标达到最小：

$$J[x(t),u(t)]=\frac{1}{2}\left\{\int_0^{\infty}[h(t),\dot{h}(t),\ddot{h}(t)]\begin{bmatrix}1&0&0\\0&0&0\\0&0&0\end{bmatrix}\begin{bmatrix}h(t)\\ \dot{h}(t)\\ \ddot{h}(t)\end{bmatrix}+2u^2(t)\right\}\mathrm{d}t$$

假设初始状态为$[h(t),\dot{h}(t),\ddot{h}(t)]=[10,0,0]^{\mathrm{T}}$。并通过给定不同的$\boldsymbol{Q}$，$\boldsymbol{R}$矩阵对该问题进行仿真分析。

2. 控制器设计

这是一个线性二次型无限时间状态调节问题，其中$\boldsymbol{Q}$，$\boldsymbol{R}$矩阵是对无人机状态变量和控制量的加权矩阵。在这一问题中将通过给定不同的$\boldsymbol{Q}$，$\boldsymbol{R}$加权矩阵对系统的状态和输入进行分析。

① $\boldsymbol{Q}=\begin{bmatrix}1&0&0\\0&0&0\\0&0&0\end{bmatrix}$，$R=2$；

② $\boldsymbol{Q}=\begin{bmatrix}1&0&0\\0&0&0\\0&0&0\end{bmatrix}$，$R=2\ 000$；

③ $\boldsymbol{Q}=\begin{bmatrix}10&0&0\\0&0&0\\0&0&0\end{bmatrix}$，$R=2$；

④ $\boldsymbol{Q}=\begin{bmatrix}1&0&0\\0&100&0\\0&0&0\end{bmatrix}$，$R=2$；

使用$\boldsymbol{Q}$，R为情况①时为例进行手算，然后再通过MATLAB进行验证。

在该问题中矩阵$\boldsymbol{A}=\begin{bmatrix}0&1&0\\0&0&1\\0&0&-1/2\end{bmatrix}$，$\boldsymbol{B}=\begin{bmatrix}0\\0\\ \frac{1}{2}\end{bmatrix}$，$\boldsymbol{Q}=\begin{bmatrix}1&0&0\\0&0&0\\0&0&0\end{bmatrix}$，$R=2$；其中，由$\boldsymbol{Q}$矩阵可以得到$\boldsymbol{Q}$矩阵是正定矩阵。

又由 $\text{Rank}[\boldsymbol{B}\ \boldsymbol{AB}]=\begin{bmatrix}0 & 0\\ 0 & 1/2\\ -1/2 & -1/4\end{bmatrix}=2$ 满秩，所以黎卡提方程存在常数解。

黎卡提方程为

$$\boldsymbol{PA}-\boldsymbol{PBR}^{-1}\boldsymbol{B}^{\mathrm{T}}\boldsymbol{P}+\boldsymbol{A}^{\mathrm{T}}\boldsymbol{P}+\boldsymbol{Q}=0$$

设 $\boldsymbol{P}$ 矩阵为

$$\boldsymbol{P}=\begin{bmatrix}P_{11} & P_{12} & P_{13}\\ P_{21} & P_{22} & P_{23}\\ P_{31} & P_{32} & P_{33}\end{bmatrix}$$

黎卡提方程可以表示为

$$\begin{bmatrix}P_{11} & P_{12} & P_{13}\\ P_{21} & P_{22} & P_{23}\\ P_{31} & P_{32} & P_{33}\end{bmatrix}\begin{bmatrix}0 & 1 & 0\\ 0 & 0 & 1\\ 0 & 0 & -1/2\end{bmatrix}-\frac{1}{2}\begin{bmatrix}P_{11} & P_{12} & P_{13}\\ P_{21} & P_{22} & P_{23}\\ P_{31} & P_{32} & P_{33}\end{bmatrix}\begin{bmatrix}0\\ 0\\ \frac{1}{2}\end{bmatrix}\begin{bmatrix}0 & 0 & \frac{1}{2}\end{bmatrix}\begin{bmatrix}P_{11} & P_{12} & P_{13}\\ P_{21} & P_{22} & P_{23}\\ P_{31} & P_{32} & P_{33}\end{bmatrix}$$

$$+\begin{bmatrix}0 & 0 & 0\\ 1 & 0 & 0\\ 0 & 1 & -\frac{1}{2}\end{bmatrix}\begin{bmatrix}P_{11} & P_{12} & P_{13}\\ P_{21} & P_{22} & P_{23}\\ P_{31} & P_{32} & P_{33}\end{bmatrix}+\begin{bmatrix}1 & 0 & 0\\ 0 & 0 & 0\\ 0 & 0 & 0\end{bmatrix}=0$$

化简后得

$$\begin{bmatrix}1-\frac{1}{8}P_{13}P_{31} & P_{11}-\frac{1}{8}P_{13}P_{32} & P_{12}-\frac{1}{2}P_{13}-\frac{1}{8}P_{13}P_{33}\\ P_{11}-\frac{1}{8}P_{23}P_{31} & P_{21}+P_{12}-\frac{1}{8}P_{23}P_{32} & P_{22}-\frac{1}{2}P_{23}+P_{13}-\frac{1}{8}P_{23}P_{33}\\ P_{21}-\frac{1}{2}P_{31}-\frac{1}{8}P_{33}P_{31} & P_{22}-\frac{1}{2}P_{32}+P_{31}-\frac{1}{8}P_{33}P_{32} & P_{32}+P_{23}-P_{33}-\frac{1}{8}P_{33}^{2}\end{bmatrix}=0$$

根据 $\boldsymbol{P}$ 矩阵为正定对称矩阵，有 $P_{12}=P_{21}$，$P_{31}=P_{13}$，$P_{32}=P_{23}$，借助 MATLAB 指令：

```
[X,L,G] = care(A,B,Q,R,S,E)
```

最终解得

$$\boldsymbol{P}=\begin{bmatrix}2.9376 & 4.3148 & 2.8284\\ 4.3148 & 9.8469 & 8.3089\\ 2.8284 & 8.3089 & 8.2042\end{bmatrix}$$

可得系统的最优控制为

$$\boldsymbol{u}^{*}(t)=-\boldsymbol{R}^{-1}\boldsymbol{B}^{\mathrm{T}}\boldsymbol{Ph}(t)=[0.7071,2.0772,2.0511]\ \boldsymbol{x}(t)$$

3. 仿真验证

根据上述分析与设计，分别对情况①～④进行相同的运算，并得到不同的最优反馈矩阵 K1，K2，K3，K4：

① Q=diag(1,0,0)，R=2

K1=[0.7071,2.0772,2.0510]，　u(t)=−K1 * x(t)，并且能够得到状态响应曲线和控制输入响应曲线，如图 5.40 所示。其中 x1 为粗实线，x2 为细点画线，x3 为细虚线。

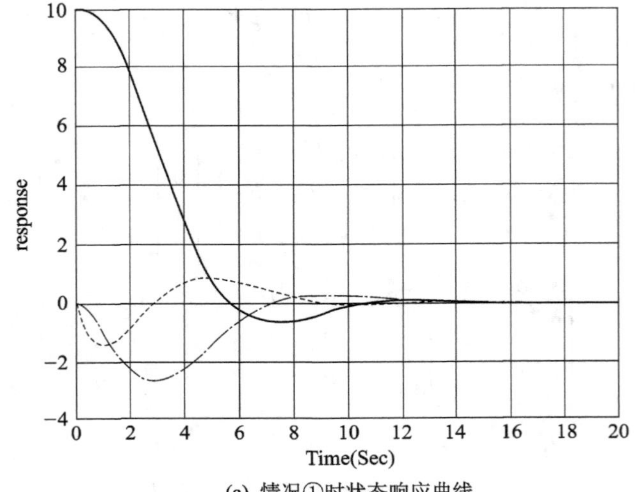

(a) 情况①时状态响应曲线

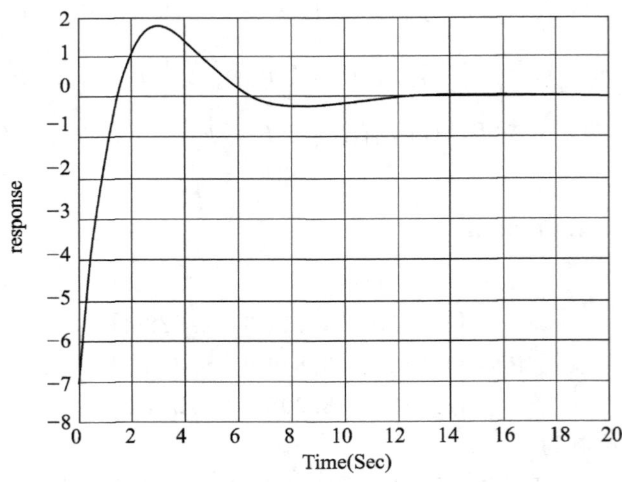

(b) 情况①时控制输入u曲线

图 5.40　Q=diag(1,0,0)，R=2 时系统的状态和输入曲线

② Q＝diag(1,0,0),R＝2000

K2＝[0.0224,0.2517,0.4166],u(t)＝－K2 * x(t),并且能够得到状态响应曲线和控制输入响应曲线,如图 5.41 所示。其中 x1 为粗实线,x2 为细点画线,x3 为细虚线。

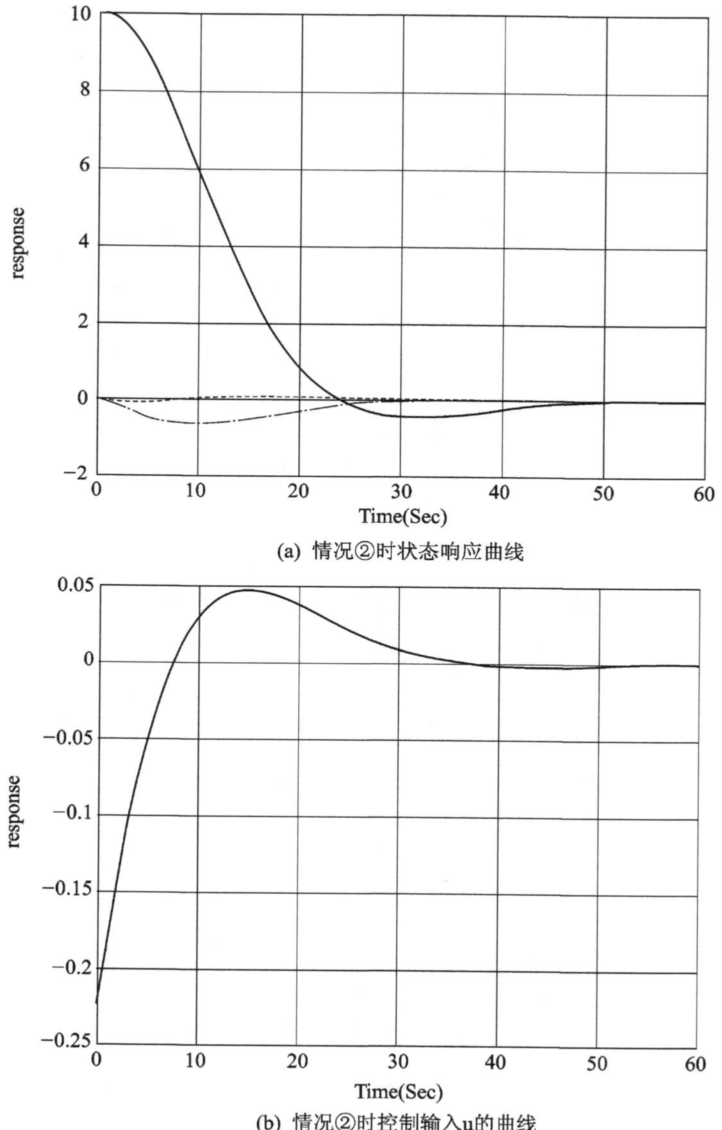

(a) 情况②时状态响应曲线

(b) 情况②时控制输入u的曲线

图 5.41　Q＝diag(1,0,0),R＝2000 时系统的状态和输入曲线

③ Q＝diag(10,0,0),R＝2

K3=[2.2361,4.3892,3.3077]， u(t)=-K3 * x(t)，并且能够得到状态响应曲线和控制输入响应曲线，如图 5.42 所示。其中 x1 为粗实线，x2 为细点画线，x3 为细虚线。

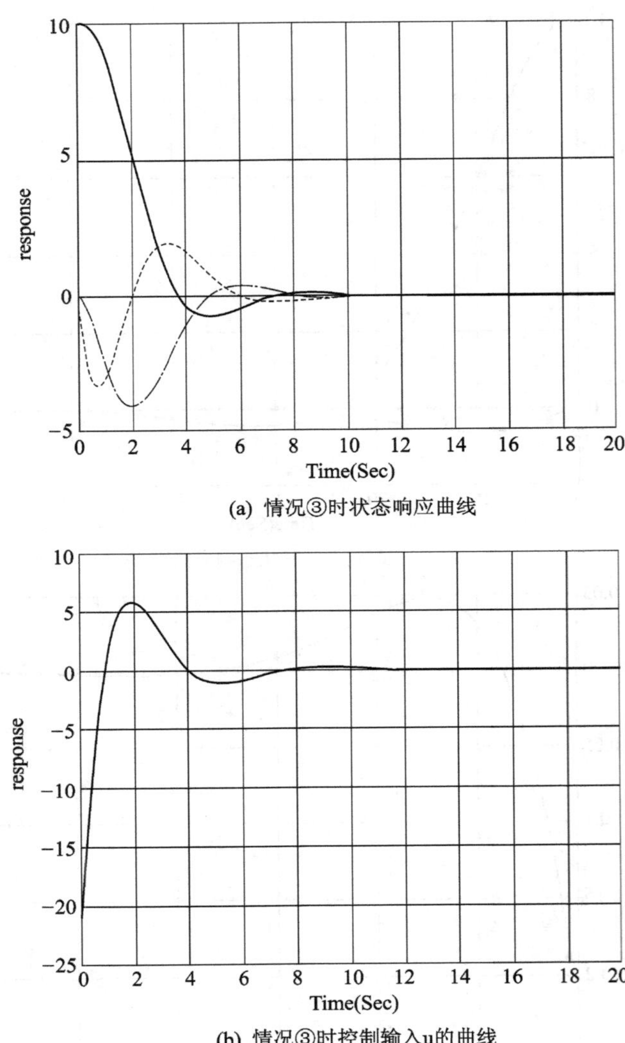

图 5.42 Q=diag(10,0,0),R=2 时系统的状态和输入曲线

④ Q=diag(1,100,0)，R=2

K4=[0.7071,7.6112,4.6076]，u(t)=-K4 * x(t)，并且能够得到状态响应曲线和控制输入响应曲线，如图 5.43 所示。其中 x1 为粗实线，x2 为细点画线，x3 为细虚线。

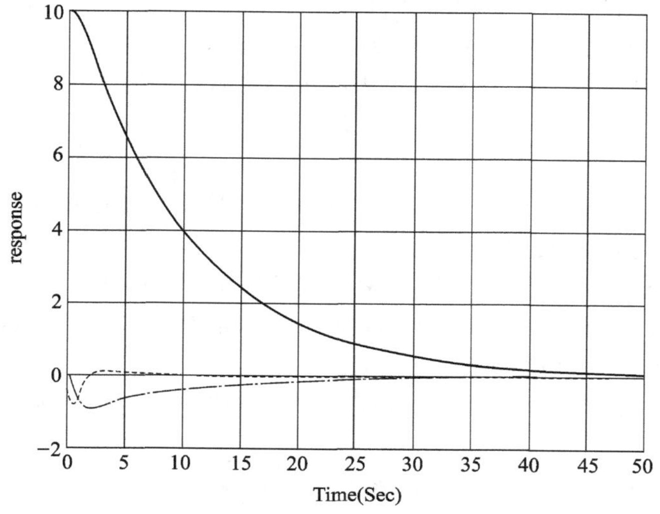

(a) 情况④时状态响应曲线

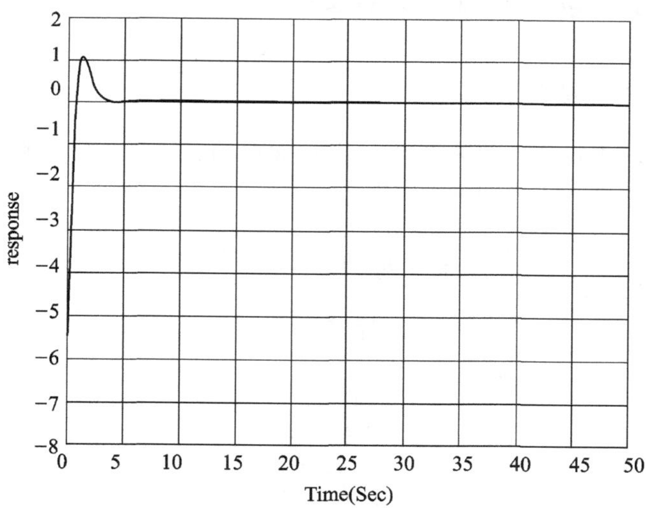

(b) 情况④时控制输入u的响应曲线

图 5.43　Q=diag(1,100,0),R=2 时系统的状态和输入曲线

通过对比情况①与②可知，当 Q 不变，R 增大时，响应变慢，但是波动幅度变小，反馈矩阵变小。

通过对比情况①与③可知，当 Q 矩阵对角线上第一个元素增大 10 倍，响应时间变短，响应快，但是波动的幅度变大，反馈矩阵变大。

通过对比情况①与④可知，Q 矩阵增加了对角线上第二个元素，曲线 x1，x2 达到稳定的时间变长，响应变慢，平缓地趋于零；状态 x3 响应变快。x2，x3 的状态波动幅度相对较小，比情况①与③小，比情况②稍大；并且控制输入 u 的状态响应变快，反馈矩阵最大。

综合来看：

当加权矩阵 Q=diag(1,0,0)，R=2 时，系统各方面的响应相对较好；

当 Q 矩阵变大时，反馈矩阵变大；

当 Q 对角线上第一个元素变大时各曲线波动变大，但响应变快；

当 Q 对角线上第二个元素变大，各曲线的波动幅值变小，达到稳态所需要的时间变长，控制输入 u 响应变快。

当 R 变大时，反馈矩阵变小，各曲线波动幅值变小，达到稳态所需要的时间变长。

所以在实际情况中，应该选择合适的 Q、R 加权矩阵，以达到对系统不同的要求。

5.9.5 两级柔性机器人 LQR 最优控制

1. 数学模型的建立

图 5.44 所示为机器人的抽象表示，其两轮同轴。选取平行于地面的车轮轴线作为零势能面，拉格朗日方程的基本形式为

$$\frac{\mathrm{d}}{\mathrm{d}t}\left(\frac{\partial L}{\partial q_j}\right)-\left(\frac{\partial L}{\partial q_j}\right)=0$$

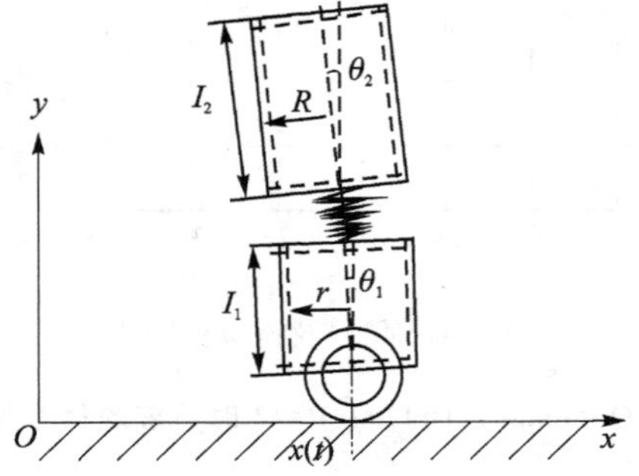

图 5.44 两级柔性机器人示意图

其中，L 为拉格朗日函数，$L=T-V$，T 是系统总的动能；V 是系统总的势能；j 是系统广义坐标。广义坐标选取小车位移 x，底部车体偏离平衡位置产生的偏角 θ_1 和腰椎以上车体偏离平衡位置产生的偏角 θ_2 这三个物理量。系统总的动能为

$$T=T_{\mathrm{w}}+T_{\mathrm{b}}+T_{\mathrm{j}}+T_{\mathrm{h}}$$

其中，T_{w} 是两车轮的总动能，T_{b} 是下半车身的总动能，T_{j} 是关节铰链的总动能，T_{h}

是上半车身的总动能。于是有

$$T=2\left[\frac{1}{2}M_w x'^2+\frac{1}{2}\frac{M_w r_w^2}{2}\left(\frac{x'}{r_w}\right)^2\right]+\frac{m_1}{2}\left[\left(\frac{dX_1}{dt}\right)^2+\left(\frac{dY_1}{dt}\right)^2\right]$$

$$+\frac{1}{2}J_1\theta_1'^2+\frac{m_3}{2}\left[\left(\frac{dX_3}{dt}\right)^2+\left(\frac{dY_3}{dt}\right)^2\right]+\frac{m_2}{2}\left[\left(\frac{dX_2}{dt}\right)^2+\left(\frac{dY_2}{dt}\right)^2\right]+\frac{1}{2}J_2\theta_2'^2$$

运动系统总的势能可以描述为机器人底部车体的重力势能、关节铰链重力势能、铰链以上车体重力势能以及弹簧弹性势能之和，即

$$V=m_1gY_1+m_3gY_3+m_2gY_2+\frac{1}{2}k(\theta_2-\theta_1)^2$$

其中

$$X_1=x-\frac{1}{2}l_1\sin\theta_1;Y_1=\frac{1}{2}l_1\cos\theta_1$$

$$X_2=x-l_1\sin\theta_1-\frac{1}{2}l_2\sin\theta_2$$

$$Y_2=l_1\cos\theta_1+\frac{1}{2}l_2\cos\theta_2$$

$$X_3=x-l_1\sin\theta_1$$

$$Y_3=l_1\cos\theta_1$$

假设机器人被设计成空心圆柱体，由转动惯量平移定理有

$$J_1=\frac{m_1}{12}[3(R^2-r^2)+4l_1^2]+\frac{m_4R^2}{2}+m_4l_1^2$$

$$J_2=\frac{m_2}{12}[3(R^2-r^2)+4l_2^2]+\frac{m_4R^2}{2}+m_4l_2^2$$

以上表达式中各物理量含义如表 5.2 所列。

表 5.2　两级柔性机器人相关物理符号表

物理符号	物理含义	取值和单位
M_w	车轮质量	0.255 kg
m_1	车体底部车身质量	0.574 kg
m_2	车体上身质量	0.977 kg
m_3	铰链质量	0.1 kg
m_4	车体上下端面圆盘质量	0.106 kg
r_w	车轮半径	0.035 m
R	车身外圆半径	0.05 m
r	车身内圆半径	0.045 m
l_1	底部车身长度	0.09 m
l_2	车体上身长度	0.19 m
k	弹簧劲度系数	10 N/m

选取状态变量 $\boldsymbol{X}=[x,\theta_1,\theta_2,\dot{x},\dot{\theta}_1,\dot{\theta}_2]$，联立相关方程可以得到如下状态空间：

$$\begin{bmatrix}\dot{x}\\ \dot{\theta}_1\\ \dot{\theta}_2\\ \ddot{x}\\ \ddot{\theta}_1\\ \ddot{\theta}_2\end{bmatrix}=\begin{bmatrix}0&0&0&1&0&0\\0&0&0&0&1&0\\0&0&0&0&0&1\\0&0&0&0&0&0\\0&-704.031&800.313&0&0&0\\0&405.684&-368.693&0&0&0\end{bmatrix}\begin{bmatrix}x\\ \theta_1\\ \theta_2\\ \dot{x}\\ \dot{\theta}_1\\ \dot{\theta}_2\end{bmatrix}+\begin{bmatrix}0\\0\\0\\1\\9.825\\3.765\end{bmatrix}u$$

$$\boldsymbol{Y}=\begin{bmatrix}1&0&0&0&0&0\\0&1&0&0&0&0\\0&0&1&0&0&0\end{bmatrix}\boldsymbol{X}$$

2. 控制器设计

由于已经建立了精确的数学模型，利用线性二次型来解决柔性机器人的最优控制问题是合适的。由于系统的加权矩阵 $\boldsymbol{Q}$ 和 $\boldsymbol{R}$ 的选取会影响性能泛函指标，因此在设计的过程中总是希望系统性能指标的闭环极点通过反馈控制律转变为真实系统的闭环极点。本节通过指定一组闭环极点来确定满足最优控制律的加权矩阵 $\boldsymbol{Q}$ 和 $\boldsymbol{R}$。

考虑如下单输入线性二次型最优控制问题：

$$\begin{cases}J=\int_0^\infty \boldsymbol{x}^{\mathrm{T}}(t)\boldsymbol{Q}\boldsymbol{x}(t)+\boldsymbol{u}^{\mathrm{T}}(t)\boldsymbol{R}\boldsymbol{u}(t)\\ \dot{\boldsymbol{x}}=\boldsymbol{A}\boldsymbol{x}(t)+\boldsymbol{B}\boldsymbol{u}(t)\end{cases}$$

其中的加权矩阵 $\boldsymbol{Q}$ 和 $\boldsymbol{R}$ 使得闭环系统

$$\dot{\boldsymbol{x}}=(\boldsymbol{A}-\boldsymbol{B}\boldsymbol{K})\boldsymbol{x}(t),\qquad \boldsymbol{K}=\boldsymbol{R}^{-1}\boldsymbol{B}^{\mathrm{T}}\boldsymbol{P}$$

的极点是期望的闭环极点，$\boldsymbol{P}$ 是黎卡提方程的解。

存在以下结论：对于给定的闭环极点 λ_i，若方程

$$\begin{bmatrix}q_1\\q_2\\ \vdots\\q_n\end{bmatrix}=\mathrm{diag}[-1\quad 1\quad \cdots\quad (-1)^n]\begin{bmatrix}1&\lambda_1^2&\cdots&\lambda_1^{2(n-1)}\\1&\lambda_2^2&\cdots&\lambda_2^{2(n-1)}\\ \vdots&\vdots&\vdots&\vdots\\1&\lambda_n^2&\cdots&\lambda_n^{2(n-1)}\end{bmatrix}\begin{bmatrix}\alpha_1\\ \alpha_2\\ \vdots\\ \alpha_n\end{bmatrix}$$

使得 $q_i\geqslant 0$，且满足闭环极点要求的 $\boldsymbol{Q}$ 和 $R=1$，$\boldsymbol{Q}$ 可以表示为

$$\boldsymbol{Q}=[(\boldsymbol{Q}_c\boldsymbol{H})^{\mathrm{T}}]^{-1}\mathrm{diag}[q_1\quad q_2\quad \cdots\quad q_n](\boldsymbol{Q}_c\boldsymbol{H})^{-1}$$

其中，$\alpha_i=p(\lambda_i)p(-\lambda_i)$，$p(\lambda)=|\lambda\boldsymbol{I}-\boldsymbol{A}|=a_n\lambda^n+a_{n-1}\lambda^{n-1}+\cdots+a_1\lambda+a_0$，$a_n=1$，$\boldsymbol{Q}_c$ 为可控性矩阵，$\boldsymbol{H}$ 为第一行为 $[a_1\quad a_2\quad \cdots\quad a_n]$ 的上三角 Toeplitz 矩阵。

3. 仿真验证

① 指定系统的闭环极点，如表 5.3 所列。

表 5.3　闭环极点

λ_1	λ_2	λ_3	λ_4	λ_5	λ_6
−1.333+j1.334	−1.333−j1.334	−25	−26	−27	−28

② 求取所有的 α_i，如表 5.4 所列。

表 5.4　$\boldsymbol{\alpha}_i$

α_1	α_2	α_3	α_4	α_5	α_6
−5.346e10−j6.253e9	−5.346e10 +j6.253e9	3.874e17	5.701e17	8.281e17	1.188e18

③ 求取 $\boldsymbol{q}$，有

$$\boldsymbol{q}=\begin{bmatrix}3.053\,991\,964\,891\,397\text{e}+12\\1.271\,271\,327\,468\,101\text{e}+10\\2.372\,456\,917\,450\,659\text{e}+11\\1.243\,112\,992\,797\,158\text{e}+09\\1.941\,874\,964\,372\,546\text{e}+06\\4.959\,428\,221\,053\,340\text{e}+03\end{bmatrix}$$

④ 求取 $\boldsymbol{Q}$，有

$$\boldsymbol{Q}=10^6\begin{bmatrix}7.769\,2 & 0.139\,1 & -1.394\,9 & 0 & 0 & 0\\0.139\,1 & 0.004\,6 & -0.030\,4 & 0 & 0 & 0\\-1.394\,9 & -0.030\,4 & 0.264\,6 & 0 & 0 & 0\\0 & 0 & 0 & 0.019\,8 & 0.000\,4 & -0.003\,6\\0 & 0 & 0 & 0.000\,4 & 0 & -0.000\,1\\0 & 0 & 0 & -0.003\,6 & -0.000\,1 & 0.000\,7\end{bmatrix}$$

⑤ 利用 MATLAB 的 lqr 函数计算黎卡提方程的解

```
k = lqr(A,B,Q,1)
```

解得

$$\boldsymbol{k}=10^3\,[-2.787\,3\quad 0.773\,7\quad 0.169\,9\quad -0.542\,6\quad 0.038\,7\quad 0.076\,5]$$

⑥ 搭建系统的仿真模型如图 5.45 所示，并设初始条件为底部车身产生 0.1 rad 的角度，上半车身产生−0.15 rad 偏角。

仿真结果如图 5.46～图 5.48 所示。可以看出，底部车身和上半车身的初始偏角在 1.2 s 内就能够得到纠正，且其他的状态变量都能在 1.5 s 左右达到稳定，即系统具有较好的动态响应，满足控制要求。

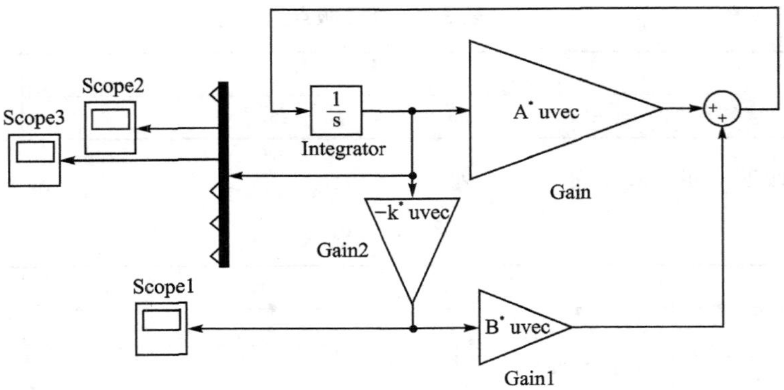

图 5.45　系统仿真图

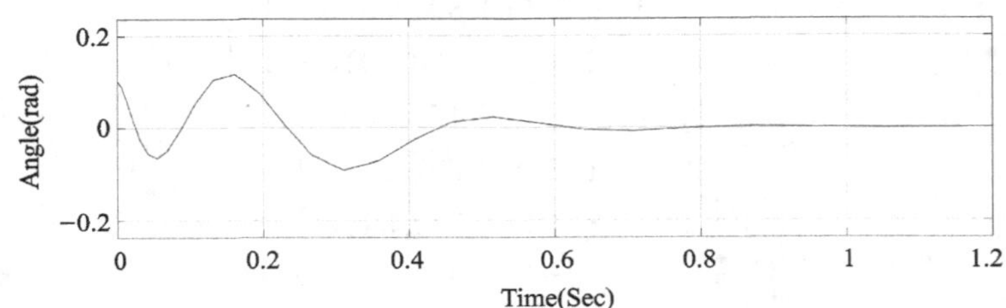

图 5.46　底部车身偏角

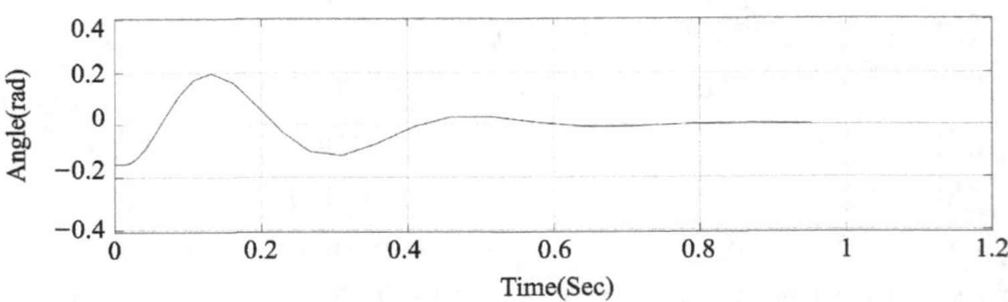

图 5.47　上半车身偏角

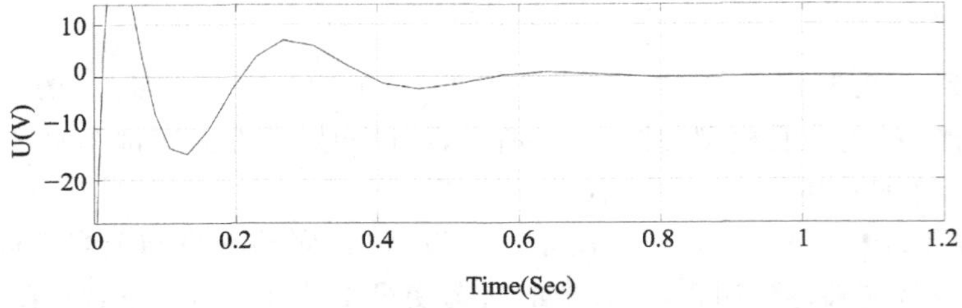

图 5.48　控制输入

第6章

H_∞优化控制

前面几章所介绍的变分法、极小值原理、动态规划和线性二次型最优控制理论，是具有严格数学解析形式的实现控制系统性能指标最优的方法。但是，它们都要求精确已知系统的数学模型，没有考虑模型误差的影响。实际控制系统设计中，模型误差的存在是不可避免的，因而限制了前述方法的应用。

鲁棒控制旨在寻找出一个反馈控制律，使得被控系统的闭环特性不受到建模时产生的误差和不可知的扰动等其他不确定性因素的影响。因而，鲁棒控制理论在一定程度上弥补了现代控制理论对数学模型依赖过高的缺陷。

20 世纪 80 年代初提出的以系统∞范数为性能指标的H_∞优化控制理论，可作为鲁棒控制理论中最突出的标志。H_∞优化控制可以使得干扰对系统的影响降到最低限度，是目前解决鲁棒控制问题比较成功且完善的理论之一。

本章将在对鲁棒控制简要介绍的基础上，从 H_∞标准控制问题、典型控制问题与H_∞标准控制问题的转换、状态反馈 H_∞控制系统设计几个方面讲解H_∞优化控制基本理论。

6.1 鲁棒控制简介

6.1.1 问题的提出

实际应用中，由于各种复杂因素的影响，控制系统本身存在着不确定性。这种不确定性包括数学模型自身的不确定性和外界干扰的不确定性。当系统存在不确定性影响时，所设计的反馈控制器能否使系统达到期望的指标要求？这是一个需要回答的问题。

20 世纪 30 年代开始发展起来的经典控制理论，利用幅频裕度和相频裕度的概念研究反馈系统，使设计的系统在一定范围内变化时能满足所要求的性能。由于充

分大的增益裕度和相位裕度，使得系统在具有较大的对象模型摄动时，仍能保证系统性能，并具有抑制干扰的能力。因此，经典反馈控制本质上是鲁棒的，且方法简单、实用，直至今日，仍在工程设计中得到广泛应用。但是，其不足之处是无法直接用于多输入多输出（MIMO）系统。

20 世纪 60 年代，出现了以状态空间为主要特点的现代控制理论，提出了许多新的控制理论与方法。这些方法在实际控制系统的设计中并未得到广泛的应用，主要原因是应用这些方法时忽略了对象的不确定性，对存在的干扰信号做出了苛刻的要求。

一般来说，鲁棒控制问题的提出主要基于如下考虑：

① 被控对象不是由一个确定的模型来描述，而是仅仅知道其模型属于某个已知的模型集合

② 外部信号（包括干扰信号、传感器噪声和指令信号等）不是具有已知特性（如统计特性或能量谱）的信号，也仅知道其属于某个已知的信号集合。

下面来看一个例子，它将有利于大家认识不确定性对系统控制效果的影响。

考虑如下系统：

$$\dot{\boldsymbol{x}} = \boldsymbol{Ax} + \boldsymbol{Bu} \tag{6.1}$$

其中 $\boldsymbol{A} = \begin{bmatrix} 0 & 1 \\ -1 & -2 \end{bmatrix}$，$\boldsymbol{B} = \begin{bmatrix} 0 \\ 1 \end{bmatrix}$。

其二次型性能指标取为

$$J = \int_0^\infty (\boldsymbol{x}^{\mathrm{T}}\boldsymbol{Qx} + r\boldsymbol{u}^2)\,\mathrm{d}t$$

令 $\boldsymbol{Q} = \begin{bmatrix} 1 & 0 \\ 0 & 1 \end{bmatrix}$，$r=1$。由无限时域线性二次型最优控制解的形式可知，使得性能指标 J 达到极小的状态反馈控制律为

$$\boldsymbol{u} = -\boldsymbol{Kx}$$

可解出反馈控制增益矩阵为

$$\boldsymbol{K} = [0.414\,2 \quad 0.414\,2]$$

显然，原开环系统极点为 $[-1 \quad -1]$，采用线性二次型最优控制后，闭环系统极点为 $[-1 \quad -1.414\,2]$。

假设系统的初始状态为 $[0.1, 0]^{\mathrm{T}}$，可得如图 6.1 所示仿真图。

从仿真结果可以看出，闭环控制系统具有良好的稳态和动态性能。然而，当系统存在不确定性的影响时，状态响应将有可能大不一样。例如，当系统矩阵 $\boldsymbol{A}$ 存在参数摄动变成

$$\dot{\boldsymbol{x}} = (\boldsymbol{A} + \Delta\boldsymbol{A})\boldsymbol{x} + \boldsymbol{Bu} \tag{6.2}$$

其中，$\Delta\boldsymbol{A} = \begin{bmatrix} 0.2 & -0.1 \\ 0.2 & -0.2 \end{bmatrix}$。

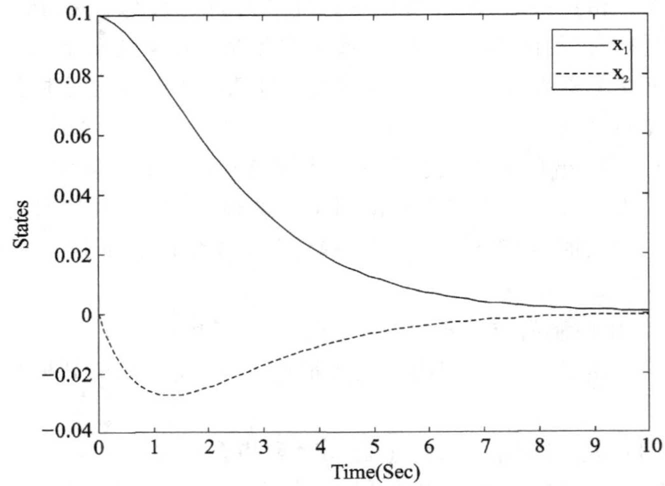

图 6.1　无不确定性影响下的状态响应图

在初始条件和 $\boldsymbol{B}$ 矩阵不变的情况下，采用同样的线性二次型控制器，反馈控制矩阵仍旧是 $\boldsymbol{K}=[0.414\,2\quad 0.414\,2]$，此时，仿真结果变成如图 6.2 所示。

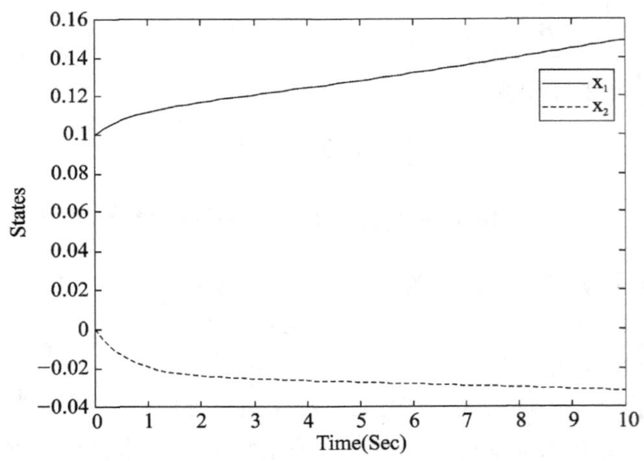

图 6.2　有不确定性影响下的状态响应图

由此可见，控制系统模型的不确定，在某些时候可能极大地影响系统的稳定性。所以，研究系统在不确定性影响下的控制品质十分必要。

6.1.2　鲁棒控制问题介绍

“鲁棒”是一个音译词，其英文为 robust，意思是“强壮的”“健壮的”。

鲁棒性具有两方面的含义：

其一是指，在鲁棒控制下的系统，系统的参数变化被限定在不导致闭环系统不稳定的范围内，当系统中所受的干扰或系统参数出现变化时，系统仍能达到预定的控制目标。显然，这种鲁棒性指系统的性能鲁棒性。

另一个含义是指，系统的稳定鲁棒性，即使系统存在各种不确定性，比如系统中的参数或外部环境发生变化（摄动）时，系统仍然能保证稳定特性。

稳定鲁棒性是最主要研究的鲁棒性问题，部分文献中，涉及系统鲁棒性专指稳定鲁棒性。

日常生活中常见的谈及鲁棒性问题的例子就是"人骑车"这个系统。

如果"人骑车"这个系统在平坦的路面上能够正常工作，此时遇到了一段石子路面，若它能仍旧保持平衡继续前行，那么，我们可以说这个"系统"的具有鲁棒性，如图 6.3 所示。

图 6.3　人骑车示意图

显然，在实际问题中，系统特性或参数的变化常常是不可避免的。变化产生的来源主要有两方面：一个是由于测量的不精确使特性或参数的实际值偏离它的设计值；另一个是系统运行过程中受环境因素的影响而引起特性或参数的缓慢变化。

如何使所设计的控制系统在系统参数发生摄动的情况下，仍具有期望的性能？鲁棒控制理论为解决该问题提供了有力支持。

鲁棒控制理论研究包括鲁棒分析和综合两个方面：

① 鲁棒分析研究的是控制系统存在模型不确定性情况下及系统受到各种不确定性干扰后闭环控制系统的稳定性和动态性能是否满足规定要求。

② 鲁棒综合研究的是对存在一定范围的不确定性被控对象，设计一个鲁棒控制器，使得闭环系统在保持稳定的同时，保证一定的动态性能品质要求。采用什么样的控制策略和控制结构、使用什么样的鲁棒控制器，来使模型存在不确定性的系统在扰动作用下，仍能保证稳定并有较好的动态性能是鲁棒综合研究的主要内容。

例如，图 6.4 所示的温度自动控制系统，当蒸汽流量发生变化或热水箱的隔热效果降低时，利用常规的反馈控制将不容易达到期望的控制效果。对此，利用鲁棒控制技术设计一个鲁棒控制器（见图 6.4）代替原来的反馈控制器，将会取得比较理想的效果。

在设计鲁棒控制器时，需要保证控制对象在自身参数或外部环境在某种范围内发生变化时，仍然能够正常工作，保持良好的稳定性及动态品质，即控制系统对参数变化及外部干扰不敏感，与此同时鲁棒控制器自身的结构和参数都不改变。若该鲁

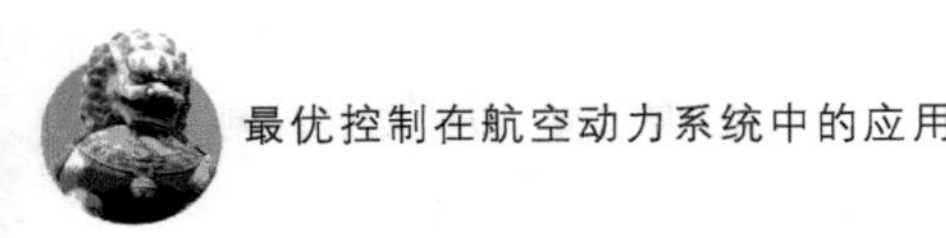

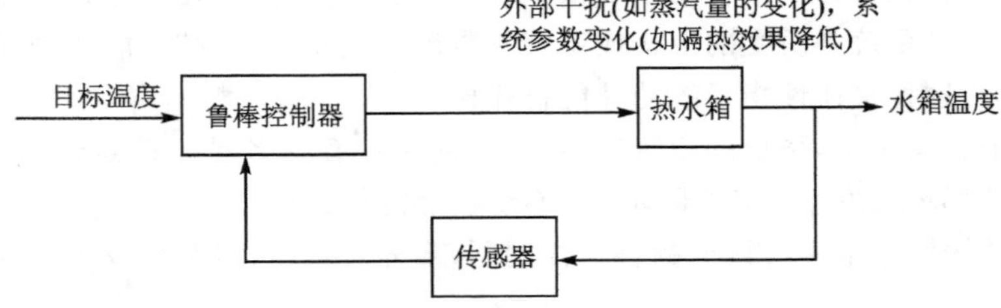

图 6.4　水箱温度的鲁棒控制

棒控制器不仅保证系统具有稳定鲁棒性，还可以实现某性能指标最优，那么我们可以称之为鲁棒最优控制器。

鲁棒控制理论研究的重要内容之一是鲁棒稳定性问题，针对该问题常用的有三种方法：

① 当被研究的系统用状态矩阵或特征多项式描述时一般采用代数方法，其中心问题是讨论多项式或矩阵组的稳定性问题。

② 李雅普诺夫方法，对不确定性以状态空间模式出现时是一种有利工具。

③ 频域法从传递函数出发研究问题，其中代表性的是 H_∞ 优化控制，它用作鲁棒性分析的有效性体现在外部扰动不再假设为固定的，而只要求能量有界即可。

H_∞ 优化控制理论以控制系统的某些信号间的传递函数矩阵的 H_∞ 范数作为优化性能指标，自加拿大学者 Zames 提出之后，得到了广泛关注并随即蓬勃发展，Zames 也成为鲁棒控制理论的明星成员之一。

目前，线性系统的 H_∞ 控制理论基本成熟，形成了一套完整的频域设计理论和方法，MATLAB 已经开发出了多种 H_∞ 控制理论工具箱，为实现控制系统的分析和设计提供了极大的方便。

6.2　数学知识补充

6.2.1　范　数

对于正数 $p\in[1,+\infty)$，元素 $u(\cdot)$ 为勒贝格(Lebesgue)可测函数，且满足 $\int_{-\infty}^{+\infty}|u(t)|^p\,\mathrm{d}t<+\infty$ 的函数空间，称为 $L_p(-\infty,+\infty)$ 空间。其中 $L_p(-\infty,+\infty)$ 空间中，常用的函数空间有

$$L_1(-\infty,+\infty):\int_{-\infty}^{+\infty}|u(t)|\,\mathrm{d}t<+\infty$$

$$L_2(-\infty,+\infty):\int_{-\infty}^{+\infty}|u(t)|^2\,\mathrm{d}t<+\infty$$

$$L_\infty(-\infty,+\infty):\ \underset{t\in(-\infty,+\infty)}{\text{ess sup}}\ |u(t)|<+\infty$$

其中，ess sup 表示真上确界。所谓函数在点集 Q 上的真上确界是指它在 Q 中除某个零测度集外的上确界。对于连续函数，其上确界就是真上确界。

在空间 $L_p(-\infty,+\infty)$ 中，所有对 $t<0$ 除去测度为零的集合上函数的全体所构成的集合记为 $L_p[0,+\infty)$，它是 $L_p(-\infty,+\infty)$ 的一个闭空间。因为实际信号均满足 $t\geqslant 0$，所以这里讨论的信号均属于 $L_p[0,+\infty)$ 空间。

需要说明的是：对于函数空间中的元素 $u(t)$ 可以是单个的函数，也可以是向量函数。对于时域信号 $u(t)$，常用的范数有：

$$1-范数：\|u\|_1=\int_{-\infty}^{+\infty}|u(t)|\,\mathrm{d}t$$

$$2-范数：\|u\|_2=\left(\int_{-\infty}^{+\infty}u^2(t)\mathrm{d}t\right)^{1/2}$$

$$\infty-范数：\|u\|_\infty=\underset{t\in(-\infty,+\infty)}{\text{ess sup}}\ |u(t)|$$

应当指出，2－范数的平方是对信号能量的一种度量，∞－范数是对信号幅值上界的度量。因此，$L_2[0,+\infty)$ 中的信号属能量有限信号，如单位脉冲信号（幅值不受限）。$L_\infty[0,+\infty)$ 中的信号则属于幅值有限信号，如单位阶跃信号（能量不受限）。

系统的范数对于一个系统的作用，实际上可看成对信号进行某种变换。因此，可以把系统看作为一种算子。关于算子，也就是指定义在两个函数空间之间的某种映射关系。这里主要把系统作为线性算子来处理。

对于线性算子 G 的范数 $\|G\|$ 可定义为

$$\|G\|=\sup_{u\neq 0}\frac{\|Gu\|}{\|u\|}=\sup_{\|u\|=1}\|Gu\|$$

6.2.2　传递函数阵运算法则

设系统 S 的状态方程为

$$\dot{\boldsymbol{x}}=\boldsymbol{A}\boldsymbol{x}+\boldsymbol{B}\boldsymbol{u}$$
$$\boldsymbol{y}=\boldsymbol{C}\boldsymbol{x}+\boldsymbol{D}\boldsymbol{u}$$

可以写为

$$\begin{bmatrix}\dot{\boldsymbol{x}}\\ \boldsymbol{y}\end{bmatrix}=\begin{bmatrix}\boldsymbol{A} & \boldsymbol{B}\\ \boldsymbol{C} & \boldsymbol{D}\end{bmatrix}\begin{bmatrix}\boldsymbol{x}\\ \boldsymbol{u}\end{bmatrix}$$

则其对应的传递函数 $\boldsymbol{G}(s)$ 矩阵为

$$\boldsymbol{G}(s)=\boldsymbol{C}(s\boldsymbol{I}-\boldsymbol{A})^{-1}\boldsymbol{B}+\boldsymbol{D}$$

下面将简单地用 $\begin{bmatrix}\boldsymbol{A} & \boldsymbol{B}\\ \boldsymbol{C} & \boldsymbol{D}\end{bmatrix}$ 来表征系统 S。

1. 串联系统运算法则

设系统 S_1 和 S_2 分别为 $\begin{bmatrix} \boldsymbol{A}_1 & \boldsymbol{B}_1 \\ \boldsymbol{C}_1 & \boldsymbol{D}_1 \end{bmatrix}$ 和 $\begin{bmatrix} \boldsymbol{A}_2 & \boldsymbol{B}_2 \\ \boldsymbol{C}_2 & \boldsymbol{D}_2 \end{bmatrix}$，它们以两种不同顺序构成串联系统。对于如图 6.5(a)所示的 S_1 在 S_2 之前的这种串联系统，有如图 6.6 所示展开形式的结构图。

$u_1 \rightarrow S_1 \xrightarrow{y_1 / u_2} S_2 \rightarrow y$

(a) 串联系统1(S_1在S_2之前)

$u_2 \rightarrow S_2 \xrightarrow{y_2 / u_1} S_1 \rightarrow y$

(b) 串联系统2(S_1在S_2之后)

图 6.5 两种不同顺序的串联系统

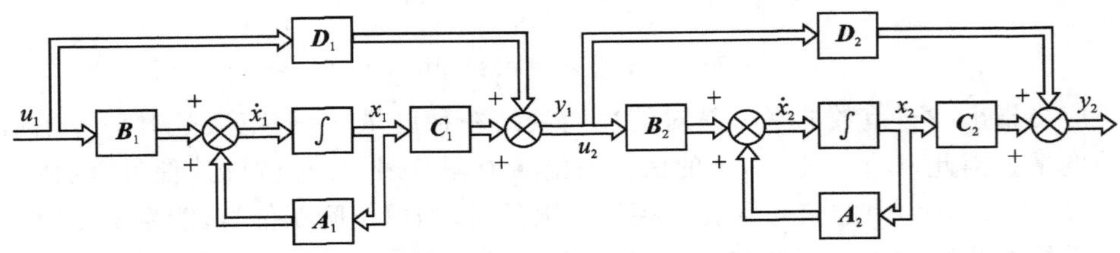

图 6.6 S_1 在 S_2 之前的串联系统结构图

可知 u_1 为串联系统的输入 u，y_2 为串联系统的输出 y，即有

$$u = u_1, y = y_2, y_1 = u_2$$

因此可以推导出这个串联系统的状态空间表达式为

$$\dot{\boldsymbol{x}}_1 = \boldsymbol{A}_1\boldsymbol{x}_1 + \boldsymbol{B}_1\boldsymbol{u}_1 = \boldsymbol{A}_1\boldsymbol{x}_1 + \boldsymbol{B}_1\boldsymbol{u}$$

$$\begin{aligned}\dot{\boldsymbol{x}}_2 &= \boldsymbol{A}_2\boldsymbol{x}_2 + \boldsymbol{B}_2\boldsymbol{u}_2 = \boldsymbol{A}_2\boldsymbol{x}_2 + \boldsymbol{B}_2\boldsymbol{y}_1 \\ &= \boldsymbol{A}_2\boldsymbol{x}_2 + \boldsymbol{B}_2(\boldsymbol{C}_1\boldsymbol{x}_1 + \boldsymbol{D}_1\boldsymbol{u}_1) \\ &= \boldsymbol{B}_2\boldsymbol{C}_1\boldsymbol{x}_1 + \boldsymbol{A}_2\boldsymbol{x}_2 + \boldsymbol{B}_2\boldsymbol{D}_1\boldsymbol{u}\end{aligned}$$

$$\begin{aligned}\boldsymbol{y} = \boldsymbol{y}_2 &= \boldsymbol{C}_2\boldsymbol{x}_2 + \boldsymbol{D}_2\boldsymbol{u}_2 \\ &= \boldsymbol{C}_2\boldsymbol{x}_2 + \boldsymbol{D}_2(\boldsymbol{C}_1\boldsymbol{x}_1 + \boldsymbol{D}_1\boldsymbol{u}_1) \\ &= \boldsymbol{D}_2\boldsymbol{C}_1\boldsymbol{x}_1 + \boldsymbol{C}_2\boldsymbol{x}_2 + \boldsymbol{D}_2\boldsymbol{D}_1\boldsymbol{u}\end{aligned}$$

即有

$$\begin{cases} \begin{bmatrix} \dot{\boldsymbol{x}}_1 \\ \dot{\boldsymbol{x}}_2 \end{bmatrix} = \begin{bmatrix} \boldsymbol{A}_1 & 0 \\ \boldsymbol{B}_2\boldsymbol{C}_1 & \boldsymbol{A}_2 \end{bmatrix} \begin{bmatrix} \boldsymbol{x}_1 \\ \boldsymbol{x}_2 \end{bmatrix} + \begin{bmatrix} \boldsymbol{B}_1 \\ \boldsymbol{B}_2\boldsymbol{D}_1 \end{bmatrix} \boldsymbol{u} \\ \boldsymbol{y} = \begin{bmatrix} \boldsymbol{D}_2\boldsymbol{C}_1 & \boldsymbol{C}_2 \end{bmatrix} \begin{bmatrix} \boldsymbol{x}_1 \\ \boldsymbol{x}_2 \end{bmatrix} + \boldsymbol{D}_2\boldsymbol{D}_1\boldsymbol{u} \end{cases} \tag{6.3}$$

可知，串联组合系统的状态变量的维数等于各个子系统的状态变量的维数之和。

由串联组合系统的状态空间模型可求得组合系统的传递函数矩阵为

$$
\begin{aligned}
\boldsymbol{G}(s) &= [\boldsymbol{D}_2\boldsymbol{C}_1 \quad \boldsymbol{C}_2]\left(s\boldsymbol{I} - \begin{bmatrix}\boldsymbol{A}_1 & 0 \\ \boldsymbol{B}_2\boldsymbol{C}_1 & \boldsymbol{A}_2\end{bmatrix}\right)^{-1}\begin{bmatrix}\boldsymbol{B}_1 \\ \boldsymbol{B}_2\boldsymbol{D}_1\end{bmatrix} + \boldsymbol{D}_2\boldsymbol{D}_1 \\
&= [\boldsymbol{D}_2\boldsymbol{C}_1 \quad \boldsymbol{C}_2]\begin{bmatrix}(s\boldsymbol{I}-\boldsymbol{A}_1)^{-1} & 0 \\ (s\boldsymbol{I}-\boldsymbol{A}_2)^{-1}\boldsymbol{B}_2\boldsymbol{C}_1(s\boldsymbol{I}-\boldsymbol{A}_1)^{-1} & (s\boldsymbol{I}-\boldsymbol{A}_2)^{-1}\end{bmatrix}\begin{bmatrix}\boldsymbol{B}_1 \\ \boldsymbol{B}_2\boldsymbol{D}_1\end{bmatrix} + \boldsymbol{D}_2\boldsymbol{D}_1 \\
&= \boldsymbol{D}_2\boldsymbol{C}_1(s\boldsymbol{I}-\boldsymbol{A}_1)^{-1}\boldsymbol{B}_1 + \boldsymbol{C}_2(s\boldsymbol{I}-\boldsymbol{A}_2)^{-1}\boldsymbol{B}_2\boldsymbol{C}_1(s\boldsymbol{I}-\boldsymbol{A}_1)^{-1}\boldsymbol{B}_1 \\
&\quad + \boldsymbol{C}_2(s\boldsymbol{I}-\boldsymbol{A}_2)^{-1}\boldsymbol{B}_2\boldsymbol{D}_1 + \boldsymbol{D}_2\boldsymbol{D}_1 \\
&= [\boldsymbol{C}_2(s\boldsymbol{I}-\boldsymbol{A}_2)^{-1}\boldsymbol{B}_2 + \boldsymbol{D}_2][\boldsymbol{C}_1(s\boldsymbol{I}-\boldsymbol{A}_1)^{-1}\boldsymbol{B}_1 + \boldsymbol{D}_1] \\
&= \boldsymbol{G}_2(s)\boldsymbol{G}_1(s)
\end{aligned} \tag{6.4}
$$

可见,串联组合系统的传递函数矩阵为串联系统各子系统的传递函数阵相乘。

应当注意,由于矩阵不满足乘法交换律,故在上式中 $\boldsymbol{G}_1(s)$ 和 $\boldsymbol{G}_2(s)$ 的位置不能颠倒。因此,对于如图 6.5(a)所示 S_1 在 S_2 之前的串联系统,根据式(6.3)和式(6.4)有

$$
\left[\begin{array}{c:c}\boldsymbol{A}_2 & \boldsymbol{B}_2 \\ \hdashline \boldsymbol{C}_2 & \boldsymbol{D}_2\end{array}\right] \times \left[\begin{array}{c:c}\boldsymbol{A}_1 & \boldsymbol{B}_1 \\ \hdashline \boldsymbol{C}_1 & \boldsymbol{D}\end{array}\right] = \left[\begin{array}{cc:c}\boldsymbol{A}_1 & 0 & \boldsymbol{B}_1 \\ \boldsymbol{B}_2\boldsymbol{C}_1 & \boldsymbol{A}_2 & \boldsymbol{B}_2\boldsymbol{D}_1 \\ \hdashline \boldsymbol{D}_2\boldsymbol{C}_1 & \boldsymbol{C}_2 & \boldsymbol{D}_2\boldsymbol{D}_1\end{array}\right] \tag{6.5}
$$

同理可以获得如图 6.5(b)所示 S_1 在 S_2 之后的串联系统

$$
\left[\begin{array}{c:c}\boldsymbol{A}_1 & \boldsymbol{B}_1 \\ \hdashline \boldsymbol{C}_1 & \boldsymbol{D}_1\end{array}\right] \times \left[\begin{array}{c:c}\boldsymbol{A}_2 & \boldsymbol{B}_2 \\ \hdashline \boldsymbol{C}_2 & \boldsymbol{D}_2\end{array}\right] = \left[\begin{array}{cc:c}\boldsymbol{A}_1 & \boldsymbol{B}_1\boldsymbol{C}_2 & \boldsymbol{B}_1\boldsymbol{D}_2 \\ 0 & \boldsymbol{A}_2 & \boldsymbol{B}_2 \\ \hdashline \boldsymbol{C}_1 & \boldsymbol{D}_1\boldsymbol{C}_2 & \boldsymbol{D}_1\boldsymbol{D}_2\end{array}\right] \tag{6.6}
$$

2. 并联系统运算法则

S_1 与 S_2 两个子系统对应的状态空间表达式分别为

$$
\begin{cases}\dot{\boldsymbol{x}}_1 = \boldsymbol{A}_1\boldsymbol{x}_1 + \boldsymbol{B}_1\boldsymbol{u}_1 \\ \boldsymbol{y}_1 = \boldsymbol{C}_1\boldsymbol{x}_1 + \boldsymbol{D}_1\boldsymbol{u}_1\end{cases}
$$

$$
\begin{cases}\dot{\boldsymbol{x}}_2 = \boldsymbol{A}_2\boldsymbol{x}_2 + \boldsymbol{B}_2\boldsymbol{u}_2 \\ \boldsymbol{y}_2 = \boldsymbol{C}_2\boldsymbol{x}_2 + \boldsymbol{D}_2\boldsymbol{u}_2\end{cases}
$$

由图 6.7 可知

$$
\boldsymbol{u}_1 = \boldsymbol{u}_2 = \boldsymbol{u}
$$

$$
\boldsymbol{y}_1 + \boldsymbol{y}_2 = \boldsymbol{y}
$$

因此,可以推导出并联组合系统的状态空间表达式为

$$
\begin{bmatrix}\dot{\boldsymbol{x}}_1 \\ \dot{\boldsymbol{x}}_2\end{bmatrix} = \begin{bmatrix}\boldsymbol{A}_1 & 0 \\ 0 & \boldsymbol{A}_2\end{bmatrix}\begin{bmatrix}\boldsymbol{x}_1 \\ \boldsymbol{x}_2\end{bmatrix} + \begin{bmatrix}\boldsymbol{B}_1 \\ \boldsymbol{B}_2\end{bmatrix}\boldsymbol{u}
$$

$$
\begin{aligned}
\boldsymbol{y} &= \boldsymbol{C}_1\boldsymbol{x}_1 + \boldsymbol{D}_1\boldsymbol{u}_1 + \boldsymbol{C}_2\boldsymbol{x}_2 + \boldsymbol{D}_2\boldsymbol{u}_2 \\
&= [\boldsymbol{C}_1 \quad \boldsymbol{C}_2]\begin{bmatrix}\boldsymbol{x}_1 \\ \boldsymbol{x}_2\end{bmatrix} + (\boldsymbol{D}_2 + \boldsymbol{D}_2)\boldsymbol{u}
\end{aligned} \tag{6.7}
$$

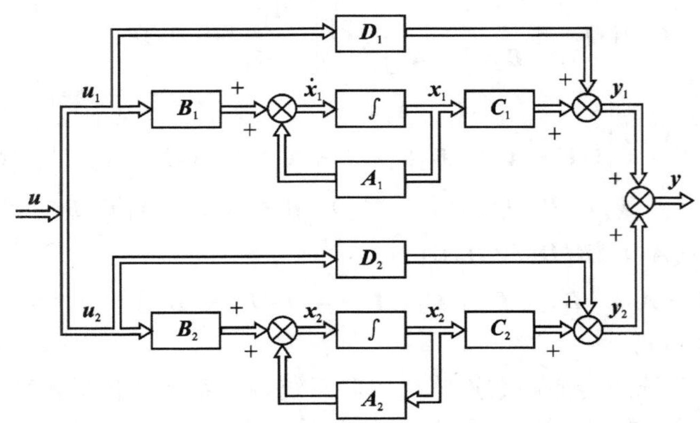

图 6.7　S_1 与 S_2 并联系统结构图

从上述状态空间表达式可以发现，并联组合系统的状态变量的维数等于子系统的状态变量维数之和。

两个子系统对应的传递函数矩阵分别为

$$G_1(s)=C_1(sI-A_1)^{-1}B_1+D_1$$

$$G_2(s)=C_2(sI-A_2)^{-1}B_2+D_2$$

根据并联组合系统的状态空间表达式可以获得组合系统的传递函数矩阵为

$$\begin{aligned}G(s)&=[C_1 \quad C_2]\left(sI-\begin{bmatrix}A_1 & 0\\ 0 & A_2\end{bmatrix}\right)^{-1}\begin{bmatrix}B_1\\ B_2\end{bmatrix}+(D_1+D_2)\\ &=[C_1 \quad C_2]\begin{bmatrix}(sI-A_1)^{-1} & 0\\ 0 & (sI-A_2)^{-1}\end{bmatrix}\begin{bmatrix}B_1\\ B_2\end{bmatrix}+(D_1+D_2)\\ &=[C_1(sI-A_1)^{-1}B_1+D_1]+[C_2(sI-A_2)^{-1}B_2+D_2]\\ &=G_1(s)+G_2(s)\end{aligned} \tag{6.8}$$

可见，并联组合系统的传递函数矩阵为各并联子系统的传递函数矩阵之和。因此，对于如图 6.7 所示 S_1 与 S_2 并联的系统，根据式(6.7)和式(6.8)有

$$\left[\begin{array}{c:c}A_1 & B_1\\ \hdashline C_1 & D_1\end{array}\right]+\left[\begin{array}{c:c}A_2 & B_2\\ \hdashline C_2 & D_2\end{array}\right]=\left[\begin{array}{cc:c}A_1 & 0 & B_1\\ 0 & A_2 & B_2\\ \hdashline C_1 & C_2 & D_1+D_2\end{array}\right]$$

3. 反馈联接系统运算法则

S_1 与 S_2 两个子系统对应的状态空间表达式分别为

$$\begin{cases}\dot{x}_1=A_1x_1+B_1u_1\\ y_1=C_1x_1\end{cases} \qquad \begin{cases}\dot{x}_2=A_2x_2+B_2u_2\\ y_2=C_2x_2\end{cases}$$

由图 6.8 可知

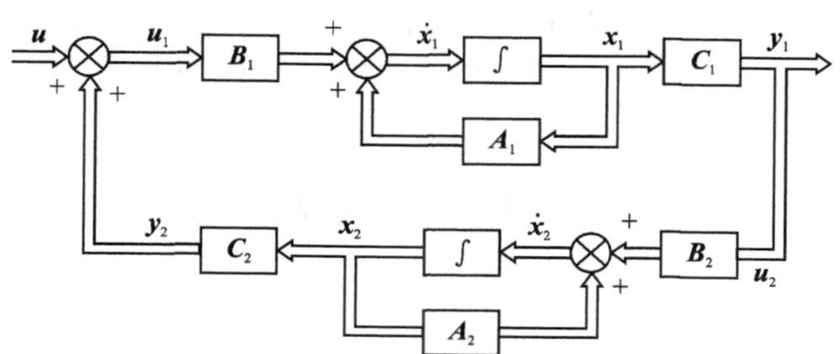

图 6.8　S_1 与 S_2 反馈联接系统结构图

$$\boldsymbol{u}_1 = \boldsymbol{u} - \boldsymbol{y}_2$$

$$\boldsymbol{u}_2 = \boldsymbol{y}_1 = \boldsymbol{y}$$

因此,可以推导出并联组合系统的状态空间表达式为

$$\begin{aligned}
\boldsymbol{x}_1 &= \boldsymbol{A}_1\boldsymbol{x}_1 + \boldsymbol{B}_1\boldsymbol{u}_1 \\
&= \boldsymbol{A}_1\boldsymbol{x}_1 + \boldsymbol{B}_1(\boldsymbol{u} - \boldsymbol{y}_2) \\
&= \boldsymbol{A}_1\boldsymbol{x}_1 - \boldsymbol{B}_1\boldsymbol{C}_2\boldsymbol{x}_2 + \boldsymbol{B}_1\boldsymbol{u} \\
\dot{\boldsymbol{x}}_2 &= \boldsymbol{A}_2\boldsymbol{x}_2 + \boldsymbol{B}_2\boldsymbol{u}_2 \\
&= \boldsymbol{A}_2\boldsymbol{x}_2 + \boldsymbol{B}_2\boldsymbol{y}_1 \\
&= \boldsymbol{A}_2\boldsymbol{x}_2 + \boldsymbol{B}_2\boldsymbol{C}_1\boldsymbol{x}_1 \\
\boldsymbol{y} &= \boldsymbol{y}_1 = \boldsymbol{C}_1\boldsymbol{x}_1
\end{aligned} \tag{6.9}$$

即

$$\begin{cases}
\begin{bmatrix} \dot{\boldsymbol{x}}_1 \\ \dot{\boldsymbol{x}}_2 \end{bmatrix} = \begin{bmatrix} \boldsymbol{A}_1 & -\boldsymbol{B}_1\boldsymbol{C}_2 \\ \boldsymbol{B}_2\boldsymbol{C}_1 & \boldsymbol{A}_2 \end{bmatrix} \begin{bmatrix} \boldsymbol{x}_1 \\ \boldsymbol{x}_2 \end{bmatrix} + \begin{bmatrix} \boldsymbol{B}_1 \\ 0 \end{bmatrix} \boldsymbol{u} \\
\boldsymbol{y} = [\boldsymbol{C}_1 \quad 0] \begin{bmatrix} \boldsymbol{x}_1 \\ \boldsymbol{x}_2 \end{bmatrix}
\end{cases}$$

从上述状态空间表达式可以发现,反馈联接组合系统的状态变量的维数等于子系统的状态变量维数之和。

S_1 与 S_2 两个子系统对应的传递函数矩阵分别为

$$\boldsymbol{G}_0(s) = \boldsymbol{C}_1(s\boldsymbol{I} - \boldsymbol{A}_1)^{-1}\boldsymbol{B}_1$$

$$\boldsymbol{F}(s) = \boldsymbol{C}_2(s\boldsymbol{I} - \boldsymbol{A}_2)^{-1}\boldsymbol{B}_2$$

可知

$$\begin{aligned}
\boldsymbol{Y}(s) &= \boldsymbol{G}_0(s)\boldsymbol{U}_1(s) = \boldsymbol{G}_0(s)[\boldsymbol{U}(s) - \boldsymbol{Y}_2(s)] \\
&= \boldsymbol{G}_0(s)[\boldsymbol{U}(s) - \boldsymbol{F}(s)\boldsymbol{Y}(s)]
\end{aligned}$$

因此

$$[\boldsymbol{I} + \boldsymbol{G}_0(s)\boldsymbol{F}(s)]\boldsymbol{Y}(s) = \boldsymbol{G}_0(s)\boldsymbol{U}(s)$$

$$\boldsymbol{Y}(s) = \boxed{[\boldsymbol{I} + \boldsymbol{G}_0(s)\boldsymbol{F}(s)]^{-1}\boldsymbol{G}_0(s)}\,\boldsymbol{U}(s)$$

所以，反馈联接组合系统的传递函数矩阵为

$$\boldsymbol{G}(s)=[\boldsymbol{I}+\boldsymbol{G}_0(s)\boldsymbol{F}(s)]^{-1}\boldsymbol{G}_0(s)$$

6.3 H_∞标准控制问题

如今复杂系统多为多输入多输出(MIMO)系统，然而经典反馈控制无法用于多输入多输出系统。随着现代控制理论被提出，1981 年，Zames 提出了著名的 H_∞ 优化控制思想，通过引入灵敏度函数的 H_∞ 范数作为目标函数，使干扰对系统的影响降到最低限度。

与之前几章中所讨论的积分型性能指标式(1.3)、终值型性能指标式(1.7)、复合型性能指标式(1.8)不同，H_∞ 优化控制理论采用 H_∞ 范数作为性能指标，显现了扰动对于系统的影响程度。这样的表述有如下优点：

① 对于线性二次型高斯优化控制无能为力的变功率谱干扰下的控制问题，可以得到很好的解决；

② H_∞ 范数具有乘法性质：$\|\boldsymbol{PQ}\|_\infty \leqslant \|\boldsymbol{P}\|_\infty \|\boldsymbol{Q}\|_\infty$，对于不确定系统这个性质很重要。

H_∞ 控制理论应用研究的主要步骤包括建立被控对象的模型，然后根据控制策略和控制要求将该模型转化为标准 H_∞ 控制问题所对应的广义被控对象模型，最后按标准 H_∞ 控制问题的求解方法进行鲁棒控制器设计。

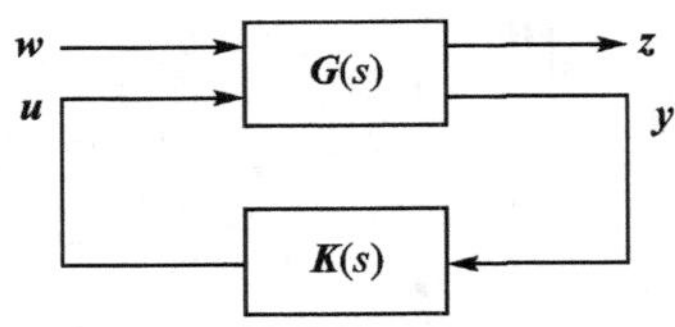

图 6.9　标准的 H_∞ 问题的框图

H_∞ 标准控制问题框图如图 6.9 所示，图中 $\boldsymbol{G}(s)$ 表示广义被控对象，$\boldsymbol{K}(s)$ 为设计的控制器。$\boldsymbol{w}$，$\boldsymbol{z}$，$\boldsymbol{u}$ 和 $\boldsymbol{y}$ 均为向量值信号，其中 $\boldsymbol{w}$ 是 p 维外部输入信号，可以理解为不确定的扰动或噪声；$\boldsymbol{z}$ 是 m 维被控输出，是我们期望得到的输出；$\boldsymbol{u}$ 是 r 维控制信号，它同时也是控制器 $\boldsymbol{K}(s)$ 的输出；$\boldsymbol{y}$ 是 q 维量测输出，是我们可量测获得的信号。$\boldsymbol{G}(s)$ 和 $\boldsymbol{K}(s)$ 一般是线性时不变系统的频域描述且都是真有理的。

广义控制对象的状态空间表达形式为

$$\begin{aligned}\dot{\boldsymbol{x}}&=\boldsymbol{A}\boldsymbol{x}+\boldsymbol{B}_1\boldsymbol{w}+\boldsymbol{B}_2\boldsymbol{u}\\ \boldsymbol{z}&=\boldsymbol{C}_1\boldsymbol{x}+\boldsymbol{D}_{11}\boldsymbol{w}+\boldsymbol{D}_{12}\boldsymbol{u}\\ \boldsymbol{y}&=\boldsymbol{C}_2\boldsymbol{x}+\boldsymbol{D}_{21}\boldsymbol{w}+\boldsymbol{D}_{22}\boldsymbol{u}\end{aligned}\tag{6.10}$$

其中，$\boldsymbol{x}\in\mathbf{R}^n$ 表示状态量。

该系统的广义传递函数矩阵可以表示为

$$\boldsymbol{G}(s)=\begin{bmatrix}\boldsymbol{G}_{11} & \boldsymbol{G}_{12}\\ \boldsymbol{G}_{21} & \boldsymbol{G}_{22}\end{bmatrix}$$

$$= \begin{bmatrix} \boldsymbol{C}_1 \\ \boldsymbol{C}_2 \end{bmatrix} (s\boldsymbol{I} - \boldsymbol{A})^{-1} [\boldsymbol{B}_1 \quad \boldsymbol{B}_2] + \begin{bmatrix} \boldsymbol{D}_{11} & \boldsymbol{D}_{12} \\ \boldsymbol{D}_{21} & \boldsymbol{D}_{22} \end{bmatrix}$$

$$= \begin{bmatrix} \boldsymbol{A} & \boldsymbol{B}_1 & \boldsymbol{B}_2 \\ \boldsymbol{C}_1 & \boldsymbol{D}_{11} & \boldsymbol{D}_{12} \\ \boldsymbol{C}_2 & \boldsymbol{D}_{21} & \boldsymbol{D}_{22} \end{bmatrix}$$

$$= \begin{bmatrix} \boldsymbol{A}_p & \boldsymbol{B}_p \\ \boldsymbol{C}_p & \boldsymbol{D}_p \end{bmatrix} \tag{6.11}$$

输入与输出之间的关系方程为

$$\begin{bmatrix} \boldsymbol{z} \\ \boldsymbol{y} \end{bmatrix} = \boldsymbol{G} \begin{bmatrix} \boldsymbol{w} \\ \boldsymbol{u} \end{bmatrix} = \begin{bmatrix} \boldsymbol{G}_{11} & \boldsymbol{G}_{12} \\ \boldsymbol{G}_{21} & \boldsymbol{G}_{22} \end{bmatrix} \begin{bmatrix} \boldsymbol{w} \\ \boldsymbol{u} \end{bmatrix} \tag{6.12}$$

由 $\boldsymbol{u}=k\boldsymbol{y}$ 可得从 W 到 Z 的闭环传递函数矩阵为

$$\boldsymbol{T}_{zw}(\boldsymbol{G},\boldsymbol{K}) = \boldsymbol{G}_{11}(s) + \boldsymbol{G}_{12}(s)\boldsymbol{K}(s)(\boldsymbol{I} - \boldsymbol{G}_{22}\boldsymbol{K}(s))^{-1}\boldsymbol{G}_{21}(s) \tag{6.13}$$

H_∞最优控制问题就是：对于一个给定的广义被控对象 $\boldsymbol{G}$，寻找一个真的实有理传递函数矩阵表示的控制器 $\boldsymbol{K}(s)$，使闭环系统内稳定且使传递函数矩阵 $\boldsymbol{T}_{zw}(s)$ 的 H_∞范数极小，即

$$\min_K \| \boldsymbol{T}_{zw} \|_\infty \tag{6.14}$$

对于图 6.9，广义闭环控制系统内部稳定表示：当 $t \to +\infty$ 时，闭环系统的状态趋于零。

H_∞次优控制问题就是：对于一个给定的广义被控对象 $\boldsymbol{G}$，寻找一个真的实有理传递函数矩阵表示的控制器 $\boldsymbol{K}(s)$，使闭环系统内部稳定且使传递函数矩阵 $\boldsymbol{T}_{zw}(s)$ 的 H_∞范数小于一个给定的常数 $\gamma > 0$，即

$$\| \boldsymbol{T}_{zw} \|_\infty < \gamma \tag{6.15}$$

如果最优问题式(6.14)的最优值 γ_0 存在，且对于给定 $\boldsymbol{G}(s)$ 的 H_∞ 次优问题有解，则可以通过反复"递减试探求次优解"过程，使 $\gamma \to \gamma_0$，从而由次优问题的解去逼近最优问题，获得最优解。

对 H_∞次优控制问题式(6.15)做变换可得

$$\left\| \frac{1}{\gamma} \boldsymbol{T}_{zw} \right\|_\infty < 1 \tag{6.16}$$

可见，H_∞控制中的 H_∞范数是对传递函数增益大小的一个度量指标，简单地说就是一个系统输入输出的放大倍数。H_∞控制就是抑制从噪声到期望输出之间的传递函数的增益，从而使得噪声对结果的影响最小化。

6.4 典型控制问题与 H_∞ 标准控制问题的转换

实际应用中,许多控制问题都可以归划为 H_∞ 标准控制问题。下面用几个例子来说明实际应用中的一些控制问题如何转换为 H_∞ 标准控制问题。

6.4.1 干扰抑制问题

考虑如图 6.10 所示的控制系统。图中 $\boldsymbol{G}_0$ 为被控对象,$\boldsymbol{K}$ 为控制器,r 为参考输入,y 为量测输出,d 为外部干扰(量测噪声),u 为控制量。

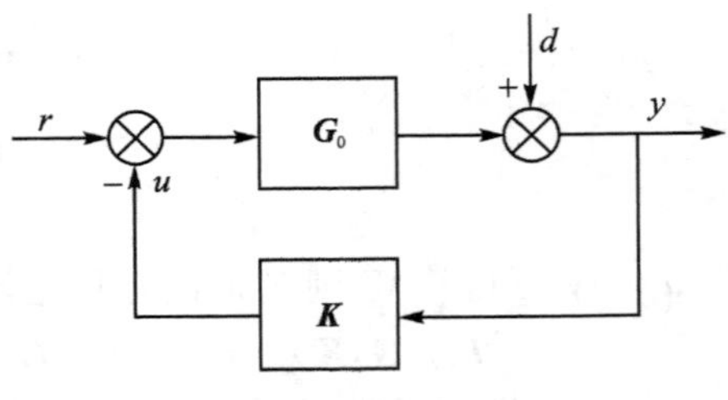

图 6.10 干扰抑制系统

假设干扰信号 d 属于如下集合

$$D=\{d \mid d=\boldsymbol{W}(s)v, v\in H_2, \|v\|_2\leqslant 1\} \tag{6.17}$$

其中,$\boldsymbol{W}(s)$ 是稳定的实有理函数,称为权函数,用来反映在期望的频段上对干扰的抑制能力。式(6.17)表示一个能量有限($\|v\|_2\leqslant 1$)的干扰信号 v 通过权函数 $\boldsymbol{W}(s)$ 形成系统的干扰输入 d。现在的问题是设计控制器 $\boldsymbol{K}(s)$,使得闭环系统内稳定,且使得

$$J=\sup\{\|y\|_2 \mid v\in H_2, \|v\|_2\leqslant 1\}$$

极小。

令

$$\boldsymbol{T}_{yv}(s)=[1+\boldsymbol{G}_0(s)\boldsymbol{K}(s)]^{-1}$$

不难发现

$$\begin{aligned} y&=[1+\boldsymbol{G}_0(s)\boldsymbol{K}(s)]^{-1}d\\ &=\boldsymbol{T}_{yv}(s)\boldsymbol{W}(s)v \end{aligned}$$

由于

$$\begin{aligned} &\sup\{\|y\|_2 \mid v\in H_2, \|v\|_2\leqslant 1\}\\ =&\sup\{\|\boldsymbol{T}_{yv}(s)\boldsymbol{W}(s)v\|_2 \mid v\in H_2, \|v\|_2\leqslant 1\}\\ =&\sup\{\|\boldsymbol{T}_{yv}(s)\boldsymbol{W}(s)v\|_2 \mid v\in H_2, \|v\|_2=1\}\\ =&\|\boldsymbol{T}_{yv}(s)\boldsymbol{W}(s)\|_\infty \end{aligned}$$

由此可见,对于给定集合 D 中的任意 d,使得 y 的 H_2 范数(即输出信号的平方积分,也即其能量)极小的问题,便转化为使得 $\boldsymbol{T}_{yv}(s)\boldsymbol{W}(s)$ 的 H_∞ 范数极小的问题。从而,可以将干扰抑制问题转化为图 6.9 所示的 H_∞ 标准控制问题。

注意到,图 6.10 干扰抑制系统中,$z=y$,于是有

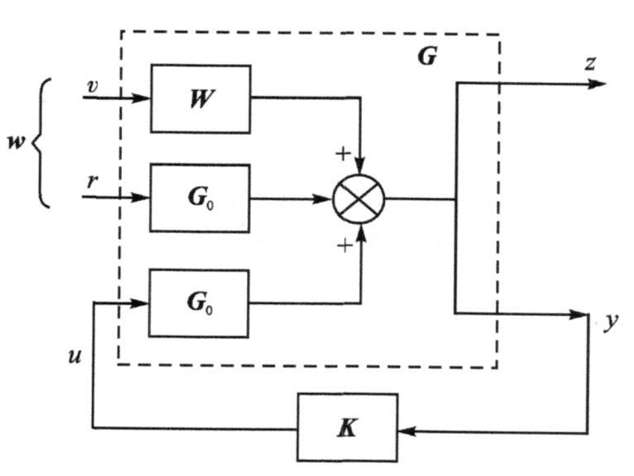

图 6.11　广义干扰抑制系统 H_∞标准控制框图

$$y = Wv + G_0(r-u)$$
$$= \begin{bmatrix} W & G_0 \end{bmatrix} \begin{bmatrix} v \\ r \end{bmatrix} - G_0 u$$
$$z = Wv + G_0(r-u)$$
$$u = Ky$$

由此得到广义被控对象的传递函数矩阵

$$G(s) = \begin{bmatrix} [W \quad G_0] & -G_0 \\ [W \quad G_0] & -G_0 \end{bmatrix}$$

其 H_∞ 标准控制的结构框图如图 6.11 所示。

图中外部输入信号 $w = \begin{bmatrix} v \\ r \end{bmatrix}$。

6.4.2　跟踪问题

考虑图 6.12 所示跟踪问题。

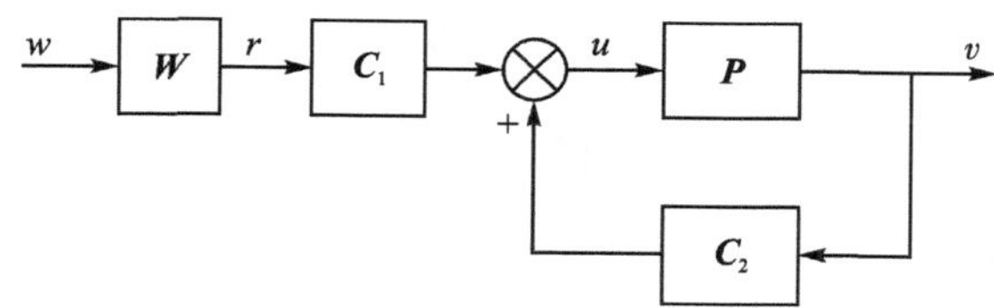

图 6.12　跟踪问题控制系统

图中 $P(s)$ 为被控对象，C_1，C_2 为控制器，分别称为前馈和反馈控制器，u 为控制信号，根据图 6.12 所示结构，有

$$u = C_1 r + C_2 v$$
$$= \begin{bmatrix} C_1 & C_2 \end{bmatrix} \begin{bmatrix} r \\ v \end{bmatrix}$$

参考输入(被跟踪信号)r 并不是一个已知的确定信号，而是属于某个能量有限信号的集合。

$$R = \{r \mid r = Ww, w \in H_2, \| w \|_2 \leqslant 1\}$$

设计的目标是：选择控制器 C_1 和 C_2，使跟踪误差 $\| r-v \|_2^2$ 取极小。若追求这一目标，所得的控制器会成为一非正则的控制器，控制信号的幅度成为无穷大，从而无法实现。不过，只要在目标函数中添加一个能量的惩罚项，便可以保证控制器为正则有理函数。因此，在跟踪问题中取

$$\| r - v \|_2^2 + \| \rho u \|_2^2$$

作为目标函数，其中 ρ 为权系数。若令

$$z=\begin{bmatrix} r-v \\ \rho u \end{bmatrix}$$

则上述目标函数等于 $\|z\|_2^2$。于是跟踪问题归结为目标函数

$$\sup[\|z\|_2 \mid w\in H_2, \|w\|_2\leqslant 1]$$

的极小化问题。

为将跟踪问题划归为 H_∞ 标准控制问题，取 z 为被控输出，测量输出取为

$$y=\begin{bmatrix} r \\ v \end{bmatrix}$$

外部输入信号为 w，控制信号为 u。

可得广义被控对象和控制器方程为

$$\begin{bmatrix} z \\ y \end{bmatrix}=\begin{bmatrix} r-v \\ \rho u \\ r \\ v \end{bmatrix}=\begin{bmatrix} W & -P \\ 0 & \rho I \\ W & 0 \\ 0 & P \end{bmatrix}\begin{bmatrix} w \\ u \end{bmatrix}$$

$$u=[C_1 \quad C_2]\begin{bmatrix} r \\ v \end{bmatrix}$$

相应的 G 和 K 分别为

$$G=\begin{bmatrix} G_{11} & G_{12} \\ G_{21} & G_{22} \end{bmatrix},\quad G_{11}=\begin{bmatrix} W \\ 0 \end{bmatrix},\quad G_{12}=\begin{bmatrix} -P \\ \rho I \end{bmatrix},\quad G_{21}=\begin{bmatrix} W \\ 0 \end{bmatrix},\quad G_{22}=\begin{bmatrix} 0 \\ P \end{bmatrix}$$

$$K=[C_1 \quad C_2]$$

其 H_∞ 标准控制的结构图如图 6.13 所示。

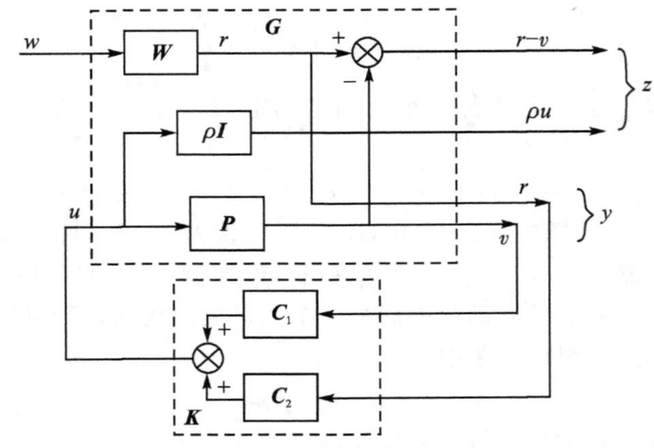

图 6.13　跟踪问题控制系统 H_∞ 标准控制框图

6.4.3　鲁棒稳定问题

当广义被控对象 $\boldsymbol{P}(s)$ 含有不确定性因素时，通过抽取不确定性部分 $\Delta(s)$ 后，闭环系统有如图 6.14 所示结构，其中假设 $\|\Delta\|_\infty \leqslant 1$。

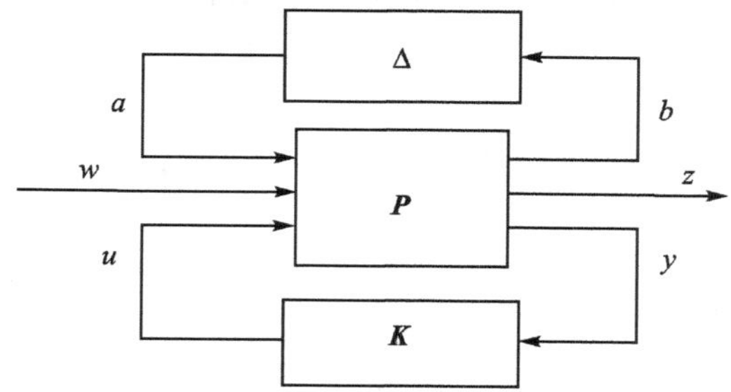

图 6.14　鲁棒稳定问题控制系统 H_∞ 标准控制框图

显然

$$\begin{bmatrix} b \\ z \\ y \end{bmatrix} = \boldsymbol{P} \begin{bmatrix} a \\ w \\ u \end{bmatrix} \tag{6.18}$$

其中

$$\boldsymbol{P} = \begin{bmatrix} P_{11} & P_{12} & P_{13} \\ P_{21} & P_{22} & P_{23} \\ P_{31} & P_{32} & P_{33} \end{bmatrix}, a = \Delta b, u = \boldsymbol{K} y$$

对式(6.18)进行分块

$$\begin{bmatrix} b \\ z \\ y \end{bmatrix} = \boldsymbol{P} \begin{bmatrix} a \\ w \\ u \end{bmatrix} \qquad \begin{matrix} a = \Delta b \\ u = \boldsymbol{K} y \end{matrix}$$

$$\boldsymbol{P} = \left[\begin{array}{c:cc} \boldsymbol{P}_{11} & \boldsymbol{P}_{12} & \boldsymbol{P}_{13} \\ \hdashline \boldsymbol{P}_{21} & \boldsymbol{P}_{22} & \boldsymbol{P}_{23} \\ \boldsymbol{P}_{31} & \boldsymbol{P}_{32} & \boldsymbol{P}_{33} \end{array}\right]$$

有

$$\begin{bmatrix} z \\ y \end{bmatrix} = \boldsymbol{P}_\Delta \begin{bmatrix} w \\ u \end{bmatrix}$$

其中

$$\boldsymbol{P}_\Delta = \begin{bmatrix} \boldsymbol{P}_{\Delta 11} & \boldsymbol{P}_{\Delta 12} \\ \boldsymbol{P}_{\Delta 21} & \boldsymbol{P}_{\Delta 22} \end{bmatrix} = \begin{bmatrix} \boldsymbol{P}_{22} & \boldsymbol{P}_{23} \\ \boldsymbol{P}_{32} & \boldsymbol{P}_{33} \end{bmatrix} + \begin{bmatrix} \boldsymbol{P}_{21} \\ \boldsymbol{P}_{31} \end{bmatrix} \Delta(\boldsymbol{I} - \boldsymbol{P}_{11}\Delta)^{-1} [\boldsymbol{P}_{12} \quad \boldsymbol{P}_{13}]$$

不难发现

$$z = \boldsymbol{T}_{\Delta zw} w$$

其中

$$\boldsymbol{T}_{\Delta zw} = \boldsymbol{P}_{\Delta 11} + \boldsymbol{P}_{\Delta 12}\boldsymbol{K}(\boldsymbol{I} - \boldsymbol{P}_{\Delta 22}\boldsymbol{K})^{-1}\boldsymbol{P}_{\Delta 21}$$

因此，不确定性系统的鲁棒稳定性问题，就是寻找反馈控制器 K，使得如图 6.14 所示闭环系统式(6.18)，在任意有界稳定摄动 Δ 的作用下内稳定，且满足

$$\|\boldsymbol{T}_{\Delta zw}\|_{\infty} < \gamma$$

其中，$\gamma > 0$ 是给定常数。

下面来看看当系统存在加性摄动或乘性摄动时，如何获得系统对应的 H_{∞} 标准控制形式。

① 考虑如图 6.15 所示加性摄动。

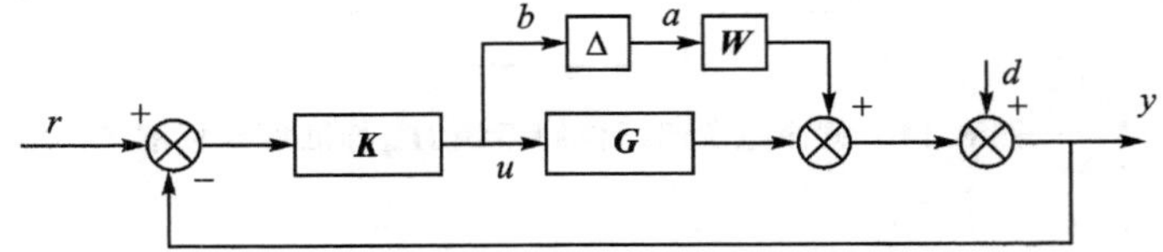

图 6.15　含加性摄动的控制系统结构图

当令 $w = d$，$z = y = d + \boldsymbol{W}a + \boldsymbol{G}u$，$b = u$ 时，可将图 6.15 所示系统，转换为图 6.14 所示结构，并用式(6.18)给予描述，其中

$$\boldsymbol{P} = \begin{bmatrix} 0 & 0 & \boldsymbol{I} \\ \boldsymbol{W} & \boldsymbol{I} & \boldsymbol{G} \\ \boldsymbol{W} & \boldsymbol{I} & \boldsymbol{G} \end{bmatrix}$$

② 考虑如图 6.16 所示乘性摄动。

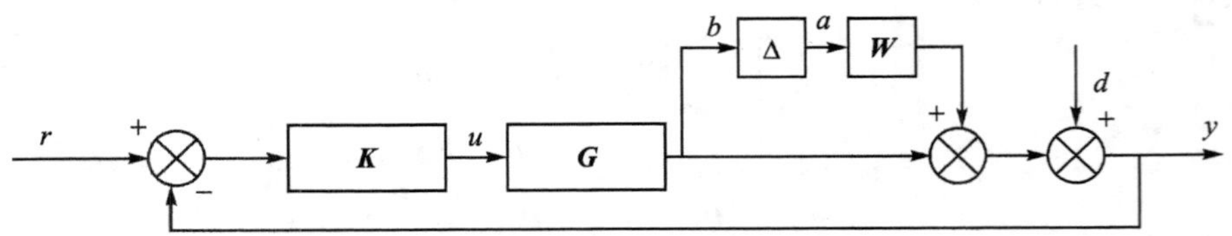

图 6.16　含乘性摄动的控制系统结构图

当令 $w = d$，$z = y = d + \boldsymbol{W}a + \boldsymbol{G}u$，$b = \boldsymbol{G}u$ 时，可将图 6.16 所示系统，转换为图 6.14 所示结构，并用式(6.18)给予描述，其中

$$\boldsymbol{P} = \begin{bmatrix} 0 & 0 & \boldsymbol{G} \\ \boldsymbol{W} & \boldsymbol{I} & \boldsymbol{G} \\ \boldsymbol{W} & \boldsymbol{I} & \boldsymbol{G} \end{bmatrix}$$

6.5　状态反馈 H_∞ 控制系统设计

6.5.1　设计原理

状态反馈 H_∞ 控制问题是对式(6.10)在状态 x 可测的情况下，要求以状态反馈 $u=\boldsymbol{K}x$，使得闭环系统满足：

$$\|\boldsymbol{T}_{zw}(s)\|_\infty < \gamma$$

且 $\boldsymbol{A}+\boldsymbol{B}_2\boldsymbol{K}$ 为稳定阵，式中：

$$\boldsymbol{T}_{zw}(s)=(\boldsymbol{C}_1+\boldsymbol{D}_{12}\boldsymbol{K})(s\boldsymbol{I}-\boldsymbol{A}-\boldsymbol{B}_2\boldsymbol{K})^{-1}\boldsymbol{B}_1+\boldsymbol{D}_{11} \tag{6.19}$$

1) 上述 $\|\boldsymbol{T}_{zw}(s)\|_\infty<\gamma$，且状态反馈阵 $\boldsymbol{K}$ 存在的充分必要条件可等价为

对于充分小的 $\varepsilon>0$，黎卡提方程：

$$\boldsymbol{A}^{\mathrm{T}}\boldsymbol{P}+\boldsymbol{P}\boldsymbol{A}+\gamma^{-2}\boldsymbol{P}(\boldsymbol{B}_1\boldsymbol{B}_1{}^{\mathrm{T}}-\gamma^2\boldsymbol{B}_2\boldsymbol{B}_2{}^{\mathrm{T}})\boldsymbol{P}+\boldsymbol{C}_1{}^{\mathrm{T}}\boldsymbol{C}_1+\varepsilon\boldsymbol{I}=0 \tag{6.20}$$

有正定解 $\boldsymbol{P}>0$，状态反馈阵：

$$\boldsymbol{K}=-\boldsymbol{B}_2{}^{\mathrm{T}}\boldsymbol{P} \tag{6.21}$$

2) 对于系统，若$\boldsymbol{D}_{11}=0$，$\boldsymbol{D}_{12}=0$，则满足闭环系统条件的$\boldsymbol{K}$ 存在的充分必要条件为

对于充分小的 $\varepsilon>0$，黎卡提方程：

$$\boldsymbol{A}^{\mathrm{T}}\boldsymbol{P}+\boldsymbol{P}\boldsymbol{A}+\frac{1}{\varepsilon\gamma^2}\boldsymbol{P}(\varepsilon\boldsymbol{B}_1\boldsymbol{B}_1{}^{\mathrm{T}}-\gamma^2\boldsymbol{B}_2\boldsymbol{B}_2{}^{\mathrm{T}})\boldsymbol{P}+\boldsymbol{C}_1{}^{\mathrm{T}}\boldsymbol{C}_1+\varepsilon\boldsymbol{I}=0 \tag{6.22}$$

有正定解 $\boldsymbol{P}>0$，当存在这样的 ε 和 $\boldsymbol{P}$ 时，有

$$\boldsymbol{K}=-\frac{1}{2\varepsilon}\boldsymbol{B}_2{}^{\mathrm{T}}\boldsymbol{P} \tag{6.23}$$

3) 对于系统，若 $\boldsymbol{D}_{11}=0$，$\boldsymbol{D}_{12}{}^{\mathrm{T}}\boldsymbol{C}_1=0$，$\boldsymbol{D}_{12}^{\mathrm{T}}\boldsymbol{D}_{12}=\boldsymbol{I}$，且 $[\boldsymbol{C}_1,\boldsymbol{A}]$可观，则满足闭环系统条件的 $\boldsymbol{K}$ 存在的充分必要条件为如下两个等价条件中满足任意一个即可：

① 定义：

$$\boldsymbol{H}=\begin{bmatrix}\boldsymbol{A} & \gamma^{-2}(\boldsymbol{B}_1\boldsymbol{B}_1^{\mathrm{T}}-\gamma^2\boldsymbol{B}_2\boldsymbol{B}_2^{\mathrm{T}})\\ -\boldsymbol{C}_1^{\mathrm{T}}\boldsymbol{C}_1 & -\boldsymbol{A}^{\mathrm{T}}\end{bmatrix} \tag{6.24}$$

有 $\boldsymbol{H}\in\mathrm{dom}(\mathrm{Ric})$，且 $\mathrm{Ric}(\boldsymbol{H})\geqslant 0$。

② 黎卡提方程：

$$\boldsymbol{A}^{\mathrm{T}}\boldsymbol{P}+\boldsymbol{P}\boldsymbol{A}+\gamma^{-2}\boldsymbol{P}(\boldsymbol{B}_1\boldsymbol{B}_1^{\mathrm{T}}-\gamma^2\boldsymbol{B}_2\boldsymbol{B}_2^{\mathrm{T}})\boldsymbol{P}+\boldsymbol{C}_1^{\mathrm{T}}\boldsymbol{C}_1=0 \tag{6.25}$$

存在半正定解 $\boldsymbol{P}\geqslant 0$，且$(\boldsymbol{A}+\gamma^{-2}\boldsymbol{B}_1\boldsymbol{B}_1^{\mathrm{T}}\boldsymbol{P}-\boldsymbol{B}_2\boldsymbol{B}_2^{\mathrm{T}}\boldsymbol{P})$为稳定阵。

当上述条件之一成立时，$\boldsymbol{P}=\mathrm{Ric}(\boldsymbol{H})$，而状态反馈阵：

$$\boldsymbol{K}=-\boldsymbol{B}_2^{\mathrm{T}}\boldsymbol{P} \tag{6.26}$$

6.5.2 设计步骤

1）任意选取 $\gamma>0$ 和充分小 $\varepsilon>0$。

2）检查使式(6.19)满足条件成立的 $\boldsymbol{K}$ 存在的充要条件式(6.20)、式(6.22)、式(6.25)。

① 若不满足，增加 γ，重复 2)。

② 若满足，且 γ 已经足够小了，则继续；否则的话，继续减小 γ，重复步骤 2)。

③ 由式(6.21)或式(6.23)或式(6.26)计算 $\boldsymbol{K}$。

6.5.3 仿真与分析

本节选用如下系统模型进行仿真。

$$\begin{cases}\dot{x}=\boldsymbol{A}x+\boldsymbol{B}u\\ y=\boldsymbol{C}x+\boldsymbol{D}u\end{cases}$$

其中

$$\boldsymbol{A}=\begin{bmatrix}-2.85 & 2.872\\ -0.1521 & -2.661\end{bmatrix},\quad \boldsymbol{B}=\begin{bmatrix}0.4152 & 0.4152\\ 0.2338 & 1.922\end{bmatrix}$$

$$\boldsymbol{C}=\begin{bmatrix}1 & 0\\ -0.3385 & 0.8849\end{bmatrix},\quad \boldsymbol{D}=\begin{bmatrix}0 & 0\\ 0.05106 & 1.591\end{bmatrix}$$

加入了干扰量后的系统为

$$\begin{cases}\dot{x}=\boldsymbol{A}x+\boldsymbol{B}u+\boldsymbol{B}_1w\\ y=\boldsymbol{C}x+\boldsymbol{D}u\end{cases}$$

式中 w 为能量有限的外部扰动。

假设参考输入为 r，则

$$e=r-y \tag{6.27}$$

分别对误差跟踪向量和状态的导数求导：

$$\dot{e}=-\dot{y}=-\boldsymbol{C}\dot{x}-\boldsymbol{D}\dot{u}$$

$$\ddot{x}=\boldsymbol{A}\dot{x}+\boldsymbol{B}\dot{u}$$

重新将 $\dot{x}$ 和 $\dot{e}$ 作为新的状态量进行评价：

$$\begin{bmatrix}\ddot{x}\\ \dot{e}\end{bmatrix}=\begin{bmatrix}\boldsymbol{A} & 0\\ -\boldsymbol{C} & 0\end{bmatrix}\begin{bmatrix}\dot{x}\\ e\end{bmatrix}+\begin{bmatrix}\boldsymbol{B}\\ -\boldsymbol{D}\end{bmatrix}\dot{u}+\begin{bmatrix}\boldsymbol{B}_1\\ 0\end{bmatrix}\dot{w}$$

新的控制量律为

$$\dot{u}=[\boldsymbol{K}_1\quad \boldsymbol{K}_2]\begin{bmatrix}\dot{x}\\ e\end{bmatrix}$$

对上式等式两端作不定积分，得到：

$$u=\boldsymbol{K}_1x+\boldsymbol{K}_2\int e\,\mathrm{d}t$$

如上式的推导过程可以发现：对于新的系统，只需要设计一个状态反馈矩阵 $\boldsymbol{K}$，使得新的系统的($\bar{\boldsymbol{A}}+\bar{\boldsymbol{B}}\boldsymbol{K}$)稳定即可。式中，$\bar{\boldsymbol{A}}=\begin{bmatrix}\boldsymbol{A} & 0\\ -\boldsymbol{C} & 0\end{bmatrix}$，$\bar{\boldsymbol{B}}=\begin{bmatrix}\boldsymbol{B}\\ -\boldsymbol{D}\end{bmatrix}$。

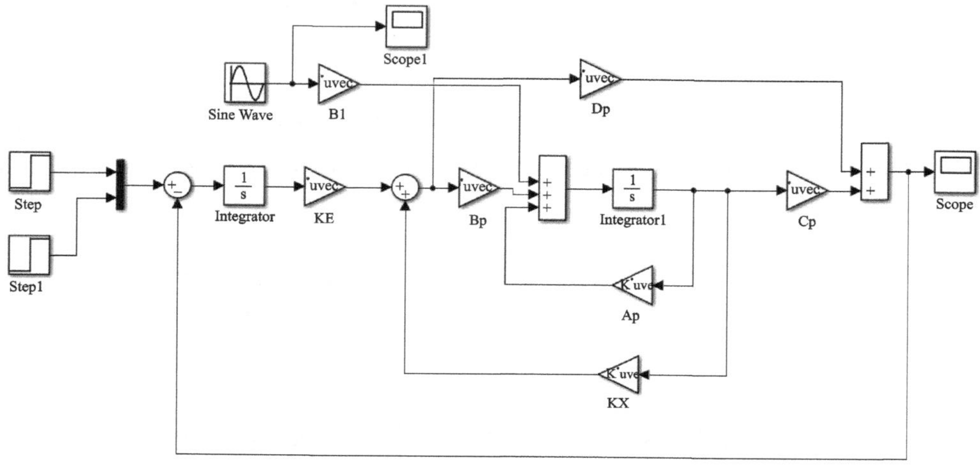

图 6.17　广义系统的详细内部结构图

新的广义系统表达式为

$$\begin{cases}\dot{\bar{x}}=\bar{\boldsymbol{A}}\bar{x}+\bar{\boldsymbol{B}}\dot{u}+\bar{\boldsymbol{B}}_1\bar{w}\\ z=\dot{y}=\bar{\boldsymbol{C}}\bar{x}+\bar{\boldsymbol{D}}\bar{u}\\ y=\bar{x}\end{cases}$$

因此增广后的矩阵$\begin{bmatrix}\bar{\boldsymbol{A}} & \bar{\boldsymbol{B}} & \bar{\boldsymbol{B}}_1\\ \bar{\boldsymbol{C}} & \bar{\boldsymbol{D}} & \bar{\boldsymbol{D}}\\ 1 & \bar{\boldsymbol{D}} & \bar{\boldsymbol{D}}\end{bmatrix}$，只要新的系统 $\bar{x}\rightarrow 0$，则 $e\rightarrow 0$，由式(6.27)可知，跟踪的误差等于零，输出就满足了要求。

对于广义系统来说，存在一个状态反馈 H_∞ 控制器，当且仅当存在一个对称正定矩阵 $\boldsymbol{X}$ 和矩阵 $\boldsymbol{W}$，满足如下矩阵不等式：

$$\begin{bmatrix}\boldsymbol{AX}+\boldsymbol{B}_2\boldsymbol{W}+(\boldsymbol{AX}+\boldsymbol{B}_2\boldsymbol{W})^{\mathrm{T}} & \boldsymbol{B}_1 & (\boldsymbol{C}_1\boldsymbol{X}+\boldsymbol{D}_{12}\boldsymbol{W})^{\mathrm{T}}\\ \boldsymbol{B}_1^{\mathrm{T}} & -\boldsymbol{I} & \boldsymbol{D}_{11}^{\mathrm{T}}\\ (\boldsymbol{C}_1\boldsymbol{X}+\boldsymbol{D}_{12}\boldsymbol{W} & \boldsymbol{D}_{11} & -\boldsymbol{I}\end{bmatrix}<0$$

进而，如果存在一个可行解，$\boldsymbol{X}^*$ 和$\boldsymbol{W}^*$，那么

$$u=\boldsymbol{W}^*(\boldsymbol{X}^*)x$$

$\boldsymbol{W}^*(\boldsymbol{X}^*)$即希望得到的$\boldsymbol{K}_{\mathrm{N}}$，是系统的一个状态反馈 H_∞ 控制器。

调用 MATLAB 中 LMI 工具箱的‘feasp’函数对矩阵不等式进行求解：

得到状态反馈的$\boldsymbol{K}_{\mathrm{X}}=\begin{bmatrix}-91.0316 & -123.633\\ -0.4596 & 0.3814\end{bmatrix}$，$\boldsymbol{K}_{\mathrm{E}}=\begin{bmatrix}248.2794 & -13.0628\\ 0.5845 & 2.2206\end{bmatrix}$。对于闭环传递函数：

$$\boldsymbol{T}_{\mathrm{zw}}(s)=(\boldsymbol{C}_1+\boldsymbol{D}_{12}\boldsymbol{K})(s\boldsymbol{I}-\boldsymbol{A}-\boldsymbol{B}_2\boldsymbol{K})^{-1}\boldsymbol{B}_1+\boldsymbol{D}_{11}$$

$$\|\boldsymbol{T}_{\mathrm{zw}}(s)\|_{\infty}<\gamma$$

得出 $\gamma=0.8$。

按照图 6.17 搭建 Simulink 模型，选择输入的干扰为幅值为 0.2 的二维正弦信号，参考输入选为末值为 0.05 的阶跃信号。得到如图 6.18～图 6.21 所示仿真曲线。

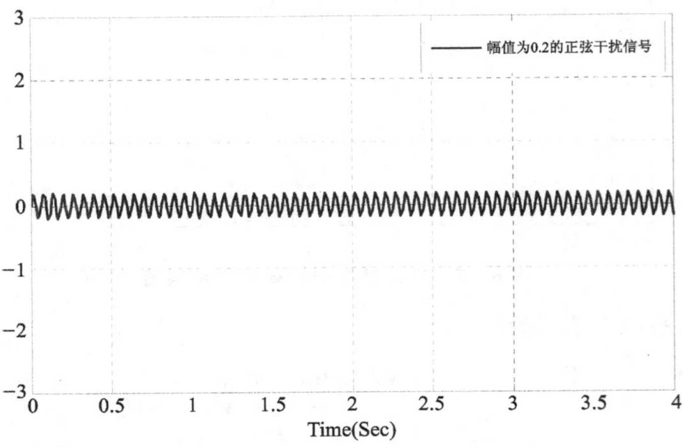

图 6.18　幅值为 0.02 的二维正弦扰动

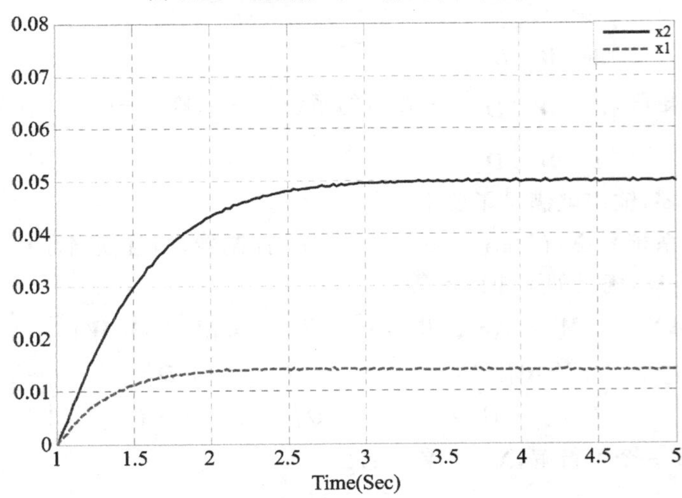

图 6.19　状态量曲线

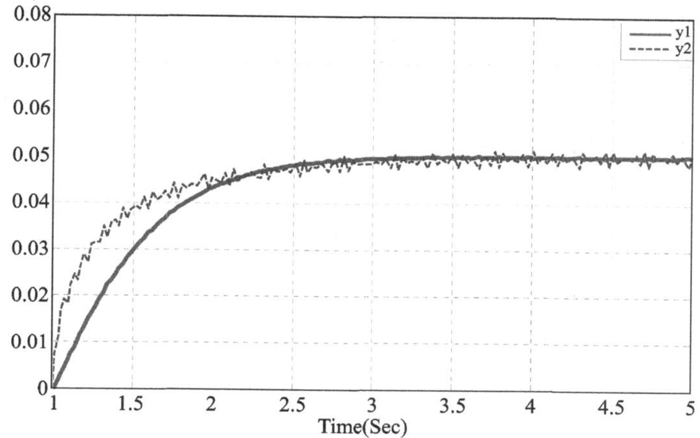

图 6.20　输出量曲线

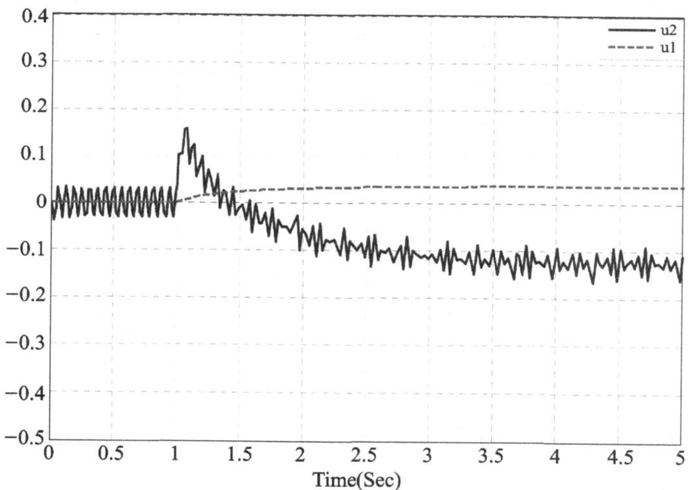

图 6.21　控制量曲线

由输出轨迹可以看出，虽然扰动的幅值取到了 0.02，但是在输出轨迹上扰动的影响和幅度要小了很多，且跟踪效果依旧很好，末值均达到了 0.05，误差也很小。然而控制量 u_2 并没有达到理想的效果，受到正弦扰动信号的干扰非常明显，这大大地提升了控制的难度。当把正弦信号的幅值取到 0.01 以下的时候，如图 6.22 所示。

可见，图 6.22 中控制量的受干扰程度就要小很多，而且 u_2 的控制很快结束。本案例所设计的鲁棒状态反馈控制器虽然达到了很好的输出量的跟踪效果，但是对于控制量 u_2 提出的要求非常严苛。

在不加状态反馈 H_∞ 控制器时的仿真曲线如图 6.23 所示，不仅干扰没有得到很好地抑制，连输出跟踪也没有达到 0.05 的末值要求，这分别是 $\boldsymbol{K}_x$ 和 $\boldsymbol{K}_e$ 两个反馈控制矩阵起到的效果，可见状态反馈 H_∞ 控制器起到了很好的效果；除此之外还发现在控制量上，扰动对于控制量的影响非常大，基本上就等于所加的幅值，这表明在没有状态反馈 H_∞ 控制的情况下，对于外界未知的干扰信号，控制量是无法做到合适的给予的，这也验证了鲁棒控制的本质特点：在外界干扰及建模误差不确定的条件下具有一定的抗干扰能力。

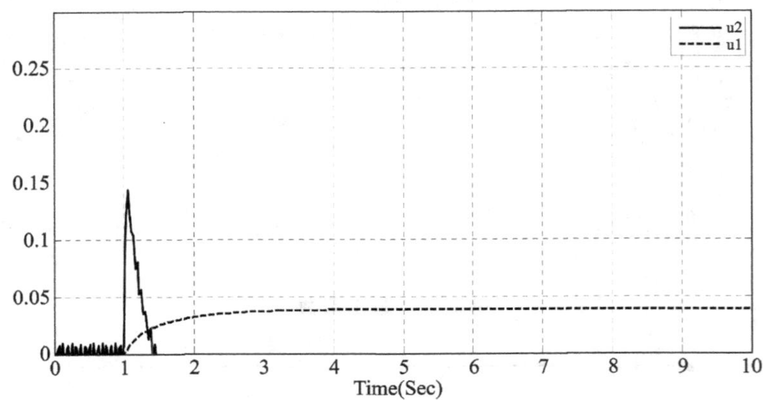

图 6.22　扰动信号幅值为 0.005 时的控制曲线

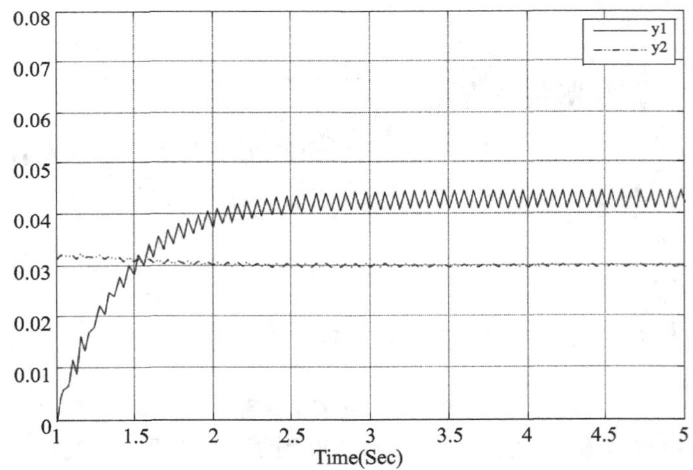

图 6.23　不加 H_∞ 控制时的输出跟踪曲线

6.6　输出反馈 H_∞ 控制器设计

下面通过如图 6.24 所示的例子来介绍如何通过 MATLAB 的 m 函数调用和 Simulink 仿真环境，设计基于输出反馈的 H_∞ 控制器。

图 6.24 中，$P(s)=\dfrac{-s+20}{s^2+21s+20}$ 为对象，W 为加权函数，y_p 是对象 P 的输出，

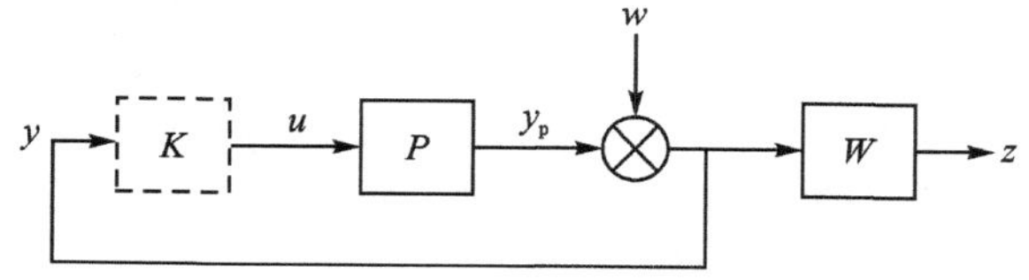

图 6.24　基于输出反馈的 H_∞控制器设计

u 是对象 P 的输入，z 是系统的评价信号。

将如图 6.24 所示系统转换为图 6.9 所示的标准 H_∞控制问题。除去控制器 K 以外的部分就是广义被控对象 $\boldsymbol{G}$，它具有两输入两输出，输入信号是 w 和 u，输出信号是 y 和 z。假设$W(s)=\dfrac{1}{0.005s+1}$，用传递函数矩阵形式表示该系统为

$$\begin{bmatrix} z \\ y \end{bmatrix} = \boldsymbol{G} \begin{bmatrix} w \\ u \end{bmatrix}$$

$$\boldsymbol{G} = \begin{bmatrix} W & WP \\ \boldsymbol{I} & P \end{bmatrix} = \begin{bmatrix} \dfrac{1}{0.005s+1} & \dfrac{-s+20}{0005s^3+1105s^2+21.1s+20} \\ 1 & \dfrac{-s+20}{s^2+21s+20} \end{bmatrix}$$

调用 MALTAB 中的如下三个函数，

```
sys = ss(G)
[A,B,C,D] = ssdata(sys)
G = ltisys(A,B,C,D)
```

可以获得广义对象 $\boldsymbol{G}$ 的状态空间实现为

$$\boldsymbol{G} = \begin{bmatrix} -200.0000 & 0 & 0 & 0 & 0 & 0 & 16.0000 & 0 \\ 0 & -221.0000 & -65.9375 & -7.8125 & 0 & 0 & 0 & 4.0000 \\ 0 & 64.0000 & 0 & 0 & 0 & 0 & 0 & 0 \\ 0 & 0 & 8.0000 & 0 & 0 & 0 & 0 & 0 \\ 0 & 0 & 0 & 0 & -21.0000 & -5.0000 & 0 & 2.0000 \\ 0 & 0 & 0 & 0 & 4.0000 & 0 & 0 & 0 \\ 12.5000 & 0 & -0.7813 & 1.9531 & 0 & 0 & 0 & 0 \\ 0 & 0 & 0 & 0 & -0.5000 & 2.5000 & 1.0000 & 0 \end{bmatrix}$$

调用 MALTAB 中的如下两个函数

```
[gopt,K] = hinflmi(G,[1,1])
[Ak,Bk,Ck,Dk] = ltiss(K)
```

可以获得 H_∞控制器 K 为

$$
\boldsymbol{A}_k = \begin{bmatrix} -645.1458 & -21.5532 & -62.8734 & -3312.8041 & -455109.0015 & 12195188.6862 \\ -164.8007 & -6.9054 & -28.7125 & -835.3616 & -115499.1356 & 3094940.4399 \\ 640.4473 & 23.0392 & -77.5610 & 3146.0958 & 426135.8445 & -11418603.5062 \\ 60.5102 & 6.1738 & -44.8291 & 202.5520 & 28305.9910 & -758158.6501 \\ 8.7429 & -35.6136 & -2.8438 & 10.3802 & -873.83750 & 19209.6851 \\ 86.3401 & -582.6342 & 18.7281 & -18.2472 & -1380.1294 & -32161.7356 \end{bmatrix}
$$

$$
\boldsymbol{B}_k = \begin{bmatrix} -0.1658 \\ -0.0007 \\ -0.0776 \\ -1.1511 \\ 14.1968 \\ 231.2380 \end{bmatrix}, \boldsymbol{C}_k = [186.6530, 5.5780, 38.2717, 1025.8104, 141923.8023, -3803031.3988]
$$

$$
D_k = 0
$$

对象 P 对应的状态空间模型为

$$
\boldsymbol{A} = \begin{bmatrix} -21 & -20 \\ 1 & 0 \end{bmatrix}, \quad \boldsymbol{B} = \begin{bmatrix} 1 \\ 0 \end{bmatrix}, \quad \boldsymbol{C} = [-1 \quad 20], \quad D = 0
$$

搭建如图 6.25 所示 Simulink 仿真界面图。

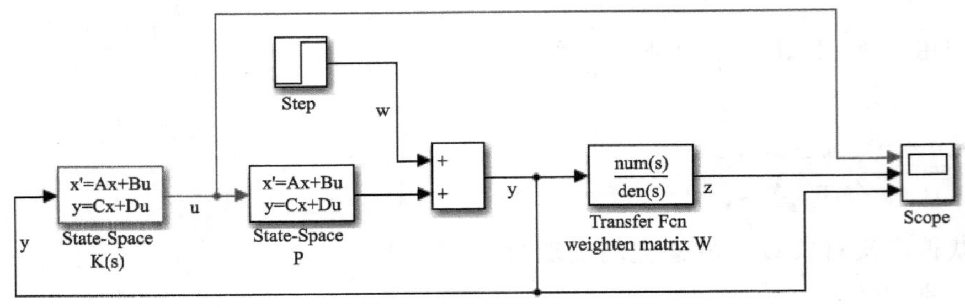

图 6.25 输出反馈 H_∞ 控制器设计 Simulink 仿真界面图

w 为外部干扰信号，假设是单位阶跃信号，输入输出曲线如图 6.26 所示。可见，系统输出 y 在受到外干扰时，可以在所设计的输出反馈 H_∞ 控制器作用下，迅速回到 0。

虽然直接调用 MATLAB 函数求取广义对象状态空间实现，这样的方式非常简单，但是获得的状态变量及相关矩阵通常是数值运算结果，离物理概念相距较远。

下面针对如图 6.24 所示系统，假设 $W(s)=\dfrac{100}{s+1}$，基于传递函数的矩阵形式，直接得到相应的状态空间表达式，进而获取广义对象 G 的状态空间实现。

设被控对象 P 的状态变量为 x_p，根据 P 的传递函数，可以得到如下的状态

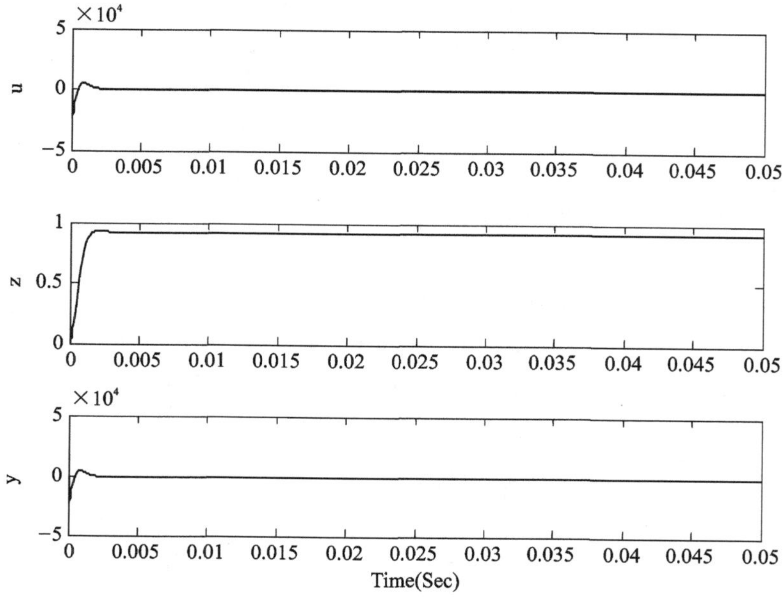

图 6.26 系统输入输出曲线

方程：

$$\begin{cases}\dot{x}_p = \boldsymbol{A}_p x_p + \boldsymbol{B}_p u_p \\ y_p = \boldsymbol{C}_p x_p + \boldsymbol{D}_p u_p\end{cases} \tag{6.28}$$

其中

$$\boldsymbol{A}_p = \begin{bmatrix} -20 \\ 1 \end{bmatrix}, \qquad \boldsymbol{B}_P = \begin{bmatrix} 40 \\ -1 \end{bmatrix}, \qquad \boldsymbol{C}_p = [0 \quad 1], \qquad \boldsymbol{D}_p = 0$$

即有

$$\begin{bmatrix} \boldsymbol{A}_p & \boldsymbol{B}_p \\ \boldsymbol{C}_p & \boldsymbol{D}_p \end{bmatrix} = \begin{bmatrix} -20 & 0 & 40 \\ 1 & -1 & -1 \\ 0 & 1 & 0 \end{bmatrix}$$

设加权函数 W 的状态变量为 x_w，根据 W 的传递函数，可以得到加权函数 W 的状态空间实现为

$$\begin{cases}\dot{x}_w = A_w x_w + B_w u_w \\ y_w = C_w x_w + D_w u_w\end{cases} \tag{6.29}$$

其中

$$A_w = -1, \qquad B_w = 100, \qquad C_w = 1, \qquad D_w = 0$$

即有

$$\begin{bmatrix} A_w & B_w \\ C_w & D_w \end{bmatrix} = \begin{bmatrix} -1 & 100 \\ 1 & 0 \end{bmatrix}$$

根据图 6.24,可知

$$\begin{aligned} u_w &= y \\ &= y_p + w \end{aligned}$$

结合串联系统运算法则式(6.3),有

$$\begin{aligned} \dot{x}_w &= A_w x_w + B_w u_w \\ &= A_w x_w + B_w (y_p + w) \\ &= A_w x_w + B_w (\boldsymbol{C}_p x_p + \boldsymbol{D}_p u_p + w) \\ &= B_w \boldsymbol{C}_p x_p + A_w x_w + B_w w + B_w \boldsymbol{D}_p u_p \end{aligned} \tag{6.30}$$

$$\begin{aligned} z &= y_w \\ &= C_w x_w + D_w (y_p + w) \\ &= C_w x_w + D_w (C_p x_p + \boldsymbol{D}_p u_p) + D_w w \\ &= D_w \boldsymbol{C}_p x_p + C_w x_w + D_w \boldsymbol{D}_p u_p + D_w w \end{aligned} \tag{6.31}$$

$$\begin{aligned} y &= y_p + w \\ &= C_p x_p + \boldsymbol{D}_p u_p + w \end{aligned} \tag{6.32}$$

整理式(6.28),式(6.30),式(6.31)和式(6.32),得

$$\begin{bmatrix} \dot{x}_p \\ \dot{x}_w \\ z \\ y \end{bmatrix} = \begin{bmatrix} \boldsymbol{A}_p & 0_{2\times1} & 0_{2\times1} & \boldsymbol{B}_p \\ B_w \boldsymbol{C}_p & A_w & B_w & B_w \boldsymbol{D}_p \\ D_w \boldsymbol{C}_p & C_w & D_w & D_w \boldsymbol{D}_p \\ \boldsymbol{C}_p & 0 & 1 & \boldsymbol{D}_p \end{bmatrix} \begin{bmatrix} x_p \\ x_w \\ w \\ u_p \end{bmatrix}$$

因此,广义对象的状态空间实现为

$$\boldsymbol{G} = \begin{bmatrix} -20 & 0 & 0 & 0 & 40 \\ 1 & -1 & 0 & 0 & -1 \\ 0 & 1 & -1 & 1 & 0 \\ 0 & 0 & 100 & 0 & 0 \\ 0 & 1 & 0 & 1 & 0 \end{bmatrix}$$

调用 MALTAB 中的 hinflmi 函数,可以计算获得 H_∞ 控制器 K 为

$$\boldsymbol{A}_k = \begin{bmatrix} -60.455\,5 & -357\,640.789\,6 & 54\,534\,886.458\,3 \\ 0.493\,7 & -187.095\,9 & 28\,378.893\,5 \\ -103.629\,9 & 2\,016.686\,6 & -307\,896.220\,8 \end{bmatrix}$$

$$\boldsymbol{B}_k = \begin{bmatrix} 0 \\ -0.050\,3 \\ -3\,936.978\,4 \end{bmatrix}, \quad \boldsymbol{C}_k = [-1.010\,7, -8\,938.216\,1, 1\,362\,946.491\,4]$$

$$D_k = 0$$

仍旧假设外干扰 w 是单位阶跃信号，输入输出曲线如图 6.27 所示。可见，系统输出 y 在受到外干扰时，可以在所设计的输出反馈 H_∞ 控制器作用下，迅速回到 0。对比图 6.22 和图 6.23 容易发现，加权函数 W 对系统的控制量和评价信号产生较大的影响。

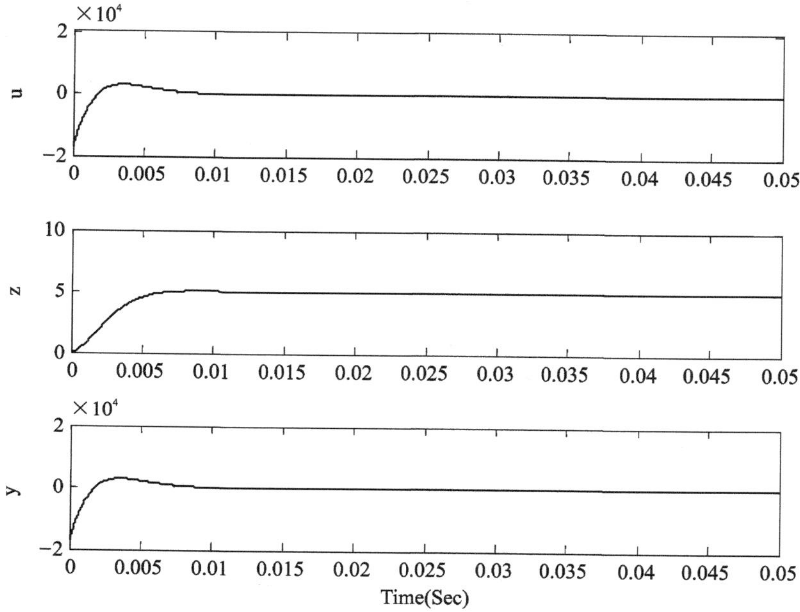

图 6.27　系统输入输出曲线

第 7 章
预测控制

预测控制(MPC)是自动控制理论的一个重要分支,是一种用计算机实现的最优控制方法。它始于20世纪70年代中后期,其产生并不是某一种统一理论的产物,而是在工业实践过程中独立发展起来的。MPC最大程度地结合了工业实际的要求,综合效果好,是一种基于模型的先进控制技术。

MPC以预测模型为基础,采用在线滚动优化性能指标和反馈校正的策略,来克服受控对象建模误差和结构、参数与环境等不确定性因素的影响,并且能够处理输入/输出带约束问题,有效地弥补了现代控制理论对复杂受控对象无法避免的依赖精确模型、难以应对不确定因素、不易处理约束等不足之处。

MPC自从产生以来,业已在石油、化工等领域得到广泛应用,在机械、航空、航天领域的应用也日渐增多。随着全权限数字电子控制器(FADEC)的迅速发展,航空发动机控制领域中关注MPC的研究人员越来越多。

预测控制相近算法虽有上百种,但基本上都基于几种较为常用而典型的算法。本章将围绕MPC中的模型算法控制(MAC:Model Algorithm Control)、动态矩阵控制(DMC:Dynamic Matrix Control)、广义预测控制(GPC:Generalized Predictive Control)这三种典型算法,阐述预测控制基本理论,并在最后一节介绍了非线性预测控制的一般性描述。

7.1 预测控制简介

预测控制是由美国和法国几家公司在70年代先后提出的。该控制方法一问世,就在石油、电力和航空等工业中得到成功的应用。最早应用的预测控制算法有1978年Richalet、1982年Mehra等提出的建立在非参数模型脉冲响应基础上的模型预测启发控制(MPHC),或称为模型算法控制(MAC),以及1980年Culter等提出的建立在非参数型阶跃响应基础上的动态矩阵控制(DMC)等。由于这类算法用来描述过

程动态行为的信息，是直接从生产现场检测到的过程响应（即脉冲响应或阶跃响应），且无须事先知道过程模型的结构和参数的有关经验知识，也无须通过复杂的系统辨识来建立过程的数学模型，只是根据某一优化指标设计控制系统，确定一个控制量的时间序列，使未来一段时间内被调量和经柔化后的期望轨迹之间的误差为最小。从而，基于脉冲响应或阶跃响应非参数模型设计的预测控制算法具有建模方便、滚动优化和模型误差反馈校正三个基本特征。此外，由于采用了多步预测的方式，扩大了反映过程未来变化趋势的信息量，因而能克服各种不确定性、大滞后等复杂的影响，使预测控制具有较高的鲁棒性。

80 年代初期，人们在自适应控制的研究中发现，为了增强自适应控制系统的鲁棒性，在广义最小方差控制的基础上，吸取预测控制中的多步预测、滚动优化的思想，以扩大反映过程未来变化趋势的动态信息量。因而出现了基于辨识过程参数模型，带有自校正机制和在线修正模型参数的预测控制算法。主要有 1987 年 Clarke 提出的广义预测控制（GPC）、Lelic 提出的广义预测极点配置控制（GPP）等。这类基于参数模型的预测控制算法，仍保留了非参数模型控制算法的预测模型、滚动优化和反馈校正三个基本特征。不过这里的预测模型采用的是具有一定结构和参数的离散受控自回归积分滑动平均模型（CARIMA），或受控自回归滑动平均模型（CARMA）。由于参数模型是最小化模型且需要已知模型结构，但要确定的参数远比非参数模型的少，从而减少了预测控制算法的计算量。为了克服模型参数失配对输出预测误差的影响，在基于参数模型的预测控制算法中，引入了自适应控制中的在线递推估计模型参数，并用新估计的参数取代原模型参数的自校正机制。基于非参数模型和参数模型的预测控制算法，均采用大时域长度的多步输出预测和在线实现滚动优化的控制策略，使得分析预测控制系统的动态性能、计算闭环系统的输入输出特征非常困难。1978 年 Brosilow 提出了推理控制（IC），1982 年 Garica 提出了内模控制（IMC），分别从结构设计的角度提出了一类新算法。分析表明预测控制与这类新算法在控制结构上有着密切的联系，预测控制具有内模控制结构。应用内模控制结构分析预测控制系统，有利于从结构设计的角度理解预测控制的运行机理，可进一步利用它来分析预测控制系统的闭环动静态特性、稳定性和鲁棒性。内模控制结构为预测控制的深入研究提供了一种新方法。

国内学者自 80 年代以来，在预测控制新算法及全局收敛性等方面的理论研究以及应用研究均取得了丰硕的成果。近年来，国内外对预测控制的研究日趋广泛，美国控制年会（ACC）、IEEE 控制与决策会议（CDC）、国际自动控制联合会（IFAC）世界大会以及各种专门学术会议几乎都有关于预测控制的专题讨论。国内许多学者也展开了预测控制的研究，取得了许多研究成果，发表了不少文献和专著，并在多种复杂的工业过程控制中获得了成功的应用。预测控制已经成为当前过程控制的发展方向之一。

当前 MPC 已经在理论和应用方面取得了显著进展，各种 MPC 算法不断产生并

得到发展，不过总的来说，它们都具有三大本质特征：预测模型、滚动优化、反馈校正。

图 7.1 给出了预测控制基本结构示意图，其中 k 为当前时刻，$r(k)$是期望信号，$u(k)$是输入，$d(k)$是外干扰，$y(k)$是输出，$y(k|k)$是当前时刻的输出预测值，$y(k+j|k)$是提前 j 步的输出预测值。

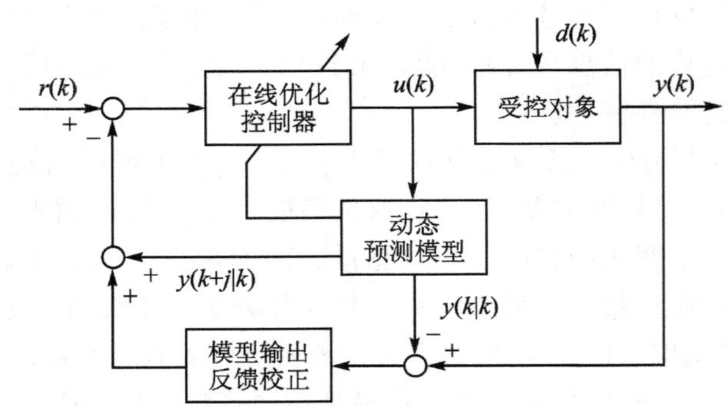

图 7.1 预测控制基本结构示意图

(1) 预测模型

简单来说，预测是对某一事物或事件的行为特征量在未来某一时刻或某一时段内可能发生的变化特征量或变化趋势做出估计。换句话说，预测是当已知信号的过去和当前时刻测量值时，获得未来若干时间段的期望值，是人们对客观事物发展变化的一种认识和估计。

预测模型就是用于对未来一段时间内的输出进行预测。

预测模型注重的是其功能性而非结构形式，从原理上讲，只要是具有预测功能的受控对象模型，无论采用什么描述形式，都可以作为预测模型，因而，预测模型的多样性是 MPC 的一大特点。尽量多地利用已知信息以建立更符合系统实际动态的预测模型，对提高 MPC 性能大有裨益。

预测模型通常的形式有两类：参数模型（如微分方程、差分方程等）和非参数模型（脉冲响应模型、阶跃响应模型）等。

如图 7.2 所示，预测模型的功能主要是：根据被控对象的历史信息 $\{u(k-j),y(k-j)\}$，$j\geqslant 1$，以及当前和未来输入 $u(k+j-1)$，$j=1,\cdots,M$，来预测被控对象在未来一段时间内的输出 $y(k+j|k)$，$j=1,\cdots,P$ 。其中 M，P 分别表示控制时域和预测时域的长度，且 $1\leqslant M\leqslant P$。

图 7.2 给出了在两种不同控制策略下对应的输出预测轨迹。其中，控制策略Ⅰ中，k 时刻之后控制量发生改变，即预测时域为 $M>1$ ；控制策略Ⅱ中，k 时刻之后控制量不改变，因此其预测时域为 $M=1$。显然，不同的控制策略会产生不同的输出预测轨迹。

因此，预测模型中选用怎样的输入序列，将影响到系统的输出预测序列。

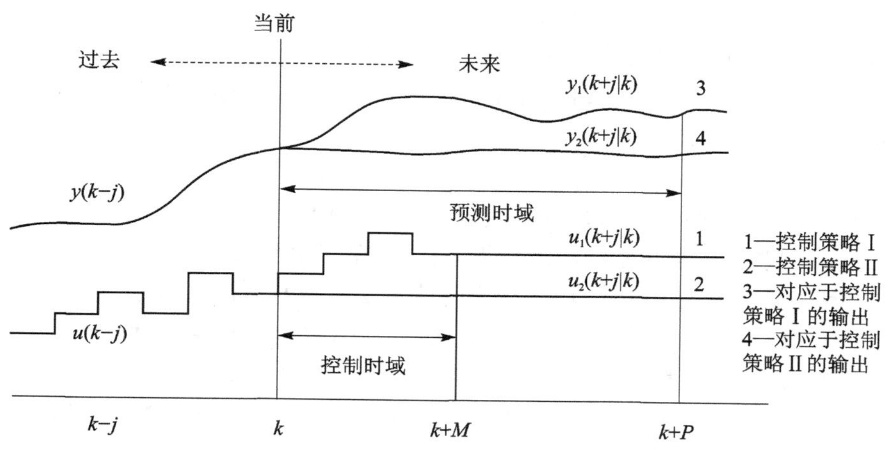

图 7.2　不同控制策略下的输出预测示意图

(2) 滚动优化

滚动优化是指滚动地进行有限时域的在线优化，不是一次性离线运算，也不是全局最优，而是不断在线滚动的局部优化。它每一步实现的是静态优化，从全局看却是动态优化。

如图 7.3 所示，滚动优化的目标是通过使某一性能指标 J 极小化，以确定未来的控制作用 $u(k+j|k)$，$1\leqslant j\leqslant M$，从而实现模型预测输出尽可能趋近于参考轨迹。优化目标只关心预测时域 M 以内系统的动态性能，而且只将 $u(k|k)$施加于被控对象。

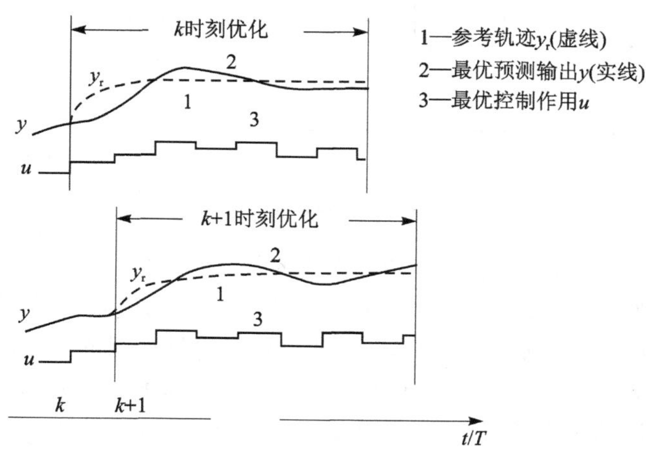

图 7.3　滚动优化示意图

在每一时刻兼顾未来充分长时间内的理想优化和包含系统存在的时变不确定性，局部优化目标函数进行不断更新，而下一时刻输出是根据系统当前控制输入后的响应，这比在理想条件下，实现复杂对象的最优控制要现实得多。

因此，滚动优化的时变性是 MPC 的另一特点，虽然在每一时刻只能得到全局次优解，但可以及时补偿不确定因素对系统的影响，常规优化策略的研究多为无约束的二次性能指标。

(3) 反馈校正

反馈校正是指通过预测误差反馈，修正预测模型，提高预测精度。

由于预测模型只是对系统动态的粗略描述，鉴于实际系统中通常存在非线性、时变性、模型失配与随机干扰等因素，预测模型常常不能与实际系统吻合，为了处理其间的偏差，在线反馈校正成为一个行之有效的方法，它使得被控过程中产生了负反馈环节，从而提高了系统鲁棒性。

如图 7.4 所示，其中 $\Delta y(k)=y(k)-y_{\mathrm{p}}(k|k-1)$，反馈校正就是每到一个新的采样时刻，都要通过实际测到的输出信息对基于模型的预测输出进行修正，即利用 $\Delta y(k)$对原预测模型进行校正，之后再进行新的优化。不断根据系统的实际输出对预测输出值做出修正，使得滚动优化不仅基于模型，而且还利用了反馈信息，构成了闭环优化。

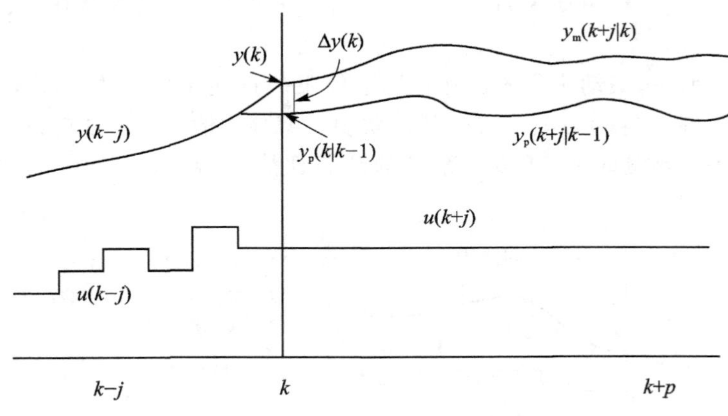

图 7.4　反馈校正示意图

在实际应用中，MPC 所表现出的优点主要包括：

① 建模方便，不需要非常精确的预测模型，跟踪性能良好，非常适应于复杂工业过程控制。其中 MAC 或 DMC 均基于工业过程中较易得到的对象脉冲响应或阶跃响应曲线，过程的描述可以通过简单的实验获得，不需要深入了解过程的内部机理。

② 采用了滚动优化策略，即在线反复进行优化计算，滚动实施，使模型失配、外部干扰等引起的不确定性及时得到弥补，从而得到较好的动态控制性能。

③ 可方便地在不增加任何理论难度的情况下，将 MPC 应用到带约束、大时滞、非线性等过程，并获得较好的控制效果。

MPC 非常适用于解决多变量、有约束被控系统的控制问题，是目前处理多变量

约束控制问题的最有效方法之一。然而，MPC 虽然实际应用令人乐观，但在理论分析方面尚还有一些问题有待解决：

① 算法相对复杂，理论分析难以深入，算法稳定性、鲁棒性等研究还相当有限。对 MPC 的理论分析大多针对单变量的基础算法，而成功应用的例子却大多是复杂的多变量系统。

② 众多的约束条件之间可能出现矛盾，此外为保证稳定性而人为加入的终端约束若和输入/输出约束不相容，这些可能导致无可行解。

③ 对于非线性系统的预测控制，如何分析有限时域滚动优化下的带约束闭环系统稳定性问题，还没有完善的解决办法。

一般来说，MPC 中最主要的控制算法包含 3 种：

(1) 模型算法控制(MAC)

MAC 与 DMC 不同，采用受控对象特性的脉冲响应模型作为预测模型。MAC 算法在一般的性能指标下会出现静差，是由于它以控制量 u 作为输入，本质上导致了比例性质的控制。控制律是时变的，闭环响应对于对象的变化具有鲁棒性。

(2) 动态矩阵控制(DMC)

DMC 算法是一种基于对象阶跃响应的 MPC 算法，用二次型目标函数决定控制量增量 Δu 序列，在控制中内含数字积分环节，可以实现无静差控制。

DMC 在模型失配时的稳定性可以通过校正策略的选择加以改善。通过将 DMC 转换到内模控制框架下进行描述，其稳定性、鲁棒性得到了较好的分析。

(3) 广义预测控制(GPC)

GPC 是以受控自回归积分滑动平均过程模型(CARIMA)为基础，采用长时段的优化性能指标，并结合辨识和自校正机制，表现出良好的鲁棒性。与 DMC 相比，虽然它们在滚动优化的性能指标方面有非常相似的形式，但 GPC 的模型形式与反馈校正策略同 DMC 都有很大差别。在不存在结构型建模误差且噪声强度不大的情况下，自校正 GPC 性能良好且适应面广。

各种预测控制算法具有类似的计算步骤：

① 在当前时刻，基于过程的动态模型预测未来一定时域内每个采样周期(或按一定间隔)的过程输出，这些输出为当前时刻和未来一定时域内控制量的函数。

② 按照基于反馈校正的某个优化目标函数计算当前及未来一定时域的控制量大小。为了防止控制量剧烈变化及超调，一般在优化目标函数中都考虑使未来输出以一参考轨迹最优地去跟踪期望设定值，计算出当前控制量后再输出给过程控制。

③ 下一时刻，根据新测量数据重新按上述步骤计算控制量。

下面对模型算法控制(MAC)、动态矩阵控制(DMC)、广义预测控制(GPC)这 3 种最典型的预测控制算法的基本原理给予介绍。

7.2 模型算法控制(MAC)

模型算法控制(MAC)提供了一种先进控制技术的简单实现方式。它包括预测模型、反馈校正、滚动优化和参考轨迹几个部分。采用系统脉冲响应作为预测模型,是一种非参数模型,用过去和当前的输入输出状态,根据预测模型,预测系统未来的输出状态;经过用模型输出误差进行反馈校正以后,再与参考轨迹进行比较,应用二次型性能指标进行滚动优化;然后再计算当前时刻加于系统的控制,进而完成整个动作循环。模型算法控制(MAC)原理图如图 7.5 所示。

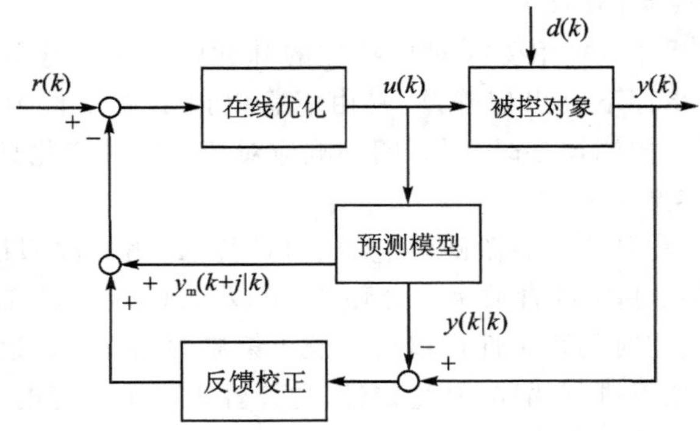

图 7.5 模型算法控制(MAC)原理图

下面首先从 MAC 预测模型入手,然后对单步 MAC 原理和多步 MAC 原理给予介绍。

7.2.1 MAC 预测模型

MAC 适宜处理线性、定常、自衡系统,采用的是脉冲响应模型。

对于一个线性系统,若输入单位脉冲函数 u,其输出响应即为脉冲响应。对于采

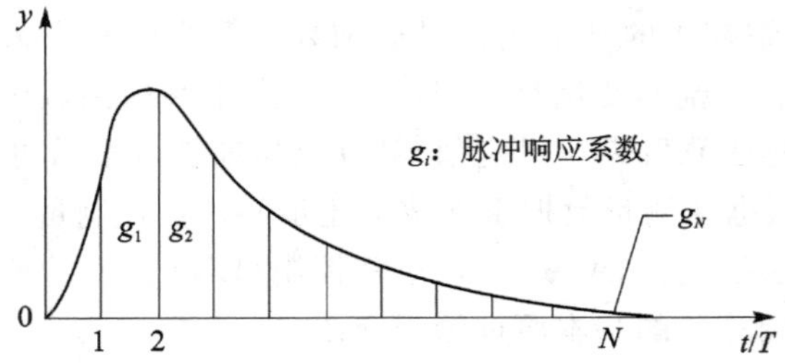

图 7.6 开环稳定系统的离散脉冲响应示意图

样系统，在各采样时刻 $t=T_s,2T_s,3T_s\cdots$，其对应输出为 $g_1,g_2,g_3\cdots$，如图 7.6 所示的系统单位脉冲响应可写为

$$y(k)=\sum_{i=1}^{\infty}g_iu(k-i) \tag{7.1}$$

其中 $u(i)=\begin{cases}\infty & i=k\\ 0 & i\neq k\end{cases}$。

式(7.1)所示的是一种无限脉冲响应模型，其中离散脉冲响应序列 $g_1,g_2,\cdots,g_i\cdots$ 可以直接测量，也可以从其他模型转换得到。

一方面，线性、定常、自衡系统的脉冲响应总会收敛，即逐渐趋于 0；另一方面，实际上考虑测量误差的存在，假设 N 为模型截断长度，当 N 取得足够大时，$i>N$ 后的 g_i 值与误差同级，可以忽略不计。

因此，可以对无限脉冲响应进行截断，用如下的有限脉冲响应进行替代：

$$y(k)=\sum_{i=1}^{N}g_iu(k-i) \tag{7.2}$$

即近似认为

$$g_i=\begin{cases}g_i & i\leqslant N\\ 0 & i>N\end{cases}$$

对比式(7.1)和式(7.2)，可以发现式(7.2)存在未建模动态(或建模误差)：

$$\varepsilon(k)=\sum_{i=N+1}^{\infty}g_iu(k-i)$$

根据上述分析，不难发现 MAC 的一些优点(无须知道系统的阶次等结构信息、模型长度 N 可以调整)和一些缺点(不适合非自衡对象、模型参数冗余)。

对式(7.1)重新书写，有

$$\begin{aligned}y(k)&=\sum_{i=1}^{N}g_iu(k-i)+\varepsilon(k)\\&=g_1u(k-1)+g_2u(k-2)+\cdots+g_Nu(k-N)+\varepsilon(k)\\&=g_1z^{-1}u(k)+g_2z^{-2}u(k)+\cdots+g_Nz^{-N}u(k)+\varepsilon(k)\\&=z^{-1}\sum_{i=1}^{N}g_iz^{-i+1}u(k)+\varepsilon(k)\\&=z^{-1}g(z^{-1})u(k)+\varepsilon(k)\end{aligned} \tag{7.3}$$

其中，$\varepsilon(k)$表示存在未建模动态(或建模误差)。

用脉冲传递函数表示，有

$$\begin{aligned}G(z^{-1})&=\frac{Y(k)}{U(k)}\\&=g(z^{-1})z^{-1}\end{aligned} \tag{7.4}$$

其中，$g(z^{-1})=\sum_{i=1}^{N}g_iz^{-i+1}$。真正用作预测模型的脉冲响应系数都是通过实验或其

他方法得到的估计值：$\hat{g}_1,\hat{g}_2,\cdots,\hat{g}_N$。

用如下形式表示真正用作预测模型的传递函数：

$$\begin{aligned}\hat{G}(z^{-1}) &= \hat{g}(z^{-1})z^{-1} \\ &= z^{-1}\sum_{i=1}^{N}\hat{g}_i z^{-i+1}\end{aligned} \tag{7.5}$$

由于 $\hat{g}_1,\hat{g}_2,\cdots,\hat{g}_N$ 通常存放在计算机的内存中，因此部分文献中有时候会称对应的模型为内部模型。

结合式(7.3)和式(7.5)，可建立如下预测模型：

$$\hat{y}_{\mathrm{m}}(k) = z^{-1}\hat{g}(z^{-1})u(k) \tag{7.6}$$

因此，一步提前输出预测为

$$\begin{aligned}\hat{y}_{\mathrm{m}}(k+1) &= \hat{G}(z^{-1})u(k+1) \\ &= \hat{g}(z^{-1})u(k)\end{aligned} \tag{7.7}$$

第 2 步输出预测为

$$\begin{aligned}\hat{y}_{\mathrm{m}}(k+2) &= \hat{G}(z^{-1})u(k+2) \\ &= \hat{g}(z^{-1})u(k+1)\end{aligned}$$

第 i 步输出预测为

$$\begin{aligned}\hat{y}_{\mathrm{m}}(k+i) &= \hat{G}(z^{-1})u(k+i) \\ &= \hat{g}(z^{-1})u(k+i-1)\end{aligned} \tag{7.8}$$

其中，$i=1,2,3,\cdots\cdots,P$。

7.2.2 单步 MAC 原理

在单步 MAC 中，预测时域和控制时域均取为 1，即 $P=1,M=1$。令预测误差 $e(k)$为

$$e(k) = y(k) - \hat{y}_{\mathrm{m}}(k) \tag{7.9}$$

对式(7.7)引入预测误差式(7.9)给予反馈校正，形成闭环预测：

$$\begin{aligned}\hat{y}(k+1) &= \hat{y}_{\mathrm{m}}(k+1) + he(k) \\ &= \hat{g}(z^{-1})u(k) + h[y(k) - \hat{y}_{\mathrm{m}}(k)]\end{aligned} \tag{7.10}$$

其中，h 为反馈校正系数。

选取参考轨迹 $w(k+1)$为

$$w(k+1) = (1-\alpha)y_{\mathrm{sp}} + \alpha y(k) \tag{7.11}$$

其中，y_{sp} 为期望输出设定值，$y(k)$为系统输出，α 为柔化系数，满足 $0<\alpha<1$。

单步 MAC 原理示意图如图 7.7 所示。

若取如下性能指标函数：

$$J = q[\hat{y}(k+1) - w(k+1)]^2 + ru^2(k) \tag{7.12}$$

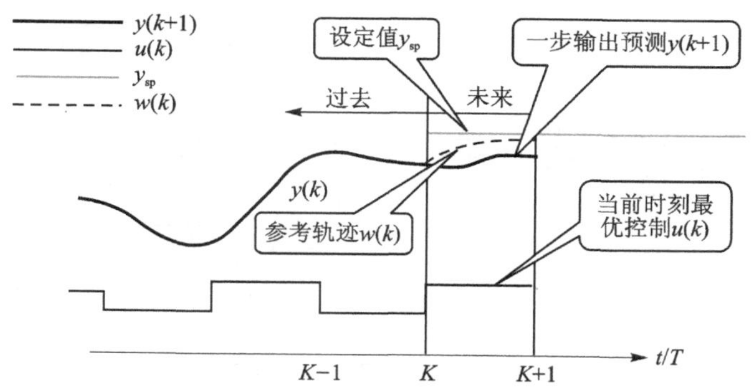

图 7.7　单步 MAC 原理示意图

其中，q 为输出跟踪加权系数，r 为输入加权系数，满足 $0 \leqslant q < 1, 0 \leqslant r < 1$。

在无约束条件情况下，为了获得最优控制，须有式(7.13)成立。

$$\frac{\partial J}{\partial u(k)} = 0 \tag{7.13}$$

把式(7.10)代入式(7.12)，并对 J 求关于 $u(k)$ 的偏导，根据式(7.13)可以求得当前时刻的最优控制 $u(k)$：

$$\begin{cases} J = q[\hat{g}(z^{-1})u(k) + he(k) - w(k+1)]2 + ru^2(k) \\ \quad = q\{[\hat{g}(z^{-1})u(k)]^2 + 2[\hat{g}(z^{-1})u(k)][he(k) - w(k+1)] + [he(k) - w(k+1)]^2\} + ru^2(k) \\ \dfrac{\partial J}{\partial u(k)} = 0 \end{cases}$$

$$\Rightarrow 2q\hat{g}(z^{-1})2u(k) + 2q\hat{g}(z^{-1})[he(k) - w(k+1)] + 2ru(k) = 0$$

有

$$\begin{aligned} u(k) &= -\frac{q\hat{g}(z^{-1})}{q\hat{g}(z^{-1})^2 + r}[he(k) - w(k+1)] \\ &= \frac{1}{\hat{g}(z^{-1}) + \dfrac{r}{q\hat{g}(z^{-1})}}[w(k+1) - he(k)] \end{aligned} \tag{7.14}$$

即

$$u(k) = G_c(z^{-1})[w(k+1) - he(k)] \tag{7.15}$$

其中，$G_c(z^{-1}) = \dfrac{1}{\hat{g}(z^{-1}) + \dfrac{r}{q\hat{g}(z^{-1})}}$。

单步 MAC 的等效控制结构图如图 7.8 所示。

若系统式(7.3)中存在纯滞后 z^{-d}，当忽略未建模动态时，可以描述为

$$y(k+1) = z^{-d}g(z^{-1})u(k)$$

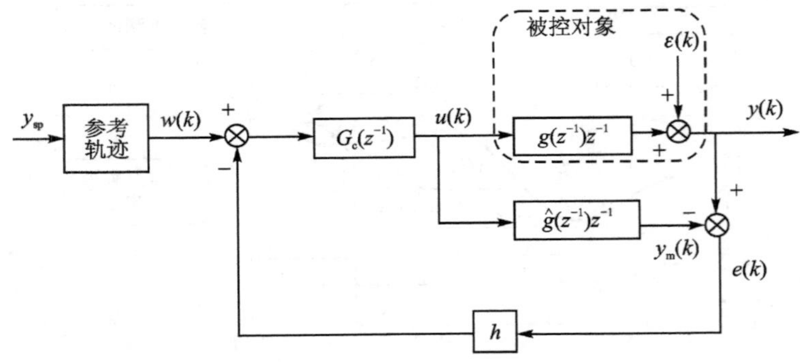

图 7.8 单步 MAC 的等效控制结构

其中，d 为纯滞后时长。

提前 $d+1$ 步的输出预测为

$$\begin{aligned}\hat{y}_m(k+d+1) &= z^{-d}\hat{g}(z^{-1})u(k+d)\\ &= \hat{g}(z^{-1})u(k)\end{aligned}$$

反馈校正后的闭环预测为

$$\begin{aligned}\hat{y}(k+d+1) &= \hat{y}_m(k+d+1)+he(k)\\ &= \hat{g}(z^{-1})u(k)+he(k)\end{aligned} \tag{7.16}$$

取参考轨迹同式(7.11)，性能指标如式(7.17)：

$$J = q[\hat{y}(k+d+1)-w(k+d+1)]^2+ru^2(k) \tag{7.17}$$

把式(7.16)代入式(7.17)，并对 J 求关于 $u(k)$ 的偏导，根据式(7.13)可以求得当前时刻的最优控制 $u(k)$ 为

$$u(k) = \frac{1}{\hat{g}(z^{-1})+\dfrac{r}{q\hat{g}(z^{-1})}}[w(k+1)-he(k)] \tag{7.18}$$

式(7.13)与式(7.14)完全一致。可见，MAC 可以很方便地处理纯滞后控制问题。

7.2.3 多步 MAC 原理

在多步 MAC 中如图 7.9 所示，控制时域 M 大于 1，且与预测时域 P 满足 $P\geqslant M>1$。

仍旧考虑被控对象式(7.3)，其一步提前输出预测为式(7.7)，多步开环输出预测为式(7.8)，即

$$\begin{aligned}\hat{y}_m(k+1) &= \hat{g}(z^{-1})u(k)\\ &= \hat{g}_1u(k)+\hat{g}_2u(k-1)+\hat{g}_3u(k-2)\cdots+\hat{g}_Nu(k-N+1)\end{aligned}$$

$$\hat{y}_m(k+2) = \hat{g}(z^{-1})u(k+1)+\varepsilon(k+2)$$

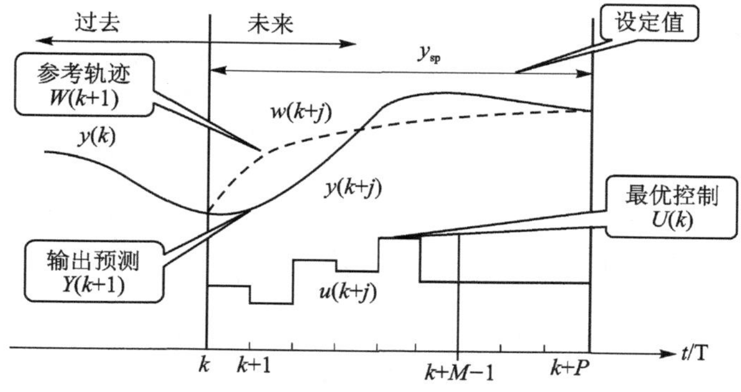

图 7.9　多步 MAC 原理示意图

$$
\begin{aligned}
&= \hat{g}_1 u(k+1) + \hat{g}_2 u(k) + \hat{g}_3 u(k-1) \cdots + \hat{g}_N u(k-N+2) \\
&\ \ \vdots \\
\hat{y}_m(k+P) &= \hat{g}(z^{-1}) u(k+P-1) \\
&= \hat{g}_1 u(k+P-1) + \hat{g}_2 u(k+P-2) + \cdots + \hat{g}_P u(k) \\
&\quad + \hat{g}_{P+1} u(k-1) + \cdots + \hat{g}_N u(k-N+P)
\end{aligned}
\tag{7.19}
$$

可见

$$\hat{y}_m(k+1) = \hat{g}_1 u(k) \;\big|\; + \hat{g}_2 u(k-1) + \hat{g}_3 u(k-2) \cdots + \hat{g}_N u(k-N+1)$$

$$\hat{y}_m(k+2) = \hat{g}_1 u(k+1) + \hat{g}_2 u(k) \;\big|\; + \hat{g}_3 u(k-1) \cdots + \hat{g}_N u(k-N+2)$$

未知　　$\vdots$　　已知

$$\hat{y}_m(k+P) = \hat{g}_1 u(k+P-1) + \hat{g}_2 u(k+P-2) + \cdots + \hat{g}_P u(k) \;\big|\; + \cdots + \hat{g}_N u(k-N+P)$$

当前时刻 k 以后的控制量　　当前时刻 k 以前的控制量

① 当预测时域 P 等于控制时域 M 时，式(7.19)可写成矩阵形式

$$
\begin{bmatrix} \hat{y}_m(k+1) \\ \hat{y}_m(k+2) \\ \vdots \\ \hat{y}_m(k+P) \end{bmatrix}
=
\begin{bmatrix} \hat{g}_1 & 0 & \cdots & 0 \\ \hat{g}_2 & \hat{g}_1 & \cdots & 0 \\ \vdots & \vdots & \cdots & \vdots \\ \hat{g}_P & \hat{g}_{P-1} & \cdots & \hat{g}_1 \end{bmatrix}
\begin{bmatrix} u(k) \\ u(k+1) \\ \vdots \\ u(k+P-1) \end{bmatrix}
$$

$$+\begin{bmatrix} \hat{g}_N & \hat{g}_{N-1} & \cdots & \cdots & \cdots & \hat{g}_2 \\ 0 & \hat{g}_N & \cdots & \cdots & \cdots & \hat{g}_3 \\ \vdots & \vdots & \cdots & \cdots & \cdots & \vdots \\ 0 & 0 & \cdots & \hat{g}_N & \cdots & \hat{g}_{P+1} \end{bmatrix} \begin{bmatrix} u(k-N+1) \\ u(k-N+2) \\ \vdots \\ u(k-1) \end{bmatrix}$$

令

$$\hat{\boldsymbol{Y}}_{\mathrm{m}}(k+1) = \begin{bmatrix} \hat{y}_{\mathrm{m}}(k+1) \\ \hat{y}_{\mathrm{m}}(k+2) \\ \vdots \\ \hat{y}_{\mathrm{m}}(k+P) \end{bmatrix}, \quad \boldsymbol{U}(k) = \begin{bmatrix} u(k) \\ u(k+1) \\ \vdots \\ u(k+P-1) \end{bmatrix}, \quad \boldsymbol{U}(k-1) = \begin{bmatrix} u(k-N+1) \\ u(k-N+2) \\ \vdots \\ u(k-1) \end{bmatrix}$$

$$\boldsymbol{G} = \begin{bmatrix} \hat{g}_1 & 0 & \cdots & 0 \\ \hat{g}_2 & \hat{g}_1 & \cdots & 0 \\ \vdots & \vdots & \cdots & \vdots \\ \hat{g}_P & \hat{g}_{P-1} & \cdots & \hat{g}_1 \end{bmatrix}, \quad \boldsymbol{F} = \begin{bmatrix} \hat{g}_N & \hat{g}_{N-1} & \cdots & \cdots & \cdots & \hat{g}_2 \\ 0 & \hat{g}_N & \cdots & \cdots & \cdots & \hat{g}_3 \\ \vdots & \vdots & \cdots & \cdots & \cdots & \vdots \\ 0 & 0 & \cdots & \hat{g}_N & \cdots & \hat{g}_{P+1} \end{bmatrix}$$

有

$$\hat{\boldsymbol{Y}}_{\mathrm{m}}(k+1) = \boldsymbol{GU}(k) + \boldsymbol{FU}(k-1) \tag{7.20}$$

其中，$\boldsymbol{G} \in \mathbf{R}^{P \times P}$，$\boldsymbol{U}(k) \in \mathbf{R}^{P \times 1}$，$\boldsymbol{F} \in \mathbf{R}^{P \times (N-1)}$，$\boldsymbol{U}(k-1) \in \mathbf{R}^{(N-1) \times 1}$。

② 当预测时域 P 大于控制时域 M 时，有

$$\begin{cases} u(k) \neq u(k+1) \neq \cdots \neq u(k+M-1) \\ u(k+M) = \cdots = u(k+P-1) = u(k+M-1) \end{cases}$$

即

$$\underbrace{u(k), u(k+1), \cdots, u(k+M-1)}_{\text{优化控制序列}}, \underbrace{u(k+M), \cdots, u(k+P-1)}_{\text{保持不变}}$$

此时式(7.19)可写成

$$\begin{bmatrix} \hat{y}_{\mathrm{m}}(k+1) \\ \hat{y}_{\mathrm{m}}(k+2) \\ \vdots \\ \hat{y}_{\mathrm{m}}(k+P-1) \\ \hat{y}_{\mathrm{m}}(k+P) \end{bmatrix} = \begin{bmatrix} \hat{g}_1 & 0 & \cdots & 0 & 0 \\ \hat{g}_2 & \hat{g}_1 & \cdots & 0 & 0 \\ \vdots & \vdots & \vdots & \cdots & \vdots \\ \hat{g}_{P-1} & \hat{g}_{P-2} & \cdots & \hat{g}_{P-M+1} & \sum_{i=1}^{P-M} \hat{g}_i \\ \hat{g}_P & \hat{g}_{P-1} & \cdots & \hat{g}_{P-M+2} & \sum_{i=1}^{P-M+1} \hat{g}_i \end{bmatrix} \begin{bmatrix} u(k) \\ u(k+1) \\ \vdots \\ u(k+M-1) \end{bmatrix} + \boldsymbol{FU}(k-1) \tag{7.21}$$

当式(7.21)仍旧写成式(7.20)的形式时，其中 $\boldsymbol{G} \in \mathbf{R}^{P \times M}$，$\boldsymbol{U}(k) \in \mathbf{R}^{M \times 1}$，分别为

$$\boldsymbol{G}=\begin{bmatrix}\hat{g}_1 & 0 & \cdots & 0 & 0\\ \hat{g}_2 & \hat{g}_1 & \cdots & 0 & 0\\ \vdots & \vdots & \vdots & \cdots & \vdots\\ \hat{g}_{P-1} & \hat{g}_{P-2} & \cdots & \hat{g}_{P-M+1} & \sum_{i=1}^{P-M}\hat{g}_i\\ \hat{g}_P & \hat{g}_{P-1} & \cdots & \hat{g}_{P-M+2} & \sum_{i=1}^{P-M+1}\hat{g}_i\end{bmatrix},\quad \boldsymbol{U}(k)=\begin{bmatrix}u(k)\\ u(k+1)\\ \vdots\\ u(k+M-1)\end{bmatrix}$$

令预测误差 $\boldsymbol{E}(k)$ 为

$$\boldsymbol{E}(k)=\boldsymbol{Y}(k)-\hat{\boldsymbol{Y}}_{\mathrm{m}}(k) \tag{7.22}$$

其中

$$\boldsymbol{E}(k)=\begin{bmatrix}e(k)\\ e(k+1)\\ \vdots\\ e(k+P-1)\end{bmatrix}\in\mathbf{R}^{P\times1},\quad \hat{\boldsymbol{Y}}_{\mathrm{m}}(k)=\begin{bmatrix}\hat{y}_{\mathrm{m}}(k)\\ \hat{y}_{\mathrm{m}}(k+1)\\ \vdots\\ \hat{y}_{\mathrm{m}}(k+P-1)\end{bmatrix}\in\mathbf{R}^{P\times1},\quad \boldsymbol{Y}(k)=\begin{bmatrix}y(k)\\ y(k)\\ \vdots\\ y(k)\end{bmatrix}\in\mathbf{R}^{P\times1}$$

对式(7.7)引入预测误差给予反馈校正，形成闭环预测：

$$\begin{aligned}\hat{\boldsymbol{Y}}(k+1)&=\hat{\boldsymbol{Y}}_{\mathrm{m}}(k+1)+\boldsymbol{H}[\boldsymbol{Y}(k)-\hat{\boldsymbol{Y}}_{\mathrm{m}}(k)]\\ &=\boldsymbol{GU}(k)+\boldsymbol{FU}(k-1)+\boldsymbol{HE}(k)\end{aligned}$$

其中，$\boldsymbol{H}=[h_1,h_2,\cdots,h_P]^{\mathrm{T}}$ 是反馈校正系数矩阵。

可以取参考轨迹 $\boldsymbol{W}(k+1)=[w(k+1)\quad w(k+2)\quad\cdots\quad w(k+P)]^{\mathrm{T}}$ 为

$$\begin{aligned}w(k+1)&=(1-\alpha)y_{\mathrm{sp}}+\alpha y(k)\\ w(k+2)&=(1-\alpha)y_{\mathrm{sp}}+\alpha w(k+1)\\ &=(1-\alpha^2)y_{\mathrm{sp}}+\alpha^2y(k)\\ &\ \ \vdots\\ w(k+j)&=(1-\alpha^j)y_{\mathrm{sp}}+\alpha^jy(k)\end{aligned}$$

其中，$j=1,2,3,\cdots,P$，y_{sp} 为设定值，$y(k)$ 为系统输出，α 为柔化系数，满足 $0<\alpha<1$。通常，柔化系数 α 增加可以增强系统的鲁棒性，但是同时可能降低系统的快速性。柔化系数 α 对参考轨迹的影响示意图如图 7.10 所示。

考虑如下性能指标函数：

$$\begin{aligned}J&=\sum_{j=1}^{P}q_j[\hat{y}(k+j)-w(k+j)]^2+\sum_{j=1}^{M}r_ju^2(k+j-1)\\ &=[\hat{\boldsymbol{Y}}(k+1)-\boldsymbol{W}(k+1)]^{\mathrm{T}}\boldsymbol{Q}[\hat{\boldsymbol{Y}}(k+1)-\boldsymbol{W}(k+1)]+\boldsymbol{U}^{\mathrm{T}}(k)\boldsymbol{RU}(k)\\ &=\|\hat{\boldsymbol{Y}}(k+1)-\boldsymbol{W}(k+1)\|_{Q}^{2}+\|\boldsymbol{U}(k)\|_{R}^{2}\end{aligned} \tag{7.23}$$

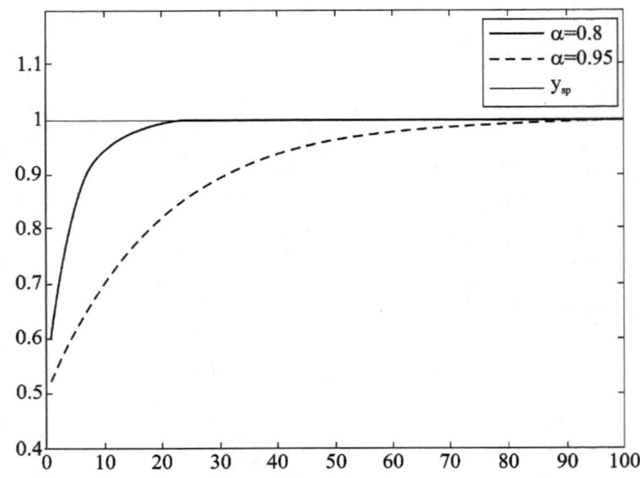

图 7.10　柔化系数 α 对参考轨迹的影响示意图($y(0)=0.5$)

其中,$\boldsymbol{Q}=\mathrm{diag}[q_1,q_2,\cdots,q_P]$,$\boldsymbol{R}=\mathrm{diag}[r_1,r_2,\cdots,r_M]$。

无约束条件时,将 $\hat{\boldsymbol{Y}}(k+1)$ 的表达式(7.20)代入指标函数式(7.23)中,并令 $\dfrac{\partial J}{\partial \boldsymbol{U}(k)}=0$,可以求得当前时刻的最优控制序列为

$$\boldsymbol{U}(k)=(\boldsymbol{G}^{\mathrm{T}}\boldsymbol{Q}\boldsymbol{G}+\boldsymbol{R})^{-1}[\boldsymbol{W}(k+1)-\boldsymbol{F}\boldsymbol{U}(k-1)-\boldsymbol{H}\boldsymbol{E}(k)] \tag{7.24}$$

当前最优控制 $u(k)$ 可以写成

$$\begin{aligned} u(k) &= [1\quad 0\quad \cdots\quad 0]\,\boldsymbol{U}(k) \\ &= d^{\mathrm{T}}[\boldsymbol{W}(k+1)-\boldsymbol{F}\boldsymbol{U}(k-1)-\boldsymbol{H}\boldsymbol{E}(k)] \end{aligned} \tag{7.25}$$

其中

$$d^{\mathrm{T}} \triangleq [d_1,d_2,\cdots,d_P]=[1\quad 0\quad \cdots\quad 0]\,(\boldsymbol{G}^{\mathrm{T}}\boldsymbol{Q}\boldsymbol{G}+\boldsymbol{R})^{-1}$$

多步 MAC 原理结构图如图 7.11 所示。

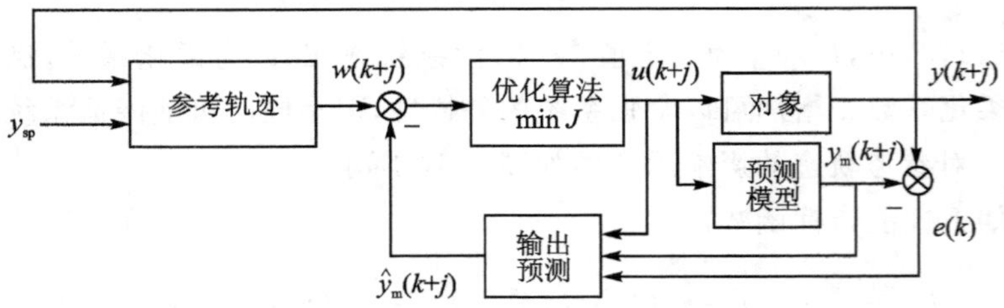

图 7.11　多步 MAC 原理结构图

7.2.4　仿真实例

考虑如下系统

$$\begin{cases}\dot{\boldsymbol{x}}=\boldsymbol{A}\boldsymbol{x}+\boldsymbol{B}u\\ y=\boldsymbol{C}\boldsymbol{x}\end{cases} \tag{7.26}$$

其中，$\boldsymbol{x}\in\mathbf{R}^{2\times1}$ 是系统状态，$\boldsymbol{y}\in\mathbf{R}$ 是系统输出，$\boldsymbol{u}\in\mathbf{R}$ 是系统输入。

$$\boldsymbol{A}=\begin{bmatrix}0 & 1\\ -\dfrac{1}{24000} & -\dfrac{17}{4800}\end{bmatrix},\quad \boldsymbol{B}=\begin{bmatrix}0\\ \dfrac{1}{4000}\end{bmatrix},\quad \boldsymbol{C}=[1\quad 0]$$

该系统的脉冲响应如图 7.12 所示。

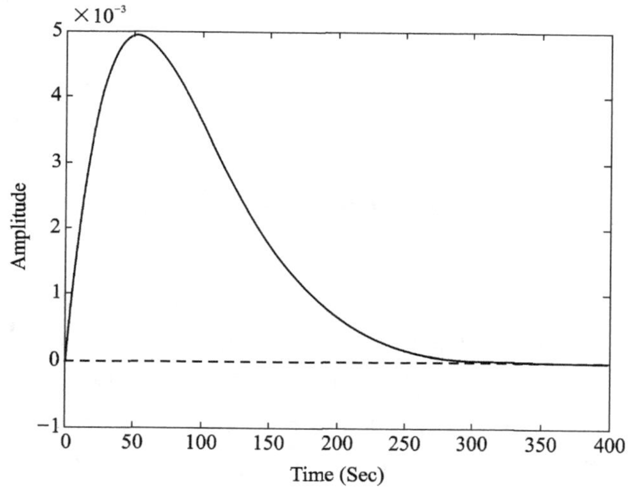

图 7.12　系统的脉冲响应图

为该系统设计 MAC 控制器，取采样时间 $T=1$，模型截断长度 $N=400$，预测时域 $P=100$，控制时域 $M=4$，反馈校正系数矩阵 $\boldsymbol{H}=[1\quad 0.98\quad \cdots\quad 0.98]$，期望输出设定值 $y_{sp}=1$，参考轨迹中的柔化系数 $\alpha=0.95$，性能指标中的加权矩阵 $\boldsymbol{Q}=\mathrm{diag}\{1,\quad \cdots,\quad 1\}_P$，$\boldsymbol{R}=0.001\times\mathrm{diag}\{1,\quad \cdots,\quad 1\}_M$。

仿真结果如图 7.13 所示。可见，系统的控制输入量 u 平滑，输出量 y 响应迅速，但是还有一点跟踪误差。

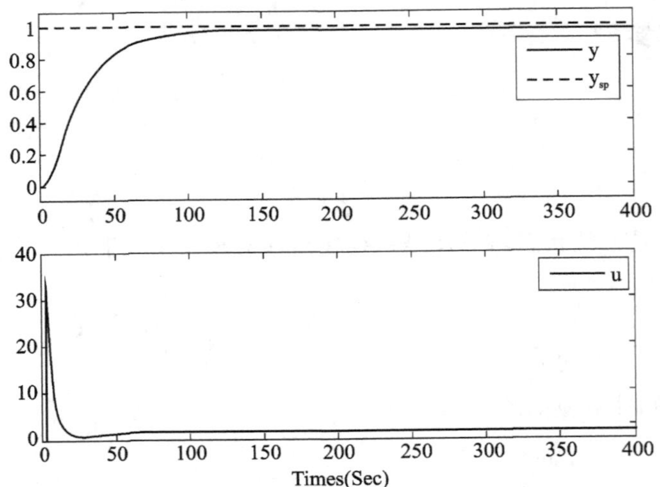

图 7.13　系统基于 MAC 的输入输出控制仿真结果

7.3　动态矩阵控制(DMC)

动态矩阵控制(DMC)是基于对象阶跃响应的一种预测控制算法。1974 年起就作为一种有约束的多变量优化控制算法首先应用于美国壳牌石油公司的生产装置上,是一种成功而有效的控制算法,它适用于渐近稳定的线性对象。

与模型算法控制 MAC 类似,动态矩阵控制 DMC 也主要包括预测模型、反馈校正、滚动优化和参考轨迹等几个部分。不过,DMC 是一种增量型控制算法,采用系统阶跃响应作为预测模型,用过去和当前的输入输出状态,根据预测模型,预测系统未来的输出状态。通过用模型输出误差进行反馈校正以后,再与参考轨迹进行比较,应用二次型性能指标进行滚动优化,然后再计算当前时刻加于系统的控制,完成整个动作循环。

7.3.1　单位阶跃响应模型

设被控对象为线性、定常、自衡系统,其单位阶跃响应的采样数据为 $a_1, a_2, \cdots, a_N$,如图 7.14 所示,其中 N 为模型截断长度。

对于渐近稳定的系统,其单位阶跃响应在有限个采样周期后将趋于稳态值,即

$$a_N \approx a_{N+1} \approx \cdots \approx a_\infty$$

因此可用单位阶跃响应采样数据的有限集合$\{a_1, a_2, \cdots, a_N\}$来描述系统的动态特性,该集合的参数便构成了 DMC 算法中的预测模型参数。N 的选择应使 a_i($i>$

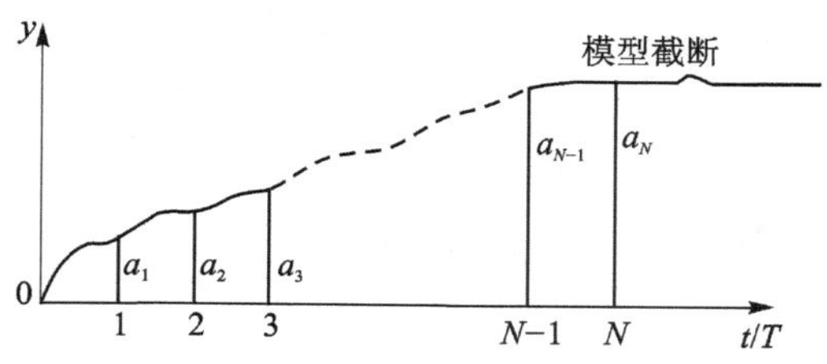

图 7.14　系统单位阶跃采样数据示意图

N)的值与单位阶跃响应的静态终值 a_N 之差可以被忽略。

如图 7.14 所示的系统单位阶跃响应可写为

$$y(k)=\sum_{j=1}^{N-1}a_j\Delta u(k-j)+a_N u(k-N) \tag{7.27}$$

其中

$$u(k)=\begin{cases}0 & k<0\\ 1 & k\geqslant 0\end{cases},\qquad \Delta u(k)=u(k)-u(k-1)$$

由式(7.27)可知 $\Delta u(k)=\begin{cases}0 & k\neq 0\\ 1 & k=0\end{cases}$,且有

$$\begin{aligned}y(1)&=a_1\Delta u(1-1)+a_2\Delta u(1-2)+\cdots+a_{N-1}\Delta u(1-(N-1))+a_N u(1-N)\\&=a_1\\y(2)&=a_1\Delta u(2-1)+a_2\Delta u(2-2)+\cdots+a_{N-1}\Delta u(2-(N-1))+a_N u(2-N)\\&=a_2\\&\vdots\\y(N)&=a_1\Delta u(N-1)+a_2\Delta u(N-2)+\cdots+a_{N-1}\Delta u(N-(N-1))+a_N u(N-N)\\&=a_N\end{aligned}$$

7.3.2　DMC 预测模型

根据线性系统的叠加原理,利用对象单位阶跃响应模型式(7.27),结合给定的输入控制增量 $\Delta u(k)$,可以预测系统未来的输出值。

(1) 当控制时域 $M=1$ 时

对线性、定常、自衡系统,由给定的输入控制增量 $\Delta u(k)$引起的系统输出值,可根据式(7.27)给予推导,如式(7.28)所示。

$$\begin{aligned}y(k+1)&=y_0(k+1)+a_1\Delta u(k)\\y(k+2)&=y_0(k+2)+a_2\Delta u(k)\\&\vdots\\y(k+P)&=y_0(k+P)+a_P\Delta u(k)\end{aligned} \tag{7.28}$$

其中,P 为预测时域,满足 $P<N$;$y(k+1),\cdots,y(k+P)$是在 $t=kT$ 时刻,有控制增量$\Delta u(k)$作用下未来 P 个时刻的系统输出;$y_0(k+1),\cdots,y_0(k+P)$是在 $t=kT$ 时刻,无控制增量$\Delta u(k)$作用下的未来 P 个时刻系统输出,是初始条件,由 k 时刻以前作用于系统输入端的控制作用 $u(k-1),u(k-2),\cdots,u(k-P)$引起。

因为真正用作 DMC 预测模型的阶跃响应系数 $a_1,a_2,\cdots,a_N$ 需要通过实验或其

他方法得到其估计值$\hat{a}_1,\hat{a}_2,\cdots,\hat{a}_N$，所以根据式(7.28)可构造如下形式的系统输出预测序列：

$$
\begin{aligned}
\hat{y}_m(k+1) &= \hat{y}_0(k+1)+\hat{a}_1\Delta u(k)\\
\hat{y}_m(k+2) &= \hat{y}_0(k+2)+\hat{a}_2\Delta u(k)\\
&\vdots\\
\hat{y}_m(k+P) &= \hat{y}_0(k+P)+\hat{a}_P\Delta u(k)
\end{aligned}
\tag{7.29}
$$

用向量和矩阵形式表示，即为控制时域$M=1$时的DMC预测模型：

$$
\hat{\boldsymbol{Y}}_m(k+1)=\hat{\boldsymbol{Y}}_0(k+1)+\hat{\boldsymbol{a}}\Delta u(k) \tag{7.30}
$$

其中，$\hat{\boldsymbol{a}}=[\hat{a}_1,\hat{a}_2,\cdots,\hat{a}_N]^{\mathrm{T}}$；$\hat{\boldsymbol{Y}}_m(k+1)=[\hat{y}_m(k+1)\ \hat{y}_m(k+2)\cdots\hat{y}_m(k+N)]^{\mathrm{T}}$是在$t=kT$时刻，有控制增量$\Delta u(k)$作用下未来$P$个时刻的系统输出预测值；$\hat{\boldsymbol{Y}}_0(k+1)=[\hat{y}_0(k+1)\quad \hat{y}_0(k+2)\quad \cdots\quad \hat{y}_0(k+P)]^{\mathrm{T}}$表示无控制增量$\Delta u(k)$作用下的未来$P$个时刻系统输出预测值，是系统在$t=kT$时刻下的初始条件。由$\Delta u(k)$产生的输出预测示意图如图7.15所示。

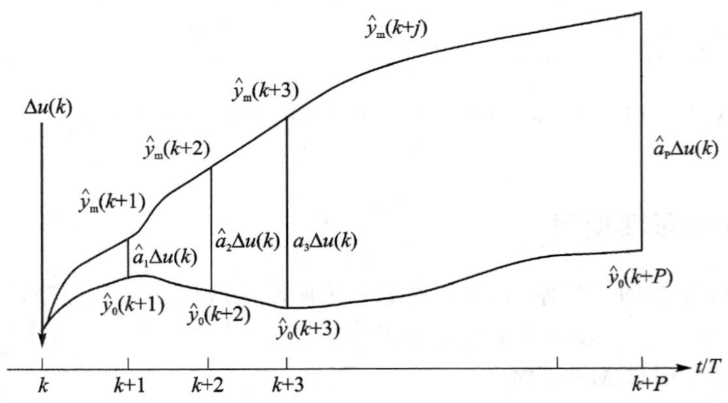

图7.15　由$\Delta u(k)$产生的输出预测示意图

(2) 当控制时域$1<M\leqslant P$时

在预测时域内有M个连续的控制增量$\Delta u(k),\Delta u(k+1),\cdots,\Delta u(k+M-1)$作用于被控对象，系统在未来预测时域$P$内的输出预测示意图如图7.16所示。

根据图7.16，结合式(7.27)，可构造系统输出预测序列

$$
\begin{aligned}
\hat{y}_m(k+1) &= \hat{y}_0(k+1)+\hat{a}_1\Delta u(k)\\
\hat{y}_m(k+2) &= \hat{y}_0(k+2)+\hat{a}_1\Delta u(k+1)+\hat{a}_2\Delta u(k)\\
&\vdots\\
\hat{y}_m(k+M) &= \hat{y}_0(k+M)+\hat{a}_1\Delta u(k+M)+\cdots+\hat{a}_M\Delta u(k)
\end{aligned}
$$

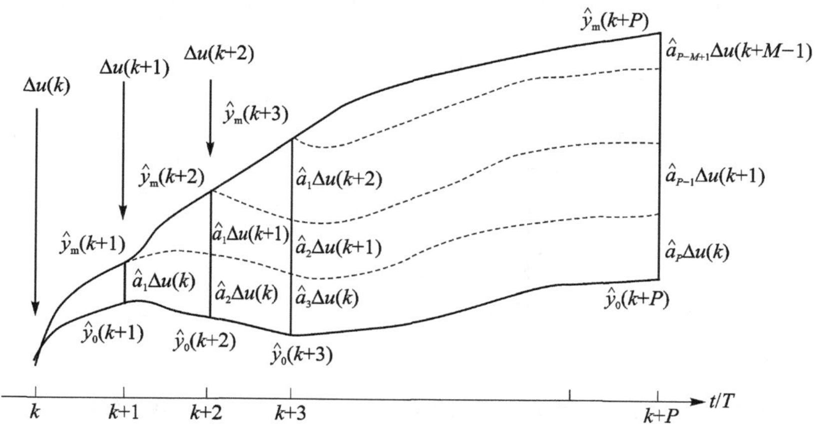

图 7.16 由 $\Delta u(k),\Delta u(k+1),\cdots,\Delta u(k+M-1)$ 产生的输出预测示意图

$$\vdots$$

$$\hat{y}_m(k+P)=\hat{y}_0(k+P)+\hat{a}_{P-M+1}\Delta u(k+M-1)+\cdots+\hat{a}_P\Delta u(k) \tag{7.31}$$

用向量和矩阵形式表示，即为控制时域 $1<M\leqslant P$ 时的 DMC 预测模型：

$$\hat{\boldsymbol{Y}}_m(k+1)=\hat{\boldsymbol{Y}}_0(k+1)+\boldsymbol{A}\Delta\boldsymbol{U}(k) \tag{7.32}$$

其中

$$\Delta\boldsymbol{U}(k)=[\Delta u(k) \quad \Delta u(k+1) \quad \cdots \quad \Delta u(k+M-1)]^{\mathrm{T}}$$

$$\hat{\boldsymbol{Y}}_m(k+1)=[\hat{y}_m(k+1) \quad \hat{y}_m(k+2) \quad \cdots \quad \hat{y}_m(k+P)]^{\mathrm{T}}$$

$$\hat{\boldsymbol{Y}}_0(k+1)=[\hat{y}_0(k+1) \quad \hat{y}_0(k+2) \quad \cdots \quad \hat{y}_0(k+P)]^{\mathrm{T}}$$

$$\boldsymbol{A}=\begin{bmatrix} \hat{a}_1 & 0 & \cdots & 0 \\ \hat{a}_2 & \hat{a}_1 & \ddots & \vdots \\ \vdots & \vdots & \ddots & 0 \\ \hat{a}_M & \hat{a}_{M-1} & \cdots & \hat{a}_1 \\ \vdots & \vdots & \cdots & \vdots \\ \hat{a}_P & \hat{a}_{P-1} & \cdots & \hat{a}_{P-M+1} \end{bmatrix}$$

式(7.32)中，$\hat{\boldsymbol{Y}}_0(k+1)$ 是已知部分，$\boldsymbol{A}\Delta\boldsymbol{U}(k)$ 是未知部分，$\boldsymbol{A}$ 称为 DMC 的动态矩阵。

当 $M<P\leqslant N$ 时，控制时域 M 之后的控制量保持不变，即

$$\begin{cases} u(k),u(k+1),\cdots,u(k+M-1) \\ u(k+M)=\cdots=u(k+P-1)=u(k+M-1) \end{cases}$$

因此，控制增量在控制时域 M 之后保持为 0，即

$$\begin{cases} \Delta u(k),\Delta u(k+1),\cdots,\Delta u(k+M-1), \\ \Delta u(k+M)=\cdots=\Delta u(k+P)=0 \end{cases}$$

当预测时域 P 大于控制时域 M(即 $P>M$)时,控制序列示意图如图 7.17 所示。

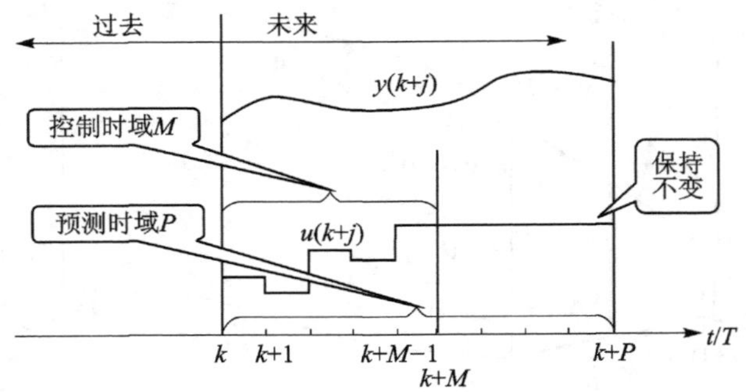

图 7.17　当预测时域 P 大于控制时域 M(即 $P>M$)时,控制序列示意图

7.3.3　反馈校正

由于模型误差、干扰、弱非线性及其他实际过程中存在的不确定因素,由式(7.32)给出的预测值一般会偏离实际值,即存在预测误差。

由于预测误差的存在,若不及时进行反馈校正,后续的滚动优化控制就会建立在虚假的基础上。为此,DMC 算法利用实时预测误差,在模型预测基础上,对系统在未来各个时刻的输出预测值加以校正,形成闭环预测。DMC 预测误差反馈校正示意图如图 7.18 所示。

$$\begin{aligned}\hat{\boldsymbol{Y}}(k+1)&=\hat{\boldsymbol{Y}}_{\mathrm{m}}(k+1)+\boldsymbol{H}\left[\hat{\boldsymbol{Y}}(k)-\hat{\boldsymbol{Y}}_{\mathrm{m}}(k)\right]\\&=\hat{\boldsymbol{Y}}_{0}(k+1)+\boldsymbol{A}\Delta\boldsymbol{U}(k)+\boldsymbol{HE}(k)\end{aligned}\tag{7.33}$$

其中,$\boldsymbol{H}^{\mathrm{T}}=[h_1\quad h_2\quad \cdots\quad h_N]$为预测误差反馈校正向量,是对不同时刻的预测值进行误差校正时所加的权重系数,通常 $h_1=1$。$\boldsymbol{E}(k)=\hat{\boldsymbol{Y}}(k)-\hat{\boldsymbol{Y}}_{\mathrm{m}}(k)$为预测误差向量。

$$\boldsymbol{E}(k)=\begin{bmatrix}e(k)\\e(k+1)\\\vdots\\e(k+P-1)\end{bmatrix}\in\mathbf{R}^{P\times1}$$

$$\hat{\boldsymbol{Y}}_{\mathrm{m}}(k)=\begin{bmatrix}\hat{y}_{\mathrm{m}}(k)\\\hat{y}_{\mathrm{m}}(k+1)\\\vdots\\\hat{y}_{\mathrm{m}}(k+P-1)\end{bmatrix}\in\mathbf{R}^{P\times1},\quad \boldsymbol{Y}(k)=\begin{bmatrix}y(k)\\y(k)\\\vdots\\y(k)\end{bmatrix}\in\mathbf{R}^{P\times1}$$

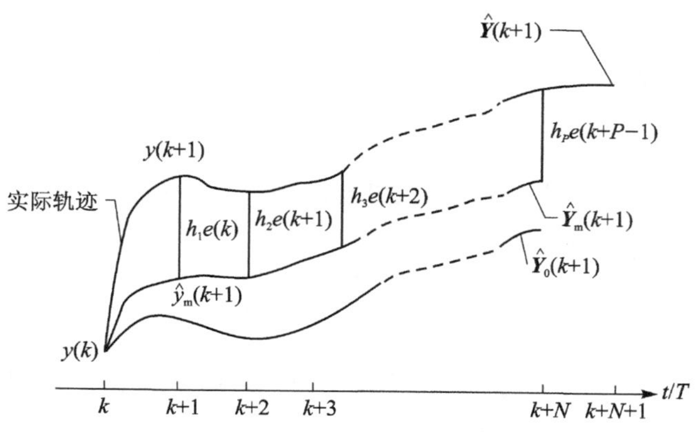

图 7.18　DMC 预测误差反馈校正示意图

不考虑未来控制作用影响，当前时刻的预测值作为下一时刻的初始值：

$$\hat{\boldsymbol{y}}_0(k+j)=\hat{\boldsymbol{y}}(k+j+1), \qquad j=1,2,\cdots,P-1$$

由于时间基点的变动，$\hat{\boldsymbol{Y}}(k+1)$的元素经移位后才能成为 $k+1$ 时刻的初始值，引入移位矩阵 $\boldsymbol{S}$，得到下一次预测初值：

$$\hat{\boldsymbol{Y}}_0(k+1)=\boldsymbol{S} * \hat{\boldsymbol{Y}}(k+1)$$

其中移位矩阵 $\boldsymbol{S}$ 为

$$\boldsymbol{S}=\begin{bmatrix} 0 & 1 & 0 & \cdots & 0 \\ 0 & 0 & 1 & \ddots & 0 \\ \vdots & \vdots & \ddots & \ddots & \vdots \\ 0 & 0 & \cdots & 0 & 1 \\ 0 & 0 & \cdots & 0 & 1 \end{bmatrix}$$

由于模型的截断，$k+P$ 时刻的初始值与 $k+P$ 时刻的预测值近似，与 $k+P-1$ 时刻的初始值相同。

7.3.4　参考轨迹

可以取参考轨迹 $\boldsymbol{W}(k+1)=[w(k+1) \quad w(k+2) \quad \cdots \quad w(k+P)]^{\mathrm{T}}$ 为

$$\begin{aligned} w(k+1) &= (1-\alpha)y_{\mathrm{sp}}+\alpha y(k) \\ w(k+2) &= (1-\alpha)y_{\mathrm{sp}}+\alpha w(k+1) \\ &= (1-\alpha^2)y_{\mathrm{sp}}+\alpha^2 y(k) \\ &\vdots \\ w(k+j) &= (1-\alpha^j)y_{\mathrm{sp}}+\alpha^j y(k) \end{aligned}$$

其中，$j=1,2,3,\cdots,P$；y_{sp} 为期望输出设定值；$y(k)$为系统输出；α 为柔化系数，满足

$0<\alpha<1$。

7.3.5 滚动优化

滚动优化的基本思想是通过优化指标 J，确定出未来 M 个控制增量，使未来 P 个输出预测值 $y_m(k+j)$ 尽可能地接近期望轨迹 $w(k+j)$。

考虑如下性能指标函数：

$$\begin{aligned} J &= \sum_{j=1}^{P} q_j[\hat{y}(k+j)-w(k+j)]^2+\sum_{j=1}^{M} r_j\Delta u^2(k+j-1) \\ &= [\hat{\boldsymbol{Y}}(k+1)-\boldsymbol{W}(k+1)]^{\mathrm{T}}\boldsymbol{Q}[\hat{\boldsymbol{Y}}(k+1)-\boldsymbol{W}(k+1)]+\Delta\boldsymbol{U}^{\mathrm{T}}(k)\boldsymbol{R}\Delta\boldsymbol{U}(k) \\ &= \|\hat{\boldsymbol{Y}}(k+1)-\boldsymbol{W}(k+1)\|_{Q}^{2}+\|\Delta\boldsymbol{U}(k)\|_{R}^{2} \end{aligned} \tag{7.34}$$

其中，$\boldsymbol{Q}=\mathrm{diag}[q_1,q_2,\cdots,q_P]$，$\boldsymbol{R}=\mathrm{diag}[r_1,r_2,\cdots,r_M]$。

由式(7.34)可见，在不同采样时刻，优化性能指标不同，但都具有同样的形式，且优化时域随时间而不断地向前推移。

无约束条件时，将 $\hat{\boldsymbol{Y}}(k+1)$ 的表达式代入指标函数中，并令 $\dfrac{\partial J}{\partial\Delta\boldsymbol{U}(k)}=0$，可以求得 k 时刻的最优控制向量：

$$\Delta\boldsymbol{U}(k)=(\boldsymbol{A}^{\mathrm{T}}\boldsymbol{QA}+\boldsymbol{R})^{-1}\boldsymbol{A}^{\mathrm{T}}\boldsymbol{Q}[\boldsymbol{W}(k+1)-\boldsymbol{Y}_0(k+1)-\boldsymbol{HE}(k)] \tag{7.35}$$

其中，$\Delta\boldsymbol{U}(k)=[\Delta u(k),\Delta u(k+1),\cdots,\Delta u(k+M-1)]^{\mathrm{T}}$。

当前作用于被控对象的最优控制量 $u(k)$ 可以写为

$$\begin{aligned} \Delta u(k) &= [1\quad 0\quad \cdots\quad 0]\,\Delta\boldsymbol{U}(k) \\ &= \boldsymbol{d}^{\mathrm{T}}[\boldsymbol{W}(k+1)-\boldsymbol{Y}_0(k+1)-\boldsymbol{HE}(k)] \end{aligned} \tag{7.36}$$

其中

$$\begin{aligned} \boldsymbol{d}^{\mathrm{T}} &\triangleq [d_1,d_2,\cdots,d_P] \\ &= [1\quad 0\quad \cdots\quad 0]\,(\boldsymbol{A}^{\mathrm{T}}\boldsymbol{QA}+\boldsymbol{R})\boldsymbol{A}^{\mathrm{T}}\boldsymbol{Q} \end{aligned}$$

在 $t=(k+1)T$ 时刻，重复上述步骤计算 $(k+1)T$ 时刻的控制量。整个控制就是以这样结合了反馈校正的滚动优化方式反复在线推移进行。DMC 原理结构图如图 7.19 所示。

由此可以看到，整个动态矩阵控制算法是由预测，控制，校正三部分组成的。可以证明，不管模型是否有误差，它总能将系统输出调节到期望值而不产生静差。对于作用在对象输出端的阶跃形式的扰动，该算法也总能使系统输出恢复到原来的设定状态。

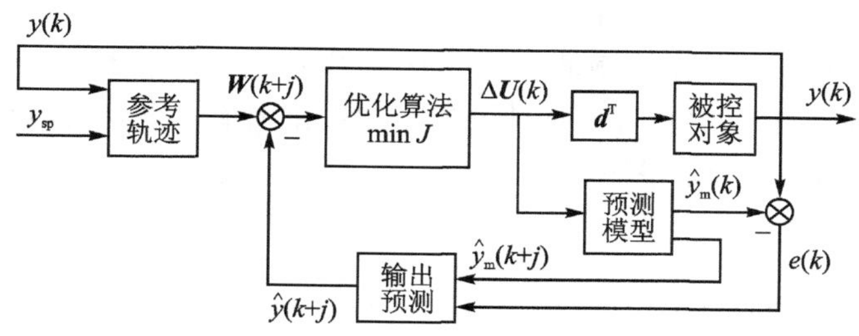

图 7.19　DMC 原理结构图

7.3.6　DMC 参数选取

在控制器设计中，需要考虑的主要性能包括稳定性、鲁棒性、响应快速性等。由式(7.35)不难发现，DMC 的预测控制器设计与如下这些参数有关：采样周期 T，模型截断长度 N，预测时域 P，控制时域 M，反馈校正系数 H，性能指标中的加权矩阵 $\boldsymbol{Q}$、$\boldsymbol{R}$ 等。选取合适的控制参数有助于系统获得满意的控制性能。

1）通常，采样周期 T 选择的依据是 Shannon 采样定理，并且与被控对象的动态特性有关；模型截断长度 N 需要与采样周期 T_0 配合，使得模型能够在 $t<N*T$ 时间段内包含被控对象的全部或主要动态信息，即 $t>N*T$ 时系统接近稳态。采样周期 T 过大，则系统的高频信息损失较多，导致模型精度下降，控制性能因而下降；采样周期 T 太小，则系统信息冗余，虽然模型精度提高，但是在线计算量增加。可取的折中选择方案是：选择 $N=20\sim50$，同时使得 T 满足 Shannon 采样定理，参数具有一定冗余，且能够对被控对象的主要动态建模；对大惯性对象，又需要抑制高频扰动，可用 PID 控制器先进行闭环控制，使得时间常数减小，之后再进行预测控制设计。

2）预测时域 P 应该大于被控对象的主导动态响应过程，即：滞后时间＋主导时间常数(上升时间)。预测时域 P 增加，系统稳定性、鲁棒性增强，但是动态响应变慢。当 P 足够大时，即 $P\to N$，预测时域的终点 $k+P$ 预测输出已经接近稳态值，此时的滚动优化已近似稳态优化。当 P 足够小时，特例 $P=1$，必然有控制时域 $M=1$，此时动态响应最快，但是模型失配时，鲁棒性差，且不能用于滞后、非最小相位对象。可取的折中选择方案是：若要求系统的鲁棒性很强，那么就选择较大的 P；若要求系统的快速性很好，可选择较小的 P。

控制时域 M 表示预测控制中可以调节的控制变量步数，M 大意味着可以调节的控制步数多，控制的机动性增强。

预测时域 P 和控制时域 M 的调节相互牵制，M 增加与 P 下降有类似的功效。考虑到计算量的原因，一般希望在保持一定控制机动性的前提下，M 取较小的值。通常，固定选取 $M=3\sim5$，仅通过改变预测时域 P 的大小，调节闭环系统的性能。

3）DMC 中通过反馈校正矩阵 $\boldsymbol{H}$ 为系统引入反馈校正作用，以补偿或修正由于模型失配、扰动等引起的模型预测误差。$\boldsymbol{H}$ 的作用仅在存在模型失配时才体现出来，$\boldsymbol{H}$ 增加，反馈校正的补偿强度增强。当模型匹配时有 $e(k)=0$，反馈补偿不起作用。反馈系数校正 $\boldsymbol{H}$ 常常采用如下两种形式：

① 取常数：

$$\boldsymbol{H}=[h_1 \quad h_2 \quad \cdots \quad h_P]^{\mathrm{T}}, \qquad h_1=1, h_j=\beta, 0<\beta\leqslant 1$$

② 取一阶环节：

$$\boldsymbol{H}=[h_1 \quad h_2 \quad \cdots \quad h_P]^{\mathrm{T}}, \quad h_1=1, h_{j+1}=h_j+\beta^j, 0<\beta\leqslant 1$$

4）加权矩阵 $\boldsymbol{Q}$ 和 $\boldsymbol{R}$ 的作用体现在优化指标 $J(k)$ 中，通常选取 $\boldsymbol{Q}=\mathrm{diag}\{q_1,q_2,\cdots,q_P\}$ 和 $\boldsymbol{R}=\mathrm{diag}\{r_1,r_2,\cdots,r_M\}$ 均是对角阵，$\boldsymbol{Q}$ 中各个分量的大小体现了设计者对各个预测时刻跟踪误差的重视程度，$\boldsymbol{R}$ 的作用是限制各个预测时刻控制增量 $\Delta u(k+j)$，$j=1,2,\cdots,M$ 的变化幅度，剧烈变化的控制作用有可能极度破坏系统控制性能。

根据上述对 DMC 控制参数的分析，以下给出 DMC 控制参数设计的一般步骤：

① 确定采样周期 T 和模型长度 N，测试或辨识被控对象的阶跃响应系数 $\hat{\boldsymbol{a}}=[\hat{a}_1,\hat{a}_2,\cdots,\hat{a}_N]^{\mathrm{T}}$；

② 选定控制时域，一般针对简单对象，建议选择 $M=2\sim4$；针对复杂对象，可以选择$M=5\sim8$；

③ 预选加权矩阵 $\boldsymbol{Q}=\mathrm{diag}\{q_1,q_2,\cdots.,q_P\}$ 和 $\boldsymbol{R}=\mathrm{diag}\{r_1,r_2,\cdots.,r_M\}$；

④ 预选预测时域 P；

⑤ 计算控制器参数 $\boldsymbol{d}^{\mathrm{T}}$；

⑥ 检验闭环系统的动态、稳态性能指标是否满意；

如不满意，作如下调节：

a. 调节预测时域 P 的大小，直到得到满意的性能；

b. 调节控制增量加权 r_j 的大小，使控制平稳；

c. 调节反馈校正系数 h_j 的大小，改善闭环系统的鲁棒性。

⑦ 进入下一周期的滚动优化。

以上基本都是定性的讨论，难以给出定量的结论。

7.3.7 仿真实例

考虑如下系统

$$\begin{cases}\dot{\boldsymbol{x}}=\boldsymbol{A}\boldsymbol{x}+\boldsymbol{B}u\\ \boldsymbol{y}=\boldsymbol{C}\boldsymbol{x}\end{cases} \tag{7.37}$$

其中，$\boldsymbol{x}\in\mathbf{R}^{4\times1}$ 是系统状态，$\boldsymbol{y}\in\mathbf{R}$ 是系统输出，$\boldsymbol{u}\in\mathbf{R}$ 是系统输入。

$$\boldsymbol{A}=\begin{bmatrix}0 & 1 & 0 & 0\\ 0 & 0 & 1 & 0\\ 0 & 0 & 0 & 1\\ -8612 & -279.1 & -2741 & -16\end{bmatrix},\quad \boldsymbol{B}=\begin{bmatrix}0\\0\\0\\8612\end{bmatrix},\quad \boldsymbol{C}=[1\quad 0\quad 0\quad 0]$$

该系统的阶跃响应如图 7.20 所示。

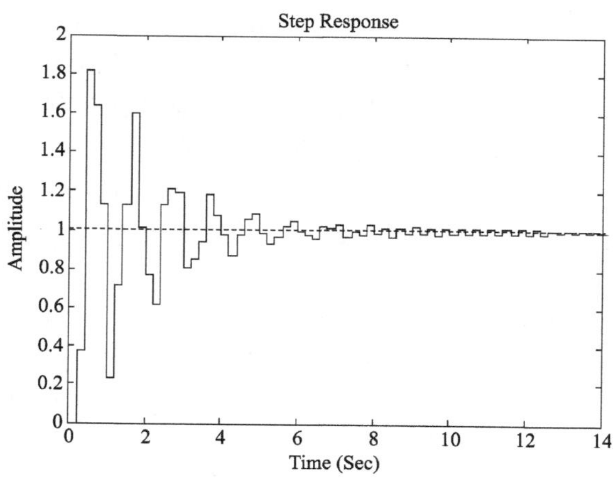

图 7.20　系统的阶跃响应图

为该系统设计 DMC 控制器，取采样时间为 $T=0.2$，模型截断长度 $N=100$，预测时域$P=40$，控制时域 $M=6$，反馈校正系数矩阵 $\boldsymbol{H}=[1\quad 0.98\quad \cdots\quad 0.98]$，期望输出设定值$y_{sp}=1$，参考轨迹中的柔化系数 $\alpha=0.9$，性能指标中的加权矩阵 $\boldsymbol{Q}=\mathrm{diag}\{1,\quad \cdots,\quad 1\}_P$，$\boldsymbol{R}=0.1\times\mathrm{diag}\{1,\quad \cdots,\quad 1\}_M$。

仿真结果如图 7.21 所示。可见，系统输出能够很好地跟踪上给定信号。

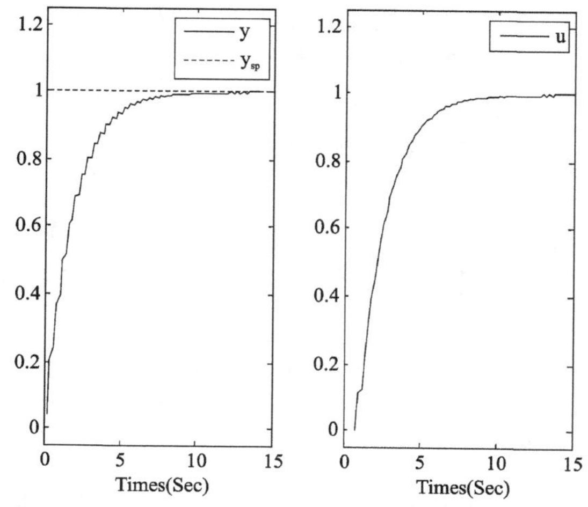

图 7.21　系统基于 DMC 的输入输出控制仿真结果

7.4 广义预测控制(GPC)

广义预测控制(GPC)是随着自适应控制的研究而发展起来的一种预测控制方法。由于各类最小方差控制器一般要求已知对象的时延。如果时延估计不准确,则控制精度将大大降低;极点配置自校正控制器则对系统的阶次十分敏感。这种对模型精度的高要求,束缚了自校正控制算法在复杂工业过程控制中的应用。人们期望能寻找一种对数学模型要求低、鲁棒性强的自适应控制算法。

正是在这种背景下,1987 年 Clarke 等人在保持最小方差自校正控制的在线辨识、输出预测和最小方差控制的基础上,吸取了 DMC 和 MAC 中滚动优化的策略,提出了广义预测控制算法(GPC)。

GPC 基于参数模型,汲取了模型预测控制、自校正控制、极小方差控制、系统辨识等思想,提供了一种自适应预测控制框架,具有预测模型、滚动优化和在线反馈校正等与一般预测控制相似的特征,呈现出优良的控制性能和鲁棒性,已被广泛应用于工业过程控制中。

GPC 基本思路是:在控制过程中,通过在线辨识使得预测模型跟踪系统特性变化,同步体现被控对象变化;根据辨识模型及时调整控制器参数,从而抑制扰动的影响;使算法既有较好的控制性能又有较强的鲁棒性。

GPC 对被控对象输出做多步预测,这种预测建立在将来时刻的控制量上,同时确定一个控制范围,并假设在这个范围外的控制增量为零。目标函数为预测输出与设定值的误差和控制增量的二次函数。它适用于不确定结构系统和复杂系统,如非最小相位系统、开环不稳定系统和时滞系统等。

与 DMC、MAC 相比,GPC 在预测模型形式和反馈校正策略方面有很大差别。MAC 或 DMC 采用脉冲或阶跃响应等非参数模型,而 GPC 则采用受控自回归积分滑动平均模型(CARIMA)这样的参数模型;MAC 和 DMC 通过预测误差反馈实现闭环校正,而 GPC 则通过在线估计预测模型参数,并修正控制律,间接实现反馈校正。

但是在 GPC 控制系统中,其可调参数 P、M、Q、λ 等均隐含在控制矩阵中,不易导出它们与系统稳定性的直接显式关系来,从而增加了对这类算法分析上的困难,尚有待进一步研究和探讨。

本节将对 GPC 的基本原理进行介绍。

7.4.1 GPC 基本算法

设被控对象的数学模型采用下列受控自回归积分滑动平均模型(CARIMA)描述:

$$A(z^{-1})y(k)=B(z^{-1})u(k-1)+C(z^{-1})\frac{\varepsilon(k)}{\Delta} \tag{7.38}$$

其中，$u(t)$和$y(t)$分别表示被控对象的输入和输出；$\varepsilon(k)$是白噪声序列；$\Delta=1-z^{-1}$表示差分算子；$A(z^{-1})$、$B(z^{-1})$和$C(z^{-1})$是后移算子z^{-1}的多项式；$A(z^{-1})\Delta y(k)$是自回归项；$B(z^{-1})\Delta u(k-1)$是受控项；$C(z^{-1})\varepsilon(k)/\Delta$是积分滑动平均项。

$$A(z^{-1})=1+a_1z^{-1}+a_2z^{-2}+\cdots+a_{n_A}z^{-n_A}$$

$$B(z^{-1})=b_0+b_1z^{-1}+b_2z^{-2}+\cdots+b_{n_B}z^{-n_B}$$

$$C(z^{-1})=1+c_1z^{-1}+c_2z^{-2}+\cdots+c_{n_C}z^{-n_C}$$

为了突出GPC方法原理和推导方便起见，以下只考虑$C(z^{-1})=1$的情况。

由式(7.38)可得

$$\Delta A(z^{-1})y(k)=B(z^{-1})\Delta u(k-1)+\varepsilon(k) \tag{7.39}$$

令

$$\begin{aligned}\widetilde{A}(z^{-1})&=\Delta A(z^{-1})\\&=1+\widetilde{a}_1z^{-1}+\widetilde{a}_2z^{-2}+\cdots+\widetilde{a}_{n_A}z^{-n_A}+\widetilde{a}_{n_A+1}z^{-n_A+1}\end{aligned}$$

式(7.39)可改写为

$$\widetilde{A}(z^{-1})y(k)=B(z^{-1})\Delta u(k-1)+\varepsilon(k) \tag{7.40}$$

根据式(7.40)，向前递推j步，有

$$\widetilde{A}(z^{-1})y(k+j)=B(z^{-1})\Delta u(k+j-1)+\varepsilon(k+j) \tag{7.41}$$

引入Diophantin方程

$$1=\widetilde{A}(z^{-1})E_j(z^{-1})+z^{-j}F_j(z^{-1}) \tag{7.42}$$

其中

$$E_j(z^{-1})=e_0+e_1z^{-1}+e_2z^{-2}+\cdots+e_{j-1}z^{-j+1} \tag{7.43}$$

$$F_j(z^{-1})=f_{j,0}+f_{j,1}z^{-1}+f_{j,2}z^{-2}+\cdots+f_{j,n_A}z^{-n_A} \tag{7.44}$$

显然，$E_j(z^{-1})$是$j-1$次多项式，$F_j(z^{-1})$是n_A次多项式。从式(7.42)中不难发现，$E_j(z^{-1})$、$F_j(z^{-1})$由j和$\widetilde{A}(z^{-1})A(q-1)$唯一确定。

对式(7.41)乘上$E_j(z^{-1})$，有

$$\widetilde{A}(z^{-1})E_j(z^{-1})y(k+j)=B(z^{-1})E_j(z^{-1})\Delta u(k+j-1)+E_j(z^{-1})\varepsilon(k+j) \tag{7.45}$$

由式(7.42)可得

$$\widetilde{A}(z^{-1})E_j(z^{-1})=1-z^{-j}F_j(z^{-1}) \tag{7.46}$$

将式(7.46)代入式(7.45)，有

$$(1-z^{-j}F_j(z^{-1}))y(k+j)=B(z^{-1})E_j(z^{-1})\Delta u(k+j-1)+E_j(z^{-1})\varepsilon(k+j) \tag{7.47}$$

即

$$y(k+j)=B(z^{-1})E_j(z^{-1})\Delta u(k+j-1)+E_j(z^{-1})\varepsilon(k+j)+F_j(z^{-1})y(k) \tag{7.48}$$

1. 预测模型

根据式(7.48)构造系统 j 步最优输出预测为

$$\hat{y}(k+j)=B(z^{-1})E_j(z^{-1})\Delta u(k+j-1)+F_j(z^{-1})y(k) \tag{7.49}$$

令

$$\begin{aligned}G_j(z^{-1})&=B(z^{-1})E_j(z^{-1})\\&=g_0+g_1z^{-1}+\cdots+g_{n_B+j-1}z^{-n_B-j+1}\end{aligned} \tag{7.50}$$

则式(7.49)可写为

$$\hat{y}(k+j)=G_j(z^{-1})\Delta u(k+j-1)+F_j(z^{-1})y(k) \tag{7.51}$$

从式(7.50)可以推导出：

当 $j=1$ 时，$G_1(z^{-1})=g_0+g_1z^{-1}+\cdots+g_{n_B}z^{-n_B}$

当 $j=2$ 时，$G_2(z^{-1})=g_0+g_1z^{-1}+\cdots+g_{n_B}z^{-n_B}+g_{n_B+1}z^{-(n_B+1)}$

如此类推

当 $j=P$ 时，$G_P(z^{-1})=g_0+g_1z^{-1}+\cdots+g_{n_B}z^{-n_B}\cdots+g_{n_B+P-1}z^{-(n_B+P-1)}$

考虑控制时域 M 等于预测时域 P，由式(7.51)可得

$$\begin{aligned}
&j=1 \quad \hat{y}(k+1)=g_0\Delta u(k)+f_1(k)\\
&j=2 \quad \hat{y}(k+2)=g_0\Delta u(k+1)+g_1\Delta u(k)+f_2(k)\\
&\vdots\\
&j=P \quad \hat{y}(k+P)=g_0\Delta u(k+P-1)+g_1\Delta u(k+P-2)+\cdots+g_P\Delta u(k)+f_P(k)
\end{aligned} \tag{7.52}$$

其中

$$f_1(k)=[G_1(z^{-1})-g_0]z\Delta u(k-1)+F_1(z^{-1})y(k)$$

$$f_2(k)=[G_2(z^{-1})-g_0-g_1z^{-1}]z^2\Delta u(k-1)+F_2(z^{-1})y(k)$$

$$\vdots$$

$$f_P(k)=[G_P(z^{-1})-g_0-g_1z^{-1}-\cdots-g_{P-1}z^{-P+1}]z^P\Delta u(k-1)+F_P(z^{-1})y(k)$$

式(7.52)写成矩阵形式：

$$\hat{\boldsymbol{Y}}(k+1)=\boldsymbol{G}\Delta\boldsymbol{U}(k)+\boldsymbol{F}(k) \tag{7.53}$$

其中，$\boldsymbol{F}(k)$已知，$\Delta\boldsymbol{U}(k)$是待求的控制序列，即

$$\hat{\boldsymbol{Y}}(k+1)=[\hat{y}(k+1)\quad \hat{y}(k+2)\quad \cdots\quad \hat{y}(k+P)]^{\mathrm{T}}$$

$$\Delta\boldsymbol{U}(k)=[\Delta u(k)\quad \Delta u(k+1)\quad \cdots\quad \Delta u(k+P-1)]^{\mathrm{T}}$$

$$\boldsymbol{F}(k)=[f_1(k) \quad f_2(k) \quad \cdots \quad f_P(k)]^{\mathrm{T}}$$

$$\boldsymbol{G}=\begin{bmatrix} g_0 & 0 & \cdots & 0 \\ g_1 & g_0 & \ddots & \vdots \\ \vdots & \vdots & \ddots & 0 \\ g_{P-1} & g_{P-2} & \cdots & g_0 \end{bmatrix}$$

不难推导出，当控制时域 M 小于预测时域 P 时，系统最优输出预测向量 $\hat{\boldsymbol{Y}}(k+1)$ 可以由式(7.53)描述，不过其中 $\boldsymbol{G}$ 变化为

$$\boldsymbol{G}=\begin{bmatrix} g_0 & 0 & \cdots & 0 \\ g_1 & g_0 & \ddots & \vdots \\ \vdots & \vdots & \ddots & 0 \\ g_{M-1} & g_{M-2} & \cdots & g_0 \\ \vdots & \vdots & & \vdots \\ g_{P-1} & g_{P-2} & \cdots & g_{P-M+1} \end{bmatrix}$$

$$\boldsymbol{F}(k)=\begin{bmatrix} [G_2(z^{-1})-g_0]z \\ [G_2(z^{-1})-g_0-g_1z^{-1}]z^2 \\ \vdots \\ [G_P(z^{-1})-g_0-g_1z^{-1}-\cdots-g_{P-1}z^{-P+1}]z^P \end{bmatrix}\Delta u(k-1)+\begin{bmatrix} F_1(z^{-1}) \\ F_2(z^{-1}) \\ \vdots \\ F_P(z^{-1}) \end{bmatrix}y(k) \tag{7.54}$$

令

$$\bar{\boldsymbol{G}}(z^{-1})=\begin{bmatrix} [G_2(z^{-1})-g_0]z \\ [G_2(z^{-1})-g_0-g_1z^{-1}]z^2 \\ \vdots \\ [G_P(z^{-1})-g_0-g_1z^{-1}-\cdots-g_{P-1}z^{-P+1}]z^P \end{bmatrix}$$

$$\boldsymbol{F}(z^{-1})=[F_1(z^{-1}) \quad F_2(z^{-1}) \quad \cdots \quad F_P(z^{-1})]^{\mathrm{T}}$$

有

$$\boldsymbol{F}(k)=\bar{\boldsymbol{G}}(z^{-1})\Delta u(k-1)+\boldsymbol{F}(z^{-1})y(k) \tag{7.55}$$

因此，式(7.53)可以进一步写为

$$\hat{\boldsymbol{Y}}(k+1)=\boldsymbol{G}\Delta\boldsymbol{U}(k)+\bar{\boldsymbol{G}}(z^{-1})\Delta u(k-1)+\boldsymbol{F}(z^{-1})y(k) \tag{7.56}$$

式(7.53)中，$\boldsymbol{F}(k)$ 为初始条件。若 $\boldsymbol{F}(k)=0$，$\Delta\boldsymbol{U}(k)=[1, \quad 0, \quad \cdots, \quad 0]^{\mathrm{T}}$，则有

$$\hat{\boldsymbol{Y}}(k+1)=\boldsymbol{G}\begin{bmatrix} 1 \\ 0 \\ \vdots \\ 0 \end{bmatrix}=\begin{bmatrix} g_0 \\ g_1 \\ \vdots \\ g_{P-1} \end{bmatrix}$$

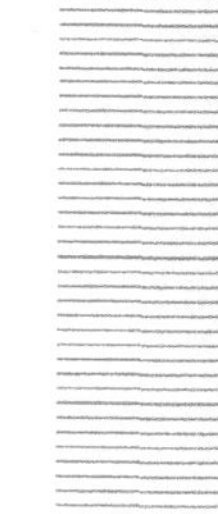

其中，$[g_0 \quad g_1 \quad \cdots \quad g_{P-1}]^{\mathrm{T}}$ 等效于单位脉冲系数。

2. Diophantin 方程求解

根据式(7.40)，向前递推 $j+1$ 步，由 Diophantin 方程，有

$$1=\tilde{A}(z^{-1})E_{j+1}(z^{-1})+z^{-(j+1)}F_{j+1}(z^{-1}) \tag{7.57}$$

结合式(7.43)，可知

$$\begin{aligned}E_{j+1}(z^{-1})&=e_0+e_1z^{-1}+e_2z^{-2}+\cdots+e_{j-1}z^{-j+1}+e_jz^{-j}\\&=E_j(z^{-1})+e_jz^{-j}\end{aligned} \tag{7.58}$$

式(7.57)减去式(7.42)，有

$$\tilde{A}(z^{-1})E_{j+1}(z^{-1})+z^{-j-1}F_{j+1}(z^{-1})-\tilde{A}(z^{-1})E_j(z^{-1})-z^{-j}F_j(z^{-1})=0$$

即

$$\tilde{A}(z^{-1})[E_{j+1}(z^{-1})-E_j(z^{-1})]+z^{-j}[z^{-1}F_{j+1}(z^{-1})-F_j(z^{-1})]=0$$

根据式(7.58)，有

$$\tilde{A}(z^{-1})e_jz^{-j}+z^{-j}[z^{-1}F_{j+1}(z^{-1})-F_j(z^{-1})]=0$$

因此

$$\tilde{A}(z^{-1})e_j+z^{-1}F_{j+1}(z^{-1})-F_j(z^{-1})=0$$

即

$$z^{-1}F_{j+1}(z^{-1})=F_j(z^{-1})-\tilde{A}(z^{-1})e_j \tag{7.59}$$

显然，式(7.59)反映了 $F_j(z^{-1})$ 与 $F_{j+1}(z^{-1})$ 之间的递推关系。

将式(7.59)两边的多项式展开

$$f_{j+1,0}z^{-1}+f_{j+1,1}z^{-2}+f_{j+1,2}z^{-3}+\cdots+f_{j+1,n_{\mathrm{A}}}z^{-n_{\mathrm{A}}-1}=$$

$$f_{j,0}+f_{j,1}z^{-1}+f_{j,2}z^{-2}+\cdots+f_{j,n_{\mathrm{A}}}z^{-n_{\mathrm{A}}}-e_j(1+\tilde{a}_1z^{-1}+\cdots+\tilde{a}_{n_{\mathrm{A}}}z^{-n_{\mathrm{A}}-1})$$

同次幂项的系数相等，得到递推关系如下

$$\begin{aligned}&f_{j,0}-e_j=0\Rightarrow f_{j,0}=e_j\\&f_{j+1,0}=f_{j,1}-\tilde{a}_1e_j\\&f_{j+1,1}=f_{j,2}-\tilde{a}_2e_j\\&\vdots\\&f_{j+1,n_{\mathrm{A}}-1}=f_{j,n_{\mathrm{A}}}-\tilde{a}_{n_{\mathrm{A}}}e_j\\&f_{j+1,n_{\mathrm{A}}}=-\tilde{a}_{n_{\mathrm{A}}+1}e_j\end{aligned}$$

因此，Diophantin 方程递推公式为

$$f_{j+1,i}=f_{j,i+1}-\tilde{a}_{i+1}e_j,\qquad i=1,2,\cdots,n_A-1$$
$$f_{j+1,n_A}=-\tilde{a}_{n_A+1}e_j=-\tilde{a}_{n_A+1}f_0 \tag{7.60}$$
$$E_{j+1}(z^{-1})=E_j(z^{-1})+e_jz^{-j}$$

其中,初始值如下

$$E_1(z^{-1})\tilde{A}(z^{-1})+z^{-1}F_1(z^{-1})=1$$
$$E_1(z^{-1})=1$$
$$j=1$$
$$e_0=1$$
$$F_1(z^{-1})=z[1-\tilde{A}(z^{-1})]$$

多项式 $G_j(z^{-1})$的递推关系为

$$\begin{aligned}G_{j+1}(z^{-1})&=B(z^{-1})E_{j+1}(z^{-1})=B(z^{-1})[E_j(z^{-1})+e_jz^{-j}]\\&=G_j(z^{-1})+B(z^{-1})e_jz^{-j}\end{aligned} \tag{7.61}$$

3. GPC 控制律获取

考虑二次型性能指标

$$\begin{aligned}J(k)&=E\left\{\sum_{j=1}^{P}q_j[w(k+j)-\hat{y}(k+j)]^2+\sum_{j=1}^{M}\Delta u^2(k+j-1)\right\}\\&=E\{\|\boldsymbol{W}(k+1)-\hat{\boldsymbol{Y}}(k+1)\|_Q^2+\|\Delta\boldsymbol{U}(k)\|_R^2\}\end{aligned} \tag{7.62}$$

其中,E 表示数学期望,$\boldsymbol{W}(k+1)=[w(k+1)\quad w(k+2)\quad\cdots\quad w(k+P)]^{\mathrm{T}}$ 表示参考轨迹,$w(k+j)=\alpha^jy(k)+(1-\alpha^j)y_{sp}$,$j=1,\cdots,P$。

无约束条件时,将 $\hat{\boldsymbol{Y}}(k+1)$ 的表达式(7.56)代入指标函数式(7.62)中,并令 $\dfrac{\partial J}{\partial\Delta\boldsymbol{U}(k)}=0$,可以求得 k 时刻的最优控制向量:

$$\Delta\boldsymbol{U}(k)=(\boldsymbol{G}^{\mathrm{T}}\boldsymbol{Q}\boldsymbol{G}+\boldsymbol{R})^{-1}\boldsymbol{G}^{\mathrm{T}}\boldsymbol{Q}[\boldsymbol{W}(k+1)-\bar{\boldsymbol{G}}(z^{-1})\Delta u(k-1)-\boldsymbol{F}(z^{-1})y(k)] \tag{7.63}$$

其中,$\Delta\boldsymbol{U}(k)=[\Delta u(k),\Delta u(k+1),\cdots,\Delta u(k+M-1)]^{\mathrm{T}}$。

当前作用于被控对象的最优控制量 $u(k)$可以写为

$$\begin{aligned}\Delta u(k)&=[1\quad 0\quad\cdots\quad 0]\,\Delta\boldsymbol{U}(k)\\&=\boldsymbol{d}^{\mathrm{T}}[\boldsymbol{W}(k+1)-\bar{\boldsymbol{G}}(z^{-1})\Delta u(k-1)-\boldsymbol{F}(z^{-1})y(k)]\end{aligned} \tag{7.64}$$

其中

$$\begin{aligned}\boldsymbol{d}^{\mathrm{T}}&\triangleq[d_1,d_2,\cdots,d_P]\\&=[1\quad 0\quad\cdots\quad 0](\boldsymbol{G}^{\mathrm{T}}\boldsymbol{Q}\boldsymbol{G}+\boldsymbol{R})-\boldsymbol{G}^{\mathrm{T}}\boldsymbol{Q}\end{aligned} \tag{7.65}$$

4. 参数辨识算法

GPC 通过在线估计预测模型参数 $\hat{A}(z^{-1})$,$\hat{B}(z^{-1})$,在线修正控制律式(7.64),间接实现了一种广义的反馈校正。

GPC 与 DMC 相比：DMC 相当于用一个不变的预测模型并附加一个误差预测模型共同保证对未来输出做出较准确的预测；而 GPC 则只用一个模型，通过对其在线修正给出较准确的预测。

下面给出一种 $\hat{A}(z^{-1})$,$\hat{B}(z^{-1})$的辨识算法。

由 CARIMA 模型式(7.38),展开简化得到

$$\begin{aligned}\Delta y(k)=&-a_1\Delta y(k-1)-a_2\Delta y(k-2)-\cdots-a_{n_A}\Delta y(k-n_A)\\&+b_0\Delta u(k-1)+b_1\Delta u(k-2)+\cdots+b_{n_B}\Delta u(k-n_B-1)+\varepsilon(k)\end{aligned}\tag{7.66}$$

令

$$\boldsymbol{\Phi}^{\mathrm{T}}(k)=[-\Delta y(k-1),-\Delta y(k-2),\cdots,-\Delta y(k-n_A),\Delta u(k-1),\Delta u(k-2),\cdots,\Delta u(k-n_B-1)]$$

$$\boldsymbol{\theta}(k)=[a_1,a_2,\cdots,a_{n_A},b_0,b_1,\cdots,b_{n_B}]^{\mathrm{T}}$$

则上式可写为最小二乘格式

$$\Delta y(k)=\boldsymbol{\Phi}^{\mathrm{T}}(k)\boldsymbol{\theta}(k)+\varepsilon(k)$$

由于 $\varepsilon(k)$是白噪声，有

$$\hat{\boldsymbol{\theta}}(k)=(\boldsymbol{\Phi}(k)\boldsymbol{\Phi}(k)^{\mathrm{T}})^{-1}\boldsymbol{\Phi}(k)\Delta y(k)$$

其中，$\hat{\boldsymbol{\theta}}(k)$是 $\boldsymbol{\theta}(k)$的估计值。

采用递推最小二乘(RLS)算法，有

$$\begin{aligned}&\hat{\boldsymbol{\theta}}(k)=\hat{\boldsymbol{\theta}}(k-1)+\boldsymbol{K}(k)\,[\Delta y(k)-\boldsymbol{\Phi}^{\mathrm{T}}(k)\hat{\boldsymbol{\theta}}(k-1)]\\&\boldsymbol{K}(k)=\boldsymbol{V}(k-1)\,\boldsymbol{\Phi}(k)\,[\boldsymbol{\Phi}(k)^{\mathrm{T}}\boldsymbol{V}(k-1)\boldsymbol{\Phi}(k)+\mu]^{-1}\\&\boldsymbol{V}(k)=\frac{1}{\mu}[\boldsymbol{I}-\boldsymbol{K}(k)\boldsymbol{\Phi}(k)^{\mathrm{T}}]\,\boldsymbol{V}(k-1)\end{aligned}\tag{7.67}$$

其中，$\hat{\theta}(0)=0$;μ 是遗忘因子，$0<\mu<1$,一般取 $\mu=0.95\sim0.98$;$\boldsymbol{K}(k)$和 $\boldsymbol{V}(k)$是辅助变量，且 $\boldsymbol{V}(k)$是正定矩阵，$\boldsymbol{V}(0)=\rho^2\boldsymbol{I}$,$\rho$ 是足够大的正数。

5. GPC 基本算法步骤

GPC 基本算法步骤如下：

第一步：初选控制参数：$\boldsymbol{Q}$、$\boldsymbol{R}$、P、M、y_{sp}、α、$\hat{A}(z^{-1})$,$\hat{B}(z^{-1})$ 、$\hat{\theta}(0)$、$\boldsymbol{V}(0)$;

第二步：采集输入、输出样本$\{u(k),y(k)\}$;

第三步：用 RLS 算法式(7.67),估计参数 $\hat{A}(z^{-1})$,$\hat{B}(z^{-1})$;

第四步：递推求解 Diophantine 方程，由式(7.59)，式(7.60)，式(7.61)得到 $E_j(z^{-1})$，$F_j(z^{-1})$，$G_j(z^{-1})$；

第五步：根据式(7.54)计算 $\boldsymbol{F}(k)$；

第六步：根据式(7.65)计算控制器参数 $\boldsymbol{d}^{\mathrm{T}}$；

第七步：得到控制增量 $\Delta u(k)$ 和控制输入 $u(k)=u(k-1)+\Delta u(k)$；

第八步：令 $k+1$ 替换 k，进入下一周期预测计算和滚动优化。

GPC 原理结构图如图 7.22 所示。

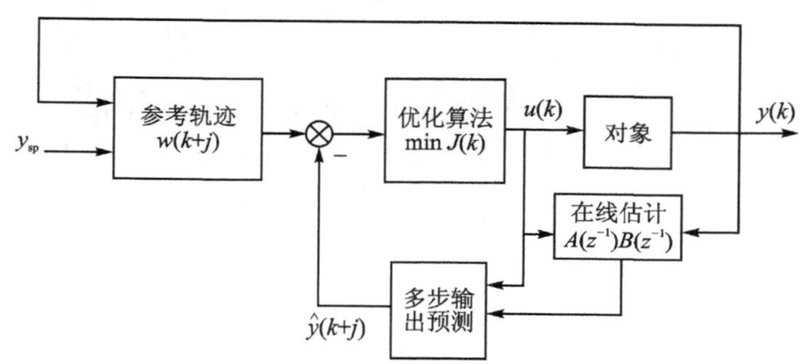

图 7.22　GPC 原理结构图

7.4.2　仿真实例

考虑如下由 CARIMA 模型描述的系统

$$A(z^{-1})y(k)=B(z^{-1})u(k-1)+\frac{\varepsilon(k)}{\Delta}$$

$$\begin{cases}A(z^{-1})=1+(a+0.264)z^{-1}+(0.264a)z^{-2}\\B(z^{-1})=0.864-0.2731z^{-1}\\C(z^{-1})=1\end{cases}\tag{7.68}$$

其中

$$a=\begin{cases}0.8854, & 0\leqslant k\leqslant 201\\0.6725, & 201<k\leqslant 301\\0.5968, & 301<k\leqslant 401,\\0.7762, & 401<k\leqslant 501\\0.8854, & \text{else}\end{cases}\qquad E\{\varepsilon(k)\}=0.01$$

对该系统设计 GPC，其中 $\boldsymbol{Q}=\boldsymbol{I}_{2\times2}$，$\boldsymbol{R}=\boldsymbol{I}_{2\times2}$，$\boldsymbol{V}(0)=10^6\boldsymbol{I}_{4\times4}$，遗忘因子 $\mu=0.97$，预测时域 $P=30$，控制时域 $M=2$，参考轨迹的柔化系数 $\alpha=0.6$，期望值 $y_{sp}=2$，噪声 $\varepsilon(k)$ 为方差 0.01 的白噪声。

系统式(7.68)的噪声信号如图7.23所示,仿真结果如图7.24所示。可见,系统输出能够快速达到给定值。

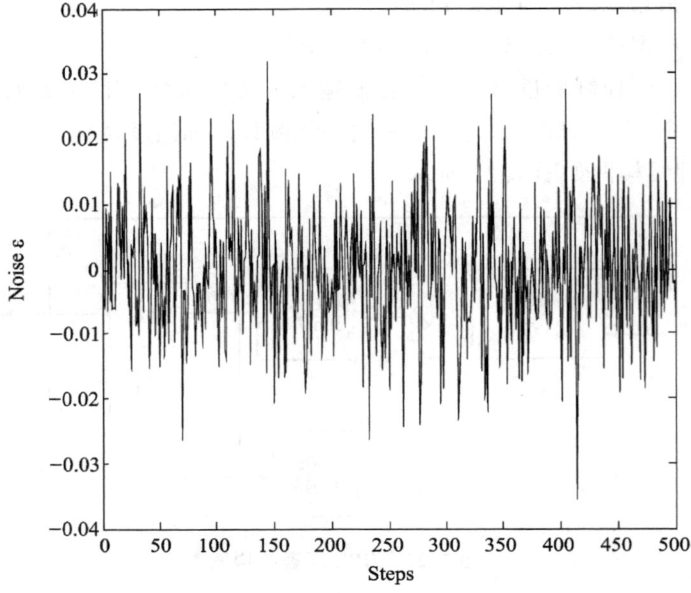

图 7.23　系统的噪声信号

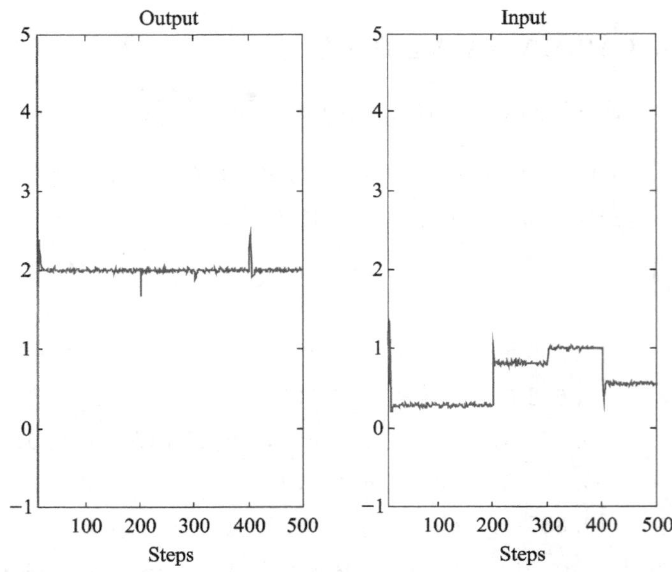

图 7.24　系统基于 GPC 的输入输出控制仿真结果

7.5　非线性模型预测控制一般性描述

经过多年发展，线性模型预测控制理论已相当成熟，并在炼油、石油化工等领域取得了成功应用。其相近算法虽有上百种，但基本上都基于几种较为常用而典型的算法：动态矩阵控制(DMC)、模型算法控制(MAC)、广义预测控制(GPC)和内模控制(IMC)等。然而大多数实际控制系统都带有约束，且具有强非线性特性，随着预测控制技术的不断发展，人们已不满足于用线性系统来近似描述实际控制系统，也不满足于用一些特殊类型的非线性系统来近似描述实际控制系统，于是 NMPC 成为新的研究热点，并取得了一些研究成果。

在 NMPC 中，系统模型是非线性的，因此，相应的预测模型也应该是非线性的。假设非线性系统的模型可表示为

$$
\begin{aligned}
x(k+1) &= f(x(k),u(k)) \\
y(k) &= g(x(k))
\end{aligned}
\tag{7.69}
$$

其中，$f(x(k),u(k))$是非线性函数，它反映了一个由 $x(k)\in\mathbf{R}^n$，$u(k)\in\mathbf{R}^m$ 映射到 $x(k+1)\in\mathbf{R}^n$ 的非线性关系；$g(x(k))$也是非线性函数，它反映了一个由 $x(k)\in\mathbf{R}^n$ 映射到 $y(k)\in\mathbf{R}^P$ 的非线性关系。

该系统满足如下形式的输入和状态约束：

$$
\begin{aligned}
u(k) &\in U \\
x(k) &\in X
\end{aligned}
\tag{7.70}
$$

其中，X 是系统状态的可行解集合，U 是控制输入的可行解集合。

根据模型式(7.69)，在 k 时刻，只要知道对象的初始状态 $x(k)$以及未来的控制输入$u(k)$，$u(k+1)$，…，可预测对象在未来 $k+i$ 时刻的模型输出 $\tilde{y}_{\mathrm{m}}$，即

$$
\begin{aligned}
&\tilde{x}(k+i \mid k) = f(\tilde{x}(k+i-1 \mid k),u(k+i-1)) \\
&\tilde{y}_{\mathrm{m}}(k+i \mid k) = g(\tilde{x}(k+i \mid k)) \\
&x(k \mid k) = x(k), \qquad i=1,2,\cdots
\end{aligned}
$$

递推可得

$$
\tilde{y}_{\mathrm{m}}(k+i \mid k) = F_i[x(k),u(k),\cdots,u(k+i-1)], \qquad i=1,2,\cdots \tag{7.71}
$$

其中，$F_i[\cdot]$是由 $f(\cdot)$及 $g(\cdot)$复合而成的非线性函数，式(7.71)就是非线性系统的预测模型。

由于实际受控系统总包含些不确定因素，利用上述模型预测，不能完全精确地描述对象的动态行为，因此可在实测输出的基础上通过误差预测和补偿对模型预测进行反馈校正。记 k 时刻测得的实际输出为 $y(k)$，则可由 $e(k)=y(k)-\tilde{y}_{\mathrm{m}}(k|k-1)$

构成预测误差，并根据历史的误差信息 $e(k),\cdots,e(k-q)$ 通过误差预测 $\tilde{e}(k+i|k)=E_i[e(k),\cdots,e(k-q)]$ 校正基于模型的预测，构成对输出的闭环预测

$$\tilde{y}_{\mathrm{p}}(k+i \mid k)=\tilde{y}_{\mathrm{m}}(k+i \mid k)+\tilde{e}(k+i \mid k) \tag{7.72}$$

其中，$E_i[\cdot]$ 为某一线性或非线性函数，其形式取决于所用的非因果预测方法，q 为所用到的历史误差信息长度。式(7.72)就是在模型基础上的带有反馈校正的闭环预测。

在 k 时刻，控制的目的是要求从该时刻起的 M 个控制输入 $u(k),\cdots,u(k+M-1)$（假设 u 在 $k+M-1$ 时刻后保持不变），使得输出的某一性能指标达到最优，即

$$\min J(k)=F(\tilde{\boldsymbol{y}}_{\mathrm{p}}(k),\boldsymbol{\omega}(k)) \tag{7.73}$$

且满足约束式(7.70)。

式(7.73)中

$$\tilde{\boldsymbol{y}}_{\mathrm{p}}(k)=\begin{bmatrix}\tilde{y}_{\mathrm{p}}(k+1 \mid k)\\ \vdots \\ \tilde{y}_{\mathrm{p}}(k+N \mid k)\end{bmatrix}, \quad \boldsymbol{\omega}(k)=\begin{bmatrix}\omega(k+1)\\ \vdots \\ \omega(k+N)\end{bmatrix}$$

其中，$\omega(k+i)$ 为 $k+i$ 时刻的期望输出，N 为预测时域，M 为控制时域。这样，在线的滚动优化就是在闭环预测下寻找一组控制输入使得性能指标为极小的问题。

如果可由此求出最优的 $u^*(k),\cdots,u^*(k+M-1)$，则在 k 时刻实施控制作用 $u^*(k)$。下一采样时刻，检测系统的实际输出，进行预测、误差校正，再重复进行优化。这就是非线性预测控制问题的一般性描述。

第 8 章 智能优化控制

在很多系统之中，复杂程度不仅仅是表现在系统的高维度属性上面，还有更多表现在系统信息的不确定性、模糊性、不完全性和偶然性。人们对复杂系统控制的需要是产生智能控制系统及其理论的一个重要因素。

智能优化控制通过在常规控制理论的基础上，吸收人工智能、运筹学、计算机科学、模糊数学等其他学科的新思想和新方法，对广阔的对象和过程实现期望控制，其核心是如何设计和发展模拟人类智能的机器，使得系统控制达到更高的目标，智能优化控制是对传统控制理论吸取和发展的结果。

神经网络、遗传算法、粒子群算法、蜂群算法等智能优化算法，近年来极大地促进了智能优化控制的发展。计算机科技的迅猛发展为智能优化控制提供了强力的技术支持。智能优化控制已经在航空航天、电力电子、机械机电等领域取得了一定的成就。

本章在简述最优化理论的基础上，阐述智能优化控制与传统控制的关系，之后简要给出几种常用智能优化算法，最后介绍一些智能优化算法在控制系统设计中的应用示例。

8.1 最优化理论方法简述

人们在处理日常生活、生产过程、经营管理、社会发展等实际问题时，都希望获得最佳的处理结果。如何获得最佳处理结果的问题称为最优化问题。生活实际中的众多问题，均可以转化为最优化问题来解决，最优化问题是工程应用、科学研究、管理技术等方面的重要课题。

针对最优化问题，如何选取满足要求的方案和具体措施，使所得结果最佳的方法称为最优化方法。实际问题中所提出的最优化问题大体分为两类，一类是求函数的极值；另一类是求泛函的极值。

求函数极值的数值方法或试验最优化方法称为数学规划，包括线性规划和非线性规划。数学规划所处理的问题一般是静态问题。因此求函数极值问题又被称为静态最优化问题。

线性规划和非线性规划是静态最优化问题的两个分支。线性规划问题的目标函数和约束条件都是变量的线性函数。该类问题的求解方法相对简单。非线性规划问题的范围很宽，针对不同类型的最优化问题都有各自适用的求解方法。非线性规划问题的目标函数和约束条件中，含有变量的非线性函数。非线性规划问题也是生产过程、经营管理、社会发展等实践中常常遇到的实际问题。求解有约束的非线性规划问题，通常要将问题转化为无约束的非线性规划问题求解。求解方法通常有两类——解析法和直接法。

求泛函极值问题需要应用变分法、极小值原理或动态规划来处理，所处理的问题一般是动态问题。这一类问题称为动态最优化问题，习惯上又称为最优控制问题。

动态最优化问题其目标函数的自变量中含有动态系统的状态变量，状态变量一般是时间的函数；其目的是通过选择系统最优的运动轨迹，使得目标函数取极值。

静态最优化和动态最优化问题并无截然的界限，它们都有衡量结果优劣的目标函数和描述问题的数学模型。但是在数学基础上两类问题分属两个不同的范畴，静态最优化问题属于运筹学范畴，而动态最优化问题属于变分学范畴，其基础理论框架不一样。静态最优化问题的实质是目标函数求极值问题。

由上可知，最优化以数学为基本理论工具，最优化问题的核心目标是得到问题的全局最优解或最优解集，这些要求算法必须是高效且实用的。

传统的线性规划、非线性规划或变分法、极小值原理或动态规划等优化方法大多数是基于梯度或导数进行求解的，具有理论完善，收敛速度快的特点。然而，随着科学技术的不断进步和求解精度要求的不断提高，实际生活中的优化问题也变得越来越复杂。现实中的大部分优化问题都具有方程数多、变量维数高、非线性强等特点，传统的优化方法由于其本身的局限性，无法满足对这类问题的计算速度、收敛性和初值敏感度等方面的要求，已不适合于处理大型的优化问题，智能优化算法就是在这样的背景下应运而生。

智能优化算法是近几十年里发展起来的一类启发式算法。启发式算法或者近似算法是在可接受的花费内去寻找最好的解，所得的解虽不能保证全局最优，但由于第一很多优化问题并不存在有效的收敛方法，第二启发式算法能保证一定的求解精度，因此是一种现实可取的有效方法。代表性的智能优化算法有遗传算法、粒子群算法、神经网络等。

智能优化算法往往通过模拟自然界的基本规律或者生物群的社会活动，作为一种启发式搜索策略去求解相关问题。这种方法将每一个算子看作是自然界中的一个独立个体，将搜索和优化过程模拟为个体的社会性活动或是规律的演化，将优化问题的目标函数看作对个体活动的评价指标，将个体不断更新自己的行为类比为算法中

较优可行解替代较差解的过程，形成一种更新和检验的迭代启发式搜索算法，是一类具有自适应调节能力的算法。智能算法由于采用启发式的搜索策略，因而能回避大部分不必要的搜索空间，从而提升了计算速度；本身算法所具有的不确定性能保证跳出局部最优解的能力，因此算法的精度得以提高；算法的结构使得计算过程既不依赖于初值的选择，也对所求解的优化问题的可微性、连续性及约束条件等性质没有要求，因此智能算法能广泛应用于各种优化问题的求解。

随着科学技术的不断进步，人们对高效的优化技术和精准的智能计算也提出了更高的要求，这也就要求一方面要不断地进行新型智能算法的研究，一方面也需要不断地对既有智能算法进行改进和完善。同时，拓宽智能算法的应用领域既能带来实际的效益，给相关现实问题的研究带来一些启发，同时也是对算法内容的一种验证、诠释和补充。因此，智能优化算法的应用研究是一个同时具有理论意义和实际价值的重要课题。

8.2 智能优化控制与传统控制的关系

自动控制理论以反馈控制理论为基础，使得传统控制有了巨大的发展和广泛的应用，主要有以下几个方面的特点：

① 已经具有完整理论体系，传统控制的核心是反馈控制理论，有精确的数学模型作为基础，运用微分和积分作为主要的数学工具。传统控制的主要研究对象是线性定常系统。

② 主要的分析方法是以时域法、根轨迹法、线性系统作为基础。

③ 稳态性能和动态性能都已经具有了为大家公认的严格的性能指标的体系。

④ 在不是非常复杂的过程控制和系统中得到了广泛的应用，经验十分成熟。

传统控制有其自身的局限性，局限性表现在以下几个方面：

① 不适用于高度非线性的系统。传统控制系统建立在以微分和积分为工具的确定数学模型上，当为了必要而简化系统模型时，高度非线性系统所有表达的信息将会失真，从而使传统控制方法失去意义。

② 不适用于不确定系统。不确定系统中有位置的参数以及随时变化的结构，没有办法得到具体的模型，传统控制是基于精确数学模型而进行控制的，这会使得控制系统中出现未知的突变。不确定系统由于难以建立精准数学模型，因此传统控制方法不一定能够对其进行有效的控制。

③ 不适用于时变系统。实际的控制系统中，结构和参数肯定都是随时间变化的，只是在使用这类系统时往往将其中变化比较小的部分看作近似不变。当变化较小，对系统影响可以忽略时，可以做近似不变的处理来达到简化系统的目的。如果时变系统中的参数随时间变化较大，这时传统控制理论又无用武之地了。

④ 不适用于多变量系统。多变量系统除了会存在不确定性、非线性这些特性之外，还会存在各个输入输出要素之间的相互耦合、相互制约的难题。对于线性非时变系统而言，当结构和参数是已知的，还可以应用传统控制理论设计补偿器进行解耦，来控制多变量系统。但是如果多变量系统不满足解耦的条件，那么传统控制理论就失去了作用。实际的工程应用中要满足这些解耦的条件需要简化系统做近似处理，即使这样，也并非所有的系统都能够解耦。

智能优化算法在控制领域中的应用可以说是一个优化问题的拓展，亦是对控制理论的完善与补充。考虑到随着技术的进步，控制对象变得越来越复杂，对控制任务的精度要求越来越高，控制器的设计还有很大的优化空间，因此采用智能算法去处理控制器的优化问题是一个非常行之有效的手段。

尽管智能优化控制出现时间并不长，但是在现有的如工业、军事、农业等领域已经取得了重要的成果，并且得到了广泛的应用。智能优化控制已经能够解决很多传统控制方法无法驾驭的实际工程应用问题，具有强大的发展潜力。

与传统控制理论相比，智能优化控制具有如下优势：

① 在面对高度非线性系统、不确定系统、时变系统以及多变量系统时，智能控制占有很大的优势，而这些都是应用传统控制的方法无法轻松解决的。

② 传统控制对系统的任务要求比较单一，一般来说是要求输出量为定值或者使输出量跟随期望的运动轨迹为曲线。而智能控制的控制任务可以说十分复杂，所以在对于系统的任务要求比较复杂时，运用智能控制占有一定优势。

③ 智能控制系统往往具有一定的对人类的思维方式的模拟，面对未知的问题时能体现出人类解决问题的一些思维方式，这从某种意义上体现出了智能。

④ 智能控制系统具有一定的学习能力，通过学习改变自身结构来适应不同环境，适应性强，应用范围广泛。

⑤ 智能控制系统具有一定的容错、自我修复、判断决策和补偿的能力。

智能优化控制和传统控制并不是背道而驰的，而是密不可分的。在实际应用的过程中，智能优化控制往往包含了传统控制。智能优化控制在某种程度上可以看作是传统控制发展的高级阶段。根据目前的研究结果分析，智能优化控制和传统控制的紧密联系体现在以下几个方面：

① 在解决低层控制问题的时候，智能控制也会应用到传统控制方法。

② 传统控制和智能控制方法相结合将会使得智能控制方法更为有效。

③ 在面对已经拥有成熟数学模型的系统时，应该使用传统控制方法为主，辅助以智能控制的手段为解决问题的较优选择。

此外，并非什么控制问题都应该用智能优化控制来解决，智能控制系统适用于功能复杂、非线性化程度高等特点的控制系统，而在面对简单的控制问题时，能够应用传统控制方法解决时，仍然应该采用传统控制方法。

8.3 几种智能优化算法简介

8.3.1 BP 神经网络算法

人工神经网络可以模拟人类大脑神经元的活动来工作，其由大量的神经元按照一定的拓扑结构和学习方式来调整自身参数，它可以利用各个神经元之间的连接和神经元之间连接强度也就是权值的分布情况来表达特定的信息，构成一个特殊的信息处理系统，所以神经网络还具有分布储存信息的特性。神经网络中每个神经元都可以接收并处理信息，然后将处理的结果对下一个神经元进行输出，由此可见神经网络具有并行处理的特性。另外神经网络还具有高度容错性、自学习、自组织、可变结构等特性。神经网络可以适用于任意复杂的系统，并且擅长单输入多输出的系统还有多输入多输出的系统的多变量控制。神经网络可能是处理非线性和不确定的高度复杂系统的有效途径，近年来逐渐受到海内外学者的重视。

适用于多层网络的神经学习算法起源于 1986 年加利福尼亚 PDP 小组的著作，此后多层网络学习算法——BP 神经网络学习算法才正式诞生。BP 神经网络是传统人工神经网络中应用最为广泛的一种多层前向模型学习算法。

BP 神经网络是利用误差向后回传(Back Propagation)算法为依据的神经网络类型。这种神经网络算法的学习过程总结起来有两个步骤：一是正向传播，二是反向传播。输入信息首先从输入层进入隐含层，经过计算后再进入输出层。如果经过输出层的输出与期望输出相差较大，那么就会进入下一步——反向传播的过程，这个过程是用真实输出，即输出层输出与期望输出之间的残差按照中间层、输入层这样的规律逐层返回。在这个返回的过程里，还会逐层修改各个神经元之间的连接权值，如达不到期望输出的范围便需如此反复，最后当残差达到预先设定容许的范围内，则训练完毕。这个调整过程就是通过正向和反向传播的过程来修改、调整，并确定最佳权值系数的过程。可以通过训练神经网络使输出数据符合预期期望，即调整各神经元间的权值和节点的阈值这个方法来使输出值接近期望输出值。

BP 神经网络能够处理输入和输出数据间的映射关系，并且在这种数据处理之前不需要预先知道该映射关系之间的数学方程，也与映射数据之间是否为线性关系无关。BP 神经网络模型的主体部分基本可以概括为三层，即输入层、隐含层和输出层。图 8.1 表示了 BP 神经网络的基本结构。

其中，$\boldsymbol{x}=[x_1,x_2,\cdots,x_m,\cdots,x_M]^{\mathrm{T}}$ 为神经网络输入；$\boldsymbol{O}_i=[O_{i1},O_{i2},\cdots,O_{ip},\cdots,O_{iP}]^{\mathrm{T}}$ 为样本输出；$\boldsymbol{y}=[y_1,y_2,\cdots,y_p,\cdots,y_P]^{\mathrm{T}}$ 为神经网络输出；V_{ml} 是输入层的第 m 个神经元到隐含层第 l 个神经元之间的权重；W_{lp} 是隐含层第 l 个神经元到

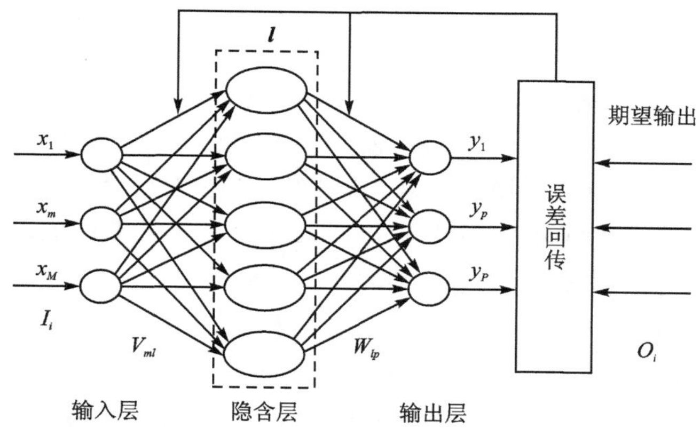

图 8.1　三层 BP 神经网络结构图

输出层第 p 个神经元的权重，隐含层神经元有 l 个。

为了了解 BP 神经网络的具体算法，还需要了解单个神经元的结构。以隐含层的第 l 个神经元举例，放大后结构如下图 8.2 所示。

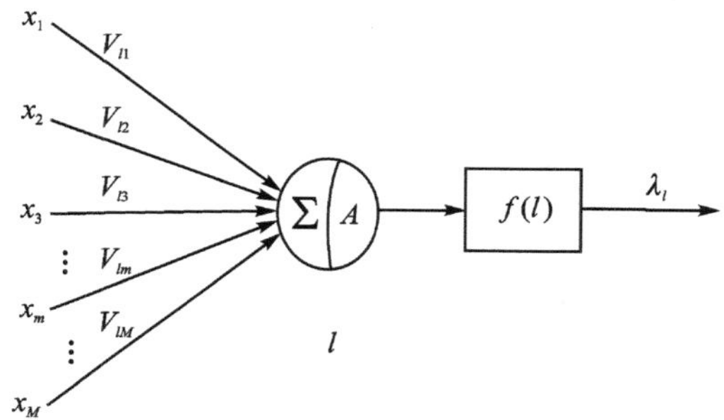

图 8.2　单个神经元结构图

其中，$\boldsymbol{x}=[x_1, x_2, \cdots, x_m, \cdots, x_M]^{\mathrm{T}}$ 为神经元输入，V_{ml} 是输入层的第 m 个神经元到隐含层第 l 个神经元之间的权重，$f(l)$为激励函数，λ_l 是隐含层神经元的输出。

此外，图 8.2 还涉及两个函数关系：

$$\sum=\sum_{m=1}^{M} v_{ml} x_m$$

$$A=\sum_{m=1}^{M} v_{ml} x_m-\rho_l$$

$$\lambda_1=f(A-\rho_l)=f(\sum_{m=1}^{M} v_{ml} x_m-\rho_l)$$

其中，ρ_l 为第 l 个神经元的阈值。

结合图 8.1 的神经网络结构图和图 8.2 的单个神经元结构图，下面进行神经网络算法步骤的介绍。

如图 8.1 所示，首先设输入层有 M 个神经元，输入向量 $\boldsymbol{I}_i$ 即第 i 个 M 维样本，激励函数为线性恒等激励函数 $f(u)=u$；隐含层有 L 个神经元，激励函数设为 f_1；输出层有 P 个神经元，输出向量为 $\boldsymbol{P}$，激励函数设为 f_2，可能与隐含层的激励函数 f_1 不同；O_i 为期望输出，为 P 维向量；V_{ml} 是输入层的第 m 个神经元到隐含层第 l 个神经元之间的权重，W_{lp} 是隐含层第 l 个神经元到输出层第 p 个神经元的权重；ρ_l 是隐含层第 l 个神经元的阈值，θ_p 是输出层第 p 个神经元的阈值；λ_l 是隐含层第 l 个神经元的输出；y_p 是输出层第 p 个神经元的实际输出。

设有训练样本集 $\{\boldsymbol{I}_i,\boldsymbol{O}_i\}_{i=1}^{Q}$，其中样本输入为 $\boldsymbol{I}_i=[I_{i1},I_{i2},\cdots,I_{im},\cdots,I_{iM}]^{\mathrm{T}}$，神经网络输入为 $\boldsymbol{x}=[x_1,x_2,\cdots,x_m,\cdots,x_M]^{\mathrm{T}}$，$m$ 为输入向量维数；样本输出 $\boldsymbol{O}_i=[O_{i1},O_{i2},\cdots,O_{ip},\cdots,O_{iP}]^{\mathrm{T}}$，神经网络输出为 $\boldsymbol{y}=[y_1,y_2,\cdots,y_p,\cdots,y_P]^{\mathrm{T}}$，$P$ 为输出向量维数。

BP 神经网络算法及步骤如下：

① 设置权值阈值 V_{ml}，W_{lp}；

② 输入训练样本 $\{\boldsymbol{I}_i,\boldsymbol{O}_i\}$；

③ 进行神经网络训练得到 y_p：

隐含层输出：

$$\lambda_l=f_1\left(\sum_{m=1}^{M}V_{ml}x_m-\rho_l\right),\qquad l=1,2,\cdots,L$$

输出层实际输出：

$$y_p=f_2\left(\sum_{l=1}^{L}W_{lp}\lambda_l-\theta_l\right),\qquad p=1,2,\cdots,P$$

④ 计算训练误差：

$$E=\frac{1}{2}\sum_{p=1}^{P}(y_p-O_{ip})^2$$

⑤ 更新权值阈值：

$$\Delta V_{ml}=\eta\cdot x_m\cdot\sum_{p=1}^{P}(O_{in}-y_p)\cdot f_2'\cdot f_1'\cdot V_{ml}$$

$$\Delta\rho_l=-\eta\cdot\sum_{p=1}^{P}(O_{ip}-y_p)\cdot f_2'\cdot f_1'\cdot V_{ml}$$

$$\Delta W_{lp}=\eta\cdot(O_{ip}-y_p)\cdot f_2'\cdot\lambda_l$$

$$\Delta\theta_p=-\eta\cdot(O_{ip}-y_p)\cdot f_2'$$

其中，输入层与隐含层间：

$$\begin{cases}V_{ml}\leftarrow V_{ml}+\Delta V_{ml}\\ \rho_l\leftarrow\rho_l+\Delta\rho_l\end{cases}$$

隐含层与输出层间：

$$\begin{cases} W_{lp} \leftarrow W_{lp} + \Delta W_{lp} \\ \theta_p \leftarrow \theta_p + \Delta\theta_p \end{cases}$$

⑥ 3 至 5 步骤循环直到：

$$E = \sum_{i=1}^{Q} E_i \leqslant \varepsilon$$

⑦ 结束训练。

BP 神经网络的计算就是以上步骤。通过步骤⑥误差回传——即循环步骤③到步骤⑤，使误差限定在可接受范围，此时得到的权值阈值就可以训练出期望的结果。

上述步骤可以用如图 8.3 所示的逻辑直观表示。

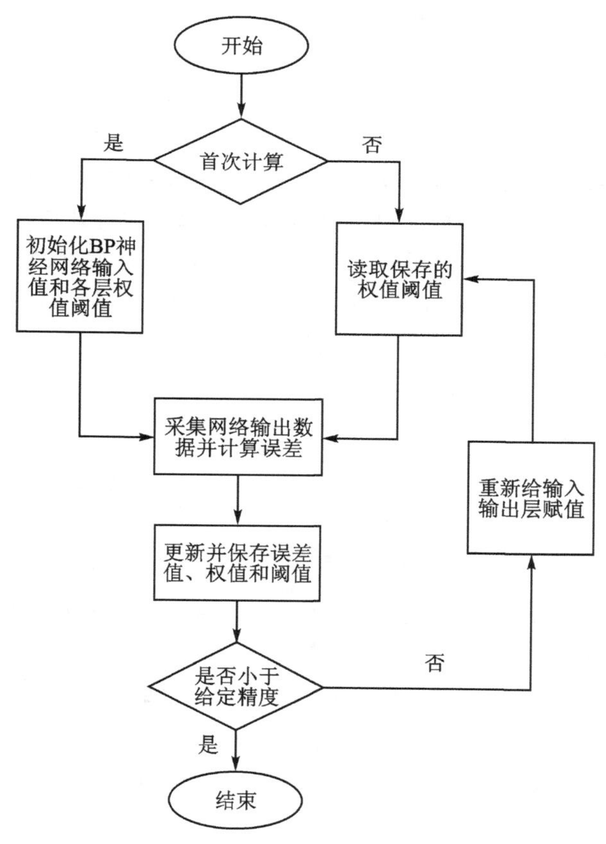

图 8.3　神经网络训练流程图

8.3.2　弹性 BP 神经网络算法

因为 BP 神经网络通常采用 Sigmod 函数作为激活函数，当各节点的净输入过大时，可能会使得网络输出进入平坦区域，如图 8.4 所示。

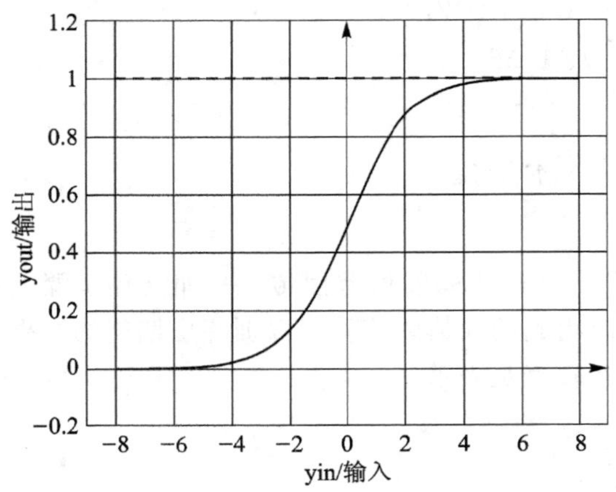

图 8.4 Sigmod 函数平坦区域示意图

平坦区域导致误差对权值的偏导大小(梯度幅值)变得很小,几乎为零,这会造成修正权值的过程停滞不前,收敛速度减慢。为了减小梯度幅值变化不大对权值和阀值修正产生的影响,可以将侧重点放到偏导数的方向上,弹性 BP 算法就是通过判断梯度正负方向的变化来对权值和阀值进行调整的。具体修正过程为:在进行网络训练时,如果出现振荡训练情况,也就是连续两次迭代训练的梯度方向相异时,将权值和阈值的变化量乘以减量因子,降低修正值;如果两次迭代训练的梯度方向相同,则将权值与阈值的变化量乘以增量因子,增大修正值。从而克服梯度幅值容易陷入局部收敛对训练结果造成的影响。

为了方便叙述,取网络中某节点的权值和阀值的训练为例,来简要概述常规 BP 神经网络和弹性 BP 神经网络的主要修正公式。由梯度下降法可得常规的 BP 神经网络权、阀值的修正公式为

$$w_{ij}(t+1)=w_{ij}(t)+\Delta w_{ij}(t)$$

$$\Delta w_{ij}(t)=-\eta_1\frac{\partial E_{nn}}{\partial w_{ij}}$$

$$b_j(t+1)=b_j(t)+\Delta b_j(t)$$

$$\Delta b_j(t)=-\eta_2\frac{\partial E_{nn}}{\partial b_j}$$

其中,w_{ij} 为网络节点的权值,b_j 为网络节点的阀值,Δw_{ij} 和 Δb_j 分别为节点权值和阀值的修正值,t 为迭代次数,η_1 和 η_2 分别为权、阀值学习速率,E_{nn} 为误差函数。

可以看出,常规的 BP 算法的权、阀值修正量主要取决于梯度幅值的变化,当进入平坦区域时,梯度幅值基本为零,权、阀值不再变化,容易陷入局部最优。基于此,弹性 BP 神经网络对其进行了修改和完善。修正公式如下:

$$x(t)=\frac{\partial E_{nn}(t)}{\partial w_{ij}}\ \frac{\partial E_{nn}(t-1)}{\partial w_{ij}}$$

$$\Delta w_{ij}(t)=\alpha^{\mathrm{sign}(x(t))}\Delta w_{ij}(t-1)=\begin{cases}\alpha^{+}\ \Delta w_{ij}(t-1) & x(t)>0\\ \alpha^{-}\ \Delta w_{ij}(t-1) & x(t)<0\\ \Delta w_{ij}(t-1) & x(t)=0\end{cases}$$

$$\Delta b_j(t)=\alpha^{\operatorname{sign}(x(t))}\Delta b_j(t-1)=\begin{cases}\alpha^{+}\ \Delta b_j(t-1) & x(t)>0\\ \alpha^{-}\ \Delta b_j(t-1) & x(t)<0\\ \Delta b_j(t-1) & x(t)=0\end{cases}$$

式中，x 为相邻两次迭代的梯度乘积，α^{+} 为增量因子，α^{-} 为减量因子。从上式可以看出，权、阀值的修正只考虑梯度的方向变化，而不考虑梯度幅值的变化，从而避免了进入平坦区域，防止到达局部收敛域，提高收敛速度，改善网络的训练能力。

8.3.3　RBF 神经网络算法

径向基函数(RBF，Radical Basis Function)是由 Powell 于 1985 年提出的一种多维空间插值的传统技术，1988 年，Broomhead 和 Lowe 根据生物神经元具有局部响应这一特点将 RBF 引入神经网络设计中，由此产生 RBF 神经网络，1989 年，Jackson 论证了 RBF 神经网络对非线性函数的一致逼近性能。

RBF 神经网络属于前向神经网络类型，是在借鉴生物局部调节和交叠接受区域知识的基础上提出的一种采用局部接受域来执行函数映射的人工神经网络。它的基本思想是：用 RBF 作为隐单元的“基”构成隐藏层空间，隐含层对输入进行变换，将低维的模式输入数据变换到高维空间内，使得在低维空间内的线性不可分的问题在高维空间线性可分。

RBF 神经网络是由一个隐含层(径向基层)和一个线性输出层组成的前向网络，径向基层的结构图如图 8.5 所示。

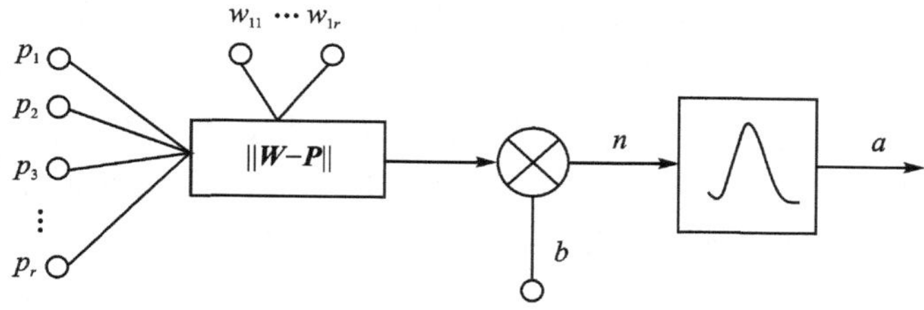

图 8.5　具有 r 个输入节点的径向基函数网络结构图

隐含层采用径向基函数作为网络的激活函数，径向基函数是一个高斯函数，它是将该层权值矢量 $\boldsymbol{W}$ 与输入矢量 $\boldsymbol{P}$ 之间的矢量距离与偏差 b 相乘后作为网络激活函数的输入。

径向基函层输入的数学表达式为

$$n=\sqrt{\sum(w_i-p_i)^2}\times b$$

径向基层输出的数学表达式为

$$a=\mathrm{e}^{-n^2}=\mathrm{e}^{-\left(\sqrt{\sum(w_i-p_i)^2}\times b\right)^2}=\mathrm{e}^{-(\|W-P\|\cdot b)^2}$$

RBF 网络结构如图 8.6 所示。

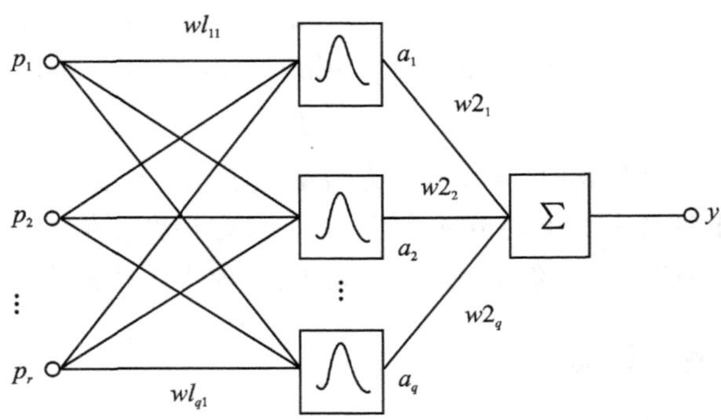

图 8.6　径向基函数网络结构图

RBF 网络和 BP 网络的结构很相似,他们都有着两层网络。RBF 网络的隐含层具有径向基函数,输出层具有线性激活函数。从功能上看,RBF 网络和 BP 网络一样可以用来进行函数逼近。但是训练 RBF 网络要比训练 BP 网络花费的时间少得多。这是 RBF 网络最突出的优点。但是 RBF 网络也有自己的缺点,也就是输入空间越大(即输入的组数以及输入的变化范围越大),所需要的 RBF 神经元数量越多。

8.3.4　最小二乘支持向量机

支持向量机(Support Vector Machine,SVM)是统计学习理论的一种方法。它由 Vapnik 首先提出的统计学习理论发展而来。统计学习理论采用结构风险最小化准则,在最小化样本点误差的同时,最小化结构风险,提高了模型的泛化能力,且解决了“维数灾难”。与 RBF 神经网络相比,SVM 是专门针对小样本问题而提出的,可以在有限样本的情况下获得最优解;SVM 的拓扑结构由支持向量决定,避免了 RBF 需要反复凑试才能确定网络结构的问题。SVM 用于回归拟合分析时基本思想是寻找一个最优分类面使得所有训练样本距离该最优分类面的误差最小,问题最终被转化为一个二次规划问题,从理论上将可以得到全局最优解,从而解决了传统神经网络无法避免的局部最优问题。设含有 l 个训练样本的训练集样本为$\{(\boldsymbol{x}_i,\boldsymbol{y}_i),i=1,2,\cdots,l\}$,其中 $\boldsymbol{x}_i(\boldsymbol{x}_i\in\mathbf{R}^d)$是第 i 个训练样本的输入列向量,$\boldsymbol{x}_i=[x_i^l,x_i^l,\cdots,x_i^d]^{\mathrm{T}}$,$\boldsymbol{y}_i\in\mathbf{R}$ 为对应输出值。

最小二乘支持向量机(LS-SVM)是在支持向量机的基础上将二次规划问题转化为对线性方程组的求解,极大地降低了计算的复杂性,提高了求解速度。对于线性不可分问题 LS-SVM 主要思想是对低维样本空间数据升维然后线性化,首先通过事先选择好的某一个非线性变换,将输入向量映射到高维特征空间中,在一个特征空间中,构造一个最优分类超平面,然后在高维空间中进行线性分类,在高维特征样本空间的分类在低维样本空间有与之相对应的分类方式。

如图 8.7 所示,支持向量机对非线性问题通过非线性变换映射到高维空间中,从

而变成高维空间的线性问题，这种映射具体实现是通过核函数 $K(x_i,x_j)\equiv\Phi(x_i)^{\mathrm{T}}\Phi(x_j)$ 实现的，其中核函数 $K(x_i,x_j)$ 必须满足 Mercer 条件，而且能够相对准确地反映训练样本数据的特征分布。

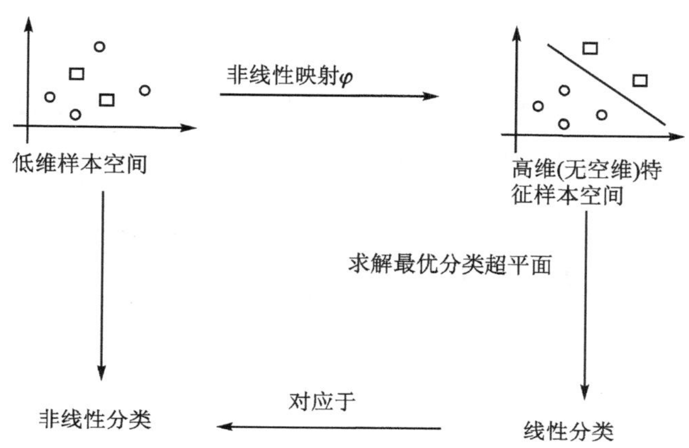

图 8.7　支持向量机空间转换示意图

设在高维特征空间中建立的线性回归函数为

$$f(x)=w\varphi(x)+b$$

对给定训练数据集，对 LS-SVM 定义如下优化问题：

$$\min_{w,e} J(w,e)=\frac{1}{2}w^{\mathrm{T}}w+\frac{\gamma}{2}\sum_{i=1}^{N}e_i^2,\qquad \gamma>0$$

满足等式约束

$$y_i(x)=w^{\mathrm{T}}\varphi(x_i)+b+e_i,\qquad i=1,2,\cdots,N.$$

其中，目标函数的第一项对应于模型的泛化能力，第二项代表了模型的精确性，惩罚数 γ 是模型泛化能力和精度之间的一个折中的可调参数，e_i 是第 i 个数据的实际输出和预测输出的误差。

构建上述优化问题的 Lagrange 函数：

$$J(w,b,e,\alpha)=J(w,e)-\sum_{i}^{N}\alpha_i\{w^{\mathrm{T}}\varphi(x_i)+b+e_i-y_i\}$$

式中，$\alpha_i\in\mathbf{R}(i=1,2,\cdots,N)$ 为 Lagrange 因子。

根据最优性条件，分别求 J 关于变量 $(w,b,e_{i,}\alpha_i)$ 的偏微分，得到

$$\begin{cases} w=\sum_{i=1}^{N}\alpha_i\varphi(x_i) \\ \sum_{i=1}^{N}\alpha_i=0 \\ \alpha_i=\gamma e_i \\ w^{\mathrm{T}}\varphi(x_i)+b+e_i-y_i=0 \end{cases}$$

其中，$i=1,2,\cdots,N$。由 $\alpha_i=\gamma e_i$ 可知，只要 e_i 不为零，Lagrange 因子就不为零，整理上式，得矩阵形式如下：

$$\begin{bmatrix} 0 & \vec{1}^{\mathrm{T}} \\ \vec{1} & \boldsymbol{\Omega}+\gamma^{-1}\boldsymbol{I} \end{bmatrix} \begin{bmatrix} b \\ \alpha \end{bmatrix} = \begin{bmatrix} 0 \\ y \end{bmatrix}$$

其中，向量 $\boldsymbol{y}=[y_1 y_2 \cdots y_N]^{\mathrm{T}}$，$\vec{1}=[1,1,\cdots,1]^{\mathrm{T}}$，$\boldsymbol{\alpha}=[\alpha_1\alpha_2\cdots\alpha_N]^{\mathrm{T}}$，$\boldsymbol{\Omega}$ 为一个 $N\times N$ 对称矩阵 $\Omega_{ij}=\varphi(x_i)^{\mathrm{T}}\varphi(x_j)=K(x_i,x_j)i,j=1,2,\cdots N$，其中 $K(.,.)$为核函数。

假定矩阵 $\boldsymbol{\Phi}=\begin{bmatrix} 0 & \vec{1}^{\mathrm{T}} \\ \vec{1} & \boldsymbol{\Omega}+\gamma^{-1}\boldsymbol{I} \end{bmatrix}$可逆，则参数$[b \quad \alpha]^{\mathrm{T}}$ 的解析解可通过下式得到

$$\begin{bmatrix} b \\ \alpha \end{bmatrix} = \boldsymbol{\Phi}^{-1} \begin{bmatrix} 0 \\ y \end{bmatrix}$$

最终得到的 LS-SVM 模型表达式为

$$y(x)=\sum_{i=1}^{N}\alpha_i K(x_i,x)+b$$

LS-SVM 通过低维的非线性样本映射到高维的特征空间，从而使样本数据线性可分，并且在支持向量机求解过程中不需要知道非线性映射的具体形式，只需要选择适当的核函数，对后者的求解即可将高维特征空间的点积再转化为低维空间的核函数进行计算，从而减少了计算量，巧妙地化解了高维特征空间中求解所带来的“维数灾难”的问题。实际应用中，最常用的核函数有线性核函数、多项式核函数、Sigmoid 核函数以及径向基(RBF)核函数等。

(1) 线性核函数

$$K(x_i,x_j)=x_i^{\mathrm{T}}x_j$$

最小二乘支持向量机(LS-SVM)使用线性核函数就是原始空间中两个特征向量直接做内积，应用于样本数量少，线性可分的情况下。

(2) 多项式核函数

$$K(x_i,x_j)=(\gamma x_i^{\mathrm{T}}x_j+r)^d, \qquad \gamma>0$$

最小二乘支持向量机(LS-SVM)使用多项式核函数，d 值随着所映射的高维特征空间的维数增大很快，从而可能导致计算量激增，可能会对计算时间和精度产生影响。

(3) Sigmoid 核函数

$$K(x_i,x_j)=\tanh(\gamma x_i^{\mathrm{T}}x_j+r)$$

由于上式中的核参数 γ,r 只对某些值满足 Mercer 条件，所以该函数的应用具有一定的局限性。

(4) 径向基核函数

$$K(x,x_i)=\exp(-\| x-x_i \|^2/\sigma^2)$$

径向基核函数为最经典的核函数。能够相对准确地反映训练样本数据的特征分布，并且满足 Mercer 条件。

最小二乘支持向量机（LS-SVM）结构如图 8.8 所示，底层为训练样本点，输出是中间节点的线性组合，而每一个中间节点对应一个支持向量。

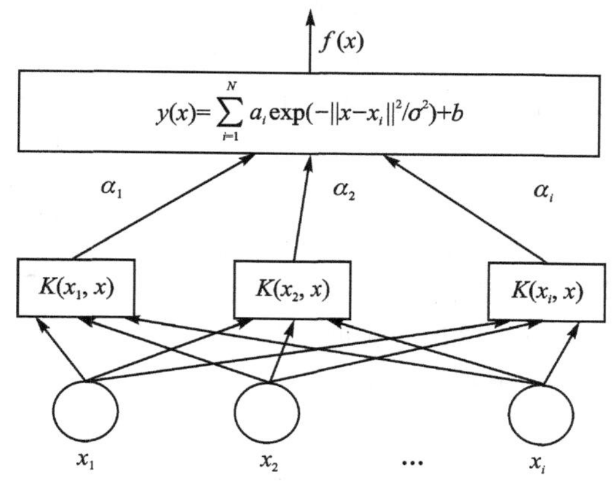

图 8.8　LS-SVM 结构图

8.3.5　遗传算法

遗传算法（Genetic Algorithm，GA）是 1975 年美国的 J. Holland 教授首次提出，作为一种随机搜索算法，它是一种建立在自然选择学说以及自然遗传机理的基础上进行迭代自适应概率性搜索的算法。

遗传算法可以模拟自然选择和遗传过程中的繁殖、变异和交换现象，根据达尔文的生物进化论中提到的适者生存、优胜劣汰的自然生存法则利用遗传算子，最终的目的是保留得到较优秀的个体。

遗传算法具有并行计算、算法简单、快速寻找全局最优解等特点，它已成功地应用于各个领域，用于各种复杂问题的优化，体现出了传统控制方法无法匹及的优越性。遗传算法还可以和其他技术混合使用来达到智能控制参数、环境或者结构的最优控制。

遗传算法较好的模拟生物生长、生殖阶段的特征，其基本原理是在生物的整个生命过程中，会经历生长、生殖和死亡的阶段。在生长阶段，生物体会接受环境的种种考验，食物、环境、天气、天敌等都可能威胁到生物体的生存，适者生存、劣者淘汰，在环境的考验中，强大的个体往往能摆脱束缚，生命得以延续，而弱的个体会被淘汰死亡，强者的基因也就能传给后代的个体。在生殖阶段，生物体交配繁衍后代，父母双方会各提供一半基因给后代，使得后代继承父母的基因，也会拥有父母的某些特征。一般情况下，新产生的个体能够更好地适应环境。在遗传算法中，一个问题的解决方案对应一个染色体，这个解决方案与生物学中的一个生物体相对应，且它对于环境的适应情况未知。遗传算法需要解决的问题则是找出环境中能够适应的个体，并找出适应度高的个体用于繁衍后代，后代的数量与上一代的种群数量相同时计算适应度函数值，若后代中有某个个体达到设定的繁殖要求时，一个问题的解决方法就此诞生，否则重复生殖的步骤，直到循环找到符合要求的个体为止。

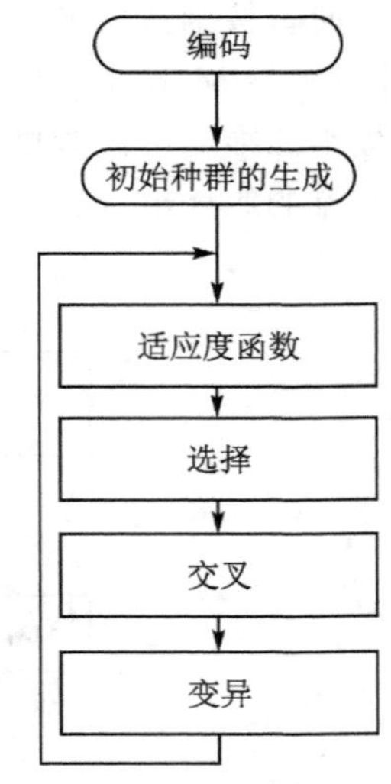

图 8.9 遗传算法基本流程图

标准的遗传算法基本的流程图如图 8.9 所示。图 8.9 仅通过一代进化就使问题优化，若群体经过多次迭代处理就可以得到近似最优解，标准的遗传算法也称为简单遗传算法(SGA)，采用轮盘赌选择方法，随机配对，采用一点交叉并生成两个子个体，群里允许有相同的个体存在。

遗传算法的基本步骤如下：

(1) 编　码

由于遗传算法不能直接处理解空间的解数据源，因此在进化之前需要将其编码成遗传空间的基因型串数据结构，这些串结构的不同组合便构成了不同的点，即从表现型到基因型的转换，一般可以采用二进制编码，二进制码长根据精度确定，例如自变量变化区间为[−10,10]，精度为 0.01，则码长为$\log_2\{[10-(-10)]/0.01+1\}\approx 11$。

(2) 初始种群的形成

由于遗传算法需要对种群进行操作，因此需要随机产生 N 个初始串数据结构，每一个串数据结构称为一个个体，这 N 个个体组成的种群作为初始数据进行进化。

(3) 适应度评估

遗传算法在进化过程中，只依靠适应度的大小来评价个体的优劣，以此来选择最优的个体，适应度函数可以有多种定义方法，根据不同的对象具体确定，主要方法有两种：基于比例的适应度函数计算和按照排序的适应度函数计算，适应度函数计算之后是真实的选择，可以挑选以下算法：轮盘赌选择方法和锦标赛选择等。个体适应度越高，被选择的概率就越大。

其中轮盘赌选择的机制为首先计算群体中所有个体适应度总和 $\sum f$，再计算每个个体适应度所占的比例 $f_i/\sum f$，以此作为相应的选择概率。

(4) 选　择

选择和复制的目的是为了从当前种群中选出优良的个体，使得其优良基因得以遗传，是达尔文进化论的关键环节，适应度是判断个体是否优良的唯一准则。

(5) 交　叉

交叉是父代种群信息交换产生新的个体，个体编码不同，交叉方法也不同，其中实值重组包括离散重组、中间重组、线性重组和扩展线性重组，二进制交叉包括单点交叉、多点交叉、均匀交叉、洗牌交叉和缩小代理交叉。

最简单的是单点交叉，首先对配对库中的个体进行随机配对，然后对个体中随机设定交叉点，配对个体彼此交换信息，得到两个新个体。

对于单点交叉，可用以下实例表示：

1 0 1 1　　　　0 0 1 1

0 1 0 1　　　　1 1 0 1

若从第五位开始交叉，则交叉后为

1 0 1 1　　　　1 1 0 1

0 1 0 1　　　　0 0 1 1

(6) 变　异

变异是在种群中随机选择一个个体，把某一位的内容进行变异，对于二进制编码，就是把某一位取反，生物界变异的概率是极低的，所以遗传算法中变异率也较小，算法包括实值变异和二进制变异。

8.3.6　粒子群算法

粒子群优化算法(Particle Swarm optimization，PSO)是一种简单有效的群体智能优化算法。粒子群优化算法是在 1995 年由 Eberhart 博士和 Kennedy 博士提出，作为一种基于群体协作的随机搜索算法，其基本原理是模拟鸟群觅食行为的模型而发展起来的。

鸟群的觅食行为可简述如下：鸟群在一块区域内随机搜索食物源，且食物源的个数只有一个。一开始所有的鸟均不知道食物源位置，但是，鸟群知道食物源离自己的距离。为了达到尽快找到食物源的目的，鸟群会选择一个简单的搜索策略：在离食物源距离最近的鸟的邻域内搜索食物源。那么，在 PSO 模型中，每一个优化问题的解与鸟群当中的一只鸟(也就是“粒子”)相对应。由优化问题的目标函数决定粒子对应的适应值(fitness value)。粒子的飞翔方向和飞翔距离由速度决定，通过追寻当前的最优粒子(即离食物源最近的粒子)在解空间中搜索食物源。

粒子群优化算法同其他群体智能算法一样采用“群体”和“进化”的概念，每个粒子都代表了问题的一个潜在解，每个粒子(又称个体)对应适应度值，适应度值是由专门针对优化问题设计的适应度函数确定。粒子具有位置、速度等特征，其中粒子的速度决定了粒子移动的方向和距离，速度随自身及其他粒子的移动经验来进行位置和速度的动态调整，从而实现个体在解空间寻找到最优值。粒子群算法有着算法简单、

收敛速度快、通用性强等诸多优点。

粒子群算法基本原理是首先在可解空间初始化一群粒子(个体),每个粒子都代表极值优化问题的一个潜在的最优解,用位置、速度和适应度三项指标表示该粒子的特征,根据粒子(即个体)的适应度值大小作为评价标准,通过个体间的协作与竞争,实现复杂空间中最优解的搜索。粒子在解空间中运动,通过跟踪个体极值 P_{best} 和群体极值 G_{best} 来更新个体位置,个体位置 P_{best} 是指个体所经历位置中计算得到的适应度值的最优位置,群体极值 G_{best} 是指种群中所有的粒子搜索到的适应度最优位置。粒子每次更新位置后都会计算此位置的适应度值,并且通过比较新粒子的适应度值、个体极值和群体极值的适应度值分别更新个体极值 P_{best}、群体极值 G_{best} 的位置。

PSO 算法的数学描述为:

假设在一个 D 维的搜索空间中,由 n 个粒子组成的种群 $X=(X_1, X_2, \cdots, X_n)$,其中第 i 个粒子表示为一个 D 维的向量 $\boldsymbol{X}_i=(x_{i1}, x_{i2}, x_{i3}, \cdots, x_{il})^{\mathrm{T}}$,代表第 i 个粒子在 D 维搜索空间中的位置,也代表原问题的一个潜在最优解,根据目标函数可计算出每个粒子位置 $\boldsymbol{X}_i$ 所对应的适应度值。第 i 个粒子的速度可表示为 $\boldsymbol{V}_i=(V_{i1}, V_{i2}, \cdots, V_{iD})^{\mathrm{T}}$,其个体极值即第 i 个粒子在 D 维空间中所经历的最好位置,具有最好适应度的位置为 $P_i=(P_{i1}, P_{i2}, \cdots, P_{iD})$,种群的全局极值即整个群体中所有粒子所经历的最好位置可表示为 $\boldsymbol{P}_{\mathrm{g}}=(P_{\mathrm{g}1}, P_{\mathrm{g}2}, \cdots, P_{\mathrm{g}D})^{\mathrm{T}}$。

设 $f(X)$ 为最小化目标函数,对于最小化问题,目标函数数值越小则其对应的适应度越好,第 i 粒子的当前最好位置可以表示为

$$P_t(t+1)=\begin{cases} P_i(t), & f(X_i(t+1)) \geqslant f(P_i(t) \\ X_i(t+1), & f(X_i(t+1)) < f(P_i(t)) \end{cases}$$

种群中所有粒子所经历的最好位置 $P_{\mathrm{g}}(t)$,即全局最好位置为

$$\begin{aligned} P_{\mathrm{g}}(t) &\in \{p_0(t), p_1(t), \cdots, p_m(t) f(P_{\mathrm{g}}(t))\} \\ &= \min\{f(P_0(t)), f(P_1(t)), \cdots, f(P_m(t))\} \end{aligned}$$

在算法中引入惯性权重因子 w 使得粒子在进化过程中保持运动的惯性,从而有能力扩展新的搜索区域,在每一次迭代过程中,粒子通过个体极值和全局最优极值更新自身的速度和极值,引入惯性权重因子 w 的 PSO 算法进化方程可以表示如下:

$$V_{id}(t+1)=wV_{id}(t)+c_1 r_1(P_{id}(t)-X_{id}(t))+c_2 r_2(P_{gd}(t)-X_{id}(t))$$

$$X_{id}(t+1)=X_{id}(t)+V_{id}(t+1)$$

式中,w 为惯性权重;$V_{id}(t)$ 为第 i 个粒子第 t 次迭代第 d 维速度;t 为当前迭代次数;$X_{id}(t)$ 为第 i 个粒子第 t 次迭代第 d 维位置;$P_{id}(t)$ 为第 t 次迭代第 i 个粒子的个体极值;$P_{gd}(t)$ 为第 t 次迭代整个种群粒子的全局极值;c_1,c_2 为非负的常数,一般

称为加速因子，它的大小直接影响粒子的速度；r_1，r_2 为分布于[0,1]之间的随机数，$c_1 r_1$，$c_2 r_2$ 可作为随机变量因子，可实现对接区域的指定概率的随机搜索。为防止粒子的盲目搜索，一般建议将其位置和速度限制在一定的区间$[-X_{max}, X_{max}]$，$[-V_{max}, V_{max}]$。

粒子群优化算法中惯性权重 w 体现了粒子当前的速度在多大程度上继承了先前的速度，Shi. Y 最先将惯性权重 w 引入了粒子群算法中来，并分析指出一个较大的惯性权值有利于进行全局搜索，而一个较小的权值则更利于局部搜索。

当 $w=0$ 时，粒子将会停止进化，这样对于位于全局最优的粒子将保持静止，但是其他的粒子会搜索到当前全局最优的位置，具有很强的全局搜索能；当 $w=1$ 时，粒子进化过程中保留了初始速度并加速，PSO 具有很强的全局搜索能力，但是粒子容易飞过最好解；当 $w>1$ 时，粒子全局搜索能力得到进一步加强，但是很难得到全局最优值，容易陷入局部极值。

为了更好地平衡算法的全局搜索能力与局部搜索能力，可以采用线性递减惯性权重，其表达如下：

$$w(t)=w_{start}-(w_{start}-w_{end})(T_{max}-t)/T_{max}$$

式中，w_{start} 为初始惯性权重；w_{end} 为迭代至最大次数时的惯性权重；t 为当前迭代的代数；T_{max} 为迭代的最大迭代数。一般来说，惯性权重取值为 $w_{start}=0.9$，$w_{end}=0.4$ 时算法性能最好，当惯性权重的初始值和收尾值分别为 0.9，0.4 时，随着迭代的一步步进行，惯性权重由 0.9 沿线性递减至 0.4，迭代初期较大的惯性权重使算法具有较强的全局搜索能力，而到了迭代后期较小的惯性权重更有利于粒子群算法进行更精确的局部搜索。

8.3.7 速度变异粒子群算法

粒子群优化算法具有算法简单、收敛快，通用性强等诸多优点，但是同时也存在着容易早熟收敛、搜索精度低、后期迭代效率不高等缺点。借鉴遗传算法中变异的思想，在粒子群算法中引入变异操作，即对某些变量以一定的概率重新初始优化，变异操作拓展了在迭代中不断缩小的种群搜索空间，使得粒子能够跳出先前搜索得到的最优位置，在更大空间中开展搜索的同时保持了种群的多样性，提高了粒子群算法寻找更优解的可能性。

基于以上思想产生了速度变异粒子群算法（V-PSO），即将变异对象设定为粒子搜索速度，当粒子的速度小于预定阀值时，给粒子一个较大的冲量，重新随机分配粒子在搜索空间的位置，用以调整粒子的搜索能力，使粒子有更大概率跳出局部极小点，使其能够在大空间内进行广泛搜索，使得粒子后期的局部区域搜索中更加细致。

速度变异粒子群算法(V-PSO)具体操作为：首先设置一个进行变异的临界速度，在每一次迭代过程中，当粒子搜索速度的绝对值$|V_{id}|$小于设定的临界速度，就重新初始化速度，即在均匀分布区间$[-V_{max}, V_{max}]$上产生一个随机值作为重新初始化的速度，再通过位置迭代方式，将原本聚集的粒子群体均匀地重新分布到整个搜索空间，达到变异的目的。公式描述如下：

$$V_{id}^{*}=(1+\eta)rV_{max}, \quad |V_{id}|<V_{max} \tag{8.1}$$

其中，V_{id}^{*}是粒子重新初始化后的速度；V_{max}是临界速度；r是均匀分布在区间(0,1)之间的随机变量；η为变异系数。它表示对速度进行变异的加速度，合适的变异系数η在V-PSO算法中极其重要，因为η如果太小则起不到变异的效果，从而无法提高后期迭代效率；η太大虽然搜索速度提高但有可能跳过最优位置，最终影响算法的收敛性。

可以首先设置粒子的临界速度V_{max}，由于每次迭代过程中，粒子速度小于等于$|V_{max}|$，η取值如下：

$$\eta=\begin{cases}0.5, & 0<r\leqslant 0.5\\ -0.5, & 0.5<r\leqslant 1\end{cases}$$

当粒子个体速度超过临界值发生变异时，个体极值被设置为种群极值即$P_{id}=X_{id}^{*}$，此时粒子跳出局部最小点，重新分配其在搜索空间的位置，可以使种群保持多样化从而提高收敛速度。

基于速度变异粒子群算法(V-PSO)的寻优算法步骤如下：

① 初始化粒子群，即初始化设定种群个数、迭代次数以及粒子的初始位置和初始速度，惯性权重w，变异系数η等。

② 计算每个粒子当前的适应度值。

③ 对每个粒子，比较其适应度值和它所经历过的最好位置的适应度值的大小，若此刻更好则更新当前的最好位置P_{best}。

④ 对每个粒子，比较其适应度值和群体经历的最好位置的适应度值，若此刻更好则更新全局极值位置G_{best}。

⑤ 对所有粒子进行速度和位置的更新，判断每个粒子是否满足变异条件，如果满足则对粒子的位置和速度进行变异处理，并产生新一代种群并返回②。

⑥ 如果达到结束条件(足够好的位置或最大的迭代次数)，则结束迭代。否则返回步骤②进行下一轮迭代。

⑦ 输出最后一次迭代值为全局最优值G_{best}，算法结束。

图8.10所示为V-PSO算法的流程图，其中粒子和速度初始化对初始粒子位置和粒子速度赋予随机值，根据适应度函数计算粒子适应度值，根据初始粒子适应度值确定个体极值和群体极值。根据式(8.1)更新粒子速度和位置；根据新种群中粒子适

应度值来更新个体极值和群体极值。

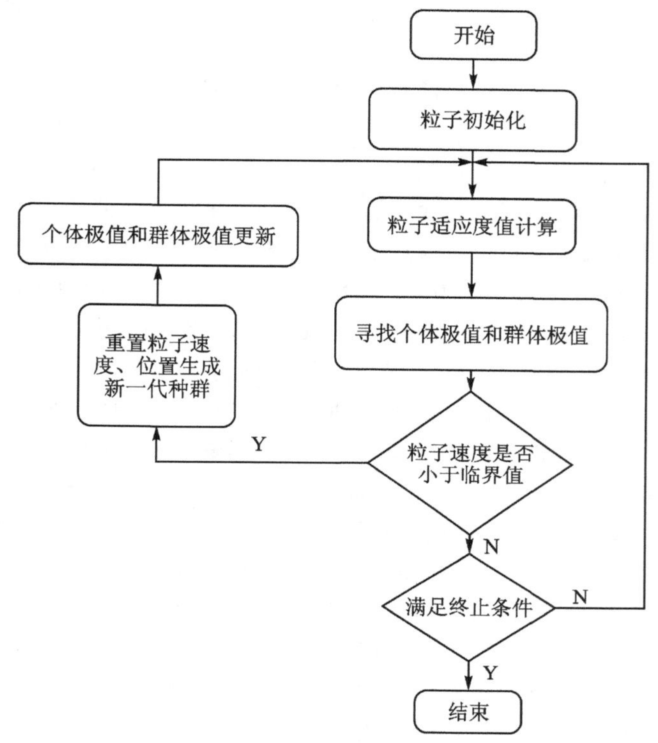

图 8.10　V-PSO 算法流程图

8.3.8　人工蜂群算法

人工蜂群算法(Artificial Bee Colony algorithm),简称 ABC 算法。2005 年,人工算法的基本模型被土耳其学者 Karaboga D 系统地提出。由于 ABC 算法相比其他传统的优化算法起步较晚,ABC 算法在研究应用方面尚未成熟,仍然处于初级阶段。尽管如此,ABC 算法仍然受到越来越多人的追捧,ABC 算法拥有众多的优点,比如:比较少的控制参数、实现较容易、简洁的计算、鲁棒性好。如今,ABC 算法已经成为人工智能领域的热点。

与粒子群优化算法等一样,作为一种基于群体协作的随机搜索算法,人工蜂群算法通过模拟蜂群的采蜜机理,实现对优化问题的求解。在人工蜂群算法中,待优化问题的解对应于一个食物源,食物源质量越好,解的质量也就越高,通过人工蜂群去搜索更优的解,来优化待求解的问题。

通过研究蜂群的采蜜行为可以发现,虽然单个蜜蜂表现的行为很简单,但是整个蜂群却表现出复杂高效的智能行为,蜂群的采蜜机理是一种典型的群集智能。蜜蜂

在采蜜过程中有着很高的效率，表现出不错的智能行为。在采蜜过程中，蜂群中的侦查蜂负责探索蜜源，找到蜜源后，侦查蜂飞回等待区域，通过自己的舞蹈动作来与等待区的观察蜂分享信息，其动作的幅度即反映了蜜源的质量，通过其舞蹈，可以引导观察蜂选择蜜源。质量高的蜜源能吸引更多的观察蜂前往采蜜，这样能大幅提高蜂群的采蜜效率。

现实中的蜂群能够适应环境的改变，高效地从花丛中选择蜜源并采集花蜜。蜂群的搜索模型由三个要素组成：食物源（food source）、被雇佣蜂（employed bees）以及未被雇佣蜂（unemployed bees），其中，未被雇佣蜂又分为观察蜂（onlookers ）和侦察蜂（scouts）。在蜂群算法模型中，食物源即蜜源，食物源的价值由离蜂巢的远近程度、蜜源的密度（丰富程度）以及获取到的难易程度等来衡量。使用收益率（profitability）来总的表示食物源的价值。被雇佣蜂也称为引领蜂，一个被雇佣蜂与一个食物源相对应。观察蜂在舞蹈区等待被雇佣蜂的反馈来决定是否选择某个食物源，侦查蜂是在算法初始阶段进行随机搜索，或者被雇佣蜂放弃食物源后转变成再随机搜索。在人工蜂群算法中，蜂群一半由被雇佣蜂组成另一半由观察蜂组成。每一个食物源只对应一只被雇佣蜂。当被雇佣蜂放弃之前自己对应的食物源时，被雇佣蜂就成了侦察蜂。在初始化阶段，蜜蜂和花蜜数量随机决定一组食物源的位置。这些蜜蜂进入蜂巢，跟在蜂巢内舞蹈区等待的观察蜂分享蜜源信息。共享信息后，每个被雇佣蜂凭借自身记忆去前一个周期中自己找到的蜜源区域，然后通过当前蜜源临近区域的视觉信息选择一个新的食物源。之后，观察蜂通过舞蹈区的被雇佣蜂分享的蜜源信息来选择一个蜜源。蜜源的收益度越高，被观察蜂选择的概率也越大。当到达选定的区域后，被雇佣蜂凭视觉信息的记忆找到蜜源位置，并在它的临近区域内随机选择新的蜜源。视觉信息根据食物源位置的比较决定。当一个食物源被侦察蜂放弃后，新的食物源被随机选择以代替放弃的食物源。这个模型中，在每个周期侦察蜂出去寻找新的食物源，并且被雇佣蜂和观察蜂的数量是相等的。

在 ABC 算法模型中，函数优化问题与蜜蜂采蜜过程对应的关系如表 8.1 所列。

表 8.1　函数优化与蜜蜂采蜜的对应关系

函数优化问题	蜜蜂采蜜过程
可行解	蜜源位置
可行解对应的函数值	蜜源的收益度
函数求解速度	蜜源的寻找速度
最小函数值	最大收益度

1. ABC 算法中的几个关键参数

在人工蜂群算法中，需要设定的几个关键参数如下：

$Colonysize$：种群大小（＝被雇佣蜂数量＋观察蜂数量）；

$MaxCycles$：最大循环迭代次数；

Dim：目标函数参数的个数(即多维函数的维数)；

$Limit$：被雇佣蜂在循环中对应的解向量未更新优化的最大次数，超过 $Limit$ 则放弃食物源(解向量)；

$lower$：目标函数参数的下限值；

$upper$：目标函数参数的上限值；

$RunTime$：人工蜂群算法对某个测试函数运行的次数。

2. ABC 算法中各阶段需要实现的具体内容

(1) 算法初始阶段

利用侦察蜂初始化所有解向量(代表食物源的位置)$\overrightarrow{X_m}$($m=1,2,3,\cdots Colonysize/2$)，$Colonysize/2$ 即解向量的数量(也就是被雇佣蜂或食物源的数量)，每一个 $\overrightarrow{X_m}$ 都是有 Dim 维的解向量，即 $\overrightarrow{X_m}=(X_{m1},X_{m2},\cdots,X_{mDim})$，ABC 算法的目的是优化 $\overrightarrow{X_m}$ 使得目标函数最小化。

初始化时，侦察蜂利用公式(8.1)进行随机搜索初始化解向量：

$$\boldsymbol{X}_{mi}=lower+rand(0,1)\times(upper-lower) \tag{8.2}$$

其中，rand(0,1)是位于 0—1 之间的随机数，$lower$ 和 $upper$ 分别是 X_{mi} 取值的下限和上限，可自行设定。

对每一个 $\overrightarrow{X_m}$，计算目标函数值，并且调用适应度函数式(8.3)，计算适应度函数值：

$$fit(\overrightarrow{X_m})=\begin{cases}\dfrac{1}{1+f(\overrightarrow{X_m})}, & f(\overrightarrow{X_m})\geqslant 0\\ 1+abs(f(\overrightarrow{X_m})), & f(\overrightarrow{X_m})<0\end{cases} \tag{8.3}$$

用初始化阶段得到的最小函数值和最优解向量来初始化全局最小值 $GlobalMin$ 和全局最优解向量 $GlobalParam$。

(2) 雇佣蜂阶段

雇佣蜂凭借记忆确定之前找到的食物源位置，然后进行邻居搜索，找到食物源临近的食物源，两者比较，采用贪婪准则选择更优的食物源(解向量)。其中，邻居食物源的确定采用公式(8.4)的方法：

$$V_{mj}=X_{mj}+\phi_{mj}(X_{mj}-X_{kj}) \tag{8.4}$$

其中，k 为随机数，取值范围是[1,$Colonysize/2$]，且 $k\neq m$，ϕ_{mj} 是[$-a$,a]之间的随机数，本文中 a 取值为 1，j 也为随机数，取值范围是[1,Dim]。ABC 算法中，对每次邻域搜索，$\overrightarrow{X_m}=(X_{m1},X_{m2},\cdots,X_{mDim})$只改变一个维度的值，即 X_{mj}，j 随机确定。改变 X_{mj} 为 V_{mj}，若 V_{mj} 超过极限值 $upper$ 或 $lower$，则用临近的极限值来代替，计算目标函数的值，并且调用适应值函数式(8.3)，计算适应度函数值并比较，采用贪婪选择(Greedy Selection),选择更优的食物源(解向量)。如果通过邻域搜索未能提高食物源(解向量)的质量,则循环的未更新计数 Bas 加 1。

(3) 观察蜂阶段

被雇佣蜂选择蜜源后,向在蜂巢中等待区的观察蜂分享自己找到的食物源信息。实际蜂群中,被雇佣蜂通过舞蹈的幅度反映自己找到的蜜源的质量,对应于 ABC 算法中,用概率 P_m 来反映相应的解向量的质量。概率函数 P_m 如公式(8.5)表示:

$$P_m = \frac{fit(\overrightarrow{X_m})}{\sum_{m=1}^{Colonysize/2} fit(\overrightarrow{X_m})} \tag{8.5}$$

观察蜂根据被雇佣蜂反映的信息进行随机选择,当然,概率大的被雇佣蜂的蜜源更容易吸引观察蜂,当每个观察蜂都选择到蜜源后,均利用公式(8.4)进行邻域搜索,若搜索后解向量的取值超过极限值 $upper$ 或 $lower$,则用临近的极限值来代替,计算目标函数的值,并且调用适应值函数式(8.3),计算适应度函数值并比较,采用贪婪选择(Greedy Selection),选择更优的食物源(解向量)。如果通过邻域搜索未能提高食物源(解向量)的质量,则循环的未更新计数 Bas 加 1。

观察蜂最终选择结束后,比较确定目前为止的局部最小函数值 $CycleMin$ 和局部最优解向量 $CycleBestParam$,将此次的局部最优解与上一次循环的全局最优解相比较,如果此次循环的局部最小函数值小于上次循环的全局最小函数值,则此次循环的全局最优解用局部最优解代替:

$$GlobalMin = CycleMin;$$
$$GlobalParam = CycleBestParam;$$

(4) 侦查蜂阶段

如果循环中,某个雇佣蜂的未更新计数值 Bas 大于设定的未更新计数极限值 $Limit$,则该雇佣蜂放弃食物源,变成侦察蜂,利用公式(8.2)重新初始化解向量,并计数目标函数值和适应度。

3. ABC 算法步骤

综上所述,人工蜂群算法的实现步骤为:

步骤 1:设置 $Colonysize$,$MaxCycles$,Dim,$Limit$ 等控制参数;

步骤 2:算法初始化,利用公式(8.2)初始化所有解向量(个数为 $Colonysize/2$);

步骤 3:计算所有解向量对应的目标函数值,并用公式(8.2)计算适应度函数值;

步骤 4:用初始化阶段得到的最小函数值和最优解向量来初始化全局最小值 $GlobalMin$ 和全局最优解向量 $GlobalParam$;

步骤 5:置被雇佣蜂未更新解向量的次数 Bas 的初始值为 0;

步骤 6:置外循环初始值 $Cycle=1$;

步骤 7:被雇佣蜂采用公式(8.4)进行邻域搜索产生新的解,计算目标函数值和

适应度，采用贪婪准则选择更优的食物源（解向量），即若新解的适应度大于原来解的适应度，则用新解代替原来的解向量；

步骤8：如果通过邻域搜索未能提高食物源（解向量）的质量，则循环的未更新计数 Bas 加1；

步骤9：被雇佣蜂邻域搜索并选择结束后，利用公式(8.5)计算每个食物源（解向量）对应的被选择的概率 P_m；

步骤10：观察蜂通过被雇佣蜂分享的信息进行随机选择，概率 P_m 大的食物源更容易被观察蜂选择；

步骤11：观察蜂重复步骤7和步骤8中内容；

步骤12：确定目前为止局部最小函数值 $CycleMin$ 和局部最优解向量 $CycleBestParam$，并与上一次循环的全局最优解相比较，若局部最小函数值小于上次循环的全局最小函数值，则此次循环的全局最优解用局部最优解代替；

步骤13：如果某个被雇佣蜂的未更新计数值 $Bas>Limit$，则该雇佣蜂放弃食物源，变成侦察蜂，利用公式(8.2)重新初始化解向量，并计算目标函数值和适应度；

步骤14：$cycle=cycle+1$；

步骤15：若 $cycle<MaxCycles$，则转到步骤7。

4. ABC算法与PSO算法的比较

在求解多维函数极值的问题上，把人工蜂群算法与粒子群算法进行性能上的比较。

将人工蜂群算法和粒子群优化算法用四个标准测试函数sphere函数、rosenbrock函数、rastrigin函数以及griewank函数来进行测试。

sphere函数 $f_1=\sum_{i=1}^{n}x_i^2$ 是一个相对简单的单峰值函数，在 $X_1=X_2=\cdots=X_n=0$ 时，sphere函数取最小值0；

rosenbrock函数 $f_2=\sum_{i=1}^{n}[100(x_{i+1}-x_i^2)^2+(x_i-1)^2]$ 是一个非凸单峰值函数，在 $X_1=X_2=\cdots=X_n=1$ 时，rosenbrock函数取最小值0；

rastrigin函数 $f_3=10n+\sum_{i=1}^{n}[x_i^2-10\cos(2\pi x_i)]$ 是一个多峰值的函数，在 $X_1=X_2=\cdots=X_n=0$ 时，rastrigin函数取全局最小值0，在 $X_i\in[-5.12,5.12]$（其中 $i=1,2,\cdots n$）时，*rastrigin* 函数大概有 $10n$ 个局部最小值点；

griewank函数 $f_4=(1/4000)\sum_{i=1}^{n}x_i^2-\prod_{i=1}^{n}\cos(x_i/\sqrt{i})+1$ 也是一个多峰值的函数，$X_1=X_2=\cdots=X_n=0$ 时，griewank函数取全局最小值0，在 $X_i\in[-10,10]$（其中 $i=1,2,\cdots n$）时，griewank函数在取值空间上有多个局部最小值点。

四个标准测试函数的二维函数图像如图 8.11～图 8.14 所示。

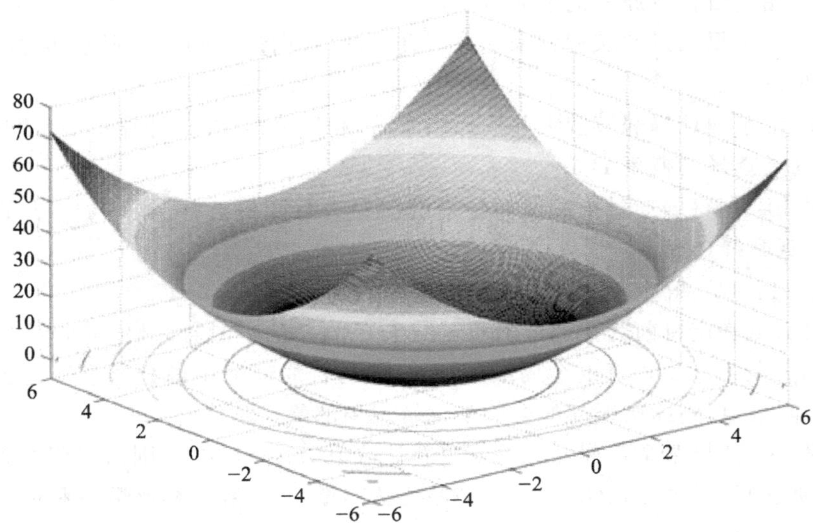

图 8.11　二维 sphere 函数图

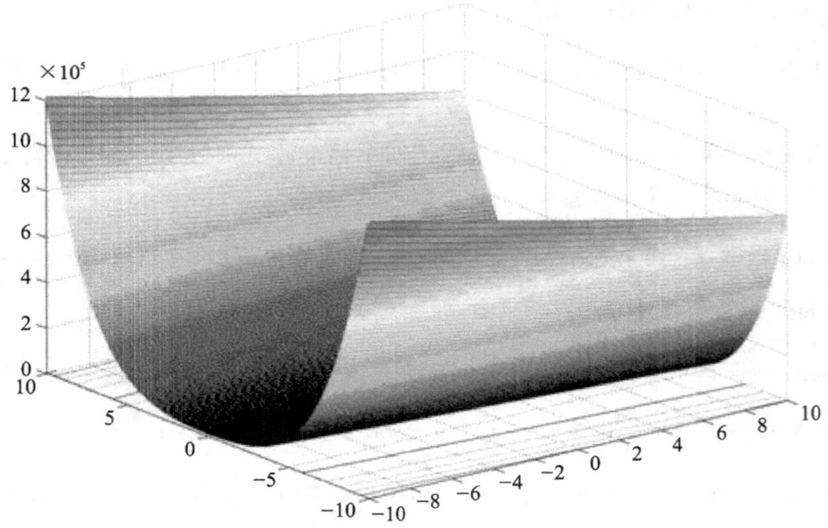

图 8.12　二维 rosenbrock 函数图

实际仿真对比过程中采用文献[61]中的数据，两种算法均采用运行 20 次后取平均值的方法，在对比过程中，两种算法用的测试函数描述如表 8.2 所列。

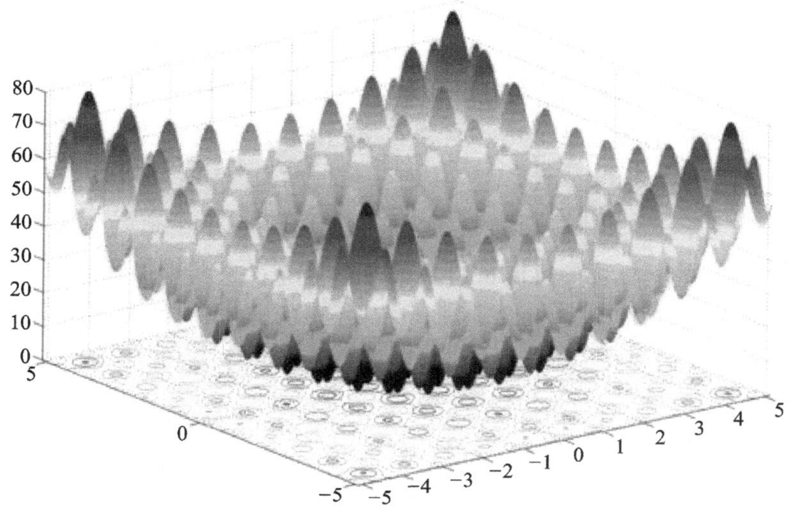

图 8.13 二维 rastrigin 函数图

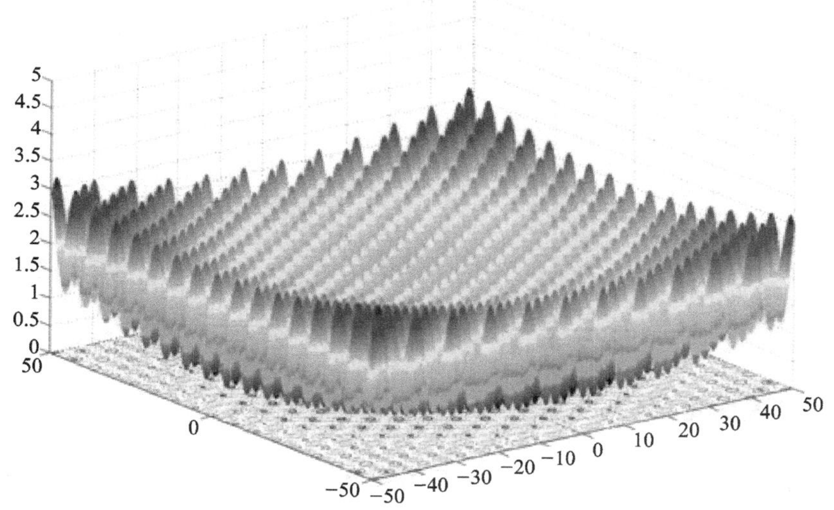

图 8.14 二维 griewank 函数图

表 8.2 四种标准测试函数描述

函数	维数	寻优空间	种群数量	最小值	精度要求
sphere	30	[−100,100]	60	0	0.01
rosenbrock	30	[−30,30]	60	0	100.00
rastrigin	30	[−5.12,5.12]	60	0	100.00
griewank	30	[−600,600]	60	0	1.10

由表 8.2 可知，人工蜂群算法（ABC）对 sphere 函数、rastrigin 函数、griewank 函数的收敛结果较为理想，收敛速度比粒子群优化算法（PSO）快，但是对于 rosenbrock 函数，人工蜂群算法的收敛速度则相对慢得多，在第 3 章中已经分析过，rosenbrock 函数在全局最小值点（即$X_1=X_2=\cdots=X_n=1$）周围，有很多个难以被人工蜂群算法逾越的浅谷，因此，当循环中被雇佣蜂到达极值点周围时，收敛速度变得非常的慢，甚至一直不变，难以找到更优的解向量。人工蜂群算法在局部极值点少的情况下具备较为优良的搜索能力，但是对于像 rosenbrock 函数这样收敛情况复杂的函数，人工蜂群算法容易陷入局部极值而无法逾越，要用人工蜂群算法求解的话，则需要进行算法内部的改进。

两种算法的运行结果如表 8.3 所列。

表 8.3　ABC 和 PSO 的性能对比

函数	算法	平均循环次数
sphere	ABC	74
	PSO	314
rosenbrock	ABC	2 005
	PSO	611
rastrigin	ABC	500
	PSO	166
griewank	ABC	148
	PSO	287

8.3.9　灰狼优化算法

对于非线性系统的神经网络训练，初始权、阈值对于学习最终是否能够收敛达到最优以及训练时间的长短至关重要。研究中发现，对初始权、阈值做出微小的变化，也会带来误差急剧变化，一般表现为误差下降过程中出现抖动，甚至出现不收敛的情况。传统的 BP 神经网络初始化方法主要有两种：一种是直接在[－1,1]取随机数作为初始值，一种是采用 Nguyen and Widrow 方法初始化权阈值。两种方法都没有很好的保证所得到的初始值具有优秀的性能。为了弥补传统初始化的随机性和不足，可以根据先进的群智能优化算法来确定神经网络的初始值。

现有的群智能算法如遗传算法（Genetic Algorithm，GA）、人工蜂群算法（Artificial Bee Colony Algorithm，ABC）、粒子群算法（Particle Swarm Optimization，PSO）

等已经成功运用在很多优化问题中，并取得了较传统非线性规划方法更为优秀的结果，但仍然都存在进化后期收敛速度较慢、对复杂问题计算精度不高、易于陷入局部最优等问题。

灰狼优化算法（GWO）是 S. Mirjalili 等于 2014 年提出来的一种基于种群个体相互协调工作的新型群智能优化算法。相较于其他智能算法，GWO 在解决函数优化问题中具有更快的收敛速度和更好的寻优能力，因此被逐渐的应用于各种优化问题当中。

GWO 算法是根据自然界中灰狼种群不同阶级层次的划分和搜捕猎物的具体机制提出来的，根据阶级层次的划分，一般有四个阶层，分别为：alpha(α)狼、beta(α)狼、delta(δ)狼、omega(ω)狼。α 狼称为统治阶层，剩余的灰狼都必须听从其指挥，此阶层的灰狼一般负责制定捕食、前进、休息以及停止等整体决策；β 狼的职责通常是协助 α 狼制定各种整体决策，并且参加种群其他集体活动和搜捕任务；δ 等级的灰狼主要是执行 α 狼和 β 狼给的指令，同时命令 ω 级别的灰狼进行一系列的种群活动；ω 等级的灰狼主要是听从其他三个高级别灰狼的指挥。灰狼搜捕猎物的具体过程可以分为三步：搜寻猎物、对猎物进行包围和捕食猎物。

设灰狼种群中的个体数目为 num，搜索区间为 d 维空间，其中第 i 只灰狼个体在 d 维搜索空间中的具体位置可以表示成 $\boldsymbol{X}_i=[x_i^1,x_i^2,\cdots,x_i^d]$，种群中当前时刻的最优个体记为 α，位置记为 $\boldsymbol{X}_\alpha$，将次优和第三优的个体分别定级为 β 和 δ，相应的位置分别记为 $\boldsymbol{X}_\beta$、$\boldsymbol{X}_\delta$，一般令优化问题的全局最优解为猎物的位置。灰狼种群搜捕猎物的行为可以用以下两个公式表示：

$$D=|C\boldsymbol{X}_{\mathrm{P}}(t)-\boldsymbol{X}_i(t)|$$

$$\boldsymbol{X}_i(t+1)=\boldsymbol{X}_{\mathrm{P}}(t)-A\cdot D$$

式中，t 是迭代次数，$\boldsymbol{X}_{\mathrm{P}}(t)$ 为第 t 代时猎物的位置，D 为距离参数，C 为收敛参数，A 为摆动参数，当 $|A|>1$，种群搜索范围扩大进行全区间搜捕，当 $|A|<1$，搜索范围收缩，进入局部精确搜捕。计算公式为

$$C=2r_1 \tag{8.6}$$

$$A=2ar_2-a \tag{8.7}$$

其中，r_1，r_2 为[0,1]之间的随机值。a 为距离控制参数，随着优化迭代次数 t 的增长从 2 线性递减为 0，计算公式为

$$a=2-t/t_{\max}$$

其中，$t_{\max}$ 是最大迭代次数。

在捕食过程中一旦灰狼种群判断出猎物所在的位置，立刻由 α 指挥 β，δ 追捕猎物，但是通常情况下猎物的位置是无法直接确定的，由于 α，β 和 δ 在狼群中距离猎物

是最近的，因此可以利用这三者的位置来近似推测出猎物的具体位置之后再更新灰狼种群个体位置，位置更新公式如下：

$$D_{\alpha i}=|C\boldsymbol{X}_{\alpha}(t)-\boldsymbol{X}_{i}(t)|$$

$$D_{\beta i}=|C\boldsymbol{X}_{\beta}(t)-\boldsymbol{X}_{i}(t)|$$

$$D_{\delta i}=|C\boldsymbol{X}_{\delta}(t)-\boldsymbol{X}_{i}(t)|$$

$$\boldsymbol{X}_{1i}=\boldsymbol{X}_{\alpha}(t)-A\cdot D_{\alpha i}$$

$$\boldsymbol{X}_{2i}=\boldsymbol{X}_{\beta}(t)-A\cdot D_{\beta i}$$

$$\boldsymbol{X}_{3i}=\boldsymbol{X}_{\delta}(t)-A\cdot D_{\delta i}$$

$$\boldsymbol{X}_{i}(t+1)=\frac{1}{3}(\boldsymbol{X}_{1i}+\boldsymbol{X}_{2i}+\boldsymbol{X}_{3i})$$

$D_{\alpha i}$，$D_{\beta i}$，$D_{\delta i}$ 分别为灰狼个体 i 到 α，β 和 δ 的搜索距离，$\boldsymbol{X}_{1i}$，$\boldsymbol{X}_{2i}$，$\boldsymbol{X}_{3i}$ 为灰狼个体 i 分别向 α，β 和 δ 移动后的位置，$\boldsymbol{X}_{i}(t+1)$为灰狼个体 i 更新后的位置。图 8.15 为灰狼个体进化的过程。

根据上述内容可以总结 GWO 算法的基本步骤为：

① 给定种群个体数量和最大迭代次数，对灰狼种群个体位置进行初始化操作。

② 利用灰狼位置 $\boldsymbol{X}$ 来计算种群个体的适应度值，并将适应度值按降序进行排序，排序结果前三位对应的灰狼个体分别记作 α 狼、β 狼、δ 狼。

③ 根据公式(8.6)、(8.7)计算收敛因子 A、摆动因子 C。

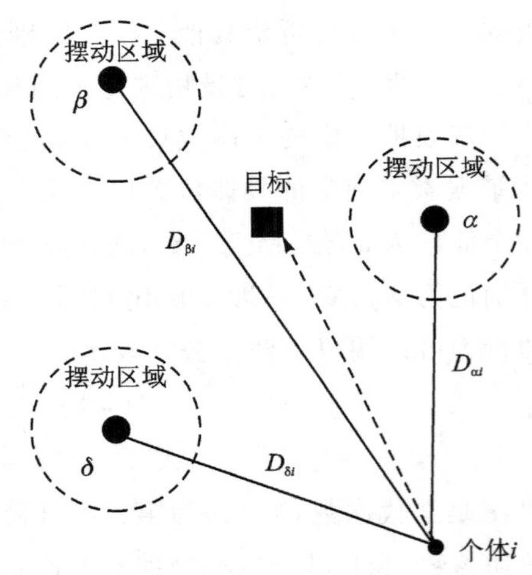

图 8.15　灰狼个体位置更新示意图

④ 根据当前时刻 α 狼、β 狼、δ 狼的位置，利用位置更新公式以及步骤三中得到的位置更新系数 A 和 C，更新种群个体的位置，并对 α 狼、β 狼、δ 狼进行自更新，得到下一代灰狼种群。

⑤ 判断是否达到优化问题设定的最优精度，若满足精度要求，则结束迭代，输出最优解，若不满足则返回到②，继续迭代优化求解直到满足最优精度或者达到迭代次数，结束迭代，得出最优解。

8.3.10　改进灰狼优化算法

对基于种群个体不断迭代更新以求搜索到最优解的智能优化算法来说，初始种群的好坏影响着算法全局收敛速度和最优解的质量，智能优化算法在求解优化问题时，事先是无法判断全局最优解处于什么位置，通常情况下都是采用随机初始化方法来得到第一代种群，显然这无法保证种群的品质，而多样性好、分布更均匀的初始种群不仅可以有效地加快收敛速度，而且可以改善局部收敛，因此为了避免随机初始化带来的不确定影响，在种群初始化时应尽可能地使种群均匀分布在寻优域内。常规GWO 算法与其他智能优化算法一样，初代种群也是通过随机操作产生的，个体在搜索空间中是否均匀分布无从保证，一定程度降低了算法的寻优性能。在优化算法中，局部收敛是一个不可忽视的问题，每一种算法都有一定的概率会得到局部极值，从而不能够满足求解可靠性的需要，虽然 GWO 算法从全局出发，一定程度上减小了算法陷入局部收敛的概率，但是无法从根本上避免达到局部最优。

为了保证优化求解的速度和最优解的质量，针对 GWO 算法的不足，本节将从三个方面来进行研究完善：利用混沌映射产生初代种群，得到均匀性分布的种群个体；设计局部收敛破坏机制，在陷入局部极值时，迫使算法更换搜索方向；引入个体最优保留机制，加快算法收敛，减小陷入局部最优区间的可能性。

1. 混沌映射概述

混沌是确定性系统因为内在随机性而产生的一种确定性与随机性相结合的现象，在看似混乱的运动轨迹中隐含着相应的内在规律。混沌映射通常以一定的规则表现出复杂的活动，在一定区间内可以不重复地遍历其包含的所有点，因此混沌具有三个主要特性：遍历均匀性、规律性和随机性。

在智能优化算法中由于混沌映射具有很好的遍历均匀性而被越来越多的应用。一般的，常见的混沌映射有 Logistic 混沌映射、Tent 混沌映射和 Henon 混沌映射等，而 Logistic 映射因其简便而良好的混沌特性被应用最多。早在 20 世纪 50 年代，Logistic 混沌映射就被生态学家们用来描述种群的运动变化，Logistic 混沌映射的一般形式如下：

$$l(t+1)=\mu\cdot l(t)\cdot(1-l(t)) \tag{8.8}$$

其中，t 为迭代次数，$\mu\in[0,4]$被称为混沌参数。当初始值 $l_0\in[0,1]$时，映射工作进入混沌状态，随着 μ 值增大，混沌现象逐渐加重，当 $\mu=4$ 时，映射达到完全混沌状态，映射的遍历均匀性最佳。

2. 基于 Logistic 混沌映射的新型 GWO 算法

为了提高 GWO 算法的优化效率，以保证本章所设计的非线性预测控制器的实时性，本节将从改进的三个方面展开描述。

(1) 第一方面：引入混沌初始化

Logistic 混沌映射因其良好的遍历均匀性，在用于产生初始种群时，相对于随机初始化方法，得到的种群个体分布更加均匀，对提高算法的寻优效率也有帮助。

灰狼种群个体 i（优化变量）在 d 维空间中的位置为 $\boldsymbol{X}_i=[x_i^1,x_i^2,\cdots,x_i^d]$，设种群个体可行域为 $[\boldsymbol{X}^{lb},\boldsymbol{X}^{ub}]$，因为混沌变量可行域为 $[0,1]$，所以需要在种群个体与混沌变量 $\widetilde{\boldsymbol{X}}_i$ 之间增加一个转换映射，公式如下：

$$\widetilde{\boldsymbol{X}}_i=\frac{\boldsymbol{X}_i-\boldsymbol{X}^{lb}}{\boldsymbol{X}^{ub}-\boldsymbol{X}^{lb}}$$

$$\boldsymbol{X}_i=\widetilde{\boldsymbol{X}}_i(\boldsymbol{X}^{ub}-\boldsymbol{X}^{lb})+\boldsymbol{X}^{lb} \tag{8.9}$$

为了得到分布均匀的种群个体，取 $\mu=4$，则基于 Logistic 混沌映射来进行种群初始化的数学表达式为

$$\widetilde{\boldsymbol{X}}_i(t+1)=4\cdot\widetilde{\boldsymbol{X}}_i(t)\cdot(1-\widetilde{\boldsymbol{X}}_i(t)) \tag{8.10}$$

种群初始化完成后，再通过公式(8.9)将混沌变量映射为灰狼个体。

为了证明混沌初始化方法所得到的初始种群较随机初始化方法分布更为均匀，引入有限集点分布均匀性的度量方法：

设有 $d1$ 维立方体 $C^{d1}=[0,1]^{d1}$，其内部点集为 $A=\{a_1^{d1},a_2^{d1},\cdots,a_n^{d1}\}$，$d1$ 为点的维数，令

$$\bar{a}^{d1}=\frac{1}{n}\sum_{i=1}^{n}x_i^{d1}$$

$$\bar{O}=\sqrt{\frac{1}{n}\sum_{i=1}^{n}\|x_i^{d1}-\tilde{x}_i^{d1}\|}$$

$$D_{\max\_\min}=\sup_{a_i^{d1}\in C^{d1},k\in[1,n]}\min\ d(a_i^{d1},a_k^{d1})$$

$$E(A)=\frac{D_{\max\_\min}}{\bar{O}}$$

其中，E 为分布均匀度量参数，E 越小则均匀度越好。$D_{\max\_\min}$ 为极大极小距离：设集合 A 中任一个点 a_i^{d1} 相对于集合中其他点的欧氏距离的最小值为 $d_{i\_\min}$，那么针对该集合中的所有点，肯定存在一个最小距离集合 $d_{\min}=\{d_{1\_\min},d_{2\_\min},\cdots,d_{n\_\min}\}$，令 $D_{\max\_\min}=\max(d_{\min})$，称 $D_{\max\_\min}$ 为极大极小距离。

基于以上所述的方法，通过比较混沌映射初始化和随机初始化的 E 值大小来验证混沌映射的优势，具体仿真结果将在下一小节中表述。

(2) 第二方面：引入局部收敛破坏机制

在 GWO 算法迭代寻优过程中，当得到的最优解连续若干次迭代优化后都没有更新并且未达到优化精度条件时，认为算法有收敛停滞的可能，也就是说继续保持现有的优化方向很有可能即将或者已经陷于局部收敛。连续未更新的迭代次数可以根据优化问题的需求精度事先给定，其取值越大，表明判断收敛停滞的标准越宽松，反之则越严格。具体实现时，通过设置一个停滞代数叠加环节来完成，当得到的最优解与上次相同，就将停滞代数叠加 1，否则将其清零，继续寻优。当停滞代数达到阈值时说明算法可能收敛，种群个体已经缺乏打破局部最优的能力，无法跳出局部收敛域，则认为种群进入早熟阶段。

当优化过程被判断进入早熟阶段，为了帮助种群个体打破停滞，根据混沌的随机性和遍历均匀性，本节通过添加混沌扰动来迫使种群更换寻优方向来摆脱局部极值。

具体流程为：

① 判断停滞代数是否达到阈值，若未达到，继续正常寻优，若达到，进入②中；

② 根据公式(8.10)，给出初始值，迭代 P_1 次后得到 P_1 个满足种群维度的值，通过公式(8.9)映射成 P_1 个分布均匀的灰狼个体，设种群个体数为 P，则为了提高均匀度，一般取 $P_1=0.6P$；

③ 计算新种群个体对应的适应度值并按降序进行排序，选出排列前三的个体，替换掉原种群最优、次优和第三优的个体；

④ 继续寻优。

(3) 第三方面：个体最优保留机制

传统的 GWO 算法只考虑了 α，β 和 δ 狼的引导作用，而忽略了其他灰狼个体本身的搜索作用，容易沿着某个方向进入局部最优，降低了寻优效率，因此可以采取个体最优保留机制来保证 ω 狼的搜索能力，从而降低进入局部收敛的概率。

ω 灰狼个体在历次寻优中必然存在一个最优值，因此可以通过这个最优值来指导灰狼个体进行自我搜索，得到改进的位置更新公式为

$$\boldsymbol{X}'_i(t+1)=\boldsymbol{X}_i(t+1)+r\cdot(\boldsymbol{X}_{i,\text{best}}-\boldsymbol{X}(t))$$

式中，r 取[0,1]之间的随机数，$\boldsymbol{X}_{i,\text{best}}$ 为 i 个体在 t 代内的最优位置。

基于以上三个方面改进后的 GWO 算法流程如图 8.16 所示。

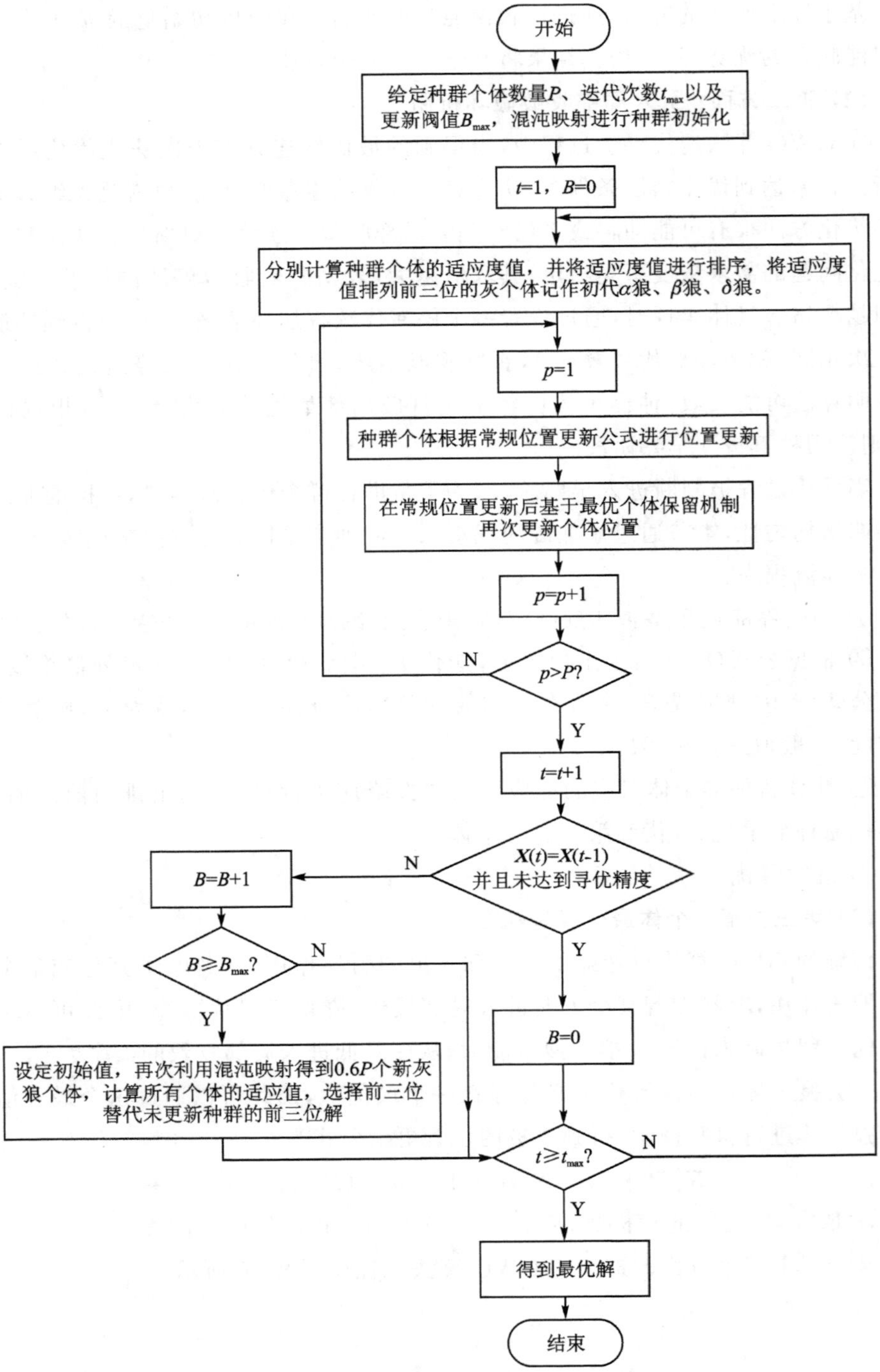

开始

给定种群个体数量P、迭代次数t_{max}以及更新阈值B_{max}，混沌映射进行种群初始化

t=1，B=0

分别计算种群个体的适应度值，并将适应度值进行排序，将适应度值排列前三位的灰个体记作初代α狼、β狼、δ狼。

p=1

种群个体根据常规位置更新公式进行位置更新

在常规位置更新后基于最优个体保留机制再次更新个体位置

p=p+1

p>P?

N

Y

t=t+1

$\boldsymbol{X}(t)$=$\boldsymbol{X}(t$-1)
并且未达到寻优精度

N

Y

B=B+1

$B \geqslant B_{max}$?

N

Y

设定初始值，再次利用混沌映射得到0.6P个新灰狼个体，计算所有个体的适应值，选择前三位替代未更新种群的前三位解

B=0

$t \geqslant t_{max}$?

N

Y

得到最优解

结束

图 8.16　改进 GWO 算法流程图

8.3.11　教与学优化算法

教与学优化算法(Teaching-Learning Based Optimization,TLBO)是 Rao 等人于 2010 年提出的一种新的群智能优化算法,该方法模拟教师的教导过程与学生的学习过程来求得最优解。教与学算法参数少、结构简单、概念简明、求解精度高、收敛速度快且具有极强的收敛能力。相比较一些经典的智能优化算法,比如粒子群算法,该算法的特点在于算法仅有群成员数和迭代代数两个参数,需要设置的参数少,可以避免参数设置不当引起的计算效率降低或易陷入局部收敛等问题。教与学算法从提出到现在短短的几年里,就已经引起了很多学者的关注,并得到了很好的应用。

教与学算法作为新兴的一种智能优化算法,尽管受到了很多学者的关注,并也得到了一些实践成效,可仍存在着很多的问题。与教与学算法相对鲜明的社会特性基础相比,其数学基础显得相对薄弱,缺乏深刻且有普遍意义的理论分析。而在实际应用中也存在着容易早熟收敛的问题。教与学算法的"教"过程其实就是全部解向最优点靠拢的过程,这就使得算法的多样性容易过早丢失,跳出局部收敛的能力较差。而算法的设置参数较少,那么算法的结果往往依赖于随机选择的初始群体的分布情况,算法十分容易陷入早熟收敛和局部收敛。除了算法本身存在的问题之外,其具体应用研究也应当是今后研究的重点。考虑到教与学算法的研究时间较短,其应用领域仍有待于进一步拓宽。目前的应用研究稍显不足,今后的研究应当多注重在动态、多约束、离散、多目标等复杂问题上的研究和应用。就工程和自动化领域而言,这类复杂问题是普遍存在的。因此,教与学算法是一个十分具有研究价值和应用前景的算法。

常规 TLBO 算法是一种群集智能优化算法,种群规模等同于班级中的学员的数量,学员的学习能力相当于优化变量,学习成绩即是评价指标,其中的成绩最优者相当于教学阶段的教师。所有班级中的学员成绩都需要教师的"教"过程来引导,同时,学员间也需要互"学"来促使知识的吸收。

这里,就涉及"教师""学员"和"班级"等几个基本概念。对于一个优化问题:$z=\max\limits_{X\in S}f(X)$。搜索空间 $S=\{X\mid x_i^L\leqslant x_i\leqslant x_i^U, i=1,2,\cdots,d\}$,空间中任一搜索点 $X=(x_1,x_2,\cdots x_d)$,其中 d 表示维空间的维数(决策变量的个数),x_i^L 和 x_i^U $(i=1,2,\cdots,d)$分别表示为每一维的上界和下界,$f(X)$为目标函数。设 $X^j=(x_1^j,x_2^j,\cdots,x_d^j)j=(1,2,\cdots,NP)$为搜索空间中的一个点,$x_i^j(i=1,2,\cdots,d)$为点 X^j 的一个决策变量,NP 为空间搜索点的个数(种群规模)。将其分别对应于常规 TLBO 算法中即为

① 班级：在 TLBO 算法中，将搜索空间中所有搜索粒子的集合称为班级(class)。

② 学员：班级中的任意个体 $X^j=(x_1^j,x_2^j,\cdots,x_d^j)$称之为一个学员。

③ 教师：班级中成绩最优的一名学员 X_{best} 称之为教师，本发明中用 X_{teacher} 表示。

因此，一个班级可以用如下形式表示为

$$\begin{bmatrix} X^1 & f(X^1) \\ X^2 & f(X^2) \\ \vdots & \vdots \\ X^{NP} & f(X^{NP}) \end{bmatrix} = \begin{bmatrix} x_1^1 & x_2^1 & \cdots & x_d^1 & f(X^1) \\ x_1^2 & x_2^2 & \cdots & x_d^2 & f(X^2) \\ \vdots & \vdots & & \vdots & \vdots \\ x_1^{NP} & x_2^{NP} & \cdots & x_d^{NP} & f(X^{NP}) \end{bmatrix}$$

其中，$X^j(j=1,2,\cdots,NP)$表示班级学员，$X_{\text{teacher}}=\text{argmax}f(X^j)(j=1,2,\cdots,NP)$。$NP$ 为学员个数，d 为学员所学科目数量。

在教师的“教”阶段，所有的学员都在向教师 X_{teacher} 学习，其结果是所有学员都会向教师靠拢。尽管此过程能保证算法的收敛性，但也会使得算法的多样性降低，跳出局部收敛的能力变差，容易陷入早熟收敛和局部收敛。

在学员的“学”阶段，学生之间通过相互学习，使得学生能具有一定的局部搜索能力，在一定程度上保持了学生的多样性，弥补了算法容易早熟收敛的缺点，并给予了算法一定的跳出局部收敛的能力，从而保证了算法的全局搜索能力。

教与学优化算法步骤如下：

① 初始化班级。

在搜索空间中随机生成班级中的每个学员 $X^j=(x_1^j,x_2^j,\cdots,x_d^j)$，$j=(1,2,\cdots,NP)$。生成方法按如下公式进行：

$$x_i^j=x_i^L+\text{rand}(0,1)\times(x_i^U-x_i^L),\qquad j=1,2,\cdots,NP;i=1,2,\cdots,d$$

② “教”阶段。

在教与学算法的教学阶段，选取成绩最为优秀的学员 X_{best} 作为教师 X_{teacher}。根据各个学员的学科成绩，学员将依据教师与学员平均值 *Mean* 之间的差值 *difference* 来进行学习，在一定程度上提高每个学员的成绩，从而提高班级平均值。需要注意的是，学员所能获取的知识量，既取决于教师和班级平均值的差值，还取决于教师的教学因子和学生的学习能力，因此，教学阶段的提升空间是有限的。

假设学员的学科成绩服从正态分布，则“教”阶段可用图 8.17 表示：在最初，班级平均成绩为 $Mean_{\text{A}}=30$，平均成绩低且分布较广。经过教师多次的“教”过程，班级平均成绩逐步提高到 $Mean_{\text{B}}=80$，成绩提高且分布集中。具体的教学方法如式(8.11)和(8.12)所示。教与学算法流程图如图 8.18 所示。

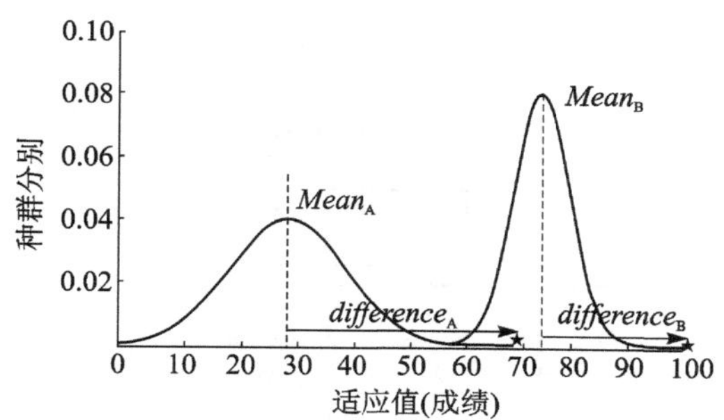

图 8.17　教学方法示意图

$$X_{\text{new}}^{i}=X_{\text{old}}^{i}+difference \tag{8.11}$$

$$difference=r_{i}\times(X_{\text{teacher}}-TF_{i}\times Mean) \tag{8.12}$$

式中，X_{old}^{i} 和 X_{new}^{i} 分别表示第 i 个学员学习前和学习后的值，$Mean=\frac{1}{NP}\sum_{i=1}^{NP}X^{i}$ 表示全部学员的平均值。此外，式中还有两个重要的参数：教师的教学因子 $TF_{i}=\text{round}[1+\text{rand}(0,1)]$ 和学生的学习步长 $r_{i}=\text{rand}(0,1)$。前者表征了教师的教学能力，后者表征了学生的学习能力。

③“学”阶段。

“学”阶段指的是学生间的相互学习，通过对比分析学员间的差异来进行学习。对每一个学员 $X^{i}\ (i=1,2,\cdots,NP)$，在班级中随机选取一个学习对象 $X^{j}\ (j=1,2,\cdots,NP,j\neq i)$，$X^{i}$ 通过分析自己与 X^{j} 的差异进行学习调整，学习改进的方法类似于差分算法中的差分变异算子。不同的地方在于，教与学算法中的学习步长 r 对每个不同的学员采用不同的学习因子。学员 X^{i} 和 X^{j} 之间通过对比各自的目标函数值(学习成绩)，较劣者向较优者靠拢，以这样的方式，实现学生间的互学和进步。具体的调整过程可用下式(8.13)表示：

$$X_{\text{new}}^{i}=\begin{cases}X_{\text{old}}^{i}+r_{i}\times(X^{i}-X^{j}), & f(X^{j})<f(X^{i})\\ X_{\text{old}}^{i}-r_{i}\times(X^{i}-X^{j}), & f(X^{j})>f(X^{i})\end{cases} \tag{8.13}$$

式中，r_{i} 为第 i 个学员的学习步长，且 $r_{i}=U(0,1)$。

④“更新”操作。

学员在通过“教”与“学”阶段时都要进行更新操作。更新操作的目的是用学习后的较优个体替代较劣个体，以实现全部学员平均成绩的提高。更新操作如下：

If　$f(X_{\text{new}}^{i})>f(X_{\text{old}}^{i})$

Then　$X_{\text{old}}^{i}=X_{\text{new}}^{i}$

End.

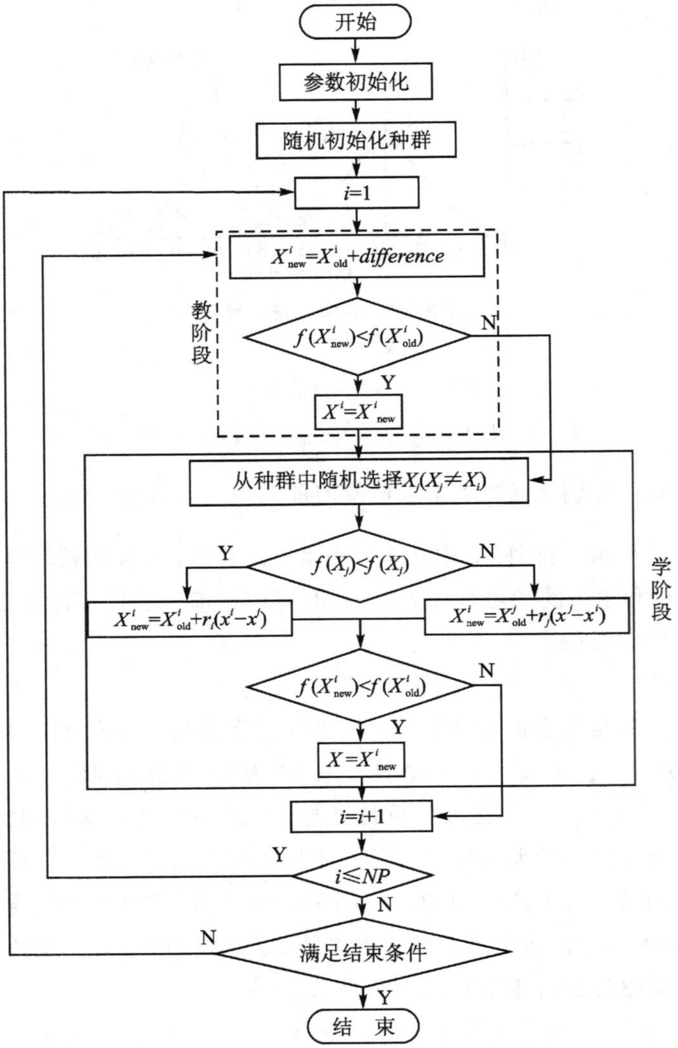

图 8.18　教与学算法流程图

8.4　基于遗传算法的 PID 控制器设计

已知某对象的数学模型可用一个二阶系统近似。二阶系统传递函数为

$$G(s)=\frac{K\omega_n^2}{s^2+2\xi\omega_n s+\omega_n^2}$$

其中，$K=0.83$，$\xi=0.48$，$\omega_n=1.75$。设计基于遗传算法的 PID 控制器，使闭环系统在单位阶跃输入下的稳态误差为零，超调量小于 5%，调节时间小于 1.5 s，上升时间小于 1 s。

MATLAB 遗传算法工具箱：MATLAB 中提供了进行遗传算法的工具箱，此次实验就是利用工具箱进行。其操作界面如图 8.19 所示。

图 8.19　MATLAB 中遗传算法工具箱操作界面

遗传算法的种群大小、变异概率、交叉概率等都使用工具箱的默认值，设置的 PID 控制器优化变量为 K_p，K_i，K_d，约束为

$$[0,0,0] < [K_p, K_i, K_d] < [1\,000, 100, 20\,000]$$

目标函数为

$$J=\int_0^{\infty}(\omega_1 |e(t)| + \omega_2 u^2(t))\mathrm{d}t + \omega_3 t_u$$

其中，$\omega_1=0.999$，$\omega_2=0.001$，$\omega_3=2$ 为权值。$e(t)$是误差信号，可表征系统稳态性能，t_u 是上升时间，可表征系统动态性能。$u(t)$是输入信号，用于控制输入量大小。

目标函数的程序如下（K_p，K_i，K_d 为输入量，目标函数值 J 为输出量）：

```
function J = fit_function2(kp,ki,kd)
ts = 0.001;
sys = tf(254.19,[1,1.68,3.2625]);
dsys = c2d(sys,ts,'z');
[num,den] = tfdata(dsys,'v');

u_1 = 0.0;
```

```
u_2 = 0.0;
u_3 = 0.0;
y_1 = 0.0;
y_2 = 0.0;
y_3 = 0.0;
J_1 = 0;
a = 1;
tu = 0;

x = [0,0,0]';

error_1 = 0;
error_2 = 0;
for k = 1:1:10000
    time(k) = k * ts;

    rin(k) = 1.0;

    du(k) = kp * x(1) + kd * x(2) + ki * x(3);
    u(k) = u_1 + du(k);

    if u(k)>10
        u(k) = 10;
    end
    if u(k)< - 10
        u(k) = - 10;
    end

    yout(k) = - den(2) * y_1 - den(3) * y_2 + num(2) * u_1 + num(3) * u_2;

    error = rin(k) - yout(k);
    u_3 = u_2;
    u_2 = u_1;
    u_1 = u(k);
    y_3 = y_2;
    y_2 = y_1;
    y_1 = yout(k);

    x(1) = error - error_1;
    x(2) = error - 2 * error_1 + error_2;
    x(3) = error;
```

```
    error_2 = error_1;
    error_1 = error;

    if a = =1
        if yout(k)>0.95&yout(k)<1.05
            tu = time(k);
            a = 0;
        end
    end
    if error>0;
        B(k) = (0.999 * abs(error) + 0.001 * u(k)^2) * ts;
    else
        B(k) = (100 * abs(error) + 0.001 * u(k)^2) * ts;
    end

    J_1 = J_1 + B(k);
end
J = J_1 + 0.2 * tu;
```

运行遗传工具箱后，得到最优参数值 $K_p=488.073$，$K_i=4.561$，$K_d=18220.517$，将参数带入 *PID* 控制器中，得到结果如图 8.20 所示。

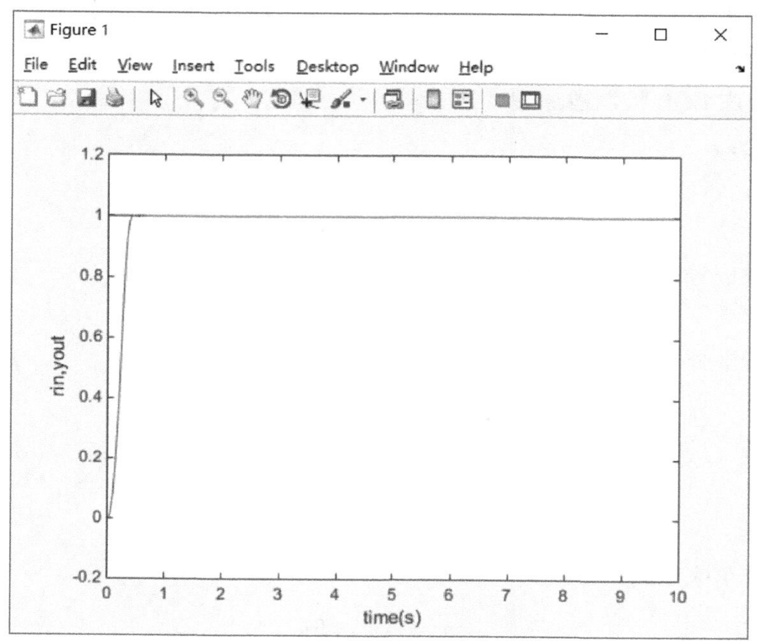

图 8.20　基于遗传算法的 PID 控制器设计仿真结果

从图 8.20 中可知，其稳态性能、上升时间、调节时间、超调量均满足要求。

8.5 基于遗传算法的 LQR 控制器设计

考虑二阶系统$\begin{cases}\dot{x}=\boldsymbol{A}x+\boldsymbol{B}u\\ y=\boldsymbol{C}x+Du\end{cases}$，其中 $\boldsymbol{A}=\begin{bmatrix}0 & 2\\ 0 & -3\end{bmatrix}$，$\boldsymbol{B}=\begin{bmatrix}0\\ 2\end{bmatrix}$，$\boldsymbol{C}=[1\quad 0]$，$D=0$。

对以上系统设计基于遗传算法的增广 LQR 控制器，目的是在给定指令信号的情况下，使得系统响应能够迅速跟踪上指令信号，并且保持稳定。

8.5.1 增广 LQR 控制器设计

(1) 增广 LQR 控制器概述

LQR 即线性二次型调节器，其对象是现代控制理论中以状态空间形式给出的线性系统，而目标函数为对象状态和控制输入的二次型函数。但传统 LQR 控制存在稳态误差，所以采用一种增广 LQR 最优设计，使得系统不仅具有好的鲁棒性，而且能够消除稳态误差。增广 LQR 最优设计是指设计出的状态反馈控制器 K 要使二次型目标函数 J 取最小值，而 K 由权矩阵 $\boldsymbol{Q}$ 与 $\boldsymbol{R}$ 唯一决定，因此 $\boldsymbol{Q}$、$\boldsymbol{R}$ 的选择尤为重要。相比于人工调节选取 LQR 控制器加权矩阵，采用遗传算法对加权矩阵进行寻优提高了效率和准确性。

(2) 增广 LQR 控制器原理

原系统：

$$\begin{cases}\dot{x}=\boldsymbol{A}x+\boldsymbol{B}u\\ y=\boldsymbol{C}x+Du\end{cases}$$

若假设指令信号为 r，则定义系统误差为

$$e=r-y$$

对误差进行微分：

$$\dot{e}=-\dot{y}=-\boldsymbol{C}x$$

取增广向量

$$\bar{\boldsymbol{x}}=\begin{bmatrix}\dot{x}\\ e\end{bmatrix}$$

则新的系统可表示为

$$\tilde{x}=\bar{\boldsymbol{A}}\bar{x}+\bar{\boldsymbol{B}}\bar{u}$$

其中

$$\bar{u}=\dot{u}$$

$$\bar{A}=\begin{bmatrix}A & 0\\ -C & 0\end{bmatrix},\quad \bar{B}=\begin{bmatrix}B\\ 0\end{bmatrix}$$

对新系统设计 LQR 状态调节器，使得状态量为 0，即系统输出与指令信号误差为 0。

8.5.2　基于遗传算法的控制器参数整定

遗传算法是以适应度函数为依据，通过对种群个体反复地选择、复制、交叉、变异等迭代过程，并最终搜索到评价函数的最优解，实现自适应全局优化。

利用遗传算法对权值矩阵 $\boldsymbol{Q}$ 的寻优步骤如下：

① 确定优化变量和约束条件：设权矩阵 $\boldsymbol{Q}$ 和 $\boldsymbol{R}$ 是对角矩阵，优化变量为其对角元素的取值。$\boldsymbol{Q}$ 矩阵中参数范围为 0～100，$\boldsymbol{R}$ 为 1。

② 染色体的编码与解码：使用 10 位二进制串表示群体中的个体，由均匀分布的随机数产生初始群体中个体的基因。

③ 个体适应度的评价准则：每个迭代过程仿真时长为 20 s，选取了在 0.9 s，1 s，2 s，3 s，4 s，的 y 值（系统响应）。分别将这些 y 值与 1 作差，在 0.9 s 的差值给了 0.3 的限制，即在 0.9 s 的响应不能低于 0.7；在 1 s 的差值给了 0.25 的限制，即在 1 s 时的响应不能低于 0.75；在 2 s 的差值给了 0.02 的限制，即在 2 s 时响应不能低于 0.98；同样，要求在 3 s，和 4 s 要求响应精度在 0.998 和 0.999。一旦这些设计的精度中任意一条不能满足，适应度 f 就增大；反之，f 减小。在对 0.9 s 和 1 s 时的 y 值设精度条件是为了保证系统响应的速度；在对 2 s 和3 s 时的 y 值设精度条件是为了保证系统的稳定。

④ 设计遗传算子：选择算法采用“轮盘赌算法”选择染色体来产生下一代；交叉运算运用单点交叉算子；变异运算使用基本位变异算子。

⑤ 确定遗传算法的运行参数：群体大小为 350，迭代次数为 10，交叉概率为 0.4，变异概率为 0.4。

8.5.3　仿真验证

图 8.21 为遗传算法优化结果，在总共 10 代的遗传过程中，平均适应度从 160 下降到与最佳适应度持平的 3.5，优化完成后的 $\boldsymbol{Q}$ 矩阵为

$$\boldsymbol{Q}=\begin{bmatrix}9.6570 & 0 & 0\\ 0 & 0.2678 & 0\\ 0 & 0 & 98.7402\end{bmatrix}$$

图 8.22 为阶跃信号指令、$\boldsymbol{Q}$ 矩阵优化前后系统响应的对比图。

从图 8.22 可以发现，在未施加控制器的情况下，针对阶跃信号输入，系统的响应

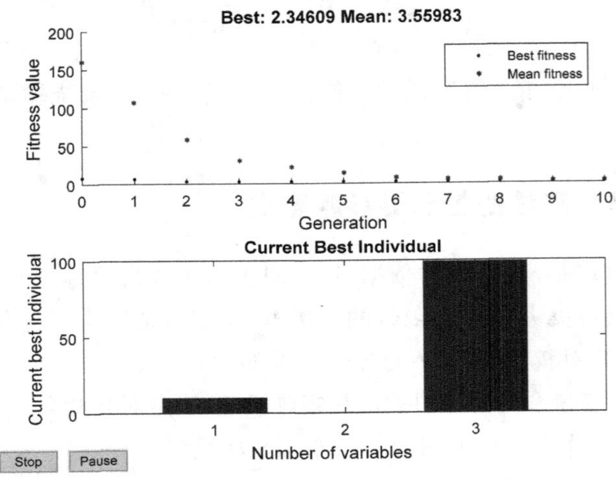

图 8.21　遗传算法运行结果

速度较慢，且存在超调量；在施加增广 LQR 控制器作用后，由于加权矩阵 $\boldsymbol{Q}$ 未曾优化，导致系统响应仍然不理想，虽然无超调量，但是响应速度变慢；遗传算法优化过 $\boldsymbol{Q}$ 矩阵系数之后，系统响应速度显著加快，且超调量几乎为 0。经过对比可知，利用基于遗传算法优化增广 LQR 控制器后，系统的响应显著改善。

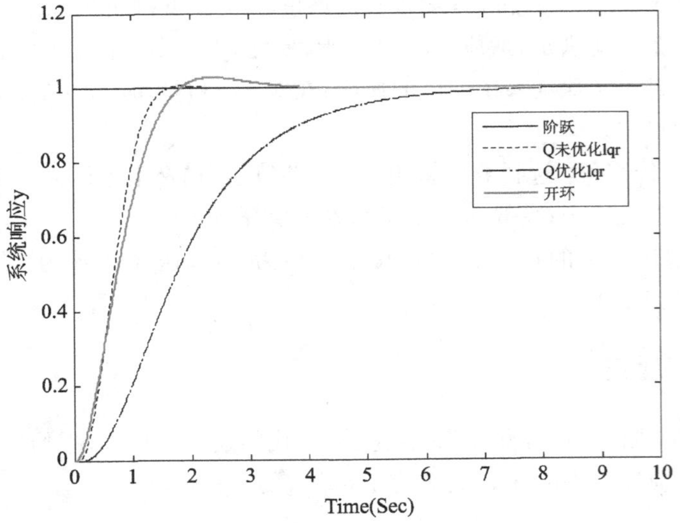

图 8.22　系统响应对比图

下篇

航空动力系统应用篇

第9章 基于变分法求解航空发动机最优控制问题

9.1 航空涡扇发动机最优控制

9.1.1 航空发动机线性小偏差模型

由于航空发动机涉及的气动热力过程极为复杂，要对航空发动机进行快速准确的控制，首先需要建立航空发动机的数学模型。在航空发动机控制的研究中，常见的数学模型有两种：部件级非线性模型和线性小偏差模型。

部件级非线性模型根据发动机各部件工作过程中遵循的物理规律，得到一系列用公式和图表描述的数学模型。这种模型的特点是发动机的特性和参数在整个工作包线范围内变化，无法用线性关系式描述。这种模型主要用于发动机过渡态控制的研究。

线性小偏差模型通常由非线性模型在稳定工作点附近线性化提取，推导时假设输入量小幅度变化，其常见形式为传递函数和状态空间模型。

本书主要针对航空动力系统的线性模型开展最优控制的研究工作。

航空发动机的工作涉及极为复杂的气动热力过程，建模时作如下假设：

① 只考虑发动机转子的惯性，不考虑部件的热惯性和热容效应；

② 忽略各部件涉及的传热传质过程；

③ 气体的流动为一维等熵流动；

④ 控制量在小偏差范围内变化，并认为小偏差动态过程中部件效率和总压损失系数不变；

⑤ 燃油泵不由发动机的转子带动；

⑥ 涡轮喷嘴环和尾喷管处于临界或超临界工作状态；

⑦ 忽略燃烧延迟以及燃气流量和空气流量之间的差别；

⑧ 飞行条件不变；

⑨ 不考虑干扰因素对发动机工作的影响。

1. 建立航空发动机单输入单输出线性小偏差模型

本小节建立尾喷管不可调、无加力、单转子航空发动机的线性小偏差模型。

根据假设①，航空发动机转子的力矩平衡方程如下：

$$J\frac{\mathrm{d}\omega}{\mathrm{d}t}=M_{\mathrm{t}}-M_{\mathrm{c}}$$

其中，J 为转子的转动惯量，ω 为发动机转子的角速度。

由于涡轮扭矩 M_{t} 和压气机扭矩 M_{c} 是转速 n 和燃油流量 W_{f} 的非线性函数，根据假设④，小偏差范围内发动机具有线性特性，将非线性函数按泰勒级数展开，并只取级数的一阶项，得

$$M_{\mathrm{t}}=M_{\mathrm{t0}}+\Delta M_{\mathrm{t}}=M_{\mathrm{t0}}+\left(\frac{\partial M_{\mathrm{t}}}{\partial n}\right)_0\Delta n+\left(\frac{\partial M_{\mathrm{t}}}{\partial W_{\mathrm{f}}}\right)_0\Delta W_{\mathrm{f}} \tag{9.1}$$

$$M_{\mathrm{c}}=M_{\mathrm{c0}}+\Delta M_{\mathrm{c}}=M_{\mathrm{c0}}+\left(\frac{\partial M_{\mathrm{c}}}{\partial n}\right)_0\Delta n+\left(\frac{\partial M_{\mathrm{c}}}{\partial W_{\mathrm{f}}}\right)_0\Delta W_{\mathrm{f}} \tag{9.2}$$

其中，下标 0 表示稳定状态，$M_{\mathrm{c0}}=M_{\mathrm{t0}}=M_0$，$\Delta$ 表示相对稳定状态的小偏移量，定义这一偏移量为增量，则有

$$\Delta W_{\mathrm{f}}=W_{\mathrm{f}}-W_{\mathrm{f0}},\qquad \Delta n=n-n_0$$

将式(9.1)和式(9.2)代入力矩平衡方程，得

$$\frac{\pi}{30}J\frac{\mathrm{d}n}{\mathrm{d}t}+\left(\frac{\partial M_{\mathrm{c}}}{\partial n}-\frac{\partial M_{\mathrm{t}}}{\partial n}\right)_0\Delta n=\left(\frac{\partial M_{\mathrm{t}}}{\partial W_{\mathrm{f}}}-\frac{\partial M_{\mathrm{c}}}{\partial W_{\mathrm{f}}}\right)_0\Delta W_{\mathrm{f}} \tag{9.3}$$

采用无量纲相对增量形式，定义转速和燃油流量的相对增量为

$$\delta n\xlongequal{\mathrm{def}}\Delta n/n_{\mathrm{b}},\qquad \delta W_{\mathrm{f}}\xlongequal{\mathrm{def}}\Delta W_{\mathrm{f}}/W_{\mathrm{fb}}$$

其中，n_{b} 表示额定转速，W_{fb} 表示对应的供油量。代入式(9.3)，得出发动机的动态方程为

$$T_{\mathrm{e}}\frac{\mathrm{d}\delta n}{\mathrm{d}t}+\delta n=K_{\mathrm{e}}\delta W_{\mathrm{f}}$$

其中，T_{e} 为发动机的时间常数，K_{e} 为发动机的放大系数，即

$$T_{\mathrm{e}}=\frac{\frac{\pi}{30}J}{-\left(\frac{\partial\Delta M}{\partial n}\right)_0}$$

$$K_{\mathrm{e}}=\frac{\left(\frac{\partial\Delta M}{\partial W_{\mathrm{f}}}\right)_0W_{\mathrm{fb}}}{-\left(\frac{\partial\Delta M}{\partial n}\right)_0n_{\mathrm{b}}}$$

对发动机的动态方程在零初始条件下进行拉普拉斯变换，得发动机的传递函数为

$$G(s)=\frac{\delta n(s)}{\delta W_{\mathrm{f}}(s)}=\frac{K_{\mathrm{e}}}{T_{\mathrm{e}}s+1}$$

该传递函数表明，发动机为惯性环节。当 W_{f} 为阶跃输入时，发动机动态方程的解如下：

$$\delta n(t)=K_{\mathrm{e}}\delta W_{\mathrm{f}}\left(1-\mathrm{e}^{-\frac{t}{T_{\mathrm{e}}}}\right)+\delta n(0)\cdot\mathrm{e}^{-\frac{t}{T_{\mathrm{e}}}}$$

其中，$\delta n(0)$为 $t=0$ 时转速的相对增量。

发动机的时间常数 T_{e} 和发动机的放大系数 K_{e} 可根据发动机的节流特性曲线得出。节流特性曲线是一系列以转速为自变量，表示扭矩和燃油流量的关系曲线，一般由实验测定。

2. 建立航空发动机线性状态空间模型

线性状态空间模型是设计航空发动机多变量控制器的基础。线性状态空间模型一般由非线性模型提取，常用的方法有“抽功法”、“顺数算法”和“小扰动法”。本节简述航空发动机非线性模型线性化得到线性状态空间模型的过程。

假设发动机非线性模型为

$$\dot{\boldsymbol{X}}=f(\boldsymbol{X},\boldsymbol{U})$$
$$\boldsymbol{Y}=g(\boldsymbol{X},\boldsymbol{U})$$

其中，$\boldsymbol{X}$ 为状态向量，$\boldsymbol{Y}$ 为输出向量，$\boldsymbol{U}$ 为控制向量。

在稳态工作点时有如下关系：

$$f(\boldsymbol{X}_0,\boldsymbol{U}_0)=0$$
$$\boldsymbol{Y}_0=g(\boldsymbol{X}_0,\boldsymbol{U}_0)$$

将非线性函数按泰勒级数展开，并只取级数的一阶项，得该稳态工作点附近的状态方程为

$$\Delta\dot{\boldsymbol{X}}=\left.\frac{\partial f}{\partial \boldsymbol{X}}\right|_{\boldsymbol{X}=\boldsymbol{X}_0,\boldsymbol{U}=\boldsymbol{U}_0}\Delta\boldsymbol{X}+\left.\frac{\partial f}{\partial \boldsymbol{U}}\right|_{\boldsymbol{X}=\boldsymbol{X}_0,\boldsymbol{U}=\boldsymbol{U}_0}\Delta\boldsymbol{U}$$

其中，$\Delta\boldsymbol{X}=\boldsymbol{X}-\boldsymbol{X}_0$，$\Delta\boldsymbol{U}=\boldsymbol{U}-\boldsymbol{U}_0$。

根据同样的方法，可以得到输出方程：

$$\Delta\boldsymbol{Y}=\left.\frac{\partial g}{\partial \boldsymbol{X}}\right|_{\boldsymbol{X}=\boldsymbol{X}_0,\boldsymbol{U}=\boldsymbol{U}_0}\Delta\boldsymbol{X}+\left.\frac{\partial g}{\partial \boldsymbol{U}}\right|_{\boldsymbol{X}=\boldsymbol{X}_0,\boldsymbol{U}=\boldsymbol{U}_0}\Delta\boldsymbol{U}$$

其中，$\Delta\boldsymbol{Y}=\boldsymbol{Y}-\boldsymbol{Y}_0$。此时作如下定义：

$$\boldsymbol{A}=\left.\frac{\partial f}{\partial \boldsymbol{X}}\right|_{\boldsymbol{X}=\boldsymbol{X}_0,\boldsymbol{U}=\boldsymbol{U}_0},\qquad \boldsymbol{B}=\left.\frac{\partial f}{\partial \boldsymbol{U}}\right|_{\boldsymbol{X}=\boldsymbol{X}_0,\boldsymbol{U}=\boldsymbol{U}_0}$$
$$\boldsymbol{C}=\left.\frac{\partial g}{\partial \boldsymbol{X}}\right|_{\boldsymbol{X}=\boldsymbol{X}_0,\boldsymbol{U}=\boldsymbol{U}_0},\qquad \boldsymbol{D}=\left.\frac{\partial g}{\partial \boldsymbol{U}}\right|_{\boldsymbol{X}=\boldsymbol{X}_0,\boldsymbol{U}=\boldsymbol{U}_0}$$

则航空发动机的线性状态空间模型为

$$\Delta\dot{\boldsymbol{X}}=\boldsymbol{A}\Delta\boldsymbol{X}+\boldsymbol{B}\Delta\boldsymbol{U}$$
$$\Delta\boldsymbol{Y}=\boldsymbol{C}\Delta\boldsymbol{X}+\boldsymbol{D}\Delta\boldsymbol{U}$$

3. 对于线性小偏差模型进行研究时可能出现的问题

由于本书阐述的是对于航空发动机线性小偏差模型进行最优控制的理论研究，并非对发动机整个工作包线范围内的性能进行研究。研究中除了忽略在 9.1.1 中提到的因素外，还忽略了不同工况下航空发动机特性的差别。

对于实际发动机而言，发动机动态参数的变化幅度可能会超过 10 倍。传递函数和状态空间模型形式的线性小偏差模型描述的是线性定常系统，线性定常系统具有均匀性，线性模型对控制量单位阶跃和 1%小阶跃的响应在输出值上无量纲化后并没有差别。对于实际发动机而言，燃油流量 1%小阶跃和大阶跃作用下转速响应的差别巨大。

因此，本书介绍的航空发动机研究内容中不考虑基于航空发动机非线性模型的过渡态控制和基于航空发动机线性小偏差模型进行最优控制之间的区别，采用的均基于线性小偏差模型给出的情况。

9.1.2　航空发动机控制量无约束时最优控制问题的解法

航空发动机控制量无约束时最优控制问题，数学本质上是求解无约束条件的泛函极值问题，属于变分学问题，可用经典变分理论求解。

变分法一般用于求解控制量不受约束的初值固定、终端固定、终端时刻给定、积分型性能指标的线性定常系统最优控制问题。求解时要求性能指标函数取极值时极值轨线满足系统运动微分方程，构造哈密顿函数采用拉格朗日乘子法求解。

这类最优控制问题可归结于描述如下的泛函极值问题：

$$\min_{X(t)} J(X)=\int_{t_0}^{t_f} L[X(t),U(t),t]\mathrm{d}t$$

$$\text{s.t.}\ \ \dot{X}(t)=f[(X(t),U(t),t)],X(t_0)=X_0,X(t_f)=X_f$$

其中，$\dot{X}(t)=f[(X(t),u(t),t)]$为系统运动方程，$L[X(t),u(t),t]$在闭区间$[t_0,t_f]$上连续可微，$X(t_0)$，$X_0$，$X(t_f)$，$X_f$ 均给定。构造如下的哈密顿函数：

$$H(X,\lambda,U,t)=L(X,U,t)+\lambda^{\mathrm{T}}f(X,U,t))$$

首先由如下条件求出 $\lambda_i(t)$和 $u_i(t)$满足的关系：

$$\dot{\lambda}_i=-\frac{\partial H}{\partial x_i}=0,\qquad \frac{\partial H}{\partial U}=0$$

得到伴随方程和控制方程的解，随后将上一步得到的关系式和已知初末端条件代入系统状态方程，求解得出最优状态曲线 $x_i(t)$和最优控制 $u_i(t)$。

某型双转子混排涡扇发动机线性状态空间模型如下：

$$\begin{bmatrix}\Delta\dot{n}_H\\ \Delta\dot{n}_L\end{bmatrix}=\begin{bmatrix}-3.3248 & 0.19607\\ 1.193 & -3.6917\end{bmatrix}\begin{bmatrix}\Delta n_H\\ \Delta n_L\end{bmatrix}+\begin{bmatrix}1.941 & 2.3442\\ 1.1856 & 0.61767\end{bmatrix}\begin{bmatrix}\Delta W_f\\ \Delta A_e\end{bmatrix}$$

$$\begin{bmatrix}\Delta n_H\\ \Delta n_L\end{bmatrix}=\begin{bmatrix}1 & 0\\ 0 & 1\end{bmatrix}\begin{bmatrix}\Delta n_H\\ \Delta n_L\end{bmatrix}+\begin{bmatrix}0 & 0\\ 0 & 0\end{bmatrix}\begin{bmatrix}\Delta W_f\\ \Delta A_e\end{bmatrix}$$

其中，Δn_H，Δn_L 分别表示高低压转子转速的相对增量，ΔW_f 表示燃油流量的相对增量，ΔA_e 表示发动机尾喷管出口面积的相对增量。

经验证，该系统可控又可观。

加速过程对应的初末值条件为 $t_0=0, X(t_0)=[-1 \quad -1]^T, t_f=1, X(t_f)=[0 \quad 0]^T$。

减速过程对应的初末值条件为 $t_0=0, X(t_0)=[0.5 \quad 0.5]^T, t_f=1, X(t_f)=[0 \quad 0]^T$。

定义如下目标函数：

$$J=\int_0^{t_f}(w_1u_1^2+w_2u_2^2)\mathrm{d}t, \qquad w_1>0, w_2>0, w_1+w_2=1 \tag{9.4}$$

式(9.4)反映了控制能耗加权和的大小。

本节对式(9.4)所示的目标函数进行求解和分析。

1. 权值相同时控制性能分析

(1) 加速过程

取 $w_1=w_2=0.5$，对应的哈密顿函数如下：

$$\begin{aligned}H=&0.5u_1^2+0.5u_2^2\\ &+\lambda_1(1.941u_1+2.3442u_2-3.3248x_1+0.19607x_2)\\ &+\lambda_2(1.1856u_1+0.61767u_2+1.193x_1-3.6917x_2)\end{aligned} \tag{9.5}$$

伴随方程为

$$\begin{cases}\dot{\lambda}_1=3.3248\lambda_1-1.193\lambda_2\\ \dot{\lambda}_2=3.6917\lambda_2-0.19607\lambda_1\end{cases}$$

控制方程为

$$\begin{cases}u_1=-1.941\lambda_1-1.1856\lambda_2\\ u_2=-2.3442\lambda_1-0.61767\lambda_2\end{cases}$$

最优控制曲线为

$$\begin{cases}u_1=-8.1224C_1\cdot e^{2.991t}+2.1190C_2\cdot e^{4.0255t}\\ u_2=-8.9954C_1\cdot e^{2.991t}+3.3734C_2\cdot e^{4.0255t}\end{cases}$$

对应的最优状态曲线为

$$x_1^*(t)=0.58736e^{-2.991t}(C_3-7.9234C_1\cdot e^{5.982t}+2.187C_2\cdot e^{7.0165t})$$

$$-0.27981e^{-4.0255t}(C_4-1.3351C_2\cdot e^{8.051t}+4.5908C_1\cdot e^{7.0165t})$$

$$x_2^*(t)=e^{-2.991t}(C_3-7.9234C_1\cdot e^{5.982t}+2.187C_2\cdot e^{7.0165t})$$
$$+e^{-4.0255t}(C_4-1.3351C_2\cdot e^{8.051t}+4.5908C_1\cdot e^{7.0165t})$$

代入已知初末值条件，解得各个系数的值如下：

$C_1=-0.0076723$，　$C_2=-0.0092571$，　$C_3=-1.5164$，　$C_4=0.49871$

状态和控制量变化曲线如图 9.1～图 9.3 所示。其中，x_1，x_2 分别对应高压转子转速和低压转子转速，u_1，u_2 分别对应 W_f，A_e。

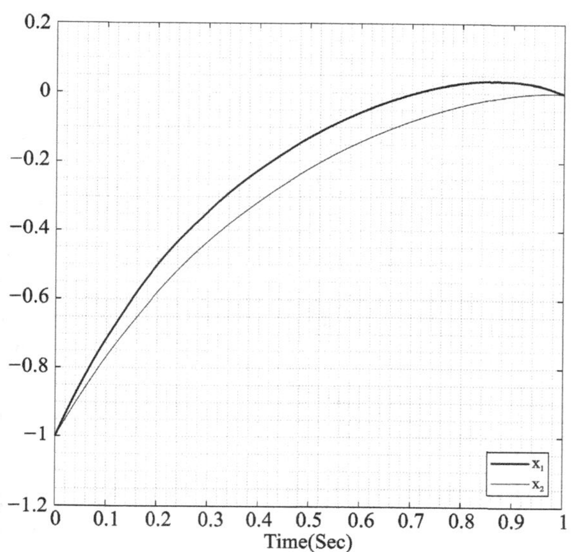

图 9.1　加速时最优控制解的状态变化曲线

(2) 减速过程

取 $w_1=w_2=0.5$，对应的哈密顿函数与式(9.5)相同，对应控制方程的解、最优控制曲线和最优状态曲线与加速过程中的相同。代入已知初末值条件，解得各个系数的值如下：

$C_1=0.0038362$，　$C_2=0.0046285$，　$C_3=0.7582$，　$C_4=-0.24935$

此时状态和控制量变化曲线如图 9.4～图 9.6 所示。其中，x_1，x_2 分别对应高压转子转速和低压转子转速，u_1，u_2 分别对应 W_f，A_e。

2. 权值不同时控制性能分析

本节对目标函数式(9.4)进行进一步的分析，基于 9.1.2 节中加速控制的情况，讨论不同的权重对控制性能的影响。为简洁起见，本节的描述中令 $w_2=1-w_1$，直接消去参数 w_2。

此时哈密顿函数为

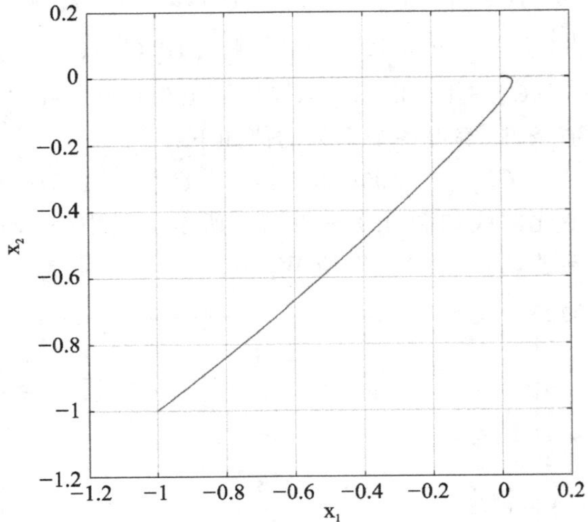

图 9.2　加速时最优状态相轨线

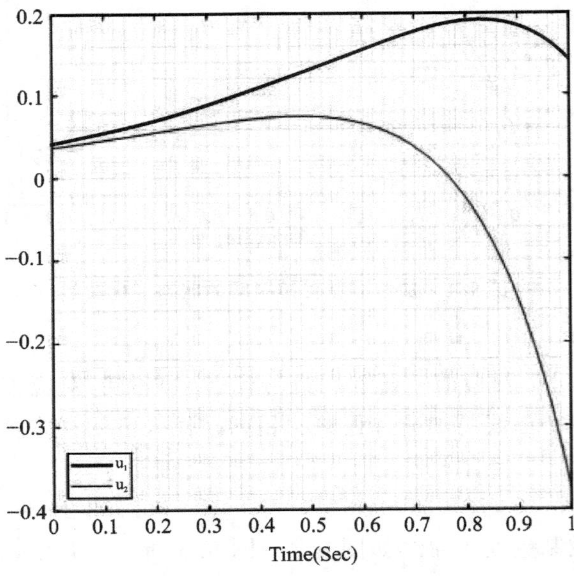

图 9.3　加速时最优控制解的控制量变化曲线

$$
\begin{aligned}
H = & w_1 u_1^2 + (1 - w_1) u_2^2 \\
& + \lambda_1 (1.941 u_1 + 2.344\ 2 u_2 - 3.324\ 8 x_1 + 0.196\ 07 x_2) \\
& + \lambda_2 (1.185\ 6 u_1 + 0.617\ 67 u_2 + 1.193 x_1 - 3.691\ 7 x_2)
\end{aligned}
$$

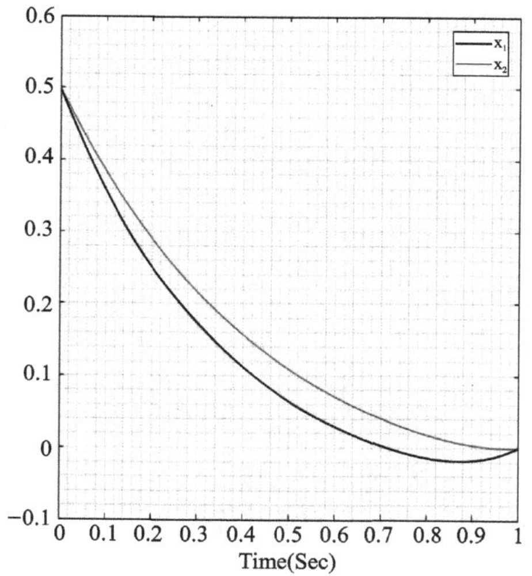

图 9.4　减速时最优控制解的状态变化曲线

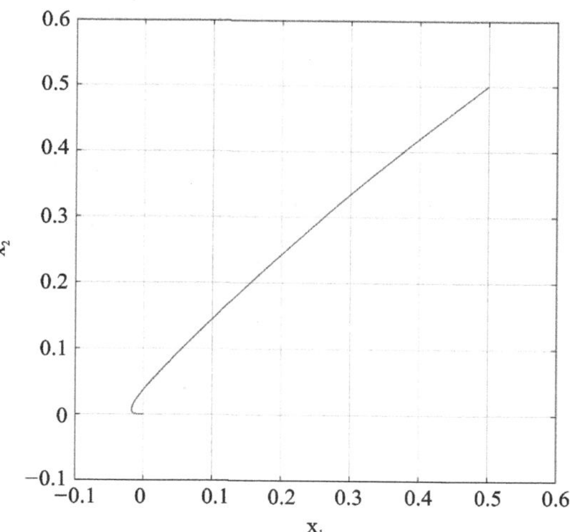

图 9.5　减速时最优状态相轨线

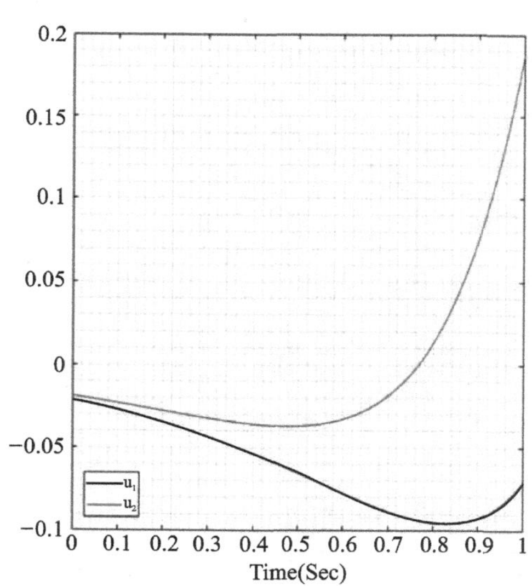

图 9.6　减速时最优控制解的状态和控制量变化曲线

伴随方程为

$$\begin{cases}\dot{\lambda}_1 = 3.324\,8\lambda_1 - 1.193\lambda_2 \\ \dot{\lambda}_2 = 3.691\,7\lambda_2 - 0.196\,07\lambda_1\end{cases}$$

控制方程为

$$\begin{cases} u_1 = \dfrac{-1.941\lambda_1 - 1.185\ 6\lambda_2}{2w_1} \\ u_2 = \dfrac{-2.344\ 2\lambda_1 - 0.617\ 67\lambda_2}{2(1-w_1)} \end{cases}$$

当 $w_1=0.2$ 即对喷管出口面积加重权时，最优控制曲线为

$$\begin{cases} u_1 = 5.297\ 6C_2 \cdot e^{4.025\ 5t} - 20.306C_1 \cdot e^{2.991t} \\ u_2 = 2.108\ 4C_2 \cdot e^{4.025\ 5t} - 5.662\ 1C_1 \cdot e^{2.991t} \end{cases}$$

对应的最优状态曲线为

$$\begin{aligned} x_1^*(t) =& 0.587\ 36e^{-2.991t}(C_3 - 2.051\ 9C_1e^{5.238\ 1t} + 51.36C_2e^{11.363t}) \\ & - 0.279\ 81e^{-4.025\ 5t}(C_4 - 32.252C_2e^{12.398t} + 1.134\ 6C_1e^{6.272\ 6t}) \\ x_2^*(t) =& e^{-2.991t}(C_3 - 2.0519C_1e^{5.2381t} + 51.36C_2e^{11.363t}) \\ & + e^{-4.025\ 5t}(C_4 - 32.252C_2e^{12.398t} + 1.134\ 6C_1e^{6.272\ 6t}) \end{aligned}$$

代入已知初末值条件，解得各个系数的值如下：

$C_1=-0.000\ 407\ 6$， $C_2=0.000\ 274\ 45$， $C_3=-1.481\ 4$， $C_4=0.478\ 71$

此时状态和控制量变化曲线如图 9.7～9.9 所示。

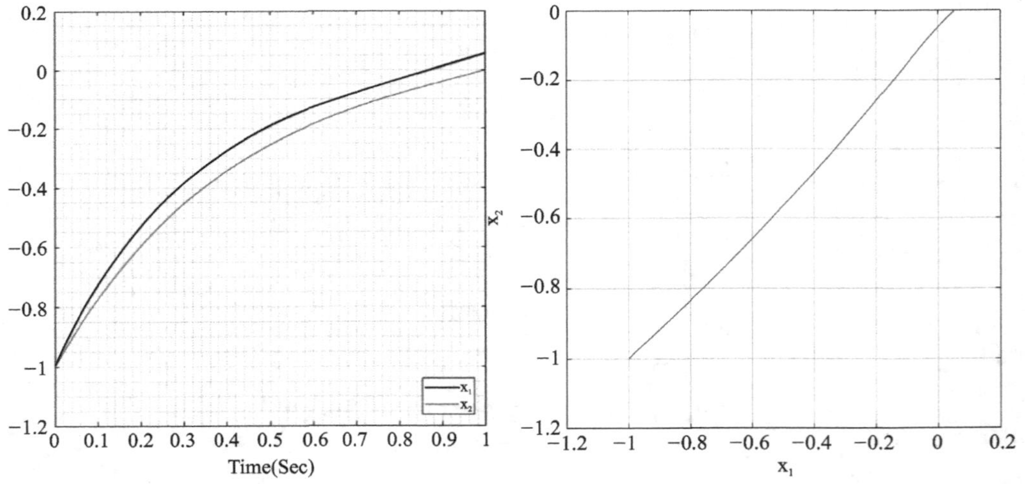

图 9.7　$w_1=0.2$ 时的最优控制状态变化曲线　　**图 9.8　$w_1=0.2$ 时的最优状态相轨线**

当 $w_1=0.8$ 即对燃油流量加重权时，最优控制曲线为

$$\begin{cases} u_1 = 1.324\ 4C_2 \cdot e^{4.025\ 5t} - 5.076\ 5C_1 \cdot e^{2.991t} \\ u_2 = 8.433\ 6C_2 \cdot e^{4.025\ 5t} - 22.488C_1 \cdot e^{2.991t} \end{cases}$$

对应的最优状态曲线为

$$x_1^*(t) = 0.587\ 36e^{-2.991t}(-C_3 + 35.792C_1e^{5.018\ 3t} + 0.299C_2e^{12.271t})$$

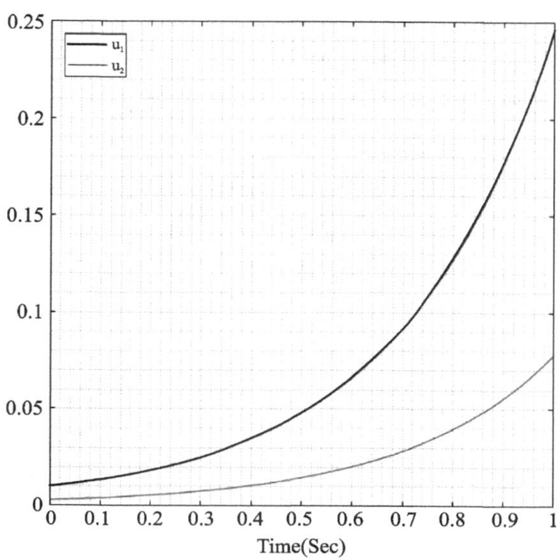

图 9.9　$w_1=0.2$ 时的最优控制解的控制量变化曲线

$$-0.27981\mathrm{e}^{-4.0255t}(C_4+20.279C_1\mathrm{e}^{6.0528t}+0.17061C_2\mathrm{e}^{13.306t})$$

$$x_2^*(t)=\mathrm{e}^{-2.991t}(-C_3+35.792C_1\mathrm{e}^{5.0183t}+0.299C_2\mathrm{e}^{12.271t})$$
$$+\mathrm{e}^{-4.0255t}(C_4+20.279C_1\mathrm{e}^{6.0528t}+0.17061C_2\mathrm{e}^{13.306t})$$

代入已知初末值条件,解得各个系数的值如下:

$C_1=-0.0067689$，　$C_2=-0.0075876$，　$C_3=-1.5345$，　$C_4=0.51249$

此时状态和控制量变化曲线如图 9.10～9.12 所示。

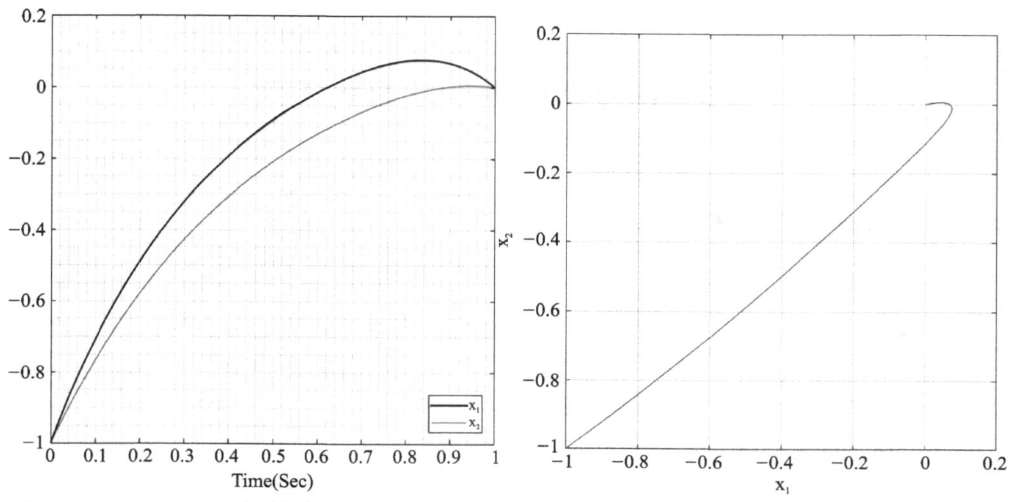

图 9.10　$w_1=0.8$ 时的最优控制状态变化曲线　　图 9.11　$w_1=0.8$ 时的最优状态相轨线

比较图 9.2、图 9.5、图 9.8 和图 9.11，当对控制量加权不当时，在转移到平衡位置时状态量可能会发生幅度较大的超调。同时注意到，在图 9.7 和图 9.8 中有一个状态量并没有调节到零，是因为在 MATLAB 中处理符号表达式时进行了有效位数截断，因此在结果中出现了稳态误差。

由于电子计算机中浮点数的运算会出现误差，误差一旦随着时间积累，可能影响控制性能。因此基于变分法的控制规律尽管在某些情况下能满足初末值的要求，但有可能会出现稳态误差，需要增加稳态调节器以满足控制系统在稳态性能上的要求。

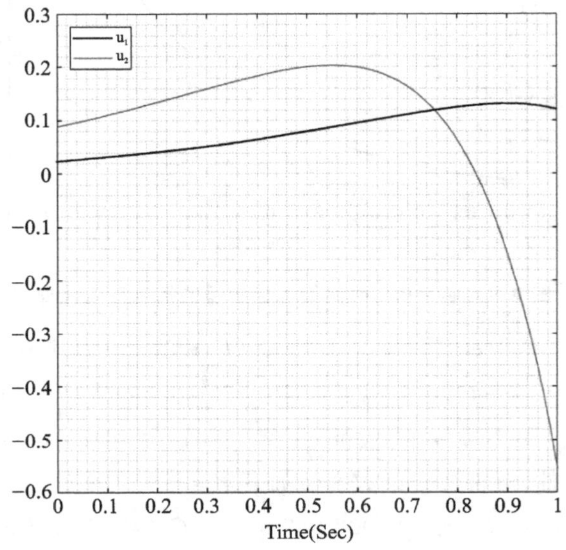

图 9.12　$w_1=0.8$ 时的最优控制解的控制量变化曲线

9.2　航空涡轴发动机最优控制

9.2.1　涡轴发动机模型简化

在推导涡轴发动机增量模型过程中，为了达到简化目的，不考虑进气道的影响，可以大概将涡轴发动机分为动力涡轮模块和燃气发生器模块这两个基本部分，其中，动力涡轮部分包括旋翼负载及旋翼系统，燃气发生器包括燃烧室、压气机和燃气涡轮，简要描述系统方块图如图 9.13 所示。

(1) 燃气发生器模型

采用部件法建立小偏差增量模型，压气机、燃烧室、和燃气涡轮的建模单元构成燃气发生器，燃油量 Q_f 为输入，燃气发生器转速 N_g 为输出的简化模型为

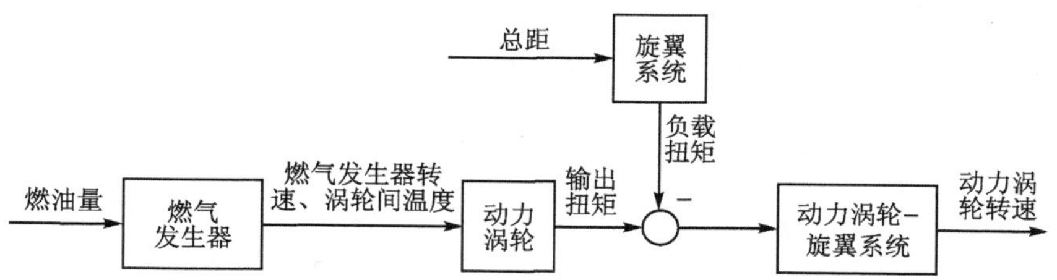

图 9.13　涡轴发动机简化模型方块图

$$G_{N_g}(s)=\frac{N_g(s)}{w_f(s)}=\frac{k_g}{T_g s+1}$$

其中，k_g 随着飞行高度的升高而增大，T_g 则随着高度的升高而减小。

(2) 动力涡轮模型

动力涡轮输出扭矩与旋翼负载扭矩匹配，形成转速的变化，由燃气发生器发出功率，传动机构带动动力涡轮，最后由动力涡轮输出扭矩带动旋翼系统旋转，从而提供动力，旋翼的转速反馈到旋翼转速调节机构，构成闭环控制系统。以燃气发生器转速 N_g 为输入，发动机输出扭矩 M_P 为输出，建立如下的数学模型：

$$G_{M_p}(s)=\frac{M_p(\delta)}{N_g(s)}=\frac{\tau_p s+1}{T_p s+1}$$

其中，τ_p，T_p 为动力涡轮转速-扭矩模型中的参数。

(3) 旋翼系统模型

旋翼需要的负载扭矩的数值由旋翼端的总距和转速共同决定，直升机的控制规律要求是保持旋翼转速不变的情况下可以忽略旋翼转速，从而仅考虑总距对旋翼负载扭矩的影响。以总距 β 为输入，旋翼负载扭矩 M_r 为输出，建立后的模型为

$$G_{M_r}(s)=\frac{M_r(s)}{\beta(s)}=\frac{K_r}{T_r s+1}$$

其中，K_r、T_r 为旋翼系统总距-扭矩的相关参数。

(4) 旋翼扭矩-转速模型

动力涡轮一旋翼系统运行所需的扭矩由动力涡轮与旋翼负载系统相互作用后决定，忽略模型简化过程中一些关联度较小因素的影响，仅考虑系统转动惯性的作用，从而推导出以动力涡轮-旋翼系统剩余扭矩为输入，动力涡轮转速为输出的简化数学模型为

$$G_{N_p}(s)=\frac{N_p(s)}{\Delta M(s)}=\frac{N_p(s)}{M_p(s)-M_r(s)}=\frac{K_{pr}}{T_{pr}s+1}$$

其中，K_{pr}、T_{pr} 为该一阶惯性模型相关参数。

(5) 桨距-油门复什机构模型

总矩通过桨距一油门复什机构可以构成前馈环节，数学模型如下：

$$G_{gd}(s)=\frac{N_{gd}(s)}{\beta(s)}=\frac{K_d}{T_d s+1}$$

其中，K_d、T_d 为该一阶惯性模型相关参数。

通过以上推导，可以得到大致的传递函数结构图如图 9.14 所示。

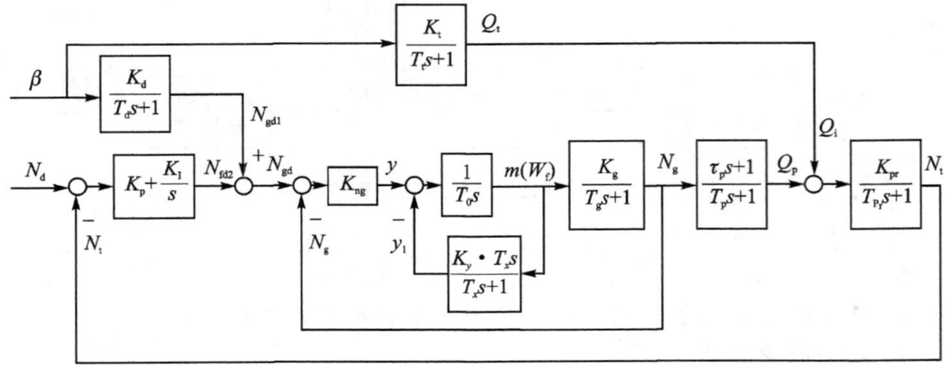

图 9.14　直升机涡轴燃油调节系统传递函数模型

图 9.14 中，K_{ng} 为敏感元件对转速的放大系数；分油活门与随动活塞组成的液压放大随动机构可以视为理想的积分环节，用 $\dfrac{1}{T_0 s}$ 描述，T_0 为积分环节时间常数；分油活门反向位移与随动活塞位移之间用 $\dfrac{K_y \cdot T_x s}{T_x s+1}$ 近似表示，K_y 为静态平衡时分油活门反向位移与阻尼活塞位移之间的比例系数，T_x 为随动活塞位移与分油活门位移之间的带微分一阶惯性环节 $\dfrac{T_x s}{T_x s+1}$ 中的时间常数；$K_p+\dfrac{K_I}{s}$ 为采用的比例积分转速调节器，K_p 和 K_I 分别为调节器比例参数和积分参数。

例如，为了减少控制器设计中的计算复杂程度，合理地选取模型中的参数，$K_g=0.8$，$T_g=1$，$\tau_p=1$，$T_p=1.1$，$K_{pr}=1.25$，$T_{pr}=0.9$，可得最终的简化直升机涡轴发动机燃油调节系统的数学模型如下所示：

$$
\begin{aligned}
G(s) &= \frac{k_g}{T_g s+1} \times \frac{\tau_p s+1}{T_p s+1} \times \frac{K_{pr}}{T_{pr} s+1} \\
&= \frac{0.8}{s+1} \times \frac{s+1}{1.1s+1} \times \frac{1.25}{0.9s+1} = \frac{1}{0.99s^2+2s+1}
\end{aligned}
$$

近似有其相应的状态空间模型为

$$
\begin{cases}
\dot{\boldsymbol{x}} = \boldsymbol{A}\boldsymbol{x} + \boldsymbol{B}u \\
y = \boldsymbol{C}\boldsymbol{x} + Du
\end{cases} \tag{9.6}
$$

其中

$$
y = x_1, \qquad \dot{x}_1 = x_2, \qquad \boldsymbol{x} = [x_1, x_2]^{\mathrm{T}}
$$

$$
\boldsymbol{A} = \begin{bmatrix} 0 & 1 \\ -1 & -2 \end{bmatrix}, \qquad \boldsymbol{B} = \begin{bmatrix} 0 \\ 1 \end{bmatrix}, \qquad \boldsymbol{C} = [10], \qquad D = 0
$$

展开(9.6)，有

$$\begin{cases}\dot{x}_1 = x_2 \\ \dot{x}_2 = -x_1 - 2x_2 + u \\ y = x_1\end{cases} \tag{9.7}$$

9.2.2　涡轴发动机最优控制器设计

考虑最小能量性能指标：

$$J = \int_0^{t_f} u^2 \mathrm{d}t \tag{9.8}$$

根据式(9.7)构造哈密顿函数如下：

$$H = u^2 + \boldsymbol{\lambda}^{\mathrm{T}}(\boldsymbol{Ax} + \boldsymbol{B}u) = u^2 + \lambda_1 x_2 - \lambda_2 x_1 - 2\lambda_2 x_2 + \lambda_2 u \tag{9.9}$$

再由协态方程$\dot{\boldsymbol{\lambda}} = -\dfrac{\partial H}{\partial \boldsymbol{x}}$，得到

$$\begin{cases}\dot{\lambda}_1 = -\dfrac{\partial H}{\partial x_1} = \lambda_2 \\ \dot{\lambda}_2 = -\dfrac{\partial H}{\partial x_2} = -\lambda_1 + 2\lambda_2\end{cases} \tag{9.10}$$

由极值条件$\dfrac{\partial H}{\partial \boldsymbol{x}} = 2u + \lambda_2 = 0$，计算出控制量 u：

$$u = -\frac{1}{2}\lambda_2 \tag{9.11}$$

联立式(9.7)和式(9.10)得到式(9.11)：

$$\begin{cases}\lambda_1 = (c_1 t + c_2)\mathrm{e}^t \\ \lambda_2 = (c_1 t + c_1 + c_2)\mathrm{e}^t \\ u = -\dfrac{1}{2}(c_1 t + c_1 + c_2)\mathrm{e}^t\end{cases}$$

从而得到了状态方程的解应满足

$$\begin{cases}\dot{x}_1 = x_2 \\ \dot{x}_2 = -x_1 - 2x_2 - \dfrac{1}{2}(c_1 t + c_1 + c_2)\mathrm{e}^t\end{cases} \tag{9.12}$$

使用 MATLAB 程序中的‘Dsolve’函数可以求解式(9.12)的两个微分方程，可得到上述方程解如式(9.13)

$$\begin{cases}x_1 = (at + b)\mathrm{e}^{-t} + (mt + n)\mathrm{e}^t \\ x_2 = (-at - b + a)\mathrm{e}^{-t} + (mt + m + n)\mathrm{e}^t\end{cases} \tag{9.13}$$

系数 $m = -\dfrac{1}{9}c_1$，$n = -\dfrac{1}{32}c_1 - \dfrac{1}{8}c_2$，由初始值$\boldsymbol{x}_0 = \begin{bmatrix}x_{10} \\ x_{20}\end{bmatrix}$，末值时间 t_f，以及末值状态$\boldsymbol{x}_{t_f} = \begin{bmatrix}0 \\ 0\end{bmatrix}$决定。

9.2.3 仿真验证

下面假定初始值$\boldsymbol{x}_0=\begin{bmatrix}0.4\\0.5\end{bmatrix}$，针对末值时间 t_f 选取 1 到 5，开展仿真分析工作。得到了如图 9.15～图 9.19 状态和控制量随时间变化的曲线。（注：星形线为控制量 u 的轨线，实线为状态量 x_1，虚线为 x_2）

① $t_f=1$ 时，可以解得 $a=3.64, b=2.3, m=1.1, n=-1.93, c_1=-8.96, c_2=17.68$。

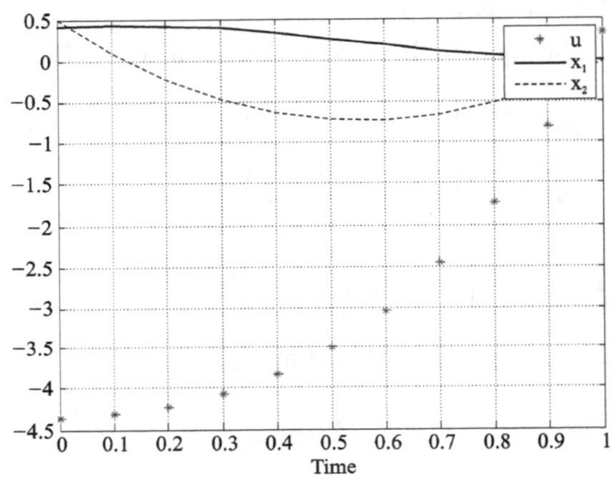

图 9.15 $t_f=1$ 时涡轴最小能量调节最优轨线

② $t_f=2$ 时，可以解得 $a=1.31, b=0.65, m=0.01, n=-0.25, c_1=-0.8, c_2=2.20$。

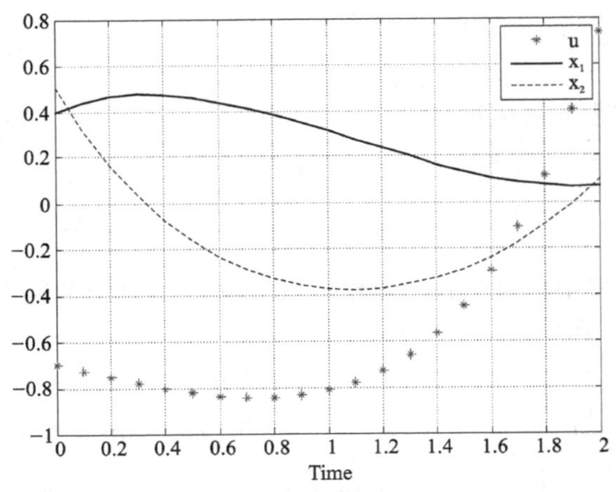

图 9.16 $t_f=2$ 时涡轴最小能量调节最优轨线

③ $t_f=3$ 时，可以解得 $a=1, b=0.45, m=0.01, n=-0.05, c_1=-0.08, c_2=0.42$。

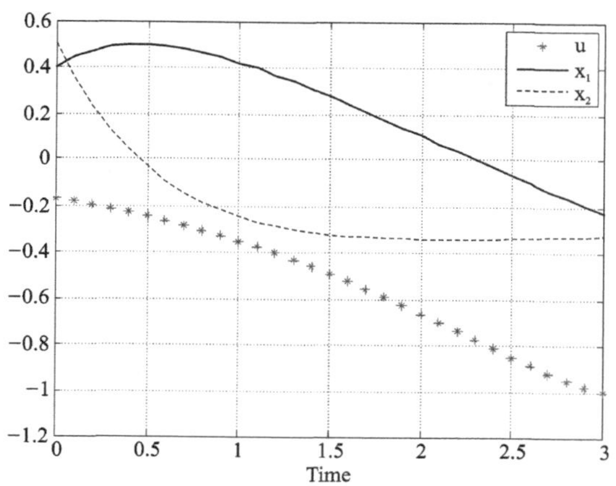

图 9.17　$t_f=3$ 时涡轴最小能量调节最优轨线

④ $t_f=4$ 时，可以解得 $a=0.92, b=0.41, m=0, n=-0.01, c_1=0, c_2=0.08$。

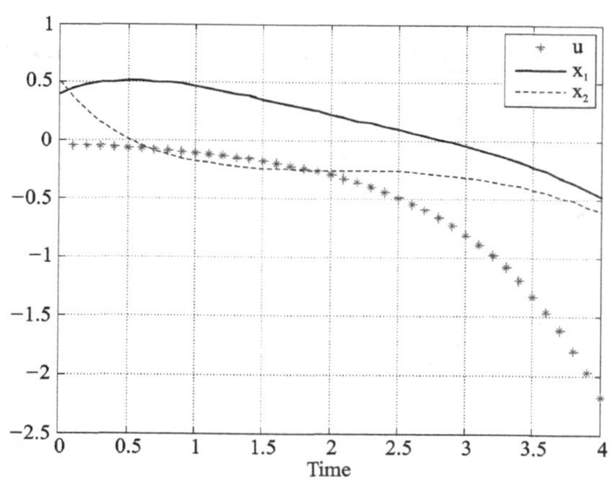

图 9.18　$t_f=4$ 时涡轴最小能量调节最优轨线

⑤ $t_f=5$ 时，可以解得 $a=0.9, b=0.4, m=0, n=0, c_1=0, c_2=0$。

在最小能量控制器的作用下，各项性能随着末值时间的变化如表 9.1 所列。

表 9.1　涡轴最小能量控制性能表

性能指标 / t_f	最大控制量的绝对值 $\|u\|$	控制量平方和 $\sum u^2$	偏差总平方和 $\sum e^2$		稳态误差 e_{ss}	
1	4.36	10.85	0.08	0.27	0	0.01
2	0.85	0.94	0.21	0.15	0.07	0.10
3	1	1.05	0.32	0.26	−0.23	−0.32
4	2.18	2.38	0.45	0.36	−0.47	−0.60
5	0	0	0.46	0.01	0.033	0.026

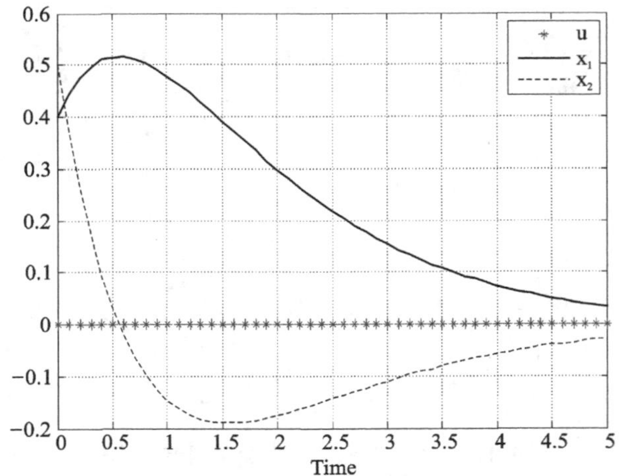

图 9.19　$t_f=5$ 时涡轴最小能量调节最优轨线

综合 $t_f=1\sim5$ 的状态量和控制量随时间变化曲线和性能数值表不难发现，对于最小能量控制而言，末值时间越小，偏差总平方和 $\sum e^2$ 及稳态误差 e_{ss} 也就越小，然而这样的代价也是显而易见的，控制过程中无论是控制量的极大值还是能量总的消耗都非常大。当 $t_f=5$ 时，此时控制等于 0，说明当时间足够长的时候，即使不需要控制量的介入，系统也能够依靠自身达到稳定，但是这样的后果就是稳态误差相对有控制的情况下要大一些，偏差的总和 $\sum e^2$ 也是有控制的两倍多。经过对比分析可以发现当 $t_f=2$ 时，系统能在较为理想的时间内，利用较小的能耗，使得系统达到要求，各项误差指标也不是太大。

第 10 章 基于极小值原理求解航空发动机最优控制问题

10.1 控制量无约束时涡扇发动机最小能量控制

考虑单输入双输出描述的某涡扇发动机模型

$$\begin{cases}\dot{\boldsymbol{x}}=\boldsymbol{A}\boldsymbol{x}+\boldsymbol{B}u \\ y=\boldsymbol{C}\boldsymbol{x}+Du\end{cases} \tag{10.1}$$

$$\boldsymbol{A}=\begin{bmatrix}-2.56 & 0.13 \\ 0 & -3.02\end{bmatrix},\quad \boldsymbol{B}=\begin{bmatrix}0.58 \\ 0.34\end{bmatrix},\quad \boldsymbol{C}=\begin{bmatrix}1 & 0 \\ 0 & 1\end{bmatrix},\quad D=0$$

其中，$\boldsymbol{x}=\begin{bmatrix}n_1 \\ n_h\end{bmatrix}$，$u=w_f$ 表示供油量，n_1、n_h 分别为高低压转子转速。

展开(10.1)，有

$$\begin{cases}\dot{x}_1=-2.56x_1+0.13x_2+0.58u \\ \dot{x}_2=-3.02x_2+0.34u \\ y_1=x_1 \\ y_2=-x_2\end{cases} \tag{10.2}$$

取性能指标如下所示：

$$J=\int_0^{t_f} u^2\,\mathrm{d}t \tag{10.3}$$

构造哈密顿函数：

$$\begin{aligned}H&=u^2+\lambda^{\mathrm{T}}(\boldsymbol{A}\boldsymbol{x}+\boldsymbol{B}u) \\ &=u^2+\lambda_1(-2.56x_1+0.13x_2+0.58u)+\lambda_2(-3.02x_2+0.34u)\end{aligned}$$

由协态方程 $\dot{\lambda}=-\dfrac{\partial H}{\partial \boldsymbol{x}}$，得

$$\begin{cases} \dot{\lambda}_1 = -\dfrac{\partial H}{\partial x_1} = 2.56\lambda_1 \\ \dot{\lambda}_2 = -\dfrac{\partial H}{\partial x_2} = -0.13\lambda_1 + 3.02\lambda_2 \end{cases} \tag{10.4}$$

根据极小值原理，当控制量不受约束时，由 $\dfrac{\partial H}{\partial u} = 2u + \lambda_2 = 0$ 可推导出 u 的表达式为

$$u = -\frac{1}{2}\lambda_2 \tag{10.5}$$

联立式(10.4)和式(10.5)得出 λ_1, λ_2：

$$\begin{cases} \lambda_1 = 3.05c_2\mathrm{e}^{2.56t} \\ \lambda_2 = c_1\mathrm{e}^{3.02t} + c_2\mathrm{e}^{2.56t} \\ u = -0.17c_1\mathrm{e}^{3.02t} - 1.2c_2\mathrm{e}^{2.56t} \end{cases}$$

从而可以得到关于 x_1, x_2 的微分方程为

$$\begin{cases} \dot{x}_1 = -2.56x_1 + 0.13x_2 + 0.58(-1.20c_2\mathrm{e}^{2.56t} - 0.17c_1\mathrm{e}^{3.02t}) \\ \dot{x}_2 = -3.02x_2 + 0.34(-1.20c_2\mathrm{e}^{2.56t} - 0.17c_1\mathrm{e}^{3.02t}) \end{cases}$$

调用 MATLAB 的‘Dsolve’函数可以得到关于 x_1, x_2 的解为

$$\begin{cases} x_1 = c_3\mathrm{e}^{-2.56t} - 0.02c_1\mathrm{e}^{3.02t} - 0.28c_4\mathrm{e}^{-3.02t} - 0.14c_2\mathrm{e}^{2.56t} \\ x_2 = c_4\mathrm{e}^{-3.02t} - 0.01c_1\mathrm{e}^{3.02t} - 0.07\mathrm{e}^{2.56t} \end{cases} \tag{10.6}$$

式中的 c_1, c_2, c_3, c_4 由初始值 $\boldsymbol{x}_0 = \begin{bmatrix} x_{10} \\ x_{20} \end{bmatrix}$、末值时间 t_f 和末值状态 $\boldsymbol{x}_{t_\mathrm{f}} = \begin{bmatrix} 0 \\ 0 \end{bmatrix}$ 具体求得。

下面通过给该系统赋予不同的初始值和末值，开展仿真分析工作。

1）取初始值 $\boldsymbol{x}_0 = \begin{bmatrix} 0.4 \\ 0.5 \end{bmatrix}$

调节时间 t_f 分别取 0.5，1，1.5，得到控制量和两个状态量随时间变化的最优轨迹图如图 10.1～图 10.3 所示。

① $t_\mathrm{f} = 0.5$ 时，由初值以及末端状态可以解出 $c_1 = 311.4$，$c_2 = -51.7$，$c_3 = -1.21$，$c_4 = -0.29$。

② $t_\mathrm{f} = 1$ 时，由初值以及末端状态可以得出 $c_1 = 4.31$，$c_2 = -0.87$，$c_3 = 0.49$，$c_4 = 0.48$。

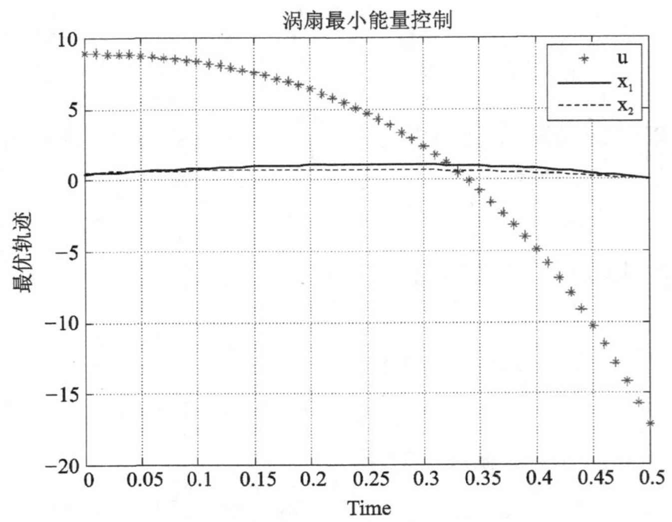

图 10.1　$t_f=0.5$ 时涡扇小能量调节最优轨线(初始值$x_0=\begin{bmatrix}0.4\\0.5\end{bmatrix}$)

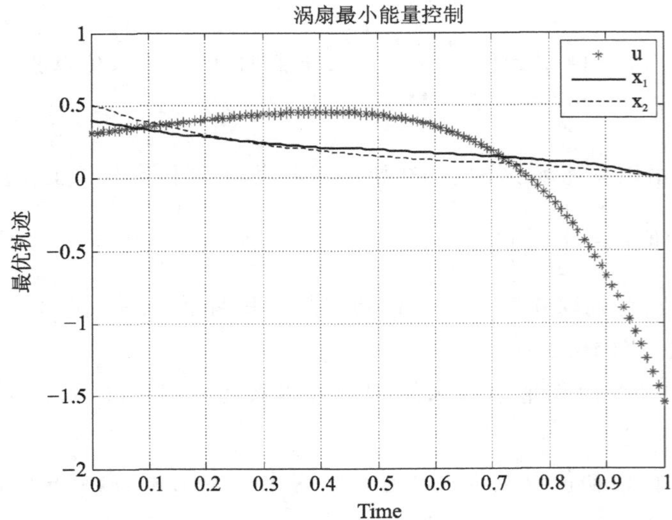

图 10.2　$t_f=1$ 时涡扇最小能量调节最优轨线(初始值$x_0=\begin{bmatrix}0.4\\0.5\end{bmatrix}$)

③ $t_f=1.5$ 时，由初值以及末端状态可以解出 $c_1=0, c_2=0, c_3=0.54, c_4=0.5$。

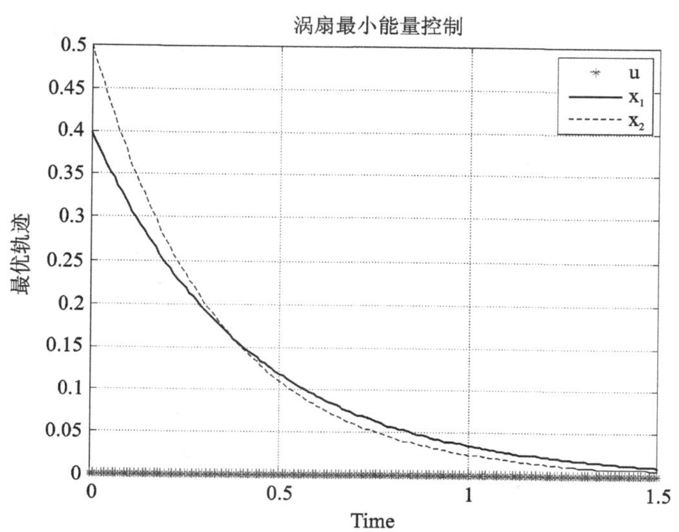

图 10.3　$t_f=1.5$ 时涡扇最小能量调节最优轨线(初始值 $x_0=\begin{bmatrix}0.4\\0.5\end{bmatrix}$)

可见此时的控制量已经变为零。

2）令初始值 $\boldsymbol{x}_0=\begin{bmatrix}1.0\\1.0\end{bmatrix}$

依旧按照之前流程，调节时间 t_f 分别取 0.5，1，1.5，2.0，2.5，得到控制量和两个状态量随时间变化的最优轨迹图如图 10.4～图 10.8 所示。

① $t_f=0.5$ 时，由初值以及末端状态可以解出 $c_1=418.64, c_2=-69.21, c_3=-1.03, c_4=-0.04$。

② $t_f=1$ 时，由初值以及末端状态可以解得 $c_1=2.52, c_2=-0.47, c_3=1.26, c_4=0.99$。

③ $t_f=1.5$ 时，由初值以及末端状态可以解得 $c_1=-0.33, c_2=0.09, c_3=1.29, c_4=1.00$。

④ $t_f=2.0$ 时，由初值以及末端状态可以解得 $c_1=-0.04, c_2=0.01, c_3=1.28, c_4=1.00$。

⑤ $t_f=2.5$ 时，由初值以及末端状态可以解得 $c_1=0, c_2=0, c_3=1.28, c_4=1.00$。

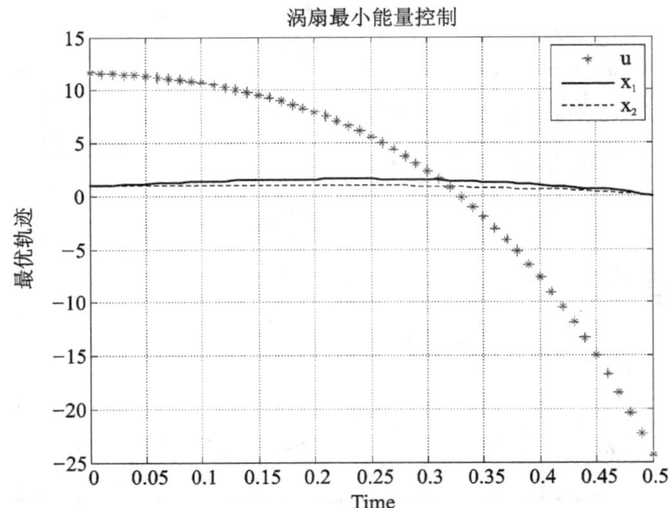

图 10.4 $t_f=0.5$ 时涡扇最小能量调节最优轨线(初始值$x_0=\begin{bmatrix}1.0\\1.0\end{bmatrix}$)

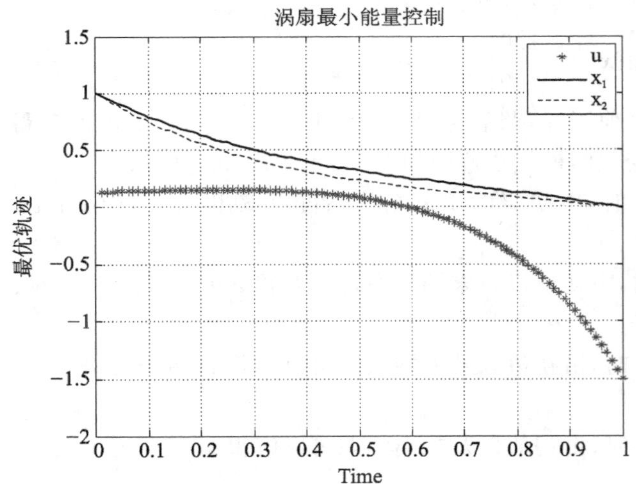

图 10.5 $t_f=1$ 时涡扇最小能量调节最优轨线(初始值$x_0=\begin{bmatrix}1.0\\1.0\end{bmatrix}$)

上述各图所对应的性能指标数据如表 10.1 所列。

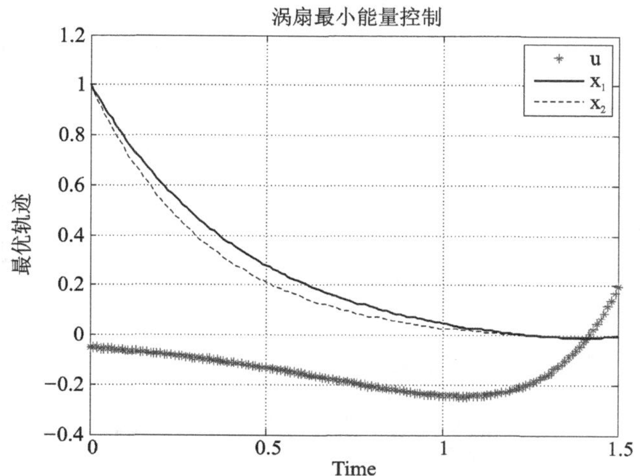

图 10.6　$t_f=1.5$ 时涡扇最小能量调节最优轨线（初始值 $x_0=\begin{bmatrix}1.0\\1.0\end{bmatrix}$）

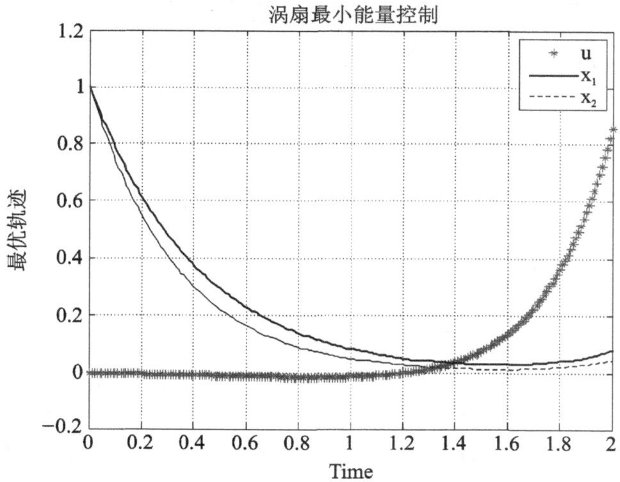

图 10.7　$t_f=2.0$ 时涡扇最小能量调节最优轨线（初始值 $x_0=\begin{bmatrix}1.0\\1.0\end{bmatrix}$）

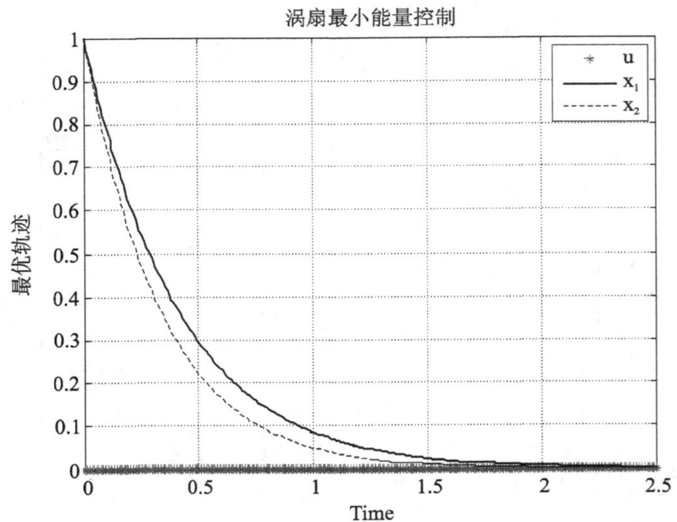

图 10.8　$t_f=2.5$ 时涡扇最小能量调节最优轨线（初始值$\boldsymbol{x}_0=\begin{bmatrix}1.0\\1.0\end{bmatrix}$）

表 10.1　涡扇最小能量控制性能表

性能指标 / t_f		最大控制量的绝对值 $\lvert u\rvert$	控制量平方和 $\sum u^2$	偏差平方和 $\sum e^2$		稳态误差 e_{ss}	
				x_1	x_2	x_1	x_2
$\boldsymbol{x}_0=\begin{bmatrix}0.4\\0.5\end{bmatrix}$	0.5	17.22	28.33	0.31	0.16	0	0
	1	1.55	0.25	0.05	0.0	0	0
	1.5	0	0	0.03	0.04	0	0
$\boldsymbol{x}_0=\begin{bmatrix}1.0\\1.0\end{bmatrix}$	0.5	24.41	52.21	0.81	0.41	0.01	0
	1	1.5	0.2	0.21	0.17	0.01	0
	1.5	0.24	0.04	0.2	0.16	0	0
	2	0.85	0.08	0.2	0.17	0.07	0.04
	2.5	0	0	0.2	0.17	0	0

结合图 10.1～图 10.8 以及表 10.1 可以看出：对于双轴涡扇发动机而言，它的控制率不仅仅与 t_f 的选取有关，还一定程度上受到$\boldsymbol{x}_0$ 的影响。从上图的变化规律可知，当初始条件较小为$\boldsymbol{x}_0=\begin{bmatrix}0.4\\0.5\end{bmatrix}$时，此时对于状态量而言偏离零初始状态不是很大，因此，相较于初始条件当调节时间为$\boldsymbol{x}_0=\begin{bmatrix}1.0\\1.0\end{bmatrix}$的情况，只用了 1.5 s 发动机便能

在控制量为零的情况下自行恢复至稳定点；当初值条件为$\boldsymbol{x}_0=\begin{bmatrix}1.0\\1.0\end{bmatrix}$时，系统受到干扰后状态量偏离过大，因此自行恢复到稳定值所需的时间延长至 2.5 s 左右，由表 10.1 可见，系统此时消耗的能量也远远要大于初始值较小的情况，可见初始值对于系统最小能量调节器的作用非常大。由表中还能看出，两种初始值情况下，当控制量较大致使短时间内便达到要求的控制，最后所得到的误差和稳态误差都很大，这表明，在保持控制效果最好的最小能量控制的情况下，并不能够一味地追求时间短，否则会导致稳态误差过大的情况。

10.2　控制量有约束时涡轴发动机最小时间控制

上节针对控制量不带约束的涡扇发动机设计了最小能量控制器，本节将针对涡轴发动机，对控制量设置一定的约束，性能指标是最小时间形式的情况，采用极小值原理设计最小时间控制器。

涡轴发动机模型第 9 章中已经推导过：

$$\begin{cases}\dot{x}_1=x_2\\ \dot{x}_2=-x_1-2x_2+u\\ y=x_1\end{cases}$$

考虑最小时间性能指标：

$$J=\int_0^{t_f}1\mathrm{d}t$$

对控制量有如下的约束要求：

$$|u|\leqslant 1$$

哈密顿函数构造如下：

$$H=u^2+\lambda^{\mathrm{T}}(Ax+Bu)=u^2+\lambda_1x_2-2\lambda_2x_2+\lambda_2u$$

由极值条件 $H^*=\min H$，将最优控制律写成如下符号函数的形式：

$$u^*=-\mathrm{sgn}[\lambda_2]=\begin{cases}+1 & \lambda_2(t)<0\\ -1 & \lambda_2(t)>0\end{cases}$$

这是典型的 Bang-Bang 控制，即控制律会在 +1 和 −1 之间来回切换最后使系统达到目标要求。

当 $u^*=+1$ 时，状态方程为

$$\begin{cases}\dot{x}_1=x_2\\ \dot{x}_2=-x_1-2x_2+1\end{cases}$$

运用 MATLAB ‘Dsolve’函数求微分方程得到

$$\begin{cases} x_1 = (at + b)\mathrm{e}^{-t} + 1 \\ x_2 = (-at - b + a)\mathrm{e}^{-t} \end{cases} \tag{10.7}$$

若 $u^* = -1$ 时，状态方程为

$$\begin{cases} \dot{x}_1 = x_2 \\ \dot{x}_2 = -x_1 - 2x_2 - 1 \end{cases}$$

运用 MATLAB 'Dsolve'函数求微分方程得到

$$\begin{cases} x_1 = (at + b)\mathrm{e}^{-t} - 1 \\ x_2 = (-at - b + a)\mathrm{e}^{-t} \end{cases} \tag{10.8}$$

不同于上节中涡扇发动机最小能量控制器的 MATLAB 编程，最小时间控制器由于哈密顿函数求解的结果是一个典型的 Bang - Bang 控制，控制量受到约束且在 +1 和 -1 之间来回切换，切换的时间和大小都未知，因此如何找到合适的 MATLAB 语言来寻找切换的点成了最大的困难，最后在无数次的调试之后决定运用'isempty'这个函数，通过先对 u 从 1 到 -1 的输入方程进行求解，判断是否为空，若为空，再验证 -1 到 1，分别对应两种情况，其中若 -1 到 1 有解，验证是否符合要求，即转换时间和末端时间是否都大于零，若满足条件则绘图，若不满足则报错，继续类推一共 5 种情况就不详细说明，最后得到了一张在预设的取点范围里的 Bang-Bang 控制轨迹图，各点的选取也是经过反复的调试，避开了无解所集中的区域取点。

在调试过程中，有一个问题终于得到了它的物理解释，如图 10.9 所示。

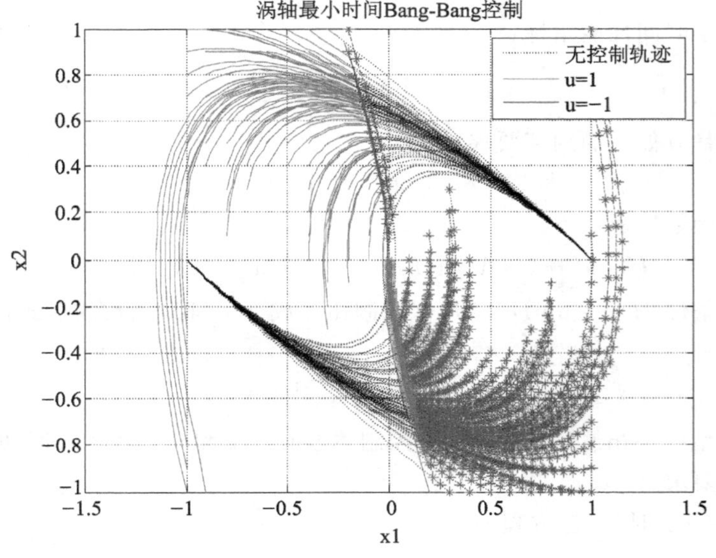

图 10.9　涡轴最小时间控制器调试图

图中有两条出现在开关线另一侧的轨迹分别是在控制等于 1 和 −1 的情况下，它们在没有到达开关线之前就消失了。

通过反复修改参数和分析曲线后发现，由于没有加上转换时间小于末值时间，导致只要是 t_s 和 t_f 都大于 0 就会绘图。在数学上这两条轨线依旧成立，但是不符合物理解释。

当式(10.7)与式(10.8)中参数不同时，可以绘制出不同的最优轨线。选取初始条件和仿真时间的间隔就有唯一的参数对应到图中，对于不同取值范围的状态量分别做出的最优轨线如图 10.10 所示。

可以发现，图 10.10 的 (a)图在较大的范围内给出了 Bang-Bang 控制的一个整体的效果，红线和绿线分别表示控制量等于 −1 和 1 的被控曲线，可以发现，当起始点位于 R_+ 平面内都是由 +1 开始控制至开关线位置，转换为 −1 控制直到稳定，在 R_- 的范围内时正好相反。(b)图给出了在[−1,1]范围内取值的一个较为详细清晰的一个控制效果，图中符合要求的初值点均用红圈标出，+1 和 −1 的控制均汇聚到开关线上进行转换，开关线清晰的交在原点。图中的黑色虚线表示在没有 Bang-Bang 控制的情况下，即控制量没有受到约束的情况下可以看到转换之前的控制量越过了开关线继续控制，最后同样达到了 x_2 的稳定，之所以在末值状态的 x_1 没有稳定是因为在涡轴发动机的状态方程中可以看到，控制量对 x_1 状态并没有起到控制的作用，因此在没有 Bang-Bang 控制的情况下控制效果不能使得 x_1 达到要求的末值状态。

故此可以认为，Bang-Bang 控制的实际效果是对两个状态量分别进行控制来达到最后的要求末值，而开关线的选取是对达到稳定之前控制状态量的惯性的预测，在达到开关线之后，原控制将不再对该状态量施加影响，先前的控制量靠着开关线之前控制量的惯性达到了平衡。

所以，开关线的选取对于最小时间 Bang-Bang 控制的效果尤为重要，在 MATLAB 计算过程中还看到许多的初始点被自动舍弃了，数学上来说这是因为公式联立无解而导致的，但实际上可以分析是因为在末值要求给定的情况下，控制量无法使得 x_2 在控制量发生变化以后具有一个合适的惯性，换言之该开关线不存在，因此导致了部分初始值在图中消失了。

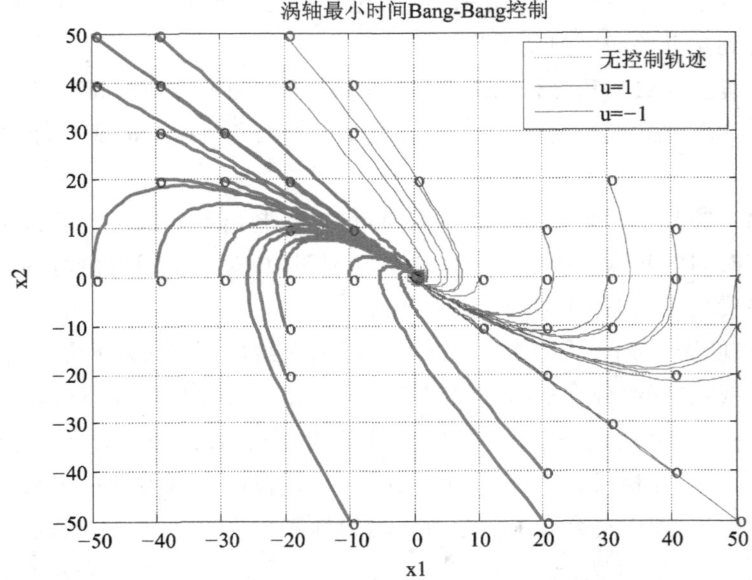

(a) 状态量在[−50, 50]隔10取点的关系图

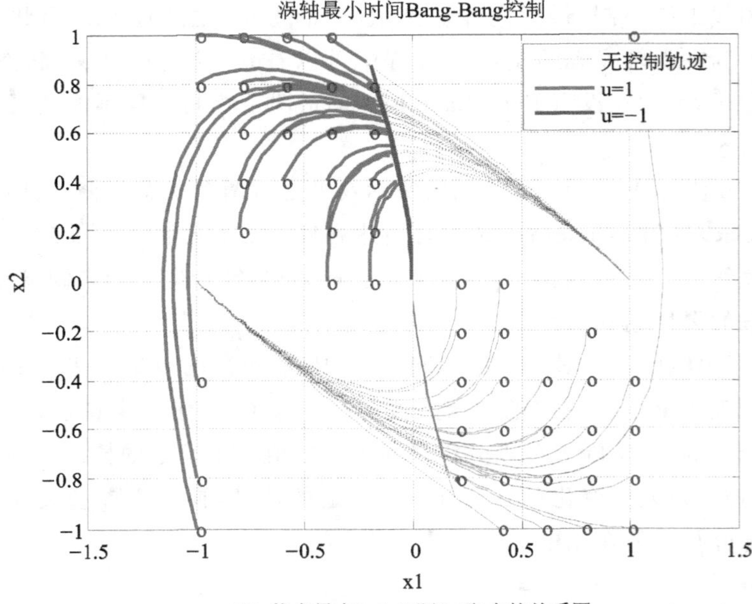

(b) 状态量在[−1, 1]隔0.1取点的关系图

图 10.10　涡轴发动机最小时间最优控制的最优轨线

第 11 章
基于动态规划求解航空发动机离散时间最优控制问题

11.1 动态规划算法简单回顾

动态规划由美国学者贝尔曼提出，产生于离散系统的多步决策控制，是解决控制量受约束下的最优控制问题的一种方法。它的本质是非线性规划，核心是最优性原理。这个最优性原理可归结为一个基本递推公式，将多级决策问题变为多个单级决策问题以简化求解。

最优性原理阐述如下：如果有一个初始状态为 $x(0)$ 的 N 级决策控制过程，最优控制序列为 $\{u^*(0), u^*(1), \cdots, u^*(N-1)\}$，那么对于初始状态为 $x(k)$ 的 $N-k$ 级决策控制过程，$\{u^*(k), u^*(k+1), \cdots, u^*(N-1)\}$ 必然为最优控制序列。

N 级决策的目标函数为

$$J[X(0),0]=\sum_{k=0}^{N-1}L[X(k),U(k),k]$$

系统的状态方程为

$$X(k+1)=f[X(k),U(k),k], \qquad X(0)=X_0$$

由最优性原理可得初始状态为 $x(k)$ 的 $N-k$ 级决策控制过程的目标函数极小值为

$$\begin{aligned}J^*[X(k),k]&=\min_{\{U(k),U(k+1),\cdots,U(N-1)\}\in\Omega}\sum_{i=k}^{N-1}L[X(i),U(i),i]\\&=\min_{\{U(k),U(k+1),\cdots,U(N-1)\}\in\Omega}\left\{L[X(k),U(k),k]+\sum_{i=k+1}^{N-1}L[X(i),U(i),i]\right\}\end{aligned}$$

由于右端大括号内第一项仅与 $U(k)$ 有关，因此，上式可改写为

$$J^*[X(k),k]=\min_{U(k)\in\Omega}\{L[X(k),U(k),k]\}+\min_{\{U(k+1),U(k+2),\cdots,U(N-1)\}\in\Omega}\sum_{i=k+1}^{N-1}L[X(i),U(i),i] \tag{11.1}$$

根据目标函数的定义，有如下关系式：

$$J^*[X(k+1),k+1]=\min_{\{U(k+1),U(k+2),\cdots,U(N-1)\}\in\Omega}\sum_{i=k+1}^{N-1}L[X(i),U(i),i] \tag{11.2}$$

将式(11.2)代入式(11.1)，可得动态规划的基本递推方程为

$$J^*[X(k),k]=\min_{\{U(k)\in\Omega\}}\{L[X(k),U(k),k]+J^*[X(k+1),k+1]\} \tag{11.3}$$

式(11.3)表明，动态规划是一种从多级决策的最后一级开始，逐级向前递推的算法。

11.2　连续时间模型离散化方法

由于动态规划产生于离散系统的多步决策控制，在应用动态规划解决线性定常系统的最优控制问题之前，首先需要对连续系统进行离散化处理。连续系统的离散化在于导出各采样时刻上与连续系统等价的离散状态方程。一般采样在时间上是等间隔的，且采用理想的采样开关和零阶保持器，控制作用仅在采样时刻发生变化。

连续线性定常系统的状态空间模型为

$$\begin{aligned}\dot{\boldsymbol{X}}(t)&=\boldsymbol{AX}(t)+\boldsymbol{BU}(t)\\ \boldsymbol{Y}(t)&=\boldsymbol{CX}(t)\end{aligned}$$

状态方程的解为

$$\boldsymbol{X}(t)=\mathrm{e}^{\boldsymbol{A}(t-t_0)}\boldsymbol{X}(t_0)+\int_{t_0}^{t}\mathrm{e}^{\boldsymbol{A}(t-\tau)}\boldsymbol{BU}(\tau)\mathrm{d}\tau$$

对上式进行离散化，令 $t=(k+1)T,t_0=kT,T$ 为采样周期，得

$$\boldsymbol{X}[(k+1)T]=\mathrm{e}^{\boldsymbol{A}T}\boldsymbol{X}(kT)+\int_{kT}^{(k+1)T}\mathrm{e}^{\boldsymbol{A}[(k+1)T-\tau]}\boldsymbol{BU}(\tau)\mathrm{d}\tau$$

作积分变量代换 $\tau=kT+\xi,0\leqslant\xi\leqslant T$，并应用零阶保持器，得

$$\boldsymbol{X}[(k+1)T]=\mathrm{e}^{\boldsymbol{A}T}\boldsymbol{X}(kT)+\int_{0}^{T}\mathrm{e}^{\boldsymbol{A}(T-\tau)}\boldsymbol{B}\mathrm{d}\xi\cdot\boldsymbol{U}(kT)$$

当采样周期固定时，上式中 $\boldsymbol{X}(kT)$ 和 $\boldsymbol{U}(kT)$ 前的系数均为定值，记为

$$\boldsymbol{G}=\mathrm{e}^{\boldsymbol{A}T},\quad \boldsymbol{H}=\int_{0}^{T}\mathrm{e}^{\boldsymbol{A}(T-\tau)}\boldsymbol{B}\mathrm{d}\xi=\int_{0}^{T}\mathrm{e}^{\boldsymbol{A}t}\boldsymbol{B}\mathrm{d}t$$

连续状态空间模型变为如下的离散状态空间模型：

$$\begin{aligned}\boldsymbol{X}(k+1)&=\boldsymbol{GX}(k)+\boldsymbol{HU}(k)\\ \boldsymbol{Y}(k)&=\boldsymbol{CX}(k)\end{aligned}$$

11.3 基于动态规划的航空涡扇发动机最优控制

传统的动态规划法能解决的是时间不定、末端自由的最优控制问题。对于初值固定、末端固定或受约束的最优控制问题,用动态规划从末端状态开始逆时间顺序求解最优控制序列,编程难度极高,此时应采用顺序求解法按时间顺序进行求解更为直观,大幅度降低编程难度。

某型双转子混排涡扇发动机线性状态空间模型如下:

$$\begin{bmatrix}\Delta\dot{n}_{H}\\ \Delta\dot{n}_{L}\end{bmatrix}=\begin{bmatrix}-3.3248 & 0.19607\\ 1.193 & -3.6917\end{bmatrix}\begin{bmatrix}\Delta n_{H}\\ \Delta n_{L}\end{bmatrix}+\begin{bmatrix}1.941 & 2.3442\\ 1.1856 & 0.61767\end{bmatrix}\begin{bmatrix}\Delta W_{f}\\ \Delta A_{e}\end{bmatrix} \tag{11.4}$$

$$\begin{bmatrix}\Delta n_{H}\\ \Delta n_{L}\end{bmatrix}=\begin{bmatrix}1 & 0\\ 0 & 1\end{bmatrix}\begin{bmatrix}\Delta n_{H}\\ \Delta n_{L}\end{bmatrix}+\begin{bmatrix}0 & 0\\ 0 & 0\end{bmatrix}\begin{bmatrix}\Delta W_{f}\\ \Delta A_{e}\end{bmatrix}$$

其中,Δn_{H},Δn_{L} 分别表示高低压转子转速的相对增量,ΔW_{f} 表示燃油流量的相对增量,ΔA_{e} 表示发动机尾喷管出口面积的相对增量。

采用 MATLAB 中的 c2d 函数,应用零阶保持器法(zoh)进行离散化,取采样周期为 0.02 s。双转子发动机模型式(11.4)离散化为

$$\begin{bmatrix}\Delta n_{H}(k+1)\\ \Delta n_{L}(k+1)\end{bmatrix}=\begin{bmatrix}0.9357 & 0.003656\\ 0.02224 & 0.9289\end{bmatrix}\begin{bmatrix}\Delta n_{H}(k)\\ \Delta n_{L}(k)\end{bmatrix}+\begin{bmatrix}0.0376 & 0.04538\\ 0.0233 & 0.01244\end{bmatrix}\begin{bmatrix}\Delta W_{f}(k)\\ \Delta A_{e}(k)\end{bmatrix}$$

$$\begin{bmatrix}\Delta n_{H}(k)\\ \Delta n_{L}(k)\end{bmatrix}=\begin{bmatrix}1 & 0\\ 0 & 1\end{bmatrix}\begin{bmatrix}\Delta n_{H}(k)\\ \Delta n_{L}(k)\end{bmatrix}$$

目标函数取为

$$J=w_1\int_0^{t_f}(n_H-n_{Href})^2\mathrm{d}t+w_2\int_0^{t_f}(n_L-n_{Lref})^2\mathrm{d}t,\qquad w_1\geqslant 0,w_2\geqslant 0,w_1+w_2=1 \tag{11.5}$$

离散化式(11.5),有

$$J=\sum_{i=0}^{k}\{w_1[n_H(i)-n_{Href}]^2+w_2[n_L(i)-n_{Lref}]^2\},\qquad w_1\geqslant 0,w_2\geqslant 0,w_1+w_2=1$$

其中,n_{Href}、n_{Lref} 分别表示高、低压涡轮转速期望值。按顺序求解法进行编写控制算法,采用 MATLAB 中的约束非线性优化函数 fmincon,用内置的 interior-point,active-set,sqp,sqp-legacy 四种算法进行优化,按时间顺序依次进行最优控制序列求解,都获得同样结果。

图 11.1～图 11.5 和表 11.1～表 11.5 给出了在应用动态规划对双转子发动机进行最

优控制时，不同的 w_1 取值下对应的最优控制曲线和控制系统的动态性能指标。

w_1 的取值如下：$w_1=0,0.2,0.5,0.8,1$，给定的控制指令为 $n_{Href}=1$，$n_{Lref}=0.8$，初始值为 $n_H(0)=n_L(0)=0$。

为简洁起见，本节叙述中省略增量符号 Δ。

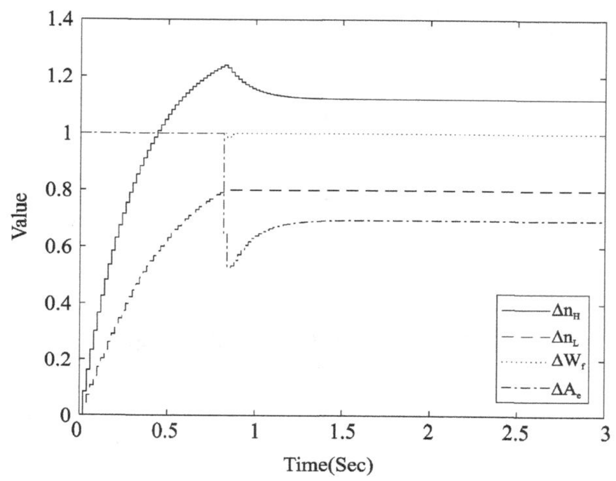

图 11.1　$w_1=0$ 时的最优控制曲线

表 11.1　$w_1=0$ 时的动态性能

w_1	被控量	性能指标				
		稳态值	上升时间/s	峰值时间/s	超调量	调节时间/s
0	n_H	1.121	0.4	0.84	10.8%	0.94
	n_L	0.8	0.6	/	/	0.76

表 11.2　$w_1=0.2$ 时的动态性能

w_1	被控量	性能指标				
		稳态值	上升时间/s	峰值时间/s	超调量	调节时间/s
0.2	n_H	1.046	0.36	0.58	7.55%	0.7
	n_L	0.758 4	0.52	/	/	0.72

表 11.3　$w_1=0.5$ 时的动态性能

w_1	被控量	性能指标				
		稳态值	上升时间/s	峰值时间/s	超调量	调节时间/s
0.5	n_H	1.016	0.34	0.48	3.15%	0.42
	n_L	0.741 9	0.56	/	/	0.78

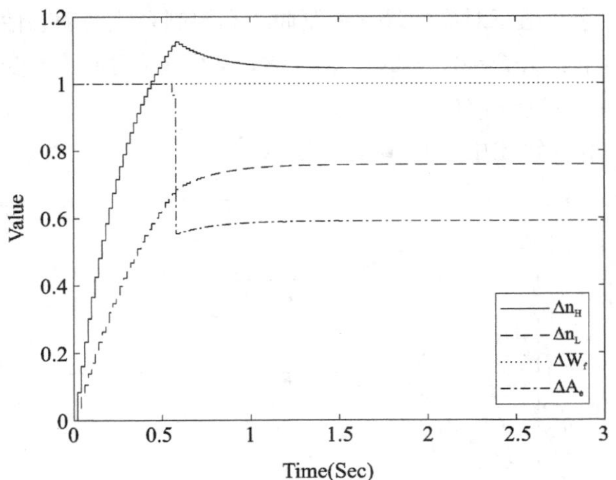

图 11.2　$w_1=0.2$ 时的最优控制曲线

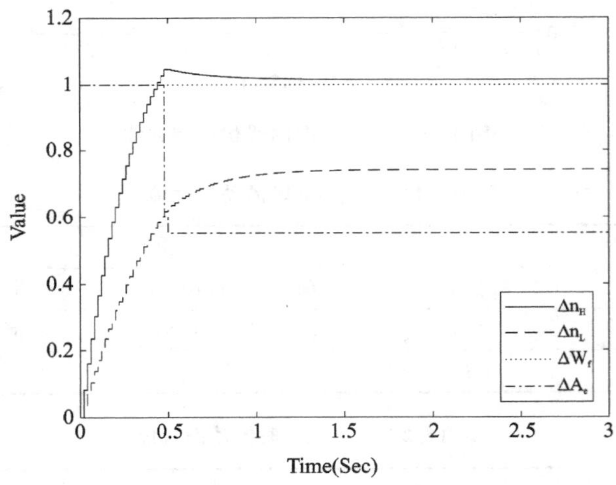

图 11.3　$w_1=0.5$ 时的最优控制曲线

表 11.4　$w_1=0.8$ 时的动态性能指标

w_1	被控量	性能指标				
		稳态值	上升时间/s	峰值时间/s	超调量	调节时间/s
0.8	n_H	1.004	0.32	0.46	0.996%	0.4
	n_L	0.735 5	0.58	/	/	0.82

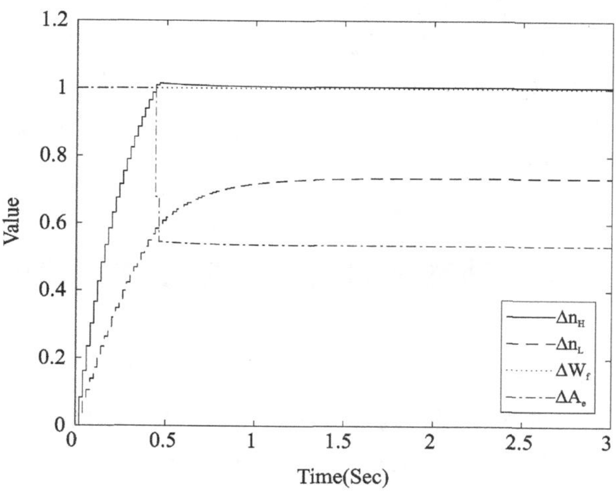

图 11.4　$w_1=0.8$ 时的最优控制曲线

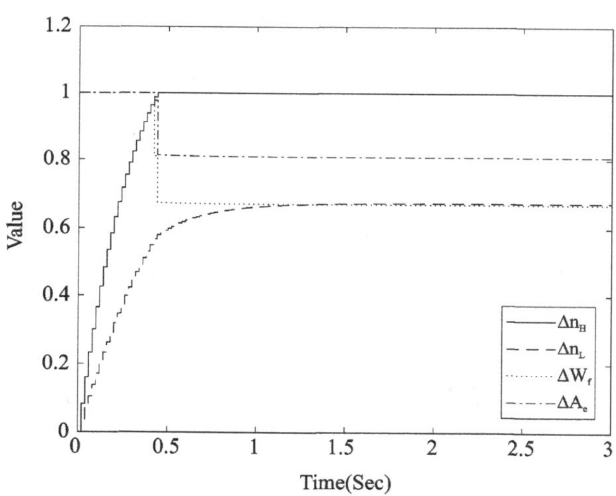

图 11.5　$w_1=1$ 时的最优控制曲线

表 11.5　$w_1=1$ 时的动态性能

w_1	被控量	性能指标				
		稳态值	上升时间/s	峰值时间/s	超调量	调节时间/s
1	n_H	1	0.32	/	/	0.4
	n_L	0.673 5	0.48	/	/	0.72

根据图 11.1～图 11.5 和表 11.1～表 11.5 比较，在本例中，随着 w_1 的值不断

增大，n_H 的超调量不断降低，系统的响应不断加快。由于该模型是混合排气涡扇发动机的状态空间模型，意味着该发动机为小涵道比发动机，此时高压转子转速不能过大，以防止对发动机造成过大的热负荷和动力负荷。对于大涵道比发动机如 CFM56 来说，大部分推力由外涵道产生，低压转子的转速更能反映发动机产生的推力和动力负荷，此时应选 n_L 为控制参数。

11.4 动态规划与极小值原理的比较

本节将基于单输入单输出航空发动机模型，用动态规划和极小值原理对时间最优控制问题进行求解，并对使用这两种方法求出的最优控制解进行比较。

某单转子涡喷发动机在一定工作状态下的传递函数如下：

$$G(s)=\frac{\delta n(s)}{\delta W_f(s)}=\frac{0.355}{0.659s+1} \tag{11.6}$$

采用 MATLAB 中的 c2d 函数，应用零阶保持器法（zoh）进行离散化，取采样周期为 0.02 s。式（11.6）的单转子发动机模型离散化为

$$\begin{gathered} x(k+1)=0.970\,1x(k)+0.019\,7u(k) \\ y(k)=0.538\,7x(k) \end{gathered} \tag{11.7}$$

目标函数取为

$$J=\sum_{i=0}^{k}[n_H(i)-n_{Href}]^2$$

考虑控制量约束为 $-1\leqslant u\leqslant 1$，初始值 n_0 为零，末端值为 $n_{Href}=0.3$。

对模型式（11.7）分别采用动态规划和极小值原理求解最优控制，仿真结果如图 11.6 所示。

图 11.6 中 u 表示输入随时间的变化，x-dynprog 表示基于动态规划求解时状态变量随时间的变化，x-minimum-principle 表示基于极小值原理求解时状态变量随时间的变化。

将采样周期缩短至 0.002 s，式（11.6）的单转子发动机模型离散化为

$$\begin{gathered} x(k+1)=0.997x(k)+0.001\,997u(k) \\ y(k)=0.538\,7x(k) \end{gathered} \tag{11.8}$$

考虑同样的目标函数和控制约束，最优控制解曲线如图 11.7 所示。

图 11.7 中 u 表示输入随时间的变化，x-dynprog 表示基于动态规划求解时状态变量随时间的变化，x-minimum-principle 表示基于极小值原理求解时状态变量随时间的变化。

比较后可得，这两种方法得出的最优控制解几乎一致。

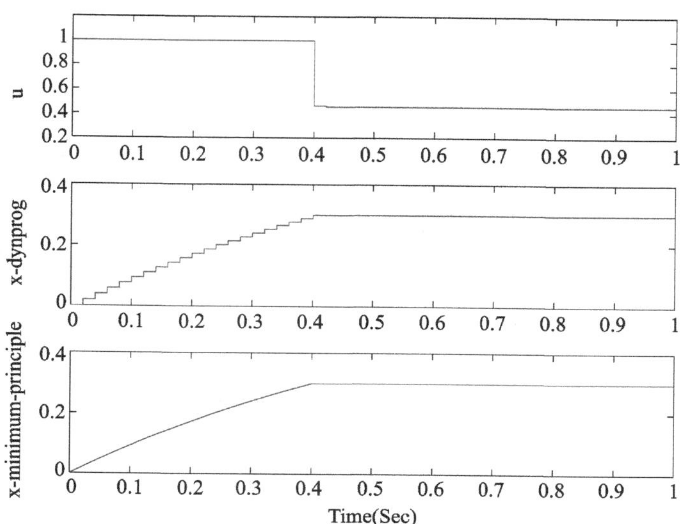

图 11.6　采样周期为 0.02 s 时的最优控制解曲线

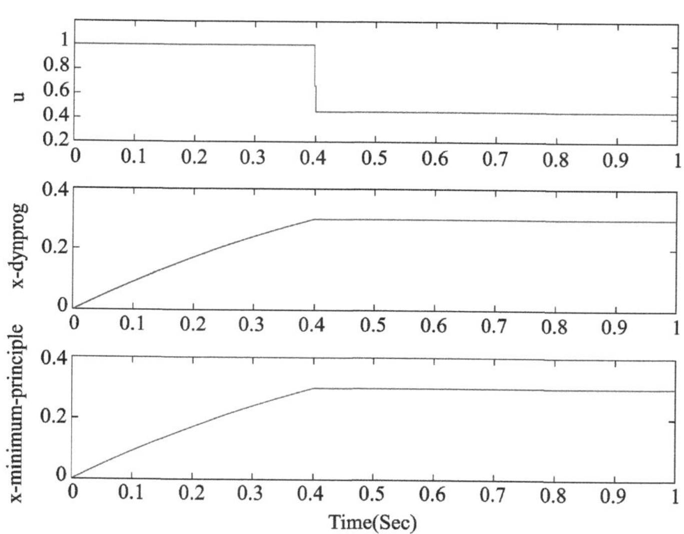

图 11.7　采样周期为 0.002 s 时的最优控制解曲线

第 12 章 航空动力系统线性二线型最优控制

12.1 涡扇发动机有限时间线性二次型最优控制

12.1.1 线性二次型最优控制理论简单回顾

线性定常系统的状态空间模型为

$$\dot{\boldsymbol{X}} = \boldsymbol{AX} + \boldsymbol{BU}$$
$$\boldsymbol{Y} = \boldsymbol{CX}$$

目标函数为

$$J = \frac{1}{2}\boldsymbol{e}^{\mathrm{T}}(t_{\mathrm{f}})\boldsymbol{F}\boldsymbol{e}(t_{\mathrm{f}}) + \frac{1}{2}\int_{t_0}^{t_{\mathrm{f}}}[\boldsymbol{e}^{\mathrm{T}}(t)\boldsymbol{Q}(t)\boldsymbol{e}(t) + \boldsymbol{U}^{\mathrm{T}}(t)\boldsymbol{R}(t)\boldsymbol{U}(t)]\mathrm{d}t$$

其中，t_0 和 t_{f} 均给定，$\boldsymbol{U}(t)$无约束，$\boldsymbol{e}(t)=\boldsymbol{Z}(t)-\boldsymbol{Y}(t)$为跟踪误差，$\boldsymbol{Z}(t)$为理想输出向量，要求确定最优控制$\boldsymbol{U}^*(t)$，使目标函数取极小值。目标函数的第 1 项为末值项，反映了末端误差向量 $\boldsymbol{e}(t_{\mathrm{f}})$与零向量之间的距离加权平方和。目标函数的第 1 个积分项表示系统控制过程中系统动态跟踪误差的加权平方和，反映了系统动态跟踪误差的总度量。目标函数的第 2 个积分项表示系统控制过程中消耗的控制能量。

线性定常系统的线性二次型状态调节器问题存在如下唯一最优控制解：

$$\boldsymbol{U}^*(t) = -\boldsymbol{R}^{-1}(t)\boldsymbol{B}^{\mathrm{T}}\boldsymbol{P}(t)\boldsymbol{X}(t)$$

该最优控制解为线性状态反馈控制律，可实现闭环最优控制。

目标函数的极值为

$$J = \frac{1}{2}\boldsymbol{X}^{\mathrm{T}}(t_0)\boldsymbol{P}(t_0)\boldsymbol{X}(t_0)$$

其中，$\boldsymbol{P}(t)$满足下列黎卡提方程：

$$-\dot{\boldsymbol{P}}(t)=\boldsymbol{P}(t)\boldsymbol{A}+\boldsymbol{A}^{\mathrm{T}}\boldsymbol{P}(t)-\boldsymbol{P}(t)\boldsymbol{B}\boldsymbol{R}^{-1}\boldsymbol{B}^{\mathrm{T}}\boldsymbol{P}(t)+\boldsymbol{Q}(t)$$

方程的边界条件为 $\boldsymbol{P}(t_f)=\boldsymbol{F}$。最优轨线 $x^*(t)$为如下方程的解：

$$\dot{\boldsymbol{X}}(t)=[\boldsymbol{A}-\boldsymbol{B}\boldsymbol{R}^{-1}\boldsymbol{B}^{\mathrm{T}}\boldsymbol{P}(t)\boldsymbol{X}(t)],\qquad \boldsymbol{X}(t_0)=\boldsymbol{X}_0$$

12.1.2　涡扇发动机有限时间 LQR 控制器设计

某型双转子混排涡扇发动机线性状态空间模型如下

$$\begin{bmatrix}\Delta\dot{n}_{\mathrm{H}}\\ \Delta\dot{n}_{\mathrm{L}}\end{bmatrix}=\begin{bmatrix}-3.3248 & 0.19607\\ 1.193 & -3.6917\end{bmatrix}\begin{bmatrix}\Delta n_{\mathrm{H}}\\ \Delta n_{\mathrm{L}}\end{bmatrix}+\begin{bmatrix}1.941 & 2.3442\\ 1.1856 & 0.61767\end{bmatrix}\begin{bmatrix}\Delta W_{\mathrm{f}}\\ \Delta A_{\mathrm{e}}\end{bmatrix}$$

$$\begin{bmatrix}\Delta n_{\mathrm{H}}\\ \Delta n_{\mathrm{L}}\end{bmatrix}=\begin{bmatrix}1 & 0\\ 0 & 1\end{bmatrix}\begin{bmatrix}\Delta n_{\mathrm{H}}\\ \Delta n_{\mathrm{L}}\end{bmatrix}+\begin{bmatrix}0 & 0\\ 0 & 0\end{bmatrix}\begin{bmatrix}\Delta W_{\mathrm{f}}\\ \Delta A_{\mathrm{e}}\end{bmatrix}$$

其中 Δn_{H}，Δn_{L} 分别表示高低压转子转速的相对增量，ΔW_{f} 表示燃油流量的相对增量，ΔA_{e} 表示发动机尾喷管出口面积的相对增量。

1. 不同末端时间对系统性能的影响

首先，定义初值条件为 $t_0=0$，$\boldsymbol{X}(t_0)=[-1\quad -1]^{\mathrm{T}}$，末值条件为 $t_f=2$，$\boldsymbol{X}(t_f)=[0\quad 0]^{\mathrm{T}}$。令 $F=0$ 并采用如下加权矩阵：

$$\boldsymbol{Q}=\begin{bmatrix}11 & 0\\ 0 & 2\end{bmatrix},\qquad \boldsymbol{R}=\begin{bmatrix}2 & 0\\ 0 & 1\end{bmatrix}\tag{12.1}$$

对加权矩阵式(12.1)进行分析，列出微分方程组如下：

$$\begin{cases}\dot{P}_{11}(t)=2.386P_{12}-6.6496P_{11}-P_{12}(2.5986P_{11}+1.0843P_{12})\\ \qquad -P_{11}(7.379P_{11}+2.5986P_{12})+11, & P_{11}(t_f)=0\\ \dot{P}_{12}(t)=0.19607P_{11}-7.0165P_{12}+1.193P_{22}-P_{12}(2.5986P_{12}+1.0843P_{22})\\ \qquad -P_{11}(7.379P_{12}+2.5986P_{22}), & P_{12}(t_f)=0\\ \dot{P}_{22}(t)=0.39214P_{12}-7.3834P_{22}-P_{22}(2.5986P_{12}+1.0843P_{22})\\ \qquad -P_{12}(7.379P_{12}+2.5986P_{22})+2, & P_{22}(t_f)=0\end{cases}$$

用计算机逆时间方向对该方程组进行求解，所得状态和控制量变化曲线如图 12.1 所示，黎卡提方程解曲线和最优相轨迹如图 12.2 所示。

可以看出，即使是对于线性定常系统，有限时间状态调节器中黎卡提方程的解 $\boldsymbol{P}(t)$为时变矩阵，最优反馈系统为线性时变系统。尽管该矩阵是时变的，但当末端时间 t_f 足够大时，$\boldsymbol{P}(t)$中的各个元素趋于定值。从状态量和控制量的变化曲线来看，基于 LQR 方法的控制系统除了能满足控制时的初末端条件之外，具有良好的稳态性能。

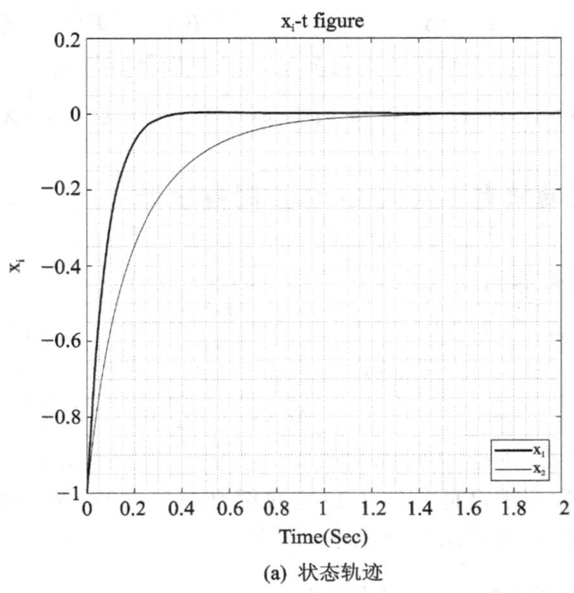

(a) 状态轨迹

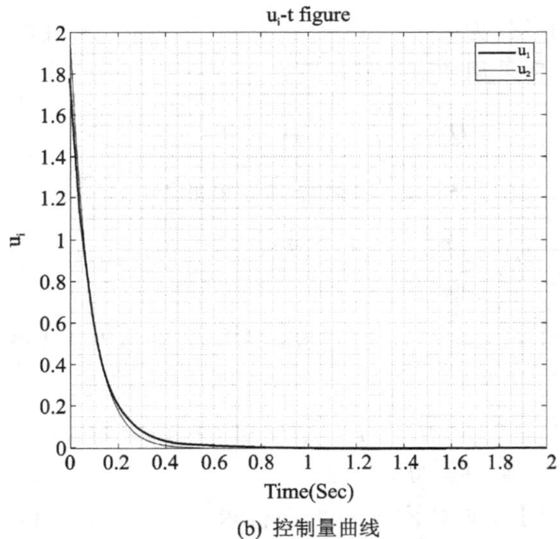

(b) 控制量曲线

图 12.1 末端时间为 2 s 时加权矩阵式(12.1)对应的状态和控制量变化曲线

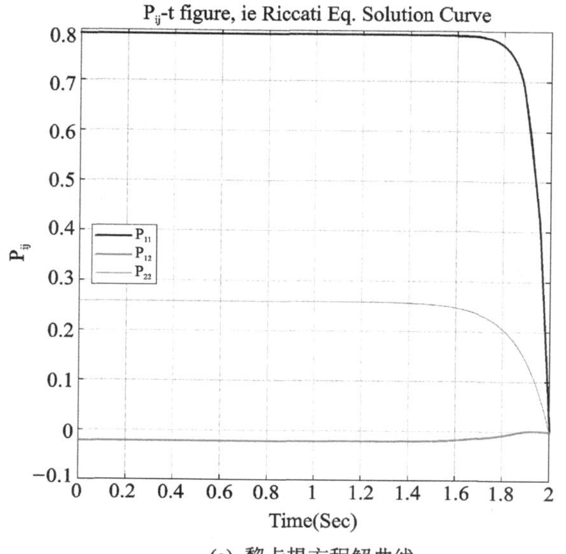

(a) 黎卡提方程解曲线

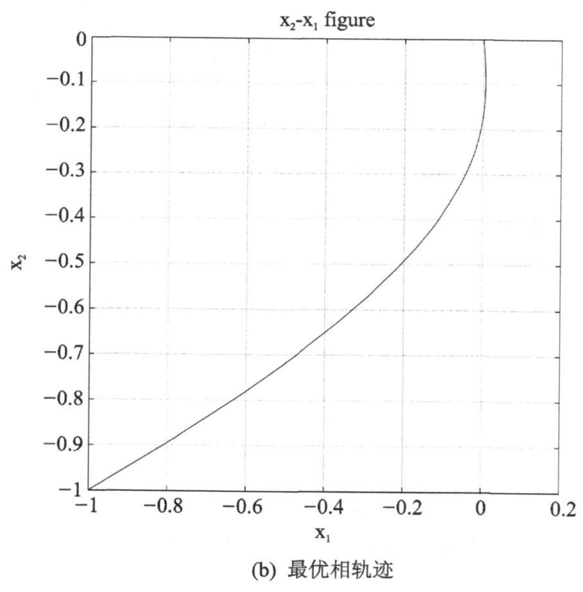

(b) 最优相轨迹

图 12.2　末端时间为 2 s 时加权矩阵式(12.1)对应的黎卡提方程解曲线和最优相轨迹

接下来，将末端时间 t_f 改为 0.2 s，并求解微分方程组，所得状态和控制量变化曲线如图 12.3 所示，黎卡提方程解曲线和最优相轨迹如图 12.4 所示。

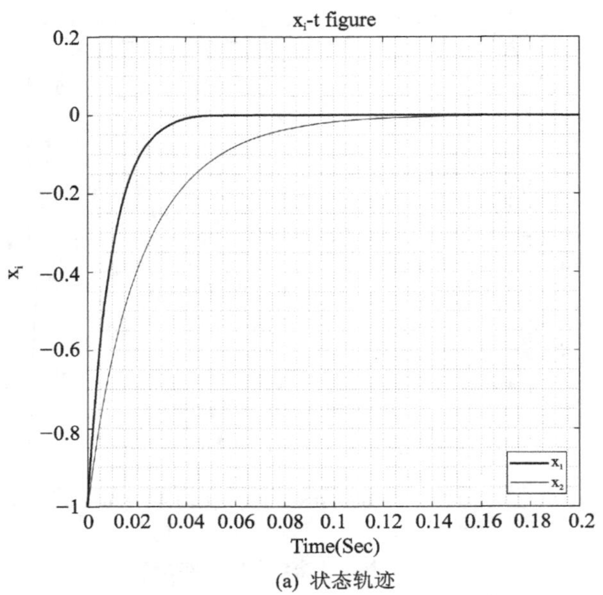

(a) 状态轨迹

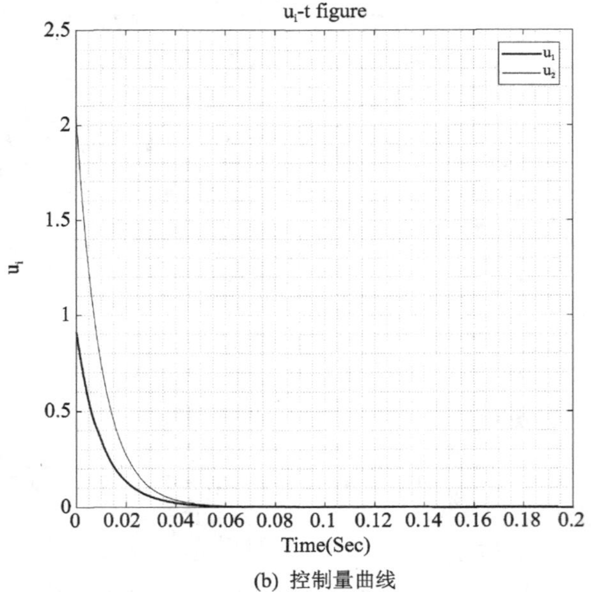

(b) 控制量曲线

图 12.3　末端时间为 0.2 s 时加权矩阵式(12.1)对应的状态和控制量变化曲线

比较图 12.1～图 12.4，可推断出如下结论：在加权矩阵和初末值条件相同的时候，有限时间状态调节器的状态和控制量随时间的变化曲线在时间上无量纲化后相

同，最优轨线与末端时间无关。

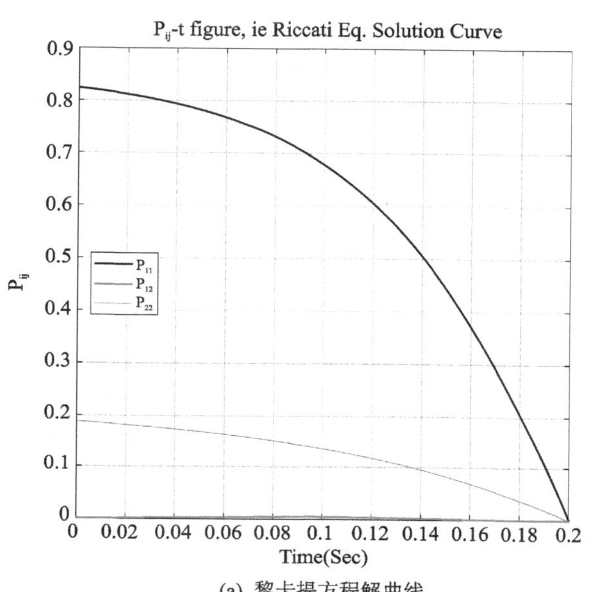

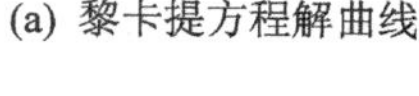

(a) 黎卡提方程解曲线

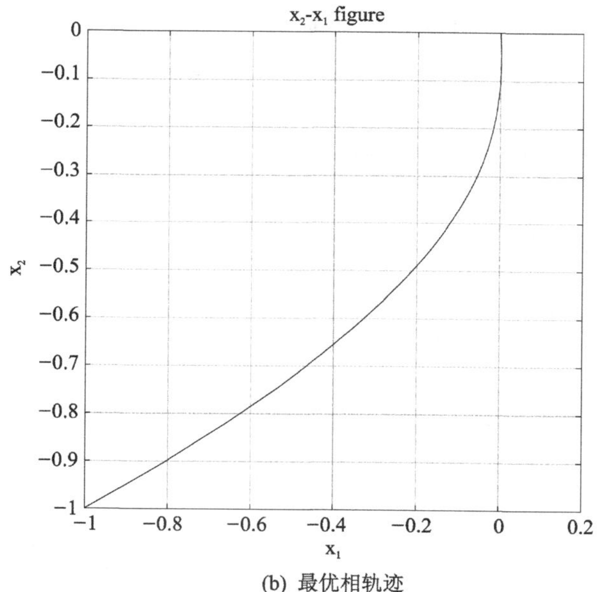

(b) 最优相轨迹

图 12.4　末端时间为 0.2 s 时加权矩阵式(12.1)对应的黎卡提方程解曲线和最优轨线

一般而言，在基于 LQR 方法设计控制系统时，黎卡提方程的解 $\boldsymbol{P}(t)$ 应首先离线算出，随后存储于电子控制器之中，这对于控制系统中计算机的存储提出了一定的要求。从黎卡提方程解曲线上看，只需要存储趋于定值前 $\boldsymbol{P}(t)$ 随时间的变化关系即可。

2. 不同加权矩阵对系统性能的影响

考虑如下三种不同的加权矩阵：

$$\boldsymbol{Q}=\begin{bmatrix}11 & 0\\ 0 & 2\end{bmatrix},\quad \boldsymbol{R}=\begin{bmatrix}1 & 0\\ 0 & 1\end{bmatrix}\tag{12.2}$$

$$\boldsymbol{Q}=\begin{bmatrix}11 & 0\\ 0 & 2\end{bmatrix},\quad \boldsymbol{R}=\begin{bmatrix}1 & 0\\ 0 & 2\end{bmatrix}\tag{12.3}$$

$$\boldsymbol{Q}=\begin{bmatrix}2 & 0\\ 0 & 11\end{bmatrix},\quad \boldsymbol{R}=\begin{bmatrix}2 & 0\\ 0 & 1\end{bmatrix}\tag{12.4}$$

采用 12.1.1 中的方法，求解不同加权矩阵下的线性二次型状态调节器问题。不同加权矩阵对应的状态和控制量变化曲线、黎卡提方程解曲线和最优轨线如图 12.5～图 12.10 所示。

结合图 12.5～图 12.10 可以得出以下结论：当矩阵 $\boldsymbol{Q}$ 不变时，最优控制输入曲线仅与矩阵 $\boldsymbol{R}$ 的值有关，最优状态 $x_i(t)$ 曲线几乎不变；当系统状态向量中各个分量的权值不均等时，赋予较低权值的分量在转移到平衡位置时可能会发生幅度较大的超调；若末端时间过短，控制量的变化率无法满足控制要求；若末端时间过长，控制系统较难满足动态性能上的要求。

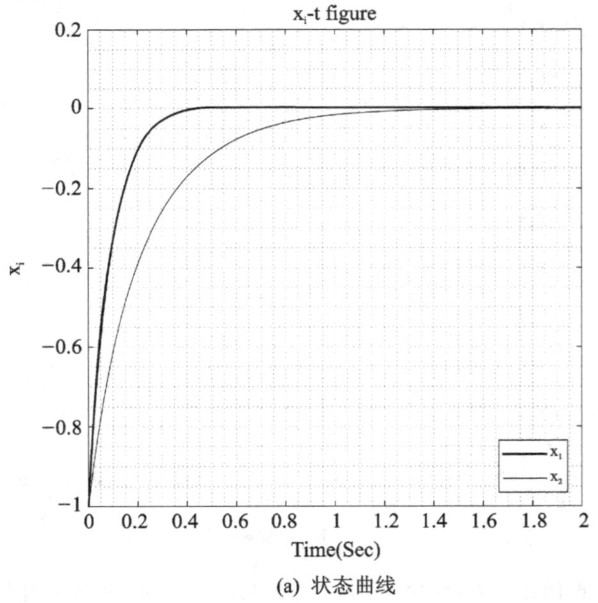

(a) 状态曲线

图 12.5　加权矩阵式(12.2)对应的状态和控制量变化曲线

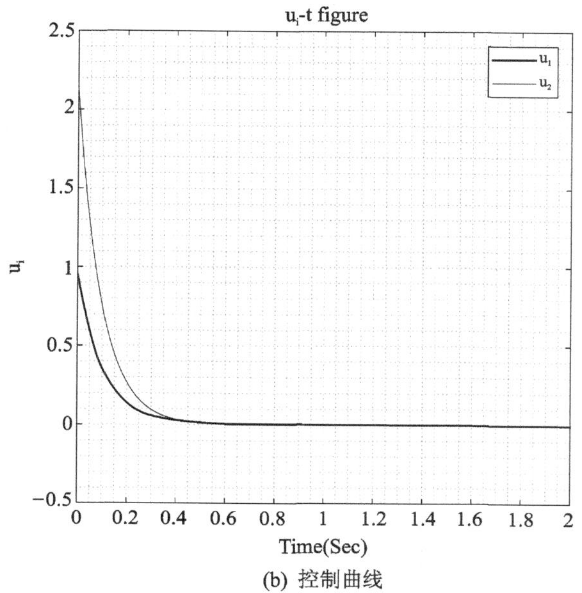

(b) 控制曲线

图 12.5　加权矩阵式(12.2)对应的状态和控制量变化曲线(续)

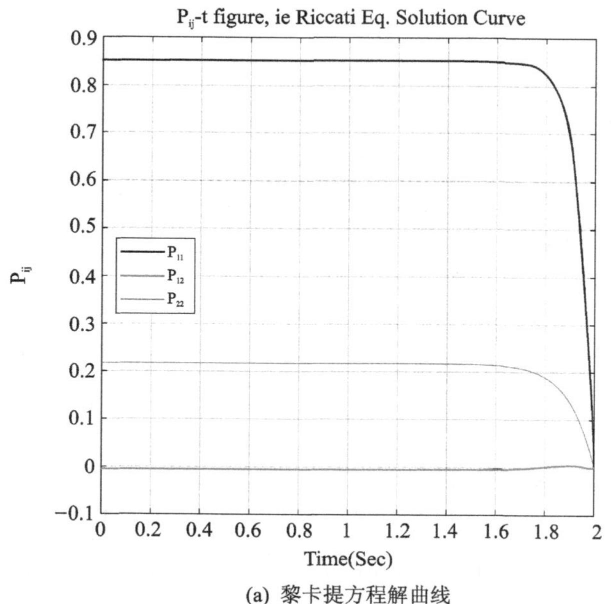

(a) 黎卡提方程解曲线

图 12.6　加权矩阵式(12.2)对应的黎卡提方程解曲线和最优轨线相平面图

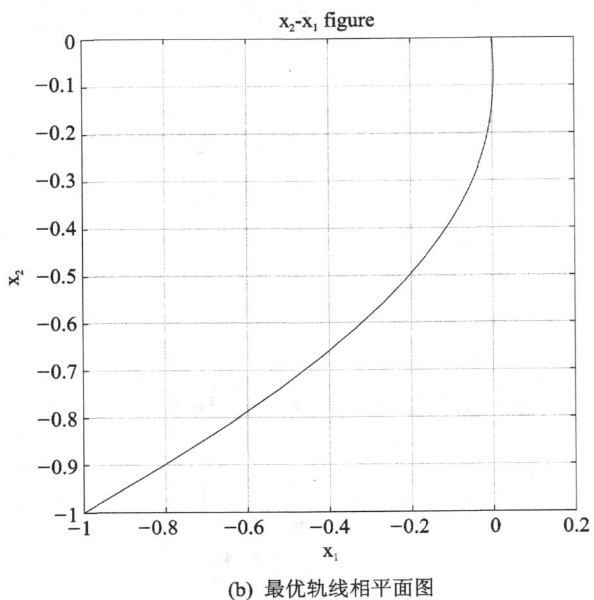

(b) 最优轨线相平面图

图 12.6　加权矩阵式(12.2)对应的黎卡提方程解曲线和最优轨线相平面图(续)

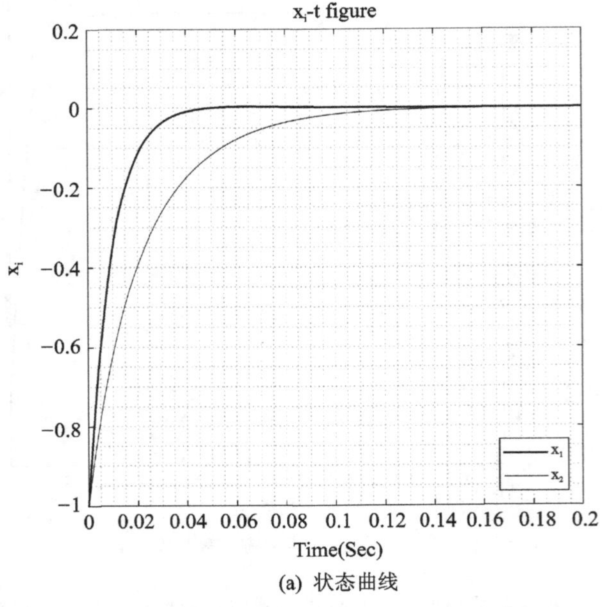

(a) 状态曲线

图 12.7　加权矩阵式(12.3)对应的状态和控制量变化曲线

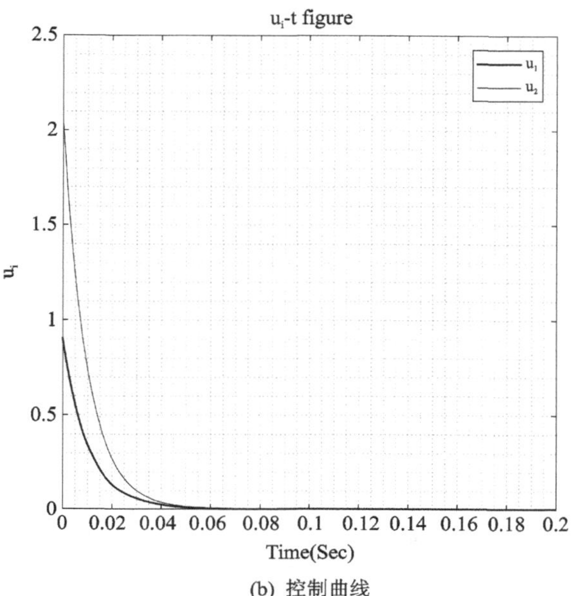

(b) 控制曲线

图 12.7　加权矩阵式(12.3)对应的状态和控制量变化曲线(续)

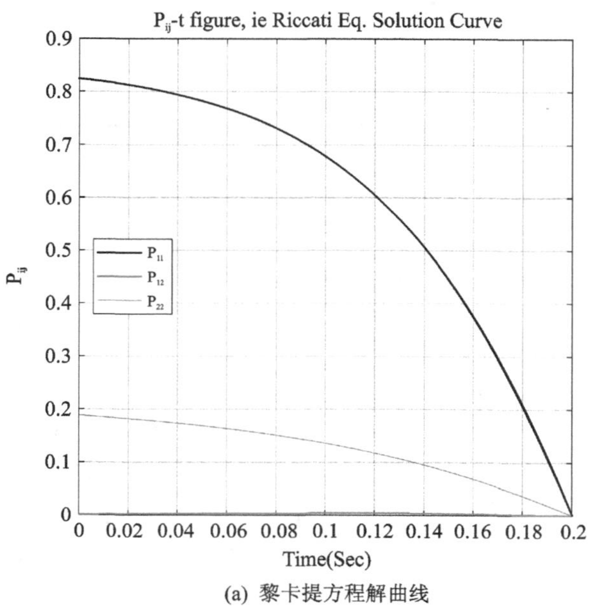

(a) 黎卡提方程解曲线

图 12.8　加权矩阵式(12.3)对应的黎卡提方程解曲线和最优轨线相平面图

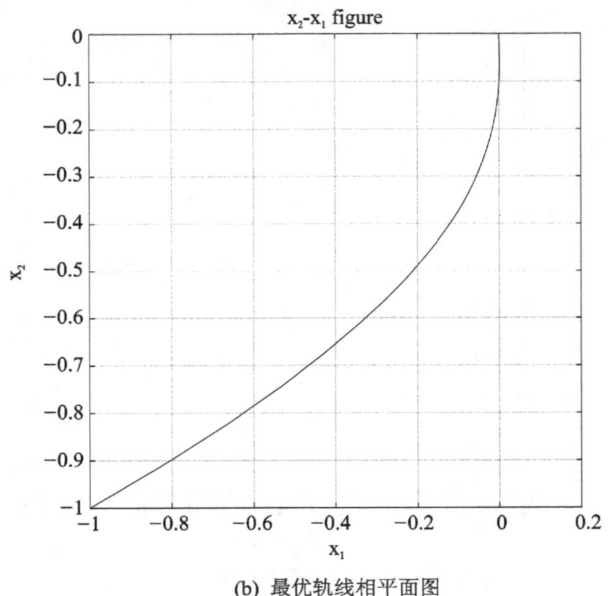

(b) 最优轨线相平面图

图 12.8 加权矩阵式(12.3)对应的黎卡提方程解曲线和最优轨线相平面图(续)

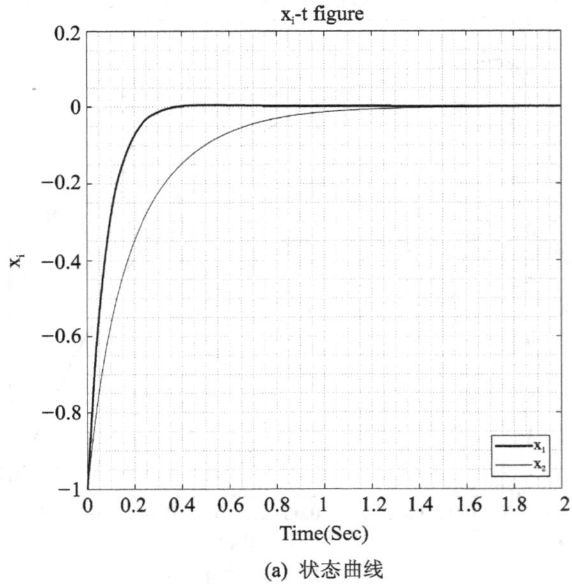

(a) 状态曲线

图 12.9 加权矩阵式(12.4)对应的状态和控制量变化曲线

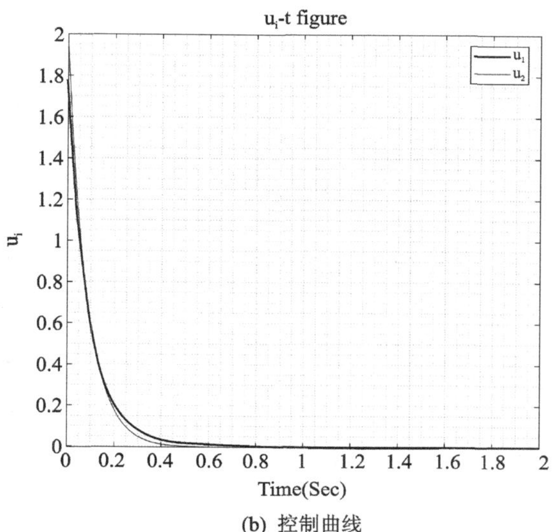

(b) 控制曲线

图 12.9　加权矩阵式(12.4)对应的状态和控制量变化曲线(续)

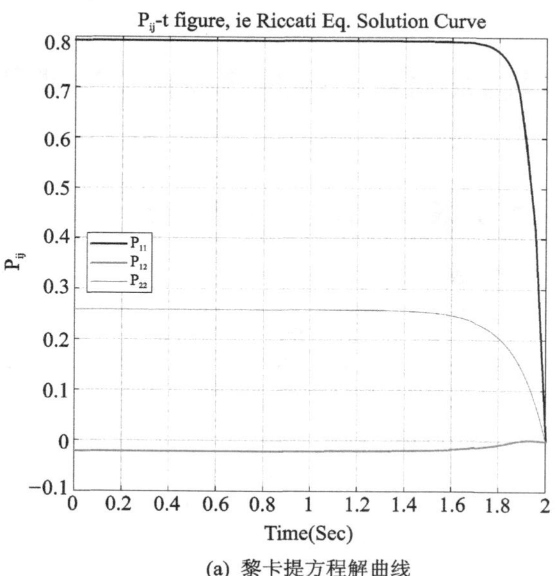

(a) 黎卡提方程解曲线

图 12.10　加权矩阵式(12.4)对应的黎卡提方程解曲线和最优轨线

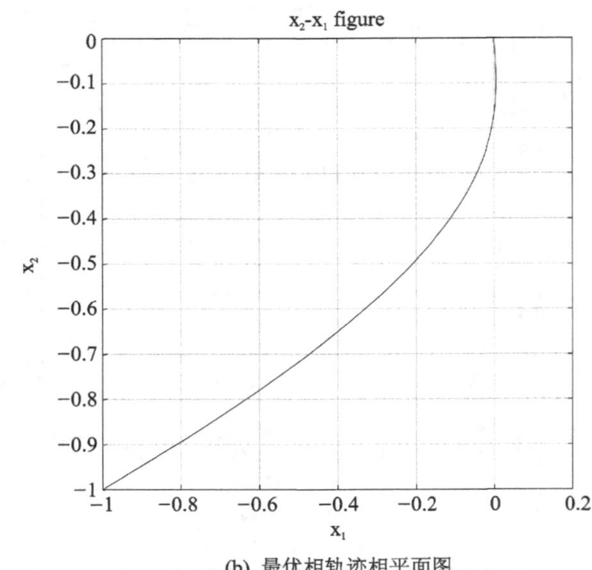

(b) 最优相轨迹相平面图

图 12.10　加权矩阵式(12.4)对应的黎卡提方程解曲线和最优轨线(续)

12.2　涡轴发动机无限时间线性二次型最优控制

12.2.1　涡轴发动机无限时间状态调节器设计

采用 9.2 节所介绍的涡轴发动机模型：

$$\dot{\boldsymbol{x}} = \boldsymbol{A}\boldsymbol{x} + \boldsymbol{B}u$$
$$y = \boldsymbol{C}\boldsymbol{x} + Du$$

其中

$$\boldsymbol{A} = \begin{bmatrix} 0 & 1 \\ -1 & -2 \end{bmatrix}, \quad \boldsymbol{B} = \begin{bmatrix} 0 \\ 1 \end{bmatrix}, \quad \boldsymbol{C} = [1 \quad 0], \quad D = 0$$

设性能指标为

$$J = \frac{1}{2}\int_0^{\infty} [\boldsymbol{x}^{\mathrm{T}}(t)\boldsymbol{Q}\boldsymbol{x}(t) + u^{\mathrm{T}}(t)\boldsymbol{R}u(t)]\mathrm{d}t$$

式中，$u(t)$，$\boldsymbol{x}(t)$均无约束，$\boldsymbol{Q}$，$\boldsymbol{R}$ 为常值矩阵。

则由上述条件求得的最优控制为

$$u^*(t) = -\boldsymbol{K}\boldsymbol{x}(t) = -\boldsymbol{R}^{-1}\boldsymbol{B}^{\mathrm{T}}\boldsymbol{P}\boldsymbol{x}(t) \tag{12.5}$$

其中，$\boldsymbol{P}$ 为如下黎卡提方程的解：

$$\boldsymbol{PA}+\boldsymbol{A}^{\mathrm{T}}\boldsymbol{P}-\boldsymbol{PBR}^{-1}\boldsymbol{B}^{\mathrm{T}}\boldsymbol{P}+\boldsymbol{Q}=0$$

借助 MATLAB 中 LQR 命令，可以很容易计算出上述问题中相应矩阵值。

12.2.2 涡轴发动机无限时间状态调节器仿真

涡轴发动机仿真系统方块图如图 12.11 所示。

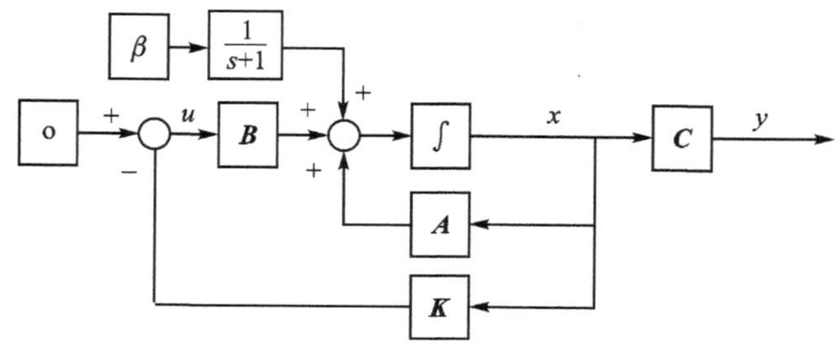

图 12.11　涡轴发动机仿真系统方块图

参考输入为 0，给定系统状态量初值为 $\boldsymbol{x}_0=\begin{bmatrix}0.1\\0.2\end{bmatrix}$，涡轴旋翼端输入取为末值为 0.1 的阶跃信号，$R$ 取 1。

① 当 $\boldsymbol{Q}$ 取为单位矩阵时，可解得

$$\boldsymbol{P}=\begin{bmatrix}1.41 & 0.41\\0.41 & 0.41\end{bmatrix},\quad \boldsymbol{K}=[0.41\quad 0.41]$$

代入式(12.5)得最优控制为

$$u^*(t)=-0.41x_1-0.41x_2$$

运用 Simulink 进行仿真，结果如图 12.12 所示。

② 当 $\boldsymbol{Q}$ 取为 $\boldsymbol{Q}=\begin{bmatrix}1 & 0\\0 & 1\end{bmatrix}\times 100$ 时，解得

$$\boldsymbol{P}=\begin{bmatrix}109.05 & 9.05\\9.05 & 9.05\end{bmatrix},\quad \boldsymbol{K}=[9.05\quad 9.05]$$

代入式(12.5)得最优控制为

$$u^*(t)=-9.05x_1-9.05x_2$$

运用 Simulink 仿真结果如图 12.13 所示。

③ 当 $\boldsymbol{Q}$ 取为 $\boldsymbol{Q}=\begin{bmatrix}1 & 0\\0 & 1\end{bmatrix}\times 10\,000$ 时，解得：

$$\boldsymbol{P}=\begin{bmatrix}10\,099.00 & 99.00\\99.00 & 99.00\end{bmatrix},\quad \boldsymbol{K}=[99.00\quad 99.00]$$

代入式(12.5)得最优控制为

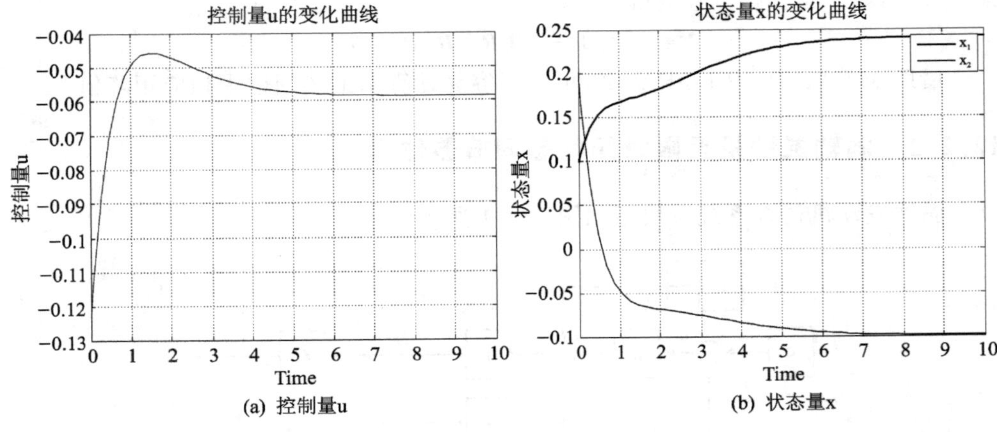

(a) 控制量u　　(b) 状态量x

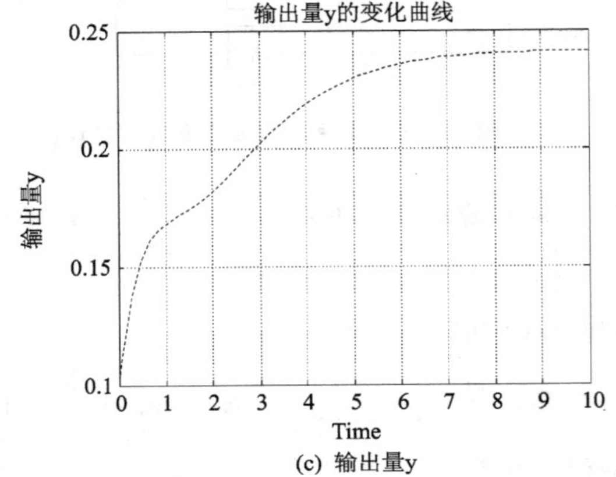

(c) 输出量y

图 12.12　涡轴模型 $Q=\begin{bmatrix}1 & 0\\ 0 & 1\end{bmatrix}$ 时仿真结果

$$u^*(t)=99.00x_1-99.00x_2$$

运用 Simulink 仿真结果如图 12.14 所示。

对比图 12.11～图 12.14，可以观察到矩阵 Q 对控制作用的影响。当 Q 增大时：控制作用明显加强，u 曲线变得越来越陡，相应时间段内，状态量 x 所受的影响也更明显；当时间足够大的时候，Q 较大时所设计的控制器仿真具有更小的稳态误差，即可以通过增加 Q 的取值来减小稳态误差的值。

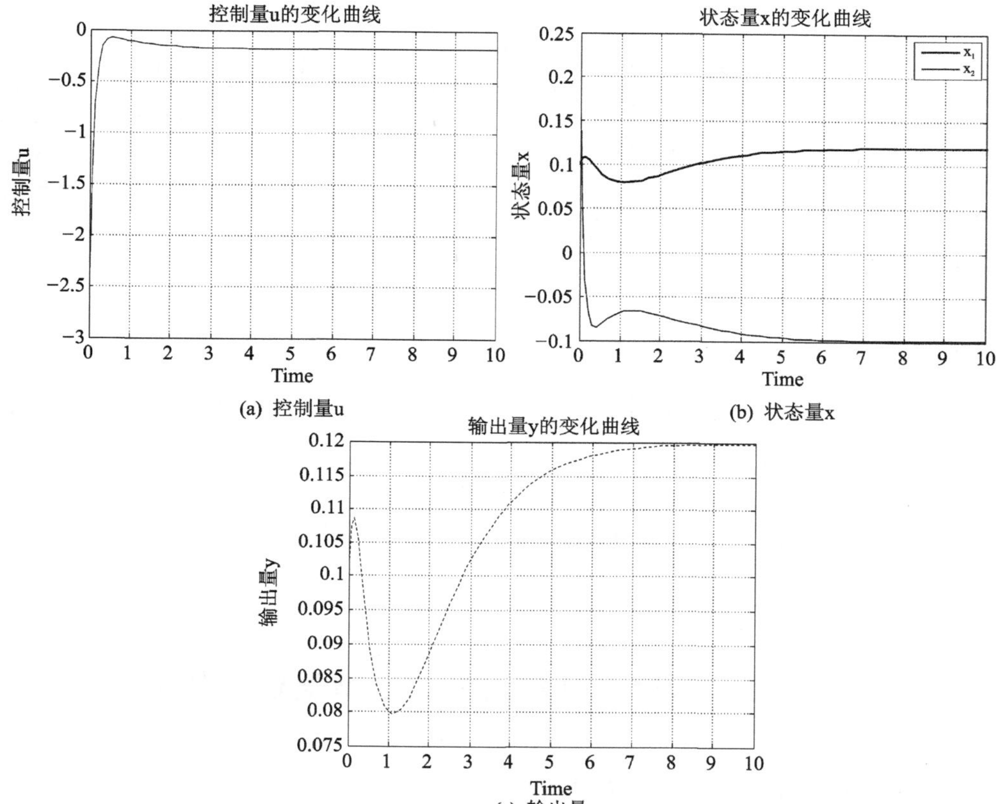

控制量u的变化曲线

(a) 控制量u

状态量x的变化曲线

(b) 状态量x

输出量y的变化曲线

(c) 输出量y

图 12.13　涡轴模型 $Q=\begin{bmatrix}1 & 0\\0 & 1\end{bmatrix}\times 100$ 时仿真结果

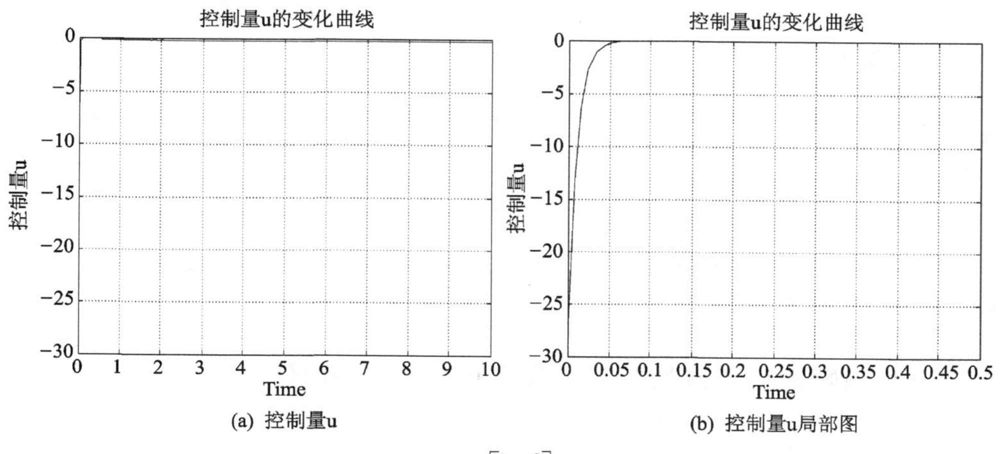

(a) 控制量u　　(b) 控制量u局部图

图 12.14　涡轴模型 $Q=\begin{bmatrix}1 & 0\\0 & 1\end{bmatrix}\times 10\ 000$ 时仿真结果

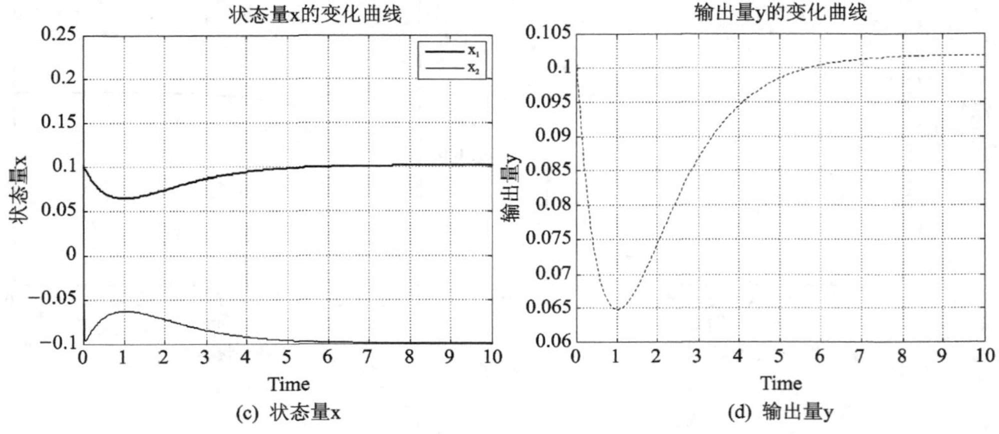

(c) 状态量x　(d) 输出量y

图 12.14　涡轴模型 $Q=\begin{bmatrix}1 & 0\\0 & 1\end{bmatrix}\times 10000$ 时仿真结果(续)

12.3　涡喷发动机线性二次型最优控制

以双转子涡喷发动机为例，假设状态变量为 $\boldsymbol{x}=[x_1,x_2]^{\mathrm{T}}=[\delta N_1,\delta N_{\mathrm{h}}]^{\mathrm{T}}$，控制变量为$\boldsymbol{u}=[u_1,u_2]^{\mathrm{T}}=[\delta W_{\mathrm{fb}},\delta A_8]^{\mathrm{T}}$，其中 N_1、N_{h} 分别是发动机的低、高压转子转速，W_{fb} 是供油量、A_8 是尾喷管喉道截面，δ 表示相对增量。

在飞行高度 $H=0$、飞行马赫数 $Ma=0$、发动机处于最大工作状态时，发动机转速控制系统状态方程为

$$\dot{\boldsymbol{x}}=\boldsymbol{A}\boldsymbol{x}+\boldsymbol{B}\boldsymbol{u}$$

其中

$$\boldsymbol{A}=\begin{bmatrix}-2.148 & -0.403\\ 2.862 & -3.017\end{bmatrix},\quad \boldsymbol{B}=\begin{bmatrix}0.298 & 0.594\\ 0.285 & 1.708\end{bmatrix}$$

下面分别研究航空涡喷发动机线性二次型最优状态调节器问题、最优输出调节器问题和最优跟踪问题。

12.3.1　涡喷发动机线性二次型最优状态调节器问题

考虑性能指标为 $J=\dfrac{1}{2}\int_0^{\infty}(\boldsymbol{x}^{\mathrm{T}}\boldsymbol{Q}\boldsymbol{x}+\boldsymbol{u}^{\mathrm{T}}\boldsymbol{R}\boldsymbol{u})\,\mathrm{d}t$，初始状态为 $\boldsymbol{x}_0=[1,1]^{\mathrm{T}}$。该最优控制问题为线性二次型无限时域状态调节问题。判断系统的可控性，有

$$\mathrm{rank}(\boldsymbol{B},\boldsymbol{AB})=\mathrm{rank}\left(\begin{bmatrix}0.2980 & 0.5940 & -0.7550 & -1.9642\\ 0.2850 & 1.7080 & -0.0070 & -3.4530\end{bmatrix}\right)=2$$

因此,系统可控。

最优控制为

$$\boldsymbol{u}=-\boldsymbol{R}^{-1}\boldsymbol{B}^{\mathrm{T}}\boldsymbol{P}\boldsymbol{x}=-K\boldsymbol{x}$$

其中,$\boldsymbol{P}$ 满足黎卡提代数方程 $\boldsymbol{A}^{\mathrm{T}}\boldsymbol{P}+\boldsymbol{PA}-\boldsymbol{PBR}^{-1}\boldsymbol{B}^{\mathrm{T}}\boldsymbol{P}+\boldsymbol{Q}=0$。

基于 MATLAB/Simulink 软件搭建的航空发动机最优状态调节控制仿真结构图,如图 12.15 所示。

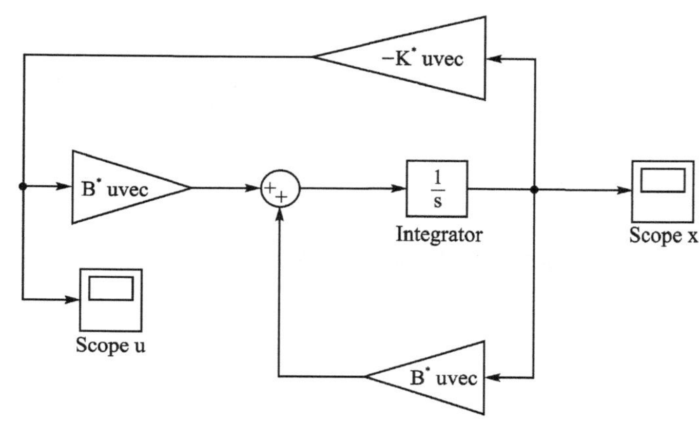

图 12.15　涡喷发动机最优状态调节控制仿真结构图

① 当 $\boldsymbol{Q}=\begin{bmatrix}1 & 0\\ 0 & 1\end{bmatrix}$,$\boldsymbol{R}=\begin{bmatrix}0.01 & 0\\ 0 & 0.01\end{bmatrix}$时,有

$$\boldsymbol{P}=\begin{bmatrix}0.1426 & -0.0317\\ -0.0317 & 0.0588\end{bmatrix},\quad \boldsymbol{K}=\begin{bmatrix}3.3480 & 0.7313\\ 3.0628 & 8.1579\end{bmatrix}$$

涡喷发动机最优控制曲线及最优状态轨迹,如图 12.16 所示。

② 当 $\boldsymbol{Q}=\begin{bmatrix}1 & 0\\ 0 & 1\end{bmatrix}$,$\boldsymbol{R}=\begin{bmatrix}0.025 & 0\\ 0 & 0.1\end{bmatrix}$时,有

$$\boldsymbol{P}=\begin{bmatrix}0.1792 & -0.0026\\ -0.0026 & 0.1064\end{bmatrix},\quad \boldsymbol{K}=\begin{bmatrix}2.1065 & 1.1821\\ 1.0196 & 1.8025\end{bmatrix}$$

航空涡喷发动机最优控制曲线及最优状态轨迹,如图 12.17 所示。

显然,相比于图 12.16,图 12.17 中的发动机状态的初始偏差能够更快的收敛,并且控制量最大偏差值更小。可见,通过选择合适的性能指标加权矩阵 $\boldsymbol{Q}$,$\boldsymbol{R}$,可以改善最优控制性能。

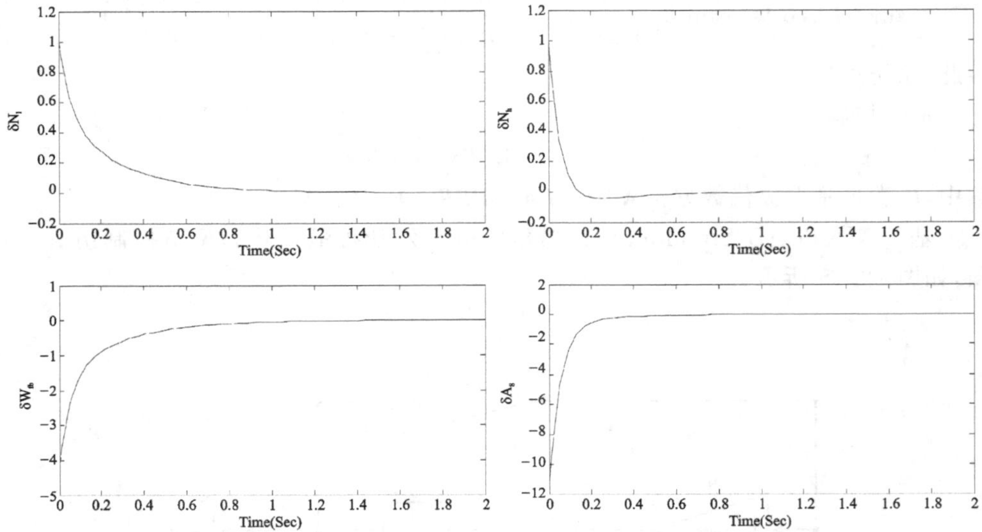

图 12.16　发动机最优状态调节控制最优状态轨迹和最优控制曲线(当 $R=\begin{bmatrix}0.01 & 0\\0 & 0.01\end{bmatrix}$ 时)

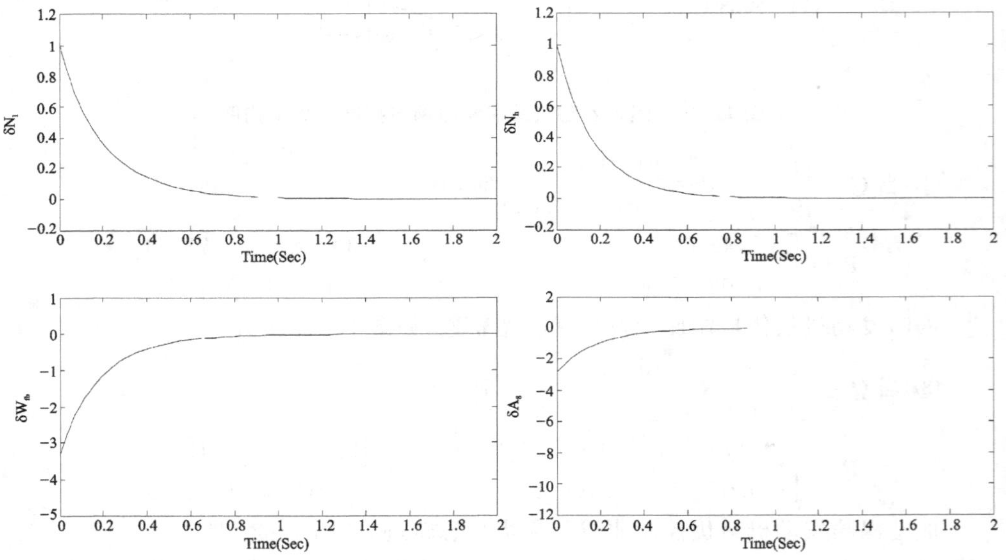

图 12.17　发动机最优状态调节控制最优状态轨迹和最优控制曲线(当 $R=\begin{bmatrix}0.025 & 0\\0 & 0.1\end{bmatrix}$ 时)

12.3.2　涡喷发动机线性二次型最优输出调节器问题

考虑输出方程为 $\boldsymbol{y}=\boldsymbol{Cx}$，其中 $\boldsymbol{C}=[1,0]$，状态 x_2 不可测。

性能指标为 $J=\dfrac{1}{2}\int_0^{\infty}(\boldsymbol{y}^{\mathrm{T}}\boldsymbol{Q}\boldsymbol{y}+\boldsymbol{u}^{\mathrm{T}}\boldsymbol{R}\boldsymbol{u})\,\mathrm{d}t$，初始状态为 $\boldsymbol{x}_0=[1,1]^{\mathrm{T}}$。该最优控制问题为线性二次型无限时域输出调节问题。

判断系统的可观性，有

$$\operatorname{rank}\begin{pmatrix}\boldsymbol{C}\\ \boldsymbol{CA}\end{pmatrix}=\operatorname{rank}\left(\begin{bmatrix}1.0000 & 0\\ -2.1480 & -0.4030\end{bmatrix}\right)=2$$

因此，系统可观。

由 12.3.1 节可知，系统可控。再根据分离定理可知，状态观测器和最优控制器可以分开设计，所以，设计状态观测器为

$$\dot{\hat{\boldsymbol{x}}}=(\boldsymbol{A}-\boldsymbol{GC})\hat{\boldsymbol{x}}+\boldsymbol{Bu}+\boldsymbol{Gy}$$

最优控制器为

$$\boldsymbol{u}=-\boldsymbol{R}^{-1}\boldsymbol{B}^{\mathrm{T}}\boldsymbol{P}\hat{\boldsymbol{x}}=-\boldsymbol{K}\hat{\boldsymbol{x}}$$

其中，$\boldsymbol{P}$ 满足黎卡提代数方程 $\boldsymbol{A}^{\mathrm{T}}\boldsymbol{P}+\boldsymbol{PA}-\boldsymbol{PBR}^{-1}\boldsymbol{B}^{\mathrm{T}}\boldsymbol{P}+\boldsymbol{C}^{\mathrm{T}}\boldsymbol{QC}=0$。

基于 MATLAB/Simulink 软件搭建的航空发动机最优输出调节控制仿真结构图，如图 12.18 所示。

当 $Q=1$，$\boldsymbol{C}^{\mathrm{T}}\boldsymbol{QC}=\begin{bmatrix}1 & 0\\ 0 & 0\end{bmatrix}$，$\boldsymbol{R}=\begin{bmatrix}0.001 & 0\\ 0 & 0.1\end{bmatrix}$，$\boldsymbol{G}=[16,20]$ 时，有

$$\boldsymbol{P}=\begin{bmatrix}0.0848 & -0.0028\\ -0.0028 & 0.0003\end{bmatrix},\quad \boldsymbol{K}=\begin{bmatrix}24.4735 & -0.7529\\ 0.4560 & -0.0119\end{bmatrix}$$

航空涡喷发动机最优控制曲线及最优输出轨迹，如图 12.19 所示，最优状态轨迹、估计状态轨迹及状态观测误差，如图 12.20 所示。

显然，发动机的输出偏差可以很快地收敛到 0，且观测误差收敛速度快于状态收敛速度。

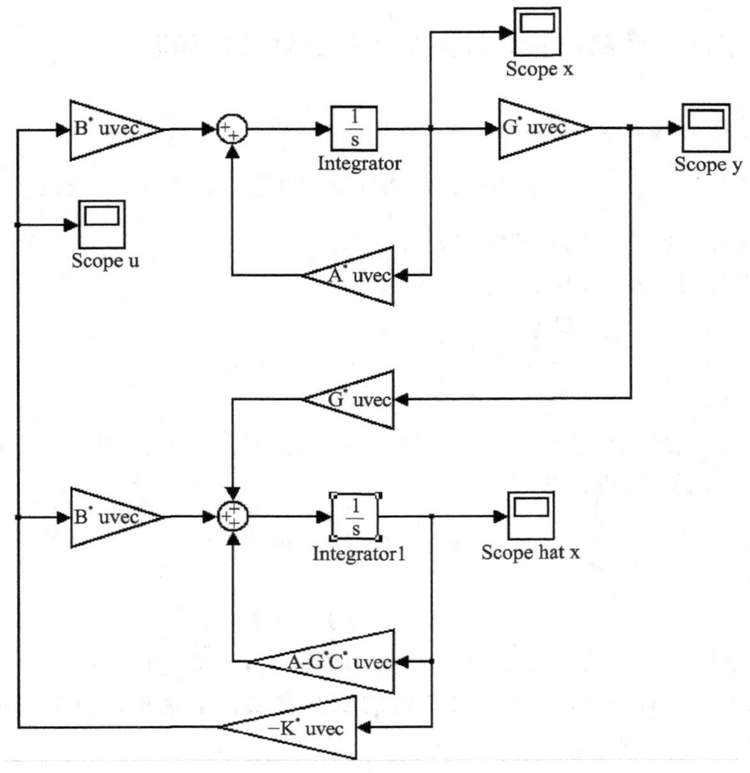

图 12.18　航空发动机最优输出调节控制仿真结构图

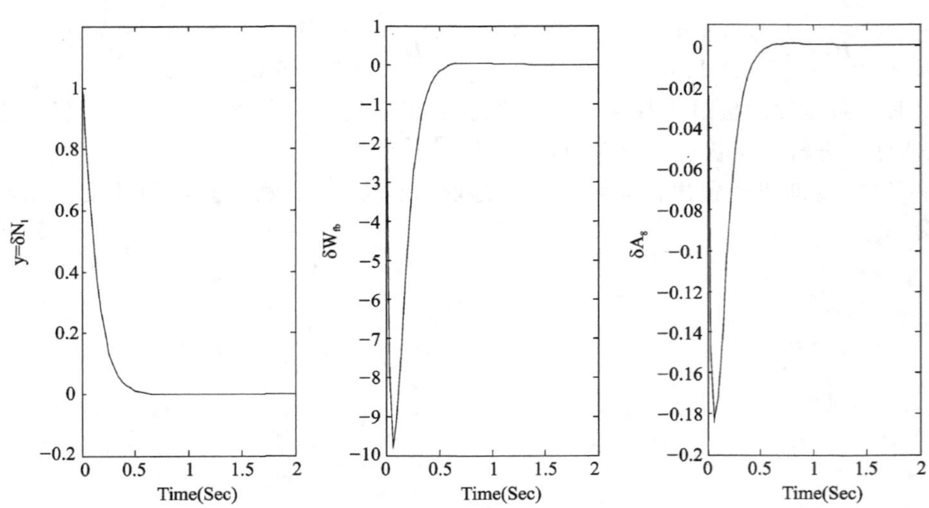

图 12.19　航空涡喷发动机最优输出轨迹及最优控制曲线

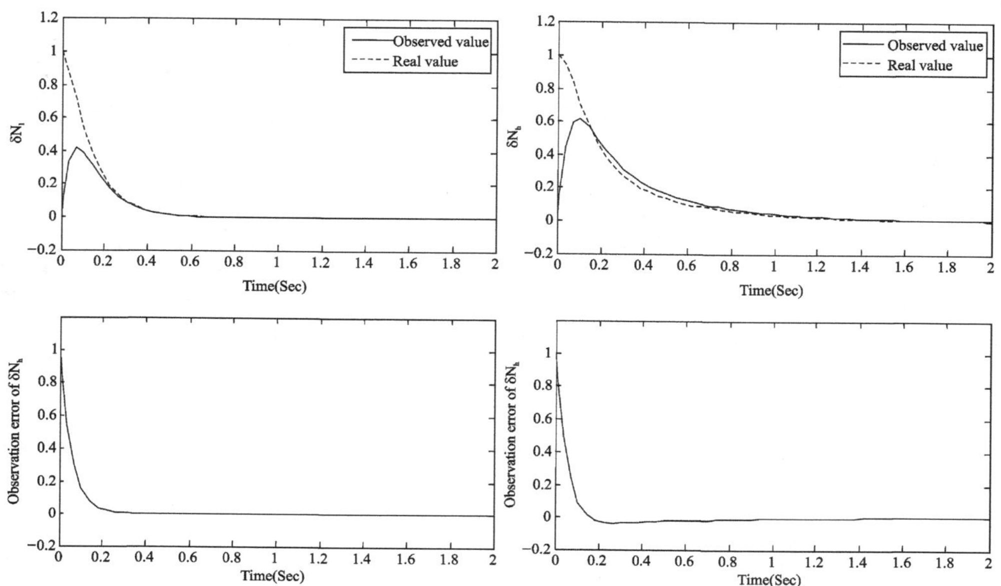

图 12.20　航空涡喷发动机最优状态轨迹、估计状态轨迹及状态观测误差

12.3.3　涡喷发动机线性二次型最优跟踪问题

考虑输出方程为 $\boldsymbol{y}=\boldsymbol{C}\boldsymbol{x}$，其中 $\boldsymbol{C}=[1,0]$，状态变量均可测，期望输出为 $\boldsymbol{y}_r$。定义跟踪误差 $\boldsymbol{e}=\boldsymbol{y}_r-\boldsymbol{y}$，性能指标为 $J=\dfrac{1}{2}\int_0^\infty(\boldsymbol{e}^T\boldsymbol{Q}\boldsymbol{e}+\boldsymbol{u}^T\boldsymbol{R}\boldsymbol{u})\,\mathrm{d}t$。该最优控制问题为线性二次型无限时域跟踪问题。由 12.3.1 节和 12.3.2 节可知，系统完全可控且可观。

设计最优控制器为 $\boldsymbol{u}^*(t)=-\boldsymbol{R}^{-1}\boldsymbol{B}^T[\boldsymbol{P}\boldsymbol{x}(t)-\boldsymbol{\xi}]$，其中 $\boldsymbol{P}$ 和 $\boldsymbol{\xi}$ 分别为方程

$$\boldsymbol{PA}-\boldsymbol{PBR}^{-1}\boldsymbol{B}^T\boldsymbol{P}+\boldsymbol{C}^T\boldsymbol{QC}+\boldsymbol{A}^T\boldsymbol{P}=0$$

$$\boldsymbol{\xi}=-[\boldsymbol{A}-\boldsymbol{BR}^{-1}\boldsymbol{B}^T\boldsymbol{P}]^{-T}\boldsymbol{C}^T\boldsymbol{Q}\boldsymbol{y}_r$$

基于 MATLAB/Simulink 软件搭建的航空发动机最优输出调节控制仿真结构图如图 12.21 所示。

期望输出 $\boldsymbol{y}_r$ 如图 12.22 所示。

当 $Q=1$，$\boldsymbol{R}=\begin{bmatrix}0.001 & 0\\ 0 & 0.1\end{bmatrix}$ 时，有 $\boldsymbol{P}=\begin{bmatrix}0.0848 & -0.0028\\ -0.0028 & 0.0003\end{bmatrix}$，$\boldsymbol{K}=\begin{bmatrix}24.4735 & -0.7529\\ 0.4560 & -0.0119\end{bmatrix}$。

当 $Q=1$，$\boldsymbol{R}=\begin{bmatrix}0.0001 & 0\\ 0 & 0.1\end{bmatrix}$ 时，有 $\boldsymbol{P}=\begin{bmatrix}0.0315 & -0.0004\\ -0.0004 & 0.0000\end{bmatrix}$，$\boldsymbol{K}$

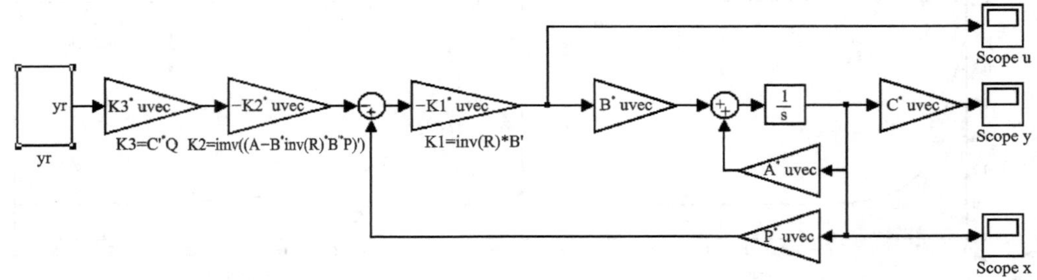

图 12.21　航空发动机最优跟踪控制仿真结构图

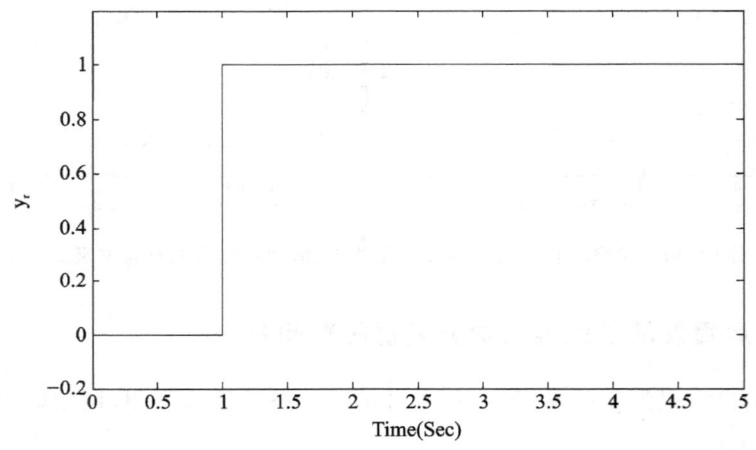

图 12.22　航空发动机最优跟踪控制期望输出轨迹

$$=\begin{bmatrix}92.6878 & -1.1267\\0.1801 & -0.0019\end{bmatrix}。$$

这两种情况下的航空发动机最优控制曲线及最优输出轨迹、最优状态轨迹，分别如图 12.23 和图 12.24 所示。

对比图 12.23 和图 12.24 不难发现，当加权矩阵 $\boldsymbol{R}$ 的第一个元素变小时，最优控制的跟踪精度提高，跟踪误差减少，但是控制向量的第一个元素供油量增量 δW_{fb} 显著增加。因此，在设计航空发动机最优跟踪控制系统时，需要根据实际情况，合理选择加权矩阵，获得满意的跟踪精度。

12.4　航空发动机燃油系统最优控制

航空发动机的燃油系统是发动机的重要组成部分。燃油系统的主要任务是对进入发动机的燃油流量进行控制，按照发动机的不同工况提供所需的燃油。在发动机

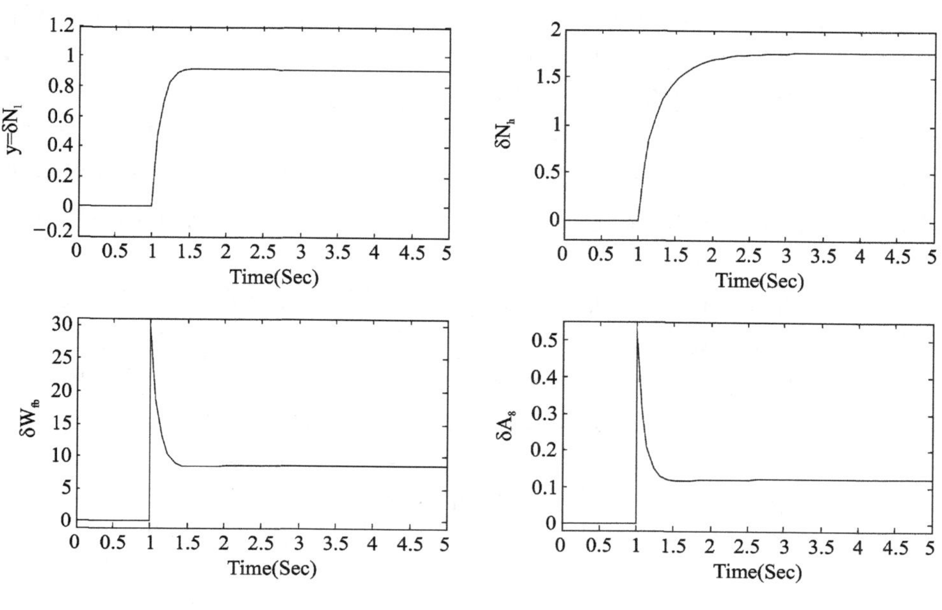

图 12.23　航空发动机最优跟踪控制状态轨迹及控制曲线(当 $Q=1, R=\begin{bmatrix} 0.001 & 0 \\ 0 & 0.1 \end{bmatrix}$)

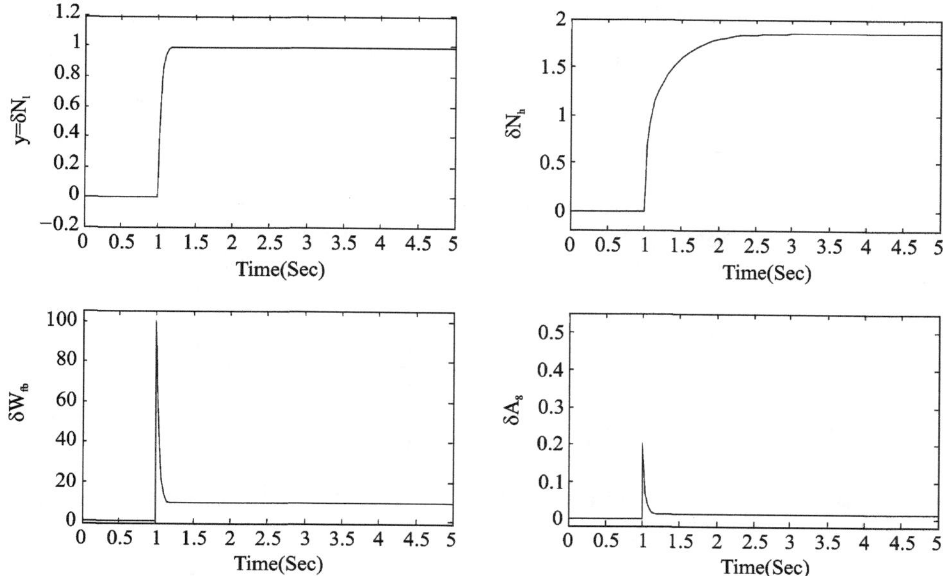

图 12.24　航空发动机最优跟踪控制状态轨迹及控制曲线(当 $Q=1, R=\begin{bmatrix} 0.0001 & 0 \\ 0 & 0.1 \end{bmatrix}$)

控制系统中，燃油系统的设计既是难点又是关键技术。因为发动机采用什么样的燃油供给与控制机构，将直接影响其性能与可靠性。

在航空发动机燃油系统中，燃油计量装置占有极其重要的地位，这是因为这部分元件通常处于相对恶劣的工作环境中，若计量装置出现故障，将直接导致数控系统不能正常工作。再者燃油的计量方式直接影响数控系统的稳态控制精度和动态特性。因此，燃油计量装置是燃油系统的核心部分，从一定程度上来说燃油计量装置可以指代燃油系统。

航空发动机采用的燃油计量装置主要是电液伺服阀、步进电机和高速占空比电磁阀等作为驱动执行机构。下面将以电液伺服阀为例进行最优控制系统设计。

图 12.25 给出了电液位置控制系统结构图。对于带惯性负载的液压驱动机构，液压系统模型无论是阀控系统还是泵控系统，其模型都可以近似地看成三阶模型。

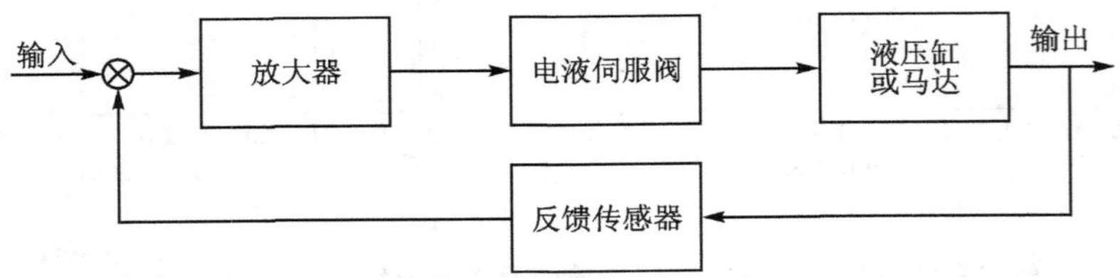

图 12.25 电液位置控制系统结构图

如图 12.26 所示的某电液位置伺服系统，其中电放大增益 $K_a=0.1$ A/V，阀的流量增益 $K_q=20\times10^{-6}$ $\mathrm{m^3/s\cdot mA}$，液压马达弧度排量 $D_m=5\times10^{-6}$ $\mathrm{m^3/rad}$，伺服放大增益 $n=0.03\times10^{-2}$ m/rad，位移传感器增益 $K_f=50$ V/m，伺服阀频率 $\omega_h=100$ rad/s，伺服阀阻尼比 $\xi_h=0.225$。

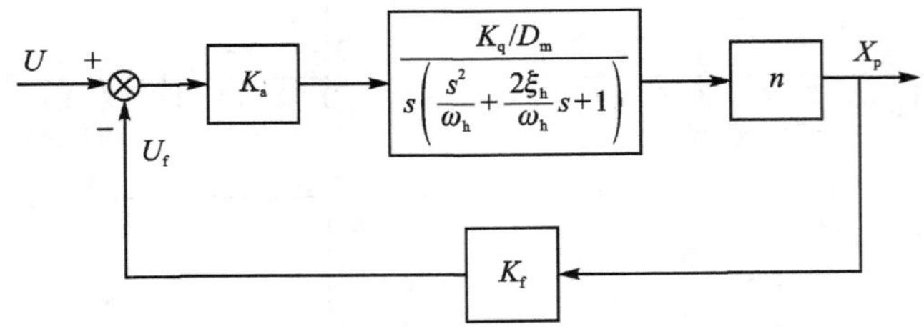

图 12.26 电液位置伺服系统

从控制输入电压信号 U 到液压缸活塞位移 X_p，对应的闭环传递函数为

$$G(s)=\frac{X_p}{U}=\frac{\dfrac{nK_aK_q/D_m}{s\left(\dfrac{s^2}{\omega_h^2}+\dfrac{2\xi_h}{\omega_h}s+1\right)}}{1+\dfrac{nK_aK_q/D_m}{s\left(\dfrac{s^2}{\omega_h^2}+\dfrac{2\xi_h}{\omega_h}s+1\right)}K_f}=\frac{nK_aK_q/D_m}{s\left(\dfrac{s^2}{\omega_h^2}+\dfrac{2\xi_h}{\omega_h}s+1\right)+nK_fK_aK_q/D_m}$$

$$=\frac{\omega_h^2 nK_aK_q/D_m}{s^3+2\xi_h\omega_h s^2+\omega_h^2 s+\omega_h^2 nK_fK_aK_q/D_m}=\frac{1\ 200}{s^3+45s^2+10\ 000s+60\ 000}$$

转换为状态空间模型为

$$\dot{\boldsymbol{x}}=\boldsymbol{A}\boldsymbol{x}+\boldsymbol{B}u$$
$$y=\boldsymbol{C}\boldsymbol{x}$$

其中

$$\boldsymbol{A}=\begin{bmatrix}0 & 1 & 0\\ 0 & 0 & 1\\ -60\ 000 & -10\ 000 & -45\end{bmatrix},\quad \boldsymbol{B}=\begin{bmatrix}0\\0\\1\ 200\end{bmatrix},\quad \boldsymbol{C}=\begin{bmatrix}1 & 0 & 0\end{bmatrix}$$

考虑性能指标 $J=\int_0^{\infty}(\boldsymbol{x}^{\mathrm{T}}\boldsymbol{Q}\boldsymbol{x}+ru^2)\,\mathrm{d}t$，假设初始条件 $\boldsymbol{x}=[1\quad 0\quad 0]^{\mathrm{T}}$，控制目标是尽快使得阀芯位置保持在平衡位置上。该问题是无限时域状态调节器最优控制问题。

当取 $\boldsymbol{Q}=\begin{bmatrix}1 & 0 & 0\\0 & 1 & 0\\0 & 0 & 1\end{bmatrix}$，$r=500$ 时，仿真结果如图 12.27 所示。

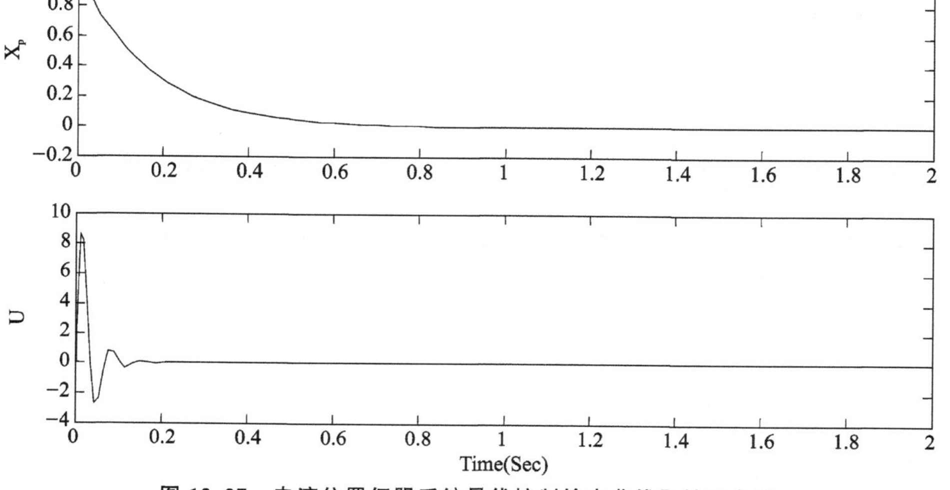

图 12.27　电液位置伺服系统最优控制输出曲线及控制曲线

12.5 力反馈伺服阀指定稳定度线性二次型最优控制

12.5.1 力反馈伺服阀模型简化

① 力矩马达基本电压方程：

$$\frac{\Delta I}{U_{g}}=\frac{2K_{u}}{(R_{c}+r_{p})\left(1+\frac{s}{w_{a}}\right)}$$

式中，K_u 为放大器每边的增益，R_c 为每个线圈的内阻，r_p 为每个线圈回路中放大器的内阻，w_a 为每个线圈的转折频率，U_g 为输入信号电压，ΔI 为额定电流。

② 衔铁偏转角方程：

$$\theta=\frac{\frac{1}{K_{mf}}}{\frac{s^{2}}{\omega^{2}_{mf}}+\frac{2\xi_{mf}}{\omega_{mf}}s+1}[K_{t}\Delta I-K_{f}(r+b)X_{v}]$$

式中，θ 为衔铁偏转角，K_{mf} 为力矩马达综合刚度，ω_{mf} 为力矩马达衔铁挡板组件固有频率，ξ_{mf} 是力矩马达衔铁挡板组件阻尼比，K_t 为电磁力系数，K_f 为反馈杆刚度，X_v 为阀芯峰值位移，r 为喷嘴中心线至支撑弹簧回转中心的距离，b 为反馈杆小球中心到喷嘴中心距离。

③ 挡板位移与衔铁转角间的关系：

$$X_{f}=r\theta$$

④ 喷嘴挡板至滑阀的传递函数：

$$\frac{X_{v}}{X_{f}}=\frac{K_{qv}/A_{v}}{s\left(\frac{s^{2}}{\omega^{2}_{hv}}+\frac{2\xi_{hv}}{\omega_{hv}}s+1\right)}$$

式中，K_{qv} 为喷嘴挡板阀的流量增益，A_v 为阀芯端面面积，ω_{hv} 为滑阀的液压固有频率，ξ_{hv} 为滑阀阻尼比。

由上述各式，可以得到力反馈二级伺服阀的方块图如图 12.28 所示。

由此可得力反馈二级伺服阀的传递函数为

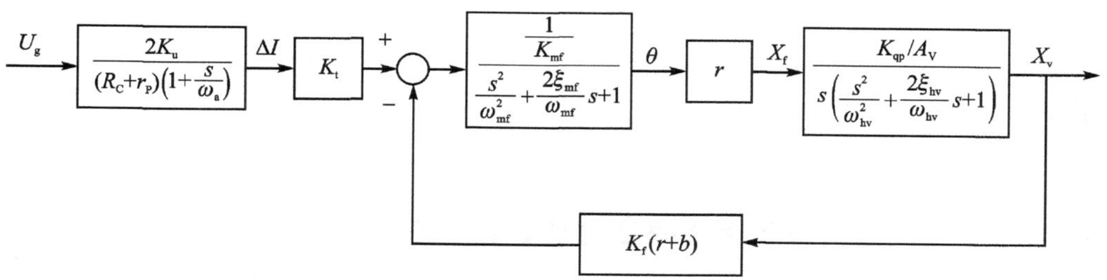

图 12.28　力反馈二级伺服阀的方块图

$$G(s)=\frac{\frac{2K_u}{R_c+r_p}}{1+\frac{s}{w_a}}\times K_t\times\frac{\frac{\frac{1}{K_{mf}}}{\frac{s^2}{\omega_{mf}^2}+\frac{2\xi_{mf}}{\omega_{mf}}s+1}\times r\times\frac{\frac{K_{qv}}{A_v}}{s\left(\frac{s^2}{\omega_{hv}^2}+\frac{2\xi_{hv}}{\omega_{hv}}s+1\right)}}{1+\left(\frac{\frac{1}{K_{mf}}}{\frac{s^2}{\omega_{mf}^2}+\frac{2\xi_{mf}}{\omega_{mf}}s+1}\times r\times\frac{\frac{K_{qv}}{A_v}}{s\left(\frac{s^2}{\omega_{hv}^2}+\frac{2\xi_{hv}}{\omega_{hv}}s+1\right)}\right)\times K_f(r+b)}$$

当 $w_a\gg\omega_{mf}\gg K_{mf}$ 且 $w_a\gg\omega_{hv}\gg\frac{K_{qv}}{A_v}$时

$$G(s)=\frac{2K_u}{R_c+r_p}\times K_t\times\frac{\frac{1}{K_{mf}}\times r\times\frac{K_{qv}}{A_v}\frac{1}{s}}{1+\left(\frac{1}{K_{mf}}\times r\times\frac{K_{qv}}{A_v}\frac{1}{s}\right)\times K_f(r+b)}$$

$$=\frac{2K_u}{R_c+r_p}\times\frac{K_t}{K_f(r+b)}\times\frac{\frac{1}{K_{mf}}\times r\times\frac{K_{qv}}{A_v}\frac{1}{s}}{\frac{1}{K_f(r+b)}+\left(\frac{1}{K_{mf}}\times r\times\frac{K_{qv}}{A_v}\frac{1}{s}\right)}$$

$$=\frac{2K_u}{R_c+r_p}\times\frac{K_t}{K_f(r+b)}\times\frac{1}{\frac{\frac{1}{K_f(r+b)}}{\frac{1}{K_{mf}}\times r\times\frac{K_{qv}}{A_v}}s+1}$$

令 $K_{as}=\frac{2K_u}{R_c+r_p}$，$K_{xv}=\frac{K_t}{(r+b)K_f}$，$K_{vf}=\frac{K_{gv}K_f(r+b)r}{K_{mf}A_v}$则

$$G(s)=\frac{K_{as}K_{xv}}{\frac{S}{K_{vf}}+1}$$

求出其状态方程模型如下：

$$\dot{x} = Ax + Bu$$
$$y = Cx + Du$$

其中

$$A = -1, \quad B = 1, \quad C = 1, \quad D = 0$$

12.5.2 力反馈伺服阀指定稳定度状态调节器设计

取性能指标为

$$J = \frac{1}{2}\int_0^{\infty} e^{2\alpha t}\left[x^{\mathrm{T}}(t)\boldsymbol{Q}x(t) + u^{\mathrm{T}}(t)\boldsymbol{R}u(t)\right]\mathrm{d}t$$

式中，$u(t)$，$x(t)$均无约束，$\boldsymbol{Q}$，$\boldsymbol{R}$ 为定常矩阵，$\alpha>0$ 为指定稳定度。

令

$$\bar{x}(t) = e^{\alpha t}x(t), \quad \bar{u}(t) = e^{\alpha t}u(t)$$

$$\dot{\bar{x}} = \dot{x}e^{\alpha t} + \alpha x e^{\alpha t} = e^{\alpha t}(\boldsymbol{A}x + \boldsymbol{B}u) + \alpha\bar{x} = (\boldsymbol{A} + \alpha)\bar{x} + \boldsymbol{B}\bar{u}$$

可得最优控制律为

$$\bar{u}^{*}(t) = -K\bar{x}(t) = -\boldsymbol{R}^{-1}\boldsymbol{B}^{\mathrm{T}}\boldsymbol{P}\bar{x}(t)$$

其中，$\boldsymbol{P}$ 为黎卡提方程的解，黎卡提方程如下所示：

$$\boldsymbol{P}\boldsymbol{A}_1 + \boldsymbol{A}_1^{\mathrm{T}}\boldsymbol{P} - \boldsymbol{P}\boldsymbol{B}\boldsymbol{R}^{-1}\boldsymbol{B}^{\mathrm{T}}\boldsymbol{P} + \boldsymbol{Q} = 0$$

其中，$\boldsymbol{A}_1 = \boldsymbol{A} + \alpha$。

12.5.3 力反馈伺服阀指定稳定度状态调节器仿真

力反馈伺服阀仿真的方块图如图 12.29 所示。

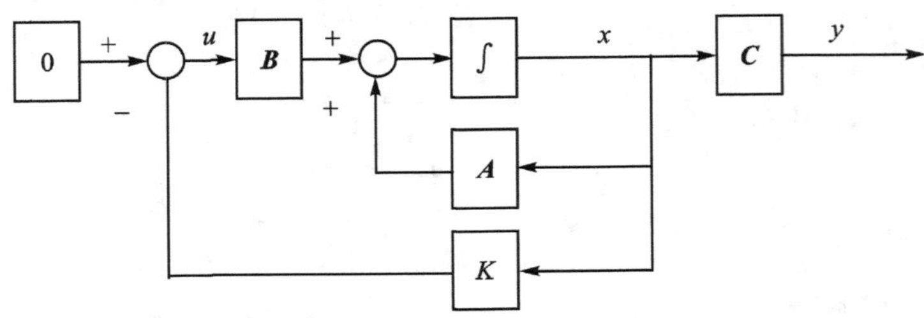

图 12.29 力反馈伺服阀仿真系统方块图

当参考输入为 0 时，$\boldsymbol{C}(t)=\boldsymbol{I}$，$z(t)=0$，$e(t)=-y(t)=-x(t)$，此时系统为状态调节器，给定系统状态量初值为 $x_0=1$，R 取 1，当 Q 取为 100，α 取值不同时的仿真结果如下：

① 当 $\alpha=0$ 时，相当于系统无约束，求得 $K=9.05$。

搭建 Simulink 仿真结果如图 12.30 所示。

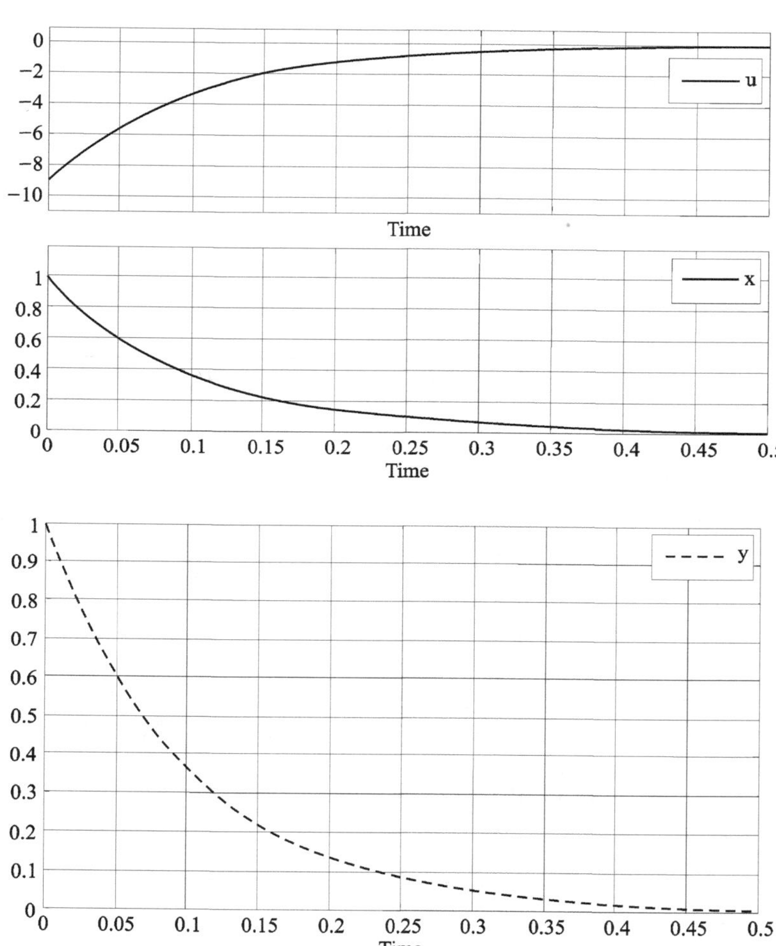

图 12.30　力反馈伺服阀 $\alpha=0$ 仿真结果

② 当 $\alpha=5$ 时，求得 $K=14.77$。

运用 Simulink 仿真结果如图 12.31 所示。

③ 当 $\alpha=10$ 时 此时，求得 $K=22.45$。

运用 Simulink 仿真结果如图 12.32 所示。

④ 当 $\alpha=15$ 时，求得 $K=31.20$。

运用 Simulink 仿真结果如图 12.33 所示。

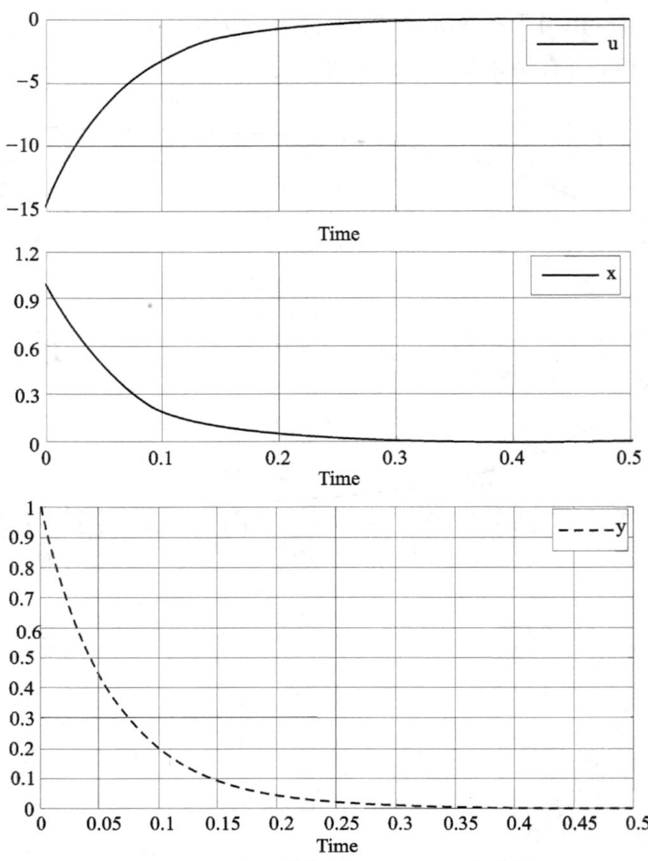

图 12.31　力反馈伺服阀 $\alpha=5$ 仿真结果

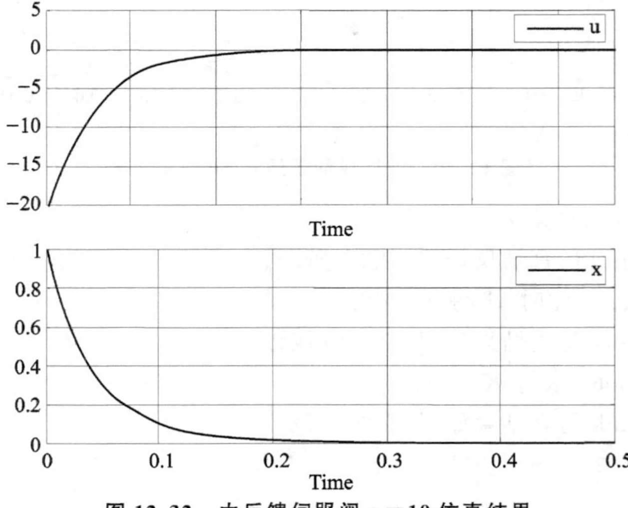

图 12.32　力反馈伺服阀 $\alpha=10$ 仿真结果

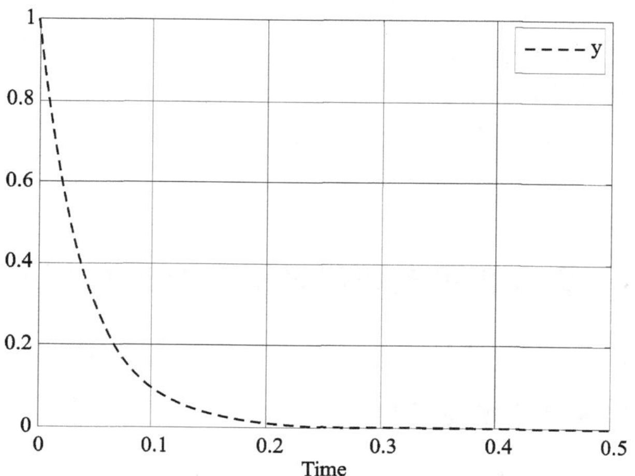

图 12.32　力反馈伺服阀 $\alpha=10$ 仿真结果(续)

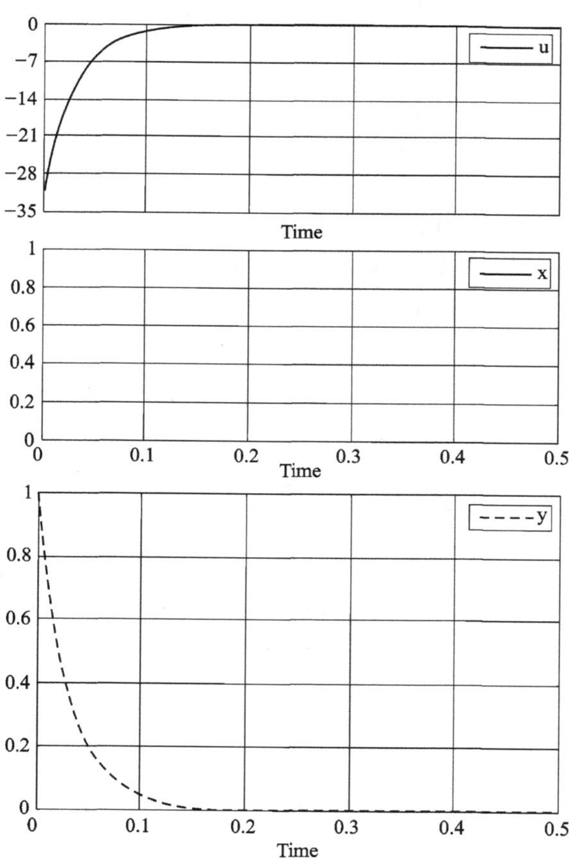

图 12.33　力反馈伺服阀 $\alpha=15$ 仿真结果

由上面3种 α 的取值对于控制量和状态量的影响曲线可见，随着 α 的增大，控制量的损耗会越来越大，与此同时状态量也更快的被控制到稳定状态。因此可以总结，控制的快慢和控制量需要的多少是一个互补的关系，对于力反馈伺服阀的 LQR 控制来说，没有一个两全的方案，只有针对具体的要求来设计控制器来达到最为折中的控制效果。

12.6 直流伺服电机线性二次型最优跟踪控制

12.6.1 直流伺服电机模型简化

带电流闭环的控制对象的数学模型如下：

$$\begin{cases}\dfrac{\mathrm{d}\theta_{\mathrm{m}}}{\mathrm{d}t}=\dfrac{\omega}{\eta}\\\dfrac{\mathrm{d}\omega}{\mathrm{d}t}=\dfrac{C_{\mathrm{T}}}{J}I_{\mathrm{d}}-\dfrac{1}{J}T_{\mathrm{L}}\\\dfrac{\mathrm{d}I_{\mathrm{d}}}{\mathrm{d}t}=-\dfrac{1}{T_{\mathrm{i}}}I_{\mathrm{d}}+\dfrac{1}{T_{\mathrm{i}}}I_{\mathrm{d}}^{*}\end{cases}\tag{12.6}$$

式中，θ_{m} 为机械角速度，ω 为伺服电机的角速度，η 为机械传动机构的传动比，J 为系统转动惯量，C_{T} 为伺服电机转矩系数，I_{d} 为电枢电流，T_{i} 为电流环等效时间常数，I_{d}^{*} 为输入电流，T_{L} 为负载转矩。根据式(12.6)，可得到直流伺服电机的控制结构如图12.34所示。

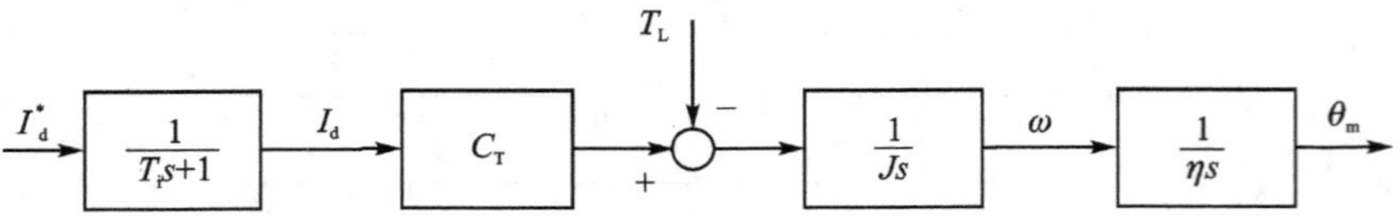

图 12.34 直流伺服电机的控制结构图

在满足上述模型的情况下，适当选取各个参数，以减少最优控制设计中的计算量。令 $T_{\mathrm{i}}=5, C_{\mathrm{T}}=1.1, J=2, \eta=1$，则可以得到传递函数如下：

$$G(s)=\frac{\theta_{\mathrm{m}}(s)}{I_{\mathrm{d}}^{*}(s)}=\frac{1}{2s^{2}(5s+1)}$$

求出其状态方程模型如下：

$$\boldsymbol{A}=\begin{bmatrix}0&1&0\\0&0&1\\0&0&-0.2\end{bmatrix},\quad \boldsymbol{B}=\begin{bmatrix}0\\0\\1\end{bmatrix},\quad \boldsymbol{C}=[0.1\quad 0\quad 0],\quad D=0$$

12.6.2　直流伺服电机无限时间定常输出跟踪器的设计

设性能指标为

$$J = \frac{1}{2}\int_0^{\infty} [\boldsymbol{e}^{\mathrm{T}}(t)Q\boldsymbol{e}(t) + u^{\mathrm{T}}(t)Ru(t)]\mathrm{d}t \tag{12.7}$$

式中，$u(t)$，$\boldsymbol{x}(t)$均无约束，$\boldsymbol{e}(t)=z-y(t)$为输出误差向量，Q，R 为常值参数。

当跟踪轨迹 z 为定常值时，有在性能指标式(12.7)作用下的最优控制为

$$u^*(t) = -K\boldsymbol{x}(t) + R^{-1}\boldsymbol{B}^{\mathrm{T}}\boldsymbol{g} = -R^{-1}\boldsymbol{B}^{\mathrm{T}}\boldsymbol{P}\boldsymbol{x}(t) + R^{-1}\boldsymbol{B}^{\mathrm{T}}\boldsymbol{g} \tag{12.8}$$

其中，$\boldsymbol{P}$ 为以下黎卡提方程的解。

$$\boldsymbol{PA} + \boldsymbol{A}^{\mathrm{T}}\boldsymbol{P} - \boldsymbol{PB}R^{-1}\boldsymbol{B}^{\mathrm{T}}\boldsymbol{P} + \boldsymbol{C}^{\mathrm{T}}Q\boldsymbol{C} = 0$$

$\boldsymbol{g}$ 为伴随向量，表达式如下：

$$\boldsymbol{g} = [\boldsymbol{PB}R^{-1}\boldsymbol{B}^{\mathrm{T}} - \boldsymbol{A}^{\mathrm{T}}]^{-1}\boldsymbol{C}^{\mathrm{T}}Q\boldsymbol{z} \tag{12.9}$$

借助 MATLAB 中 LQR 命令，可以很容易计算出上述问题中相应矩阵值。

12.6.3　直流伺服电机无限时间定常输出跟踪器的仿真

系统仿真方块图如图 12.35 所示。

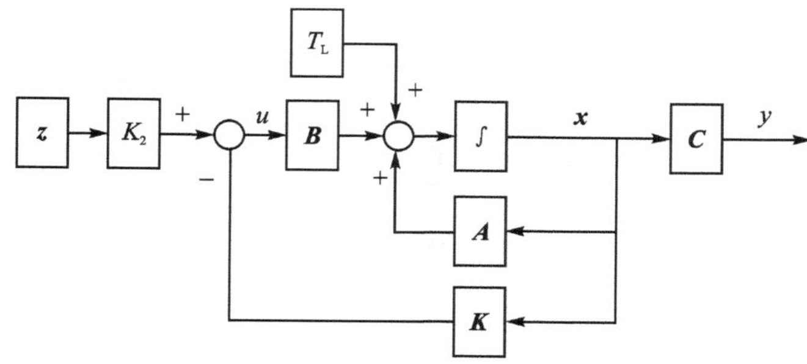

图 12.35　定常输出跟踪系统仿真方块图

给定系统状态量初值为 $\boldsymbol{x}_0 = \begin{bmatrix} 0.1 \\ 0.2 \\ -0.2 \end{bmatrix}$，负载端输入取为末值为 0.5 的阶跃信号，理想输出向量 $\boldsymbol{z}$ 取末值为 1 的阶跃信号，R 取 1，当 Q 取为 $Q=1\ 000$ 时，可解得

$$K_2 = 31.62, \quad \boldsymbol{K} = [3.16 \quad 4.32 \quad 2.74]$$

运用 Simulink 仿真结果如图 12.36 所示。此时系统跟踪误差较大，可以增大 Q 来减小跟踪稳态误差，取 $Q=100\ 000$ 时，所得仿真结果如图 12.37 所示。

当 Q 值增大到一定程度时，仿真结果有了明显的改善，但是控制量 u 值的增加也非常明显，控制能量消耗呈指数倍增加。实际应用中，应同时考虑两个指标的影响，适当选取 Q 值。

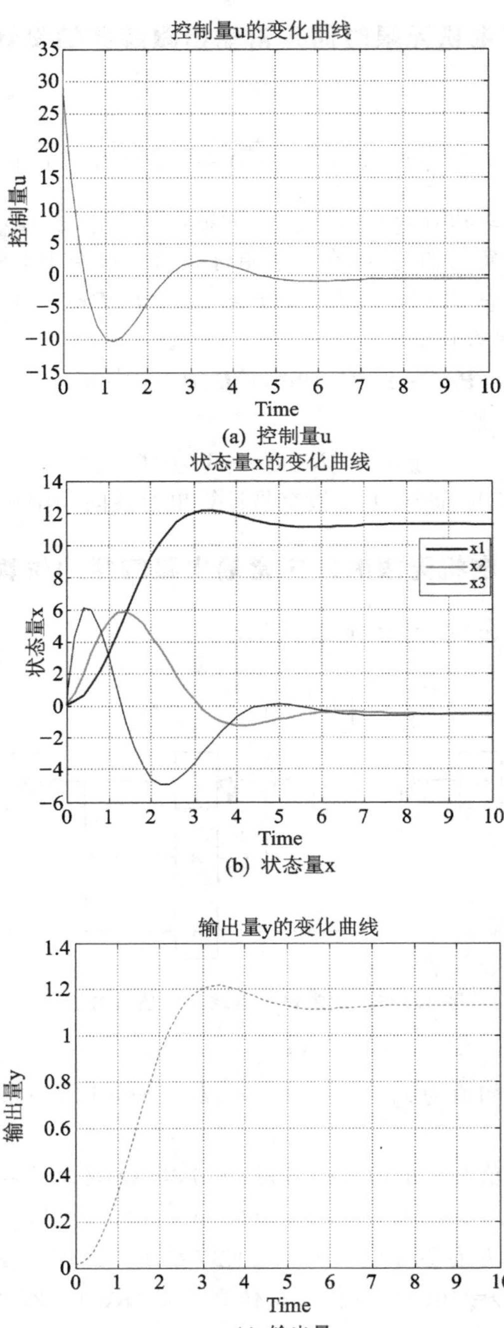

(a) 控制量u

(b) 状态量x

(c) 输出量y

图 12.36 阶跃输出跟踪系统仿真 1

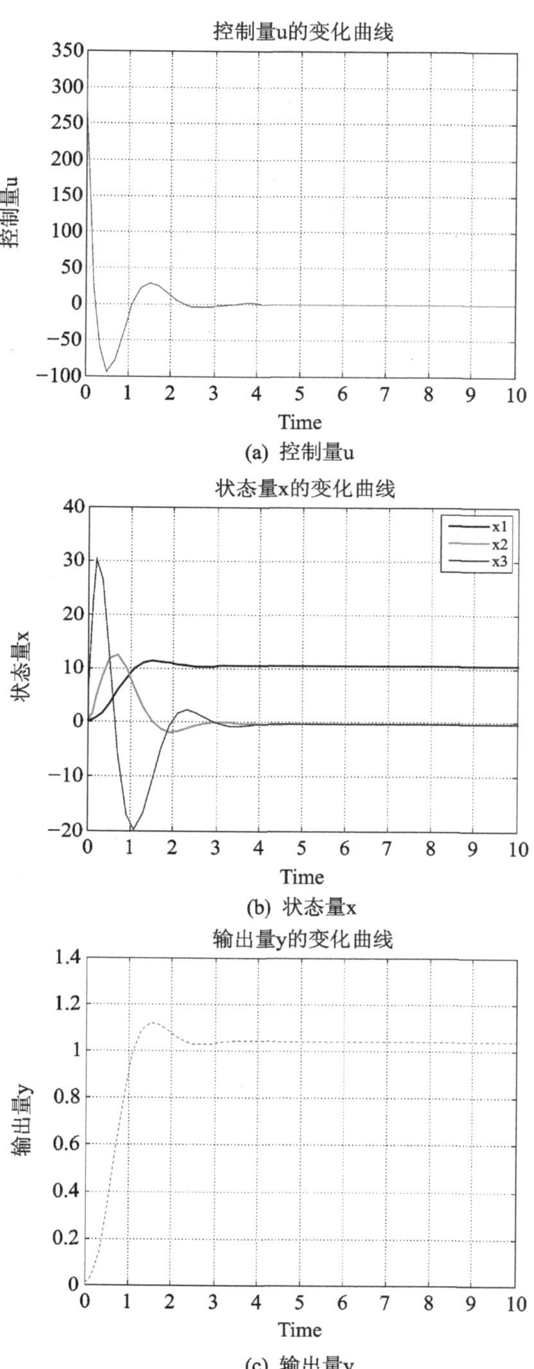

(a) 控制量u

(b) 状态量x

(c) 输出量y

图 12.37　阶跃输出跟踪系统仿真 2

第 13 章
航空发动机 H_∞ 最优控制

13.1 标准 H_∞ 控制问题回顾

H_∞ 控制理论应用研究的关键步骤是建立被控对象的模型，然后根据控制策略和控制要求将该模型转化为标准 H_∞ 控制问题所对应的广义被控对象模型（频域或时域模型），最后按标准 H_∞ 控制问题的求解方法进行鲁棒控制器设计。

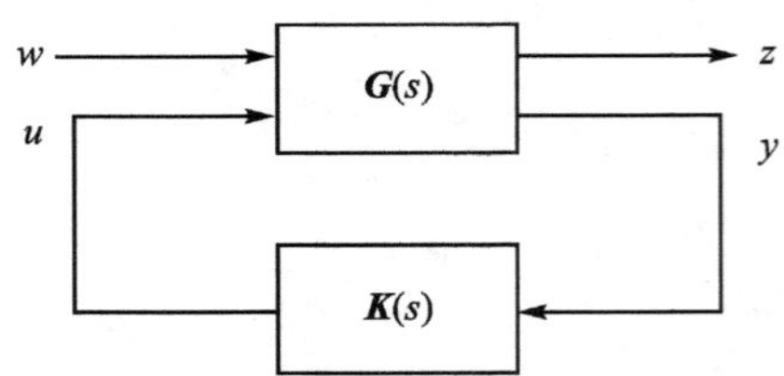

图 13.1 标准 H_∞ 控制问题框图

标准的 H_∞ 问题的框图如图 13.1 所示，图中 $\boldsymbol{G}$ 为系统的广义对象，$\boldsymbol{K}$ 为控制器。

广义控制对象的状态空间实现形式为

$$\boldsymbol{G}(s)=\begin{bmatrix}\boldsymbol{A}_{\mathrm{P}} & \boldsymbol{B}_{\mathrm{p}} \\ \boldsymbol{C}_{\mathrm{p}} & \boldsymbol{D}_{\mathrm{p}}\end{bmatrix}=\begin{bmatrix}\boldsymbol{G}_{11} & \boldsymbol{G}_{12} \\ \boldsymbol{G}_{21} & \boldsymbol{G}_{22}\end{bmatrix}=\begin{bmatrix}\boldsymbol{A} & \boldsymbol{B}_1 & \boldsymbol{B}_2 \\ \boldsymbol{C}_1 & \boldsymbol{D}_{11} & \boldsymbol{D}_{12} \\ \boldsymbol{C}_2 & \boldsymbol{D}_{21} & \boldsymbol{D}_{22}\end{bmatrix} \tag{13.1}$$

$$\begin{aligned}\dot{x} &= \boldsymbol{A}x+\boldsymbol{B}_1 w+\boldsymbol{B}_2 u \\ z &= \boldsymbol{C}_1 x+\boldsymbol{D}_{11} w+\boldsymbol{D}_{12} u \\ y &= \boldsymbol{C}_2 x+\boldsymbol{D}_{12} w+\boldsymbol{D}_{22} u\end{aligned} \tag{13.2}$$

从 w 到 z 的闭环传递函数矩阵为

$$\boldsymbol{T}_{zw}=\boldsymbol{G}_{11}(s)+\boldsymbol{G}_{12}(s)\boldsymbol{K}(s)(\boldsymbol{I}-\boldsymbol{G}_{22}\boldsymbol{K}(s))^{-1}\boldsymbol{G}_{21}(s) \tag{13.3}$$

H_∞ 最优控制问题就是寻找一个真的实有理传递函数矩阵表示的控制器 $\boldsymbol{K}(s)$，使闭环系统内稳定且使传递函数矩阵 $\boldsymbol{T}_{zw}(s)$ 的 H_∞ 范数极小，即

$$\min\|\boldsymbol{T}_{zw}\|_\infty=\gamma_0 \tag{13.4}$$

其中，$\gamma_0>0$ 为 H_∞ 范数极小值。

H_∞ 次优控制问题就是对于闭环控制系统，寻找一个真的实有理传递函数矩阵表示的控制器 $\boldsymbol{K}(s)$，使闭环系统内稳定且使传递函数矩阵 $\boldsymbol{T}_{zw}(s)$ 的 H_∞ 范数小于一个给定的常数，即 $\gamma>0$。

$$\|\boldsymbol{T}_{zw}\|_\infty<\gamma \tag{13.5}$$

如果给定 $\boldsymbol{G}(s)$ 的 H_∞ 次优问题有解，则可以通过反复"递减试探求次优解"过程，使 $\gamma\to\gamma_0$，即由次优问题的解去逼近最优问题的解。

对 H_∞ 次优控制问题式(13.5)作变换得

$$\left\|\frac{1}{\gamma}\boldsymbol{T}_{zw}\right\|_\infty<1 \tag{13.6}$$

而 $\dfrac{1}{\gamma}\boldsymbol{T}_{zw}$ 等于广义被控对象：

$$\boldsymbol{G}(s)=\begin{bmatrix}\gamma^{-1}\boldsymbol{G}_{11} & \gamma^{-1}\boldsymbol{G}_{12}\\ \gamma^{-1}\boldsymbol{G}_{21} & \gamma^{-1}\boldsymbol{G}_{22}\end{bmatrix} \tag{13.7}$$

和 $\boldsymbol{K}(s)$ 所构成的如图 13.1 所示系统的从 w 到 z 的闭环传递函数矩阵，常取 $\gamma=1$。

H_∞ 控制器设计问题就是对于给定的广义被控对象 $\boldsymbol{G}(s)$，判定是否存在反馈控制器 $\boldsymbol{K}(s)$，使得闭环系统内稳定且 $\|\boldsymbol{T}_{zw}\|_\infty<1$，如果存在这样的控制器则求之。

13.2 航空发动机 H_∞ 最优控制设计

13.2.1 航空发动机数学模型

本节选取某型航空发动机的线性模型进行 H_∞ 最优控制设计。模型中有高压轴转速 N_H 和和低压轴转速 N_L 两个状态变量；供油量 q_{mf} 和尾喷口面积标 A_8 两个控制量；高压转速 N_H 和压比 P_6/P_2 两个输出量。标称模型为

$$\begin{aligned}\dot{\boldsymbol{x}}&=\boldsymbol{Ax}+\boldsymbol{Bu}\\ \boldsymbol{y}&=\boldsymbol{Cx}+\boldsymbol{Du}\end{aligned} \tag{13.8}$$

其中，$\boldsymbol{x}=[n_H,n_L]^T$，$\boldsymbol{u}=[q_{mf},A_8]^T$，$\boldsymbol{y}=[n_H,P_6/P_2]^T$。其各系数矩阵如下：

$$\boldsymbol{A}=\begin{bmatrix}-6.7150 & 2.2560\\ 7.3800 & -9.0890\end{bmatrix},\quad \boldsymbol{B}=\begin{bmatrix}0.3610 & 0.4420\\ -0.3040 & 2.0320\end{bmatrix}$$

$$\boldsymbol{C}=\begin{bmatrix}1.0000 & 0\\ 0.4730 & 2.32\end{bmatrix},\quad \boldsymbol{D}=\begin{bmatrix}0 & 0\\ 0.3710 & -0.7170\end{bmatrix}$$

航空发动机控制系统结构示意图如图 13.2 所示。

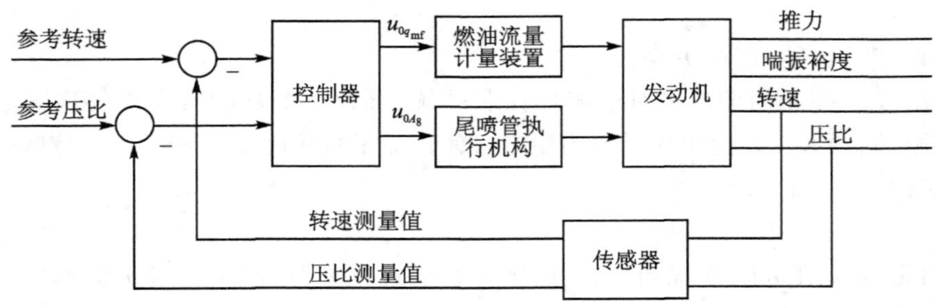

图 13.2　航空发动机控制系统结构示意图

在考虑燃油流量控制装置和作动筒(尾喷口执行机构)的特性时,由于发动机中位置伺服的惯性比较小,在大多数情况下,它们的动态特性接近于一阶惯性环节,其时间常数在 0.1 s 与 0.2 s 之间。当取时间常数为 0.1 s 时,它们的传递函数分别用 G_1 和 G_2 表示,即

$$G_1(s)=\frac{20}{s+20}$$

$$G_2(s)=\frac{10}{s+10} \tag{13.9}$$

根据 G_1,G_2,有

$$\begin{bmatrix}\dot{q}_{mf}\\ \dot{A}_8\end{bmatrix}=\begin{bmatrix}-20 & 0\\ 0 & -10\end{bmatrix}\begin{bmatrix}q_{mf}\\ A_8\end{bmatrix}+\begin{bmatrix}20 & 0\\ 0 & 10\end{bmatrix}\begin{bmatrix}u_{0q_{mf}}\\ u_{0A_8}\end{bmatrix} \tag{13.10}$$

其中,$u_{0q_{mf}}$,u_{0A_8} 分别为控制器给燃油流量控制装置和尾喷口执行机构的输入量。

由于惯性环节的存在,给到发动机 q_{mf} 和 A_8 的不再是实时的控制器的输出,因此,考虑取 q_{mf} 和 A_8 也作为状态变量,形成增广状态空间模型:

$$\begin{aligned}\dot{\boldsymbol{x}}_p&=\boldsymbol{A}_p\boldsymbol{x}_p+\boldsymbol{B}_p\boldsymbol{u}_p\\ \boldsymbol{y}_p&=\boldsymbol{C}_p\boldsymbol{x}_p+\boldsymbol{D}_p\boldsymbol{u}_p\end{aligned} \tag{13.11}$$

其中,$\boldsymbol{x}_p=[n_H,n_L,q_{mf},A_8]^T$,$\boldsymbol{y}_p=[n_H,P_6/P_2]^T$,$\boldsymbol{u}_p=[u_{0q_{mf}},u_{0A_8}]^T$。

$$\boldsymbol{A}_p=\begin{bmatrix}\boldsymbol{A} & \boldsymbol{B}\\ \begin{bmatrix}0&0\\0&0\end{bmatrix} & \begin{bmatrix}-20&0\\0&-10\end{bmatrix}\end{bmatrix}=\begin{bmatrix}-6.7150 & 2.2560 & 0.3610 & 0.4420\\ 7.3800 & -9.0890 & -0.3040 & 2.0320\\ 0 & 0 & -20.000 & 0\\ 0 & 0 & 0 & -10.00\end{bmatrix},\quad \boldsymbol{D}_p=\begin{bmatrix}0&0\\0&0\end{bmatrix}$$

$$\boldsymbol{B}_p=\begin{bmatrix}\begin{bmatrix}0&0\\0&0\end{bmatrix}\\ \begin{bmatrix}20&0\\0&10\end{bmatrix}\end{bmatrix}=\begin{bmatrix}0&0\\0&0\\20&0\\0&10\end{bmatrix},\quad \boldsymbol{C}_p=[\boldsymbol{C}\quad \boldsymbol{D}]=\begin{bmatrix}1.0000 & 0 & 0 & 0\\ 0.4730 & 2.3200 & 0.3710 & -0.7170\end{bmatrix}$$

显然,在该增广状态空间模型中 $\boldsymbol{D}_p$ 是零矩阵,这为控制系统设计带来方便,因此该增广状态空间模型可以重写为

$$\dot{\boldsymbol{x}}_p = \boldsymbol{A}_p \boldsymbol{x}_p + \boldsymbol{B}_p \boldsymbol{u}_p$$
$$\boldsymbol{y}_p = \boldsymbol{C}_p \boldsymbol{x}_p$$

系统式(13.11)的控制结构图如图 13.3 所示。

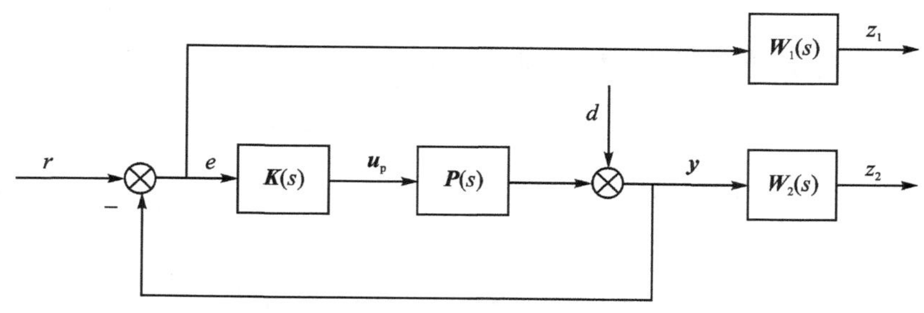

图 13.3　航空发动机控制系统结构图

其中,$r \in \mathbf{R}^{2\times1}$ 表示参考输入,$e \in \mathbf{R}^{2\times1}$ 表示跟踪误差,$\boldsymbol{K}(s)$表示控制器,$\boldsymbol{P}(s)$表示增广系统,$d \in \mathbf{R}^{2\times1}$ 表示外干扰,$y \in \mathbf{R}^{2\times1}$ 表示输出,$z_1 \in \mathbf{R}^{2\times1}$ 和 $z_2 \in \mathbf{R}^{2\times1}$ 表示评价信号,$\boldsymbol{W}_1(s) \in \mathbf{R}^{2\times2}$ 和 $\boldsymbol{W}_2(s) \in \mathbf{R}^{2\times2}$ 是加权矩阵。

控制系统式(13.11)设计的目的是设计合适的 H_∞ 优化控制器 $\boldsymbol{K}(s)$,保证系统具有良好的跟踪性能。

13.2.2　选择加权矩阵

加权矩阵的选择对于 H_∞ 优化控制器的设计十分关键。控制器是否满足要求很大程度上取决于加权矩阵的选取。加权矩阵表征了系统稳定性及性能的要求。

由于系统式(13.11)有高压转速 N_H 和压比 P_6/P_2 两个输出量,加权矩阵 $\boldsymbol{W}$ 可取以下形式:

$$\boldsymbol{W}(s) = \frac{cs+b}{s+a}\begin{bmatrix}1 & 0\\0 & 1\end{bmatrix} \tag{13.12}$$

则第一转折频率为 a,第二转折频率为 b/c,低频增益为 b/a,高频增益为 c。

当系统外干扰和外部输入的频率较低时,加权函数低频段增益应该尽可能大,使得系统具有较好的抗干扰能力和命令跟踪能力。为了控制超调量,高频段增益不宜过大,其取值在 0.1 与 0.8 之间。

通过调试,本例最终选取加权矩阵如下:

$$\boldsymbol{W}_1 = \begin{bmatrix}W_{11} & 0\\0 & W_{12}\end{bmatrix} = \begin{bmatrix}\dfrac{0.005s+10}{s+0.000\,1} & 0\\0 & \dfrac{0.1s+10}{s+0.000\,1}\end{bmatrix} \tag{13.13}$$

$$\boldsymbol{W}_2=\begin{bmatrix} W_{21} & 0 \\ 0 & W_{22} \end{bmatrix}=\begin{bmatrix} \dfrac{0.000\,1s+10}{s+0.000\,1} & 0 \\ 0 & \dfrac{0.1s+10}{s+0.000\,1} \end{bmatrix} \tag{13.14}$$

13.2.3 航空发动机标准 H_∞ 控制转换

对比图 13.1，图 13.3 可以转换为如图 13.4 所示的标准 H_∞ 控制系统结构图，其中虚线框中为广义控制对象模型 $\boldsymbol{G}(s)$。

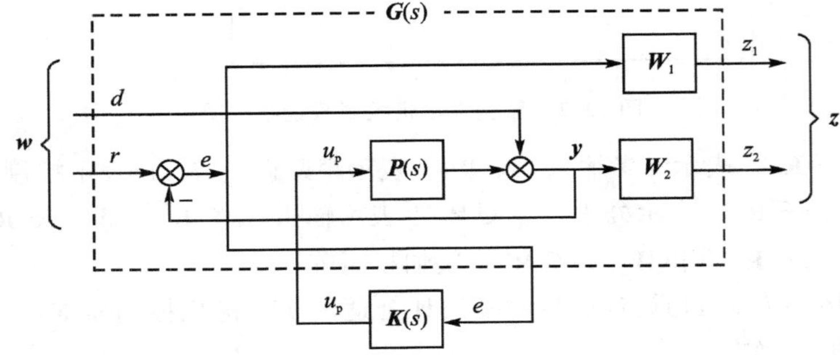

图 13.4 航空发动机标准 H_∞ 控制系统结构图

注意，图 13.1 中的 $\boldsymbol{y}$ 表示输入给控制器 $K(s)$ 的信号，即图 13.4 中的 $\boldsymbol{e}$，而不是图 13.4 中的输出 $\boldsymbol{y}$。

于是

$$\boldsymbol{z}=[z_1,z_2]^{\mathrm{T}},\quad \boldsymbol{w}=[d,r]^{\mathrm{T}}$$

有

$$\begin{bmatrix} \boldsymbol{z} \\ \boldsymbol{e} \end{bmatrix}=\boldsymbol{G}(s)\begin{bmatrix} \boldsymbol{w} \\ \boldsymbol{u}_{\mathrm{p}} \end{bmatrix}$$

由

$$\begin{aligned} \boldsymbol{e} &= \boldsymbol{r}-\boldsymbol{y} \\ &= \boldsymbol{r}-(\boldsymbol{P}\boldsymbol{u}_{\mathrm{p}}+\boldsymbol{d}) \\ &= \begin{bmatrix} -\boldsymbol{I}_{2\times 2} & \boldsymbol{I}_{2\times 2} & -\boldsymbol{P} \end{bmatrix}\begin{bmatrix} \boldsymbol{d} \\ \boldsymbol{r} \\ \boldsymbol{u}_{\mathrm{p}} \end{bmatrix} \end{aligned}$$

$$\boldsymbol{z}=\begin{bmatrix} \boldsymbol{W}_1\boldsymbol{e} \\ \boldsymbol{W}_2\boldsymbol{y} \end{bmatrix}=\begin{bmatrix} \boldsymbol{W}_1(\boldsymbol{r}-\boldsymbol{d}-\boldsymbol{P}\boldsymbol{u}_{\mathrm{p}}) \\ \boldsymbol{W}_2(\boldsymbol{P}\boldsymbol{u}_{\mathrm{p}}+\boldsymbol{d}) \end{bmatrix}$$

$$= \begin{bmatrix} -\boldsymbol{W}_1 & \boldsymbol{W}_1 & \boldsymbol{W}_1\boldsymbol{P} \\ \boldsymbol{W}_2 & \boldsymbol{0}_{2\times2} & \boldsymbol{W}_2\boldsymbol{P} \end{bmatrix} \begin{bmatrix} \boldsymbol{d} \\ \boldsymbol{r} \\ \boldsymbol{u}_{\mathrm{p}} \end{bmatrix}$$

由此得到广义被控对象的传递函数矩阵：

$$\boldsymbol{G}(s) = \begin{bmatrix} -\boldsymbol{W}_1 & \boldsymbol{W}_1 & \boldsymbol{W}_1\boldsymbol{P} \\ \boldsymbol{W}_2 & \boldsymbol{0}_{2\times2} & \boldsymbol{W}_2\boldsymbol{P} \\ -\boldsymbol{I}_{2\times2} & \boldsymbol{I}_{2\times2} & -\boldsymbol{P} \end{bmatrix}$$

之后可调用如第 6.5 节所示 MATLAB 函数获得 $\boldsymbol{G}$ 对应的状态空间实现。

然而，正如第 6.5 节所示，直接调用 MATLAB 函数求取的广义对象状态空间实现，虽然方法简单，但是获得的状态变量及相关矩阵通常是数值运算结果，离物理概念相距较远。

下面针对航空发动机系统式(13.11)这样的实际对象，直接根据其状态空间表达式获取广义对象 $\boldsymbol{G}$ 的状态空间实现。

设加权函数 $\boldsymbol{W}_1$ 的状态变量为 $\boldsymbol{x}_{\mathrm{w1}}$，根据 $\boldsymbol{W}_1$ 的传递函数式(13.13)，可以得到加权函数 $\boldsymbol{W}_1$ 的状态空间实现为

$$\begin{cases} \dot{\boldsymbol{x}}_{\mathrm{w1}} = \boldsymbol{A}_{\mathrm{w1}}\boldsymbol{x}_{\mathrm{w1}} + \boldsymbol{B}_{\mathrm{w1}}\boldsymbol{u}_{\mathrm{w1}} \\ \boldsymbol{y}_{\mathrm{w1}} = \boldsymbol{C}_{\mathrm{w1}}\boldsymbol{x}_{\mathrm{w1}} + \boldsymbol{D}_{\mathrm{w1}}\boldsymbol{u}_{\mathrm{w1}} \end{cases} \tag{13.15}$$

其中

$$\boldsymbol{A}_{\mathrm{w1}} = \begin{bmatrix} -0.0001 & 0 \\ 0 & -0.0001 \end{bmatrix}, \quad \boldsymbol{B}_{\mathrm{w1}} = \begin{bmatrix} 4 & 0 \\ 0 & 4 \end{bmatrix},$$

$$\boldsymbol{C}_{\mathrm{w1}} = \begin{bmatrix} 2.5 & 0 \\ 0 & 2.5 \end{bmatrix}, \quad \boldsymbol{D}_{\mathrm{w1}} = \begin{bmatrix} 0.005 & 0 \\ 0 & 0.1 \end{bmatrix}$$

设加权函数 $\boldsymbol{W}_2$ 的状态变量为 $\boldsymbol{x}_{\mathrm{w2}}$，根据 $\boldsymbol{W}_2$ 的传递函数式(13.14)，可以得到加权函数 $\boldsymbol{W}_2$ 的状态空间实现为

$$\begin{cases} \dot{x}_{\mathrm{w2}} = \boldsymbol{A}_{\mathrm{w2}} x_{\mathrm{w2}} + \boldsymbol{B}_{\mathrm{w2}}\boldsymbol{u}_{\mathrm{w2}} \\ y_{\mathrm{w2}} = \boldsymbol{C}_{\mathrm{w2}} x_{\mathrm{w2}} + \boldsymbol{D}_{\mathrm{w2}}\boldsymbol{u}_{\mathrm{w2}} \end{cases} \tag{13.16}$$

其中

$$\boldsymbol{A}_{\mathrm{w2}} = \begin{bmatrix} -0.0001 & 0 \\ 0 & -0.0001 \end{bmatrix}, \quad \boldsymbol{B}_{\mathrm{w2}} = \begin{bmatrix} 4 & 0 \\ 0 & 4 \end{bmatrix},$$

$$\boldsymbol{C}_{\mathrm{w2}} = \begin{bmatrix} 2.5 & 0 \\ 0 & 2.5 \end{bmatrix}, \quad \boldsymbol{D}_{\mathrm{w2}} = \begin{bmatrix} 0.0001 & 0 \\ 0 & 0.1 \end{bmatrix}$$

根据图 13.4，可知

$$\boldsymbol{u}_{\mathrm{w1}} = \boldsymbol{e}$$

$$\boldsymbol{u}_{\mathrm{w2}} = \boldsymbol{y}$$

$$\begin{aligned} \boldsymbol{y} &= \boldsymbol{y}_{\mathrm{p}} + \boldsymbol{d} \\ &= \boldsymbol{C}_{\mathrm{p}}\boldsymbol{x}_{\mathrm{p}} + \boldsymbol{d} \end{aligned}$$

由式(13.11)有

$$\begin{aligned} \boldsymbol{e} &= \boldsymbol{r} - \boldsymbol{y} \\ &= \boldsymbol{r} - \boldsymbol{y}_{\mathrm{p}} - \boldsymbol{d} \\ &= -\boldsymbol{C}_{\mathrm{p}}\boldsymbol{x}_{\mathrm{p}} - \boldsymbol{d} + \boldsymbol{r} \end{aligned} \tag{13.17}$$

由式(13.15),有

$$\begin{aligned} \dot{\boldsymbol{x}}_{\mathrm{w1}} &= \boldsymbol{A}_{\mathrm{w1}}\boldsymbol{x}_{\mathrm{w1}} + \boldsymbol{B}_{\mathrm{w1}}\boldsymbol{e} \\ &= \boldsymbol{A}_{\mathrm{w1}}\boldsymbol{x}_{\mathrm{w1}} + \boldsymbol{B}_{\mathrm{w1}}(-\boldsymbol{C}_{\mathrm{p}}\boldsymbol{x}_{\mathrm{p}} - \boldsymbol{d} + \boldsymbol{r}) \\ &= -\boldsymbol{B}_{\mathrm{w1}}\boldsymbol{C}_{\mathrm{p}}\boldsymbol{x}_{\mathrm{p}} + \boldsymbol{A}_{\mathrm{w1}}x_{\mathrm{w1}} - \boldsymbol{B}_{\mathrm{w1}}\boldsymbol{d} + \boldsymbol{B}_{\mathrm{w1}}\boldsymbol{r} \end{aligned} \tag{13.18}$$

由式(13.16),有

$$\begin{aligned} \dot{\boldsymbol{x}}_{\mathrm{w2}} &= \boldsymbol{A}_{\mathrm{w2}}\boldsymbol{x}_{\mathrm{w2}} + \boldsymbol{B}_{\mathrm{w2}}\boldsymbol{y} \\ &= \boldsymbol{A}_{\mathrm{w2}}\boldsymbol{x}_{\mathrm{w2}} + \boldsymbol{B}_{\mathrm{w2}}(\boldsymbol{C}_{\mathrm{p}}\boldsymbol{x}_{\mathrm{p}} + \boldsymbol{d}) \\ &= \boldsymbol{B}_{\mathrm{w2}}\boldsymbol{C}_{\mathrm{p}}\boldsymbol{x}_{\mathrm{p}} + \boldsymbol{A}_{\mathrm{w2}}\boldsymbol{x}_{\mathrm{w2}} + \boldsymbol{B}_{\mathrm{w2}}\boldsymbol{d} \end{aligned} \tag{13.19}$$

根据图 13.4,可知

$$\begin{aligned} \boldsymbol{z}_1 &= \boldsymbol{y}_{\mathrm{w1}} \\ &= \boldsymbol{C}_{\mathrm{w1}}\boldsymbol{x}_{\mathrm{w1}} + \boldsymbol{D}_{\mathrm{w1}}\boldsymbol{e} \\ &= \boldsymbol{C}_{\mathrm{w1}}\boldsymbol{x}_{\mathrm{w1}} + \boldsymbol{D}_{\mathrm{w1}}(\boldsymbol{r} - \boldsymbol{d} - \boldsymbol{C}_{\mathrm{p}}\boldsymbol{x}_{\mathrm{p}}) \\ &= -\boldsymbol{D}_{\mathrm{w1}}\boldsymbol{C}_{\mathrm{p}}\boldsymbol{x}_{\mathrm{p}} + \boldsymbol{C}_{\mathrm{w1}}\boldsymbol{x}_{\mathrm{w1}} - \boldsymbol{D}_{\mathrm{w1}}\boldsymbol{d} + \boldsymbol{D}_{\mathrm{w1}}\boldsymbol{r} \end{aligned} \tag{13.20}$$

$$\begin{aligned} \boldsymbol{z}_2 &= \boldsymbol{y}_{\mathrm{w2}} \\ &= \boldsymbol{C}_{\mathrm{w2}}x_{\mathrm{w2}} + \boldsymbol{D}_{\mathrm{w2}}\boldsymbol{y} \\ &= \boldsymbol{C}_{\mathrm{w2}}x_{\mathrm{w2}} + \boldsymbol{D}_{\mathrm{w2}}(\boldsymbol{C}_{\mathrm{p}}\boldsymbol{x}_{\mathrm{p}} + \boldsymbol{d}) \\ &= \boldsymbol{D}_{\mathrm{w2}}\boldsymbol{C}_{\mathrm{p}}\boldsymbol{x}_{\mathrm{p}} + \boldsymbol{C}_{\mathrm{w2}}x_{\mathrm{w2}} + \boldsymbol{D}_{\mathrm{w2}}\boldsymbol{d} \end{aligned} \tag{13.21}$$

整理式(13.11),式(13.18),式(13.19)和式(13.17),式(13.20),式(13.21),得

$$\begin{bmatrix} \dot{\boldsymbol{x}}_{\mathrm{p}} \\ \dot{\boldsymbol{x}}_{\mathrm{w1}} \\ \dot{\boldsymbol{x}}_{\mathrm{w2}} \\ \boldsymbol{z}_1 \\ \boldsymbol{z}_2 \\ \boldsymbol{e} \end{bmatrix} = \begin{bmatrix} \boldsymbol{A}_{\mathrm{p}} & \boldsymbol{0}_{4\times2} & \boldsymbol{0}_{4\times2} & \boldsymbol{0}_{4\times2} & \boldsymbol{0}_{4\times2} & \boldsymbol{B}_{\mathrm{p}} \\ -\boldsymbol{B}_{\mathrm{w1}}\boldsymbol{C}_{\mathrm{p}} & \boldsymbol{A}_{\mathrm{w1}} & \boldsymbol{0}_{2\times2} & -\boldsymbol{B}_{\mathrm{w1}} & \boldsymbol{B}_{\mathrm{w1}} & \boldsymbol{0}_{2\times2} \\ \boldsymbol{B}_{\mathrm{w2}}\boldsymbol{C}_{\mathrm{p}} & \boldsymbol{0}_{2\times2} & \boldsymbol{A}_{\mathrm{w2}} & \boldsymbol{B}_{\mathrm{w2}} & \boldsymbol{0}_{2\times2} & \boldsymbol{0}_{2\times2} \\ -\boldsymbol{D}_{\mathrm{w1}}\boldsymbol{C}_{\mathrm{p}} & \boldsymbol{C}_{\mathrm{w1}} & \boldsymbol{0}_{2\times2} & -\boldsymbol{D}_{\mathrm{w1}} & \boldsymbol{D}_{\mathrm{w1}} & \boldsymbol{0}_{2\times2} \\ \boldsymbol{D}_{\mathrm{w2}}\boldsymbol{C}_{\mathrm{p}} & \boldsymbol{0}_{2\times2} & \boldsymbol{C}_{\mathrm{w2}} & \boldsymbol{D}_{\mathrm{w2}} & \boldsymbol{0}_{2\times2} & \boldsymbol{0}_{2\times2} \\ -\boldsymbol{C}_{\mathrm{p}} & \boldsymbol{0}_{2\times2} & \boldsymbol{0}_{2\times2} & -\boldsymbol{1}_{2\times2} & \boldsymbol{1}_{2\times2} & \boldsymbol{0}_{2\times2} \end{bmatrix} \begin{bmatrix} \boldsymbol{x}_{\mathrm{p}} \\ \boldsymbol{x}_{\mathrm{w1}} \\ \boldsymbol{x}_{\mathrm{w2}} \\ \boldsymbol{d} \\ \boldsymbol{r} \\ \boldsymbol{u}_{\mathrm{p}} \end{bmatrix}$$

因此,广义对象的状态空间实现为

$$
\boldsymbol{G}=\begin{bmatrix}
-6.7150 & 2.2560 & 0.3610 & 0.4420 & 0 & 0 & 0 & 0 & 0 & 0 & 0 & 0 & 0 & 0\\
7.3800 & -9.0890 & -0.3040 & 2.0320 & 0 & 0 & 0 & 0 & 0 & 0 & 0 & 0 & 0 & 0\\
0 & 0 & -20.000 & 0 & 0 & 0 & 0 & 0 & 0 & 0 & 0 & 0 & 20 & 0\\
0 & 0 & 0 & -10.0000 & 0 & 0 & 0 & 0 & 0 & 0 & 0 & 0 & 0 & 10\\
-4.0000 & 0 & 0 & 0 & -0.0001 & 0 & 0 & 0 & -4 & 0 & 4 & 0 & 0 & 0\\
-1.8920 & -9.2800 & -1.4840 & 2.8680 & 0 & -0.0001 & 0 & 0 & 0 & -4 & 0 & 4 & 0 & 0\\
4.0000 & 0 & 0 & 0 & 0 & 0 & -0.0001 & 0 & 4 & 0 & 0 & 0 & 0 & 0\\
1.8920 & 9.2800 & 1.4840 & -2.8680 & 0 & 0 & 0 & -0.0001 & 0 & 4 & 0 & 0 & 0 & 0\\
-0.0050 & 0 & 0 & 0 & 2.500 & 0 & 0 & 0 & -0.005 & 0 & 0.005 & 0 & 0 & 0\\
-0.0473 & -0.2320 & -0.0371 & 0.0717 & 0 & 2.500 & 0 & 0 & 0 & -0.1 & 0 & 0.1 & 0 & 0\\
0.0001 & 0 & 0 & 0 & 0 & 0 & 2.500 & 0 & 0.0001 & 0 & 0 & 0 & 0 & 0\\
0.0473 & 0.2320 & 0.0371 & -0.0717 & 0 & 0 & 0 & 2.500 & 0 & 0.1 & 0 & 0 & 0 & 0\\
-1.0000 & 0 & 0 & 0 & 0 & 0 & 0 & 0 & -1 & 0 & 1 & 0 & 0 & 0\\
-0.4730 & -2.3200 & -0.3710 & 0.7170 & 0 & 0 & 0 & 0 & 0 & -1 & 0 & 1 & 0 & 0
\end{bmatrix}
$$

13.2.4 航空发动机 H_∞ 控制仿真

调用 MATLAB 中的 hinflmi 函数，可以计算获得 H_∞ 控制器 K 为

$$
\boldsymbol{A}_k=\begin{bmatrix}
-0.2139 & 0.2616 & -0.0303 & 0.4802 & 1.1818 & 0.0443 & -0.2047 & 0.9067\\
-0.4329 & -0.1948 & -0.9562 & -0.8533 & 0.3317 & 0.1722 & -1.8220 & 0.8688\\
0.7382 & 4.7960 & -11.7425 & 13.3992 & 2.9728 & 7.2203 & 3.1970 & -4.0915\\
-2.4562 & -5.5862 & 0.4106 & -16.5767 & -5.3592 & -3.2877 & -13.9017 & 4.0821\\
5.2714 & -15.2029 & -11.6104 & -32.3133 & -54.293 & -3.0586 & -11.1020 & -33.0849\\
-1.4542 & -5.9400 & 8.2212 & -9.7665 & -2.9199 & -23.2565 & -0.9716 & 11.6628\\
-0.8103 & 2.6430 & -2.5385 & 5.3245 & 4.3737 & 3.1425 & -0.0013 & -0.0003\\
-1.0041 & 0.8873 & -2.9204 & 3.2567 & 1.7988 & -0.5198 & -0.0005 & -0.0033
\end{bmatrix}
$$

$$
\boldsymbol{B}_k=\begin{bmatrix}
3.3807 & 5.9409\\
6.7237 & -4.9364\\
-5.1130 & -3.8626\\
-7.7047 & 3.4555\\
5.8262 & 13.6377\\
-10.3479 & 7.4834\\
0.8377 & -4.0797\\
-4.0425 & -2.2258
\end{bmatrix},\quad \boldsymbol{D}_k=\begin{bmatrix}0 & 0\\0 & 0\end{bmatrix}
$$

$$
\boldsymbol{C}_k=\begin{bmatrix}
0.2890 & -0.4117 & 0.2485 & 0.6308 & 3.0043 & -0.9333 & 1.2189 & 4.1733\\
-0.2932 & 0.3268 & -0.1702 & -1.6941 & -0.2367 & -0.9230 & -3.4706 & 1.7761
\end{bmatrix}
$$

航空发动机 H_∞ 控制 MATLAB/Simulink 的仿真结构图如图 13.5 所示。

假设初始值为 $\boldsymbol{x}_0=[0.1\quad 0\quad 0\quad 0]^{\mathrm{T}}$，期望值 $\boldsymbol{r}=[0\quad 0]^{\mathrm{T}}$，外干扰 $\boldsymbol{d}$ 如图 13.6 所示，输入输出曲线如图 13.7 和图 13.8 所示。可见，系统输出 y 在受到外干扰时，可以在所设计的输出反馈 H_∞ 控制器作用下，迅速回到 0。

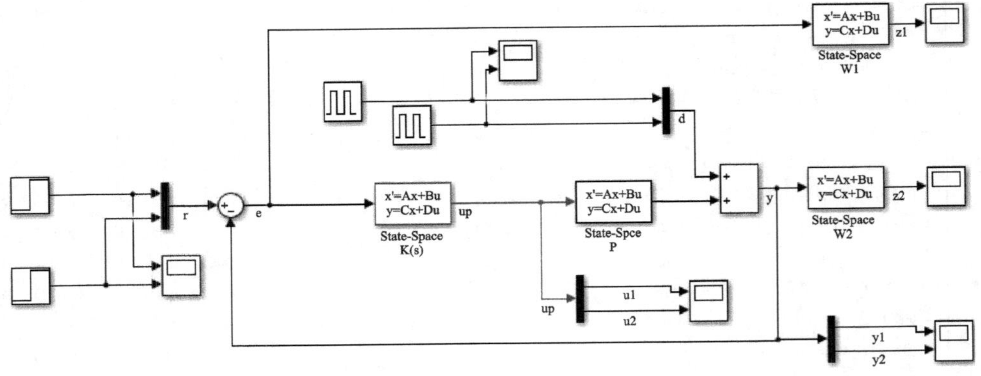

图 13.5　航空发动机 H_∞ 控制 MATLAB/Simulink 的仿真结构图

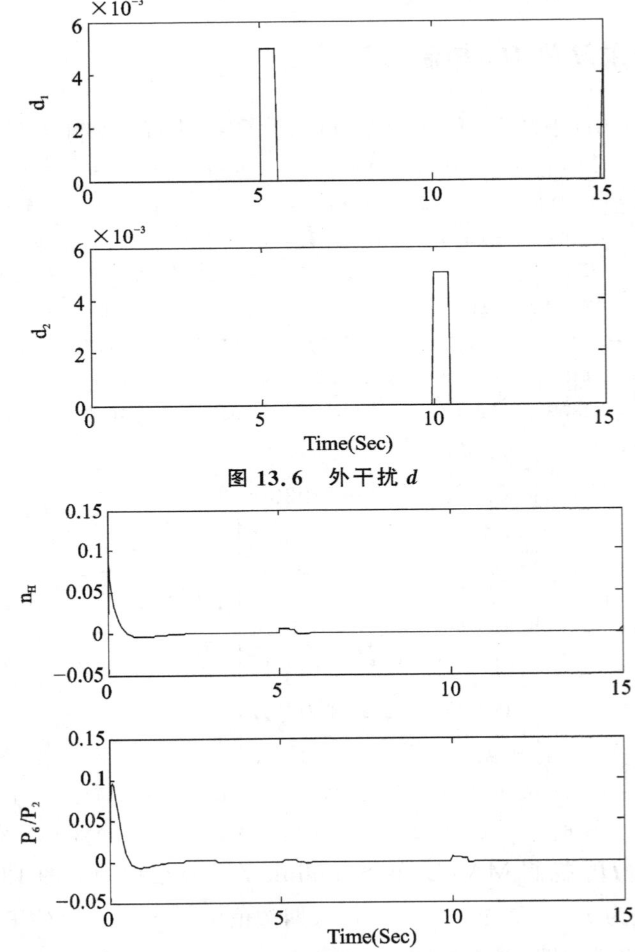

图 13.6　外干扰 d

图 13.7　航空发动机 H_∞ 控制输出曲线

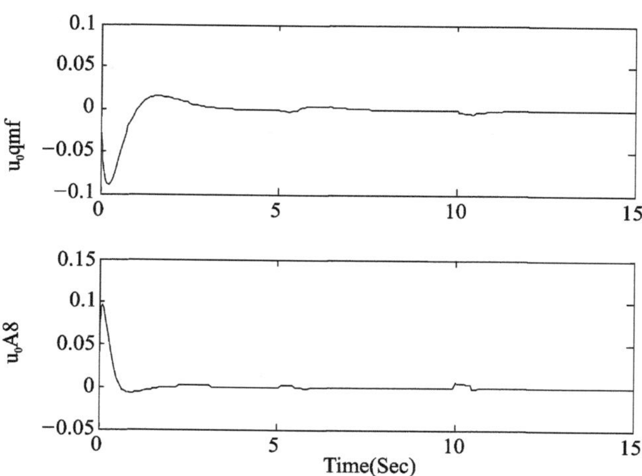

图 13.8　航空发动机 H_∞ 控制输入曲线

第 14 章
航空动力系统预测控制

14.1 航空发动机广义预测控制

14.1.1 JT9D 小偏差动态线性模型建立

JT9D 发动机是美国普惠公司研制的一款经典的大涵道比民用涡扇发动机，NASA 为了验证 T－MATS 的建模性能，从 NPSS 中导出了 JT9D 部件的特性数据，并公开发表，本文即根据 T-MATS 中非线性的 JT9D 模型，采用偏导数法得到相应工作状态附近的动态线性化模型。

航空发动机在工作点附近的动态过程可表示如下：

$$\begin{cases} \frac{\pi}{30} J_{\mathrm{H}} \frac{\mathrm{d}n_{\mathrm{H}}}{\mathrm{d}t} = \Delta M_{\mathrm{H}} \\ \frac{\pi}{30} J_{\mathrm{L}} \frac{\mathrm{d}n_{\mathrm{L}}}{\mathrm{d}t} = \Delta M_{\mathrm{L}} \end{cases} \tag{14.1}$$

式中 $J_{\mathrm{H}}, J_{\mathrm{L}}$——发动机高、低压转子的转动惯量；

$\Delta M_{\mathrm{H}}, \Delta M_{\mathrm{L}}$——发动机高、低压转子的剩余力矩；

$n_{\mathrm{H}}, n_{\mathrm{L}}$——发动机高、低压转子的转速。

为简化起见，假设飞行条件不变，并且已知 JT9D 发动机尾喷口几何面积不可调，则由根据发动机原理可得

$$\begin{cases} \Delta M_{\mathrm{H}} = \Delta M_{\mathrm{H}}(n_{\mathrm{H}}, n_{\mathrm{L}}, q_{\mathrm{mf}}) \\ \Delta M_{\mathrm{L}} = \Delta M_{\mathrm{L}}(n_{\mathrm{H}}, n_{\mathrm{L}}, q_{\mathrm{mf}}) \end{cases} \tag{14.2}$$

对该非线性方程进行泰勒展开并只保留一次项，并将表达式带入式(14.1)得

$$\begin{cases} \dot{n}_{\mathrm{H}} = a_{11} \Delta n_{\mathrm{H}} + a_{12} \Delta n_{\mathrm{L}} + b_1 \Delta q_{\mathrm{mf}} \\ \dot{n}_{\mathrm{L}} = a_{21} \Delta n_{\mathrm{H}} + a_{22} \Delta n_{\mathrm{L}} + b_2 \Delta q_{\mathrm{mf}} \end{cases} \tag{14.3}$$

转化为矩阵形式得

$$\begin{bmatrix}\dot{n}_{\mathrm{H}}\\ \dot{n}_{\mathrm{L}}\end{bmatrix}=\begin{bmatrix}a_{11} & a_{12}\\ a_{21} & a_{22}\end{bmatrix}\begin{bmatrix}\Delta n_{\mathrm{H}}\\ \Delta n_{\mathrm{H}}\end{bmatrix}+\begin{bmatrix}b_1\\ b_2\end{bmatrix}\Delta q_{\mathrm{mf}} \tag{14.4}$$

因此可以在发动机非线性模型运行到给定工作状态后，通过偏导数法，分别给低压转速、高压转速和燃油流量一个小阶跃量，得到相应高低压转速的加速度变化量，就能求取能表征该工作状态附近的动态线性化模型。

由于发动机通常使用低压转速作为推力的表征参数，故本文只选取低压转速作为研究对象，通过偏导数法得到工作点附近低压转速变化量与燃油流量变化量的传递函数关系为(工作点性能参数：$n_{\mathrm{H}}=723\,4$ rpm，$n_{\mathrm{L}}=290\,9$ rpm，$q_{\mathrm{mf}}=1.66$)

$$\frac{\Delta n_{\mathrm{L}}(s)}{\Delta q_{\mathrm{mf}}(s)}=\frac{933.146\,7(s+11.855\,6)}{(s+3.046\,9)(s+9.701\,1)} \tag{14.5}$$

为了能应用 GPC 进行控制，需将传递函数转化为差分方程，取离散时间为 0.02 s，得到相应的差分方程为

$$(1-1.764\,5z^{-1}+0.774\,9z^{-2})\Delta n_{\mathrm{L}}(k)=8.485\,7\Delta q_{\mathrm{mf}}(k-1)-14.583\,4\Delta q_{\mathrm{mf}}(k-2) \tag{14.6}$$

14.1.2　使用 GPC 算法对 JT9D 工作点线性模型动态仿真

由式(14.6)得，被控对象的 CARIMA 模型可写为

$$(1-1.7645z^{-1}+0.7749z^{-2})\Delta n_{\mathrm{L}}(k)=8.4857\Delta q_{\mathrm{mf}}(k-1)-14.5834\Delta q_{\mathrm{mf}}(k-2)+\varepsilon(k)/\Delta \tag{14.7}$$

假设式(14.7)中存在如下形式的参数摄动：

$$A(z^{-1})y(k)=B(z^{-1})u(k-1)+\frac{\varepsilon(k)}{\Delta}$$
$$\begin{cases}A(z^{-1})=1+(-0.823\,4+a)z^{-1}+(-0.823\,4a)z^{-2}\\ B(z^{-1})=0.864-0.273\,1z^{-1}\\ C(z^{-1})=1\end{cases} \tag{14.8}$$

其中

$$a=\begin{cases}-0.941\,1, & 0\leqslant k\leqslant 201\\ -0.950\,5, & 201<k\leqslant 301\\ -0.922\,3, & 301<k\leqslant 401\\ -0.752\,9, & 401<k\leqslant 501\\ -0.941\,1, & \text{else}\end{cases} \tag{14.9}$$

根据第 7 章中的 GPC 设计原理，对该系统设计 GPC 控制器，其中 $\boldsymbol{Q}=\boldsymbol{I}$，$\boldsymbol{R}=\boldsymbol{I}$，$\boldsymbol{V}(0)=10^6\boldsymbol{I}_{4\times4}$，遗忘因子 $\mu=0.97$，预测时域 $P=30$，控制时域 $M=2$，参考轨迹的柔化系数 $\alpha=0.6$，期望值 $y_{\mathrm{sp}}=0$。噪声 $\varepsilon(k)$ 为方差 0.01 的白噪声。

当系统没有受到白噪声 $\varepsilon(k)$ 影响时，仿真结果如图 14.1 所示。可见，当系统存

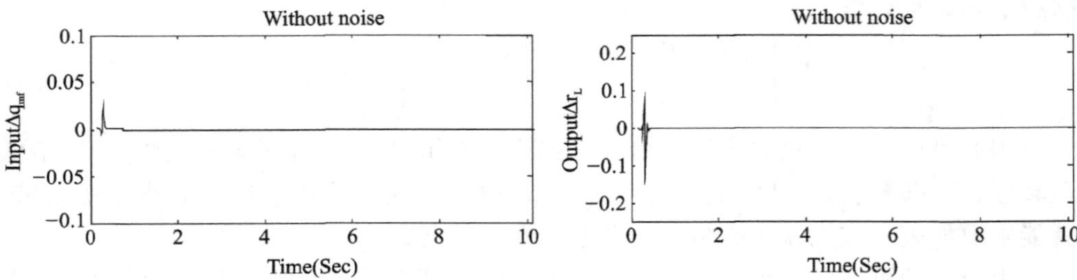

图 14.1　系统式(14.7)基于 GPC 的输入输出控制仿真结果(无噪声 $\varepsilon(k)$ 时)

在如式(14.9)所示的参数摄动时,系统输出能够快速达到给定值,对参数摄动具有较好的鲁棒性。

当系统受到如图 14.2 所示的白噪声 $\varepsilon(k)$ 影响时,仿真结果如图 14.3 所示。可见,当系统同时存在如式(14.9)所示的参数摄动和如图 14.1 所示的外干扰时,系统输出仍旧可以保持在期望值附近。

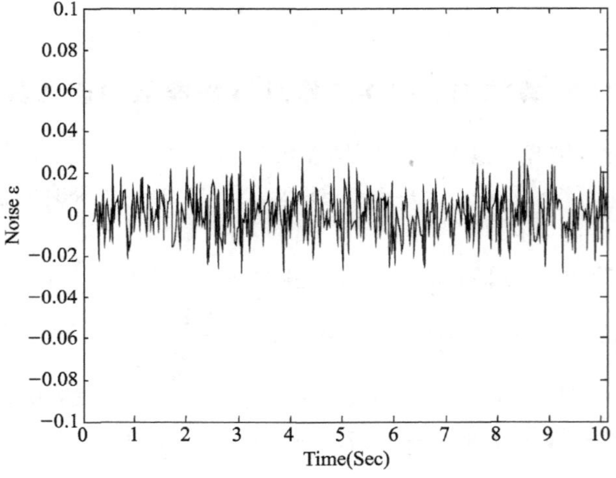

图 14.2　系统式(14.7)的噪声信号

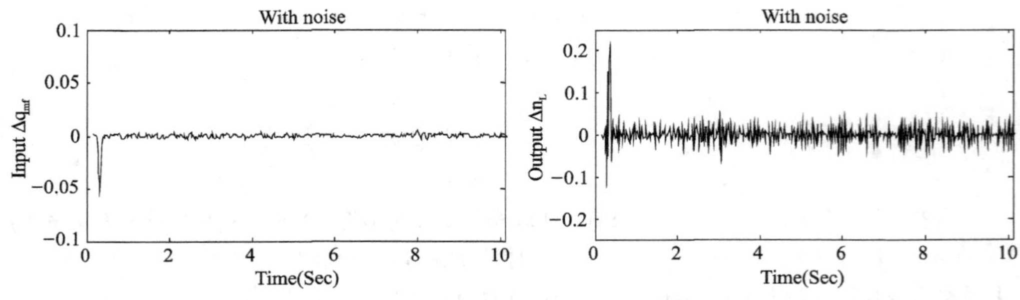

图 14.3　系统式(14.7)基于 GPC 的输入输出控制仿真结果(有噪声 $\varepsilon(k)$ 时)

14.2　航空发动机动态矩阵控制

设航空发动机状态空间模型为

$$\begin{cases}\dot{\boldsymbol{x}}=\boldsymbol{A}\boldsymbol{x}+\boldsymbol{B}\boldsymbol{u}\\ \boldsymbol{y}=\boldsymbol{C}\boldsymbol{x}+\boldsymbol{D}\boldsymbol{u}\end{cases}$$

其中，$\boldsymbol{x}=[\Delta N_{\mathrm{f}}\quad \Delta N_{\mathrm{c}}]^{\mathrm{T}}$，$\Delta N_{\mathrm{f}}$、$\Delta N_{\mathrm{c}}$ 分别为低压转子转速的相对量和高压转子转速的相对量；$\boldsymbol{u}=[\Delta W_{\mathrm{f}}\quad \Delta VSV]^{\mathrm{T}}$，$\Delta W_{\mathrm{f}}$、$\Delta VSV$ 分别为供油量和可变静子叶片角度的相对量；$\boldsymbol{y}=[\Delta T_{48}\quad \Delta SmHPC]^{\mathrm{T}}$，$\Delta SmHPC$ 为高压压气机喘振裕度的相对量。

用偏导数法求系数矩阵：

$$\boldsymbol{A}=\begin{bmatrix}-3.3808 & 1.2954\\ 0.4444 & -3.0501\end{bmatrix},\quad \boldsymbol{B}=\begin{bmatrix}667.8408 & -39.134\\ 1333.9594 & 117.2730\end{bmatrix}$$

$$\boldsymbol{C}=\begin{bmatrix}-0.0191 & 0.0158\\ -1.1178 & -0.0037\end{bmatrix},\quad \boldsymbol{D}=\begin{bmatrix}289.055 & 0.1332\\ -10.9483 & 0.1837\end{bmatrix}$$

为了简化起见，在具体的预测控制中，只考虑分析 VSV 对 $T48$ 的影响，可以得到的传递函数为：$sys=\dfrac{0.1332s^2-0.2s+0.0693}{s^2-1.8757s+0.8793}$。取采样时间为 $T_{\mathrm{s}}=0.02$ s，对应的离散传递函数模型为

$$sysd=\frac{0.1332z^2-0.2z+0.06934}{z^2-1.876z+0.8793} \tag{14.10}$$

相应的两个特征值分别为 0.9524 和 0.9233。显然，特征值在 z 平面的单位圆盘以内，系统式(14.10)稳定。该系统的阶跃响应如图 14.4 所示。

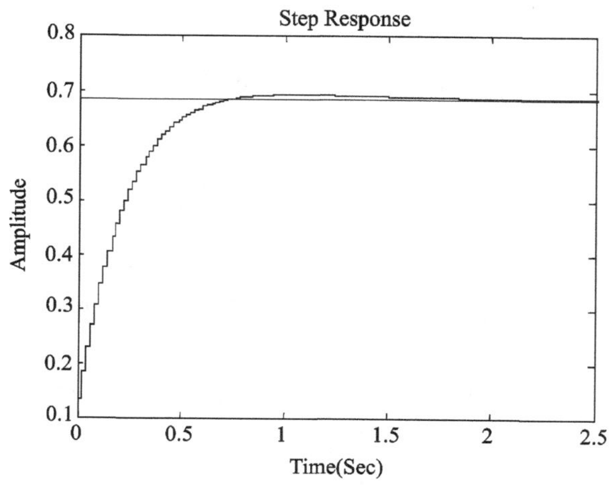

图 14.4　系统式(14.10)的阶跃响应图

下面根据第 7 章中的 DMC 设计原理，为系统式(14.10)设计 DMC 控制器。模型截断长度 $N=300$，预测时域 $P=50$，控制时域 $M=10$，反馈校正系数矩阵 $\boldsymbol{H}=[1\quad 0.95\quad \cdots\quad 0.95]$，参考轨迹中的柔化系数 $\alpha=0.9$，性能指标中的加权矩阵 $\boldsymbol{Q}=\mathrm{diag}\{1,\quad \cdots,\quad 1\}_P$，$\boldsymbol{R}=8\times10^7\times\mathrm{diag}\{1,\quad \cdots,\quad 1\}_M$。初始值 $y(0)=0.1$，期望输出设定值$y_{sp}=0$。

仿真结果如图 14.5 所示。可见，系统输出能够很好地跟踪上给定信号。

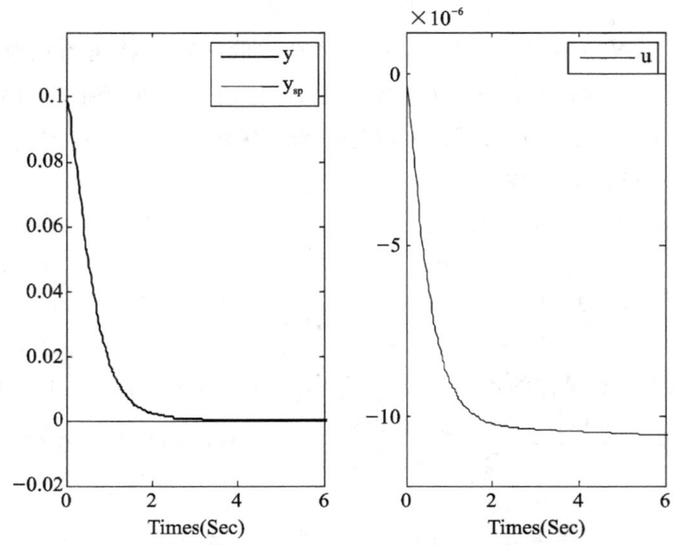

图 14.5　系统式(14.10)的 DMC 控制效果图

14.3　航空发动机模型算法控制

以 NASA 的 CAMPSS-90k 模型作为发动机仿真器

$$\dot{\boldsymbol{x}}=\boldsymbol{A}\boldsymbol{x}+\boldsymbol{B}\boldsymbol{u}$$

$$\boldsymbol{y}=\boldsymbol{C}\boldsymbol{x}+\boldsymbol{D}\boldsymbol{u}$$

其中，输入输出以及状态量表示偏离稳态点的增量，即状态向量 $\boldsymbol{x}=[\Delta N_f\quad \Delta N_c]^{\mathrm{T}}$，控制输入 $\boldsymbol{u}=\Delta W_f$，输出 $\boldsymbol{y}=\Delta N_f$。$\Delta N_f$ 表示风扇转速增量，ΔN_c 表示高压涡轮转速增量，ΔW_f 表示燃油增量。其中，以地面慢车为例，线性模型的矩阵如下：

$$\boldsymbol{A}=\begin{bmatrix}-3.8557 & 1.4467\\ 0.4690 & -4.7081\end{bmatrix},\quad \boldsymbol{B}=\begin{bmatrix}230.6739\\ 653.554\end{bmatrix},\quad \boldsymbol{C}=[1\quad 0],\quad \boldsymbol{D}=[0]$$

可以得到的传递函数为：$sys=\dfrac{230.7s+2\,032}{s^2+8\,564s+1\,747}$。取采样时间为 $T_s=0.01$ s，对应的离散传递函数模型为

$$sysd=\frac{2.309z-2.114}{z^2-1.916z+0.9179} \tag{14.11}$$

相应的两个特征值分别为 0.967 0 和 0.949 2。显然，特征值在 z 平面的单位圆盘以内，系统式(14.11)稳定。该系统的脉冲响应如图 14.6 所示。

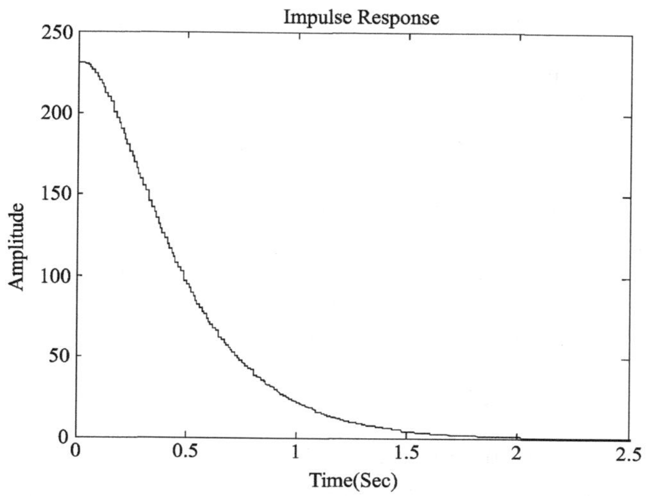

图 14.6　系统式(14.10)的脉冲响应图

下面根据第 7 章中的 MAC 设计原理，为系统式(14.11)设计 MAC 控制器。模型截断长度 $N=500$，预测时域 $P=250$，控制时域 $M=15$，反馈校正系数矩阵 $\boldsymbol{H}=[1\quad 0.98\quad \cdots\quad 0.98]$，参考轨迹中的柔化系数 $\alpha=0.95$，性能指标中的加权矩阵 $\boldsymbol{Q}=\mathrm{diag}\{1,\quad \cdots,\quad 1\}_P$，$\boldsymbol{R}=10^7\times\mathrm{diag}\{1,\quad \cdots,\quad 1\}_M$。初始值 $y(0)=0.1$，期望输出设定值 $y_{sp}=0$。

仿真结果如图 14.7 所示。可见，系统输出能够很好地跟踪上给定信号。

14.4　考虑燃烧时滞的冲压发动机预测控制

本节采用文献[61]中的冲压发动机燃油系统，选取冲压发动机的来流初始条件为，来流马赫数为 3.0，飞行高度为 18 000 m，来流攻角 $\alpha=0$。燃油系统的传递函数为

$$G(s)=\frac{165\mathrm{e}^{-0.5s}}{s^2+2\,903s+1\,806}$$

是一个带有纯滞后环节的二阶系统。

取采样时间为 $T_s=0.5$ s，对应的离散传递函数模型为

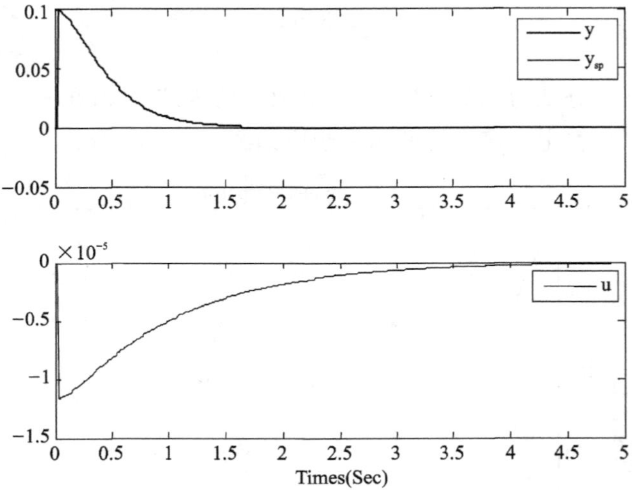

图 14.7 系统式(14.10)的 DMC 控制效果图

$$sysd = z^{-1}\frac{0.895\ 4z + 0.008\ 155}{z^2 - 0.010\ 99z + 4.968 \times 10^{-7}} \tag{14.12}$$

根据第 7 章中的 GPC 设计原理，对该系统设计 GPC 控制器，其中 $\boldsymbol{Q}=\boldsymbol{I}$，$\boldsymbol{R}=\boldsymbol{I}$，预测时域 $P=6$，控制时域 $M=2$，参考轨迹 $W(k)$ 的柔化系数 $\alpha=0.2$，期望值 $y_{sp}=10$。噪声 $\varepsilon(k)$ 为方差 $\sqrt{0.2}$ 的白噪声。

当系统受到白噪声 $\varepsilon(k)$ 影响时，仿真结果如图 14.8 所示。可见，当系统存在外干扰时，系统输出仍旧可以很好地跟踪期望值。

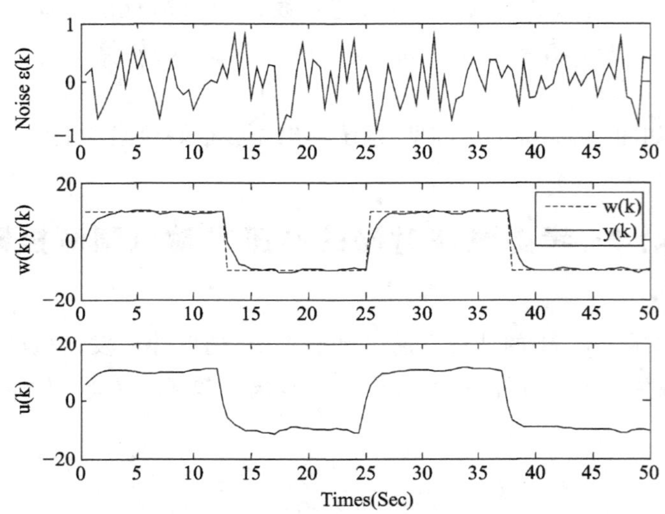

图 14.8 系统式(14.12)基于 GPC 的输入输出控制仿真结果(有噪声 $\varepsilon(k)$ 时)

14.5 航空发动机多输入多输出预测控制

选取地面台架试车状态的某发动机模型为标称模型：

$$\begin{aligned} \dot{\boldsymbol{x}} &= \boldsymbol{A}\boldsymbol{x} + \boldsymbol{B}\boldsymbol{u} \\ \boldsymbol{y} &= \boldsymbol{C}\boldsymbol{x} \end{aligned} \tag{14.13}$$

式中，$\boldsymbol{x}=[n_L, n_H]^T$，$\boldsymbol{u}=[A_8, q_{mf}]^T$，$\boldsymbol{y}=[n_L, n_H]^T$。式中，$n_L$，$n_H$ 分别为发动机低压转子转速和高压转子转速，A_8，q_{mf} 分别为尾喷管喉部面积和主燃油流量。其各系数矩阵如下：

$$\boldsymbol{A}=\begin{bmatrix} -2.022 & 1.057 \\ 0.211 & -2.406 \end{bmatrix},\quad \boldsymbol{B}=\begin{bmatrix} 0.558 & 1.24 \\ 0.559 & 0.444 \end{bmatrix},\quad \boldsymbol{C}=\begin{bmatrix} 1 & 0 \\ 0 & 1 \end{bmatrix}$$

14.5.1 将状态空间模型转化为离散模型

取采样时间为 $T_s=0.005$ s，式(14.13)对应的离散系统模型为

$$\begin{cases} \boldsymbol{x}_m(k+1) = \boldsymbol{A}_m \boldsymbol{x}_m(k) + \boldsymbol{B}_m \boldsymbol{u}(k) \\ \boldsymbol{y}(k) = \boldsymbol{C}_m \boldsymbol{x}_m(k) \end{cases} \tag{14.14}$$

其中

$$\boldsymbol{A}_m=\begin{bmatrix} 0.989\,9 & 0.005\,2 \\ 0.001\,0 & 0.988\,0 \end{bmatrix},\quad \boldsymbol{B}_m=\begin{bmatrix} 0.002\,8 & 0.006\,2 \\ 0.002\,8 & 0.002\,2 \end{bmatrix},\quad \boldsymbol{C}_m=\begin{bmatrix} 1 & 0 \\ 0 & 1 \end{bmatrix}$$

由上式可知，如下差分方程依然成立：

$$\boldsymbol{x}_m(k) = \boldsymbol{A}_m \boldsymbol{x}_m(k-1) + \boldsymbol{B}_m \boldsymbol{u}(k-1)$$

定义 $\Delta\boldsymbol{x}_m(k)=\boldsymbol{x}_m(k)-\boldsymbol{x}_m(k-1)$，$\Delta\boldsymbol{u}(k)=\boldsymbol{u}(k)-\boldsymbol{u}(k-1)$，用上式相减，得到

$$\begin{aligned} \Delta\boldsymbol{x}_m(k+1) &= \boldsymbol{A}_m \Delta\boldsymbol{x}_m(k) + \boldsymbol{B}_m \boldsymbol{u}(k), \\ \Delta\boldsymbol{y}(k+1) &= \boldsymbol{C}_m \Delta\boldsymbol{x}_m(k+1) \\ &= \boldsymbol{C}_m \boldsymbol{A}_m \Delta\boldsymbol{x}_m(k) + \boldsymbol{C}_m \boldsymbol{B}_m \Delta\boldsymbol{u}(k) \end{aligned}$$

定义新的状态变量

$$\boldsymbol{x}(k)=\begin{bmatrix} \Delta\boldsymbol{x}_m(k) \\ \boldsymbol{y}(k) \end{bmatrix}$$

可得

$$\begin{bmatrix} \Delta\boldsymbol{x}_m(k+1) \\ \boldsymbol{y}(k+1) \end{bmatrix} = \begin{bmatrix} \boldsymbol{A}_m & 0 \\ \boldsymbol{C}_m\boldsymbol{A}_m & \boldsymbol{I} \end{bmatrix} \begin{bmatrix} \Delta\boldsymbol{x}_m(k) \\ \boldsymbol{y}(k) \end{bmatrix} + \begin{bmatrix} \boldsymbol{B}_m \\ \boldsymbol{C}_m\boldsymbol{B}_m \end{bmatrix} \Delta\boldsymbol{u}(k)$$

$$\boldsymbol{y}(k)=\begin{bmatrix}0 & \boldsymbol{I}\end{bmatrix}\begin{bmatrix}\Delta\boldsymbol{x}_m(k)\\ \boldsymbol{y}(k)\end{bmatrix}$$

将上式缩写为

$$\boldsymbol{X}_1(k+1)=\boldsymbol{A}_1\boldsymbol{X}_1(k)+\boldsymbol{B}_1\Delta\boldsymbol{u}(k)$$
$$\boldsymbol{y}(k)=\boldsymbol{C}_1\boldsymbol{X}_1(k)$$

14.5.2 系统的预测控制解

首先定义向量 $\boldsymbol{Y}$,$\Delta\boldsymbol{U}$ 如下:

$$\Delta\boldsymbol{U}=[\Delta\boldsymbol{u}(k),\Delta\boldsymbol{u}(k+1),\cdots,\Delta\boldsymbol{u}(k+N_c-1)]^{\mathrm{T}}$$

$$\boldsymbol{Y}=[\boldsymbol{y}(k+1),\boldsymbol{y}(k+2),\cdots,\boldsymbol{y}(k+N_p)]^{\mathrm{T}}$$

未来时刻的状态变量如下:

$$\hat{\boldsymbol{X}}_1(k+1\mid k)=\boldsymbol{A}_1X_1(k)+\boldsymbol{B}_1\Delta\hat{u}(k\mid k)$$

$$\begin{aligned}\hat{\boldsymbol{X}}_1(k+2\mid k)&=\boldsymbol{A}_1\hat{\boldsymbol{X}}_1(k+1\mid k)+\boldsymbol{B}_1\Delta\hat{u}(k+1\mid k)\\&=\boldsymbol{A}_1(\boldsymbol{A}_1X(k)+\boldsymbol{B}_1\Delta\hat{u}(k\mid k))+\boldsymbol{B}_1\Delta\hat{u}(k+1\mid k)\\&=\boldsymbol{A}_1^2X_1(k)+\boldsymbol{A}_1\boldsymbol{B}_1\Delta\hat{u}(k\mid k)+\boldsymbol{B}_1\Delta\hat{u}(k+1\mid k)\end{aligned}$$

$$\vdots$$

$$\hat{\boldsymbol{X}}_1(k+H_p\mid k)=\boldsymbol{A}_1^{H_p}\hat{\boldsymbol{X}}_1(k\mid k)+\boldsymbol{A}_1^{H_p-1}\boldsymbol{B}_1\Delta\hat{u}(k\mid k)+\cdots+\boldsymbol{B}_1\Delta\hat{u}(k+H_p-1\mid k)$$

用统一形式描述为

$$\boldsymbol{X}=\boldsymbol{F}_x\boldsymbol{x}(k)+\boldsymbol{Q}_x\Delta\boldsymbol{U}$$

其中

$$\boldsymbol{F}_x=\begin{bmatrix}\boldsymbol{A}_1\\ \boldsymbol{A}_1^2\\ \vdots\\ \boldsymbol{A}_1^{N_p}\end{bmatrix},\quad \boldsymbol{Q}_x=\begin{bmatrix}\boldsymbol{B}_1 & 0 & \cdots & 0\\ \boldsymbol{A}_1\boldsymbol{B}_1 & \boldsymbol{B}_1 & \cdots & 0\\ \vdots & \vdots & \cdots & 0\\ \boldsymbol{A}_1^{N_p-1}\boldsymbol{B}_1 & \boldsymbol{A}_1^{N_p-2}\boldsymbol{B}_1 & \cdots & \boldsymbol{A}_1^{N_p-N_c}\boldsymbol{B}_1\end{bmatrix}$$

同样,$\boldsymbol{Y}$ 也可以用统一的形式描述:

$$\boldsymbol{Y}=\boldsymbol{F}\boldsymbol{x}(k)+\boldsymbol{Q}\Delta\boldsymbol{U}$$

其中

$$F=\begin{bmatrix} C_1A_1 \\ C_1A_1^2 \\ \vdots \\ C_1A_1^{N_p} \end{bmatrix},\quad Q=\begin{bmatrix} C_1B_1 & 0 & \cdots & 0 \\ C_1A_1B_1 & C_1B_1 & \cdots & 0 \\ \vdots & \vdots & \cdots & 0 \\ C_1A_1^{N_p-1}B_1 & C_1A_1^{N_p-2}B_1 & \cdots & C_1A_1^{N_p-N_c}B_1 \end{bmatrix}$$

定义目标函数：

$$J=(R-Y)^{\mathrm{T}}(R-Y)+\Delta U^{\mathrm{T}}\bar{R}\Delta U$$

其中，$\bar{R}$ 为加权矩阵。

令$\dfrac{\partial J}{\partial \Delta U^{\mathrm{T}}}=0$，可解出最优解如下：

$$\Delta U=(Q^{\mathrm{T}}Q+\bar{R})^{-1}Q^{\mathrm{T}}(R-Fx(k))$$

当得到控制律后，实施第一个控制量后，继续进行滚动优化。

14.5.3　仿真验证

为系统式(14.14)设计 DMC 控制器。模型截断长度 $N=300$，预测时域 $P=30$，控制时域 $M=6$，性能指标中的加权矩阵 $Q=\mathrm{diag}\{1,\ \cdots,\ 1\}_P$，$R=0.01\times\mathrm{diag}\{1,\ \cdots,\ 1\}_M$。期望输出设定值 $y_{sp}=[0.1,0.05]^{\mathrm{T}}$。仿真结果如图 14.9 和图 14.10 所示。可见，系统输出能够很好地跟踪上给定信号。

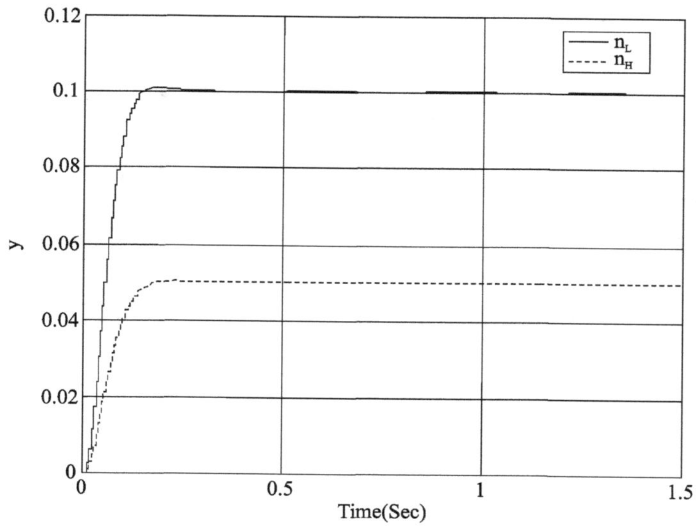

图 14.9　系统式(14.14)预测控制仿真结果(输出量 y)

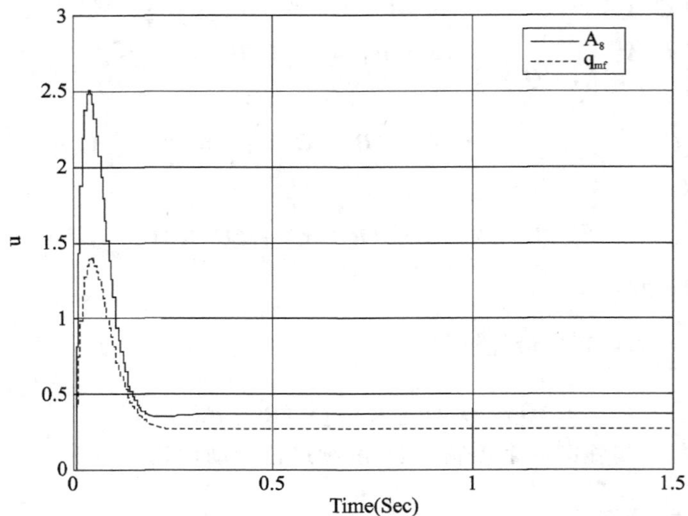

图 14.10　系统式(14.14)预测控制仿真结果(控制量 u)

第 15 章 智能优化算法在航空动力系统中的应用

15.1 基于遗传算法的航空发动机滑模控制

15.1.1 引　言

航空发动机是一个复杂的气动热力学系统，其参数变化范围大，工作范围广，工作状况复杂，存在着许多不确定性和外界干扰。由于滑模控制具有快速响应、对参数变化及干扰不灵敏、无须系统在线辨识、物理实现简单等优点。滑模控制的强鲁棒性只存在于滑动模态上，而对于到达阶段，参数的摄动和外部的干扰影响较大，系统不稳定；另外滑模变结构控制在本质上的不连续开关特性将会引起系统的抖振。

采用趋近律法可以解决上述问题。采用趋近律方法，有几个重要参数需要选择，而选择往往依赖于实际经验，为达到最优的参数选择，可采用遗传算法整定控制律参数。

遗传算法模拟自然界的进化机制，通过编码的交叉编译，优良的品质加以保留和组合，从而产生出最佳的个体。本节将遗传算法应用于滑模参数的整定，选择最佳参数，取得良好的效果。

15.1.2 基于遗传算法的滑模控制(GA_SMC)

1. 滑模控制器的设计

对于一般状态方程

(1) 基于趋近律的滑模控制

针对状态方程求解：

$$\dot{\boldsymbol{x}} = \boldsymbol{A}\boldsymbol{x} + \boldsymbol{B}u \tag{15.1}$$

其中

$$\boldsymbol{x}=\begin{bmatrix}x(1)\\x(2)\end{bmatrix},\quad \boldsymbol{A}=\begin{bmatrix}A_{11} & A_{12}\\A_{21} & A_{22}\end{bmatrix},\quad \boldsymbol{B}=\begin{bmatrix}B_1\\B_2\end{bmatrix}$$

对于状态方程式(15.1)，采用趋近律的控制方式，推导如下：

$$s=\boldsymbol{Gx}$$

$$\dot{s}=-\varepsilon\,\mathrm{sgn}(s)-ks,\qquad \varepsilon>0, k>0$$

$$\dot{s}=\boldsymbol{G}\dot{\boldsymbol{x}}=slaw$$

采用 $\theta(s)$代替 $\mathrm{sgn}(s)$，来减弱抖振：

$$\theta(s)=\frac{s}{|s|+\delta}\tag{15.2}$$

其中，$slaw$ 为趋近律。将式(15.1)带入式(15.2)得控制律为

$$u=(\boldsymbol{GB})^{-1}(-\boldsymbol{GAx}+\dot{s})$$

其中

$$\boldsymbol{G}=[G_1, 1]$$

此控制器中 G_1, k, ε 为待整定参数，稍后使用遗传算法整定。

(2) 基于趋近律的位置跟踪

对于状态方程，若：

$$x(2)=\dot{x}\tag{15.3}$$

设指令信号为 r，则误差为

$$e=r-x(1)\tag{15.4}$$

误差变化率为

$$\dot{e}=\dot{r}-x(2)\tag{15.5}$$

由公式(15.3)和公式(15.4)，设误差向量 $\boldsymbol{E}=[e, \dot{e}]^{\mathrm{T}}$，则切换函数为

$$s=\boldsymbol{GE}=G_1(r-x(1))+\dot{r}-x(2)$$

有

$$\dot{s}=G_1(\dot{r}-\dot{x}(1))+\ddot{r}-\dot{x}(2)=slaw$$

将状态方程带入式(15.5)中，得控制律为

$$u=\frac{1}{B^2}(c(\dot{r}-x(2))+\ddot{r}-A_{21}x(1)-A_{22}x(2)-slaw)\tag{15.6}$$

此位置跟踪 G_1, k, ε 亦为待整定参数，亦使用遗传算法整定。

2. 基于遗传算法的滑模控制器

采用遗传算法对参数 G_1, k, ε 进行寻优，其基本控制思想与基于遗传算法的 PID 参数寻优基本一致，只是根据实际的被控对象，采用不同的编码、选择、交叉、变异及不同的适应度函数，达到预期的控制目标。

遗传算法设定为

(1) 参数的确定及表示

首先确定三个参数 G_1, k, ε 的大致范围，采用实数编码。个体的每个基因值用

相应范围的浮点数表示，编码长度等于其决策变量的个数，即三个参数。实数编码可以表示较大的范围，提高计算精度，简化遗传算法计算的复杂性，提高运算效率。

(2) 选取初始种群

采用随机的方法产生初始种群，例如产生 N 个个体组成的种群。

(3) 适配函数的确定

为使控制效果更好，误差作为约束条件将种群中各个体解码成对应的参数值，适应度函数值。

(4) 遗传算法的操作

初始种群通过复制、交叉及变异得到了一代新的种群，该代种群代入适配度函数，观察是否满足结束条件，若不满足，重复以上条件，直到满足为止。

为获取满意的结果，可采用控制参数和输出参数的合适组合作为适应度函数。

15.1.3 航空发动机 GA_SMC 控制仿真

发动机模型选取文献[59]小偏差状态变量模型，状态变量选择燃气涡轮转速 n_G 和动力涡轮转速 n_P，输出为气涡轮转速 n_G、动力涡轮转速 n_P、压气机出口压力 P_3、高压涡轮出口温度 T_4，控制量为供油量 W_f，得到状态变量模型为

$$\dot{\boldsymbol{x}} = \boldsymbol{A}\boldsymbol{x} + \boldsymbol{B}u$$
$$\boldsymbol{y} = \boldsymbol{C}\boldsymbol{x} + \boldsymbol{D}u$$

其中

$$\boldsymbol{x} = [\Delta n_G, \Delta n_p]^T, \quad \boldsymbol{y} = [\Delta n_G, \Delta n_p, \Delta P_3, \Delta T_4]^T, \quad u = \Delta W_f$$

$$\boldsymbol{A} = \begin{bmatrix} a_{11} & a_{12} \\ a_{21} & a_{22} \end{bmatrix}, \quad \boldsymbol{B} = \begin{bmatrix} b_1 \\ b_2 \end{bmatrix}, \quad \boldsymbol{C} = \begin{bmatrix} 1 & 0 \\ 0 & 1 \\ c_{31} & c_{32} \\ c_{41} & c_{42} \end{bmatrix}, \quad \boldsymbol{D} = \begin{bmatrix} 0 \\ 0 \\ d_3 \\ d_4 \end{bmatrix}$$

归一化状态变量模型为

$$\begin{bmatrix} \Delta \dot{n}_G \\ \Delta \dot{n}_p \end{bmatrix} = \begin{bmatrix} a_{11} & a_{12} \\ a_{21} & a_{22} \end{bmatrix} \begin{bmatrix} \Delta n_G \\ \Delta n_p \end{bmatrix} + \begin{bmatrix} b_1 \\ b_2 \end{bmatrix} \cdot [\Delta W_f]$$

$$\begin{bmatrix} \Delta n_G \\ \Delta n_p \\ \Delta P_3 \\ \Delta T_4 \end{bmatrix} = \begin{bmatrix} 1 & 0 \\ 0 & 1 \\ c_{31} & c_{32} \\ c_{41} & c_{42} \end{bmatrix} \begin{bmatrix} \Delta n_G \\ \Delta n_p \end{bmatrix} + \begin{bmatrix} 0 \\ 0 \\ d_3 \\ d_4 \end{bmatrix} [\Delta W_f]$$

其中

$$\boldsymbol{A} = \begin{bmatrix} -5.785\,3 & 0 \\ -0.460\,31 & -5.08 \end{bmatrix}, \quad \boldsymbol{B} = \begin{bmatrix} 1.585\,9 \\ 3.429\,7 \end{bmatrix}$$

$$\boldsymbol{C} = \begin{bmatrix} 1 & 0 \\ 0 & 1 \\ 0.840\,27 & 0.025\,208 \\ 0.840\,14 & -0.420\,07 \end{bmatrix}, \quad \boldsymbol{D} = \begin{bmatrix} 0 \\ 0 \\ 0.278\,89 \\ 0.484\,25 \end{bmatrix}$$

运用 GA-SMC 到发动机控制中来，设计滑模控制律为

$$s = \boldsymbol{G x}$$

$$\dot{s} = -\varepsilon\theta(s) - ks, \qquad \theta(s) = \frac{s}{|s| + \delta} = slaw$$

（1）参数未经整定之前

假设控制开始时，燃气涡轮转速，动力涡轮转速均存在小偏差量，即系统的初状态[0.05,0.05]，希望通过控制器的作用使偏差为 0。设 $r=0$，$f(t)=0$，$G_1=10$，$\varepsilon=5$，$k=10$，$\delta=0.05$。若 $r=0$，表示在此稳定状态没有输入的变化量，系统维持在稳定状态，此时系统为滑模变结构调节器，$f(t)=0$ 表示，系统外界无干扰。其动态响应如图 15.1 所示。

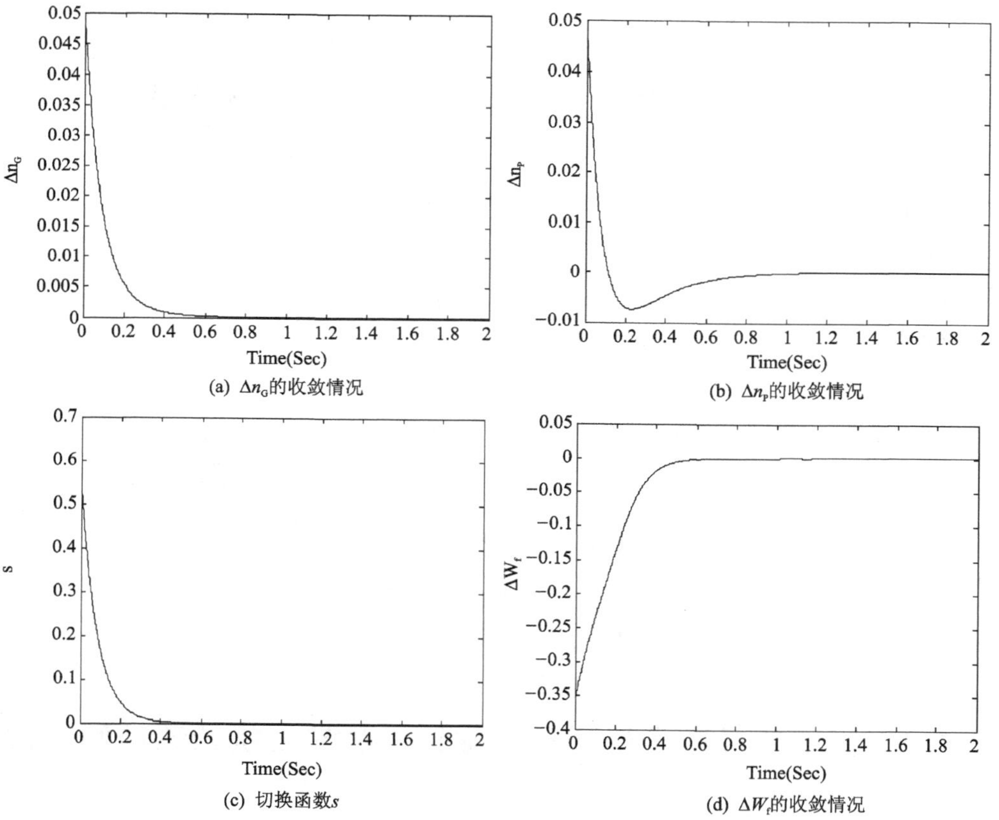

(a) Δn_G的收敛情况

(b) Δn_P的收敛情况

(c) 切换函数s

(d) ΔW_f的收敛情况

图 15.1　发动机未经整定的滑模控制

（2）参数经过遗传算法整定之后

适度函数为

$$J = \int |\Delta(\Delta u(t))| + |\Delta n_G(t)| + |\Delta n_P(t)| \mathrm{d}t$$

初始状态选为[0.05,0.05]，采用遗传算法计算，确定 G_1，ε，k 的取值范围为[−

20,20],随机产生 30 个种群,经过 100 步进化以后,计算出:$G_1=0.0163$,$\varepsilon=5.4578$,$k=-18.0892$,其动态响应如图 15.2 所示。

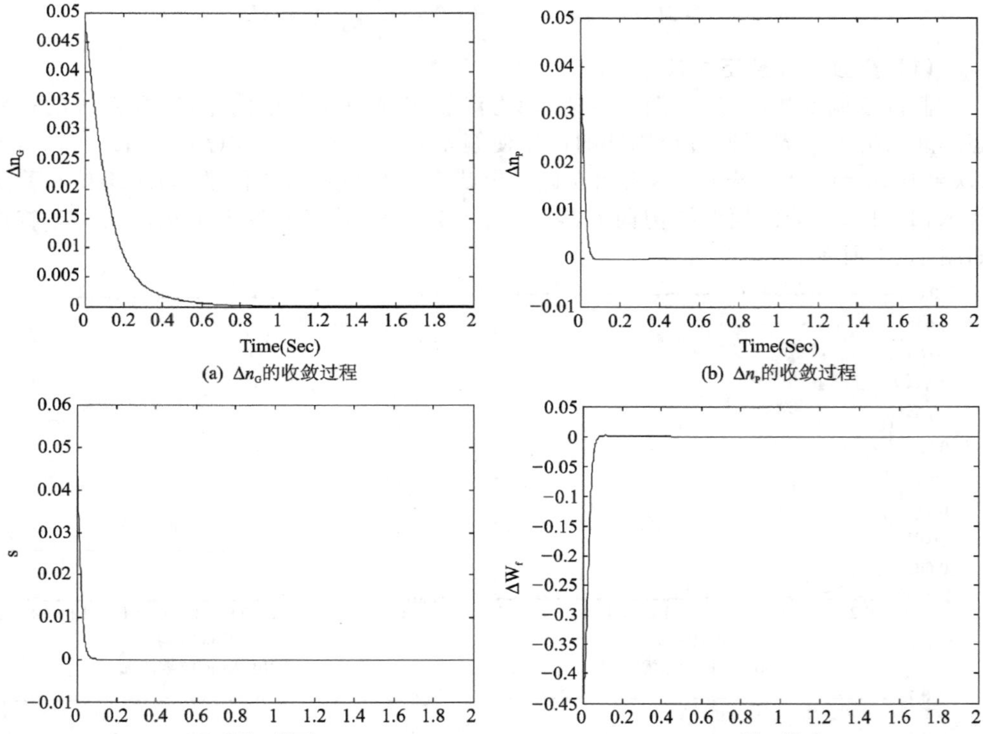

(a) Δn_G的收敛过程

(b) Δn_p的收敛过程

(c) 切换函数s

(d) 控制输入法ΔW_f

图 15.2　发动机经过遗传算法整定之后的响应

从图 15.1 和图 15.2 可以看出经过遗传算法整定之后的滑模控制,响应更为迅速,该方法同样适用于航空发动机小偏差状态变量模型。

15.2　基于变异粒子群优化的微型涡喷发动机转速预测控制

15.2.1　引　言

航空发动机是一类强非线性系统,有着宽广的工作范围和复杂的气动热力学过程,而且实验成本高、整机实验难做、实际运行数据难以获得,利用有限的小样本实验数据建立高可信度的面向控制的航空发动机模型,对研究航空发动机内部规律及设计高鲁棒性的航空发动机控制器极其重要。航空发动机由于结构复杂对控制器有着

严格的要求，如在控制过程中，其控制量和被控制量实际上都受到各种物理条件的限制，例如，对于控制量——燃油流量而言，最大或最小燃油流量受燃油喷嘴限制，其增量也受机械或液压限制。所以航空发动机是一个带约束的、强非线性特性的对象。

预测控制具有适应复杂非线性系统控制的特点，在每一个控制周期内采用滚动推移的方式对在线对象进行有时域内的优化控制（滚动优化），同时在优化过程中不断利用测量信息进行反馈矫正，在一定程度上克服了不确定性的影响，相比一般控制理论预测控制算法更能精确的求解航空发动机控制问题，提高控制系统的动静态相应品质。

本节针对微型涡喷发动机转速控制系统，采用一种基于模型学习和速度变异粒子群优化（V-PSO）的单步预测控制方法，使用最小二乘支持向量机（LS-SVM）建立航空发动机非线性预测模型，在每个采样点时刻，预测模型预测系统下一时刻的输出值，提出一个基于反馈偏差和控制量的优化目标，利用 V-PSO 在线实时滚动优化来确定下一时刻控制量。

15.2.2 基于 V-PSO 优化的 LS-SVM 预测控制

微型涡喷发动机转速控制系统控制规律设计的主要目的即对指定转子转速 N_r，通过控制器调节控制量-发动机供油量 WFB 大小，使得发动机转速输出快速、准确、稳定的达到设定值，并在这个调节过程中能够使各种外界干扰的影响降到最低。本文针对微型涡喷发动机转速控制系统设计了 V-PSO 优化的 LS-SVM 预测控制算法，该方法使用 LS-SVM 建立非线性系统的预测模型，在每个采样点时刻，预测模型预测系统未来一个时刻的输出值，用输出反馈进行偏差校正并得到关于偏差和控制量的优化目标，由 V-PSO 在线实时滚动优化确定控制量。其原理如图 15.3 所示。图中主要包括了 LS-SVM 预测模型，V-PSO 优化模块，反馈校正模块以及被控对象发动机。$\bar{N}(k)$ 为 k 时刻发动机转速，$WFB(k)$ 为 k 时刻供油量，N_r 为发动机期望转速指令。V-PSO 优化模块根据转速指令值与发动机转子转速预测值的偏差，优化求解获得发动机供油量控制规律 WFB。预测模型根据供油量及发动机转速历史信息预测下一时刻的发动机转速 $N(k+1)$，反馈校正模块根据当前时刻发动机转速 $\bar{N}(k)$ 与前一时刻下预测模型给出的发动机转速预测值 $N(k)$ 之间的误差 $e(k)$，对预测模型进行修正，获得校正后的预测模型输出值 $N_P(k+1)$。

1. LS-SVM 预测模型

目前有不少学者将神经网络用于航空发动机预测控制，但神经网络存在局部最小值、过拟合以及网络拓扑结构难以确定的问题，而且神经网络的权值是在样本趋于无穷大的假设下的训练结果。支持向量机专门针对小样本的统计问题而建立，采用结构风险最小化原则，根据有限的样本信息在模型的复杂性和学习能力之间寻求最

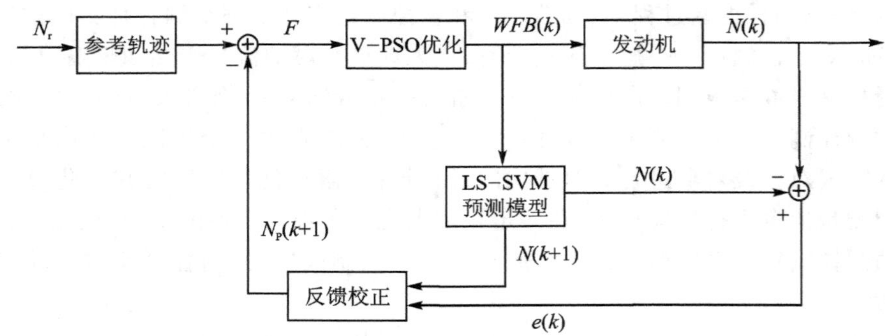

图 15.3　LS-SVM 预测控制算法框图

佳折中，以得到全局最优点，最好的泛化能力，另外由于 SVM 能够在各种函数集中构造函数所以具有良好的通用性，SVM 基于 VC 推广理论的框架相对神经网络理论更加完善，再加上 SVM 具有较强鲁棒性，计算简单使之在解决实际问题中属于最好、最有效的方法之一。LS-SVM 是在支持向量机的基础上将二次规划问题转化为对线性方程组的求解，极大地降低了计算的复杂性，提高了求解速度。

针对微型涡喷发动机高度非线性的动态过程，采用 LS-SVM 建立发动机供油量 WFB 与发动机输出转速 N 的动态模型，其表达式可以表示如下：

$$Y = f(\boldsymbol{X})$$

式中

$$\begin{cases} \boldsymbol{X} = [N(k), N(k-1), \cdots N(k-n), WFB(k), WFB(k-1), \cdots, WFB(k-m)] \\ Y = N(k+1) \end{cases}$$

其中，$\boldsymbol{X}$ 向量由当前时刻转速值以及前 n 时刻的转速值和当前时刻供油量 WBF 以及前 m 时刻供油量 WBF 组成为输入；Y 表示下一时刻转速值。

选取 n 和 m 的值，采用 LS-SVM 方法将非线性样本数据归一化后带入，即可得某微型涡喷发动机 LS-SVM 预测模型。

2. V-PSO 在线优化模块

V-PSO 算法是一种群体智能的优化算法，它首先在可解空间初始化一群粒子，每个粒子都代表极值优化问题的一个潜在最优解，用位置、速度和适应度值三项指标表示该粒子的特征，用适应度值的好坏来表示粒子的优劣。在每一次迭代过程中，粒子通过个体极值和全局极值更新自身的速度和位置。

本节中 V-PSO 优化算法的粒子位置设为系统 $k+1$ 时刻输入控制量，其适应度函数由如下适应度函数确定：

$$N_p(k+1) = N(k+1) + \delta(k+1)$$

$$F = [N_p(k+1) - N_r(k+1)]^2 + \lambda[WFB(k+1) - WFB(k)]^2$$

其中，λ 为可调参数，每次迭代通过求取最小适应度值 $\min F$，得到其对应的最佳位

置下一时刻供油量 $WBF(k+1)$。

3. 反馈校正

由于本预测算法是通过预测模型对将来输出预测进行控制的，模型输出与实际发动机输出之间的误差就必然存在。为了保证控制精度，本文通过上一时刻发动机输出与模型输出的误差对控制器指令 Nr 进行修正来克服，即

$$\delta(k+1)=k*(\bar{N}(k)-N(k))$$

其中，k 为修正系数，$\bar{N}(k)$ 为发动机当前时刻实际输出，在具体控制器设计过程中，k 值大小根据经验确定，本文中 k 值取 1。

4. 发动机模块

发动机模块可以是真实发动机也可以是发动机模型，如采用部件法建立的微型涡喷发动机非线性实时数学模型，以及通过系统辨识得到的发动机数字模型等。其中部件模型利用微型涡喷发动机的气动热力学关系在各部件特性的基础上沿流程建立一系列反映各部件共同工作关系的方程，然后对其进行求解，从而得到发动机各截面参数。部件级模型相对辨识模型可以对发动机性能做相对更为精确的仿真，而后者能基本反映发动机的转速规律特性且有更好的实时性，本文仿真中采用文献[58]中所辨识的传递函数模型。

5. 算法步骤

仿真的算法具体步骤如下：

① 对发动机对象施加激励信号得到样本数据集，并将数据分为训练样本和测试样本两部分，并对数据进行预处理，即归一化处理；

② 利用训练样本建立 LS-SVM 预测模型，并用测试样本进行测试直到模型精度满足要求；

③ 利用 k 时刻输入控制量 $WFB(k)$，得到发动机输出转速 $\bar{N}(k)$ 和 LS-SVM 预测模型输出 $N(k+1)$；

④ 设定 $k+1$ 时刻输入控制量 $WFB(k+1)$ 为 V-PSO 中粒子的位置向量，将其带入 LS-SVM 预测模型，得到 $k+1$ 时刻预测输出 $WFB(k+1)$，根据适应度函数得到粒子适应度函数值 F；

⑤ 根据 8.3.6 节所示公式，更新粒子个体最佳适应度值和全局最优适应度值，更新粒子个体最佳位置，更新粒子全局最佳位置、更新每个粒子权重、位移及速度；

⑥ 检查是否达到最大迭代次数，是则退出，粒子全局最佳位置即为优化的控制量 $WFB(k+1)$，否则返回⑤继续 V-PSO 优化迭代；

⑦ 利用优化后控制量 $WFB(k+1)$ 作用于系统，得到 $k+1$ 步系统输出 $N_P(k+$

1)。返回③顺序执行,直到仿真结束。

15.2.3 微型涡喷发动机 V-PSO 优化预测控制仿真

本节研究以供油量 WFB 为输入,以发动机转速 N 为输出的转速控制系统。某型微型涡喷发动机在地面设计状态($H=0, Ma=0$)百分百转速下发动机辨识模型如下:

$$G(s)=\frac{0.32}{0.42s+1}$$

取采样时间 $t_s=0.02$ 对上式进行离散化得到

$$y(k)=0.953\,5y(k-1)+0.014\,8u(k-1)$$

本节采取白噪声信号进行测试,并且为了使得系统在整个工作区间的动态特性得到充分激励,所选白噪声信号的上、下界等于发动机的输入最大、最小值 $u_{\min}$,$u_{\max}$。首先对被控对象进行离线训练,由于被控发动机对象为一阶系统,建立形如 $\{[y(k),u(k)],y(k+1)\}$ 的样本集。训练中输 600 个随机信号,前 400 个作为训练样本,后 200 个用作测试样本。LS-SVM 的设计参数为 $\gamma=10\,800$,$\sigma^2=9$。

图 15.4 为训练集样本数据归一化后的拟合情况,图 15.5 为测试集样本数据归一化后的拟合情况。由图可见,模型输出基本反映了训练和测试样本,表明支持向量机具有较好的辨识精度和泛化能力。模型的训练误差和测试误差分别为 $1.527\,0\times10^{-4}$ 和 $3.069\,7\times10^{-4}$,R^2 分别为 0.998 27 和 0.953 23 具有较高的精度,满足预测模型需求。

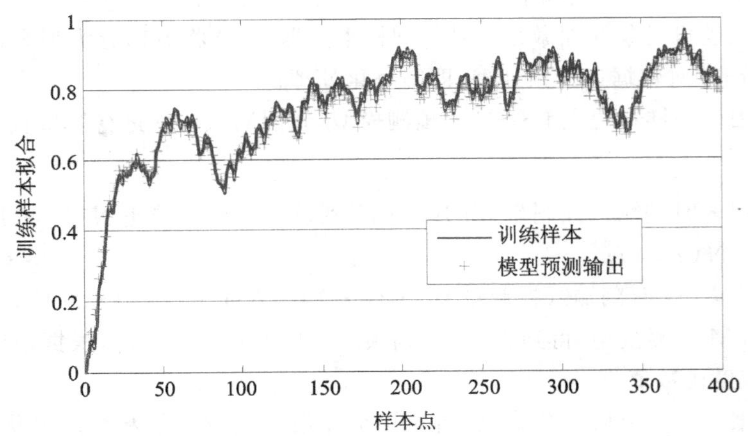

图 15.4 训练样本和预测模型输出结果的对比

V-PSO 的参数设为 $c1=1.494\,45$,$c2=1.494\,45$,权重因子 $\omega=0.1$,$\lambda=0.1$,20 个粒子迭代 20 次。给定如图 15.6 所示指令转速信号,用预测控制算法优化控制

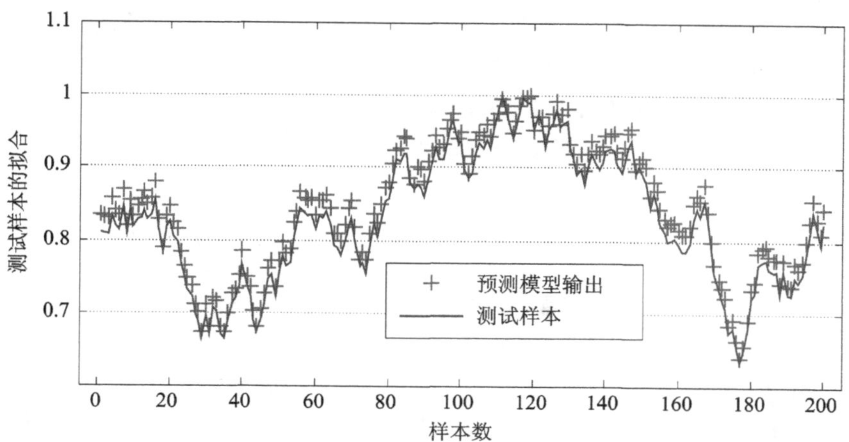

图 15.5　测试样本和预测模型输出结果的对比

系统的控制效果，优化后的控制量 *WFB* 分别如图 15.7、图 15.8 所示。

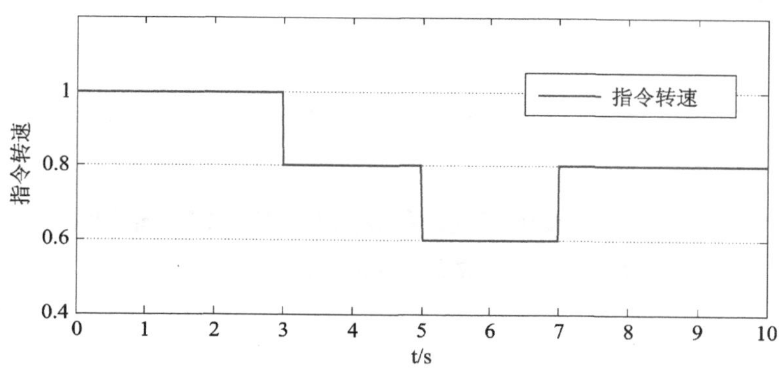

图 15.6　预测控制指令信号

图 15.7 为 V-PSO 优化后的控制量输出，图 15.8 中实线为 LS-SVM 预测模型

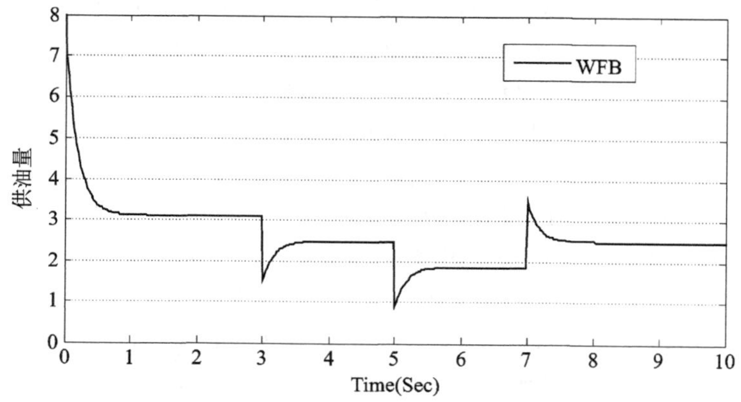

图 15.7　预测控制控制量

输出转速，虚线为发动机输出，由图 15.8 可以看出发动机转速在预测控制器作用下最终达到稳定状态，动态响应时间在 1 s 之内，动态响应迅速。阶跃响应中无超调量，最后无静态误差。仿真结果表明，该预测控制方法具有良好的控制效果，具有较好的自适应能力和鲁棒性，满足航空发动机转速控制系统的需求。

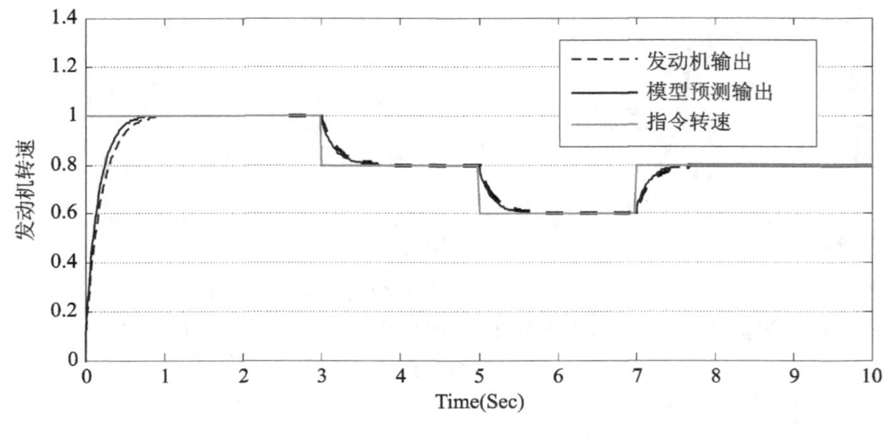

图 15.8 发动机转速响应

15.3 基于蜂群算法的航空多电发动机 DCDC 变换器智能优化控制

15.3.1 航空多电发动机 DCDC 变换器简述

航空发动机除了提供飞机飞行所需动力外，还要为飞机上的次级功率系统：气动、液压、机械、电气系统提供动力。随着飞行器技术的不断发展，航空发动机必须同时具备良好的性能指标以及良好的操作性、维修性。由于飞机的各类机载设备越来越多地消耗电能，对航空发动机电功率的需求也就越大，航空发动机需要新的技术解决这一问题。

在过去的几十年发展中，随着电力电子技术的飞速发展，现代航空动力系统出现了多电化、全电化的概念。欧美等国家在 20 世纪 90 年代先后实施了多电飞机的计划。多电发动机(More-electric gas turbine engines)是多电飞机的核心技术，其采用电力作为次级功率系统的原动力，主要次级功率以电的形式进行分配、传递以及控制。多电发动机与传统发动机相比，用内置式整体启动/发电机为飞机和发动机提供电源，用全电气化的传动附件取代机械液压式传动附件，燃油泵、滑油泵和作动器也改用电力驱动。传统发动机的结构如图 15.9 所示。

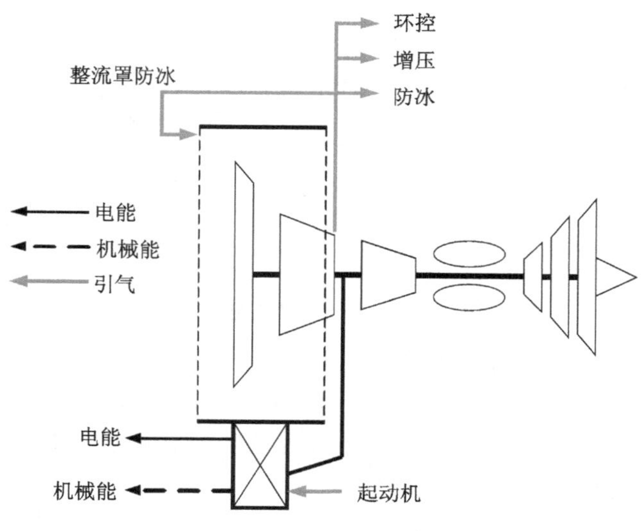

图 15.9　传统发动机

与传统发动机相比，多电发动机能提高燃油利用效率，且具有较好的可靠性和可维护性，多电发动机结构如图 15.10 所示。

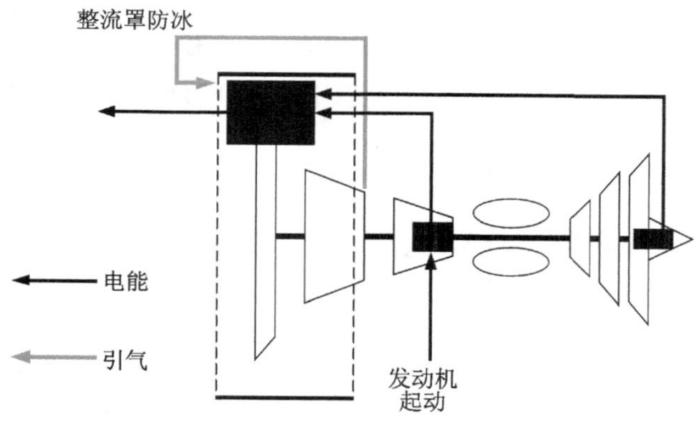

图 15.10　多电发动机

多电发动机能提高燃油利用效率，且具有较好的可靠性和可维护性。发动机复杂的工作环境和多变的工作状态往往导致输出电压不稳定甚至出现很大的波动，因此带来一定的安全隐患，所以需要设计安全可靠、效率高的多电发动机电力电子变换器，将不稳定的发电电压转换成所需要的稳定的总线电压，为多电发动机的稳定工作、飞行安全提供保障。由于 DCDC（直流-直流）变换器易于设计和控制，把 DCDC 变换器用于电源系统较为理想，如图 15.11 所示。

在实际应用中，由于发动机工作环境复杂、工作状态多变，发电电压往往波动很大、而各级负载的工作电压又各不相同，因此，需要通过 DCDC 变换器将不稳定的发

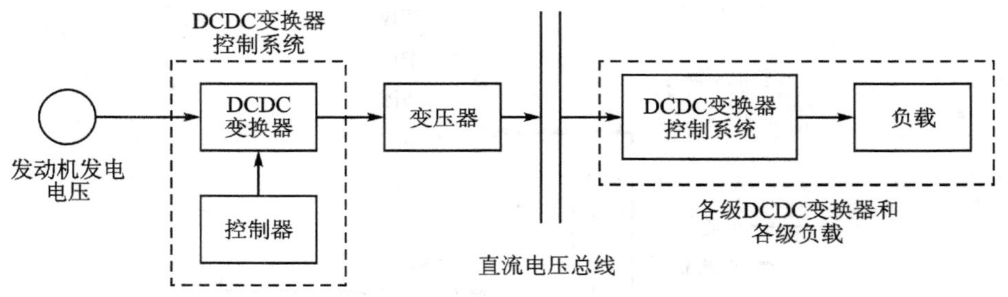

图 15.11　多电发动机电源系统

电电压转换成稳定值后通过直流变压器升压至高压直流总线，再通过降压 DCDC 变换器降压至各级负载正常的额定电压。由于航空发动机多变的工作状态，需要 DC-DC 变换器很快地将直流总线电压稳定在设定的合理值附近，同时，各级 DCDC 变换器也需要良好的性能，以响应负载突变的状况。

多电发动机电力变换器作为连接多电发动机发电系统与负载之间的纽带，其性能的好坏取决于 DCDC 变换器拓扑硬件电路和控制算法设计的优劣。合理的 DC-DC 变换器拓扑硬件电路要满足一定的电压纹波以及电流纹波，并且要有良好的检测电路来监控电路状态并反馈给控制系统，方便设计变换器控制算法。另外为了实现变换器稳定的电压输出和良好的动态性能，使多电发动机安全可靠地工作，需要设计稳定高效的控制算法。研究多电发电机 DCDC 变换器硬件拓扑电路以及 DCDC 控制算法具有重要的意义，是多电发动机稳定工作和多电飞机安全飞行的基础。

15.3.2　基于离线融合蜂群算法(HABC)的 DCDC 变换器控制设计及仿真

对于 DCDC 变换器的控制器，工业上比较普遍地采用 PID 控制器。PID 控制由于具有设计思想简单、鲁棒性好、可靠性高等优点，已被广泛应用于航空、航天、电力、流程工业等领域。传统的 PID 参数整定方法，如 Ziegler-Nichols 法、间接寻优法等，虽然具有比较好的寻优能力，能改善控制系统性能，但对经验依赖较强，且对初值敏感，整定过程烦琐，缺乏自适应能力。由于智能 PID 控制能够克服传统 PID 参数整定的缺点，因此本节设计基于离线 HABC 算法的 DCDC 变换器控制系统，其结构图如图 15.12 所示。

图 15.12 中，v_{ref} 为参考电压，v 为输出电压，e 为误差量，u 为控制量，DCDC 变换器的数学模型为 $G_{\mathrm{vd}}(s)=\hat{v}(s)/\hat{d}(s)$，$\hat{v}(s)$ 为输出电压动态参量，$\hat{d}(s)$ 为占空比的动态参量，图中虚线线条表示 HABC 算法对控制系统的参数优化为离线优化。

HABC 算法根据 DCDC 变换器的电路模型离线优化得出 PID 控制器的三个参数 k_{p}、k_{i} 和 k_{d}，利用 HABC 算法离线优化 DCDC 变换器 PID 控制器参数的关键在于设计出综合反映控制系统性能(稳定性、快速性、准确性)的目标函数，以获得满意的过渡过程动态特性。为此本文采用性能指标加权的形式构造用于 PID 控制参数

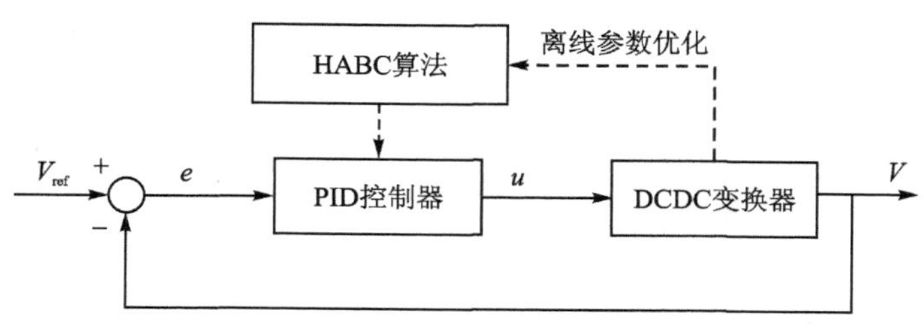

图 15.12　基于离线 HABC 算法的 DCDC 变换器 PID 控制系统结构图

整定的 HABC 算法的目标函数，以获得满意的过渡过程动态特性。对于阶跃响应，采用误差绝对值时间积分性能指标作为目标函数的主要部分，即 $J_1=\int_0^\infty w_1|e(t)|\mathrm{d}t$，为防止控制能量过大，在目标函数中加入控制输入的平方项，即 $J_2=\int_0^\infty w_2u(t)^2\mathrm{d}t$，为获得快速响应，将调节时间加权到目标函数，即 $J_3=w_3\cdot t_s$，为控制转速阶跃响应的超调和振荡，采用超调-振荡惩罚功能，即当 $e(t)<0$ 时，令输出的每一个波峰时刻的超调量的加权作为目标函数一部分，这样既能控制超调量，又能控制振荡次数，$J_4=w_4\cdot(\sigma_1+\sigma_2+\cdots\sigma_m)$，输出端目标函数为

$$J=\int_0^\infty[w_1|e(t)|+w_2u(t)^2]\mathrm{d}t+w_3\cdot t_s+w_4\cdot(\sigma_1+\sigma_2+\cdots\sigma_m)\tag{15.7}$$

式(15.7)中，$e(t)$为系统误差，$u(t)$为控制器输出，t_s 为调节时间，$\sigma_1,\sigma_2,\cdots\sigma_m$ 为 $e(t)<0$ 时各波峰时刻的超调量。w_1,w_2,w_3,w_4 为权值，且 $w_4\gg w_1$。

设定 ABC 算法的种群个数(*Colonysize*)为 40，最大循环迭代次数(*MaxCycles*)为 30，被雇佣蜂最大未更新次数(*Limit*)为 15，*PID* 控制器参数设定范围是 $40\leqslant k_p\leqslant 50$，$45\leqslant k_i\leqslant 65$，$0.1\leqslant k_d\leqslant 1.5$，并设目标函数的权值为 $w_1=0.999$，$w_2=0.001$，$w_3=2.0$，$w_4=1\ 000$。

当忽略输入电压干扰和负载电阻干扰后，可得到 DCDC 变换器的控制-输出小信号线性数学模型为

$$G_{vd}(s)=\frac{\hat{v}(s)}{\hat{d}(s)}=\frac{V_g}{LCs^2+\frac{L}{R}s+1}$$

采用设计参数 $V_g=10$ V，$L=1$ mH，$C=440$ μF，$R=20$ Ω，推导出 DCDC 变换器数学模型如式(15.8)所示，即

$$G_{vd}(s)=\frac{\hat{v}(s)}{\hat{d}(s)}=\frac{10}{4.4\times 10^{-7}s^2+5\times 10^{-5}s+1}\tag{15.8}$$

对设计的基于离线 HABC 算法的 DCDC 变换器 PID 控制器进行数字仿真，得出的仿真结果如图 15.13 和图 15.14 所示。

从图 15.13 可以看出，HABC 算法优化速度非常快，仅仅 4 次循环后目标函数

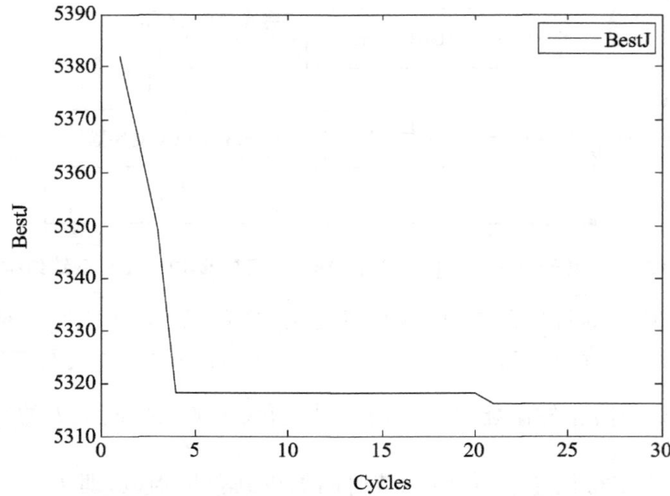

图 15.13 基于离线 HABC 算法的 DCDC 变换器 PID 控制器目标函数优化过程

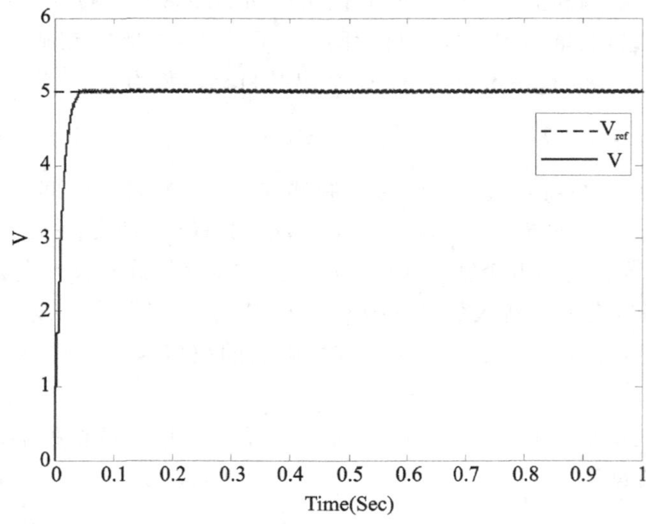

图 15.14 基于离线 HABC 算法的 DCDC 变换器 PID 控制器动态阶跃响应

最优值就降到了接近全局最优值，21 次循环后达到全局最优值 5 316.3，所得到的 PID 控制的 3 个参数为 $k_p=43.8954$，$k_i=58$，$k_d=0.9$。图 15.14 为 DCDC 变换器 PID 控制器的动态阶跃响应图，控制系统的调节时间仅为 0.03 s，控制系统阶跃响应的局部放大图如图 15.15 和图 15.16 所示，响应过程中的最大超调量仅为 0.35%，最终的电压纹波峰-峰值约为 0.005 V，具有较好的控制效果。

由图 15.13～图 15.16 所示的电路控制器仿真结果可以看出，基于离线 HABC 算法优化的 DCDC 变换器 PID 控制器，算法收敛速度快，控制器动态响应迅速，超调量小，调节时间短，电压纹波较小，具有较为理想的效果。

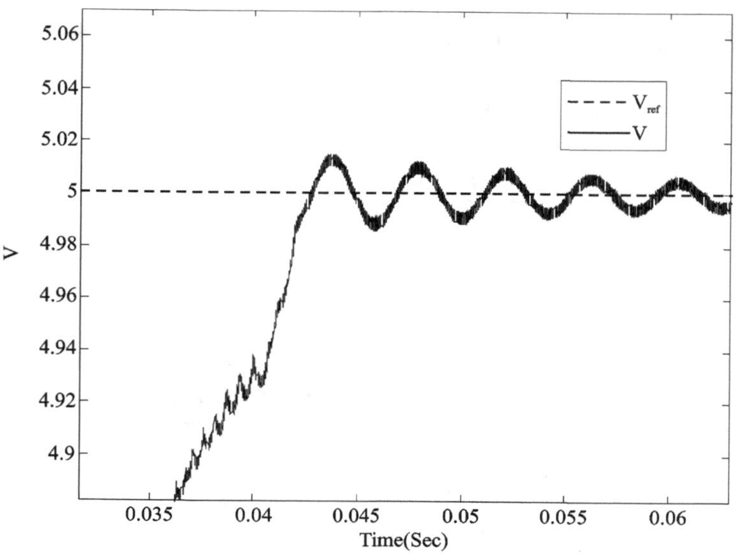

图 15.15　基于离线 HABC 算法的 DCDC 变换器 PID 控制器动态阶跃响应超调放大图

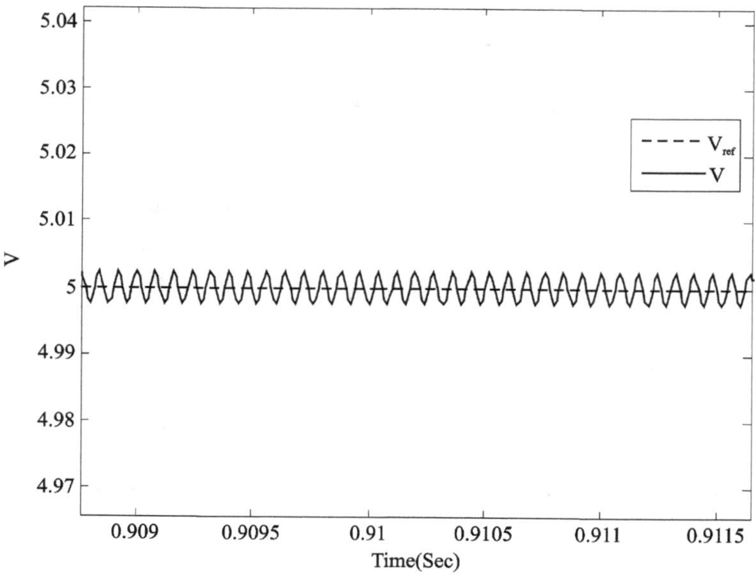

图 15.16　基于离线 HABC 算法的 DCDC 变换器 PID 控制器动态阶跃响应纹波放大图

由于离线 HABC 算法整定 PID 控制器需要在控制之前进行参数整定，且不能根据指令参数的调整等调节控制器参数，自适应能力较差，因此下节将研究一种基于在线 HABC 算法的时变最优 PID 控制器。

15.3.3 基于在线 HABC 的 DCDC 变换器控制设计及仿真

基于 HABC 算法，本节设计一种 DCDC 变换器在线自适应最优 PID 控制系统，如图 15.17 所示。

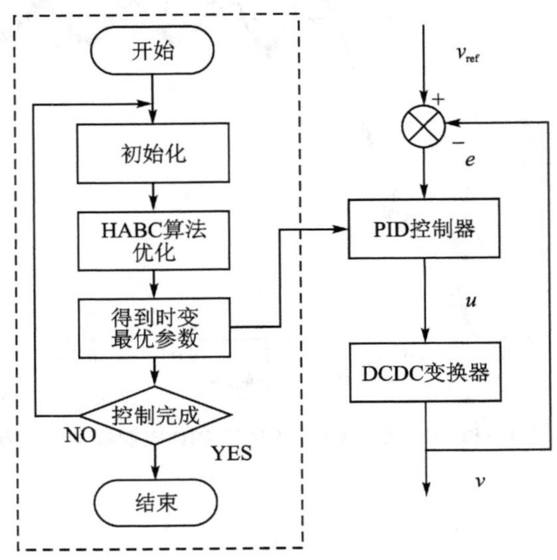

图 15.17　基于 HABC 算法的 DCDC 变换器在线自适应最优 PID 控制系统结构图

图中虚线框内为 HABC 算法优化部分，右边为多电发动机 DCDC 变换器控制系统部分。在线自适应时变最优 PID 控制实现了在线 PID 参数整定，即在每个采样时刻用 HABC 算法对 DCDC 变换器 PID 控制器参数进行整定，使每个时刻的 PID 控制参数均为最优参数。控制结构可以简单地分为虚线框中的算法优化部分和右边的系统控制部分，在每一个采样时刻，针对 DCDC 变换器的当前工作状态，选取足够的蜂群个体，计算不同个体蜂的适应度，通过 HABC 算法的优化，得到该采样时刻的最优控制参数传递给 DCDC 变换器 PID 控制器即可。

为了使 DCDC 变换器控制系统获得满意的动态性能，并防止超调量过大，本节采用误差绝对值和误差变化率的加权和作为每个采样时刻算法中蜂群个体参数选择的目标函数：

$$J_0 = \alpha_1 |e| + \alpha_2 |de|$$

其中，$e = v_{ref} - v$ 表示误差值，de 表示转速误差变化率。当 $|e|$ 较大时，为了保证闭环系统能够有足够快的动态性能，尽快地降低误差，通常 α_2 取值为 0，即不考虑转速误差变化率的影响。当 $|e|$ 较小，为防止误差变化太快而产生超调，α_2 通常取一定大小的数值，但相对于 α_1 仍然较小。

为了避免电压超调量过大，在目标函数中加入误差惩罚机制，即将电压超调量作

为最优指标的一项，因此最优指标可以表示为

$$\text{if}(e<0)\quad J=J_0+\alpha_3|e|$$

其中，为了使误差惩罚功能实际有效，α_3 一般要远大于 α_1，取 $\alpha_3=100$。

本节针对的 DCDC 变换器数学模型仍旧为式(15.8)，用本节设计的基于 HABC 算法的在线自适应时变最优 PID 控制器对 DCDC 变换器式(15.8)进行算法仿真。为了减少计算量，更好地达到实时性要求，设定 HABC 算法的种群大小为 10，循环迭代次数为 5。仿真中，针对所设计的 DCDC 变换器时变最优 PID 控制器的目标函数，设计 α_1 取 0.95，当 $|e|>0.05$ 时，为了保证闭环系统能够有足够快的动态性能，尽快地降低误差，取 $\alpha_2=0$，当 $|e|\leqslant 0.05$，为防止误差变化太快而产生超调，取 $\alpha_2=0.05$。α_3 远大于 α_1，取 $\alpha_3=100$。设定 PID 控制器 3 个参数的范围是 $68\leqslant k_p\leqslant 73$，$145\leqslant k_i\leqslant 155$，$0.07\leqslant k_d\leqslant 0.09$，参考信号为一个方波信号，用来测试所设计的时变最优 PID 控制器的跟踪能力和控制效果，参考信号表示为

$$v_{\text{ref}}=\begin{cases}5v & 0\text{s}<t\leqslant 1\text{s}\\ 7v & 1\text{s}<t\leqslant 2\text{s}\\ 3v & 2\text{s}<t\leqslant 3\text{s}\end{cases}$$

仿真结果如下：

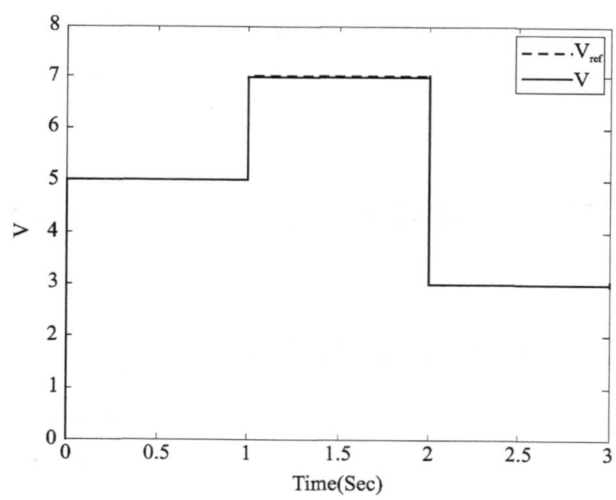

图 15.18　基于在线 HABC 算法的 DCDC 变换器 PID 控制器动态跟踪响应

结合图 15.18 和图 15.19 可知，当控制系统参考输入由 5v 上升到 7v 时，PID 控制器的三个参数在临界时间 1s 附近有一个波动，然后自适应地将控制器的三个参数值变大，以保证输出电压快速跟踪到设定值，当参考输入由 7v 下降到 3v 时，三个参数在临界时间点 2s 处有所波动，此后 k_p 下降到一个值后接着缓慢下降，k_d 下降到一个固定值，而 k_i 先上升到一个最大值接着缓慢下降，以此应对参考输入电压的下降，并快速跟踪到参考输入电压。

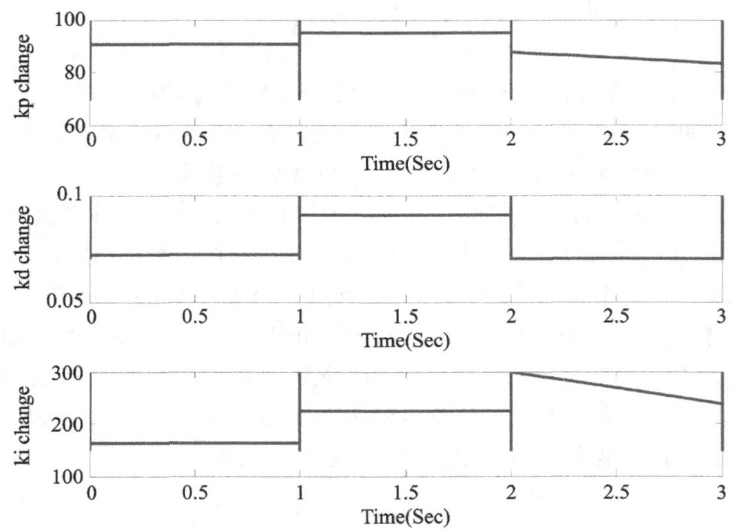

图 15.19　基于在线 HABC 算法的 DCDC 变换器 PID 控制器参数变化

从在线 HABC 算法优化 PID 控制器参数的结果可以看出，当设定了合理的参数寻优范围后，在线 HABC 算法能够根据闭环控制系统的工作状态以及指令的变化适时调整 PID 控制器参数，使得 DCDC 变换器控制系统响应迅速，超调量小，输出电压稳定。

15.4　基于 BP 神经网络的航空发动机传感器故障诊断

15.4.1　航空发动机传感器故障的数学描述

航空发动机是一类非线性系统，而神经网络对非线性函数具有很好的逼近能力，它能够较为准确地完成两组样本间的一一映射关系，因此采用离散的发动机模型及 BP 神经网络对航空发动机传感器进行故障诊断的工作。

在进行发动机传感器故障诊断之前，首先需要了解发动机控制系统结构，如图 15.20 所示。

如图 15.20 所示，典型发动机控制系统由控制器、执行机构、发动机、以及传感器构成。研究的对象传感器是指可以完成测量系统信息、放大信号、输出系统信息等一系列功能的敏感元件。传感器的应用范围非常广泛，小到日常用品，如家用电器，汽车，大到航天设备，飞机等方面，可以用于测量压力、温度、电流、位置等许多方面。航空发动机上的传感器和普通工业设备上的传感器稍有区别，主要是在高安全性和高

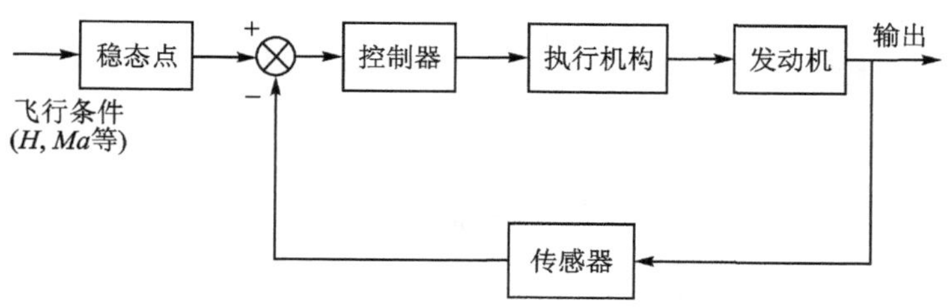

图 15.20　典型发动机控制系统结构图

耐受性上的考虑会较为重要，由于传感器故障而引发控制系统设备故障所造成的事故一般影响较大，因此对航空发动机传感器的故障诊断是十分必要的，神经网络技术为这个领域提供了新的解决思路。

传感器故障指测量系统状态的部分发生故障，但这种故障类型如不参与系统反馈则不会直接对系统状态产生影响。传感器的故障类型多种多样，按照现在研究者的发现成果可划分为多种分类方法，对航空发动机传感器来说，一般以故障程度为分类标准，并分类为硬故障和软故障。硬故障一般是由传感器结构、电路短路、断路，受到干扰等引起的损坏，幅值变化突然且比较大，检测也比较容易，根据经验设定阀值即可。而软故障一般更可能是由于设备老化等原因引起，幅值一开始变化都不大且缓慢，会随时间的增加超过安全使用幅值。下文将针对这两种故障类型设计故障模块以及故障诊断模块，并且对诊断结果进行仿真研究。

对于无故障的线性定常控制系统，其一般表达式为

$$\begin{cases}\boldsymbol{x}(k+1)=\boldsymbol{E}\boldsymbol{x}(k)+\boldsymbol{F}\boldsymbol{u}(k)\\ \boldsymbol{y}(k)=\boldsymbol{G}\boldsymbol{x}(k)\end{cases}$$

其中，$\boldsymbol{u}\in\mathbf{R}^p$ 为输入向量，$\boldsymbol{x}\in\mathbf{R}^n$ 为状态向量，$\boldsymbol{y}\in\mathbf{R}^m$ 为输出向量，$\boldsymbol{E}\in\mathbf{R}^{n\times n}$、$\boldsymbol{F}\in\mathbf{R}^{n\times p}$、$\boldsymbol{G}\in\mathbf{R}^{m\times n}$ 为相应维数的常数矩阵。

当传感器故障时会输出错误参数从而造成系统误判。为进行容错控制，首先需要设计传感器的故障模型，一般可表示为

$$\begin{cases}\dot{\boldsymbol{x}}=\boldsymbol{E}\boldsymbol{x}+\boldsymbol{F}\boldsymbol{u}\\ \boldsymbol{y}=\boldsymbol{G}\boldsymbol{x}+\boldsymbol{H}f_{\mathrm{a}}\end{cases}$$

其中，$\boldsymbol{H}\in\mathbf{R}^{n\times q}$ 指传感器故障分配矩阵，$f_{\mathrm{a}}\in\mathbf{R}^q$ 指故障对系统输出的影响函数。

传感器若发生故障，将会使系统输出发生不正常的变化，从而影响系统的整体性能。发动机故障用数学模型一般可以表示为下面两类：

(1) 传感器偏置故障

传感器偏置故障模型可描述为

$$y_{\mathrm{o}}=y_{\mathrm{i}}+\Delta$$

其中，Δ 为常数，y_{o} 为传感器输出，y_{i} 为传感器输入。当 $\Delta=0$，传感器正常工作。

(2) 传感器漂移故障

传感器漂移故障模型可描述为

$$y_o = p \cdot y_i$$

其中，p 为漂移时的比例系数。当 $p=0$ 时，表示传感器不工作；当 $p=1$ 时，表示传感器正常工作。

15.4.2 基于 BP 神经网络的发动机估计模型

因为本节采用 BP 神经网络的方法进行故障诊断工作，所以在进行故障诊断工作前需要先建立基于 BP 神经网络的发动机估计模型。

1. 基于 BP 神经网络的估计模型训练方法

利用 MATLAB 实现神经网络功能的应用主要有两条途径：1、编写程序；2、利用 MATLAB 自带工具——MATLAB 神经网络工具箱。该工具箱包含了大部分常用的神经网络类型，如 BP 神经网络、RBF 神经网络、Hopfield 神经网络，可以做到即取即用，省去了工作者大量的编程工作。并且可以选择多种类型的激励函数、网络结构，按照需要调整权值、阈值等神经网络基本属性，设计者只需要设置好相应属性即可完成训练工作，节约了大量编程时间。本节的故障诊断工作都将使用神经网络工具箱来进行基于 BP 神经网络故障诊断研究。

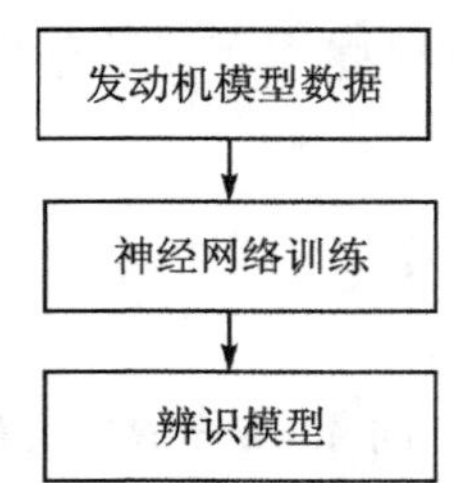

图 15.21 神经网络辨识模型建立逻辑图

使用神经网络工具箱辨识发动机模型逻辑图如图 15.21 所示。

从图 15.21 可以看出，首先需要给定输入输出参数。本节建立的神经网络估计模型需要数据包括高度 H、马赫数 Ma、供油量 WFB、尾喷口截面面积 A_8、高压转子转速 N_h 和发动机低压转子转速 N_l。模型输出分别是发动机高压转子转速 N_h 和发动机低压转子转速 N_l。由神经网络的训练特性可知，如能保证训练样本分布合理且数量充足，那么所建模型的精度会适用度更高。该神经网络是采用离线学习健康系统的状态而在线运行使用。

本节中采用的神经网络采用二层网络结构图如图 15.22 所示。

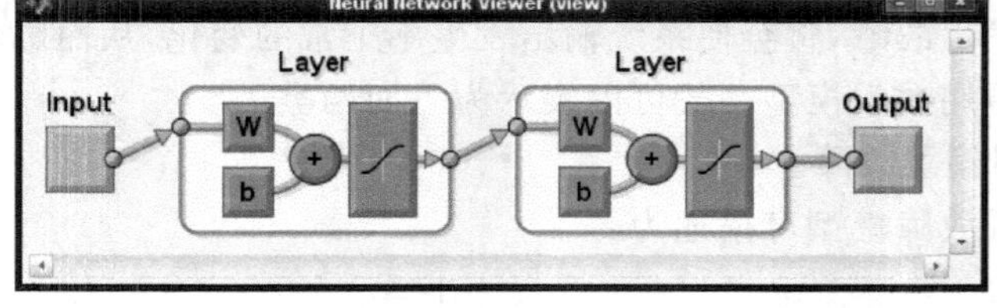

图 15.22 神经网络结构示意图

采用训练输入数据为[$WFB(k-1)$，$A_8(k-1)$，$N_h(k-1)$，$N_l(k-1)$，$N_h(k-$

2)，$N_1(k-2)$]输出数据为[$N_h(k)$　$N_1(k)$]。多输入多输出的神经网络训练方法，如图 15.23 所示。

在建立多输入多输出的神经网络模型后还可以建立多输入单输出的神经网络模型，这样用以验证 BP 神经网络对数据拟合的精度。训练输入输出数据类似于图 15.23，如图 15.24 所示。

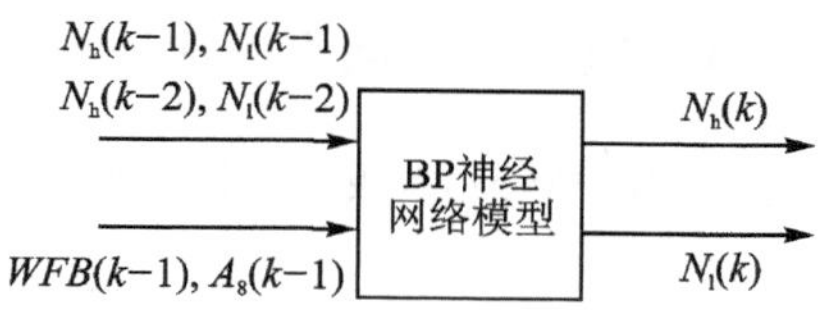

图 15.23　多输入多输出的神经网络训练

建立模型需要经过以下 3 个步骤：

① 确定隐含层节点数：苏联数学家 Kolmogorov 曾提出，如果神经网络输入层为 k 个节点，那么隐含层的参考节点为 $2k+1$ 个。因此，多输入多输出的神经网络训练时根据输入层节点数 $k=6$，设置隐含层节点数 $2k+1=13$，而多输入单输出的输入层节点数 $k=4$，隐含层节点数 $2k+1=9$。这样既可以获得较满意的效果，又能简化一定的工作量。

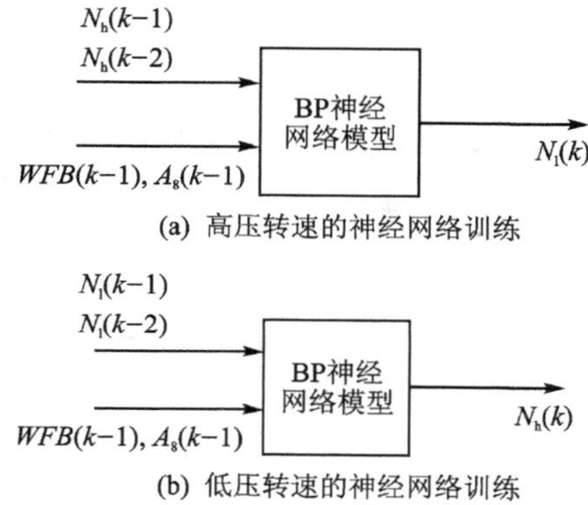

图 15.24　多输入单输出的神经网络训练

② 确定输入输出数据的选取方法：由于目标是使神经网络模型与发动机线性模型拟合情况良好，因此需要一定的发动机控制量——WFB 和 A_8 参数，通过发动机状态空间模型以及发动机控制系统结构可以知道，在获取控制量参数前还需要给定 N_h 和 N_l 这两个指令信号。这时，需要假定 N_h 和 N_l 只在一定范围内变化，同时在后续研究中指令值也需要被限制在这个范围内，否则该 BP 神经网络将不再适用。将 N_h 和 N_l 指令设置为某一训练点，例如 [N_h　N_l] = [1　1]这个训练点，在仿真时设置指令信号 N_h 和 N_l 为 1，这样每一个指令都会产生一组 WFB、A_8、N_h 和 N_l 的数据，用来训练神经网络。N_h 和 N_l 训练点的选取方法为白噪声，设置越多越好，本节采用了 100 个白噪声点。

③ 建立神经网络估计模型：此时，需要在 MATLAB 神经网络工具箱中多次实验，以选取合适的权值、阈值、隐含层数以及激励函数来确保 BP 神经网络估计模型的精确度。在使用 Simulink 仿真时，BP 神经网络的反馈是延时反馈。

由于工作时间有限，且仅仅是理论研究，因此本节仅使用 $H=0$ km，$Ma=0$ 的线性模型进行故障诊断与容错工作，同时在选取训练数据时可以抛开发动机部件级模型而只使用线性模型的数据。如果在现实中利用神经网络来进行故障诊断，同时条件允许的情况下，可以尝试建立适用于全飞行包线范围内的发动机估计模型。这样神经网络估计模型会具备更广的适用范围。

2. 基于 BP 神经网络的估计模型对比仿真

基于 BP 神经网络的估计模型对比仿真结构如图 15.25 所示。

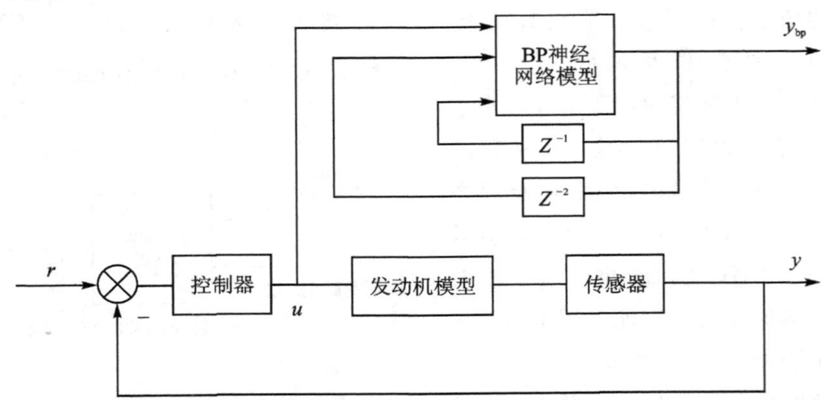

图 15.25　基于 BP 神经网络的估计模型对比方案

如图 15.25 所示，r 为参考输入，u 为控制量，y 为发动机传感器输出，y_{bp} 为 BP 神经网络估计模型输出。由于发动机模型是双输入双输出的，因此 BP 神经网络模型可能有两种建立方法：① 四输入二输出的神经网络；② 三输入单输出的神经网络。根据图 15.25 搭建系统结构图并给定输入数据，对①、②两种方案的 BP 神经网络建模方法进行仿真验证，结果如图 15.26 和图 15.27 所示。

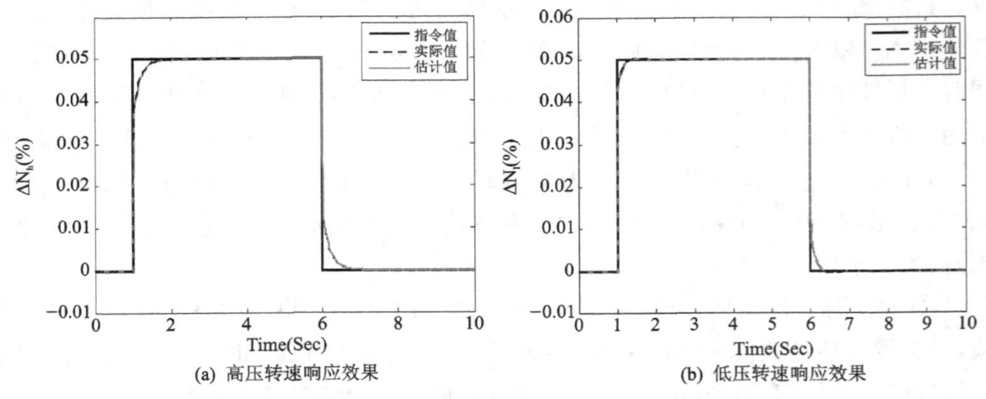

图 15.26　多输入多输出的神经网络响应效果

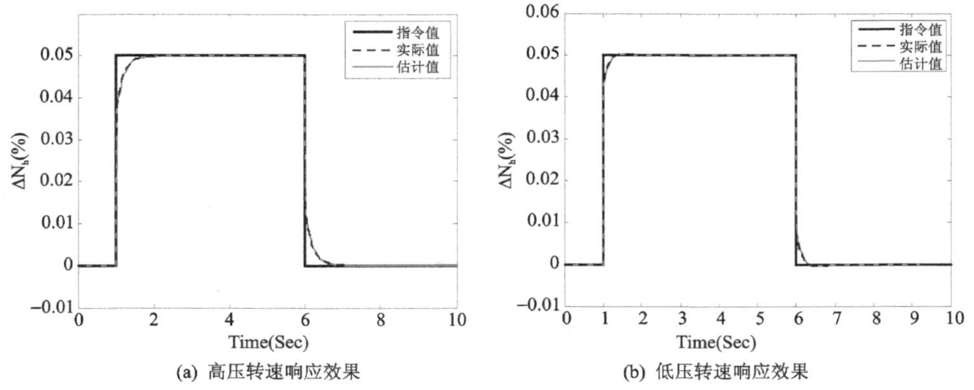

(a) 高压转速响应效果　　(b) 低压转速响应效果

图 15.27　多输入单输出的神经网络响应效果

15.4.3　基于 BP 神经网络的传感器故障诊断方案

本节主要考虑两类故障——偏置故障及漂移故障，原因不仅是由于它们在实际中发生的频率更高，并且卡死故障也可以当作偏置故障处理。基于 BP 神经网络的传感器故障诊断方案主题思想如下：设立故障诊断模块，将传感器输出值 y 与 BP 神经网络的输出值 y_{bp} 相减得出残差值 $e_f = y - y_{bp}$，如果残差值 e_f 超过了设定的阈值，就认为传感器发生了故障，并且要在一定时间内根据阈值的设定判断出故障类型为漂移故障还是偏置故障。一旦系统判定传感器发生故障，那么就要进行后续的容错控制工作，以避免故障值对系统控制产生不良影响。基于多输入多输出的 BP 神经网络的传感器故障诊断结构如图 15.28 和图 15.29 所示。

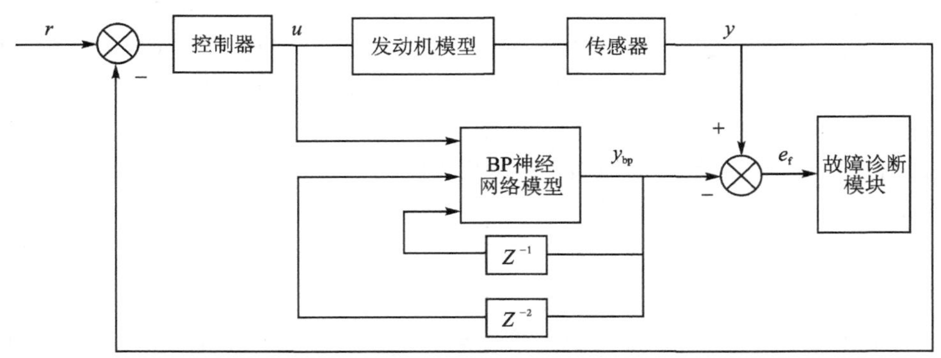

图 15.28　基于 BP 神经网络的传感器故障诊断方案

从图 15.28 和图 15.29 可以看到，故障诊断是根据传感器输出值与 BP 神经网络估计模型的残差值 e_f 判断。在这个诊断方案中，由单个传感器的输出 y 与 y_{bp} 计算出的残差值 $e_{f1} = |N_h - N_h^*|$ 或者 $e_{f2} = |N_l - N_l^*|$（带 * 为 BP 神经网络估计值），

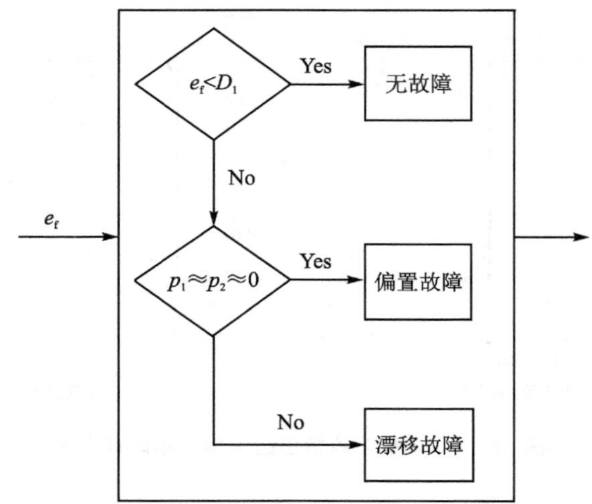

图 15.29　故障诊断模块

再将残差 e_f 与阈值 D_1 作比较。若残差 e_f 小于阈值 D_1，则代表着转速传感器估计值和传感器真实值基本相等，即转速传感器无故障；一旦在 t_1 时刻残差值 e_{f_1} 达到 D_1，则代表着转速传感器的转速估计值与真实值相差稍大，就会判断出传感器出现故障，但此时还不能判定故障类型。

为了判断故障类型，需要在 $e_{f_1}>D_1$ 后再设定 t_2 和 t_3 两个时刻获取残差值，用来计算故障的变化率 p。在 t_1 时刻 $e_{f_1}>D_1$ 系统判定故障发生后 $t_2=t_1+1(\mathrm{s})$ 时刻，即系统判定故障发生后 1 s 取样，此时残差值设定为 e_{f_2}，t_2 时刻计算 $(e_{f_2}-e_{f_1})/t=p_1$；在 $t_3=t_1+2(\mathrm{s})$ 时刻，即系统判定故障发生后 2 s 再次取样，此时残差值设为 e_{f_3}，之后在 t_3 时刻计算 $(e_{f_3}-e_{f_2})/t=p_2$，如果 $p_1\approx p_2\approx 0$，则判定系统发生偏置故障，如果 $p_1\approx p_2\neq 0$，则判定系统发生漂移故障。通过这样的逻辑过程，不仅可以判断出转速传感器故障与否，还能够判断发生故障的类型。但本节这样的故障判断逻辑只适用于本节的项目背景，具有一定的局限性，在实际中需要对故障阈值以及诊断逻辑进行更为详实的设计，即在判定故障后需减小采样时间的间隔，多次采样以计算变化率。

15.4.4　仿真验证

为了验证上述基于 BP 神经网络的传感器故障诊断方案的有效性，本节在发动机闭环的条件下进行了一系列的试验研究。并对在发动机设计点处高低压转速传感器分别发生漂移故障、偏置故障时的实验结果进行分析。

1. 传感器故障模拟仿真

传感器故障模拟是按照 15.4.3 节中控制系统闭环的情况下进行的。为了模拟

出更接近真实情况下的故障情况，统一为故障信号加上高斯白噪声。

首先，设计当 $t=5$ s 时，于模型设计点处高低压转子转速传感器分别发生 3% 的偏置故障，故障于 $t=15$ s 时结束，残差仿真效果如图 15.30 所示。

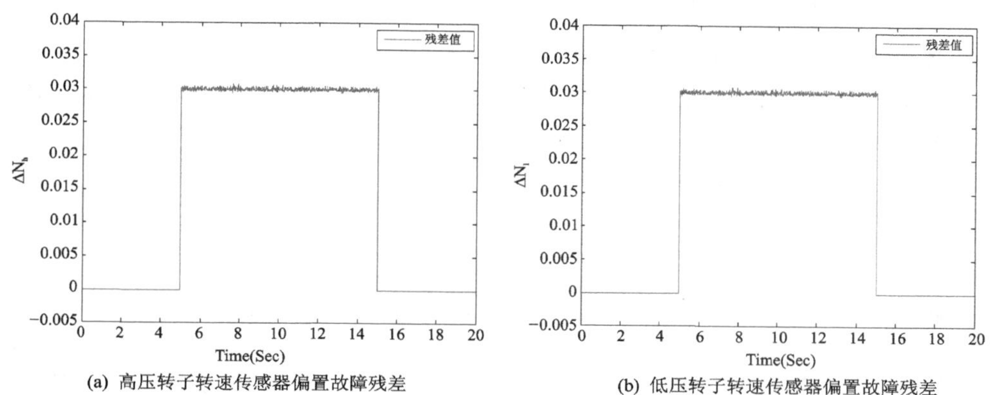

(a) 高压转子转速传感器偏置故障残差　　(b) 低压转子转速传感器偏置故障残差

图 15.30　高、低压转子转速传感器的偏置故障仿真

从图 15.30 可以看出，基于 BP 神经网络的参考模型在发生偏置故障的情况下依旧与发动机线性模型拟合情况较好，因此在 $t=0$ s 到 $t=5$ s 与 $t=15$ s 到 $t=20$ s 两段无故障信号期间残差几乎为 0，能够较好地反映残差情况，并以此进行偏置故障的诊断。

随后，设计当 $t=5$ s 时，于模型设计点处高低压转速传感器发生漂移故障，增益 $K=1+(t-5)*0.002$，于 $t=15$ s 时结束，故障模拟仿真效果如图 15.31 所示。

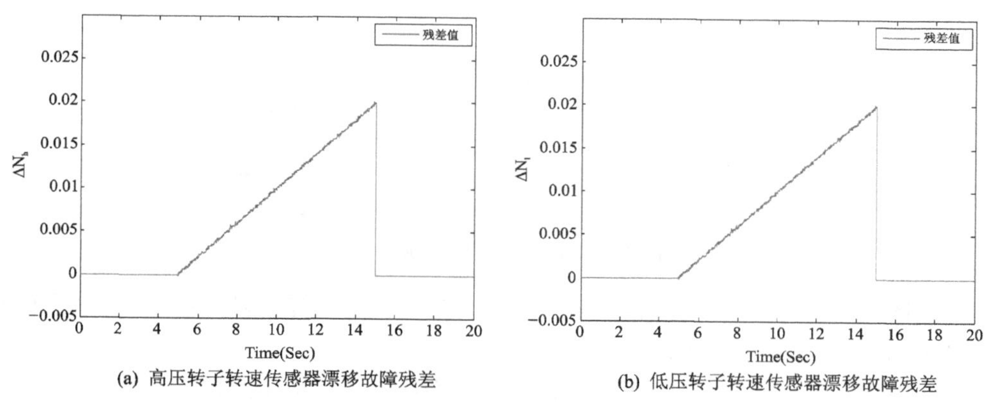

(a) 高压转子转速传感器漂移故障残差　　(b) 低压转子转速传感器漂移故障残差

图 15.31　高、低压转子转速传感器的漂移故障仿真

从图 15.31 可以看出，基于 BP 神经网络的参考模型在发生漂移故障的情况下依旧与发动机线性模型拟合情况较好，同时也能够进行漂移故障的诊断。

因此，从图 15.30 和图 15.31 中可以得出结论：用神经网络作参考估计模型去拟合发动机真实值是可行的，并且用神经网络拟合与发动机真实值几乎可以做到完全拟合，拟合效果达到了预期。可以预见到利用神经网络拟合的发动机模型对后续的发动机故障诊断设计有较好的铺垫。

2. 传感器故障诊断仿真

本节进行传感器故障诊断仿真实验。

首先是系统判定传感器无故障的情况，即残差值 $e_f < D_1$ 时的仿真。高低压转子转速传感器诊断效果如图 15.32 所示。

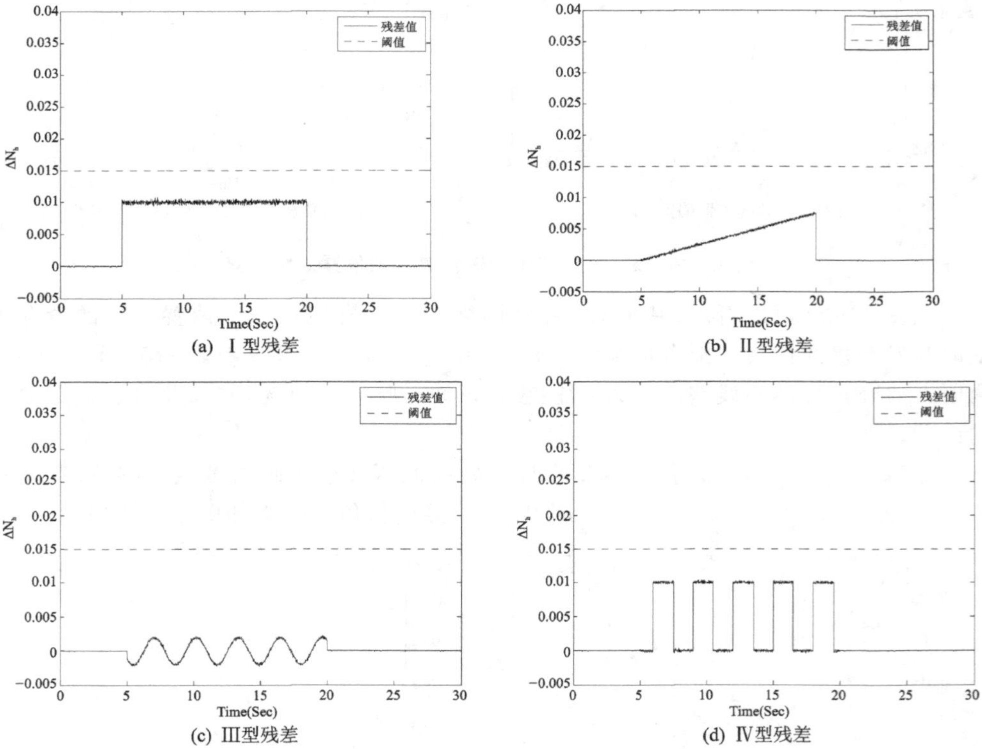

(a) Ⅰ型残差

(b) Ⅱ型残差

(c) Ⅲ型残差

(d) Ⅳ型残差

图 15.32 高压转子转速传感器系统判定无故障的仿真

从图 15.32 可以看出，给高压转子转速传感器四种故障信号，由于残差值没有超过设定阈值，无法诊断出系统发生故障。

如图 15.33 所示，低压转子转速传感器与高压转子转速传感器情况类似，给传感器 4 种故障信号后，由于计算出的残差值没有超过设定阈值，因此无法诊断出系统发生故障。

从图 15.32 和 15.33 可以看出，只要残差值不超过设定的阈值，无论系统被添加了怎样的故障信号，通过本节的逻辑都不能判断出系统发生故障，即无故障。虽然设定阈值的诊断方法具有一定的局限性，但是因为小于 1.5％的故障对系统影响比较

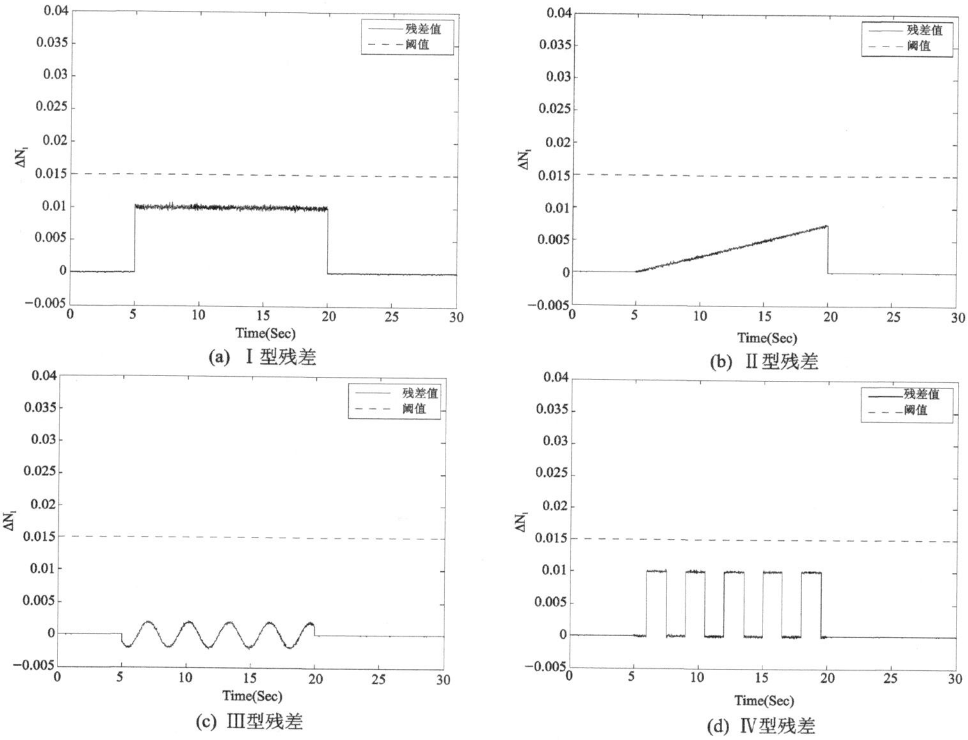

(a) Ⅰ型残差

(b) Ⅱ型残差

(c) Ⅲ型残差

(d) Ⅳ型残差

图 15.33　低压转子转速传感器系统判定无故障的仿真

小，所以在此不再讨论。

随后在系统闭环的情况下，设计当 $t=5$ s 到 $t=20$ s 时，以高、低压转速传感器为研究对象，研究于模型设计点处转速传感器发生故障的情况。首先是高、低压转速传感器发生 3%的偏置故障的诊断仿真。由于阈值的设定会决定故障诊断效果，所以既要保证可以及时诊断出传感器故障也要保证不能够误诊，这里将传感器故障阈值设定为 1.5%。通过仿真，可以看到诊断效果如下图 15.34 所示。

图 15.34 实现了系统在设计点处高、低压转速传感器的偏置故障诊断效果。其中，(a)图和(c)图中的虚线为传感器测量值，实线为神经网络的估计值，可以看到，在第 5 s 时发生+3%偏置故障，此时将导致高、低压转速测量转速瞬间增加，然后在控制器的作用下使控制量开始减小，直到把 N_h 和 N_l 重新拉回到指令值；20 s 时撤销故障，相当于输入发动机的控制量瞬间减小，导致 N_h 和 N_l 减小，然后在闭环控制的作用下再次回到给定转速指令状态，这时，实际控制量也将回到初始状态。而(b)图和(d)图中，其中虚线为设定的故障阈值，实线为神经网络估计值与传感器测量值的残差，当判定系统发生故障后，在 t_2 和 t_3 时刻获得采样残差值 e_{f_2} 和 e_{f_3}，计算 p_1、p_2 后得到 $p_1 \neq p_2$ 且 $p_2 \approx 0$，因此可以判定发生偏置故障。

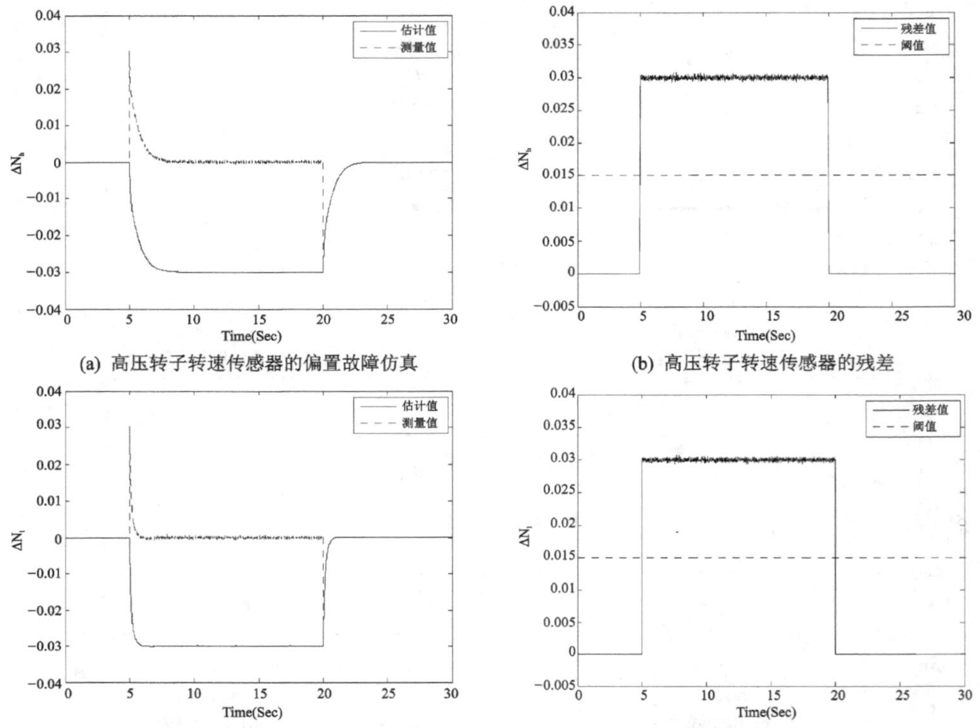

(a) 高压转子转速传感器的偏置故障仿真

(b) 高压转子转速传感器的残差

(c) 低压转子转速传感器的偏置故障仿真

(d) 低压转子转速传感器的残差

图 15.34　传感器的偏置故障诊断仿真

随后，于模型设计点处高、低压转速传感器发生漂移故障，增益 $K=1+(t-5)*0.002$。通过仿真，可以看到诊断效果如图 15.35 所示。

图 15.35 实现了系统在设计点处高低压转速传感器的漂移故障诊断效果。其中，(a)图和 (c)图中的虚线为传感器测量值，实线为神经网络的估计值，在第 5 s 时发生漂移故障，此时将导致高、低压转子测量值转速开始缓慢增加，但由于漂移故障是随时间缓慢增加，因此 N_h 和 N_l 在控制器的作用下无法完全消除故障；20 s 时撤销故障，相当于输入发动机的控制量瞬间减小，导致 N_h 和 N_l 减小，然后在闭环控制的作用下实际控制量也将回到初始状态，而 N_h 和 N_l 将回到给定转速指令状态。而(b)图和(d)图中，其中虚线为设定的故障阈值。设残差值到达故障阈值时刻为 t_1(s)，在 $t_2=t_1+1$(s)和 $t_3=t_1+2$(s)两个时刻获得采样残差值 e_{f_2} 和 e_{f_3}，计算 p_1、p_2 后得到 $p_1 \approx p_2 \neq 0$，因此可以判定发生漂移故障。由于漂移故障的变化是比较缓慢的渐进过程，故障变化需要一定时间才能达到判定阈值，所以系统需要有一定的延迟才可以判定发生漂移故障，但只要漂移故障残差能够超过阈值，就可以保证不会造成系统误诊，也不会影响最终的判定结果。虽然发动机状态在各个因素的影响下变化较为复杂，但是故障诊断系统不受影响，仍然可以准确进行故障诊断。

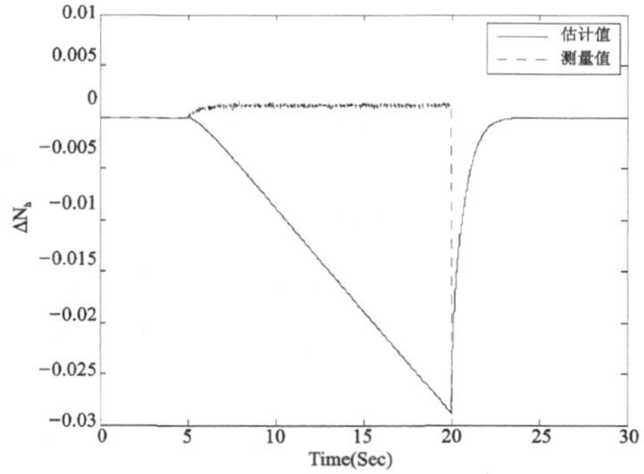

(a) 高压转子转速传感器的源移故障仿真

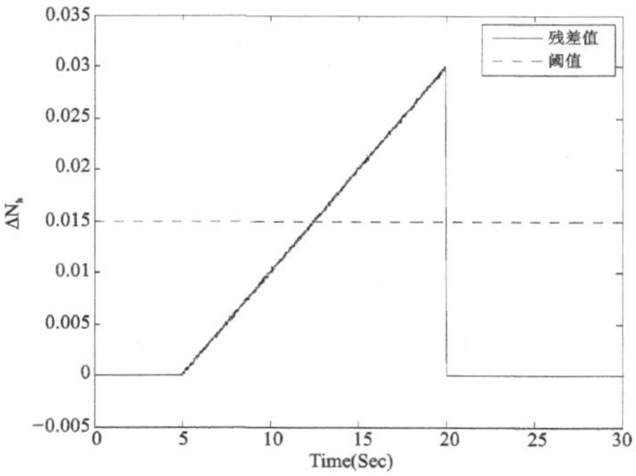

(b) 高压转子转速传感器的残差

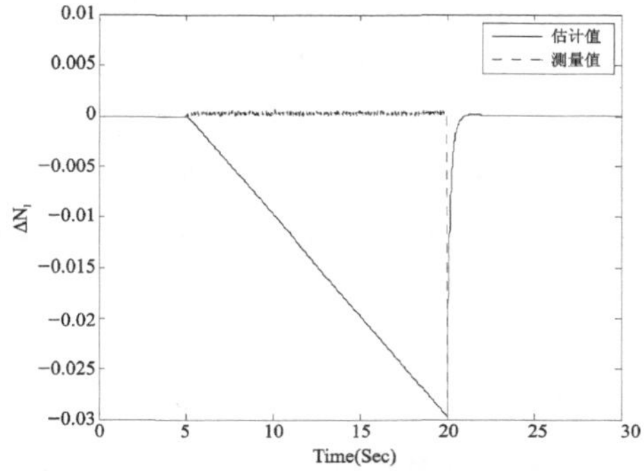

(c) 低压转子转速传感器的源移故障仿真

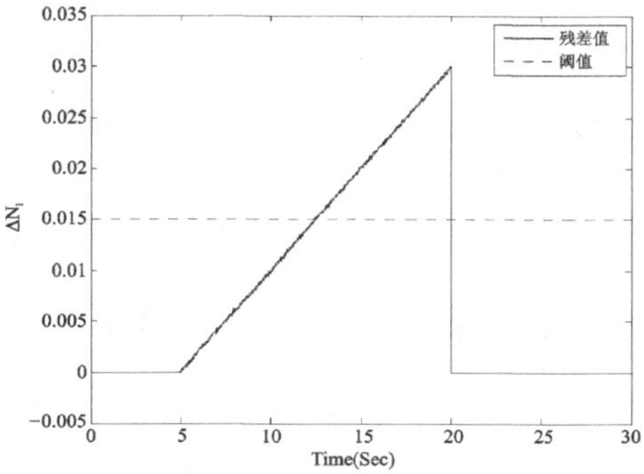

(d) 低压转子转速传感器的残差

图 15.35　传感器的漂移故障诊断仿真

此外，从图 15.34 中的子图(a)、(c)和图 15.35 的子图(a)、(c)可以看出，无论是偏置故障还是漂移故障，在对故障的敏感度上，N_l 传感器和 N_h 传感器并不是完全相同的，N_l 传感器的反应比较迅速，而 N_h 传感器有一个更加明显的渐近过程。

由于本节在系统判定故障后只采样 3 次，且 $t_3-t_2=t_2-t_1=1$，因此一旦故障的残差值到达阈值后，即 t_3 与 t_2 或者 t_2 与 t_1 之间结束，会造成无法判断故障类型的结果。这种情况本节在 15.3.3 节末尾已经讨论，即通过减小 t_3、t_2、t_1 之间的采样间隔，且通过多次采样计算变化率 $p_i, i=1,2,3,\cdots,n$ 的方法，就可以判断出故障类型，而判断方法和本节所采用的内在诊断思想是一致的。

15.5　基于灰狼优化算法的航空发动机非线性预测控制

随着相关技术(电子、材料、机械等)的进步使得航空发动机对控制性能要求不断提高，基于发动机非线性化模型的 NMPC 系统因其优秀的处理约束的能力和良好的控制鲁棒性得到了极大的重视。不过，由于预测模型的非线性和输入输出约束的存

在，使得在线滚动优化求解非线性预测控制器会产生很大的计算量，这将使得控制的实时性得不到保证，影响发动机的快速响应。因此本节对 NMPC 系统展开研究。

本节针对带约束航空发动机 NMPC 的设计做出了研究，为了加快非线性预测控制器的求解速度，提高实时性，提出了一种基于改进 GWO 算法的非线性预测控制：混沌初始化、局部极值破坏机制以及最优个体保留机制。在设计参考轨迹模块时，考虑系统响应时间和超调的影响，提出了一种基于指数收敛因子的轨迹设计方法：在初始时刻降低响应速度避免系统超调，之后通过收敛因子调节加快系统响应速度，可以很好地调和系统响应时间和超调之间的关系。为了提高预测值精度，使得发动机输出可以更好地跟踪期望输出，设计相应的反馈校正环节，构成系统闭环控制结构。在以上设计基础上，考虑航空发动机中的输入输出约束，对于输入约束，通过矩阵运算将其全部转换成控制增量的形式，使其符合优化问题计算模式；对于输出约束，针对传统约束处理方法的保守性提出了一种基于不可微精确罚函数法的处理方法，即将约束引入到目标函数中，再进行优化求解。最后运用改进的 GWO 算法求解优化控制问题得到最优解，从中抽取出当前时刻的最优控制量 $u(k)$，将其作用到发动机系统中，仿真结果表明所设计的控制系统响应速度快，跟踪效果好，基本不存在超调。

15.5.1 神经网络非线性预测模型

神经网络具有优秀的预测能力，其早在 1991 年就被研究人员用于多步预测控制中，一般被用作预测模型来进行超前预测，为滚动优化模块提供输出预测值。神经网络模型作为预测模型时主要有两种方式：递推预测和直接预测。

首先介绍一下直接预测。直接预测是根据 k 时刻以及 k 时刻以前的已知输入输出数据，通过建立未来每个时刻对应的预测模型来得到所需要的多步预测值，如图 15.36 所示。假设 k 时刻的发动机实际输出值为

$$n_1(k)=f[n_1(k-1),n_1(k-2),w_f(k),w_f(k-1)]$$

则根据直接预测可得 k 时刻的预测输出值为

$$\hat{n}_1(k)=f_{NN,1}[n_1(k-1),n_1(k-2),w_f(k),w_f(k-1)]$$

$k+1$ 时刻的预测输出值为

$$\hat{n}_1(k+1)=f_{NN,2}[n_1(k-1),n_1(k-2),w_f(k),w_f(k-1)]$$

同理可得 $k+i$ 时刻的预测输出值为

$$\hat{n}_1(k+i)=f_{NN,P}[n_1(k-1),n_1(k-2),w_f(k),w_f(k-1)]$$

$i>2$ 为预测步长，每一个预测输出值都对应着一个独立的神经网络模型，因此预测精度相对较高，但是当预测步长较大时或者工况变化时，建模计算量是非常庞大的。

直接预测是运用已知的数据来得到预测值并且需要建立与预测步长相同数量的神经网络模型，而递推预测则不同，只需要将当前时刻的网络输入向量送入到训练好的神经网络模型中得到下一时刻的神经网络预测输出，即一步预测，再根据递推原理

将多个一步预测串联起来即可获得多步预测模型，如图 15.37 所示。

递推预测改变的是系统的输入，而不是网络的结构，因此大大地节省了计算量。主要递推过程如下：

已知 k 时刻的发动机实际输出值为 $n_1(k)$，则得到 k 时刻的预测值为

$$\hat{n}_1(k)=f_{NN}[n_1(k-1),n_1(k-2),w_f(k),w_f(k-1)]$$

$k+1$ 时刻的预测值为

$$\hat{n}_1(k+1)=f_{NN}[\hat{n}_1(k),n_1(k-1),w_f(k),w_f(k-1)]$$

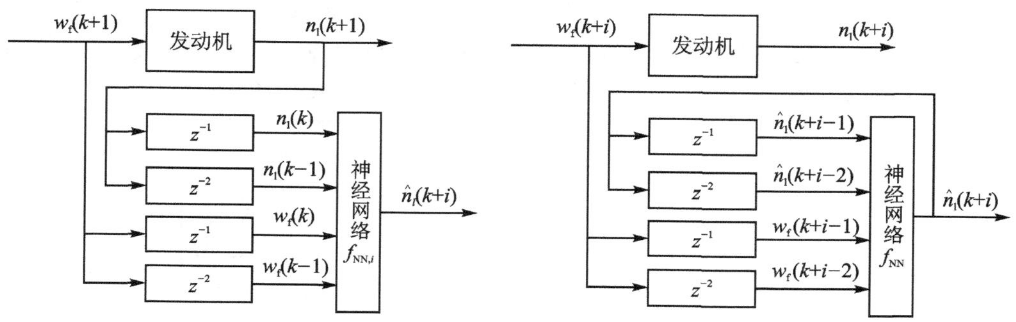

图 15.36　基于直接法的航空发动机预测模型示意图

图 15.37　基于递推法的航空发动机预测模型示意图

由递推原理可得 $k+i$ 时刻的预测值为

$$\hat{n}_1(k+i)=f_{NN}[\hat{n}_1(k+i-1),\hat{n}_1(k+i-2),w_f(k+i),w_f(k+i-1)]$$

使用递推预测的缺点是神经网络模型不可避免地与真实发动机系统之间存在着误差，在多步预测时，每一步预测都会产生一个预测误差，随着递推次数的增长而被叠加放大，因此对模型精度的要求比较高，需要引入反馈机制来对预测值进行校正，在通过反馈校正提高预测精度后，递推预测在计算量上的优势就得以体现，因此本文的发动机非线性预测模型将采用递推神经网络来建立。

为方便表述，在接下来的内容中用 y 表示 n_1、u 表示 w_f、$\hat{y}$ 表示 $\hat{n}_1$。

15.5.2　基于指数收敛的参考轨迹设计

参考轨迹和反馈校正是发动机非线性预测控制器设计过程中两个重要的模块，参考轨迹可以防止控制量的剧烈变化，反馈校正可以提高预测值精度，增加控制鲁棒性。

一般来说，参考轨迹可以表示为

$$w(k+i)=c^i y(k)+(1-c^i)y_r(k) \tag{15.9}$$

式中，w 为参考轨迹，$i=1,2,\cdots,P_t$，c 为柔化系数，$c\in(0,1)$，y_r 为系统输出设定值，即航空发动机低压轴的期望相对转速。

为便于后续表述，上式写成矩阵形式：

$$\boldsymbol{W}(k)=\boldsymbol{C}_{\mathrm{soft}}y(k)+(\boldsymbol{I}-\boldsymbol{C}_{\mathrm{soft}})y_{\mathrm{r}}(k)$$

式中，$\boldsymbol{W}(k)=[w(k+1),w(k+2),\cdots,w(k+P_{\mathrm{t}})]^{\mathrm{T}}$，$\boldsymbol{C}_{\mathrm{soft}}=[c^1,c^2,\cdots,c^{P_{\mathrm{t}}}]^{\mathrm{T}}$。

参考轨迹柔化系数 c 是影响控制量变化和系统响应速度的重要因素，是决定系统动态响应好坏的关键，c 值越大，系统响应时间会越长，其值越小，响应速度则加快，但可能引起控制量激变，出现超调。从公式(15.9)中可以看出，因为发动机实际输出 $y(k)$的存在，c 值的大小对发动机控制系统的抗干扰能力有着一定的影响，c 值越大，测量干扰对参考轨迹的影响越大，严重时可能会导致轨迹无法达到设定值，c 值越小，受到干扰的影响则越小，可以很好地保证跟踪收敛。因此 c 值的选取不能简单地设定为某一个固定值。参考轨迹在不同 c 值下的变化如图 15.38 所示。

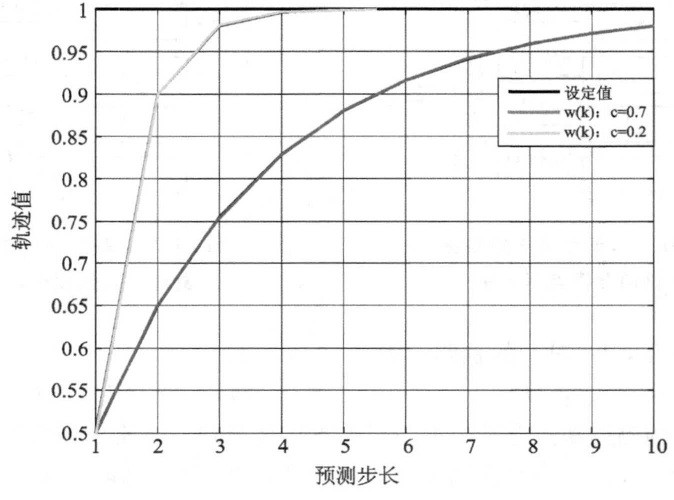

图 15.38　不同 c 值下参考轨迹示意图

为了减小超调，避免控制量发生突变、来回振荡，初始响应速度需要得到限制，此时 c 的取值应相对较大，随着系统的运行，对响应速度和抗干扰的要求提高，c 的取值要逐渐变小。因此选择 c 值时在综合考虑响应时间、超调以及干扰影响三方面的因素之后，本文采用如下柔化系数取值方式：

$$c=c_0\cdot \mathrm{e}^{-\gamma(kT)^2} \tag{15.10}$$

式中，c_0 为初始时刻的柔化系数，γ 为指数型收敛因子，T 为系统采样时间。

公式(15.10)表明，初始时刻 c 值为最大且大小取决于 c_0 值，因此为了保证系统初始响应时超调较小，c_0 值应选稍大，随着时间的增长，指数收敛环节的作用越来越明显，c 值也越来越小直至接近于零，系统响应速度加快，此时的轨迹也接近于输出设定值。此取值方式可以在保证系统响应速度和抗干扰性能的同时，降低初始时刻系统的超调量。在收敛过程中，γ 值的大小对系统的收敛时间影响很大，γ 值越大，收敛到设定值的速度越快，反之则收敛越慢，因此还需要考虑 γ 的选值。图 15.39 为

不同 c_0、γ 值影响下的系统参考轨迹。

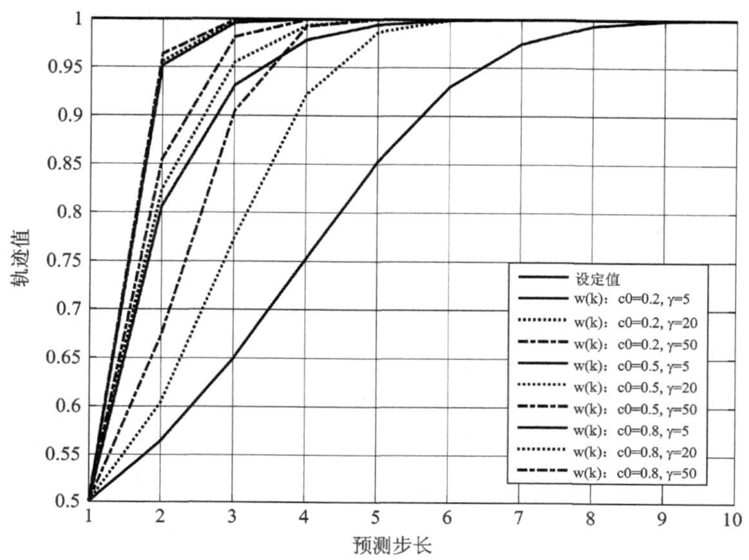

图 15.39　不同的 c_0、γ 值下的参考轨迹曲线

15.5.3　反馈校正

滚动优化中的控制器求解是以预测模型未来 P_t 步的输出值和参考轨迹值误差最小为目标的，但是预测模型只是发动机的辨识模型，往往会因为干扰、时变、模型失配等因素导致预测模型的预测结果和实际输出不符合，使得控制系统无法对发动机精确控制，系统响应性能必然会受到很大影响。为了使得滚动优化求解的控制器可以有效地作用到发动机上，在每个采样时刻都需要利用上一时刻发动机的实测信息对未来 P_t 步的预测值进行校正。从预测控制结构上来看，反馈校正还有效地将预测模型和滚动优化结合起来，使得整个系统形成了闭环控制，改善了系统的鲁棒性能。

将 k 时刻的发动机实际输出值 $y(k)$ 与预测模型输出值 $\hat{y}(k)$ 作差，得到预测误差为

$$e(k) = y(k) - \hat{y}(k)$$

根据 15.4.2 节中建立的递推神经网络预测模型可得 k 时刻的 P_t 步预测值分别为

$$\hat{y}(k+1) = f_{\mathrm{NN}}(y(k), y(k-1), u(k+1), u(k))$$

$$\hat{y}(k+2) = f_{\mathrm{NN}}(y(k+1), y(k), u(k+2), u(k+1))$$

$$\vdots$$

$$\hat{y}(k+P_t) = f_{\mathrm{NN}}(y(k+P_t-1), y(k+P_t-2), u(k+P_t), u(k+P_t-1))$$

则 k 时刻的预测值向量可以写成 $\hat{\boldsymbol{Y}}(k)=[\hat{y}(k+1),\hat{y}(k+2),\cdots,\hat{y}(k+P_t)]$。

输出误差反映了 k 时刻实际发动机系统和预测模型之间存在的不确定因素，因此用其来预测未来的输出误差，可以改善预测输出值的质量，并且构成闭环控制，结合预测值可以得校正值为

$$\hat{y}_c(k+i)=\hat{y}(k+i)+hie(k)$$

式中，$i=1,2,\cdots P_t$，y_c 为校正值，hi 为校正权值。

写成矩阵形式为

$$\hat{\boldsymbol{Y}}_c(k)=\hat{\boldsymbol{Y}}(k)+\boldsymbol{H}e(k) \tag{15.11}$$

其中，$\hat{\boldsymbol{Y}}_c(k)=[\hat{y}_c(k+1),\hat{y}_c(k+2)],\cdots,\hat{y}_c(k+P_t)]$，$\boldsymbol{H}=[h_1,h_2,\cdots,h_{P_t}]^{\mathrm{T}}$。

从公式(15.11)可以看出，校正权矩阵 $\boldsymbol{H}$ 的大小反映了反馈校正力度的强弱，如果权矩阵偏小，则校正力度不够，影响校正值的精度，权矩阵偏大则会导致校正力度偏大，出现过度反馈，同样会破坏校正环节，而合适的权矩阵可以增强鲁棒性和输出精度，因此选择正确的权矩阵是反馈校正时必须要考虑的问题。通常情况下，校正权矩阵一般取为 $\boldsymbol{H}=[1,1,\cdots,1]_{P_t\times 1}$。

15.5.4 带输入输出约束的非线性预测控制(NMPC)设计

航空发动机中存在众多的输入输出约束，而 NMPC 系统对于约束的处理相较于其他控制具有很大的优势。航空发动机 NMPC 系统的设计实际上是解决一个带约束的优化控制问题。本节正是在之前建立的递推神经网络预测模型、改进的 GWO 算法、以及设计的参考轨迹和反馈校正的基础上求解这个优化问题，以期得到满足发动机控制要求的非线性预测控制器。

1. 问题描述

航空发动机在实际的过渡态控制中，必然受到油泵供油大小、供油量变化大小等控制输入约束，因此在设计控制器时控制输入约束是不可忽略的实际问题。

设发动机控制系统允许的最大供油量和最小供油量分别为 $u_{\max}$、$u_{\min}$，则所设计的控制变量需要满足约束如下：

$$u_{\min}\leqslant u(k+i)\leqslant u_{\max}$$

设供油量变化的最大值和最小值分别为 $\Delta u_{\max}$、$\Delta u_{\min}$，相应的控制变量的增量需要满足如下约束：

$$\Delta u_{\min}\leqslant \Delta u(k+i)\leqslant \Delta u_{\max}$$

发动机在工作过程中，不仅会受到控制输入上的约束，也存在着超转、超温等输出限制，在本文中主要考虑低压轴转速约束，即在加速过程中，不超转，在减速过程中，保证发动机正常工作。设低压转轴转速的最大最小值分别为 $y_{\max}$、$y_{\min}$，则输出约束描述为

$$y_{\min} \leqslant y \leqslant y_{\max}$$

k 时刻的 P_t 步预测值向量为

$$\hat{\boldsymbol{Y}}(k)=[\hat{y}(k+1),\hat{y}(k+2),\cdots,\hat{y}(k+P_t)]$$

利用反馈校正得到相应的预测校正值为

$$\hat{\boldsymbol{Y}}_c(k)=[\hat{y}_c(k+1),\hat{y}_c(k+2)],\cdots,\hat{y}_c(k+P_t)] \tag{15.12}$$

根据参考轨迹得到的参考输入值为

$$\boldsymbol{W}(k)=[w(k+1),w(k+2),\cdots,w(k+P_t)]^{\mathrm{T}} \tag{15.13}$$

航空发动机非线性预测控制器的设计目标为校正预测值与参考输入值的误差最小，同时减少控制过程中燃油量的过度消耗和防止燃油量输入剧烈变化。为了保证所设计的控制器的稳定性，引入终端滑模等式约束：

$$s(k+P_t)=c_s e(k+P_t)=c_s(\hat{y}_c(k+p_t)-w(k+P_t))=0 \tag{15.14}$$

为了满足优化目标，保证稳定性，在公式(15.12)、(15.13)以及(15.14)的基础上设计优化问题的二次目标函数，具体形式如下：

$$\min J=(\hat{\boldsymbol{Y}}_c(k)-\boldsymbol{W}(k))^{\mathrm{T}}\boldsymbol{Q}(\hat{\boldsymbol{Y}}_c(k)-\boldsymbol{W}(k))+\Delta\boldsymbol{U}(k)^{\mathrm{T}}\boldsymbol{R}\Delta\boldsymbol{U}(k)$$

$$s.t.\begin{cases}\boldsymbol{U}_{\min} \leqslant \boldsymbol{U}(k) \leqslant \boldsymbol{U}_{\max}\\ \Delta U_{\min} \leqslant \Delta\boldsymbol{U}(k) \leqslant \Delta\boldsymbol{U}_{\max}\\ \boldsymbol{Y}_{\min} \leqslant \hat{\boldsymbol{Y}}_c(k) \leqslant \boldsymbol{Y}_{\max}\\ s(k+P_t)=0\end{cases} \tag{15.15}$$

其中，$\boldsymbol{Q}=q\boldsymbol{I}$ 为输出误差的加权矩阵，$\boldsymbol{R}=r\boldsymbol{I}$ 为控制增量的加权矩阵，$\boldsymbol{Y}_{\min}=y_{\min}[1,1,\cdots,1]_{P_t\times 1}$，$\boldsymbol{Y}_{\max}=y_{\max}[1,1,\cdots,1]_{P_t\times 1}$。

公式(15.15)所描述的优化问题的最优解即为所需要的最优控制输入。

2. 输入约束处理

在求解公式(15.15)所描述的优化问题的数值解前，首先需要对控制变量的约束进行处理，即将供油量约束转换成其控制增量的形式。

控制量矩阵形式的约束边界为

$$\begin{cases}\boldsymbol{U}_{\max}=u_{\max}[1,1,\cdots,1]_{M_r\times 1}\\ \boldsymbol{U}_{\min}=u_{\min}[1,1,\cdots,1]_{M_r\times 1}\end{cases}$$

其中，$\boldsymbol{U}_{\max}$ 为上界，$\boldsymbol{U}_{\min}$ 为下界，M_r 为控制时域，$i=0,1,2,\cdots,M_r-1$。

设供油量变化的最大值和最小值分别为 $\Delta u_{\max}$、$\Delta u_{\min}$，相应的控制变量的增量需要满足如下约束：

$$\Delta u_{\min} \leqslant \Delta u(k+i) \leqslant \Delta u_{\max}$$

则控制变量增量矩阵形式的约束边界为

$$\begin{cases}\Delta\boldsymbol{U}_{\max}=\Delta u_{\max}[1,1,\cdots,1]_{M_r\times 1}\\ \Delta\boldsymbol{U}_{\min}=\Delta u_{\min}[1,1,\cdots,1]_{M_r\times 1}\end{cases}$$

其中，$\Delta\boldsymbol{U}_{\max}$ 为上界，$\Delta\boldsymbol{U}_{\min}$ 为下界。

将控制量约束转换成控制增量的形式时，一般的，令

$$\Delta u(k+i)=u(k+i)-u(k+i-1)$$

当 $i=0$，有

$$\Delta u(k)=u(k)-u(k-1)$$

当 $i=1$，有

$$\Delta u(k+1)=u(k+1)-\Delta u(k)-u(k-1)$$

当 $i=2$，有

$$\Delta u(k+2)=u(k+2)-\Delta u(k+1)-\Delta u(k)-u(k-1)$$

以此类推，当 $i=M_r-1$，且 $M_r\geqslant 2$ 时，有：

$$\Delta u(k+M_r-1)=u(k+M_r-1)-\Delta u(k+M_r-2)-\cdots-\Delta u(k)-u(k-1)$$

可以得到

$$\begin{bmatrix}1&0&0&\cdots&0\\1&1&0&\cdots&0\\1&1&1&\cdots&0\\\vdots&\vdots&\vdots&\vdots&\vdots\\1&1&1&1&1\end{bmatrix}\begin{bmatrix}\Delta u(k)\\\Delta u(k+1)\\\Delta u(k+2)\\\vdots\\\Delta u(k+M_r-1)\end{bmatrix}=\begin{bmatrix}u(k)\\u(k+1)\\u(k+2)\\\vdots\\u(k+M_r-1)\end{bmatrix}-\begin{bmatrix}1\\1\\1\\\vdots\\1\end{bmatrix}u(k-1) \tag{15.16}$$

令

$$\boldsymbol{L}_1=\begin{bmatrix}1&0&0&\cdots&0\\1&1&0&\cdots&0\\1&1&1&\cdots&0\\\vdots&\vdots&\vdots&\vdots&\vdots\\1&1&1&1&1\end{bmatrix}_{M\text{t}\times M_r},\quad \boldsymbol{L}_2=\begin{bmatrix}1\\1\\1\\\vdots\\1\end{bmatrix}_{M_r\times 1}$$

$$\Delta\boldsymbol{U}(k)=\begin{bmatrix}\Delta u(k)\\\Delta u(k+1)\\\Delta u(k+2)\\\vdots\\\Delta u(k+M_r-1)\end{bmatrix}_{M_r\times 1},\quad \boldsymbol{U}(k)=\begin{bmatrix}u(k)\\u(k+1)\\u(k+2)\\\vdots\\u(k+M_t-1)\end{bmatrix}_{M_r\times 1}$$

则公式(15.16)等效为

$$\boldsymbol{L}_1\Delta\boldsymbol{U}(k)=\boldsymbol{U}(k)-\boldsymbol{L}_2u(k-1) \tag{15.17}$$

因为 $\boldsymbol{U}_{\min}\leqslant\boldsymbol{U}(k)\leqslant\boldsymbol{U}_{\max}$，因此由公式(15.17)可得

$$\boldsymbol{U}_{\min}\leqslant\boldsymbol{L}_1\Delta\boldsymbol{U}(k)+\boldsymbol{L}_2u(k-1)\leqslant\boldsymbol{U}_{\max} \tag{15.18}$$

因为 $u(k-1)$为过去已知控制输入，且 $\boldsymbol{L}_1$ 矩阵为可逆矩阵，因此得优化问题的控制增量约束公式为

$$\begin{cases}\boldsymbol{L}_1^{-1}(\boldsymbol{U}_{\min}-\boldsymbol{L}_2u(k-1))\leqslant\Delta\boldsymbol{U}(k)\leqslant\boldsymbol{L}_1^{-1}(\boldsymbol{U}_{\max}-\boldsymbol{L}_2u(k-1))\\ \Delta\boldsymbol{U}_{\min}\leqslant\Delta\boldsymbol{U}(k)\leqslant\Delta\boldsymbol{U}_{\max}\end{cases}\tag{15.19}$$

式(15.19)等效为

$$\max[\Delta\boldsymbol{U}_{\min},\boldsymbol{L}_1^{-1}(\boldsymbol{U}_{\min}-\boldsymbol{L}_2u(k-1))]\leqslant\Delta\boldsymbol{U}(k)\leqslant\min[\Delta\boldsymbol{U}_{\max},\boldsymbol{L}_1^{-1}(\boldsymbol{U}_{\max}-\boldsymbol{L}_2u(k-1))]$$

为方便描述，令

$$\Delta\widetilde{U}_{\min}=\max[\Delta\boldsymbol{U}_{\min},\boldsymbol{L}_1^{-1}(\boldsymbol{U}_{\min}-\boldsymbol{L}_2u(k-1))]$$

$$\Delta\widetilde{U}_{\max}=\min[\Delta\boldsymbol{U}_{\max},\boldsymbol{L}_1^{-1}(\boldsymbol{U}_{\max}-\boldsymbol{L}_2u(k-1))]$$

3. 输出约束处理

输出约束的处理要求预测输出在整个预测时域中都要满足限定条件，对于线性预测控制，一般情况下和处理输入约束的方式相同，通过将输出约束转换成输入增量形式，再运用 Min-Max 选择结构得到最优控制，显然这并不适用于非线性预测控制器对约束的处理，针对于此，本文提出一种基于不可微罚函数法的输出约束处理方式，即在控制器求解时加入罚函数项。

目前，罚函数法主要有以下 4 种实施方法：外罚函数法、内罚函数法、可微精确罚函数法以及不可微精确罚函数法。内罚函数法和外罚函数法在应用中会受到数值计算的限制，这主要是因为对应罚函数的二阶导矩阵在惩罚参数趋于无穷时逐渐变得病态。可微精确罚函数的光滑性质，使得优化问题可以采用常规无约束优化方法来解决，但是大部分的可微精确罚函数在梯度计算时需要优化问题函数的二阶导数矩阵，这导致这类罚函数的实际使用范围被大大地缩小。不可微精确罚函数法可以很好地处理输出约束问题，但是其在运用梯度类算法时无法解决函数不可微的缺陷，而本文所提出的 HGWO 算法在优化求解时不需要考虑罚函数是否可微，因此将二者结合，不仅避免了不可微的限制，也有效地解决了带输出约束问题。

不可微精确罚函数的具体表达式如下所示：

$$P(\sigma,u)=\sigma\left[\sum_{i=1}^{P_t}\{\max[y(u,i)-y_{\max},0]\}^2+\sum_{i=1}^{P_t}\{\min[y(u,i)-y_{\min},0]\}^2\right]+\sigma s(k+P_t)$$

式中，$P(\sigma,u)$为罚函数，σ 是惩罚因子，在发动机工作过程中，加速时等式右侧第 1 项最大值约束起作用，减速时等式右侧第 2 项最小值约束起作用。

一般在设计惩罚因子时，先取 $\sigma=1$，观察系统仿真结果中输出约束是否满足，系统的控制性能是否得到保证，如果约束满足情况良好(不等式约束严格满足，等式约束达到精确度)，则令 $\sigma=0.1\sigma$；如果约束未满足，则令 $\sigma=10\sigma$，进行多次试凑可得到相对合适的值。

4. 控制器设计

航空发动机 NMPC 系统的设计框架如图 15.40 所示，可以看出控制器的设计主要是通过滚动优化模块将发动机、预测模型、参考轨迹以及反馈校正综合起来求解出控制律，使得发动机可以跟踪设定值。其中，反馈校正将滚动优化和预测模型很好地结合起来，使得滚动优化起到优化作用，构成闭环控制系统。

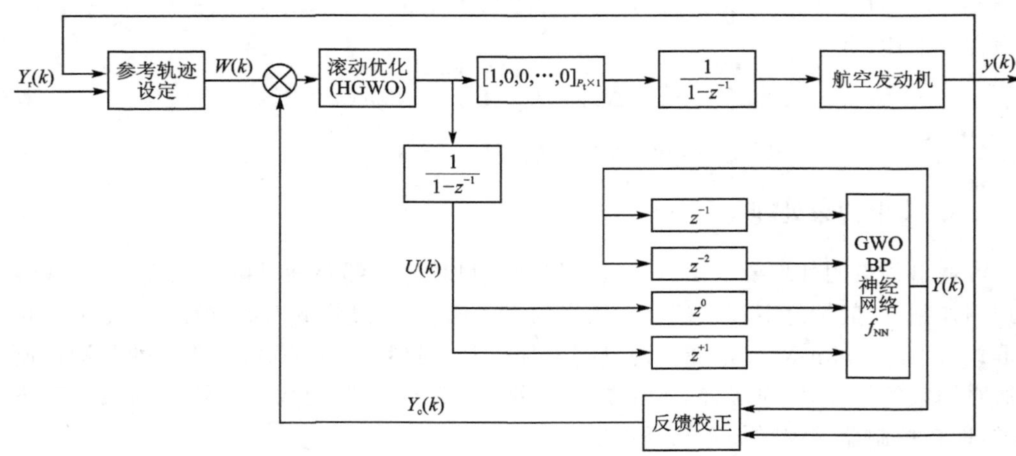

图 15.40　航空发动机非线性预测控制结构图

将目标函数变换为以下形式：

$$\begin{aligned}\min J =& (\hat{\boldsymbol{Y}}_c(k) - \boldsymbol{W}(k))^{\mathrm{T}}\boldsymbol{Q}(\hat{\boldsymbol{Y}}_c(k) - \boldsymbol{W}(k)) + \Delta\boldsymbol{U}(k)^{\mathrm{T}}\boldsymbol{R}\Delta\boldsymbol{U}(k)\\ &+\sigma\sum_{i=1}^{P_t}\{\max[\hat{y}_c(k+i) - y_{\max},0]\}^2\\ &+\sigma\sum_{i=1}^{P_t}\{\min[\hat{y}_c(k+i) - y_{\min},0]\}^2 + \sigma\cdot s(k+P_t)\\ &s.t.\qquad \Delta\widetilde{U}_{\min}\leqslant\Delta\boldsymbol{U}(k)\leqslant\Delta\widetilde{U}_{\max}\end{aligned}\tag{15.20}$$

公式(15.20)表述的是一种非常复杂的带约束优化问题，采用常规的优化方法来求解是很难得到满足发动机工作需求的控制最优解，因此在滚动优化求解时，采用8.3.10节中改进的GWO算法去求解。

综上，可以得到本文所设计NMPC控制器主要有以下几个步骤：

① 确定控制器初始参数：设定预测时域 P_t 和控制时域 M_t，$M_t<P_t$；根据系统响应要求设定参考轨迹参数 c_0 和 γ；选择适当的反馈校正权值矩阵 H 用以提高鲁棒性且防止过反馈；在滚动优化中，确定灰狼种群个体数量 P，最大迭代次数 $t_{\max}$，个体位置空间维数 $d=M_t$，设置停滞代数最大值 $B_{\max}$；由发动机实际工作情况得到输入输出约束值，并给定惩罚因子 σ。

② 优化算法初始化：每一个灰狼个体位置 X_i 都对应一个控制输入向量，即 $X_i=[\Delta u_i(k),\Delta u_i(k+1),\cdots,\Delta u_i(k+M_t-1)]_{P_t\times 1}$，根据①中给出的输入输出约束条

件对应的用 Logistic 混沌映射来产生 P 个初始灰狼种群个体位置。

③ 根据个体位置 X_i 计算相应的适应度值，适应值函数一般取为 $1/(1+J)$，将求取的适应度值降序排序，前 3 位的灰狼个体记为 α,β,δ，其余灰狼个体统称为 ω 狼。

④ 根据当前时刻 α,β，和 δ 的位置，利用 8.3.9 节中的公式，更新种群个体的位置，若种群未更新，停滞代数加 1，否则置 0。

⑤ 当停滞代数 $B \geqslant B_{\max}$ 时，根据混沌映射产生 $0.6P$ 个新灰狼个体，计算适应度值并排序，得到前 3 位个体，用其替换原种群的前 3 位个体，返回到③；若 $B \leqslant B_{\max}$，进行下一步。

⑥ 判断最优条件是否满足，若满足，则结束迭代，同时输出最优解 $X_{\text{best}}=[\Delta u_{\text{best}}(k),\Delta u_{\text{best}}(k+1),\cdots,\Delta u_{\text{best}}(k+M_t-1)]_{P_t\times 1}$，取最优解向量中的第 1 个元素 $\Delta u_{\text{best}}(k)$，根据 15.5.4 第 2 节中的公式得到当前时刻所求的最优控制量为 $u_{\text{best}}(k)=\Delta u_{\text{best}}(k)+u(k-1)$，控制器设计完成；若不满足，则返回到②，继续进行迭代优化计算直到满足或者达到最大迭代次数时，根据最优解得到相应的最优控制量，完成控制器设计。

15.5.5 仿真验证

设定仿真实验参数为：$H=0$，$Ma=0$，预测时域 $P_t=10$，控制时域 $M_t=3$，输出误差加权值 $q=1$，控制增量加权值 $r=0.01$，由图 15.39 可以看出当参考轨迹参数 $c_0=0.5$ 和 $\gamma=20$ 时，参考轨迹在初始阶段响应很快，在收敛阶段响应则相对较慢，这样在保证了响应速度的同时也避免了超调，因此取[0.5,20]这组参数，校正权值矩阵 $\boldsymbol{H}=[1,1,\cdots,1]_{P_t\times 1}$，灰狼种群个体数量 $P=80$，最大迭代次数 $t_{\max}=100$，个体位置空间维数 $d=P_t=10$，停滞代数阀值 $B_{\max}=8$，根据所控制的发动机实际工况取输入约束为 $0.05\leqslant u\leqslant 0.32$，输出约束为 $0.4\leqslant y\leqslant 1.1$，并给定惩罚因子 $\sigma=100$。

根据以上参数，得到仿真结果如图 15.41～图 15.46 所示。

图 15.41～图 15.43 表示在不同滚动优化算法作用下，低压轴转速对于设定值的跟踪情况。

从图 15.40 可以看出，基于 GA 算法的 NMPC 系统输出整体上可以保持一定的期望值跟踪响应，在加速过程中最大超调值为 0.056，减速过程中最大下垂值为 0.041，超调量和下垂量都相对较大，并且在控制过程中，在期望值附近不断地出现局部收敛，达到局部最优控制，始终无法精确的对期望值进行跟踪，控制效果相对较差。

对比图 15.41 与图 15.42，基于 GWO 算法的 NMPC 系统具有更好的控制性能，其可以在一定时间内保持对期望转速的跟踪响应，在加速过程中系统响应的最大超调值为 0.038，在减速过程中系统响应的最大下垂值为 0.018，超调和下垂都比 GA-NMPC 要小，这表明了响应过程中 GWO-NMPC 的控制性能也更好，不过系统依然

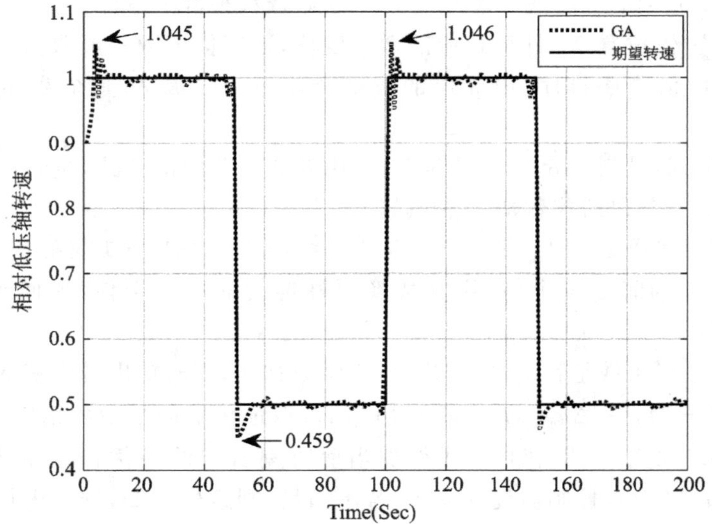

图 15.41　基于 GA 算法的期望跟踪曲线

存在着一定的超调和下垂，这对发动机的工作过程是不利的。从图 15.41 和图 15.42 还可以看出在发动机加减速时，系统输出在收敛到期望值的过程中，GWO-NMPC 与 GA-NMPC 相比不存在大量的局部收敛情况，收敛速度更快，在收敛到期望值之后，曲线较为平滑，跟踪性能良好。

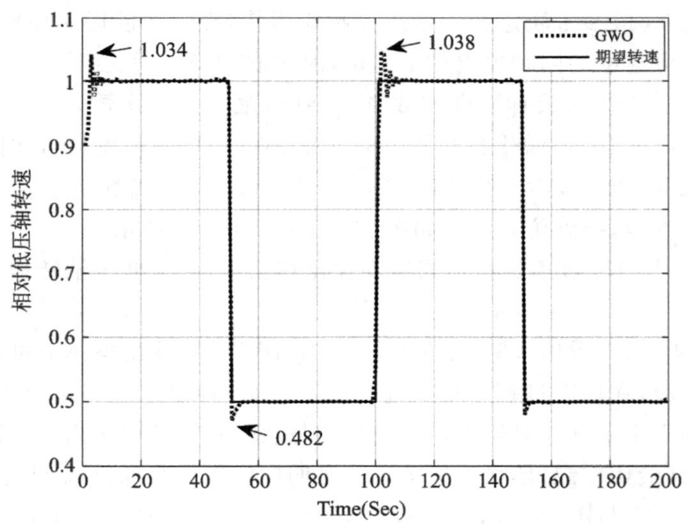

图 15.42　基于 GWO 算法的期望跟踪曲线

从图 15.42 中可以看出，加速过程中，系统在达到期望值之前会出现超调和小幅

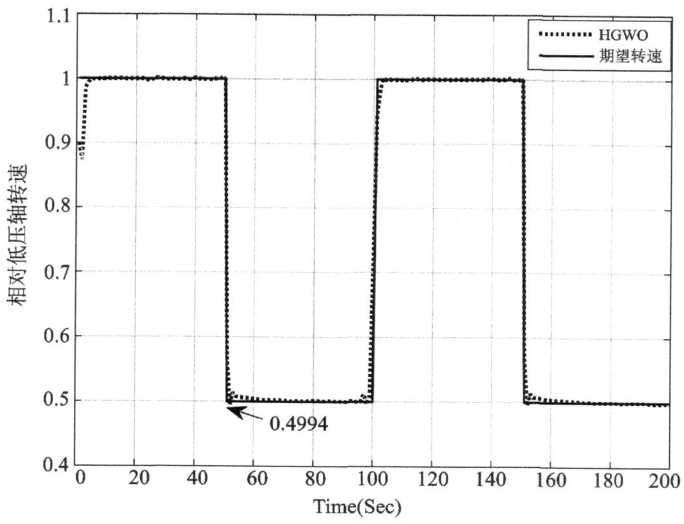

图 15.43　基于 HGWO 算法的期望跟踪曲线

振荡，也就表示优化问题未得到期望的最优解，收敛性不好；在减速过程中，系统也依然存在着一定的下垂量。因此本文改进了滚动优化模块所使用的优化算法，并将其运用到 NMPC 中，仿真结果如图 15.43 所示。对比图 15.43 与图 15.42，显然 HGWO-NMPC 的超调和下垂量更小，最大超调值几乎为 0，而最大下垂值也只有 0.000 6，HGWO－NMPC 在加速响应时的初始阶段几乎不存在振荡，即不存在局部最优情况，表现了采用 logistic 混沌初始化的良好性能，改善了控制算法的收敛性，提高了收敛速率，从而可以更快地对期望转速进行跟踪响应。

图 15.44～图 15.46 为基于不同优化算法的 NMPC 控制量的变化情况。

图 15.44 中 GA-NMPC 的控制量变化幅度相对较大，导致控制增量较大，约束性能无法保证，而且在每一次的加减速的初始阶段都存在一定的抖振，在匀速跟踪阶段多次得到局部最优解和并且出现小幅振荡，使得系统无法精确收敛到期望值，最优控制效果不好。

由图 15.45 可以看出，GWO-NMPC 的控制量变化较图 15.44 相对更为平稳，在系统收敛到期望转速时，控制量基本保持不变，使得系统可以平稳的跟踪期望值。但是控制量在每个加速响应的初始时刻都存在着一定的振荡收敛，这对发动机的正常工作是有很大影响的，在减速的初始时刻，也存在着控制增量过大的问题。而 HGWO-NMPC 的控制量不论是在初始时刻，还是在阶跃处都有着很好的动态性能，具有更好的稳定性。

将图 15.46 分别对比图 15.44 和 15.45，可以看出 HGWO-NMPC 的控制量不论是在加减速过程的初始时刻，还是在匀速不变时都有着很好的性能，初始时刻的抖振幅值和频率更小，控制增量相对较小，使得系统具有更好的稳定性。

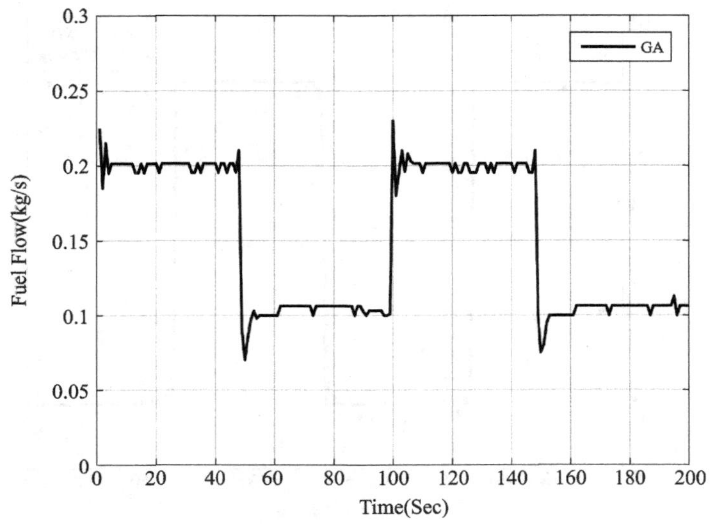

图 15.44　基于 GA 算法的 NMPC 控制量变化

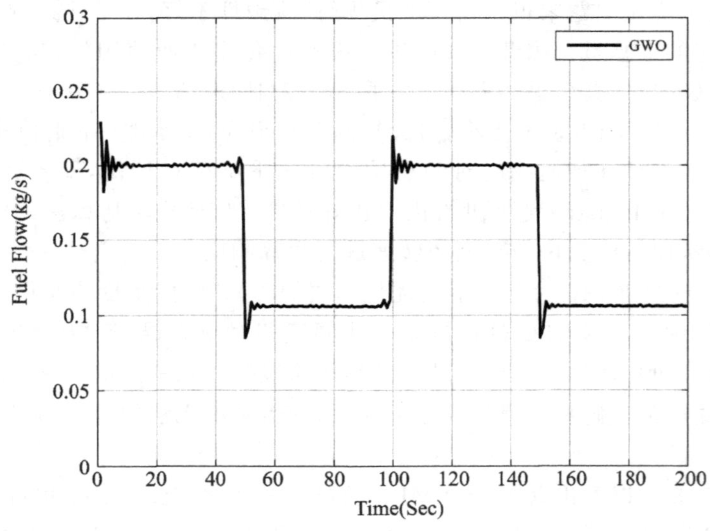

图 15.45　基于 GWO 算法的 NMPC 控制量变化

从以上仿真结果来看，本节所设计的 HGWO-NMPC 可以很好地处理带输入输出约束的发动机控制问题，收敛速度快，跟踪精度高，具有可靠的控制性能。

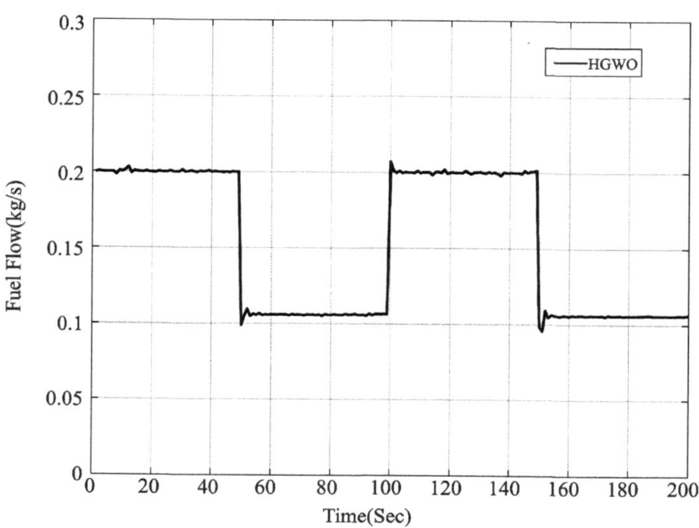

图 15.46　基于 HGWO 算法的 NMPC 控制量变化

参考文献

[1] 胡寿松，王执铨，胡维礼．最优控制理论与系统[M]．北京：科学出版社，2005.

[2] 王晓陵，陆军．最优化方法与最优控制[M]．哈尔滨：哈尔滨工程大学出版社，2006.

[3] 钟宜生．最优控制[M]．北京：清华大学出版社，2015.

[4] 李平．最优化与最优控制[EB/OL]．[2003-09]．https://wenku.baidu.com/view/2e5cf6254b35eefdc8-d33388.html.

[5] Daniel Liberzon. Calculus of Variations and Optimal Control Theory：A Concise Introduction[M]．北京：世界图书出版公司，2013.

[6] 胡寿松．自动控制原理[M]．6 版．北京：科学出版社，2013.

[7] 刘豹，唐万生．现代控制理论[M]．3 版．北京：机械工业出版社，2006.

[8] 赵明旺，王杰，江卫华．现代控制理论[M]．武汉：华中科技大学出版社，2007.

[9] 孙健国．现代航空动力装置控制[M]．修订版．北京：航空工业出版社，2009.

[10] 樊思齐．航空发动机控制[M]．西安：西北工业大学出版社，2008.

[11] 王春行．液压伺服控制系统[M]．北京：机械工业出版社，1989.

[12] 宋志安，曹连民，黄靖，等．MATLAB/Simulink 与液压控制系统仿真[M]．2 版．北京：国防工业出版社，2012.

[13] 肖玲斐．航空动力系统滑模控制[M]．杭州：浙江大学出版社，2018.

[14] 胡欢．基于 SQP 方法的航空发动机过渡态最优控制研究[D]．南京：南京航空航天大学，2015.

[15] 周媛，刘尚明，高亚辉，等．基于 LMI 的航空发动机状态反馈最优控制[J]．燃气轮机技术，2012，25(03)：6-10.

[16] 陆军，郭迎清，王磊．航空发动机过渡态最优控制规律设计的新方法[J]．航空动力学报，2012，027(008)：1914-1920.

[17] 刘海堂，吕伟，喻鸣，等. 航空发动机线性二次型最优控制[J]. 科学技术与工程，2012，012(018)：4569-4571，4578.

[18] 戚学锋，樊丁. 航空发动机加速和减速过程最优控制研究[J]. 航空发动机，2007，33(003)：36-40.

[19] 戚学锋，樊丁. 涡扇发动机加力过程非线性最优控制研究[J]. 推进技术，2006，027(004)：339-344.

[20] 钟周威. 航空涡轮轴发动机加速寻优控制研究[D]. 西安：西北工业大学，2006.

[21] 高光良. 序列二次规划法在航空发动机加力过程最优控制中的应用研究[D]. 西安：西北工业大学，2005.

[22] 王旭，梁钧襄. 有约束的航空发动机加速最优控制[J]. 航空学报，1992，13(04)：144-150.

[23] 杨恒辉，赵小勇，王浩. 航空发动机燃油力矩马达控制电路设计[J]. 测控技术，2016(35)：81.

[24] 文淼. 面向电动燃油泵的电机伺服控制系统研究[D]. 南京：南京航空航天大学，2016.

[25] 傅强. 航空发动机主燃油机械液压控制系统仿真研究[J]. 液压与气动，2013(02)：77-79.

[26] 狄名轩. 航空发动机鲁棒 PID 控制方法研究[D]. 南京：南京航空航天大学，2012.

[27] 唐强. 面向分级燃烧的发动机燃油控制系统设计[D]. 南京：南京航空航天大学，2012.

[28] 李国忠. 小型涡喷发动机燃油控制系统稳定性研究[D]. 哈尔滨：哈尔滨工程大学，2012.

[29] 傅强. 航空发动机燃油系统调节计划实现[J]. 价值工程，2011，30(17)：23-24.

[30] 周立峰. 发动机燃油计量装置特性仿真与试验研究[D]. 南京：南京航空航天大学，2010.

[31] 张东. 发动机主燃油控制系统建模仿真与试验验证[D]. 南京：南京航空航天大学，2008.

[32] 张东方，李应红，陈东林. 基于 PSO 算法的航空发动机起动燃油控制[J]. 航空动力学报，2007(06)：923-927.

[33] 王强，傅强. 航空发动机主燃油控制系统稳态过程分析[J]. 科学技术与工程，2007(12)：280-282.

[34] 何虹兴. 基于改进教与学算法的滑模控制研究[D]. 南京：南京航空航天大学，2018.

[35] 陈宇寒. 航空发动机非线性智能预测控制研究[D]. 南京：南京航空航天大学，2018.

[36] 胡继祥. 基于滑模理论的航空发动机控制系统容错控制[D]. 南京：南京航空航天大学，2017.

[37] 杜彦斌. 基于双子支持向量机的航空发动机故障诊断[D]. 南京：南京航空航天大学，2017.

[38] 卢彬彬. 航空多电发动机 DCDC 变换器数字化控制研究[D]. 南京：南京航空航天大学，2016.

[39] 范昕宇. 航空发动机传感器神经网络故障诊断及滑模容错控制研究[D]. 南京：南京航空航天大学，2015.

[40] 龚仁吉. 涡轴发动机多变量滑模控制设计与仿真研究[D]. 南京：南京航空航天大学，2014.

[41] 蔡萃英. 涡轴发动机智能非线性控制研究[D]. 南京：南京航空航天大学，2013.

[42] 段绍栋. 涡轴发动机建模与智能控制研究[D]. 南京：南京航空航天大学，2012.

[43] 申涛. 微型涡喷发动机建模与控制的研究[D]. 南京：南京航空航天大学，2012.

[44] 宋执环. 预测控制[EB/OL]. [2013-04-29]. https://wenku.baidu.com/view/55f6551afc4ffe473368-aba6.html.

[45] 钱积新，赵均，徐祖华. 预测控制[M]. 北京：化学工业出版社，2007.

[46] 席裕庚. 预测控制[M]. 2 版. 北京：国防工业出版社，2013.

[47] 舒迪前. 预测控制系统及其应用[M]. 北京：机械工业出版社，1996.

[48] 诸静. 智能预测控制及其应用[M]. 杭州：浙江大学出版社，2002.

[49] 王伟. 广义预测控制理论及其应用[M]. 北京：科学出版社，2016.

[50] Clarke D W，Mohtadi C，Tuffs P S. Generalized Predictive Control[J]. Automatica，1987，23(1)：137-160.

[51] 吴志琨. 涡扇发动机控制系统设计研究[D]. 西安：西北工业大学，2007.

[52] 杨坤，谢寿生，谢锋. SQP 方法在航空发动机加速寻优控制中的应用[J]. 电光与控制，2007，14(1)：106-108.

[53] 胡欢. 基于 SQP 方法的航空发动机过渡态最优控制研究[D]. 南京：南京航空航天大学，2015.

[54] 赵琳，樊丁，陕薇薇. 航空发动机过渡态全局寻优控制方法研究[J]. 航空动力学报，2007，22(7)：1200-1203.

[55] 戚学锋，樊丁. 航空发动机加速和减速过程最优控制研究[J]. 航空发动机，2007，33(3)：36-40.

[56] 戚学锋，樊丁，陈耀楚，等. 基于FSQP算法的涡扇发动机多变量最优加速控制[J]. 推进技术，2004，25(3)：233-236.

[57] 孙丰诚，孙健国. 基于序列二次规划算法的发动机性能寻优控制[J]. 航空动力学报，2005，20(5)：862-867.

[58] 王曦，杨杰，等. 鲁棒控制用于涡喷发动机控制器设计 [J]. 航空动力学报，2005，20(4)：679-683.

[59] 周文祥，单晓明，耿志东，等. 自寻优求解法建立涡轴发动机状态变量模型[J]. 航空动力学报，2008(12)：168-174.

[60] 黄玉钏，曲道奎，徐方，等. 伺服电机的预测控制与比例-积分-微分控制[J]. 计算机应用，2012，32(10)：2944-2947.

[61] 杨朗. 冲压发动机推力控制系统研究[D]. 哈尔滨：哈尔滨工业大学，2006.

[62] Rasmussen H. Advanced Control of Turbofan Engines[M]. New York：Springer，2012.

[63] 李秋红. 航空发动机智能鲁棒控制研究[D]. 南京：南京航空航天大学，2011.

[64] 邹先权. 涡轴发动机自适应模型的建立与鲁棒控制[D]. 南京：南京航空航天大学，2008.

[65] 吴志琨. 涡扇发动机控制系统设计研究[D]. 西安：西北工业大学，2007.

[66] 郑铁军，王曦，罗秀芹，等. 建立航空发动机状态空间模型的修正方法[J]. 推进技术，2005，26(1)：46-49.

[67] 查理. 航空发动机技术[J]. 国防科技，2004，000(004)：11-15.

[68] 陈懋章. 航空发动机技术的发展[J]. 科学中国人，2015(10)：10-19.

[69] 黎明，索建秦，吴二平. 国外先进航空发动机技术带给我们的启示[J]. 航空制造技术，2013，429(9)：66-71.

[70] 姚华. 未来航空发动机控制技术的发展趋势[J]. 航空科学技术，2012(06)：1-6.

[71] 姚华. 航空发动机全权限数字电子控制系统[M]. 北京：航空工业出版社，2014.

[72] 肖玲斐，黄向华. 涡轴发动机自适应非线性预测控制[J]. 航空动力学报，2012(05)：1194-1200.

[73] 肖玲斐，朱跃. 涡轴发动机组合模型非线性预测控制[J]. 推进技术，2012，033(2)：283-287.

[74] 卢彬彬，肖玲斐，龚仁吉，等. 基于人工蜂群算法的航空发动机参数自整定PID控制[J]. 推进技术，2015，000(001)：130-135.

[75] 姚文荣，孙健国. 涡轴发动机非线性模型预测控制[J]. 航空学报，2008，29(4)：776-780.

[76] 丁琳. 涡轴发动机数字控制与仿真技术研究[D]. 南京：南京航空航天大

学，2011.

[77] 丁琳，王道波，李猛，等. 直升机涡轴发动机燃油调节系统建模与仿真[J]. 航空兵器，2011(04)：32-36.

[78] 陶涛. 航空发动机鲁棒控制研究[D]. 西安：西北工业大学，1997.

[79] 王曦. 航空发动机结构不确定性系统多变量鲁棒 H_∞ 控制[D]. 西安：西北工业大学，1998.

[80] Zames G. Functional analysis applied to nonlinear feedback systems[J]. IEEE，1963，10(3)：392-404.

[81] Doyle J C，Stein G. Multivariable feedback design：Concepts for a classical/modern synthesis[J]. IEEE Transactions on Automatic Control，2003，26(1)：4-16.

[82] Doyle J C，Garg S. Robustness with observers[J]. IEEE Transaction on Automatic Control，1979，24(4)：607-611.

[83] Vapnik VN. Statistical Learning Theory [M]. New York：John Wiley，1998.

[84] Suykens J A K，Vandewalle J. Least squares support vector machine classifiers [J]. Neural Processing Letters，1999，9(3)：293-300.

[85] Suykens J A K，Lukas L，Vandewalle J. Sparse Approximation on Using Least Squares Support Vector Machines [C]. New York：IEEE，2002.

[86] Javadi M R，Mazlumi K，Jalilvand A. Application of GA，PSO and ABC in optimal design of a stand-alone hybrid system for north-west of Iran[C]. New York：IEEE，2011.

[87] 魏红凯. 人工蜂群算法及其应用研究[D]. 北京：北京工业大学，2012.

[88] 李峰磊. 蜂群算法的研究与应用[D]. 南京：河海大学，2008.

[89] 蒋正金，吕干云，端木春江. 采用人工蜂群算法求解多维函数极值[J]. 电子技术，2012，39(001)：14-17.

[90] 邓长寿，赵秉岩，梁昌勇. 改进的差异演化算法[J]. 计算机工程，2009，35(24)：194-195.

[91] Mirjalili S，Mirjalili S M，Lewis A. Grey Wolf Optimizer[J]. Advances in Engineering Software，2014，69(3)：46-61.

[92] Singhal R，Kumar R. Receding horizon based greenhouse air temperature control u*sin* g grey wolf optimization algorithm. [C]. India：IEEE，2016.

[93] Madhiarasan M，Deepa S N. Long-Term Wind Speed Forecasting using Spiking Neural Network Optimized by Improved Modified Grey Wolf Optimization Algorithm[J]. International Journal of Advanced Research，2016，4(7)：356-368.

[94] Verma S K，Yadav S，Nagar S K. Optimization of Fractional Order PID Con-

troller Usin g Grey Wolf Optimizer[J]. Journal of Control Automation & Electrical Systems, 2017(3): 1-9.

[95] 刘颖，张正，马恩林. 关于有限集点分布均匀性的度量方法[J]. 首都师范大学学报(自然科学版), 1997,000(003): 10-14.

[96] 王晓凯. 基于简化模型的倒立摆控制实验研究[J]. 计算技术与自动化,1997, 016(001):16-19.

[97] 吴光强，张曙. 汽车数字化开发技术[M]. 北京：机械工业出版社，2010.

[98] 余志生. 汽车理论[M]. 5版. 北京：机械工业出版社，2009.

[99] H-M, Chen, Li. Multi-objective H_∞ optimal control for four-wheel steering vehicle based on yaw rate tracking[J]. Proceedings of the Institution of Mechanical Engineers Part D Journal of Automobile Engineering, 2004, 218 (10): 1117-1123.

[100] Zhang R H, Jia H G, Chen T. Dynamics Simulation on Control Technology for 4WS Vehicle Steering Performance[C]. New York: IEEE, 2008.

[101] 杜峰，魏朗，赵建有. 基于状态反馈的四轮转向汽车最优控制[J]. 长安大学学报(自然科学版), 2008, 28(4): 91-94.

[102] Alwi H, Edwards C, Tan C P. Fault Detection and Fault-Tolerant Control Using Sliding Modes[M]. London: Springer, 2011.

[103] 杨斌，幸晋渝，王振玉. 一种欠驱动两级柔性自平衡机器人的建模及其最优控制[J]. 计算机测量与控制，2014, 22(9): 2770-2773.

[104] Lu p, Kampen E J V, Visser C D, et al, Aircraft fault-tolerant trajectory control using Incremental Nonlinear Dynamic Inversion[J]. Control Engineering Practice, 2016, 57(12): 126-141.

[105] Yamane H, Takahara Y, Oyobe T. Aspects of aircraft engine control systems R&D[J]. Control Engineering Practice, 1997, 5(5): 595-602.

[106] lii H A S, Brown H. Control of jet engines[J]. Control Engineering Practice, 1999, 7(9): 1043-1059.

[107] Mu J, Rees D, Liu G P. Advanced controller design for aircraft gas turbine engines[J]. Control Engineering Practice, 2005, 13(8): 1001-1015.

[108] Mengying Z, Antonio F, Nicholas B. Multi-objective optimization of aircraft departure trajectories[J]. Aerospace Science and Technology, 2018, 79(8): 37-47.

《国之重器出版工程》编辑委员会

专家委员会委员(按姓氏笔画排列):

于　全　中国工程院院士
王　越　中国科学院院士、中国工程院院士
王小谟　中国工程院院士
王少萍　长江学者计划特聘教授
王建民　清华大学软件学院院长
王哲荣　中国工程院院士
尤肖虎　长江学者计划特聘教授
邓玉林　国际宇航科学院院士
邓宗全　中国工程院院士
甘晓华　中国工程院院士
叶培建　中国科学院院士
朱英富　中国工程院院士
朵英贤　中国工程院院士
邬贺铨　中国工程院院士
刘大响　中国工程院院士
刘辛军　“长江学者奖励计划”特聘教授
刘怡昕　中国工程院院士
刘韵洁　中国工程院院士
孙逢春　中国工程院院士
苏东林　中国工程院院士
苏彦庆　“长江学者奖励计划”特聘教授
苏哲子　中国工程院院士
李寿平　国际宇航科学院院士

李伯虎　中国工程院院士
李应红　中国科学院院士
李春明　中国兵器工业集团首席专家
李莹辉　国际宇航科学院院士
李得天　国际宇航科学院院士
李新亚　国家制造强国建设战略咨询委委员、中国机械工业联合会副会长
杨绍卿　中国工程院院士
杨德森　中国工程院院士
吴伟仁　中国工程院院士
宋爱国　国家杰出青年科学基金获得者
张　彦　电气电子工程师学会会士、英国工程技术学会会士
张宏科　北京交通大学下一代互联网互联设备国家工程实验室主任
陆　军　中国工程院院士
陆建勋　中国工程院院士
陆燕荪　国家制造强国建设战略咨询委委员、原机械工业部副部长
陈　谋　国家杰出青年科学基金获得者
陈一坚　中国工程院院士
陈懋章　中国工程院院士
金东寒　中国工程院院士、上海大学校长
周立伟　中国工程院院士

郑纬民 中国计算机学会理事长

郑建华 中国科学院院士

屈贤明 国家制造强国建设战略咨询委委员、工信部智能制造专家咨询委副主任

项昌乐 长江学者计划特聘教授、中国科协书记处书记、北京理工大学副校长

赵沁平 中国科学院院士

郝　跃 中国科学院院士

柳百成 中国工程院院士

段海滨 “长江学者奖励计划”特聘教授

侯增广 国家杰出青年科学基金获得者

闻雪友 中国工程院院士

姜会林 中国工程院院士

徐德民 中国工程院院士

唐长红 中国工程院院士

黄　维 中国科学院院士、西北工业大学副校长

黄卫东 长江学者计划特聘教授

黄先祥 中国工程院院士

康　锐 “长江学者奖励计划”特聘教授

董景辰 工信部智能制造专家咨询委委员

焦宗夏 长江学者计划特聘教授

谭春林 航天系统开发总师